"十四五"时期国家重点出版物出版专项规划项目

化肥和农药减施增效理论与实践丛书

丛书主编　吴孔明

化肥和农药减施增效环境效应监测与评价

郑向群　师荣光　胡克林 等　著

科学出版社

北　京

内 容 简 介

本书阐述了我国化肥和农药的施用情况及减施增效技术的研究进展，对我国化肥、农药施用基线与环境效应关系进行了系统分析，提出了我国化肥和农药减施增效环境效应监测与评价的指标体系、技术方法，介绍了水稻（长江中下游）、茶叶、设施蔬菜、苹果等的环境友好型减施增效典型技术和模式，并对环境效应监测与评价结果进行了分析。

本书构建了适用于我国化肥和农药减施的环境效应监测指标体系、评价指标体系，可作为化肥和农药减施增效技术环境效应评价领域科研工作者的参考用书。

图书在版编目（CIP）数据

化肥和农药减施增效环境效应监测与评价/郑向群等著. —北京：科学出版社，2024.3

（化肥和农药减施增效理论与实践丛书/吴孔明主编）

"十四五"时期国家重点出版物出版专项规划项目

ISBN 978-7-03-069541-3

Ⅰ.①化… Ⅱ.①郑… Ⅲ.①合理施肥–环境效应–研究 Ⅳ.① S147.21

中国版本图书馆 CIP 数据核字（2021）第 159481 号

责任编辑：陈 新 闫小敏/责任校对：周思梦
责任印制：肖 兴/封面设计：无极书装

科学出版社 出版

北京东黄城根北街 16 号
邮政编码：100717
http://www.sciencep.com

北京虎彩文化传播有限公司印刷
科学出版社发行 各地新华书店经销

*

2024 年 3 月第 一 版 开本：787×1092 1/16
2024 年 3 月第一次印刷 印张：30 3/4
字数：730 000

定价：398.00 元
（如有印装质量问题，我社负责调换）

"化肥和农药减施增效理论与实践丛书"编委会

主　编　吴孔明

副主编　宋宝安　张福锁　杨礼胜　谢建华　朱恩林
　　　　陈彦宾　沈其荣　郑永权　周　卫

编　委（以姓名汉语拼音为序）

《化肥和农药减施增效环境效应监测与评价》著者名单

主要著者 郑向群 师荣光 胡克林 刘潇威 王立刚

  吴长兴 谢桂先 聂继云 梁 涛 徐 艳

其他著者（以姓名汉语拼音为序）

陈丽萍	陈眣圳	成卫民	董桂芬	耿 岳
黄治平	江 燕	李成亮	李海飞	李 倩
李 艳	李 勇	刘 芳	刘丽媛	刘鸣达
刘树伟	刘 忠	吕岱竹	马永强	梅 沛
孟凡乔	彭 昊	邵超峰	孙丹峰	谭 璐
王贺程	王金花	王 强	王彦懿	韦朝阳
魏孝承	徐福留	杨 波	姚秀荣	于 淼
袁龙飞	张春雪	张 捷	张 凯	张艳伟
赵宗山				

丛 书 序

我国化学肥料和农药过量施用严重，由此引起环境污染、农产品质量安全和生产成本较高等一系列问题。化肥和农药过量施用的主要原因：一是对不同区域不同种植体系肥料农药损失规律和高效利用机理缺乏深入的认识，无法建立肥料和农药的精准使用准则；二是化肥和农药的替代产品落后，施肥和施药装备差、肥料损失大，农药跑冒滴漏严重；三是缺乏针对不同种植体系肥料和农药减施增效的技术模式。因此，研究制定化肥和农药施用限量标准、发展肥料有机替代和病虫害绿色防控技术、创制新型肥料和农药产品、研发大型智能精准机具，以及加强技术集成创新与应用，对减少我国化肥和农药的使用量、促进农业绿色高质量发展意义重大。

按照 2015 年中央一号文件关于农业发展"转方式、调结构"的战略部署，根据国务院《关于深化中央财政科技计划（专项、基金等）管理改革的方案》的精神，科技部、国家发展改革委、财政部和农业部（现农业农村部）等部委联合组织实施了"十三五"国家重点研发计划试点专项"化学肥料和农药减施增效综合技术研发"（后简称"双减"专项）。

"双减"专项按照《到 2020 年化肥使用量零增长行动方案》《到 2020 年农药使用量零增长行动方案》《全国优势农产品区域布局规划（2008—2015 年）》《特色农产品区域布局规划（2013—2020 年）》，结合我国区域农业绿色发展的现实需求，综合考虑现阶段我国农业科研体系构架和资源分布情况，全面启动并实施了包括三大领域 12 项任务的 49 个项目，中央财政概算 23.97 亿元。项目涉及植物病理学、农业昆虫与害虫防治、农药学、植物检疫与农业生态健康、植物营养生理与遗传、植物根际营养、新型肥料与数字化施肥、养分资源再利用与污染控制、生态环境建设与资源高效利用等 18 个学科领域的 57 个国家重点实验室、236 个各类省部级重点实验室和 434 支课题层面的研究团队，形成了上中下游无缝对接、"政产学研推"一体化的高水平研发队伍。

自 2016 年项目启动以来，"双减"专项以突破减施途径、创新减施产品与技术装备为抓手，聚焦主要粮食作物、经济作物、蔬菜、果树等主要农产品的生产需求，边研究、边示范、边应用，取得了一系列科研成果，实现了项目目标。

在基础研究方面，系统研究了微生物农药作用机理、天敌产品货架期调控机制及有害生物生态调控途径，建立了农药施用标准的原则和方法；初步阐明了我国不同区域和种植体系氮肥、磷肥损失规律和无效化阻控增效机理，提出了肥料养分推荐新技术体系和氮、磷施用标准；初步阐明了耕地地力与管理技术影响化肥、农药高效利用的机理，明确了不同耕地肥力下化肥、农药减施的调控途径与技术原理。

在关键技术创新方面，完善了我国新型肥药及配套智能化装备研发技术体系平台；打造了万亩方化肥减施 12%、利用率提高 6 个百分点的示范样本；实现了智能化装备减施 10%、利用率提高 3 个百分点，其中智能化施肥效率达到人工施肥 10 倍以上的目标。农药减施关键技术亦取得了多项成果，万亩示范方农药减施 15%、新型施药技术田间效率大于 30 亩/h，节省劳动力成本 50%。

在作物生产全程减药减肥技术体系示范推广方面，分别在水稻、小麦和玉米等粮食主产区，蔬菜、水果和茶叶等园艺作物主产区，以及油菜、棉花等经济作物主产区，大面积推广应用化肥、农药减施增效技术集成模式，形成了"产学研"一体的纵向创新体系和分区协同实施的横向联合攻关格局。示范应用区涉及 28 个省（自治区、直辖市）1022 个县，总面积超过 2.2 亿亩次。项目区氮肥利用率由 33% 提高到 43%、磷肥利用率由 24% 提高到 34%，化肥氮磷减施 20%；化学农药利用率由 35% 提高到 45%，化学农药减施 30%；农作物平均增产超过 3%，生产成本明显降低。试验示范区与产业部门划定和重点支持的示范区高度融合，平均覆盖率超过 90%，在提升区域农业科技水平和综合竞争力、保障主要农产品有效供给、推进农业绿色发展、支撑现代农业生产体系建设等方面已初显成效，为科技驱动产业发展提供了一项可参考、可复制、可推广的样板。

科学出版社始终关注和高度重视"双减"专项取得的研究成果。在他们的大力支持下，我们组织"双减"专项专家队伍，在系统梳理和总结我国"化肥和农药减施增效"研究领域所取得的基础理论、关键技术成果和示范推广经验的基础上，精心编撰了"化肥和农药减施增效理论与实践丛书"。这套丛书凝聚了"双减"专项广大科技人员的多年心血，反映了我国化肥和农药减施增效研究的最新进展，内容丰富、信息量大、学术性强。这套丛书的出版为我国农业资源利用、植物保护、作物学、园艺学和农业机械等相关学科的科研工作者、学生及农业技术推广人员提供了一套系统性强、学术水平高的专著，对于践行"绿水青山就是金山银山"的生态文明建设理念、助力乡村振兴战略有重要意义。

中国工程院院士

2020 年 12 月 30 日

前　言

在片面追求粮食产量增加的大背景下，我国作为全球典型的化肥和农药投入量快速增加、粮食产量增加缓慢的国家，对化肥和农药的依赖性不断增强，成为全球化肥、农药平均施用强度最高的国家之一。据统计，我国化肥、农药的平均施用强度分别达 503.9kg/hm^2、11.05kg/hm^2，远高于世界平均水平，而利用率仅为 30%～40%，低于发达国家 15～30 个百分点，陷入农药、化肥过量投入的恶性循环。化肥和农药的过量施用导致了严重的农田面源污染与农产品质量安全等重大问题，推广使用化肥和农药的减施增效技术是实现我国农业可持续发展的最有效途径。

2015 年，农业部制定了《到 2020 年化肥使用量零增长行动方案》和《到 2020 年农药使用量零增长行动方案》，明确了大力推进化肥减量提效、农药减量控害，积极探索产出高效、产品安全、资源节约、环境友好的现代农业发展之路。立足我国当前化肥和农药减施增效的战略需求，2016 年科技部启动的首批国家科技重大专项的试点专项中设置了"化学肥料和农药减施增效综合技术研发"项目，以期构建科学的化肥和农药减施增效与高效利用理论、方法及技术体系，为减施增效模式的持续推广和应用提供技术支撑。2017 年 9 月，中共中央办公厅、国务院办公厅联合印发了《关于创新体制机制推进农业绿色发展的意见》，把农业绿色发展摆在生态文明建设全局的突出位置，明确了化肥和农药使用量零增长的基本目标，基本形成与资源环境承载力相匹配、与生产生活生态相协调的农业发展格局。2018 年 7 月，农业农村部印发了《农业绿色发展技术导则（2018—2030 年）》，将 27 项化肥和农药减施增效技术纳入我国现阶段需要重点研发的绿色生产技术之中，进一步推动了我国减施增效技术的研究和实践探索，成为农业领域的关注焦点。

近年来，化肥和农药减施增效技术蓬勃发展，并且取得了初步成效。2016 年我国化肥使用总量首次出现下降，农药使用总量更是从 2015 年起实现了"四连降"。化肥和农药减施增效技术为保障耕地质量、农产品安全提供了重要支撑，但也蕴藏着较大的安全隐患。一方面，部分减施增效技术存在污染环境和破坏生态的隐患，如畜禽粪便未经有效处理转化成的有机肥在施用过程中可能引发重金属或抗生素残留、微生物菌种二次污染等问题，生物防治病虫草害可能会造成生物入侵、生态失衡等；另一方面，不同减施增效技术的环境效应和防治效果受水文地理条件与农业种植结构影响较大，由于我国农业环境复杂、种植方式多样，同一技术在不同区域或不同作物间的实施效果有差异，甚至出现"水土不服"的情况。因此，筛选出具有针对性的、环境友好的最优技术模式，成为化肥和农药减施增效技术推广应用环节亟待解决的问题，而化肥和农药减施增效技术的环境效应则是环境友好型技术模式筛选的重要依据。

2016 年，农业部环境保护科研监测所组织中国农业大学、中国科学院地理科学与资源研究所、中国农业科学院农业资源与农业区划研究所等 42 家科研单位的 116 名科研人员组成联合研究团队承担了"十三五"国家重点研发计划项目"化肥农药减施增效的环境效应评价"（2016YFD0201200）。项目组选择代表性的区域和种植制度，建立了化肥和农药减施增效技术环境效应的监测网络系统，探讨了化肥和农药施用基线与环境效应的关系，初步开展了化肥和农药减施增效技术的环境效应评价，构建了不同尺度的评估指标体系和技术方法，从农田生态系统和区域生态环境两个尺度，对不同产区、不同类型作物化肥和农药减施增效技术示范区的农产品及其产地环境与区域大气、水及土壤环境进行了初步验证性的生态环境效应评估。为了系统反映项目组的科研成果，推动我国化肥和农药减施增效技术科学有序发展，我们撰写了本书。

限于著者水平，书中不足之处恐难避免，敬请广大读者批评指正。

著　者

2022 年 11 月

目　录

第1章 概 论

化肥和农药减施增效的环境效应评价以现有的农业、环保、科研等网络基础、数据积累和研究成果为基础，采用数据—模型—评价—应用和模式筛选思路进行全技术链条设计。通过开展化肥和农药减施增效环境效应监测指标体系与监测技术的研究，构建了化肥和农药减施增效环境效应监测网络与云数据管理平台，实现了环境效应监测数据的标准化采集和大数据分析，以解决项目基础数据来源问题；研究了化肥和农药施用基线与环境效应的关系，分别建立了田间及区域尺度的化肥和农药施用基线与环境效应关系模型；提出了减施增效技术环境效应评价的指标体系和技术方法，形成了技术规范，解决了评价的标准化问题。通过在长江中下游水稻、茶叶、设施蔬菜与苹果等项目区开展化肥和农药减施增效技术模式的环境效应综合评价，构建了环境友好型化肥和农药减施增效技术模式筛选体系，以期为实现我国化肥和农药减施增效目标、保证粮食稳产增产、加强环境友好型农业技术推广、实现农业转型升级提供保障。

1.1 研究背景

在片面追求粮食产量增加的大背景下，我国作为全球典型的化肥和农药投入量快速增加、产量慢速增加的国家，对化肥和农药的依赖性不断增强，成为全球化肥、农药平均施用强度最高的国家之一。

1.1.1 我国化肥和农药利用现状

化肥、农药作为主要生产资料对保障世界粮食生产、农产品有效供给起到了不可替代的作用。据联合国粮食及农业组织（FAO）统计，近 40 年间，化肥对粮食增产的贡献率达到 40%~65%，农药在全世界范围内每年可以挽回农作物总产量 30%~40% 的损失。

化肥、农药等作为现代农业最为重要的生产资料及增产要素，在农业生产中发挥着日益重要的作用，为保障我国农产品有效供应和促进农业农村经济发展做出巨大贡献。据分析，我国化肥施用对粮食增产的贡献大体在 40% 以上，每年农药防治面积达到 4.7 亿～5.3 亿公顷次，防治贡献率达到 70%。但是，随着由人口增长和经济发展引起的粮食需求增长，我国农作物种植面积和产量逐年增加，化肥和农药的施用也呈现出逐年增长的态势。化肥和农药的用量增长在为保障我国粮食安全做出贡献的同时也带来了一系列问题。

目前，我国已成为化肥生产和使用大国，化肥使用量占世界使用总量的比例超过 1/3，化肥的利用形势不容乐观（图 1-1）。一方面，化肥使用量的增加在促进粮食增产的同时，对粮食增产的边际贡献在逐渐下降。据统计，20 世纪 80 年代，我国每千克化肥的增产效果为 1∶20，到 21 世纪下降为 1∶5，然而化肥使用量却从 40kg/hm² 增加到 400kg/hm²，远超世界公认的 225kg/hm² 化肥施用环境安全上限。另一方面，过量施肥的现象越来越严重，而且化肥利用率低，流失严重。研究表明，我国当前的农业生产普遍存在化肥过度施用的情况，截至 2015 年底，我国农作物每亩（1 亩 ≈666.7m²，后同）的化肥用量为 29.7kg，远高于世界平均水平的 9kg/亩，是美国的 3.3 倍、欧盟的 2.8 倍。粮食作物的氮肥、磷肥、钾肥利用率分别只有 33%、24%、42%，除作物吸收外，大部分养分进入水体和土壤，造成了农业面源污染，引发了臭氧层破坏、土壤板结、重金属污染、水体污染、湖泊富营养化、生物多样性损失等一系列环境问题，也对广大居民的健康构成了威胁。

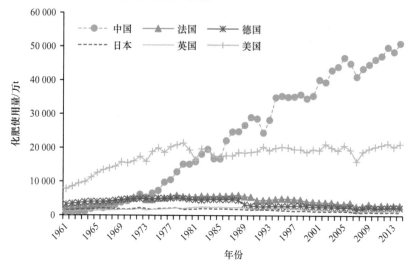

图 1-1 1961～2015 年中国与典型发达国家的化肥使用情况

此外，我国的农药使用量也很大，从 1991 年的 76.5 万 t 猛增到 2014 年的 174.04 万 t，增幅超过 120%，除了 2000 年、2001 年农药使用量略有下降，其他年份均有不同程度的增长，而农药的有效吸收率只有 15%～39%，远低于发达国家的 50%～60%（图 1-2）。未被吸收的农药渗进水体导致土壤和水体环境质量恶化，在影响农业产品安全和威胁人类健康的同时，也进一步破坏了生态的多样性。

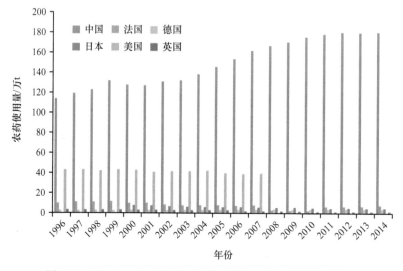

图 1-2 1996～2014 年中国与典型发达国家的农药使用情况

1.1.2 我国化肥和农药减施增效行动

化肥和农药的过量与不当使用，已经造成了严重的生态环境问题，并引发了一系列诸如食品安全、人体健康方面的社会问题，成为制约我国农业、农村可持续发展的重要因素。为此，国家高度重视化肥和农药污染的防治工作，自 1979 年颁布《中华人民共和国环境保护法（试行）》并实施 40 多年来，我国在化肥、农药合理使用等方面开展了大量工作，主要包括测土配方施肥、研发缓/控新型肥料及增效剂、禁用难降解强毒性农药、推广应用高效低毒生物农药等，从重点区域监测和绿色防控技术研发、示范推广等方面，开展了卓有成效的化肥、农药生态环境效应监测及评价工作，基本形成了覆盖全国的农业环境监测网络。近年来，结合农业环境污染事故的控制，我国组织实施了基本农田环境质量常规监测和农业污染事故应急监测、淮河流域农业环境污染调查、重点区域农业面源污染调查等重点监测工作。2014年全国农业工作会议明确提出了农业面源污染治理的"农业用水总量控制（一控）；化肥、农药施用量减少（两减）；地膜、秸秆、畜禽粪便基本资源化利用（三基本）"目标。2015 年农业部制定了《到 2020 年化肥使用量零增长行动方案》和《到 2020 年农药使用量零增长行动方案》，要求：紧紧围绕"稳粮增收调结构，提质增效转方式"的工作主线，大力推进化肥减量提效、农药减量控害，积极探索产出高效、产品安全、资源节约、环境友好的现代农业发展之路，按照"一控两减三基本"的目标，组织推进化肥、农药的减施增效工作。立足我国当前化肥和农药减施增效的战略需求，2016 年科技部启动的首批国家科技重点专项的试点专项中设置了"化学肥料和农药减施增效综合技术研发"项目，以期构建科学的化肥和农药减施增效与高效利用理论、方法及技术体系，为减施增效模式的持续推广和应用提供技术支撑。2017 年 9 月中共中央办公厅、国务院办公厅联合印发了《关于创新体制机制推进农业绿色发展的意见》，把农业绿色发展摆在生态文明建设全局的突出位置，明确了化肥、农药使用量零增长的基本目标，基本形成与资源环境承载力相匹配、与生产生活生态相协调的农业发展格局。2018 年 7 月农业农村部印发了《农业绿色发展技术导则（2018—2030 年）》，将 27 项化肥和农药减施增效技术纳入我国现阶段需要重点研发的绿色生产技术之中，进一步推动我国化肥和农药减施增效技术的研究、实践探索，成为农业领域的关注焦点。

从国际上看，目前欧美等农业发达国家基本上都经历了从化肥过量使用到适量使用的转变。随着化肥和农药减施主要依托技术的提升，美国研发了最佳管理措施（best management practice，BMP）系统；与化肥控制相关的环境标准与规范在化肥减施上发挥了重要的作用，欧洲专门建立了基于土壤中硝酸盐含量的环境质量监管体系，美国国家环境保护局（USEPA）、欧盟食品安全局（EFSA）制定了农药环境效应相关技术标准；欧洲共同体（简称欧共体）国家近年来制定了统一的作物保护政策，并将其纳入"欧洲 1992"计划；英国农业、渔业和食品部（MAFF）颁布了《农民许可使用的产品清单》，指出 88% 的农药对鱼类有害，46% 对蜜蜂有害，43% 对畜禽有害，42% 对野生动物有害；2013 年联合国环境规划署提出"全球 2020 计划"，即在全球范围内到 2020 年提高农田氮利用率 20%，节省氮肥 2000 万 t。以上这些标准、规范和技术的制定与实施有效推动了国际化肥及农药的减施增效，改善和保障了相关国家与地区的生态环境、农产品质量安全，与我国目前倡导的 2020 年化肥使用量零增长有很大程度上的一致性。

1.1.3　化肥和农药使用的生态环境效应是农业安全生产的焦点

北美、欧盟和日本等发达国家及地区高度重视化肥、农药生态环境效应的监测及评价研究。过去 10 年间以氮磷循环为重点，全球实施了一系列大型科学研究计划，包括国际氮素研究行动计划（INI）、澳大利亚的旗舰计划，以及正在制定的"氮+气候"（nitrogen+climate）计划等。从土壤微生态、水生态系统、陆生动物等方面评价农药生态环境效应的技术与方法快速发展，已涵盖生物个体、微宇宙、中宇宙、野外测试、环境监测等不同空间尺度，且关注生物个体、种群、微群落、群落等不同层次。在农药的迁移和归趋方面，已开发出适用于不同评估目的的多介质模型，如针对农药在土壤–地下水/地表水、土壤–作物、土壤根区、喷雾飘移、径流过程中的迁移转化行为，有 PELMO、PRZM、SoilFug、MACRO、GENEEC、AGDRIFT、TOXSWA、PFAM、EUSES 等模型。美国和欧盟目前均已建立了较为完善的农药生态评价体系。美国于 1992 年提出的《生态风险评估框架》（Framework for Ecological Risk Assessment）构建了农药生态风险评估体系，1998 年发布的《生态风险评估指南》（Guidelines for Ecological Risk Assessment）为农药生态风险评估提供了具体的准则，规定《联邦杀虫剂、杀菌剂和杀鼠剂法》（Federal Insecticide, Fungicide and Rodenticide Act）中提到的农药必须进行生态风险评估。欧盟于 1993 年成立农药工作组（FOCUS），先后对农药及化学品风险评估作出要求及规定，并列入欧盟委员会指令（EC Directive）91/414/EEC。2011 年，91/414/EEC 被 EC1107/2009 替代，但登记农药时仍需对其进行环境风险评估。联合国环境规划署（UNEP）、FAO、欧盟（EU）等组织机构通过开展化肥和农药生态效应评估，构建了水体–土壤–生物–大气系统污染物迁移与消长研究体系，指出农田土壤营养状况或污染程度取决于农田已有存量与肥药等外源进入量，并对适度与过量进行了明确界定。从整体上看，当前国际上化肥、农药环境效应评价研究一般主要由国际组织或国家（地区）管理机构统领，由大学等科研机构联合组织，形成了不同层面的研究梯队，基本形成了长期定位试验测定与过程模型相结合的评估体系。但监测指标、监测网络及评价技术体系尚不能支撑化肥和农药减施技术的环境效应监测与评价，尤其是缺乏化肥与农药环境效应的耦合评估技术，区域尺度上化肥和农药环境效应评估理论与实践的研究严重匮乏。

从国内的研究现状看，尽管已经建立了一些农业环境监测网络，并针对多种环境介质开展了大量有关化肥、农药环境效应的研究，但有关化肥和农药减施增效环境效应的综合评价方法，特别是化肥与农药共同减施环境效应的耦合评价方法仍然未曾建立。此外，区域尺度上农药、化肥减施增效技术环境效应评估的研究也明显不足。目前，生态环境效应评价主要涉及某个方面，缺乏从水体、土壤、大气、生物等方面进行系统全面监测与评价的研究。例如，国内施肥环境效应的研究主要是以"氮"为核心来开展的，包括以氮肥后移为核心的常规化肥减施技术、缓控释肥与稳定性复混肥减施技术、生物质炭高效安全使用技术、有机肥替代化肥技术、减肥条件下合理轮作及间套作技术等，以及不同管理技术措施对农田养分径流与淋溶损失、氨挥发、温室气体排放、硝化与反硝化作用的影响等。与国外研究相比，国内对磷、钾等其他养分生态环境效应的研究较少，大量的研究仅停留在对技术所产生的效果进行描述，对其作用机理或理论缺乏深入系统的研究。在农药环境效应研究方面，研究方法上我国主要采用国际现行通用方法，但在研究对象选择上更多考虑中国国情，如在评价对非靶标介质动物安全性方面我国主要监测对意大利蜜蜂（Apis mellifera）、中华蜜蜂（Apis cerana）等优势蜜蜂种群的安全性。另外，我国南方水田和养殖池塘相邻、沟渠河网交织，形成复杂的水环境体系，水旱轮作较为常见，为农药生态环境效应评估带来了困难。此外，我们的计划和工作缺乏全面的成本收益评估，尤其是针对化肥、农药减施节省的成本，环境和人类健康改善带来的收益，急需开展全面的环境效应评估。因此，基于我国农业环境复杂、种植方式多样、化肥和农药大量使用等现实情况，急需建立符合我国农业生产实际情况的、系统的化肥和农药生态效应评估体系，明确环境监测技术、暴露评估和生态效应评价标准，从农田生态系统和区域生态系统两个尺度科学、准确地评估化肥、农药的生态环境效应。

1.2 研究内容设计

根据"化学肥料和农药减施增效综合技术研发"试点专项 2016 年度第一批项目申报指南,化肥和农药减施增效的环境效应评价应在长江中下游水稻、茶叶、设施蔬菜与苹果等项目区实施,选择有代表性的区域与种植制度建立化肥和农药减施增效技术环境效应监测网络系统,研究化肥和农药施用基线与环境效益的关系,开展化肥和农药减施增效技术环境效应评价,构建不同尺度的评估指标体系和技术方法,并在典型区域开展示范验证。从农田生态系统和区域生态环境两个尺度,对不同产区、不同类型作物化肥和农药减施增效技术示范区的农产品、产地环境,以及区域大气、水和土壤环境进行生态环境效应评估。围绕指南要求,在充分考虑当前我国化肥和农药减施增效技术的实施现状与发展趋势基础上,项目组对研究内容进行了优化设计。

1.2.1 构建环境效应监测网络和云数据管理平台

项目依托全国农业面源污染监测网(农业部)、中国生态系统研究网络(中国科学院)、全国农业环境监测网(农业部)、全国环境监测网(环保部)及全国农业源温室气体监测网(农业部)等监测体系,开展项目区化肥和农药使用现状与环境负荷调查,建立项目区化肥和农药使用环境效应评价基准数据库;识别化肥和农药减施增效技术应用的环境影响因子,构建化肥和农药减施增效技术环境效应的监测指标体系;在我国粮食作物、经济作物、蔬菜和果树等作物典型主产区,综合考虑监测区位代表性和监测成本,研究监测点位空间区域布局和优化设计技术,建立全国化肥和农药减施增效技术环境效应监测网络系统;以长江中下游水稻、茶叶、设施蔬菜、苹果项目区为对象,针对关键因子和指标,研发生物、遥感、在线、无线传感网络等监测技术,形成相关技术产品和装备,提出农田和区域尺度的监测技术方法与规程;应用无线传感网络、"互联网+监测评价"及云计算技术,构建大数据平台;实现海量数据的离线和在线分析,为化肥和农药减施增效技术环境效应评价提供基础与数据支撑。

1.2.2 研究化肥施用基线与环境效应的关系

以建立的"云数据管理平台"为基础,利用田间试验、模型模拟与机理试验相结合的研究方法,开展典型作物氮磷化肥施用基线与水体、土壤、大气、生物等不同环境介质敏感因子的关联分析,基于农田环境背景数据,构建农田和区域尺度的"负荷–过程–效应"系统模型;确定施肥环境效应的表征性、驱动性和指示性指标,构建农田和区域尺度化肥使用的水体、土壤、大气、生物等方面环境效应评价指标体系,并完善监测评价范围和流程;提出不同尺度化肥减施增效技术环境效应的评价方法,在重点产区代表性种植模式上开展验证并优化指标体系。

1.2.3 研究农药施用基线与环境效应的关系

以建立的"云数据管理平台"为基础,基于项目区典型种植模式的农药使用历史和现况调查,选择代表性农药品种,结合监测和多介质环境暴露模型模拟技术,明确农田和区域环境土壤、水体、大气与非靶标生物体内农药及其代谢产物的暴露水平,确定农药施用基线。结合农药施用基线和模式生物的个体–种群–群落毒性效应终点来评价农药潜在的生物环境效应及量效关系，构建农田和区域尺度农药施用基线与环境效应的关系模型，并在项目区进行应用和验证；重点分析农药减施增效技术对农产品品质、农药残留、土壤、水体、大气及非靶标生物的影响，建立用于评价农药减施增效技术对农田生态环境–区域环境质量–环境生物和膳食安全影响的综合指标体系；提出不同尺度、不同类型农药使用的环境效应评价方法，并在典型区域开展示范验证。

1.2.4 开展环境效应综合评价与模式筛选及应用

结合项目区水稻、茶叶、设施蔬菜和苹果种植与生产的实际情况，厘清目标区域环境现状和主要问题。在农田尺度上，选择典型种植模式代表性地块，确定监测范围及主要环境介质和指标，根据当地情况有针对性地选用项目推荐的化肥和农药减施增效技术进行定期监测并评估技术应用的环境效应。在区域尺度上，在专项示范区选择典型、有明确边界的区域，基于当地情况，确定主要的目标环境介质，开展有针对性的多点定位动态监测，评价化肥和农药在区域农田环境中的迁移、转化、富集特征及生态效应。原则上，监测区域内合理安排若干典型、代表性的监测地块，将地块和区域监测结果进行综合分析，基于以上结果，利用项目提供的评价方法，进行区域尺度环境效应综合评价，探讨化肥、农药在不同减施情景下的耦合环境效应，筛选出环境友好的最优技术模式。

1.3 研究思路

项目依托全国农业面源污染监测网（农业部）、中国生态系统研究网络（中国科学院）、全国农业环境监测网（农业部）、全国环境监测网（环保部）及全国农业源温室气体监测网（农业部）等监测体系，有效识别了化肥和农药的施用现状及其产生的生态环境问题，系统梳理以往的研究成果和相关基础数据，识别了关键问题，构建了适合我国国情的化肥和农药减施增效环境效应监测指标体系，并研发了相关的监测技术，搭建了监测网络和云数据管理平台。在此基础上，通过化肥和农药施用基线与环境效应关系的研究及模型的构建，提出了化肥和农药减施环境效应评价的关键技术，并在项目区予以应用。

1.3.1 研究方法与技术路线

在项目实施过程中，利用文献收集、系统分析与调研的技术方法摸清了化肥和农药的施用现状及基线；以常规监测、实时监测、无线传感器监测及遥感监测为手段，构建了监测方法标准体系，提出了例行监测技术方案；应用无线传感网络、互联网及云计算技术，开展了化肥和农药减施增效的环境效应大数据平台架构设计技术研究；采用田间试验、模型模拟与机理试验相结合的研究方法，开展了水稻、茶叶、设施蔬菜和苹果等化肥、农药施用基线与环境效应关系的研究，以及化肥和农药减施增效环境效应评价技术的构建；依据文献检索、典型调研和长期定位试验的结果，利用元数据分析方法摸清了长江中下游水稻、茶叶、设施蔬菜和苹果的环境现状与主要生态问题；利用评价技术和田间验证试验，提出了环境友好型的水稻、茶叶、设施蔬菜和苹果等化肥与农药减施增效技术模式，技术路线如图1-3所示。

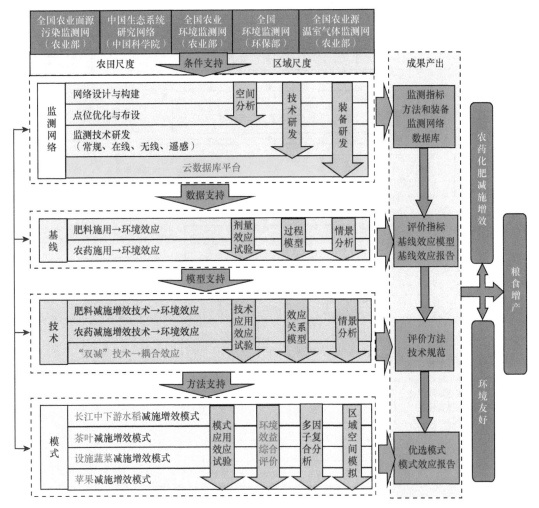

图 1-3　化肥和农药减施增效的环境效应评价研究技术路线图

1.3.2　研究任务划分

根据目标，项目共分 8 个任务（课题）开展研究（图 1-4），其中课题 1 为化肥和农药减施增效环境效应监测网络及云平台构建，主要研究内容包括构建农药和化肥减施环境效应评价基准数据库，识别化肥和农药减施技术应用的环境影响因子，建立能够表征化肥和农药减施增效环境效应的监测指标体系，研发化肥和农药减施增效环境效应的监测技术与标准，构建全国化肥和农药减施增效环境效应的监测网络系统、云数据管理平台等，该任务可独立开展。由于化肥、农药作用于作物的机理、过程及其产生的环境效应不同，项目将化肥和农药施用基线与环境效应关系的研究拆分成课题 2 和课题 3 独立开展，分别形成化肥施用基线与环境效应关系研究和农药施用基线与环境效应关系研究，这两个课题相互独立，互不隶属。在课题 2 和课题 3 的研究基础上，项目将化肥和农药减施增效技术环境效应评价方法作为一个课题单独开展研究，以形成化肥和农药减施增效环境效应的评价技术体系。此外，由于长江中下游水稻、茶叶、设施蔬菜和苹果分布区域、作物、施肥用药习惯的不同，根据需要将其各自设立为单独的课题进行研究。

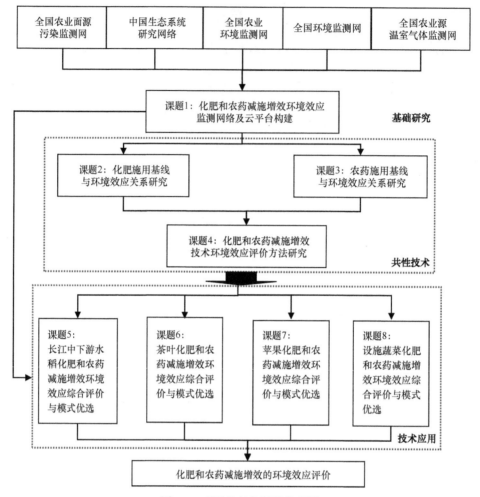

图 1-4 项目各任务逻辑关系图

项目共分 8 个任务（课题）开展相关研究，其中课题 1 主要是构建化肥和农药减施增效环境效应的监测指标体系，开展化肥和农药减施增效环境效应监测技术的研究及监测网络的构建，形成云数据管理平台，并将其作为整个项目的研究基础和数据来源。在此基础上，开展课题 2 化肥施用基线与环境效应关系研究、课题 3 农药施用基线与环境效应关系研究、课题 4 化肥和农药减施增效技术环境效应评价方法研究，并将其作为整个项目的共性技术，同时课题 2 和课题 3 研究形成的模型也将为课题 4 提供技术支撑。3 个共性课题的研究成果将直接应用在课题 5、课题 6、课题 7 和课题 8 中，而同时这 4 个课题也是 3 个共性课题的进一步延伸。

第2章 化肥和农药减施增效环境效应综合评价

有效的监测评价指标是识别、筛选及监督化肥和农药减施增效技术模式的基本工具。虽然国内关于化肥和农药环境效应监测指标的研究较多，但通常只作为农业环境质量或农业土壤质量监测评估体系的一部分，辅助评价农村环境状况。从整体上看，目前形成的监测评价指标主要针对传统的农业耕作及面源污染控制，缺乏从水体、土壤、大气、生物等方面系统全面监测与评价的指标，不能直接应用于化肥和农药减施增效技术模式环境效应的评估。针对不同区域典型的化肥和农药减施增效技术模式可能引发的环境问题和我国当前农业面源污染控制的新形势与新要求，急需基于我国复杂的农业环境、多样的种植方式，在充分考虑目前化肥和农药减施增效技术原理与特点的基础上，探索建立化肥和农药减施增效环境效应监测指标体系的基本框架与原则、方法及指标类型。考虑到化肥和农药减施增效在农田与区域尺度引发的环境问题及其表现形式的不同，采用"压力-状态-响应"（pressure-state-response, PSR）模型，分别建立了农田和区域两种尺度的化肥和农药减施增效监测指标体系，以期为我国化肥和农药减施增效技术的优选提供评价标准与准入依据，为国家和地方大规模推广应用"两减"技术提供有效的技术支撑。

2.1　典型化肥和农药减施增效技术及环境问题识别

近年来，国家农业部门高度重视化肥和农药减施增效技术的研究与推广。自从2015年农业部提出《到2020年化肥使用量零增长行动方案》和《到2020年农药使用量零增长行动方案》后，化肥和农药减施增效技术得到了蓬勃的发展，并且取得了初步成效。2016年我国化肥使用总量首次出现下降，农药使用总量更是从2015年起实现了"三连降"。2016年，为切实解决我国化学肥料和农药过量施用的问题，国家启动了"十三五"国家重点研发计划试点专项"化学肥料和农药减施增效综合技术研发"，为化肥和农药减施增效技术的持续推广与应用提供了技术支撑。2018年7月，农业农村部印发了《农业绿色发展技术导则（2018—2030年）》，将27项化肥和农药减施增效技术纳入我国现阶段需要重点研发的绿色生产技术之中，化肥和农药减施增效技术在农业生产中必将得到更加有力的研发、推广与应用。从整体上看，目前应用较为广泛的化肥和农药减施增效技术模式主要有以下五类。

2.1.1　有机肥替代化肥减施增效技术

有机肥有机质含量丰富，营养物质全面，作物容易吸收，可改良土壤，是化肥替代品的理想选择。有机肥的种类有很多，目前我国使用量最多的是畜禽粪尿与作物秸秆（Maltby, 2005）。有机肥的大量使用不仅可以缓解面源污染带来的环境压力，还具有肥效好、容易获取等优点。

2.1.2　测土配方精准施肥减施增效技术

测土配方精准施肥是我国为减少化肥施用所采取的重要举措，包括美国、丹麦、日本在内的几乎所有国家在实现化肥减量增效过程中都运用到这一方法。测土配方精准施肥是指在农业科技人员的指导下，根据作物需肥规律、土壤供肥性能和肥料效应，以土壤测试和肥料田间试验为基础，同时结合有机肥料的合理施用，提出氮、磷、钾及中微量元素等肥料的施用时期、施用数量和施用方法。测土配方精准施肥旨在调节作物需肥与土壤供肥之间的矛盾，达到高效利用肥料、提高作物产量的目的，目前已广泛应用于全国各地区各种农作物的种植之中（张亦涛等，2016）。

2.1.3　优化施肥减施增效技术

优化施肥减施增效模式即调整优化氮、磷、钾配比，促进大量元素与中微量元素配合施用，有效推动农作物种植向绿色、生态、高效发展；调优各生育期施肥比例，大力推广缓释肥料、水溶肥料和生物有机肥等高效新型肥料，通过配合运用叶面肥、微量元素肥料，提高施肥效率，减少化肥用量。除此之外，全国各土肥站根据各省土壤地力情况、各种作物需肥吸肥特性，应用国际先进的平衡施肥技术、全面活化营养技术，结合全国的土壤肥力状况和农作物对养分的需求，为农作物的生产配制了作物专用肥，真正做到"缺什么，补什么"，以最合理的配方获得最大的收益。

2.1.4　生物防治减施增效技术

生物防治，即利用天敌昆虫、有益生物、病原微生物及其代谢产物等控制病虫害的发生，对人畜安全，不污染农产品，不易产生抗药性（Shortle and Abler, 2001）。目前，我国农业生产中已经得到推广和普及的生物防治措施有很多，如以虫治虫、以分泌物治虫、以细菌治虫等（冯思静等，2010），防治效果显著，具有十分广阔的前景。

2.1.5　物理防控减施增效技术

物理防控，即利用简单工具和各种物理因素，如光、热、电、温度、湿度和放射能、声波等防治农作物病虫害。目前，国内比较常用的物理防治方法主要有光诱控、色诱控、对环境进行控温控湿，以及设置防虫网、捕杀器等。

从整体上看，目前应用较为广泛的化肥和农药减施增效技术主要有有机肥替代化肥、测土配方精准施肥、调优施肥结构、生物防治病虫害、物理防控病虫害五类。这些技术为保障耕地质量和农产品安全提供了重要支撑，但也蕴藏着较大的安全隐患。基于对典型化肥和农药减施增效技术在不同地区应用情况的调研和对相关文献的梳理，汇总了我国五类常见化肥和农药减施增效技术的特点与生态环境隐患，见表 2-1。

表 2-1　典型化肥和农药减施增效技术的特点与生态环境隐患

化肥和农药减施增效技术	具体内容	优点	特点	生态环境隐患
有机肥替代化肥	以畜禽粪尿、作物秸秆等有机质含量丰富、营养物质全面的有机肥作为化肥的替代品	肥效好，容易获取，减少化肥用量	易推广	农田重金属污染、抗生素残留、微生物菌种二次污染
测土配方精准施肥	有针对性地补充作物所需要的营养元素	高效利用肥料，提高作物产量和品质	专一性强	引发缺素症，影响农产品产量或质量
调优施肥结构	调整优化氮、磷、钾配比，促进大量元素与中微量元素配合	提高施肥效率，减少化肥用量	专一性强	出现"水土不服"、烧苗、毒害作物等情况，影响农产品产量或质量；微量元素肥还可能造成重金属污染

续表

化肥和农药 减施增效技术	具体内容	优点	特点	生态环境隐患
生物防治病虫害	利用天敌昆虫、有益生物、病原微生物及其代谢产物等控制病虫害的发生	对人畜安全，不污染农产品，不易产生抗药性	见效慢、专一性强	打破生态平衡，引发生物入侵，破坏农田生物多样性
物理防控病虫害	利用简单工具和各种物理因素防治农作物病虫害	无毒无害，不污染农产品，持续时间长	见效快	误杀害虫天敌，破坏生态平衡

实际上，这些化肥和农药施用技术并非孤立存在，在实际应用中，常常出现两种乃至多种技术的相互交叉结合。

2.2　环境效应监测指标体系设计原则和方法

开展化肥和农药减施增效环境效应监测时，首先要选择合适的监测指标。由于化肥和农药减施增效技术的实施会影响水体、生物、土壤、大气等多个环境要素，在选择监测指标时要考虑其是否具有代表性，并能从多个方面综合反映化肥和农药减施增效的环境效应。因此，为使监测与评价体系能够客观反映化肥和农药减施增效的环境效应，建立一套系统、综合、科学的指标体系尤为重要。

2.2.1　环境效应监测指标体系的设计原则

2.2.1.1　科学性原则

指标体系应建立在科学的基础上，既能准确、全面、系统地体现化肥和农药减施增效的环境效应，又能突出化肥和农药减施增效的主要目标。

2.2.1.2　主导性原则

化肥和农药施用带来的环境效应涵盖大气环境、水体环境、土壤环境、生物多样性等多方面，涉及的监测因子有很多，应针对化肥和农药施用带来的主要环境问题，结合农田、作物特性，选择那些对环境变化起关键和主导作用的因子作为监测指标。

2.2.1.3　可行性原则

从实际情况出发，根据农田/区域具体的化肥和农药施用情况、作物情况及环境情况，选择有代表性的主要指标。指标必须明确、易于监测且成本可行，对于统计类指标应尽可能与我国当前的统计类指标保持一致，而在统计上无法量化或数据不易获得及相对不太重要的指标可暂时不列入指标体系。

2.2.1.4　整体性与相关性原则

化肥和农药减施增效环境效应监测指标体系的各要素要相互联系构成一个有机整体。选取的指标包括不同层级之间、相同层级不同主题之间相互联系、相互协调的指标，从而有利于对化肥和农药减施增效环境效应监测体系框架进行整体把握。

2.2.1.5　规范性原则

指标的选择应遵循国内外公认且常见的原则，使指标符合相应的规范。

2.2.2　环境效应监测指标体系的设计方法

本研究确定化肥和农药减施增效环境效应监测指标体系时遵循如下技术路线（图 2-1）：调查我国常用化肥和农药种类及其迁移影响途径，识别化肥和农药使用可能产生的环境问题；依据文献调研和专家意见，充分考虑土壤环境类标准、水质环境类标准、大气环境类标准、农药残留类标准、污染物类标准等已建立的与环境效应评价及功能有关的指标，结合作物的环境质量与产品质量需求，并考虑监测数据、统计数据或补充调查数据的可获取性，建立化肥和农药减施增效环境效应监测指标体系的基本框架；基于化肥和农药减施增效环境效应监测指标体系的基本框架，以 PSR 模型的理论方法为基础，基于 PSR 模型对监测指标框架进行分类；结合专家咨询、频度统计等分析方法，对已分类的指标体系进行筛选和优化，最终形成基于 PSR 模型的化肥和农药减施增效环境效应监测指标体系。

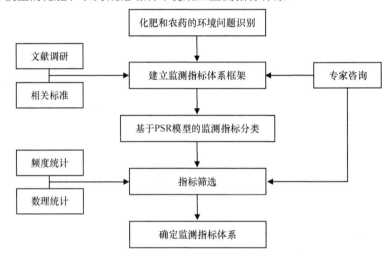

图 2-1　化肥和农药减施增效环境效应监测指标体系的设计思路

2.3　环境效应监测指标体系基本框架

充分考虑农业环境质量和土壤质量等方面已建立的与环境效应评价及功能有关的指标，结合农业种植结构、农业生产方式及典型模式对不同用地类型的土壤质量需求，并考虑统计数据或补充调查数据的可获取性，以及当前使用的主要化肥、农药品种及其环境效应，应用专家咨询、频度统计等分析方法对监测化肥和农药减施增效环境效应的各项指标进行识别与筛选，最终基于 PSR 模型构建化肥和农药减施增效环境效应监测指标体系的基本框架。

2.3.1　中国常用化肥和农药类别及其迁移影响途径

2.3.1.1　中国常用化肥及其迁移影响途径

化肥作为重要的农业外源投入之一，对我国农作物的增产增效起到了重要作用。化肥的种类有很多，而我国生产上常用的化肥主要有氮肥、磷肥、钾肥、复合肥料及微量元素肥料。根据农业部（现农业农村部）发布的《到 2020 年化肥使用量零增长行动方案》，目前我国水稻、玉米、小麦三大粮食作物的氮磷钾肥利用率分别为 33%、24%、42%。这表明，尚有大部分化肥未得到有效利用。这些施入土壤的化肥（尤其是氮肥）大部分经由土壤转化、地表径流和淋失、氨挥发、硝化和反硝化、干湿沉降等各种途径损失于环境之中（图 2-2），从而引发土壤污染、地表水体富营养化、地下水体硝酸盐污染、酸雨、臭氧层破坏等一系列生态环境问题。

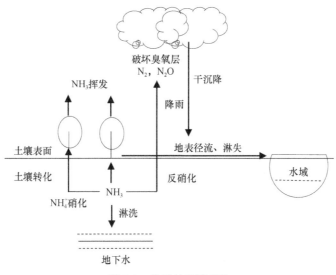

图 2-2　化肥的环境行为

2.3.1.2　中国常用农药及其迁移影响途径

农药是指用于防治农、林、牧业病虫草鼠害和其他有害生物（包括卫生害虫）及调节植物生长的药物与加工制剂。按照农药的主要防治对象可将其分为杀虫剂、杀螨剂、杀菌剂、杀线虫剂、除草剂、植物生长调节剂及杀鼠剂七大类。其中，杀虫剂、除草剂和杀菌剂为我国使用量最大的三大类农药，据 Philips Mcdougall 公司的最新调研数据，2016 年我国农药市场总销售额为 48.02 亿美元，其中除草剂 19.72 亿美元、杀虫剂 17.06 亿美元、杀菌剂 10.48 亿美元，这三大类产品销售额合计占该年农药销售总额的 98.42%。表 2-2 列举了目前我国部分常用的农药品种及其使用范围。然而，施用于作物的农药在防治病虫害的同时，也对自然环境、动物及人类的健康构成了潜在的风险。研究表明，超过 98% 的杀虫剂和 95% 的除草剂在作用于靶标生物的同时也会杀死非靶标生物，并进入土壤、水体、大气等各圈层，在各圈层中发生挥发、迁移、吸附、降解、生物代谢、生物富集等物理、化学过程，从而在整个农业生态系统中迁移或扩散（图 2-3），带来诸如立体污染、生态破坏、食品安全等一系列负面环境效应。

表 2-2　我国常用农药品种及其使用范围

序号	农药品种名称	使用范围
		杀虫剂
1	毒死蜱	水稻，小麦，玉米，棉花，马铃薯，蔬菜，甜菜，果树
2	吡虫啉	水稻，棉花
3	氯虫苯甲酰胺*	甘蓝，苹果，棉花，甘蔗，花椰菜，玉米
4	敌敌畏	苹果、梨、葡萄等果树，蔬菜，蘑菇，茶，桑，烟草
5	噻虫嗪	水稻，甜菜，油菜，马铃薯，棉花，菜豆，花生，向日葵，大豆，烟草，柑橘等果树
6	三唑磷	水稻
7	烯啶虫胺*	柑橘，棉花，水稻，甘蓝

序号	农药品种名称	使用范围
		杀虫剂
8	噻嗪酮	水稻
9	辛硫磷	花生，小麦，水稻，棉花，玉米，果树，十字花科蔬菜，桑，茶
10	异丙威	水稻
11	阿维菌素	十字花科蔬菜，梨，棉花，柑橘
12	除虫脲*	小麦，甘蓝，苹果，茶，柑橘
13	啶虫脒	水稻，棉花，十字花科蔬菜，苹果，柑橘，黄瓜
14	氟虫脲*	柑橘，苹果
15	噻螨酮	柑橘，苹果
16	苏云金芽孢杆菌*	十字花科蔬菜，梨，柑橘，水稻，玉米，大豆，茶，甘薯，高粱，烟草，枣，棉花，辣椒，桃
17	高效氯氰菊酯	十字花科蔬菜，甘蓝，棉花
18	联苯肼酯*	苹果，柑橘，辣椒
19	唑虫酰胺	十字花科叶菜，茄子
20	灭幼脲*	甘蓝
		杀菌剂
1	三环唑	水稻，小麦，玉米，棉花，苹果，柑橘，葡萄，桃
2	嘧菌酯*	葡萄，黄瓜，番茄，柑橘，香蕉，西瓜，水稻，玉米，大豆，马铃薯，冬瓜，枣，荔枝，杧果，人参
3	稻瘟灵*	水稻
4	己唑醇*	水稻，小麦，番茄，苹果，梨，葡萄
5	苯醚甲环唑*	黄瓜，番茄，苹果，梨，柑橘，西瓜，水稻，小麦，茶，人参，大蒜，芹菜，白菜，荔枝，芦笋，香蕉，三七，大豆
6	咪鲜胺*	黄瓜，辣椒，苹果，柑橘，葡萄，西瓜，香蕉，荔枝，龙眼，小麦，水稻，油菜，杧果，大蒜
7	噁霉灵*	黄瓜（苗床），西瓜，甜菜，水稻
8	春雷霉素*	水稻，番茄，柑橘，黄瓜
9	甲基硫菌灵	苹果，黄瓜，水稻，小麦，番茄
10	多菌灵	油菜，水稻，苹果，番茄
11	百菌清	黄瓜，花生，番茄，葡萄
12	噁唑菌酮	香蕉，辣椒，黄瓜，番茄，白菜，柑橘，西瓜，葡萄，苹果
13	氢氧化铜	番茄，烟草，柑橘，黄瓜
14	多抗霉素*	梨，黄瓜，苹果
		除草剂
1	丁草胺	水稻，麦类，玉米，大豆，花生，油菜，棉花，番茄，茄子，辣椒，白菜，青菜，芥菜，萝卜，甘蓝，花椰菜，菜豆，豇豆，豌豆，菠菜，芹菜，胡萝卜，茴香，西瓜
2	氰氟草酯*	水稻（秧田、直播田、移栽田）
3	五氟磺草胺	水稻田、水稻秧田
4	二氯喹啉酸	水稻（直播田、移栽田、秧田）
5	苄嘧磺隆*	水稻（直播田、移栽田、秧田），小麦田
6	噁草酮	水稻（直播田、移栽田），花生田
7	草铵膦	蔬菜地，香蕉园，木瓜园，茶园，柑橘园

续表

序号	农药品种名称	使用范围
		除草剂
8	苯噻酰草胺*	水稻（抛秧田、移栽田）
9	灭草松	水稻移栽田，花生田，春大豆田，夏大豆田，冬小麦田
10	二甲戊灵	韭菜田，烟草田，甘蓝田，夏玉米田，马铃薯田，水稻苗床
11	氟乐灵	棉花田，大豆田
12	乙草胺	水稻，小麦，玉米，大豆，花生，油菜，芝麻，马铃薯，棉花，大蒜，番茄，茄子，辣椒，小白菜，胡萝卜，豌豆，甘蔗
13	异丙甲草胺*	玉米田，花生田，大豆田，水稻移栽田，甘蔗田
14	氟吡甲禾灵	春大豆田，夏大豆田，棉花，冬油菜，花生
15	烯禾啶*	花生田，油菜田，大豆田，亚麻田，甜菜田，棉花田
16	莠去津	玉米，高粱，糜子，甘蔗，葡萄，12 年以上梨树，12 年以上苹果树，茶园，橡胶园，红松苗圃
		植物生长调节剂
1	赤霉酸	苹果，梨，葡萄，柑橘，菠萝，荔枝，龙眼，小麦，棉花，水稻，马铃薯，白菜，黄瓜
2	多效唑	苹果，荔枝，龙眼，杧果，小麦，大豆，花生，油菜，水稻
3	萘乙酸	水稻（秧田），小麦，苹果，棉花，番茄，葡萄，荔枝
4	氯吡脲	葡萄，猕猴桃，西瓜，甜瓜，枇杷，脐橙
5	芸苔素内酯	苹果、梨、葡萄、柑橘、荔枝等果树，小麦，水稻，玉米，棉花，花生，大豆，番茄，黄瓜，白菜，辣椒，茶等
6	乙烯利	柿子，香蕉，荔枝，玉米，棉花，水稻，番茄，烟草
7	噻苯隆	黄瓜，葡萄，苹果，甜瓜，棉花
8	苄氨基嘌呤	苹果，柑橘，黄瓜
9	复硝酚钠	棉花，柑橘，荔枝，水稻，番茄，黄瓜，茄子
10	单氰胺	花生，大豆，番茄，黄瓜，大蒜，杨，葡萄

注：* 为农业部所制定《种植业生产试验低毒低残留农药主要使用品种名录（2016）》推荐的农药品种

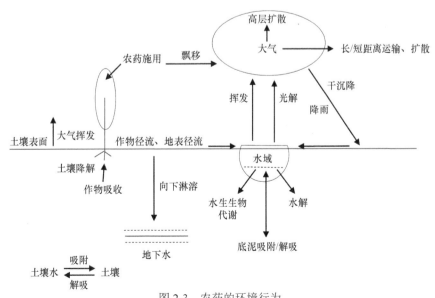

图 2-3 农药的环境行为

2.3.2　监测指标体系框架

基于对中国常用化肥和农药品种的调研以及对化肥和农药迁移的影响途径分析，明确了化肥和农药施用产生的环境效应主要涉及大气环境、土壤环境、水体环境、环境生物及作物产量和品质五大方面。以此为基础，根据前述化肥和农药减施增效环境效应监测指标体系的设计原则及方法，考虑化肥和农药减施增效带来的各类环境效应的特点，按照系统性和完整性要求，笔者以"问题"为出发点，结合文献查阅（相关专著、论文、报告、统计资料及国家已有标准）及专家咨询，对化肥和农药减施增效带来的环境效应进行系统、深入的调查与分析，并摸清相关问题、状态、措施之间的联系，识别出监测因子，建立化肥和农药减施增效环境效应监测指标体系的基本框架，结果见表2-3。

表 2-3　化肥和农药减施增效环境效应监测指标体系的基本框架

环节	因素		监测指标
背景资料	气象条件	降雨	年均降雨量、日降雨量
		蒸发	日蒸发量、年均蒸发量
		气候	气候类型
		湿度	相对湿度
		温度	年均温、日均温、日最高温度、日最低温度
		光照	日照时数、光照强度
		风	风向、风速
	田间管理	播种信息	作物品种、作物播种日期、种植密度、主要生育期、收获日期
		施肥制度	施肥时期、肥料品种、施肥量、施肥次数、施肥方法
		施药制度	施药时期、施药方法、施药面积、施药次数、施药量（浓度）、农药防治对象
		灌水信息	灌水时间、灌水次数、灌水定额、灌溉方式、灌溉定额
土壤	土壤结构及理化性质	土壤物理性质	容重、质地、孔隙度、团粒结构、机械组成
		土壤水分	水分特征曲线、田间持水量、萎蔫含水量、饱和导水率、水分含量
		土壤化学性质	pH、土壤电导率
	土壤养分库容	土壤碳库	有机质、总有机碳、活性有机碳、腐殖质碳、微生物生物量碳、微生物生物量氮
		土壤氮库	全氮、氨基酸氮、氨基糖氮、氨氮、酸解未知态氮、非酸解氮、矿质氮
		土壤磷库	全磷、有效磷、闭蓄态磷
		土壤钾库	全钾、有效钾、缓效钾、矿物钾
		土壤微量元素	全铁、全锰、全铜、全锌、全镁、全钙、有效铁、有效锰、有效铜、有效锌、有效镁、有效钙
	土壤环境效应	土壤重金属	全汞、全镉、全铬、全铅、全砷"、全铜、有效态汞、有效态镉、有效态铬、有效态铅、有效态砷、有效态铜
		氮素淋失	硝态氮、铵态氮
		土壤农药残留	主要使用农药种类残留量
大气	大气环境效应	氨挥发	NH_3 挥发通量
		温室气体排放	NO_2 排放通量、CH_4 排放通量、CO_2 排放通量
		农药残留	农药雾滴沉积量、空气中农药残留量

续表

环节	因素		监测指标
水体	地表水环境效应	氮素径流	径流水量、泥沙流失量、总氮、可溶性总氮、颗粒态氮、有机态氮、硝态氮、铵态氮
		磷素径流	总磷、可溶性总磷、磷酸盐、颗粒态磷、可溶性有机磷
		水质	pH、生化需氧量、化学需氧量、溶解性总固体、可溶性盐分、总有机碳
		农药残留	主要使用农药种类残留量
	地下水环境效应	氮素径流	淋溶水量、总氮、铵态氮、硝态氮、可溶性有机氮、可溶性有机碳
		磷素径流	总磷、可溶性总磷、磷酸盐、颗粒态磷、可溶性有机磷
		水质	pH、可溶性盐分、溶解性总固体
		农药残留	主要使用农药种类残留量
环境生物	土壤生物	土壤微生物	土壤细菌群落多样性、土壤真菌群落多样性
		土壤动物	土壤动物数量（需测动物视农药品种不同而有所差异）、土壤动物多样性
		土壤植物	土壤杂草种子库
	水生生物	水体微生物	水体微生物数量
		浮游植物	藻类种类、藻类数量、藻类多样性指数
		浮游动物	贝类体内农药残留、主要使用农药对代表性浮游动物的毒性
		底栖动物	主要使用农药对代表性底栖动物的毒性、底栖动物多样性
		鱼类	鱼类对农药的敏感性
	其他生物	昆虫	昆虫对农药的敏感性
		鸟类	主要使用农药种类对鸟类的毒性
作物	产量	生物量	籽粒/果实产量、地上部分生物量动态
		养分	籽粒/果实含碳量、籽粒/果实含氮量、地上部生物含碳量、地上部生物含氮量
	品质	重金属残留	重金属含量（需测重金属类别视作物的不同而有所差异）
		农药残留	主要使用农药种类残留量
科技与管理	化肥和农药科技进步水平	化肥和农药基础设施建设水平	化肥深施机拥有量、机动喷雾（粉）机拥有量
		化肥和农药科技推广水平	科学施肥技术入户率、科学施肥技术覆盖率、科学施肥技术到位率、主要农作物绿色防控覆盖率
		化肥和农药科技现代化水平	新型肥料占比、高效低毒农药占比
	农艺措施改进	种植结构调整	受污染耕地安全利用率（主要考虑通过种植结构调整而得到安全利用的耕地比例）
	化肥和农药管理制度	宣传	化肥和农药减量增效技术宣传度（主要考虑农户对化肥和农药减量增效技术的认知率）
		监测	化肥和农药监测体系建设程度
		政策制定	化肥和农药减量命令控制型政策建设水平、化肥和农药减量公众参与型政策建设水平、化肥和农药减量经济激励型政策建设水平

注：a. 砷（As）为非金属，鉴于其化合物具有金属性，本书将其归为重金属一并统计

　该基本框架的建立主要考虑七大环节共 173 个指标，具体如下。

（1）背景资料

主要包括化肥和农药施用农田/地区的气象条件与田间管理措施两大要素，共计 35 个指标。其中，气象条件考虑降雨、蒸发、气候、湿度、温度、光照、风 7 个子要素；田间管理考虑播种信息、施肥制度、施药制度、灌水信息 4 个子要素。

（2）土壤

主要包括土壤结构及理化性质、土壤养分库容、土壤环境效应三大要素，共计 59 个指标。其中，土壤结构及理化性质考虑土壤物理性质、土壤水分及土壤化学性质 3 个子要素；土壤养分库容考虑土壤碳库、土壤氮库、土壤磷库、土壤钾库、土壤微量元素 5 个子要素；土壤环境效应考虑土壤重金属、氮素淋失及土壤农药残留 3 个子要素。

（3）大气

主要考虑化肥和农药施用带来的大气环境效应，包括氨挥发、温室气体排放及农药残留 3 个子要素，共计 6 个指标。

（4）水体

主要考虑地表水和地下水环境效应两大要素，共计 35 个指标。地表水和地下水环境效应均考虑氮素径流、磷素径流、水质及农药残留 4 个子要素。

（5）环境生物

主要考虑土壤生物、水生生物及其他生物三大要素，共计 16 个指标。其中，土壤生物包括土壤微生物、土壤动物及土壤植物 3 个子要素；水生生物包括水体微生物、浮游植物、浮游动物、底栖动物及鱼类 5 个子要素；其他生物包括昆虫及鸟类 2 个子要素。

（6）作物

主要考虑作物的产量和品质两大要素，共计 8 个指标。其中，产量包括生物量和养分 2 个子要素；品质包括重金属残留和农药残留 2 个子要素。

（7）科技与管理

主要考虑化肥和农药科技进步水平、农艺措施改进及化肥和农药管理制度三大要素，共计 14 个监测指标。其中，化肥和农药科技进步水平考虑化肥和农药基础设施建设水平、化肥和农药科技推广水平、化肥和农药科技现代化水平 3 个子要素；农艺措施改进考虑种植结构调整 1 个子要素；化肥和农药管理制度考虑宣传、监测及政策制定 3 个子要素。

2.3.3　基于 PSR 模型的化肥和农药减施增效环境效应监测指标分类

PSR 模型是联合国经济合作与发展组织（OECD）和联合国环境规划署（UNEP）以"人类活动对环境施加一定的压力""环境改变了其原有的性质或自然资源的数量（状态）""人类社会采取一定的措施对这些变化做出反应，以恢复环境质量或防治环境退化"的因果关系为基础而提出的。其突出了环境受到压力和环境退化之间的因果关系，压力、状态、响应 3 个环节相互制约、相互影响，反映了决策和制定对策措施的全过程。因此，本研究借鉴 PSR 模型作为化肥和农药减施增效环境效应监测指标体系的基本框架，对前文建立的监测指标体系框架按照压力、状态、响应 3 个子系统进行分类，分类思路如图 2-4 所示。

在 PSR 模型中，"压力"主要是指人类活动对自然环境的影响，是环境的直接压力因子，主要表现为化肥、农药的投入情况；"状态"是指环境在上述压力下所处的状况，主要表现为农田或区域尺度的生态环境污染水平；"响应"过程是指人类社会采取一定的措施对这些变化做出反应，以恢复环境质量或防止环境退化。针对 2.3.2 部分所建立的监测指标体系基本框架，以化肥和农药减施增效的环境效应为目标层，以压力、状态、响应为要素层对指标进行分类，具体分类结果见表2-4。

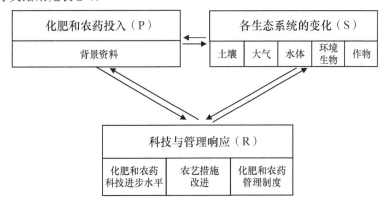

图2-4　化肥和农药减施增效环境效应监测指标体系的PSR模型框架

表2-4　基于PSR模型的化肥和农药减施增效环境效应监测指标体系分类

目标层	要素层	子要素层	指标层
化肥和农药减施增效的环境效应	压力	C1 气象条件	年均降雨量、日降雨量、日蒸发量、年均蒸发量、气候类型、相对湿度、年均温、日均温、日最高温度、日最低温度、日照时数、光照强度、风向、风速
		C2 田间管理	作物品种、作物播种日期、种植密度、主要生育期、收获日期、施肥时期、肥料品种、施肥量、施肥次数、施肥方法、施药时期、施药方法、施药面积、施药次数、施药量（浓度）、农药防治对象、灌水时间、灌水次数、灌水定额、灌溉方式、灌溉定额
	状态	C3 土壤结构及理化性质	容重、质地、孔隙度、团粒结构、机械组成、水分特征曲线、田间持水量、萎蔫含水量、饱和导水率、水分含量、pH、电导率
		C4 土壤养分库容	有机质、总有机碳、活性有机碳、腐殖质碳、微生物生物量碳、微生物生物量氮、全氮、氨基酸氮、氨基糖氮、氨氮、酸解未知态氮、非酸解氮、矿质氮、全磷、有效磷、闭蓄态磷、全钾、有效钾、缓效钾、矿物钾、全铁、全锰、全铜、全锌、全镁、全钙、有效铁、有效锰、有效铜、有效锌、有效镁、有效钙
		C5 土壤环境效应	全汞、全镉、全铬、全铅、全砷、全铜、有效态汞、有效态镉、有效态铬、有效态铅、有效态砷、有效态铜、硝态氮、铵态氮、主要使用农药种类残留量
		C6 大气环境效应	NH_3 挥发通量、NO_2 排放通量、CH_4 排放通量、CO_2 排放通量、农药雾滴沉积量、空气中农药残留量
		C7 地表水环境效应	径流水量、泥沙流失量、总氮、可溶性总氮、颗粒态氮、有机态氮、硝态氮、铵态氮、总磷、可溶性总磷、磷酸盐、颗粒态磷、可溶性有机磷、pH、生化需氧量、化学需氧量、溶解性总固体、可溶性盐分、总有机碳、主要使用农药种类残留量
		C8 地下水环境效应	淋溶水量、总氮、铵态氮、硝态氮、可溶性有机氮、可溶性有机碳、总磷、可溶性总磷、磷酸盐、颗粒态磷、可溶性有机磷、pH、可溶性盐分、溶解性总固体、主要使用农药种类残留量
		C9 土壤生物	土壤细菌群落多样性、土壤真菌群落多样性、土壤动物数量、土壤动物多样性、土壤杂草种子库
		C10 水生生物	水体微生物数量、藻类种类、藻类数量、藻类多样性指数、贝类体内农药残留、主要使用农药对代表性浮游动物的毒性、主要使用农药对代表性底栖动物的毒性、底栖动物多样性、鱼类对农药的敏感性
		C11 其他生物	昆虫对农药的敏感性、主要使用农药种类对鸟类的毒性

续表

目标层	要素层	子要素层	指标层
化肥和农药减施增效的环境效应	状态	C12 作物	籽粒/果实产量、地上部分生物量动态、籽粒/果实含碳量、籽粒/果实含氮量、地上部生物含碳量、地上部生物含氮量、重金属含量、主要使用农药种类残留量
	响应	C13 化肥和农药科技进步水平	化肥深施机拥有量、机动喷雾（粉）机拥有量、科学施肥技术入户率、科学施肥技术覆盖率、科学施肥技术到位率、新型肥料占比、主要农作物绿色防控覆盖率、高效低毒农药占比
		C14 农艺措施改进	受污染耕地安全利用率
		C15 化肥和农药管理制度	化肥和农药减量增效技术宣传度、化肥和农药监测体系建设程度、化肥和农药减量命令控制型政策建设水平、化肥和农药减量公众参与型政策建设水平、化肥和农药减量经济激励型政策建设水平

2.4　化肥和农药减施增效环境效应监测指标筛选

综合利用理论分析、频度统计和专家咨询等技术手段，对构建的化肥和农药减施增效环境效应监测体系基本框架进行筛选，确定了由 76 个指标组成的化肥和农药减施增效环境效应监测重点指标集，具有较强的层次性和系统性。

2.4.1　监测指标筛选方法

本研究采用理论分析、频度统计和专家咨询相结合的方法初步确定了水稻农田与区域尺度的化肥和农药减施增效环境效应监测指标体系。具体筛选方法如下。

1. 理论分析法

基于对化肥和农药减施增效环境效应的调查及对环境问题形成机理的分析，明确了化肥和农药在水稻生产中的施用主要涉及地表水及地下水环境、土壤环境、大气环境、环境生物、水稻品质及产量等方面。在此理论分析基础上，从 PSR 模型构建原理出发，参考已有的，特别是与农田相关的水质环境类标准、土壤环境类标准、大气环境类标准、农产品重金属残留类标准、农产品农药残留类标准等与环境效应评价或功能有关的指标，查阅大量化肥、农药监测和评估类文献资料，筛选出相对重要的、能较好反映受化肥和农药或者化肥和农药减施技术影响的敏感指标。

2. 频度统计法

统计指标在国内外农田化肥和农药监测、农田生态环境监测等相关文献中的使用次数与频率，充分考虑理论分析对指标体系系统性和完整性的要求，结合农户问卷调查结果，有选择地筛除低频指标，保留高频指标。采用频度统计法对指标集合进行初步筛选，即利用百度学术作为检索引擎，对被筛指标进行检索，以其出现频次作为参考进行指标初筛。

频度统计的具体操作方法：对于与化肥或农药相关的任一指标，以"'化肥'and'指标'"或"'农药'and'指标'"为检索关键词在百度学术引擎中进行检索，记录各自频次；而对于与化肥和农药都相关的指标，分别以"'化肥'and'指标'"和"'农药'and'指标'"进行检索后，以两者的频次之和作为最终频次。根据频度统计结果，筛除低频指标，保留高频指标，得到筛选结果。

3. 专家咨询法

就指标筛选问题开展专家咨询会，与专家进行咨询对接，对指标进行调整精炼，得到初步构建的水稻化肥和农药减施增效环境效应监测指标体系，部分指标进行二次频度统计筛选。

2.4.2 监测指标筛选结果

2.4.2.1 化肥和农药投入（压力 P）指标筛选

1. 频度统计初步筛选结果

对化肥和农药投入（压力 P）要素层的气象条件（C1）子要素层各监测指标的使用频次进行统计，检索结果表明气象条件（C1）的各指标出现频次均有上万条，分布均匀，因此对该层次 14 个指标全部予以保留。

对化肥和农药投入（压力 P）要素层的田间管理（C2）子要素层各监测指标的使用频次进行统计（图 2-5），结果表明作物品种、施肥时期、肥料品种、施肥量、施肥方法、施药时期、施药方法、施药次数、施药量（浓度）、农药防治对象、灌水时间和灌溉定额 12 个指标出现频次较高，初步确定这 12 个指标为田间管理（C2）子要素层的监测指标。

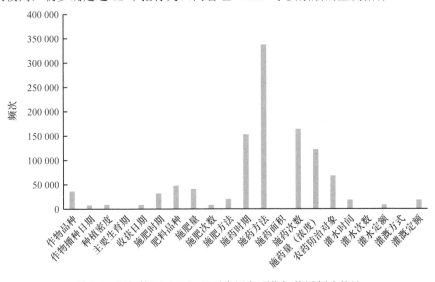

图 2-5　田间管理（C2）子要素层各项指标使用频次统计

2. 二次筛选

对压力（P）要素层各指标的初步筛选结果进行理论分析：气象条件（C1）子要素层各监测指标在化肥和农药减施增效环境效应监测中属于较易获取的背景资料，且各指标处于化肥和农药减施增效环境效应评价的前端，并不直接引发相关环境效应，与化肥和农药减施增效环境效应的相关性较小，故全部筛除。压力（P）要素层的田间管理（C2）子要素层各监测指标虽处于化肥和农药减施增效环境效应评价的前端，但这些田间投入类指标是后续环境效应评价的必备基础资料，故全部予以保留，不做二次筛选。最终压力（P）要素层保留 12 个指标。

2.4.2.2 各生态系统的变化（状态 S）指标筛选

1. 土壤结构及理化性质（C3）

对各生态系统的变化（状态 S）要素层的土壤结构及理化性质（C3）子要素层各监测指标的使用频次进行统计（图 2-6），结果表明土壤容重、质地、孔隙度、水分含量、pH 5 个指标出现频次较高，初步确定这 5 个指标为土壤结构及理化性质（C3）子要素层的监测指标。对初步筛选结果进行分析，初步筛选的 5 个指标能够较为全面地反映土壤的结构及理化性质且与监测目标相关性较大，故不做二次筛选。

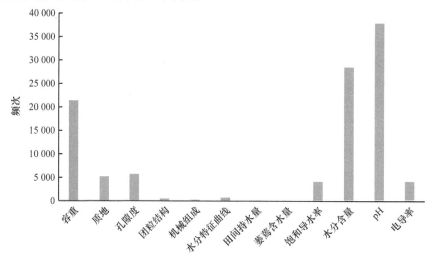

图 2-6 土壤结构及理化性质（C3）子要素层各项指标使用频次统计

2. 土壤养分库容（C4）

对各生态系统的变化（状态 S）要素层的土壤养分库容（C4）子要素层各监测指标的使用频次进行统计（图 2-7），结果表明有机质、全氮、全磷、有效磷、全钾、有效钾 6 个指标出现频次较高，初步确定这 6 个指标为土壤养分库容（C4）子要素层的监测指标。

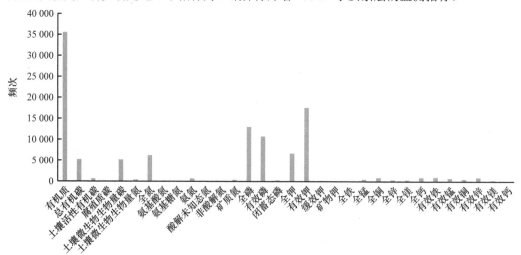

图 2-7 土壤养分库容（C4）子要素层各项指标使用频次统计

对初步筛选结果进行分析：初步筛选的 6 个指标较为全面地反映了土壤碳、氮、磷、钾四大养分库容状态，筛选结果较为理想，全部指标予以保留。

3. 土壤环境效应（C5）

对各生态系统的变化（状态 S）要素层的土壤环境效应（C5）子要素层各监测指标的使用频次进行统计（图 2-8），结果显示全铬、全铜、有效态镉、有效态铬、有效态铅、有效态铜、硝态氮、铵态氮、主要使用农药种类残留量 9 个指标频次较高，但总体而言，本子要素层各监测指标的使用频次均高于万次，因此所有指标（15 个）均予以保留。如果将化肥施用技术及其带来的环境效应视为因果链，则土壤中硝态氮、铵态氮的累积处于地下水硝酸盐过量的前端，因此，监测地下水中硝态氮与铵态氮的含量比监测土壤中硝态氮、铵态氮的含量更能直接反映过量施肥引起的地下水污染问题。故筛除土壤中硝态氮、铵态氮含量两个指标，最终确定保留全汞、全镉、全铬、全铅、全砷、全铜、有效态汞、有效态镉、有效态铬、有效态铅、有效态砷、有效态铜、主要使用农药种类残留量 13 个指标。

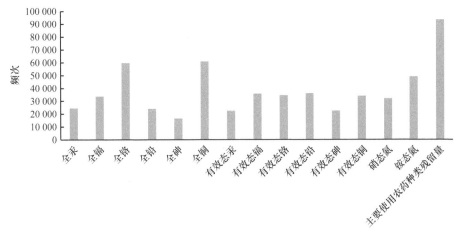

图 2-8　土壤环境效应（C5）子要素层各项指标使用频次统计

4. 大气环境效应（C6）

对各生态系统的变化（状态 S）要素层的大气环境效应（C6）子要素层各监测指标的使用频次进行统计（图 2-9），结果显示除农药雾滴沉积量外，其余各指标检索频次均超过万次，因此保留 NH_3 挥发通量、NO_2 排放通量、CH_4 排放通量、CO_2 排放通量及空气中农药残留量 5 个指标。

对初步筛选结果进行分析：初步筛选的 5 个指标较为全面地反映了化肥和农药给大气环境带来的影响，且相关性较高，筛选结果较为理想，均予以保留。

5. 地表水环境效应（C7）

对各生态系统的变化（状态 S）要素层的地表水环境效应（C7）子要素层各监测指标的使用频次进行统计（图 2-10），结果显示径流水量、总氮、硝态氮、铵态氮、总磷、pH、主要使用农药种类残留量 7 个指标使用频次较高，初步确定这 7 个指标为地表水环境效应（C7）子要素层的监测指标。

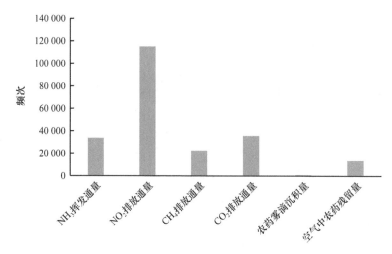

图 2-9　大气环境效应（C6）子要素层各项指标使用频次统计

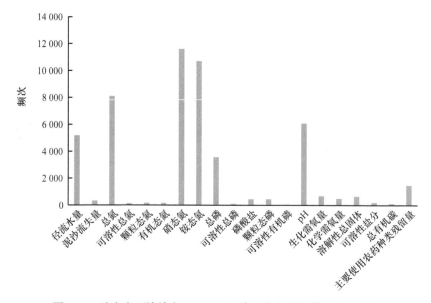

图 2-10　地表水环境效应（C7）子要素层各项指标使用频次统计

对初步筛选结果进行分析：初步筛选的 7 个指标较为全面地反映了化肥和农药给地表水环境带来的影响，且相关性较高，筛选结果较为理想，均予以保留。

6. 地下水环境效应（C8）

对各生态系统的变化（状态 S）要素层的地下水环境效应（C8）子要素层各监测指标的使用频次进行统计（图 2-11），结果显示淋溶水量、铵态氮、硝态氮、总磷、磷酸盐、pH 及主要使用农药种类残留量 7 个指标使用频次较高，初步确定这 7 个指标为地下水环境效应（C8）子要素层的监测指标。

对初步筛选结果进行分析：初步筛选的 7 个指标较为全面地反映了化肥和农药给地下水环境带来的影响，且相关性较高，筛选结果较为理想，均予以保留。

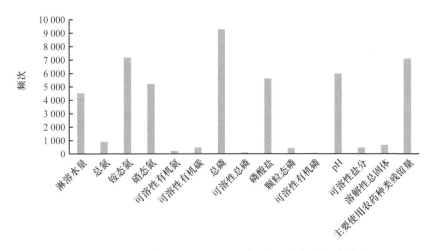

图 2-11　地下水环境效应（C8）子要素层各项指标使用频次统计

7. 土壤生物（C9）

对各生态系统的变化（状态 S）要素层的土壤生物（C9）子要素层各监测指标的使用频次进行统计（图 2-12），结果显示土壤细菌群落多样性、土壤真菌群落多样性、土壤动物数量、土壤动物种类 4 个指标使用频次较高，最终确定这 4 个指标为土壤生物（C9）子要素层的监测指标。

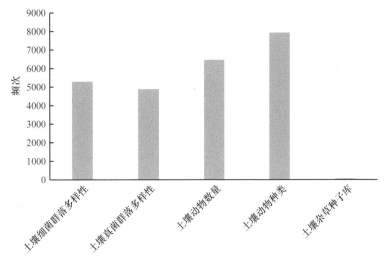

图 2-12　土壤生物（C9）子要素层各项指标使用频次统计

8. 水生生物（C10）和其他生物（C11）

对各生态系统的变化（状态 S）要素层的水生生物（C10）和其他生物（C11）2 个子要素层各监测指标的使用频次进行统计（图 2-13），结果显示底栖动物多样性、鱼类对农药的敏感性、昆虫对农药的敏感性 3 个指标使用频次较高，最终确定这 3 个指标为水生生物（C10）和其他生物（C11）子要素层的监测指标。

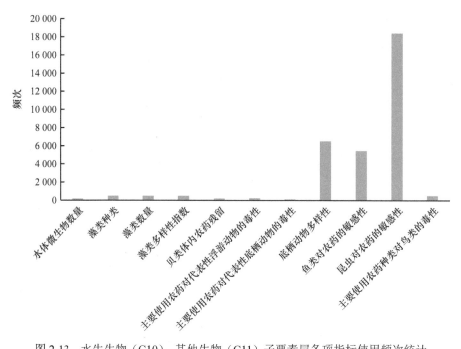

图 2-13　水生生物（C10）、其他生物（C11）子要素层各项指标使用频次统计

9. 作物（C12）

对各生态系统的变化（状态 S）要素层的作物（C12）子要素层各监测指标的使用频次进行统计（图 2-14），结果显示籽粒/果实产量、地上部分生物量动态、籽粒/果实含氮量、重金属含量及主要使用农药种类残留量 5 个指标使用频次较高，最终确定这 5 个指标为作物（C12）子要素层的监测指标。最终，状态（S）要素层保留 55 个指标。

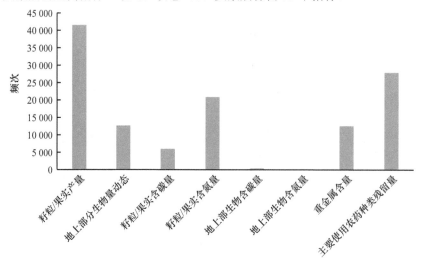

图 2-14　作物（C12）子要素层各项指标使用频次统计

2.4.2.3　科技与管理响应（R）指标筛选

1. 化肥和农药科技进步水平（C13）与农艺措施改进（C14）

对科技与管理响应（R）要素层的化肥和农药科技进步水平（C13）和农艺措施改进

（C14）2 个子要素层各监测指标的使用频次进行统计（图 2-15），结果显示化肥深施机拥有量、机动喷雾（粉）机拥有量、科学施肥技术覆盖率、主要农作物绿色防控覆盖率 4 个指标使用频次较高，确定这 4 个指标为化肥和农药科技进步水平（C13）与农艺措施改进（C14）子要素层的监测指标。

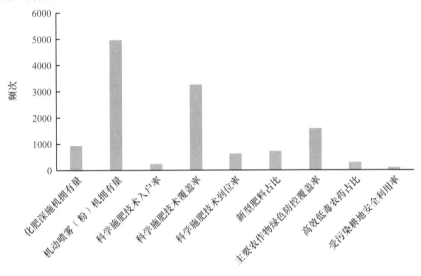

图 2-15 化肥和农药科技进步水平（C13）、农艺措施改进（C14）子要素层各项指标使用频次统计

2. 化肥和农药管理制度（C15）

考虑到本子要素层的指标较少，因此初步筛选时不做频次统计，将全部指标予以保留。最终，响应（R）要素层保留 9 个指标。

2.4.2.4 基于 PSR 模型的化肥和农药减施增效环境效应监测指标体系

对上述筛选结果进行汇总，最终建立了基于 PSR 模型的化肥和农药减施增效环境效应监测指标体系，共计 76 个指标，详见表 2-5。

表 2-5 基于 PSR 模型的化肥和农药减施增效环境效应监测指标体系

要素层	序号	监测指标
	1	作物品种
	2	施肥时期
	3	肥料品种
	4	施肥量
	5	施肥方法
	6	施药时期
压力（P）	7	施药方法
	8	施药次数
	9	施药量（浓度）
	10	农药防治对象
	11	灌水时间
	12	灌溉量

续表

要素层	序号	监测指标
	13	土壤容重
	14	土壤质地
	15	土壤孔隙度
	16	土壤水分含量
	17	土壤 pH
	18	土壤有机质
	19	土壤全氮
	20	土壤全磷
	21	土壤有效磷
	22	土壤全钾
	23	土壤有效钾
	24	土壤全汞
	25	土壤全镉
	26	土壤全铬
	27	土壤全铅
	28	土壤全砷
	29	土壤全铜
	30	土壤有效态汞
状态（S）	31	土壤有效态镉
	32	土壤有效态铬
	33	土壤有效态铅
	34	土壤有效态砷
	35	土壤有效态铜
	36	土壤主要使用农药种类残留量
	37	NH_3 挥发通量
	38	NO_2 排放通量
	39	CH_4 排放通量
	40	CO_2 排放通量
	41	空气中农药残留量
	42	地表水径流水量
	43	地表水总氮
	44	地表水硝态氮
	45	地表水铵态氮
	46	地表水总磷
	47	地表水 pH
	48	地表水主要使用农药种类残留量
	49	地下水淋溶水量

续表

要素层	序号	监测指标
状态（S）	50	地下水总氮
	51	地下水铵态氮
	52	地下水硝态氮
	53	地下水总磷
	54	地下水磷酸盐
	55	地下水主要使用农药种类残留量
	56	土壤细菌群落多样性
	57	土壤真菌群落多样性
	58	土壤动物数量
	59	土壤动物种类
	60	底栖动物多样性
	61	鱼类对农药的敏感性
	62	昆虫对农药的敏感性
	63	籽粒/果实产量
	64	地上部分生物量动态
	65	籽粒/果实含氮量
	66	重金属含量
	67	作物主要使用农药种类残留量
响应（R）	68	化肥深施机拥有量
	69	机动喷雾（粉）机拥有量
	70	科学施肥技术覆盖率
	71	主要农作物绿色防控覆盖率
	72	化肥和农药减量增效技术宣传度
	73	化肥和农药监测体系建设程度
	74	化肥和农药减量命令控制型政策建设水平
	75	化肥和农药减量公众参与型政策建设水平
	76	化肥和农药减量经济激励型政策建设水平

2.4.3 农田及区域不同评价尺度上的指标选择

要想准确评价化肥和农药减施增效技术的环境效应，首先要确定化肥和农药减施增效环境效应评估的相关系数。为此，需要构建农田尺度的化肥和农药减施增效环境效应监测指标体系，支撑测算各类技术模式在农业应用过程中的化肥和农药流失量与流失系数、生态环境效应变化系数及农产品产量和品质增加系数等，反映该技术模式的直接环境效应，这些系数为我国在区域尺度上评估化肥和农药减施增效举措的综合环境效应奠定了基础。考虑到农田和区域环境问题表征的差异性，从已建立的监测指标体系中筛选合适的指标，构建不同尺度的化肥和农药减施增效环境效应监测指标体系，同时结合理论分析，对监测指标体系进行反复修改和讨论，最终得到农田和区域尺度的化肥和农药减施增效环境效应监测指标体系。

2.4.3.1 农田尺度的化肥和农药减施增效环境效应监测指标体系

开展农田尺度的监测评估工作是为了评估监测农田作为试验示范区的具体效果或该农田上某一化肥和农药减施增效技术的实施效果。基于这一目的,可充分借助由农业面源污染排放系数确定的相关成果,构建农田尺度的化肥减施增效环境效应监测指标体系。该指标体系由必测因子和选测因子两部分组成。

1. 必测因子

必测因子由压力指标、状态指标、响应指标 3 个层次构成,覆盖与化肥和农药施用相关的水体、土壤、大气、生物等环境相关指标,主要用来体现与化肥和农药施用相关的水体富营养化、环境酸化、温室效应、臭氧层破坏、土壤肥力降低等环境效应类型,具体指标种类见表 2-6。

表 2-6 农田尺度的化肥和农药减施增效环境效应监测指标体系(必测)

指标层次	指标定义		具体指标
压力指标	化肥具体施用情况		化肥种类、施用方式、施用频次、施用量
	农药具体施用情况		农药种类、施用方法、施用时期、施用量
状态指标	水体环境	地下水	地下淋溶损失的总氮和硝态氮,地下淋溶损失的农药[a]
		地表水	地表径流损失的总氮和总磷,地表径流损失的农药[a]
	大气环境		碳氮痕量气体(NH_3、CH_4、N_2O)
	土壤环境		土壤硝态氮和有效磷,土壤农药残留量
	环境生物		指示性生物多样性和数量
	作物		作物产量(粮食和蔬菜作物)或品质(果树、茶叶等经济作物)
响应指标	科技与管理水平		根据监测农田采用的不同化肥和农药减施增效技术来选择,至少包含一项

注: a 表示农药应为监测农田使用量最大、施用范围最广的 1 或 2 种农药

由于我国生态类型区各异,作物种类和种植模式众多,因此,对于不同区域、不同作物或种植模式,评价指标体系会有所差别。

(1)水体环境效应方面的差别

对于北方小麦、玉米、设施蔬菜等作物,化肥与农药对水体的影响一般只涉及地下水而不包括地表水,因此选择的指标主要是淋溶损失的总氮和硝态氮。而对于南方水稻、茶叶等作物,化肥与农药影响地下水和地表水,因此径流损失的总氮和总磷、淋溶损失的硝态氮都包括在内。而对于果树,考虑其根系较深,地下淋溶量相对较少,因此水体环境效应指标方面只包括径流损失的总氮和总磷。

(2)温室效应方面的差别

对于水稻田(单季稻、双季稻),包括 CH_4、N_2O 排放;对于水稻之外其他的作物,则只考虑 N_2O 排放。

2. 选测因子

由于不同的化肥和农药减施增效技术具有不同的特性,产生的环境效应也有所差异,因此还需确定各技术模式的选测因子,使整个监测指标体系更具针对性。本研究设计了 5 种我

国常见化肥和农药减施增效技术模式的选测因子，使之与表 2-6 中的必测因子一起构成 5 类减施增效技术各自完整的监测指标体系。具体指标种类见表 2-7。

表 2-7　农田尺度的化肥和农药减施增效环境效应监测指标体系（选测）

技术名称	指标层次	指标定义		具体指标
有机肥替代化肥	状态指标	水体环境	地下水	地下水总镉、总铜和总锌浓度
			地表水	地下水总镉、总铜和总锌浓度
		土壤环境		土壤总镉、总铜和总锌浓度
		环境生物		地表水粪大肠菌数，土壤蚯蚓数量和微生物生物量
	响应指标	科技与管理水平		有机肥占总施肥量比例
测土配方精准施肥	响应指标	科技与管理水平		测土配方施肥技术覆盖率
调优施肥结构	状态指标（微肥选测）	土壤环境		土壤重金属浓度（根据施用的微肥成分确定 1～2 种）
	响应指标	科技与管理水平		调优肥料占总施肥量比例
生物防治病虫害	状态指标	动物		生物多样性指数，防治害虫及其天敌数量
	响应指标	科技与管理水平		农作物生物防治覆盖率
物理防控病虫害	状态指标	动物		生物多样性指数，防治害虫及其天敌数量
	响应指标	科技与管理水平		农作物物理防控覆盖率

需要注意的是，由于生物防治技术具有见效慢、持续时间长的特点，因此应待其效果稳定之后再做环境效应监测评估。

2.4.3.2　区域尺度的化肥和农药减施增效环境效应监测指标体系

由于不同农作物在生长过程中会产生不同的环境效应，因此主产农作物不同的区域指标体系也会有所差异。综合考虑区域种植情况的复杂性和生态系统的多样性，确定区域尺度化肥和农药减施增效的必测因子为化肥与农药施用强度、地表水环境质量、生物多样性指数等，具体情况见表 2-8。

表 2-8　区域尺度的化肥和农药减施增效环境效应监测指标体系

指标层次	指标定义		包括的具体指标
压力指标	化肥具体施用情况		化肥施用强度
	农药具体施用情况		农药施用强度
状态指标	水体环境	地表水（非流域选测）	地表水环境质量（富营养化水平）
		地表水（流域选测）	地表水环境质量（富营养化水平、地表水环境质量达标率）
		地下水（流域选测）	地下水环境质量（地下水环境质量达标率）
	土壤环境		农用地土壤环境质量达标率
	环境生物		生物多样性指数（主要考虑农药的生物防治效应）
	作物		农作物产量
			农产品品质（主要农产品重金属残留合格率、主要农产品农药残留合格率）
响应指标	科技与管理水平		农业科技进步贡献率

2.5　关键指标监测周期及监测方法研究

围绕实用性需求，在对化肥和农药减施增效环境效应调查、对农田及区域尺度环境问题形成机理分析的基础上，充分考虑农业环境质量和土壤质量等方面已建立的与环境效应评价及功能有关的指标，结合不同农作物及种植结构、农业生产方式及典型模式对不同用地类型的土壤质量需求，考虑不同指标的属性和适用范围，并依据当前的可统计性基础条件，对筛选的指标进一步优化，研究确定了关键指标的监测周期及监测方法，以指导实际工作的开展。

2.5.1　指标稳定性分析

由于各个监测指标的属性不同，环境效应的累积时间尺度也不同，部分指标进行短期监测就能实现效应评估，但有些指标可能需要进行长期稳定监测，待效应稳定之后方能进行准确评估。笔者在查阅大量文献资料的基础上，参考已有的化肥和农药相关指标体系监测方法，结合专家访谈和农户访谈，对各监测指标变化的时间尺度进行了分析，进而指导划分指标的监测周期。根据监测指标变化的时间尺度，将其划分为缓变指标和突变指标两类。

缓变指标是指较长时间内变化相对稳定的指标。这类指标的影响因子较多，减施技术作为主要影响因子，通常需要较长时间尺度才能引起其发生变化，显现出稳定的环境效应，在一定程度上可以被人类改造利用，使其朝着有利于人类的方向发展，因此需要较长的监测周期。区域尺度的化肥和农药减施增效环境效应监测指标大多属于缓变指标。

突变指标是反应较灵敏、变化相对较快的指标。这类指标与减施技术应用与化肥和农药施用密切相关，能够迅速感应压力条件的变化，较短的监测周期就能反映减施技术的实施效果。农田尺度的化肥和农药减施增效环境效应监测指标大多属于突变指标。

2.5.2　监测周期及方法确定

在进行化肥和农药减施增效环境效应监测时，不同监测指标的监测周期和监测方法有明显差异。根据以上指标稳定性分析，参考《农田土壤环境质量监测技术规范》（NY/T 395—2012）、《农用水源环境质量监测技术规范》（NY/T 396—2000）、《农区环境空气质量监测技术规范》（NY/T 397—2000）、《土壤环境监测技术规范》（HJ/T 166—2004）、《生物多样性观测技术导则》（HJ 710—2014）、《全国生物物种资源调查技术规定（试行）》（2010 年第 27 号公告）等规范或规定，结合前人的研究总结，确定了农田和区域尺度环境效应监测指标的监测周期与方法（表 2-9 和表 2-10）。

表 2-9　农田尺度的环境效应监测指标监测周期及方法（以水稻为例）

指标层次	监测类型	监测指标	频次	监测时间	监测方法	监测周期
压力指标	农药、化肥、有机肥等具体施用情况	化肥、农药、有机肥的种类、施用方式、施用频次、施用量	1 次/年	水稻成熟或收获后	实地调研	1 年
	减施增效技术的实际应用现状	新型肥料占比、生物防治技术覆盖率、测土配方技术覆盖率、有机肥替代率、农作物物理防控覆盖率、稻种替代率	1 次/年	水稻成熟或收获后	实地调研	1 年

指标层次	监测类型	监测指标	频次	监测时间	监测方法	监测周期
状态指标	大气环境	碳氮痕量气体（CH_4、N_2O）、VOC	全年连续监测；持续淹水期：每周一次；排水、晒田期：每天一次		实地采样、模型监测、化验分析	1 年
	土壤环境	土壤硝态氮和有效磷、农药、重金属浓度	1 次/年	水稻成熟或收获后	实地采样、模型监测、化验分析	1 年
	水体环境	地表水总氮、铵态氮、硝态氮、总磷、可溶性磷、农药、重金属等浓度	5 次以上/年	单季稻：在泡田、分蘖、拔节、灌浆期采样，重点是分蘖拔节期；双季稻：在 5 月中旬、6 月下旬、8 月上旬、9 月下旬采样	实地采样、模型监测、化验分析	1 年
		地下水总氮、铵态氮、硝态氮、农药、重金属等浓度	1~2 次/年	主要灌溉期间	实地采样、模型监测、化验分析	1 年
	水稻	产量	1 次/年	水稻收获后	实地调研	1 年
		品质和农药、重金属残留率等	1 次/年	水稻收获后	实地采样、化验分析	1 年
	环境生物	多样性和数量等	1 次/年	植物生长旺盛期（花期、结果期等）	生物调查、生物观测	3 年
响应指标	科技与管理水平	化肥和农药减量增效技术宣传度、化肥和农药监测体系建设程度、田间生物检疫与管理水平	1 次/年	水稻成熟或收获后	实地调研	1 年

注：VOC 代表挥发性有机化合物（volatile organic compound）

表 2-10　区域尺度的环境效应监测指标监测周期及方法

指标层次	监测类型	监测指标	计算公式	数据来源	监测周期
压力指标	化肥具体施用情况	化肥施用强度	单位面积化肥用量 = $\dfrac{施用化肥总量}{水稻播种面积}$	相关部门、统计年鉴	1 年
	农药具体施用情况	农药施用强度	单位面积农药用量 = $\dfrac{施用农药总量}{水稻播种面积}$	相关部门、统计年鉴	1 年
状态指标	大气环境	温度变化		相关部门、统计年鉴	3 年
	土壤环境	农用地土壤环境质量达标率	农用地土壤环境质量达标率 = $\dfrac{土壤样品达标总数}{农用地土壤样品总数} \times 100\%$	相关部门、统计年鉴	3 年
		农用地土壤养分等级	根据第二次全国土壤普查及有关标准进行分级	相关部门、统计年鉴	1 年
	土壤环境	农用地土壤养分等级	根据第二次全国土壤普查及有关标准进行分级	相关部门、统计年鉴	1 年
	水体环境	富营养化水平	特征法	相关部门、统计年鉴	3 年
		地表水/地下水环境质量达标率	地表水/地下水环境质量达标率 = $\dfrac{达标监测断面个数}{监测断面总数} \times 100\%$	相关部门、统计年鉴	3 年

指标层次	监测类型	监测指标	计算公式	数据来源	监测周期
状态指标	水稻	单位面积水稻产量	单位面积水稻产量$=\dfrac{\text{水稻总产量}}{\text{水稻播种面积}}$	相关部门、统计年鉴	1年
		水稻重金属残留合格率	水稻重金属残留合格率$=\dfrac{\text{重金属残留符合国家标准的样品数}}{\text{抽样总数}}\times100\%$	相关部门、统计年鉴	3年
		水稻农药残留合格率	水稻农药残留合格率$=\dfrac{\text{农药残留符合国家标准的样品数}}{\text{抽样总数}}\times100\%$	相关部门、统计年鉴	3年
	环境生物	生物多样性指数	数理统计法	相关部门、统计年鉴	3年
响应指标	科技与管理水平	农业科技进步贡献率	农业科技进步贡献率$=\dfrac{\text{农业科技进步率}}{\text{农业总产量增长率}}\times100\%$	相关部门、统计年鉴	1年

第3章 化肥施用基线与环境效应关系

改革开放以来，随着中国农业的迅速发展，化肥等农资产品的投入和消耗逐渐提高，促进了农作物产量逐年提高，极大地满足了人民生活与社会生产的需要，但也提高了农产品生产成本，还导致了普遍性的生态风险和环境污染。以化肥为例，2016年全国使用纯养分量5984万t（数据源自《中国统计年鉴-2016》），这虽然是自1974年以来首次出现负增长，但单位面积使用量仍然是美国和欧盟的2倍多。目前中国已成为世界上第一大化肥生产和消费国。2015年4月10日，农业部印发《关于打好农业面源污染防治攻坚战的实施意见》（数据源自农科教发〔2015〕1号），制定了力争到2020年农业面源污染加剧的趋势得到有效遏制，实现"一控两减三基本"的基本目标。这是转变农业发展方式、推进现代农业建设、实现农业可持续发展和建设生态文明的重要任务。

化肥是现代作物生产不可或缺的资料，但不合理的施用加大了生态环境风险。当前中国的施肥水平远超世界公认的 $225kg/hm^2$ 化肥施用环境安全上限（张维理等，2004）。这种相较发达国家过量的投入使得化肥以各种形式流失到环境中，造成较严重的污染。有研究表明，在诸多导致环境污染的因素中，化肥的大量施用正是中国农村面源污染的主要来源之一（张维理等，2004）。它不仅破坏耕地的土壤理化性质，加快营养元素的流失，导致土壤的可持续利用水平降低，还会使作物的品质下降，如使蔬菜（特别是绿叶蔬菜）中硝酸盐含量严重超标（钟秀明和武雪萍，2007）。此外，由此引发的农业面源污染还会导致河流、湖泊富营养化，致使藻类和其他水生生物过度繁殖，争夺水体营养，水体无法接受更多的阳光，破坏水生生态系统，进而威胁人畜饮水安全（Chen et al.，2015）。

科学评价施肥的环境效应对于综合经济、生态和社会因素选择肥料类型、施肥模式，促进作物生产可持续发展具有重要的理论和现实意义。随着科学家对环境问题的认识不断深入，其逐渐发现农业生产的环境影响更为广泛（如产生温室气体、造成环境酸化等）；同时，传统的"末端控制"环境管理方式将产业过程视为独立封闭的系统，既不经济也不可行，因此评价环境影响应该考虑某一产品生产或服务活动的全过程，即"从摇篮到坟墓"的思路已成为环境管理的发展趋势。对于农业环境管理，要求全面考虑从农业生产资料生产到农产品收获全过程产生的环境风险因子。仅以肥料为例，肥料施用后除了可以通过挥发逸散、流失渗漏产生污染物，开采肥料生产原料（煤炭、石油、天然气、磷矿石、钾矿石等）、肥料生产过程也都会产生污染物［如CO、CO_2、N_2O、SO_2、总磷（TP）、化学需氧量（COD）、重金属等］。例如，氮肥生产过程中排放的废水含有浓度较高的COD、氨氮、二氧化硫、氰化物、酚类等污染物（汪家铭，2008）。除污染水体以外，化肥生产所排放的废气对环境的影响也很严重，其中合成氨阶段是温室气体排放量最大的环节。我国平均或一般水平的氮、磷肥综合碳排放系数分别为2.116t CE（标准煤）/t N 和0.636t CE/t P_2O_5，分别是国外平均水平（1.3t CE/t N、0.2t CE/t P_2O_5）的1.6倍和3.2倍；我国先进管理水平下的钾肥综合碳排放系数为0.180t CE/t K_2O，是国外平均水平（0.15t CE/t K_2O）的1.2倍（陈舜等，2015）。磷肥生产过程的污染还表现为固体废弃物的排放，以我国高浓度磷复肥生产为例，其在生产过程中会产生数以亿吨计的磷石膏堆积物，如2013年我国磷石膏产生量达到7000万t，但综合利用量只有1900万t（叶学东，2014），在露天堆放的环境中，这些固体废弃物中的磷元素和重金属会经雨水冲刷与地表径流进入水体，最终造成水体总磷超标和重金属污染。

针对以往施肥环境效应研究中的基线不清、环境敏感因子不明确、环境效应评价无法剔除污染背景影响等问题，本章选取 4 种典型作物（设施蔬菜、水稻、茶叶和苹果），通过田间观测、模型模拟、多元统计分析等方法，重点探讨了典型作物不同种植模式下氮磷肥料在水体、土壤、大气、生物等不同环境介质中的去向，进而确定化肥施用基线与环境效应的关系，为正确确定化肥施用基线和评价减施增效技术应用后的环境效应提供技术方法。

3.1　设施蔬菜化肥施用基线与环境效应关系

受传统农业种植模式和饮食文化的影响，蔬菜在我国农业生产和居民饮食结构中占有重要地位（王娟娟，2016）。传统的蔬菜种植受气候影响，存在品种单一、供给季节性与消费连续性相矛盾的问题。随着种植技术的发展，设施栽培成为我国蔬菜生产的重要方式（刘兆辉等，2001；高新昊等，2015）。设施栽培又称为保护地栽培，通常是指在人工保护设施形成的小气候条件下进行作物栽培，设施类型一般包括连栋温室、日光温室和拱棚等。设施栽培的突出特点是通过改变光温等气候条件，创造出适宜作物生长的环境因子，打破了自然因素的制约，从而使作物的产量和品质有了很大的提高。设施的创建需要一定的农业工程技术手段，因此设施栽培的发展速度和程度是衡量一个地区农业现代化水平的重要指标之一。

设施蔬菜是设施栽培最重要的组成部分。我国设施蔬菜产业从 20 世纪 80 年代开始经过 30 多年的迅猛发展，到 2013 年种植面积达到 370 万 hm^2，占蔬菜总生产面积的 18%，设施蔬菜产量 2.5 亿 t，占蔬菜总产量的 34%（董静等，2017）。在设施蔬菜生产的带动下，我国成为世界上第一大蔬菜生产和消费国（张舜，2019）。蔬菜生长期间需肥量大，但产值和效益远大于其他作物，高投入、高产出是设施蔬菜生产的突出特点。由于设施蔬菜的经济价值较高，为提高蔬菜产量、增加收入，菜农在生产过程中通常投入大量的生产资料，其中肥料的投入占很大的比例。由于缺乏科学的指导，设施蔬菜生产中化肥过量使用的现象比较普遍，尤其是进入 21 世纪后，伴随着化肥产量的快速增加，这一问题尤为严重。目前，蔬菜尤其是设施蔬菜种植普遍存在过量施肥（尤其是氮磷肥）和不合理施肥的现象，不仅对蔬菜生长造成一系列的负面影响，还导致养分流失、土壤和地下水环境污染等问题。2004 年山东省寿光市设施蔬菜生产中化肥投入的平均养分量为 N 1272kg/hm^2、P_2O_5 1376kg/hm^2、K_2O 1085kg/hm^2（刘兆辉等，2008）；甘肃省沿黄灌区设施蔬菜年际化肥养分的投入量分别为 N 1165～4865kg/hm^2、P_2O_5 1079～2960kg/hm^2、K_2O 631～3321kg/hm^2；如果算上有机肥，养分的投入量还会大幅度增加。2014 年调查显示，山东省设施番茄化肥用量 903.75kg/hm^2，位居全国第六；设施黄瓜化肥用量 1458.6kg/hm^2，位居全国第二（王娟娟，2016）。黄绍文等（2017）对 2013～2015 年我国主要菜区设施蔬菜养分投入量及设施栽培下主要蔬菜品种的肥料使用情况进行问卷式调查，结果显示我国主要菜区设施蔬菜化肥养分（N+P_2O_5+K_2O）用量平均为 1354.5kg/hm^2，华北和华东地区用量显著高于东北、华中与西南地区，设施蔬菜中化肥养分用量表现为黄瓜＞番茄＞辣椒和茄子。但设施蔬菜的推荐施肥量远低于上述值，以喜肥的黄瓜为例，N、P_2O_5、K_2O 的推荐施肥量分别是 320～500kg/hm^2、100～400kg/hm^2、240～800kg/hm^2（张福锁等，2009）。

本节以山东寿光的设施蔬菜生产为例，首先对该地区设施蔬菜的施肥现状进行调查，在此基础上设置了不同肥料用量和有机肥替代田间试验，探索了肥料施用后的环境效应，旨在为设施蔬菜生产的肥料优化管理提供科学依据。

3.1.1 研究区概况与数据获取

3.1.1.1 研究区概况

寿光市是山东省潍坊市代管县级市,位于山东省中北部、潍坊市西北部、渤海莱州湾西南岸。地处鲁中北部沿海平原区,属暖温带季风区大陆性气候。年均降雨量594mm,多集中在6～8月,年均蒸发量1834mm,年均气温12.7℃,7月最高为26.5℃,1月最低为-3.1℃,年均日照时数>2500h,年大于10℃积温为4300℃。土壤类型为潮褐土,质地粉砂壤土。

3.1.1.2 数据获取

1. 农户施肥情况调查数据

于2016年2～8月对寿光地区番茄种植户的化肥施用量进行调查,对温室土壤和灌溉水进行取样、化验及分析,其中土壤样品27份、水样36份,取样范围覆盖整个寿光蔬菜生产区。调查内容包括番茄种植过程中化肥用量和施用方式及种类、番茄品种和种植面积、灌溉水来源和用量、灌溉频率等相关信息。通过实地问卷调研统计,寿光地区设施番茄生产中普遍采用有机肥和化肥配合施用的模式,有机肥作为基肥,化肥(水溶肥)作为追肥。氮的基线用量:有机氮平均为448kg/hm^2,化学氮肥平均为490kg/hm^2,总量为938kg/hm^2。

2. 肥料环境效应试验

(1)试验地点

试验在山东省寿光市稻田镇董家稻庄二村日光温室进行。该地区属暖温带季风区大陆性气候,年均气温12.7℃。春季温度回升较快,平均气温12.9℃,月平均气温以3～4月回升最快,4月升温7.7℃。夏季天气炎热,平均气温22.0℃,日最高温度在35℃以上的时间平均每年9.8d。秋季气温逐渐降低,平均气温13.8℃,11月降温幅度最大,较10月降低7.9℃,有寒潮出现。冬季越来越暖,平均气温-1.3℃,偏高0.5℃,日气温低于-10.0℃的时间平均每年14.6d。年均降雨量594mm,季节降雨高度集中于夏季(6～8月)。全年平均降雨日数73.7d(≥0.3mm为一降雨日),7月最多,平均13.6d;1月最少,平均2.4d。年均日照时数2500h,日照百分比为57%。

(2)供试材料

供试作物为番茄(*Solanum lycopersicum*),供试土壤类型为潮褐土,质地粉砂壤土,部分理化性状见表3-1。

表 3-1 基础土壤样品的理化性质

土层深度/cm	pH	有机质/(g/kg)	全氮/(g/kg)	硝态氮/(mg/kg)	铵态氮/(mg/kg)	有效磷/(mg/kg)	有效钾/(mg/kg)
0～20	7.63	11.79	1.68	86.9	20.9	160.0	637.2
20～40	7.56	4.22	0.60	96.9	18.1	64.2	412.0
40～60	7.56	2.44	0.35	96.3	17.8	23.4	311.9
60～80	7.57	2.57	0.40	122.2	15.7	19.1	261.8
80～100	7.59	1.91	0.30	102.7	16.2	13.8	236.8

所用的有机肥为商品有机肥,商品名"新超",外观为黑色粉末,含水量35%,有机碳含量20.19%,全氮(N)含量2.49%,全磷(P_2O_5)含量3.04%,全钾(K_2O)含量2.19%,生产原料不详。基肥中所用的化肥为普通尿素、包膜尿素(释放期3个月)、磷酸二铵和氯化钾。追肥为高浓度水溶肥,商品名"墨美佳吉",养分含量12-6-40($N-P_2O_5-K_2O$)。

(3)田间试验

在当地农民习惯施肥量(BL)的基础之上,进行氮减量施用和有机氮替代化肥氮的研究。设置2个氮减量水平,分别较基线用量减少15%、30%,用S_{15}、S_{30}表示。假设有机氮的40%和化肥氮的100%当季有效,按照有效氮等量替代原则,设置4个替代水平,即有机氮分别替代化肥氮的20%、40%、60%、100%,分别用R_{20}、R_{40}、R_{60}、R_{100}表示。减量和替代交互组合,得到8个处理,分别是$S_{15}R_{20}$、$S_{15}R_{40}$、$S_{15}R_{60}$、$S_{15}R_{100}$、$S_{30}R_{20}$、$S_{30}R_{40}$、$S_{30}R_{60}$、$S_{30}R_{100}$。另设置2个全部施用化肥的处理,即减氮15%、30%后,基肥中的有机氮用化肥氮替代,分别用F_1、F_2表示。加上基线处理BL,共11个处理。由于所用肥料为复合肥,氮的减量导致各处理磷钾用量不一致,对此不再用单质化肥进行配平,而是以实际用量为准,各处理具体养分投入量见表3-2。

表3-2　各处理养分投入量　　　　　　　　　　　(单位:kg/hm^2)

处理	基肥			追肥			总量		
	N	P_2O_5	K_2O	N	P_2O_5	K_2O	N	P_2O_5	K_2O
BL	448	100	54	490	237	750	938	337	804
F_1	383	100	54	414	201	638	797	301	692
F_2	314	100	54	342	166	525	657	266	579
$S_{15}R_{20}$	466	104	56	331	160	507	797	264	563
$S_{15}R_{40}$	549	123	66	248	120	380	797	243	446
$S_{15}R_{60}$	632	141	76	165	80	253	797	221	329
$S_{15}R_{100}$	797	178	96	0	0	0	797	178	96
$S_{30}R_{20}$	383	86	46	274	133	419	657	219	465
$S_{30}R_{40}$	452	101	54	205	99	314	657	200	368
$S_{30}R_{60}$	520	116	62	137	66	210	657	182	272
$S_{30}R_{100}$	657	147	79	0	0	0	657	147	79

除F_1和F_2处理外,其余处理基肥均只施用商品有机肥,化肥作为追肥,因此经过减量与替代后,$S_{15}R_{20}$、$S_{15}R_{40}$、$S_{15}R_{60}$、$S_{30}R_{20}$、$S_{30}R_{40}$、$S_{30}R_{60}$这6个处理追肥时的化肥用量较BL处理分别下降32%、49%、66%、44%、58%、72%,$S_{15}R_{100}$、$S_{30}R_{100}$处理不追施化肥,F_1、F_2处理化肥用量较BL处理分别增加63%、34%,但追肥时化肥用量较BL处理分别减少15%、30%。

每个处理3次重复,按完全随机区组分布,南北走向,面积$15.4m^2$。2018年1月4日施用基肥,有机肥或化肥均匀撒施在地表,然后用旋耕犁翻耕,使其与土壤均匀混合,深度在10~20cm。1月9日定植,采用畦栽种植模式,番茄品种为'齐得利',是近几年当地常用的栽培品种,留8穗果,6月中旬拉秧。分别在2018年3月6日、3月25日、4月8日、4月20日、4月30日、5月9日、5月19日分7次追肥,随水冲施,灌溉方式为膜下漫灌。水泵的流量为 20m³/h，每个小区平均灌水时间为每次 1.5min，每次平均灌溉定额为 32mm。

考虑到测定氮素去向的工作量较大，本研究主要对 BL、F_1、$S_{15}R_{40}$、$S_{30}R_{40}$、$S_{30}R_{100}$ 五个处理进行了监测。

（4）测定指标

测定指标包括：土壤铵态氮、硝态氮、有效磷、有效钾、有机质和全氮含量；灌溉水和土壤渗滤液的硝态氮、铵态氮含量；土壤渗滤液体积；土壤 N_2O 和 CO_2 排放通量；土壤 NH_3 挥发通量等。

3.1.2　理论与方法

3.1.2.1　土壤渗滤液体积的测定

采用如图 3-1 所示的装置测定土壤渗滤液体积。该装置由排水用的聚氯乙烯（PVC）三通套管改进而成，左、右和底端密封，防止水渗漏。土壤渗滤液通过装置上部的小孔（直径约 0.5cm）进入装置，装置中间的大孔（直径 2cm 左右）嵌入一根 PVC 管，装置内的渗滤液通过这根 PVC 管抽出，装置的渗滤液收集面积为 0.02m²。装置埋深 1m，在填土前将打小孔部分用纱网包裹两次，然后在上边覆一层约 2cm 厚的河沙，目的是防止土壤颗粒堵塞装置。

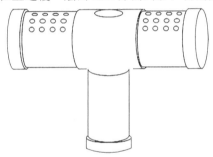

图 3-1　土壤渗滤液体积测量装置示意图

3.1.2.2　土壤 NH_3 挥发通量的测定

采用磷酸甘油法测定土壤氨挥发通量。大体做法如下：每次灌水后，将直径 15cm、高 30cm 的 PVC 管垂直压入土壤中，深度 5cm，放入 2 块直径同为 15cm、厚 2cm 的圆形海绵，两块海绵一上一下，在放入前均吸收 20mL 的 5% 磷酸甘油溶液，其中下部的海绵块吸收土壤中挥发出的 NH_3，上部的海绵块吸收外界的 NH_3，起保护作用；下次灌水前，将下部海绵块取出，放在自封袋中密封，带回实验室后，将海绵块放入 500mL 塑料瓶中，加入 2mol/L 的 KCl 溶液 300mL，振荡浸提 1h，溶液过滤后采用连续流动分析仪（SEAL AA3）测定铵态氮的浓度。

3.1.2.3　土壤 N_2O 和 CO_2 排放通量的测定

利用静态箱法采集土壤排放的 CO_2 和 N_2O 气体，具体测定过程参照 Xu 等（2015）的方法。采集方法大体如下：每次采样的时间均在灌水前一天 14:00～16:00；在幼苗期，将静态箱底座安装在小区中间位置，均匀用力使其下沿压入土壤 5cm，安装后不再移动；每次采样时，盖上盖子，槽内倒入清水使其密封，分别在 0min 和 60min 用注射器采集箱内气体 50mL，打进气袋，气体带回实验室后用气相色谱（GC-2010 Plus，日本岛津）测定 CO_2 和 N_2O 的浓度。

3.1.2.4　CO_2 和 N_2O 排放通量、氨挥发通量和无机氮淋失量的计算

按下式计算 N_2O 或 CO_2 的排放通量。

$$F = (C_1 - C_0) \times \frac{273.15}{T_1} \times \frac{1}{22.4} \times h \times M \times \frac{1}{t} \times rs \tag{3-1}$$

式中，F 为 N_2O 或 CO_2 的排放通量［$\mu g/(m^2 \cdot h)$（N_2O）或 $mg/(m^2 \cdot h)$（CO_2）］；C_1 是平衡后静态箱气体中 N_2O 或 CO_2 的浓度；C_0 是周边大气中 N_2O 或 CO_2 的浓度；T_1 为取样过程中静态箱内平均气温（K）；273.15 为标准状态下的温度（K）；22.4 为标准状态下的气体摩尔体积（L/mol）；h 为静态箱的高度（m）；M 为 N_2O 或 CO_2 的摩尔质量（g/mol）；t 为前后两个取样点的时间差（h）；rs 为换算系数，N_2O 为 1，CO_2 为 0.001。

按下式计算某个时间段内每公顷 N_2O 或 CO_2 的累积排放量。

$$F_S = F \times \Delta t \times 10\,000 \times rs \tag{3-2}$$

式中，F_S 为 N_2O 或 CO_2 的累积排放量（kg/hm^2）；Δt 为时间段的天数（d）；rs 为换算系数，N_2O 为 10^{-9}，CO_2 为 10^{-6}。

按下式计算氨挥发通量。

$$N_V = m_1 \times \frac{1}{D} \times \frac{1}{\pi R^2} \tag{3-3}$$

式中，N_V 为单位面积氨挥发通量［$mg/(m^2 \cdot d)$］；m_1 为单块海绵吸收的氨质量（mg）；D 为吸收的天数（d）；R 为海绵的半径（m）。

按下式计算无机氮淋失量。

$$N_L = (C_1 + C_2) \times V_L \tag{3-4}$$

式中，N_L 为单位面积的无机氮淋失量（kg/hm^2）；C_1、C_2 分别为渗滤液中 $NO_3^- \text{-N}$、$NH_4^+ \text{-N}$ 的浓度（mg/L）；V_L 为每公顷渗滤液的体积（L）。

3.1.2.5　氮素表观平衡的计算

参考樊兆博等（2011）的方法计算 0～100cm 土层的氮素表观平衡，公式如下：

$$N_{Res,before} + N_{Org} + N_{Che} + N_{Irri} = N_{Res,after} + N_{Pl} + N_{Lea} + N_{Gas} + N_{Balance} \tag{3-5}$$

式中，$N_{Res,before}$ 为试验开始前 0～100cm 土壤剖面的无机氮累积量；N_{Org} 为有机肥带入的氮量；N_{Che} 为化肥带入的氮量；N_{Irri} 为灌溉水带入的无机氮量；$N_{Res,after}$ 为试验结束后 0～100cm 土壤剖面的无机氮累积量；N_{Pl} 为植物吸收的氮量；N_{Lea} 为无机氮的淋失量；N_{Gas} 为以气态形式损失的氮量，包括 $N_2O\text{-N}$ 和 $NH_3\text{-N}$ 两部分；$N_{Balance}$ 为氮素表观平衡量。以上变量的单位均为 $kg\ N/hm^2$。在计算土壤中残留的无机氮量时，0～20cm、20～40cm、40～60cm、60～80cm、80～100cm 土层的土壤容重分别按 $1.15g/cm^3$、$1.25g/cm^3$、$1.35g/cm^3$、$1.45g/cm^3$、$1.55g/cm^3$ 计算。

3.1.3　设施番茄有机肥替代化肥的氮素平衡

3.1.3.1　土壤 N_2O、CO_2、NH_3 排放通量和累积排放量

定植后第 79 天，土壤 N_2O 的排放通量在 0.056～0.300$\mu g/(m^2 \cdot h)$，$S_{15}R_{40}$ 处理最大，$S_{30}R_{40}$

处理最小，两者差异显著（表 3-3）。与 BL 处理相比，$S_{30}R_{40}$ 处理土壤 N_2O 排放通量显著降低，幅度为 52.9%；F_2、$S_{15}R_{40}$、$S_{30}R_{100}$ 处理土壤 N_2O 排放通量分别增加 25.2%、152.1%、47.1%，其中 $S_{15}R_{40}$ 和 $S_{30}R_{100}$ 处理显著增加。定植后第 105 天，土壤 N_2O 的排放通量在 $0.012\sim0.025\mu g/(m^2\cdot h)$，各处理之间均没有显著差异（表 3-3）。与 BL 处理相比，$S_{30}R_{100}$ 处理的土壤 N_2O 排放通量无明显变化，F_2、$S_{15}R_{40}$、$S_{30}R_{40}$ 处理土壤 N_2O 排放通量分别降低 31.7%、32.0%、52.0%。定植后第 115 天，土壤 N_2O 排放通量在 $0.024\sim0.040\mu g/(m^2\cdot h)$，BL 处理最高，$S_{30}R_{40}$ 处理最低。与 BL 处理相比，F_2、$S_{15}R_{40}$、$S_{30}R_{40}$、$S_{30}R_{100}$ 处理土壤 N_2O 排放通量分别降低 25.0%、32.5%、40.0%、15.0%，除 $S_{30}R_{40}$ 处理外其余处理均差异不显著。定植后第 124 天，土壤 N_2O 排放通量在 $0.079\sim0.141\mu g/(m^2\cdot h)$，$S_{30}R_{40}$ 处理最高，F_2 处理最低，两者差异显著（表 3-3）。与 BL 处理相比，F_2 处理土壤 N_2O 排放通量降低 2.5%，差异不显著；$S_{15}R_{40}$、$S_{30}R_{40}$、$S_{30}R_{100}$ 处理土壤 N_2O 排放通量分别增加 38.3%、74.1%、66.6%，其中 $S_{30}R_{40}$ 和 $S_{30}R_{100}$ 处理显著增加。定植后第 134 天，土壤 N_2O 排放通量在 $0.043\sim0.097\mu g/(m^2\cdot h)$，BL 处理显著高于其他处理（表 3-3）。$F_2$、$S_{15}R_{40}$、$S_{30}R_{40}$、$S_{30}R_{100}$ 处理土壤 N_2O 排放通量分别较 BL 处理降低 50.3%、55.6%、52.2%、49.1%。定植后第 164 天，土壤 N_2O 排放通量在 $0.022\sim0.043\mu g/(m^2\cdot h)$，BL 处理显著高于其他处理（表 3-3）。$F_2$、$S_{15}R_{40}$、$S_{30}R_{40}$、$S_{30}R_{100}$ 处理土壤 N_2O 排放通量分别较 BL 处理降低 49.2%、50.3%、35.3%、30.3%。

表 3-3　番茄生长期内几个时间点土壤 N_2O 的排放通量　　　　［单位：$\mu g/(m^2\cdot h)$］

处理	定植后天数					
	79	105	115	124	134	164
BL	0.119c	0.025a	0.040a	0.081b	0.097a	0.043a
F_2	0.149bc	0.017a	0.030ab	0.079b	0.048b	0.022b
$S_{15}R_{40}$	0.300a	0.017a	0.027ab	0.112ab	0.043b	0.022b
$S_{30}R_{40}$	0.056d	0.012a	0.024b	0.141a	0.046b	0.028b
$S_{30}R_{100}$	0.175b	0.025a	0.034ab	0.135a	0.049b	0.030b

注：同列数据后不含有相同小写字母的表示处理间差异显著（$P<0.05$），下同

　　定植后第 79 天，土壤 CO_2 排放通量在 $0.136\sim0.167mg/(m^2\cdot h)$，各处理间无显著差异（表 3-4）。与 BL 处理相比，F_2、$S_{15}R_{40}$、$S_{30}R_{40}$、$S_{30}R_{100}$ 处理土壤 CO_2 排放通量分别增加 14.7%、14.7%、6.6%、22.8%。定植后第 105 天，土壤 CO_2 排放通量在 $0.236\sim0.343mg/(m^2\cdot h)$，$S_{30}R_{100}$ 处理最高，$S_{30}R_{40}$ 处理最低，两者差异显著（表 3-4）。与 BL 处理相比，F_2、$S_{30}R_{40}$ 处理土壤 CO_2 排放通量分别降低 9.5%、22.4%，其中 $S_{30}R_{40}$ 处理显著降低；$S_{15}R_{40}$、$S_{30}R_{100}$ 处理土壤 CO_2 排放通量分别增加 1.0%、12.1%，差异均不显著。定植后第 115 天，土壤 CO_2 排放通量在 $0.219\sim0.291mg/(m^2\cdot h)$，各处理间无显著差异（表 3-4）。与 BL 处理相比，F_2、$S_{15}R_{40}$、$S_{30}R_{40}$ 处理土壤 CO_2 的排放通量分别降低 14.0%、5.8%、14.8%，$S_{30}R_{100}$ 处理土壤 CO_2 的排放通量增加 13.2%。定植后第 124 天，土壤 CO_2 排放通量在 $0.391\sim0.532mg/(m^2\cdot h)$，各处理间无显著差异（表 3-4）。与 BL 处理相比，F_2 处理土壤 CO_2 排放通量下降 8.2%，$S_{15}R_{40}$、$S_{30}R_{40}$、$S_{30}R_{100}$ 处理分别增加 24.9%、10.3%、4.2%。定植后第 134 天，土壤 CO_2 排放通量在 $0.331\sim0.390mg/(m^2\cdot h)$，各处理间差异不显著（表 3-4）。与 BL 处理相比，F_2、$S_{15}R_{40}$、$S_{30}R_{40}$、$S_{30}R_{100}$ 处理土壤 CO_2 排放通量分别降低 15.1%、11.3%、9.5%、2.3%。定植后第 164 天，土

壤 CO_2 排放通量在 $0.172\sim0.262mg/(m^2\cdot h)$，各处理间差异不显著（表3-4）。与 BL 处理相比，F_2、$S_{15}R_{40}$、$S_{30}R_{40}$、$S_{30}R_{100}$ 处理土壤 CO_2 排放通量分别降低 34.4%、22.9%、25.6%、21.0%。

表3-4　番茄生长期内几个时间点土壤 CO_2 的排放通量　　　　　　［单位：$mg/(m^2\cdot h)$］

处理	定植后天数					
	79	105	115	124	134	164
BL	0.136a	0.304ab	0.257a	0.426a	0.390a	0.262a
F_2	0.156a	0.275bc	0.221a	0.391a	0.331a	0.172a
$S_{15}R_{40}$	0.156a	0.309ab	0.242a	0.532a	0.346a	0.202a
$S_{30}R_{40}$	0.145a	0.236c	0.219a	0.470a	0.353a	0.195a
$S_{30}R_{100}$	0.167a	0.343a	0.291a	0.444a	0.381a	0.207a

在番茄整个生长期，土壤 N_2O 的累积排放量较低，仅为 $1.78\sim3.10g/hm^2$，$S_{15}R_{40}$ 与 $S_{30}R_{40}$ 处理间存在显著差异（图3-2）。与 BL 处理相比，F_2、$S_{30}R_{40}$ 处理土壤 N_2O 的累积排放量分别降低 20.3%、32.7%，其中 $S_{30}R_{40}$ 处理显著降低；$S_{30}R_{100}$ 处理土壤 N_2O 的累积排放量与 BL 处理基本相等；$S_{15}R_{40}$ 处理土壤 N_2O 的累积排放量增加 16.6%，但差异不显著。

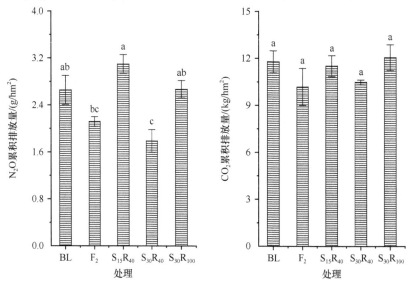

图3-2　番茄整个生长期土壤 N_2O 和 CO_2 累积排放量

图柱上不含有相同小写字母的表示处理间差异显著（$P<0.05$），下同

土壤 CO_2 的累积排放量在 $10.18\sim12.06kg/hm^2$，各处理间变化较小，且无显著差异（图3-2）。与 BL 处理相比，$S_{30}R_{100}$ 处理土壤 CO_2 累积排放量呈增加的趋势，增幅为 2.4%；其余处理土壤 CO_2 累积排放量均呈下降的趋势，F_2、$S_{15}R_{40}$、$S_{30}R_{40}$ 处理分别降低 13.6%、2.2%、11.0%。

在番茄整个生长期，通过氨挥发损失的氮量在 $1.21\sim1.33kg/hm^2$，各处理间均无显著差异（图3-3）。与 BL 处理相比，F_2、$S_{15}R_{40}$、$S_{30}R_{40}$、$S_{30}R_{100}$ 处理通过氨挥发损失的氮量分别增加 3.2%、9.6%、0.3%、8.1%。

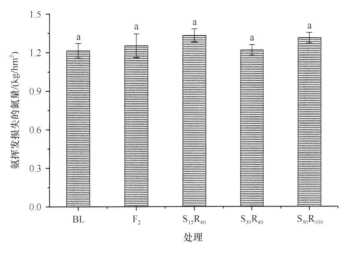

图 3-3　番茄整个生长期通过氨挥发损失的氮量

3.1.3.2　无机氮淋失量

不同处理间，100cm 深处土壤渗滤液无机氮浓度的高低顺序为 BL＞$S_{15}R_{40}$＞$S_{30}R_{40}$；前 3 次追肥土壤渗滤液无机氮的浓度在不同处理之间均无显著差异，从第 4 次追肥开始，处理间土壤渗滤液无机氮的浓度呈现出显著差异，BL 处理显著高于 $S_{30}R_{40}$ 处理（表 3-5）。整个追肥期间，相同处理不同追肥次数之间，均是首次追肥时土壤渗滤液无机氮的浓度最高，尤其是 $S_{15}R_{40}$ 和 $S_{30}R_{40}$ 处理；把首次追肥包括在内，BL、$S_{15}R_{40}$、$S_{30}R_{40}$ 处理土壤渗滤液无机氮浓度的变异系数分别是 6.7%、7.9%、17.6%；不包括首次追肥，BL、$S_{15}R_{40}$、$S_{30}R_{40}$ 处理土壤渗滤液无机氮浓度的变异系数分别是 6.9%、5.2%、3.9%，后两个处理明显降低。整个追肥期间，BL、$S_{15}R_{40}$、$S_{30}R_{40}$ 处理渗滤液无机氮的平均浓度分别是 335.90mg/L、264.99mg/L、248.49mg/L；与 BL 处理相比，$S_{15}R_{40}$、$S_{30}R_{40}$ 处理分别降低 21.1%、26.0%。

表 3-5　番茄追肥阶段土壤 100cm 深处渗滤液中无机氮浓度　　　　　（单位：mg/L）

处理	追肥次数						
	1	2	3	4	5	6	7
BL	354.19a	332.11a	307.28a	338.57a	341.54a	356.42a	339.72a
$S_{15}R_{40}$	303.53a	266.45a	244.87a	253.25b	270.05ab	242.42b	274.38ab
$S_{30}R_{40}$	345.69a	246.88a	232.74a	223.35b	231.71b	236.38b	222.66b

番茄整个生长期一共灌水 12 次，而本试验只采集了 7 次追肥灌溉后的土壤渗滤液，此外，只安装了 3 套土壤渗滤液体积测定装置。因此，要计算番茄整个生长期无机氮淋失量需要进行以下假设：①每次灌溉、每个小区土壤渗滤液的体积相等；②未追肥时通过渗滤损失的氮量可以用追肥时的平均值代替。根据以上两点假设，结合土壤渗滤液无机氮的浓度，得到番茄整个生长期的无机氮淋失量。BL、$S_{15}R_{40}$、$S_{30}R_{40}$ 处理的无机氮淋失量分别是 1001kg/hm²、790kg/hm²、741kg/hm²；与 BL 处理相比，$S_{15}R_{40}$、$S_{30}R_{40}$ 处理分别降低 21.1%、26.0%，其中 $S_{30}R_{40}$ 处理显著降低（图 3-4）。

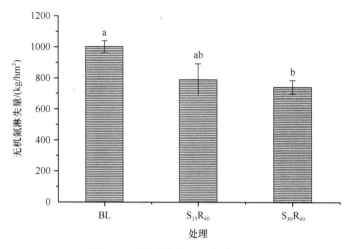

图 3-4　番茄生长期无机氮淋失量

3.1.3.3　氮素表观平衡

氮素输入项中，前茬作物土体无机氮累积量（$N_{\text{Res,before}}$）占 57.5%～64.0%，灌溉水带入的无机氮量（N_{Irri}）占 18.6%～20.7%，化肥投入的无机氮量（N_{Che}）占 8.1%～17.5%，有机肥带入的无机氮量（N_{Org}）占 6.4%～8.8%（表 3-6）。在式（3-5）中，氮素输出项中包括 N_2O 排放和 NH_3 挥发，由于这两部分数量极少，在计算氮素表观平衡时不包括在内。氮素输出项中，本茬作物收获后土体无机氮累积量（$N_{\text{Res,after}}$）占 46.3%～51.8%，通过渗滤液淋失的无机氮量（N_{Lea}）占 37.9%～44.8%，植物吸收的氮量（N_{Pl}）占 8.9%～10.8%。BL、$S_{15}R_{40}$、$S_{30}R_{40}$ 的氮素表观平衡量分别是 566kg N/hm²、515kg N/hm²、667kg N/hm²，分别占各自氮素输入量的 20.2%、19.8%、26.5%。

表 3-6　番茄整个生长期的氮素表观平衡　　　　　　（单位：kg N/hm²）

处理	氮素输入				氮素输出			氮素表观平衡量
	前茬残留	有机肥带入	化肥投入	灌溉水带入	本茬残留	植物吸收	氮素淋失	
BL	1612	179	490	520	1034a	199a	1002a	566
$S_{15}R_{40}$	1612	220	248	520	1081a	214a	790ab	515
$S_{30}R_{40}$	1612	181	205	520	910b	200a	741b	667

3.1.4　讨论

根据氮素表观平衡公式，土壤中氮素的输出途径主要包括作物吸收、氮素淋失、氨挥发和 N_2O 排放。虽然氨挥发和 N_2O 排放受到不少学者的关注，但根据已有的研究来看，通过这两种途径损失的氮通常只占很少一部分。Zhu 等（2005）的试验结果表明，在化肥氮用量分别为 600kg N/hm²、1200kg N/hm²、1800kg N/hm² 时，通过氨挥发损失的氮素分别仅为 9kg N/hm²、11kg N/hm²、15kg N/hm²。Ju 等（2006）也发现，通过氨挥发损失的氮量仅占表观损失量的 0.1%～0.6%。这是因为氨挥发需要碱性的土壤条件，设施土壤 pH 一般比较低，不利于氨挥发。本研究中土壤的 pH 为 7.8，虽然属于偏碱性的条件，但土壤中铵态氮的含量普遍较低，氨挥发通量整体比较低，通过此途径损失的氮量很少。奚雅静等（2019）研究发现，在化肥氮用量分别为 250kg N/hm^2、475kg N/hm^2 的条件下，设施番茄整个生长季 N$_2$O 累积排放量仅分别为 7.13kg N/hm^2、4.87kg N/hm^2。陈吉吉等（2018）的研究结果表明，设施菜地 N$_2$O 的排放主要发生在无氧或微氧的条件下，异养反硝化菌对 N$_2$O 排放的贡献最大，且需要充足的碳源。设施土壤虽然灌水比较频繁，但由于蒸腾蒸发作用比较强烈，土壤很快就处于好氧状态，因此 N$_2$O 的排放通量并不大。本研究中 N$_2$O 排放通量的测定都是在灌水的前一天，此时土壤已经很干燥，异养反硝化菌的活性很低，因此 N$_2$O 的排放通量非常低。

设施蔬菜生产中肥料的大量使用导致氮素在土壤中累积。Ju 等（2006）调查研究发现，在华北平原设施蔬菜土壤中 0～90cm 土层累积的硝态氮达到 1173kg N/hm^2，远远大于小麦–玉米轮作的农田土壤。频繁的灌溉导致硝态氮在下渗水的作用下不断向深层土壤迁移，因此，硝态氮淋失是设施土壤中氮素损失的主要途径（Nendel，2009；Guo et al.，2010；Sun et al.，2013）。很多研究也表明，增加氮肥的用量导致硝酸盐淋失量的增加（Zotarelli et al.，2009；Zhao et al.，2010；陆扣萍，2013）。本研究中，有机肥替代化肥处理大幅度减少了化肥的用量，因此土壤渗滤液中无机氮的浓度明显减低（表 3-5），整个生长期 S$_{15}$R$_{40}$、S$_{30}$R$_{40}$ 处理淋失量较 BL 处理分别减少了 21.1%、26.0%。

3.1.5　结论

在土壤肥力较高的条件下，设施菜地有机肥替代化肥能大幅减少化肥的用量。与 BL 处理相比，减氮 15% 和 30% 并用有机肥替代化肥处理可以显著降低土壤 N$_2$O 的排放和无机氮向土壤深处的淋失。淋失作为氮素损失的主要途径，与 BL 处理相比，S$_{15}$R$_{40}$、S$_{30}$R$_{40}$ 处理淋失到 1m 以下土层的无机氮量分别减少了 21.1%、26.0%。

3.2　水稻化肥施用基线与环境效应关系

水稻（*Oryza sativa*）是世界上第二大栽培谷物，是超过 30 亿人的口粮，更是我国农业生产中最重要的粮食作物之一，其生产关乎人民温饱、粮食安全等民生问题，预计到 2030 年我国的稻米消费量将达到 1.5 亿 t（农业农村部市场预警专家委员会，2020）。根据国家统计局公布的数据，2016 年我国水稻种植面积 3017.8 万 hm^2，总产量 20 707.5 万 t，占主要粮食作物总产量的 33.6%，占世界水稻总产量的 40%（数据源自《中国统计年鉴–2017》）。我国的水稻种植面积和单位产量均位居世界之首，对世界的粮食安全做出了重要贡献（曾祥明等，2012）。水稻是一种需要消耗大量农业资源的作物，为提高其单位面积产量需投入较多的化肥、农药等农业资源，直接导致农业资源的过量使用。2000～2016 年，我国稻谷单产从 6.27t/hm^2 增加到 6.86t/hm^2，总产量增加了 12.34%（数据源自《中国统计年鉴–2017》）。在水稻连年增产的背后，化肥的施用发挥了关键作用，整合农业农村部耕地质量监测保护中心的水稻产量数据发现，与不施肥相比，近 30 年以来常规施肥条件下水稻产量平均提高 80.8%（韩天富等，2019）。化肥的过量施用在我国水稻生产中已成为普遍现象。研究表明，东北地区、黄淮海地区、长江中下游地区、北部高原地区、西南地区粳稻生产中化肥平均施用量分别为 311.22kg/hm^2、472.09kg/hm^2、357.15kg/hm^2、381.99kg/hm^2、365.49kg/hm^2，均已超过国际公认的化肥施用环境安全上限（225kg/hm^2）（史常亮等，2016）。我国《第二次全国污染源普查公报》显示，2017 年农业源水污染物排放量：化学需氧量 1067.13 万 t、氨氮 21.62 万 t、总氮 141.49 万 t、总磷 21.20 万 t，分别占各类污染物排放总量的 49.8%、22.4%、46.5%、

67.2%。尽管与第一次全国污染源普查结果相比，化学需氧量、总氮、总磷排放量分别下降了19%、48%、25%，但其占水污染物排放总量的比例明显上升。这说明农业仍然是一个重要的污染源。

生命周期评价（life cycle assessment，LCA）是一种考虑了产品或生产、服务活动系统在其整个生命周期中从原材料获取到生产、使用和处置过程各个方面潜在影响的方法（Arvanitoyannis，2008）。该方法源于 1969 年美国中西部研究所（MRI）对可口可乐公司饮料包装瓶的评估。1997 年，国际标准化组织（ISO）定义了 LCA 并颁布国际标准，制定了理论框架。进入 21 世纪以来，LCA 方法应用范围不断扩大，其在农业领域的应用已成为热点。尽管相对工业产品而言，农产品的生产受作物种类、栽培模式、管理方式和地域条件等多重因素影响，但共性在于其生产都需要经过农用化学品原料开采、农用化学品原料生产和农产品种植及运输等过程。因此，在同一区域生产不同农产品、采用不同管理模式生产同一农产品或在不同区域生产同一农产品，可以应用 LCA 方法来比较其生态环境影响。

长江中下游地区是我国水稻主产区，湖南省是该区域典型的水稻种植大省，水稻种植面积占耕地面积 90% 以上，产量超过全国稻谷产量的 10%。开展这一区域的水稻化肥施用基线与环境效应关系研究对于科学准确地评价施肥的环境影响、识别环境影响因子、制定农业减排措施、防治农业面源污染具有现实意义。

3.2.1　水稻化肥施用基线调查分析

2017 年 3～4 月对湖南部分地区水稻生产的化肥施用情况进行现场走访调查，调查内容包括水稻种植过程中化肥的用量和施用方式及种类、水稻种植面积等相关信息。

调查发现，各稻作区水稻生产过程中基肥使用较多的化肥品种为一次性复合肥和尿素，追肥使用较多的化肥品种为尿素、硫酸铵、氯化钾、磷酸二铵；很少施用有机肥或者农家肥；肥料施用方式以人工撒施为主。调查过程中详细记录了施用的各种化肥的养分含量情况，将所调研数据结果按如下分类进行讨论。

3.2.1.1　早稻、中稻、晚稻的肥料施用情况

水稻熟制分为双季稻和单季稻，其中双季稻分为早稻和晚稻，单季稻分为中稻及一季晚稻，以中稻为主（杨若琚等，2013）。表 3-7 为湖南地区不同熟制水稻生产化肥投入量和产量的对比情况，共包括 42 份单季稻和 14 份双季稻调研问卷。

表 3-7　不同熟制水稻生产化肥投入量和产量

肥料用量		早稻	中稻	晚稻
总养分/(kg/hm²)	用量范围	245.25～369.00	225.00～559.50	245.25～489.75
	平均用量	287.75	386.47	292.86
氮肥/(kg N/hm²)	用量范围	132.75～219.00	101.25～306.00	117.00～184.50
	平均用量	150.42	161.82	150.38
磷肥/(kg P₂O₅/hm²)	用量范围	33.75～78.75	0～146.25	26.25～76.50
	平均用量	51.96	71.94	45.29
钾肥/(kg K₂O/hm²)	用量范围	63.00～159.00	45.00～315.00	46.50～127.50
	平均用量	79.36	152.72	82.91

肥料用量	早稻	中稻	晚稻
平均产量/(t/hm²)	7.07	7.54	7.35
养分投入效率/(kg/kg)	24.6	19.0	25.1
样本量	14	42	14

从 3 种熟制水稻的总养分投入情况来看，早稻与晚稻生产过程中化肥投入量均较大。早稻生产以施用氮肥为主，磷肥、钾肥为辅，中稻生产以施用氮肥、钾肥为主，磷肥为辅，晚稻生产以施用氮肥为主，磷肥、钾肥为辅。氮肥投入量大小为中稻＞早稻＞晚稻，磷肥投入量大小为中稻＞早稻＞晚稻，钾肥投入量大小为中稻＞晚稻＞早稻。从 3 种熟制水稻的平均产量来看，中稻＞晚稻＞早稻，中稻产量为 7.54t/hm²，晚稻产量为 7.35t/hm²，早稻产量为 7.07t/hm²。从 3 种熟制水稻的养分投入效率来看，晚稻＞早稻＞中稻，晚稻养分投入效率为 25.1kg/kg，早稻养分投入效率为 24.6kg/kg，中稻养分投入效率为 19.0kg/kg。

总的来看，早、中、晚稻的生产均以氮肥投入量最大，说明氮对水稻产量的贡献最大；但中稻氮、钾肥投入量平均值已超出农业部发布的《2017 年春季主要农作物科学施肥技术指导意见》中推荐施肥范围（分别是 120～150kg N/hm²、60～120kg K₂O/hm²），部分农户生产中早、中、晚稻的氮、钾肥投入量也超出推荐施肥范围，如何科学减施化肥值得在生产实践中关注。

3.2.1.2 丘陵稻区与平原稻区的肥料施用情况

湖南省水田大多分布在海拔 300m 以下地区，在海拔 300～900m 有零散分布，当海拔超过 900m 时，几乎很少有水田分布（王琛智等，2018）。

表 3-8 为丘陵稻区与平原稻区水稻生产化肥投入量和产量的对比情况，共包括 9 份丘陵稻区调研问卷和 47 份平原稻区调研问卷。从两个区域水稻的总养分投入情况来看，丘陵地区的总投入量偏高。丘陵稻区和平原稻区均以施用氮肥、钾肥为主，磷肥为辅。氮肥投入量大小为丘陵稻区＞平原稻区，磷肥投入量大小为丘陵稻区＞平原稻区，钾肥投入量大小为丘陵稻区＞平原稻区。从两个区域水稻的平均产量来看，丘陵稻区＞平原稻区，丘陵稻区平均产量为 11.29t/hm²，平原稻区平均产量为 9.38t/hm²。从两个区域水稻的养分投入效率来看，丘陵稻区＞平原稻区，丘陵稻区养分投入效率为 21.0kg/kg，平原稻区养分投入效率为 20.1kg/kg。

表 3-8 丘陵稻区与平原稻区水稻生产化肥投入量和产量

肥料用量		平原稻区	丘陵稻区
总养分/(kg/hm²)	用量范围	225.00～607.50	339.00～867.75
	平均用量	439.96	538.03
氮肥/(kg N/hm²)	用量范围	78.75～357.50	135.75～362.25
	平均用量	197.15	239.50
磷肥/(kg P₂O₅/hm²)	用量范围	0～112.50	70.88～155.25
	平均用量	81.22	112.85
钾肥/(kg K₂O/hm²)	用量范围	45.00～265.50	90.00～247.50
	平均用量	161.6	185.68

续表

肥料用量	平原稻区	丘陵稻区
平均产量/(t/hm²)	9.38	11.29
养分投入效率/(kg/kg)	20.1	21.0
样本量	47	9

比较而言，丘陵稻区主要处于湘中、湘东，光温条件和人工管理条件较好；而湘北洞庭湖平原地区尽管水田集中连片分布较广，但热量分配存在一定问题，故而水稻产量低于丘陵稻区（王琛智等，2018）。光热资源好的区域，水稻产量高，干物质积累多，对养分的需求量比较大，故而丘陵稻区肥料用量相对较高，但从养分投入效率来看，丘陵稻区还是略低于平原稻区。

3.2.1.3 合作社与农户的肥料施用情况

表 3-9 为合作社与一般农户生产双季稻的化肥投入量和产量对比情况，共包括 1 份合作社调研问卷和 13 份一般农户调研问卷。从两种主体的总养分投入情况来看，合作社和一般农户的生产过程中化肥投入量均较大。合作社以施用氮肥、钾肥为主，磷肥为辅，一般农户以施用氮肥、钾肥为主，磷肥为辅，但均存在不同程度的过量现象。氮肥投入量大小为一般农户＞合作社，磷肥投入量大小为一般农户＞合作社，钾肥投入量大小为合作社＞一般农户。从两种主体水稻的平均产量来看，合作社＞一般农户，合作社产量为 17.75t/hm²，一般农户产量为 14.16t/hm²。从两种主体水稻的养分投入效率来看，合作社＞一般农户，合作社养分投入效率为 29.2kg/kg，一般农户养分投入效率为 24.3kg/kg。

表 3-9 合作社与一般农户水稻生产化肥投入量和产量（双季稻）

肥料用量		合作社	一般农户
总养分/(kg/hm²)	用量范围	607.50	490.50～867.75
	平均用量	607.50	582.39
氮肥/(kg N/hm²)	用量范围	268.50	260.25～362.25
	平均用量	268.50	298.99
磷肥/(kg P₂O₅/hm²)	用量范围	94.50	67.50～155.25
	平均用量	94.50	95.93
钾肥/(kg K₂O/hm²)	用量范围	244.50	114.00～229.50
	平均用量	244.50	164.40
平均产量/(t/hm²)		17.75	14.16
养分投入效率/(kg/kg)		29.2	24.3
样本量		1	13

表 3-10 为合作社与一般农户生产单季稻的化肥投入量和产量对比情况，共包括 1 份合作社调研问卷和 41 份一般农户调研问卷。从两种主体的总养分投入情况来看，合作社和一般农户的生产过程中化肥投入量均较大。合作社以施用氮肥、钾肥为主，磷肥为辅，一般农户以施用氮肥、钾肥为主，磷肥为辅，但均存在不同程度的过量现象。氮肥投入量大小均为合作

社＞一般农户，磷肥投入量大小为合作社＞一般农户，钾肥投入量大小为合作社＞一般农户。从两种主体水稻的平均产量来看，合作社＞一般农户，合作社产量为 12.00t/hm^2，一般农户产量为 7.43t/hm^2。从两种主体水稻的养分投入效率来看，合作社＞一般农户，合作社的养分投入效率为 28.7kg/kg，一般农户的养分投入效率为 19.2kg/kg。

表 3-10　合作社与一般农户水稻生产化肥投入量和产量（单季稻）

肥料用量		合作社	一般农户
总养分/(kg/hm^2)	用量范围	418.40	225.00～559.50
	平均用量	418.40	386.91
氮肥/(kg N/hm^2)	用量范围	173.40	78.75～306.00
	平均用量	173.40	162.27
磷肥/(kg P$_2$O$_5$/hm^2)	用量范围	87.50	0～146.25
	平均用量	87.50	72.05
钾肥/(kg K$_2$O/hm^2)	用量范围	157.50	45.00～315.00
	平均用量	157.50	152.61
平均产量/(t/hm^2)		12.00	7.43
养分投入效率/(kg/kg)		28.7	19.2
样本量		1	41

无论是双季稻生产还是单季稻生产，合作社化肥投入量均略高于一般农户，除了合作社磷肥投入量，合作社和一般农户的化肥投入量都高于农业部发布的《2017 年春季主要农作物科学施肥技术指导意见》中推荐施肥范围（分别是 N+P$_2$O$_5$+K$_2$O 180～375kg/hm^2、N 120～150kg/hm^2、P$_2$O$_5$ 45～105kg/hm^2、K$_2$O 60～120kg/hm^2），但从养分投入效率来看，合作社明显高于一般农户。

3.2.2　研究区概况与数据获取

3.2.2.1　研究区概况

湖南地处云贵高原向江南丘陵和南岭山脉向江汉平原过渡的地带，地势呈三面环山、朝北开口的马蹄形，由平原、盆地、丘陵、山地、河湖构成，地跨长江、珠江两大水系，河网密布，流长 5km 以上的河流 5341 条，总长度 90 000km，其中流域面积在 5000km^2 以上的大河 17 条。湖南属亚热带季风气候，各地年均气温一般为 16～19℃，冬季最冷月（1 月）平均气温都在 4℃以上，每年日均气温在 0℃以下的时间平均不到 10d。春、秋两季平均气温大多在 16～19℃，秋温略高于春温。夏季平均气温大多在 26～29℃，衡阳一带可高达 30℃左右。湖南热量充足，大部分地区日均 0℃以上活动积温为 5600～6800℃；10℃以上活动积温为 5000～5840℃，可持续 238～256d；15℃以上活动积温为 4100～5100℃，可持续 180～208d；无霜期 253～311d。湖南非常适合种植水稻，尤其是种植双季稻。湘北洞庭湖平原地区主要为潮土和水稻土，中部、南部台地丘陵地区主要为水稻土和红壤，湘南丘陵山区多为棕壤、黄棕壤和石灰土，也零散分布一些紫色土。

3.2.2.2 数据获取

1. 农户施肥情况调查数据

于 2017 年 4～12 月对湖南地区水稻生产合作社和一般农户的化肥施用情况进行现场调查。其中合作社样本 2 份、一般农户样本 54 份。调查区域覆盖湘北平原稻区（岳阳、益阳、常德）、湘中丘陵稻区（长沙、湘潭、株洲、娄底）、湘南丘陵稻区（邵阳）共 8 个地区，涉及种植面积共 2.61 万 hm^2。

调查内容包括水稻种植过程中化肥种类、用量及施用方式、水稻品种与种植面积等相关信息。每个地区调查后，及时将调查数据录入电子版，并通过查询网络、咨询农资商店和农技站、回访农户等方式，将不完整信息和错误信息予以补充与修正。

2. 肥料环境效应试验

（1）试验地点

小区试验在湖南农业大学浏阳教学科研基地（28°30′N、113°83′E）进行，位于湖南省长沙市浏阳市沿溪镇。该区属于典型的亚热带湿润季风气候，温暖潮湿，冬夏绵长，水热充沛，多年平均气温 17.4℃，7 月气温最高，最高气温可达 39～40℃，多年平均降雨量 1394.6mm。该区域属于典型的华中双季稻作区，早稻、晚稻生长季（4～7 月）平均气温为 24.6℃，平均降雨量为 148.81mm，平均日照时数为 136.8h。

（2）试验材料

供试作物为水稻（Oryza sativa），早稻品种为'中早 39'，晚稻品种为'盛泰优 019'；供试土壤为河流冲积物发育的潮泥土，其 0～20cm 耕层的土壤基本理化性质如表 3-11 所示。

表 3-11　供试土壤基本理化性质

pH	有机质/(g/kg)	全氮/(g/kg)	全磷/(g/kg)	全钾/(g/kg)	碱解氮/(mg/kg)	有效磷/(mg/kg)	有效钾/(mg/kg)
5.61	16.62	1.21	0.54	11.51	48.93	21.25	155.68

供试肥料中鲜猪粪在附近农户家收集，早稻季紫云英绿肥原地翻压，猪粪堆肥为商品有机堆肥，晚稻绿肥为早稻收获后余下的秸秆，化肥为复合肥尿素（N≥46.4%）、过磷酸钙（P_2O_5≥12.0%）和氯化钾（K_2O≥60.0%）（表 3-12）。

表 3-12　供试有机肥料养分含量　　　　　　　　　　（单位：%）

有机肥种类	P_2O_5	K_2O
猪粪	0.890	0.290
猪粪堆肥	1.510	0.910
紫云英绿肥	0.340	1.620
秸秆	0.158	1.220

（3）田间试验

田间小区试验根据当地配施有机肥的施肥习惯设置 5 个肥料处理：不施氮肥（WN），单施化肥（CF），分别以猪粪（PM）、猪粪堆肥（DF）、绿肥（GM）代替 20% 化学氮肥配合化肥施用，其中绿肥为早稻季紫云英+晚稻季秸秆，各处理 3 次重复，共 15 个小区，按随机区组排列，小区面积为 20m^2。试验现场如图 3-5 所示。

图 3-5　田间肥料试验区

早稻季：CF 处理 N、P_2O_5、K_2O 用量分别为 120kg/hm²、72kg/hm²、90kg/hm²；各配施有机肥处理化肥氮施用量为 96kg/hm²，有机氮施用量为 24kg/hm²，磷、钾肥不足部分用过磷酸钙和氯化钾补齐。有机肥及化学磷肥作基肥全部施入；氮、钾肥以 60% 作基肥、40% 作分蘖肥分别施入。

晚稻季：CF 处理 N、P_2O_5、K_2O 用量分别为 135kg/hm²、60kg/hm²、10kg/hm²；各配施有机肥处理化肥氮施用量为 108kg/hm²，有机氮施用量为 27kg/hm²，磷、钾肥不足部分用过磷酸钙和氯化钾补齐。有机肥及化学磷肥作基肥全部施入；氮、钾肥以 60% 作基肥、40% 作分蘖肥分别施入。

早稻季：水稻 4 月 25 日插秧施基肥，5 月 7 日追施分蘖肥，7 月 9 日收获。晚稻季：7 月 14 日插秧施基肥，7 月 25 日追施分蘖肥，10 月 29 日收获。各小区单打单收、单排单灌，其他同当地常规管理。水稻成熟风干后，测定各处理产量。

（4）测定指标

1）土壤及有机肥基本理化性质的测定

土壤 pH 采用酸度计测定（水土比 2.5∶1）；土壤有机碳采用重铬酸钾–外加热法测定；土壤碱解氮采用碱解扩散法测定；土壤有效磷采用碳酸氢钠浸提–钼锑抗比色法测定；土壤有效钾采用乙酸铵浸提–火焰光度计法测定（鲍士旦等，2000）；土壤容重按五点取样法采取耕层（0～20cm）土壤，采用环刀法（Okalebo et al.，2002）测定；有机肥基本理化性质参考农业行业标准《有机肥料》（NY 525—2012）测定。

2）氨挥发的测定

采用通气法，在施肥后的第 1 天、第 2 天、第 3 天、第 5 天、第 7 天采样，之后每 7d 为 1 个采样周期。把同样规格的两块海绵浸入 20mL 磷酸甘油后，分别放置在高 20cm、直径 15cm 的 PVC 管中，上层海绵视其干湿情况不定时更换，次日取出下层海绵，浸泡在 300mL 1mol/L 的 KCl 溶液中，振荡 30min 浸提，浸提液中的铵态氮采用连续流动分析仪（SEAL AA3）测定。

3）径流水中氮、磷的测定

小区一侧设有径流池，当降雨使田面水达到一定高度后，产生的地表径流进入径流池。

已知径流池面积为200cm×50cm，用钢尺测得其水深，计算径流量；水样总磷和总氮参照相关标准（GB 11893—1989和GB 11894—1989）分别采用钼酸铵分光光度法和碱性过硫酸钾-紫外分光光度法测定。

4）稻田CO_2、CH_4和N_2O温室气体的采集测定

采用静态暗箱-气相色谱法测定温室气体。采样箱（55cm×55cm×100cm）外覆隔热板，将配套底座设置于田中，采样时底座凹槽用水密封。在秧苗移栽及施入分蘖肥、穗肥后的第1天、第2天、第3天、第5天、第7天于8:00～11:00进行采样，之后每隔7d采样一次。采样使用手持抽气泵，在连接静态暗箱后的0min、10min、20min、30min分别采集100mL气体于铝箔采样袋中，密封，常温室内保存待测。CH_4、N_2O、CO_2浓度采用气相色谱（Clarus 580，ECD检测器）同步测定（蔡祖聪等，2002）。

完成上述试验获取相关参数后，利用根据生命周期评价理论建立的水稻生产施肥环境效应评价模型计算施肥的环境效应。

3.2.3 水稻生产施肥环境效应评价模型

3.2.3.1 水稻生产施肥环境效应评价模型的建立

1. 评价目标与范围的确定

目标是评价水稻生产施肥的环境效应，功能单位为每吨水稻的环境效应；范围是被评价系统的边界，这里是指从肥料的生产原料开采到收获稻谷的全过程。

2. 资源投入与污染物排放清单分析

清单分析是根据评价范围，针对水稻生产生命周期各个阶段列出与肥料原料开采、肥料生产及施用肥料各环节相关的资源、能源消耗及各种污染排放的清单数据。

3. 环境影响潜力的计算

环境影响潜力是评价系统所产生环境效应的量化结果，其数值高低反映了环境影响的大小。

（1）特征化计算

同类污染物通过当量系数转化为参照物的环境影响，各类环境影响潜力计算公式为

$$E_{P(x)} = \sum E_{P(x)i} = \sum [Q_{(x)i} \cdot E_{F(x)i}] \tag{3-6}$$

式中，$E_{P(x)}$为系统的第x种环境影响潜力；$E_{P(x)i}$为系统第i种污染物的第x种环境影响潜力；$Q_{(x)i}$为系统第i种污染物的排放量；$E_{F(x)i}$为系统第i种污染物的第x种环境影响潜力当量系数。

计算过程中，各种污染物的排放系数引自中国生命周期参考数据库（Chinese reference life cycle database，CLCD）（刘夏璐等，2010）。

（2）标准化计算

标准化过程计算公式为

$$R_x = E_{P(x)} / S_{x(2000)} \tag{3-7}$$

式中，R_x为系统第x种环境影响潜力的标准化结果；$E_{P(x)}$为系统的第x种环境影响潜力，即特征化结果；$S_{x(2000)}$为第x种环境影响潜力的基准值（Sleeswijk et al.，2008）。

最终将各种环境影响潜力的标准化结果R_x加和，获得环境影响综合指数。

3.2.3.2 水稻生产施肥的环境效应评价

1. 评价目标与范围

评价目标为生产 1t 稻谷的环境效应；范围即被评价系统的边界，这里指从肥料生产原料开采、肥料生产（包括有机肥生产）到稻谷收获的全过程（图 3-6）。

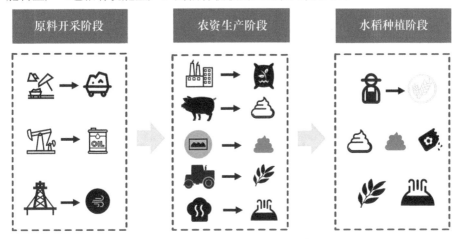

图 3-6　水稻生产生命周期系统边界

2. 资源投入与污染物排放清单分析

建立水稻生产生命周期清单数据集，包括肥料原料开采和肥料生产过程中资源消耗清单、环境影响及特征化系数清单。其中，原料开采和农资生产阶段的能耗、物耗等指标参考《中国统计年鉴−2017》、《中国能源统计年鉴 2017》及《全国第一次污染源普查工作手册》等相关文献。

化肥原料开采过程涉及的原料和能耗主要包括原煤、电力、天然气、重油、柴油与原油等。化肥原料开采阶段的物耗、能耗如表 3-13 所示。

表 3-13　化肥原料开采阶段的物耗、能耗

物能种类	消耗的物能种类	物耗或能耗用量	单位
原煤	原煤	1.05	kg/kg
	汽油	1.68×10^{-3}	kg/kg
	柴油	4.007×10^{-3}	kg/kg
	天然气	4.941×10^{-5}	m^3/kg
	电力	1.05	$kW \cdot h/kg$
电力	原煤	5.65×10^{-1}	kg/kg
	原油	1.05×10^{-3}	kg/kg
	天然气	9.38×10^{-4}	m^3/kg
天然气	原煤	5.199×10^{-3}	kg/kg
	原油	1.587×10^{-2}	kg/kg
	汽油	4.585×10^{-3}	kg/kg
	柴油	1.316×10^{-2}	kg/kg
	天然气	1.111	m^3/kg
	电力	1.294×10^{-2}	$kW \cdot h/m^3$

物能种类	消耗的物能种类	物耗或能耗用量	单位
重油	原煤	5.63×10^{-2}	kg/kg
	原油	1.31	kg/kg
	天然气	7.78×10^{-5}	m^3/kg
柴油	原煤	7.56×10^{-3}	kg/kg
	原油	1.35	kg/kg
	汽油	4.17×10^{-3}	kg/kg
	柴油	1.2×10^{-2}	kg/kg
	天然气	1.11×10^{-1}	m^3/kg
	电力	3.154×10^{-1}	$kW \cdot h/m^3$
原油	原煤	5.584×10^{-3}	kg/kg
	原油	1.113	kg/kg
	柴油	8.214×10^{-4}	kg/kg
	汽油	7.293×10^{-3}	kg/kg
	天然气	3.516×10^{-3}	m^3/kg
	电力	1.256×10^{-2}	$kW \cdot h/m^3$

化肥生产过程涉及的原料和能耗主要包括原煤、电力、天然气、重油、柴油、水、磷矿、钾矿等。化肥生产阶段的物耗、能耗如表 3-14 所示。

表 3-14 每吨化肥（折纯）生产阶段的物耗、能耗

养分	消耗的物能种类	物耗或能耗用量	单位
N	原煤	4.077	t
	电力	1784	$kW \cdot h$
	天然气	541.62	m^3
	重油	29.16	kg
	水	3.17	t
P_2O_5	原煤	701.55	kg
	电力	873.39	$kW \cdot h$
	柴油	62.59	kg
	水	7.62	t
	磷矿	3772.54	kg
K_2O	原煤	439.56	kg
	电力	545.79	$kW \cdot h$
	柴油	40.48	kg
	水	3.00	t
	钾矿	1400	kg

从生命周期评价角度考虑，根据水稻生产实际，本研究考虑了以下 3 种主要的环境影响（表 3-15）：全球增温潜势（global warming potential，GWP）、环境酸化潜势（acidification potential，AP）和水体富营养化潜势（eutrophication potential，EP）。

表 3-15 水稻生产过程环境影响及特征化系数清单

环境影响	单位	污染物	特征化系数
全球增温潜势	kg CO_2-eq	CO_2	1
		CO	2
		N_2O	310
		CH_4	21
环境酸化潜势	kg SO_2-eq	SO_2	1
		NH_3	1.88
		NO_x	0.7
水体富营养化潜势	kg PO_4^{3-}-eq	NH_4^+	0.33
		NH_3	0.35
		COD	0.1
		NO_x	0.13
		N_2O	0.2

3. 水稻产量

水稻生长受到肥料供应的制约，施用化肥能在短期内快速补充水稻生长发育所需的氮素，而有机肥则能在水稻生长后期提供稳定养分。因此，有机无机肥配施是当前普遍接受的既能保证养分效率，又可以促进水稻高产稳产的合理施肥模式。

图 3-7 为不同施肥处理的水稻产量，大小排序为 DF＞GM＞PM＞CF＞WN。可以看出，在减氮 20%（以 N 计）的基础上，以有机物料（猪粪堆肥、紫云英与秸秆绿肥、鲜猪粪）来替代 20% 化学氮肥，水稻产量不减反增。说明减施化学氮肥的空间是很大的，采取有机无机肥配施方式可以实现这一目标。

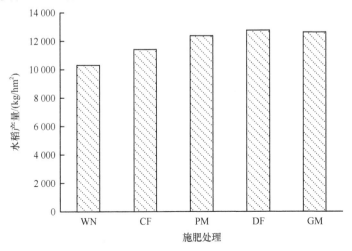

图 3-7 不同施肥处理的水稻产量

4. 环境影响潜力计算

标准化基准值分别为 GWP 6869kg CO_2-eq、EP 1.90kg PO_4^{3-}-eq、AP 52.56kg SO_2-eq。对各污染物的特征化结果进行标准化分析,结果如图 3-8～图 3-10 所示。

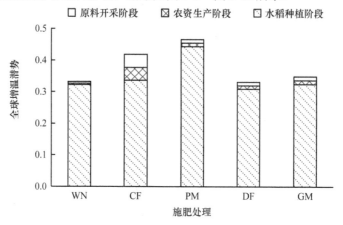

图 3-8　不同施肥处理的全球增温潜势

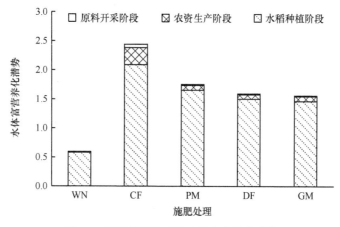

图 3-9　不同施肥处理的水体富营养化潜势

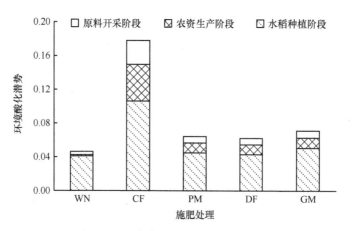

图 3-10　不同施肥处理的环境酸化潜势

5. 结果评价

（1）全球增温潜势

从生命周期评价的角度考虑，农资原料开采、化肥等产品生产、水稻种植等阶段都会产生温室气体，并具有导致全球变暖的风险。

图 3-8 是水稻生产施用肥料的全球增温潜势，可以看出，各处理的全球增温潜势大小为 PM＞CF＞GM＞DF＞WN。各处理均为水稻种植阶段的全球增温潜势最大，主要是因为淹水种稻情况下 CH_4 的排放量较高，因此其全球增温潜势远高于 CO_2（曹黎明等，2014）。鲜猪粪配施化肥处理全球增温潜势最大，主要是因为鲜猪粪直接施用既增加了有机物料，又促进了土壤氧化还原电位降低，所以有利于甲烷菌的活动，促进了 CH_4 的排放，从而增大了该处理的全球增温潜势。常规化肥处理水稻种植阶段的全球增温潜势略高于不施氮肥及其他配施处理，但由于其化学肥料上游开采与生产阶段有温室气体排放，因此全球增温潜势总体较高。

此外，由于不同有机肥的生产阶段较为复杂，缺少明确的排放因子，本研究参考《省级温室气体清单编制指南（试行）》（2011 年）中南地区畜禽粪便管理 CH_4 和 N_2O 排放因子及王新谋（1997）的数据来估算，会出现数值偏高的现象。

（2）水体富营养化潜势

水稻种植阶段施用化肥造成的总磷（TP）、NH_3、NH_4^+ 和 NO_3^- 等污染物排放是水体富营养化的主要原因。其中，NH_3 的水体富营养化潜势虽较小，但其排放量较大，大量 NH_3 进入大气后增加了大气无机氮沉降通量，从而增加了水体富营养化潜势（尹昊，2011）。TP、NH_4^+ 和 NO_3^- 次之。化肥生产所排放的 TP 和 COD 对水体富营养化的影响也较大。

图 3-9 是水稻生产施用肥料的水体富营养化潜势，可以看出，各处理的水体富营养化潜势大小为 CF＞PM＞DF＞GM＞WN。单施氮肥处理的水体富营养化潜势最大，是由于化学肥料上游开采与生产阶段会产生上述富营养化物质；同时，单施氮肥导致土壤保肥能力降低，从而造成水体富营养化的风险明显增加。不施氮肥情况下，稻田生态系统人为净输入养分较少，故而水体环境富营养化风险较低。其余氮肥配施有机肥处理无机氮的人为输入减少，故其水体富营养化潜势介于单施化肥和不施氮肥处理之间。

（3）环境酸化潜势

农资原料开采、化肥等产品生产过程中能源的消耗会导致氮氧化物和硫氧化物等酸雨前体排放，以及水稻种植等阶段会因氮肥挥发产生 NH_3 等，也会造成环境酸化。

水稻生产过程中，氮肥的施用是环境酸化的主要原因。图 3-10 是水稻生产施用肥料的环境酸化潜势，可以看出，各处理的环境酸化潜势大小为 CF＞GM＞PM＞DF＞WN。常规化肥处理明显高于其他施肥处理，一方面是由于化肥前端生产过程消耗大量能源，伴随着能源消耗会有氮氧化物和硫氧化物等酸雨前体排放；另一方面造成环境酸化的主要因子为 NH_3，NH_3 在土壤中可发生硝化反应生成 HNO_3，造成土壤酸化；同时，挥发到大气中的 NH_3 可与酸性气体反应，形成酸性气溶胶态铵盐，打破酸性气体平衡，加速酸性物质的干湿沉降（Behera et al.，2013）。因此，尽管 NH_3 是一种碱性物质，但在生命周期评价过程中，其环境影响是以环境酸化的形式表达出来的。各氮肥配施有机肥处理因氮肥的输入，氨挥发量有所增加，其环境酸化潜势较不施氮处理有所增加。

（4）环境影响综合指数

为了从整体上评价施肥的环境影响，将标准化数据累加，得到的结果如图 3-11 所示。可以看出，各处理的环境影响综合指数大小为CF＞PM＞DF＞GM＞WN，说明施肥加强了水稻生产的环境影响，施肥各处理中尤以常规施用化肥影响最大，其余处理由于减施了部分化学氮肥，其环境影响较小。从生命周期评价的角度来看，水稻生产过程中施肥的主要环境影响是水体富营养化，其次为全球增温，环境酸化影响最小。以有机肥或翻压绿肥替代20%化学氮肥可以明显降低施肥的环境影响。应用本模型评价水稻生产过程中施肥的环境效应是可行的。

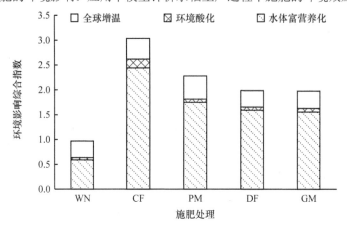

图3-11　不同施肥处理的环境影响综合指数

3.2.4　结论

综合现场调查数据分析了湖南稻区化肥施用情况；利用生命周期评价理论构建了水稻生产施肥环境效应评价模型，对不同施肥模式的环境影响进行了评价，得出如下结论。

从施肥量来看，研究稻区氮肥、钾肥投入量平均值已超出国家推荐施肥范围（分别是120～150kg N/hm²、60～120kg K₂O/hm²），部分农户生产早稻、中稻、晚稻的氮肥、钾肥投入量也超出推荐施肥范围；从养分投入效率来看，晚稻＞早稻＞中稻、平原稻区＞丘陵稻区、合作社＞一般农户。

从生命周期评价的角度考虑，水稻生产过程施用肥料的主要环境影响是水体富营养化，其次为全球增温，环境酸化影响最小；以有机肥或翻压绿肥替代20%化学氮肥可以明显降低施肥的环境影响；不同施肥处理环境影响综合指数大小为CF＞PM＞DF＞GM＞WN，CF处理环境影响综合指数最高，WN处理最低。

根据生命周期评价理论构建的环境效应评价模型可以用来评价水稻生产施肥的环境效应。

3.3　茶叶化肥施用基线与环境效应关系

中国是茶树（*Camellia sinensis*）的故乡，茶叶在中国的应用和发展历史超过4000年，与咖啡、可可并称世界三大无乙醇饮料（Zeng et al., 2013）。截至2018年底，中国茶园面积达293万hm²，约占世界茶园总面积的50%，干毛茶总产量达262万t。目前，中国茶叶产量居世界之首，六大茶类的年总产量约占世界茶叶总产量的40%（FAO, 2019）。中国的茶叶产区分布范围广泛（18°～37°N，94°～122°E），来自18个省份数千个县（市）的约8000万茶农在茶园中辛勤劳作。

茶树是典型的叶用植物，对养分元素需求较大。茶农为了提高产量，过量施肥现象比较突出。韩文炎等（2002）研究指出，肥料投入对茶叶增产的贡献率（41%）远高于土地

（25%）和劳动力（8%）。合理施肥可以节约肥料资源，提高茶叶的产量与品质。经济效益较好的名优茶园，施肥量普遍较高，而有些茶园施肥不足，仅施少量尿素，有的甚至根本不施肥。施肥过量或不足均影响茶叶的产量和品质，同时会使茶树抵抗不良环境的能力降低，不利于施肥效益的提高。中国农业科学院茶叶研究所于 2010～2014 年对我国主要茶区 5000 多个茶树种植单元开展了茶园施肥的详细调查（倪康等，2019）。当前我国茶园氮肥、磷肥、钾肥的用量范围分别为 281～745kg N/hm^2、72～485kg P$_2$O$_5$/hm^2、76～961kg K$_2$O/hm^2，平均值分别为 490kg N/hm^2、169kg P$_2$O$_5$/hm^2、210kg K$_2$O/hm^2（图 3-12）。参考目前茶树肥料养分（N-P$_2$O$_5$-K$_2$O）推荐用量（450-150-150），我国约有 30% 茶园存在化肥过量施用问题。其中，山东、湖北、湖南、江西、四川、福建等地肥料过量问题较为严重。80% 茶园施用的化肥氮磷钾比例不完全符合茶树养分需求，有机肥养分严重不足，施用比例仅为 15%。

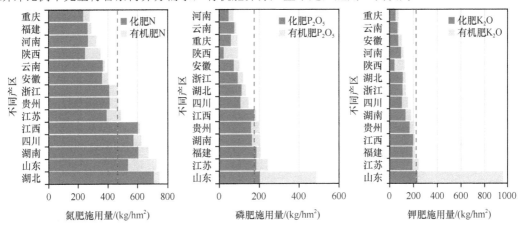

图 3-12　我国不同茶叶产区施肥现状（倪康等，2019）

虚线表示肥料平均施用量

　　茶园不合理或过量施肥必然导致土体氮磷的积累，不仅造成土壤板结、生产力下降（阮建云等，2001；韩文炎等，2011）、酸化加剧（Wang et al.，2010）和生物多样性降低，而且由于茶树具有明显的喜铵特性（Zhu et al.，2014），对 NH$_4^+$-N 的吸收能力远大于对 NO$_3^-$-N 的吸收能力，更易使 NO$_3^-$-N 通过淋洗进入地下水，导致地下水硝酸盐等物质含量超标，对人体健康构成威胁（Xing and Zhu，2000）。韩文炎等（2011）对我国大样本茶园土壤研究表明，茶园土壤 NO$_3^-$-N 含量在 0～286.8mg/kg，平均值为 41.7mg/kg。据报道，茶园施氮量为 900kg N/hm^2 和 500kg N/hm^2 时，通过淋洗损失的硝态氮量分别占当年施氮量的 51% 和 31%（Watanabe et al.，2002）。另外，茶园周边水域的 NO$_3^-$-N 含量达到 50mg/L（Li et al.，1997），远高于我国 20mg/L 的生活饮用水卫生标准（GB 5749—2006）。

　　土壤养分损失的另一途径是地表径流，N、P 等养分随水土流失而大量损失，同时成为水体富营养化的主要原因。虽然茶树为多年生常绿植物，且无须频繁耕翻，但植被覆盖度低，降雨形成水流对地面仍然具有一定冲刷作用，加之无地表覆盖，水土流失仍是养分流失途径之一。韩莹等（2012）在太湖上游低山丘陵地区的研究表明，茶园土壤 N、P 盈余量分别为 649kg N/hm^2、320kg P/hm^2，茶园氮磷流失量高于水田、竹林和马尾松林。聂小飞等（2013）对天目湖流域丘陵山区氮流失的研究表明，土地利用方式改变使丘陵山区茶园的氮流失加剧，茶园径流总氮流失强度为 103kg/(hm^2·a)，其中壤中流占比为 87%～99%。刘茂辉等（2014）

的研究表明，安徽省红壤茶园中总氮的输出负荷为3619kg/年。刘宗岸等（2012）对苕溪流域茶园N、P流失特征的研究表明，NO_3^--N和颗粒态磷分别是茶园N、P地表径流流失的主要形态。此外，国内外研究表明，土壤N流失与土地利用方式（梁涛等，2003）、种植模式（刘宗岸等，2012）、降雨特征（Liu et al.，2012）、坡度（刘茂辉等，2014）、作物覆盖度（庹海波等，2015）、施肥状况（Chen et al.，2016）及田间管理措施等诸多因素有关，只有综合考虑耕作管理方式，才能有效减少农业面源污染风险。

浙江是我国绿茶主产省，用全国10%的茶地生产出了全国20%的茶叶产量和30%的茶叶产值。然而，长期以来浙江省茶园化肥施用量普遍过高。马立锋等（2013）对浙江省13个茶叶主产区茶园施肥现状调查的结果表明，绿茶茶园氮肥过量施用（>450kg/hm²）的面积占总调研面积的41%。目前，越来越多的研究者关注施肥基线与环境效应的关系，茶园过量施氮引发氮淋失与NH_3挥发加剧（苏有健等，2008），施肥产生的N_2O等气体是导致全球变暖的主要原因之一（范利超等，2015）。

茶叶生产系统的高肥料投入必然会引起严重的环境污染，包括温室气体排放、酸化效应、富营养化效应等。然而，目前国内外学者对农业化学品投入与环境效应定量关系的研究主要集中于粮食作物和蔬菜等，很少有我国茶叶主产区环境影响方面的分析，且针对不同地区分析区域间肥料用量与环境效应关系的研究更是鲜见报道。因此，本研究基于区域调研数据，利用生命周期评价方法，系统分析了浙江省13个县（市、区）茶叶生产的全球增温潜势、活性氮排放、环境酸化潜势和水体富营养化潜势动态、分布及构成，以期为农业生产节能减排提供理论支撑与科学依据。

3.3.1 浙江省茶叶种植区概况

浙江省地处我国东南沿海，充足的热量、充沛的降雨及适宜的光照条件均为茶树生长提供了得天独厚的自然环境（毛祖法等，2007；金志凤等，2014）。除部分海岛外，浙江省各地几乎皆有茶树种植（金志凤等，2015）。浙江省有60多个县产茶，全省茶叶产值占农业总产值的2%～3%，重点产茶乡镇茶叶产值甚至占到其农业总产值的30%左右，茶叶生产在地方经济中占有举足轻重的地位（骆耀平，2015）。

3.3.1.1 自然环境与土壤概况

1. 地理位置和范围

浙江省位于中国东南沿海、长江三角洲南翼，地跨27°02′～31°11′N、118°01′～123°10′E。东临东海，南接福建，西与江西、安徽相连，北与上海、江苏为邻。浙江东西和南北的直线距离均为450km左右，陆域面积10.55万km²，为中国的1.1%，是中国面积较小的省份之一。

2. 气候概况

浙江省属亚热带季风气候，季风显著，四季分明，年气温适中，雨量丰沛，空气湿润，雨热季节变化同步，气候资源配置多样，年均气温15～18℃，最冷月份为1月，平均气温3～9℃，7月最热，平均气温26～28.8℃，5～6月为集中降雨期，年均降雨量1200～2000mm，年均日照时数1710～2100h。

3. 植被概况

浙江省植被资源在3000种以上，国家重点保护野生植物有45种。树种资源丰富，素有

"东南植物宝库"之称。浙江省林地面积 667.97 万 hm²，其中森林面积 584.42 万 hm²。森林覆盖率为 60.5%，活立木总蓄积为 1.94 亿 m³。森林面积中，乔木林面积 420.18 万 hm²，竹林面积 78.29 万 hm²，国家特别规定灌木林面积 85.95 万 hm²。浙江省的森林覆盖率、毛竹面积和株数位于中国前列。其中竹林面积占中国的 1/7，林业产值约占中国的 1/3。森林群落结构比较完整，具有乔木林、灌木林、草本三层完整结构的面积占乔木林的 54.2%，只有乔木层简单结构的面积仅占乔木林的 1.5%。森林的健康状况良好，健康等级达到健康、亚健康的森林面积比例分别为 88.45%、8.23%。森林生态系统的多样性总体上属中等偏上水平，森林植被类型、森林类型、乔木林龄组类型较丰富。

4. 地质地貌

浙江省山地和丘陵占 74.63%，平坦地占 20.32%，河流和湖泊占 5.05%，耕地面积仅 208.17 万 hm²，故有"七山一水二分田"之说。

浙江省地形自西南向东北呈阶梯状倾斜，东北部是低平的冲积平原，东部以丘陵和沿海平原为主，中部以丘陵和盆地为主，西南以山地和丘陵为主。大致可分为浙北平原、浙西丘陵、浙东丘陵、中部金衢盆地、东南沿海平原及滨海岛屿 6 个地形区。

5. 河流水系

浙江省境内有西湖、东钱湖等容积 100 万 m³ 以上的湖泊 30 余个，海岸线（包括海岛）超过 6400km。自北向南有苕溪、京杭运河（浙江段）、钱塘江、甬江、灵江、瓯江、飞云江、鳌江八大水系，钱塘江为第一大河，上述 8 条河流除苕溪、京杭运河外，其余均独流入海。

3.3.1.2　成土母质及土壤

浙江省的土壤以黄壤和红壤为主，占浙江省土地面积 70% 以上，多分布在丘陵山地，平原和河谷多为水稻土，沿海有盐土和脱盐土分布。红壤为全省面积占比最大的土壤类型，占比达 44.91%；其次为水稻土，占比达 23.95%；黄壤、粗骨土、紫色土分列第三至第五位，面积占比依次为 10.14%、8.54%、3.68%；潮土、滨海盐土面积占比分别为 2.52%、2.29%；其余土壤类型面积占比皆小于 2%。

浙江省境内耕地 2980.03 万亩，占 18.83%；园地 943.52 万亩，占 5.96%；林地 8530.94 万亩，占 53.91%；草地 155.76 万亩，占 0.97%；城镇村及工矿用地 1333.49 万亩，占 8.43%；交通运输用地 319.07 万亩，占 2.02%；水域及水利设施用地 1289.53 万亩，占 8.15%；其他土地 273.53 万亩，占 1.73%。

3.3.1.3　社会经济情况

浙江是中国省内经济发展程度差异最小的省份之一，杭州、宁波、绍兴、温州是浙江的四大经济支柱。其中，杭州和宁波经济实力长期位居中国前 20。2014 年 11 月，浙江省被列入国家农村信息化示范省。

初步核算，2019 年浙江省 GDP 为 62 352 亿元，比上年增长 6.8%。其中，第一产业增加值 2097 亿元，第二产业增加值 26 567 亿元，第三产业增加值 33 688 亿元，分别增长 2.0%、5.9% 和 7.8%，第三产业对 GDP 增长的贡献率为 58.9%。三次产业增加值结构为 3.4∶42.6∶54.0。人均 GDP 为 107 624 元（按年平均汇率折算为 15 601 美元），增长 5.0%。根据第四次全国经济普查结果和我国 GDP 核算制度规定，2018 年浙江省 GDP 修订为 58 003 亿元，三次产业增加值结构修订为 3.4∶43.6∶53.0。

1. 人口发展状况

据 2019 年全省 5% 人口变动抽样调查结果推算,年末全省常住人口 5850 万人,比上年末增加 113 万人。其中,男性人口 3005 万人,女性人口 2845 万人,分别占总人口的 51.4% 和 48.6%。全年出生人口 60.9 万人,出生率为 10.51‰;死亡人口 32.0 万人,死亡率为 5.52‰;自然增长率为 4.99‰。城镇化率为 70.0%。

2. 农业种植及分布情况

浙江省素有"鱼米之乡"之称,水稻、茶叶、蚕丝、柑橘、竹制产品、水产品在中国占有重要地位。绿茶和毛竹的产量居中国第一,蚕茧产量居中国第二,绸缎出口量占中国 30%,柑橘产量居中国第三。

2017 年 10 月,浙江省入选第一批国家农业可持续发展试验示范区。2019 年,浙江省粮食播种面积 97.7 万 hm²,比上年增长 0.2%,总产量 592 万 t,比上年下降 1.2%;油菜籽播种面积 11.7 万 hm²,比上年增长 11.3%;蔬菜播种面积 64.6 万 hm²,比上年增长 1.1%;花卉苗木播种面积 16.2 万 hm²,比上年增长 2.2%;中药材播种面积 5.3 万 hm²,比上年增长 6.3%;果用瓜播种面积 9.9 万 hm²,比上年下降 1.0%。累计创建省级现代农业园区 59 个、特色农业强镇 113 个,建成单条产值 10 亿元以上的示范性农业全产业链 80 条。严格保护好 819 万亩粮食生产功能区。新增"三品一标"农产品 931 个,新增绿色食品基地 15.8 万亩,现代农业园区、粮食生产功能区内无公害农产品整体认定 22.9 万亩,主要食用农产品中"三品"比例在 55.6% 以上。

3.3.2　茶园化肥施用基线调查分析

浙江省绿茶主产区包括嵊州市、富阳区、绍兴市、诸暨市、武义县、开化县、松阳县、永嘉县、长兴县、衢州市、淳安县、建德市、杭州市(西湖区)13 个县(市、区),以这些地区的茶场或茶农作为调查对象,采用面对面走访茶农及发放调研问卷两种方式,共收集到 220 份有效调研问卷。调研内容主要包括茶叶产量、采摘面积、单位面积产值,产量或产值均以当年实测或总销售额计。施肥情况调研包括施肥种类、用量和方式。各种肥料的养分含量参考表 3-16。所调研各地区茶园肥料用量、干茶产量及产值情况见表 3-17。

表 3-16　肥料养分含量　　　　　　　　　　　　　　　(单位:%)

肥料种类	有机质	N	P₂O₅	K₂O	水分
商品有机肥	25.7	1.71	1.97	1.86	15.5
鸡粪	32.8	2.31	2.81	2.24	38.5
猪粪	25.6	1.92	2.08	1.75	38.8
牛粪	28.6	1.44	1.69	1.52	33.3
复合		15.0	15.0	15.0	
尿素		46.2			
磷肥			16.0		
硫酸钾				52.0	

表 3-17　浙江省茶叶主产区茶园肥料用量、干茶产量及产值

县（市、区）	样本数	N/(kg/hm²)	P₂O₅/(kg/hm²)	K₂O/(kg/hm²)	干茶产量/(kg/hm²)	产值/(×10³ 元/hm²)
诸暨市	10	310±156	117±69	119±82	1369±1413	44±57
嵊州市	25	635±291	154±116	137±128	2181±1481	30±20
淳安县	10	436±120	427±115	423±118	182±89	30±13
富阳区	10	347±167	137±93	136±94	210±134	33±12
开化县	10	531±236	135±94	136±160	220±186	35±19
永嘉县	10	377±447	308±314	273±309	95±59	40±34
建德市	10	414±192	193±106	160±115	538±1020	49±30
长兴县	10	335±169	88±58	98±57	60±114	109±147
武义县	10	601±288	175±105	138±122	2427±1885	46±53
绍兴市	20	1566±2332	420±787	306±537	1844±1080	23±22
松阳县	10	1252±305	275±120	327±98	3095±1828	106±53
衢州市	10	172±151	34±58	35±57	405±336	30±30
杭州市	75	239±188	577±326	428±264	491±483	782±687

调研于 2017～2018 年完成，调研内容不包括茶园农药施用情况。根据绍兴市茶园农药的调研结果，假设浙江省茶园农药施用基线为 1kg/hm² 联苯菊酯，进行环境效应评价，不包括农药施用引起的生态毒理学效应。

3.3.3　生命周期评价方法

3.3.3.1　全球增温潜势

全球增温潜势（GWP）一般以 CO_2 为参照物，单位为 kg CO_2-eq。以 CO_2 作为参照气体，是因为其对全球变暖的贡献最大。农业生产系统中的温室气体排放主要包括两部分：农资生产阶段和农作生产阶段。农资生产阶段的温室气体排放主要来自化肥、有机肥、农药、农膜、电力、柴油和田间基础设施等生产和运输过程；农作生产阶段的温室气体排放是指土壤硝化和反硝化直接产生的 N_2O，硝酸盐流失和氨挥发引起的 N_2O 间接排放，以及农事操作（如整地、播种和收获等）过程中燃油燃烧引起的 N_2O 直接排放。尽管土壤腐殖质/有机残体/有机肥等分解会产生 CH_4，但大量研究表明旱地 CH_4 排放可以忽略不计（刘巽浩等，2013），因此本研究不考虑 CH_4 排放。全球变暖潜势具体计算公式如下

$$GWP = \sum_{1}^{n}(MS\_CO_2 + E_{Total\ N_2O} \times 44 / 28 \times 298) \tag{3-8}$$

$$E_{Total\ N_2O} = E_{N_2O\ direct} + 1\% \times V_{NH_3} + 2.5\% \times L_{NO_3^--N} \tag{3-9}$$

式中，GWP 表示生产单位面积作物产生的温室气体排放量（kg CO_2-eq/hm²）；MS_CO_2 表示农资生产阶段各项投入（如氮磷钾肥、农药、柴油、电力、钢材、地膜等）生产和运输过程中的 CO_2 排放量；$E_{Total\ N_2O}$ 表示农作生产环节氮肥施用产生的 N_2O 总排放量（kg N/hm²）；$E_{N_2O\ direct}$ 表示农作生产环节氮肥施用产生的 N_2O 直接排放量，按施入纯氮的 1% 计；V_{NH_3}、$L_{NO_3^--N}$ 分别表示 NH_3 挥发量、NO_3^--N 损失量；44/28 表示 N_2O 对 N 的转换系数；298 表示 1kg N_2O 与等量 CO_2 全球增温潜势的转换系数。N_2O 的间接排放主要来自 NH_3 挥发和根际区域 N

素流失，1%、2.5% 分别为向空气挥发 1kg NH_3、向水体流失 1kg 硝态氮（$NO_3^- $-N）对 N_2O 的转换系数（杨晓琳，2015）。

3.3.3.2　活性氮排放

活性氮（reactive nitrogen，Nr）排放是指茶树在生长过程中排放到环境中的活性氮总量，包括氮肥在农田使用过程中的 N_2O 排放量、NH_3 挥发量、$NO_3^- $-N 流失量等，以及肥料生产和运输过程中产生的 NO_x、NH_3 等气体量。农资生产阶段的活性氮排放转化因子见表 3-18。活性氮排放具体计算公式如下

$$NF = \sum_1^n (MS\_N + NV_{NH_3} + NE_{N_2O} + NL_{NO_3^- -N}) \qquad (3-10)$$

$$NV_{NH_3} = \sum_{d=1}^{\lg p} (V_{NH_3} \times 17/14 \times 0.833) \qquad (3-11)$$

$$NE_{N_2O} = \sum_{d=1}^{\lg p} (E_{N_2O} \times 44/28 \times 0.476) \qquad (3-12)$$

$$NL_{NO_3^- -N} = \sum_{d=1}^{\lg p} (L_{NO_3^- -N} \times 62/14 \times 0.238) \qquad (3-13)$$

式中，NF 表示生产单位面积作物产生的活性氮排放量（kg N-eq/hm^2）；MS_N 表示农资生产阶段各项投入（如氮磷钾肥、农药、柴油、电力、钢材、地膜等）生产和运输过程中的活性氮排放量；NV_{NH_3}、NE_{N_2O}、$NL_{NO_3^- -N}$ 分别表示由肥料施用导致的 NH_3 挥发、N_2O 排放、$NO_3^- $-N 流失而损失到环境中的活性氮排放量，$NH_3$ 挥发、$NO_3^- $-N 流失分别按施入纯氮的 11.14%、4.34% 计；V_{NH_3} 表示 NH_3 挥发量；E_{N_2O} 表示 N_2O 排放量；$L_{NO_3^- -N}$ 表示 $NO_3^- $-N 流失量；17/14 表示 NH_3 对活性氮的转换系数；62/14 表示 NH_3 对活性氮的转换系数；0.833、0.476、0.238 分别表示 NH_3（kg N-eq/kg）、N_2O（kg N-eq/kg）、$NO_3^- $-N（kg N-eq/kg）的水体活性氮排放转化因子，这些相关转化因子均取自 CML 2002 的方法（Huijbregts and Guinée，2001）。

表 3-18　农资生产阶段各项投入的全球增温潜势、活性氮排放、环境酸化潜势、水体富营养化潜势转化因子

投入	单位	GWP	Nr	AP	EP	参考文献
氮肥	kg N	6.38	4.04E-03	2.52E-02	3.03E-03	Cui et al.，2013；Yan et al.，2015；王效忠，2019
磷肥	kg P_2O_5	0.61	3.13E-02	6.00E-04	7.67E-05	Cui et al.，2013；Zhang et al.，2013；王效忠，2019
钾肥	kg K_2O	0.44	1.15E-02	4.80E-04	6.13E-05	Cui et al.，2013；Zhang et al.，2013；王效忠，2019
农药	kg	18.00	1.12E-02	1.05E-02	1.94E-03	梁龙等，2009；Cui et al.，2013；Zhang et al.，2013；王效忠，2018

3.3.3.3　环境酸化潜势

环境酸化潜势（AP）一般以 SO_2 为参照物，单位为 kg SO_2-eq，引起酸化的气体主要包括 SO_x（SO_2）、NO_x 和 NH_3，它们转化为 SO_2 的当量系数分别为 1、0.7 和 1.88（Huijbregts and Guinée，2001；邓南圣和王小兵，2003）。农作物生产系统整个生命周期的环境酸化潜势主要来自肥料、农药、田间基础设施结构材料的生产和运输过程，氮肥施用直接引起的 NH_3 挥发过程（表 3-19），以及整地、播种、收获等田间过程中机械燃料燃烧的过程。农资生产阶段的水体环境酸化潜势转化因子见表 3-18。环境酸化潜势具体计算公式如下：

$$AP = \sum_1^n (MS\_SO_2 + 1.88 \times V_{NH_3} \times 17/14) \qquad (3-14)$$

式中，AP 表示生产单位面积作物产生的环境酸化潜势（kg SO_2-eq/hm^2）；MS_SO_2 表示农资生产阶段各项投入（如氮磷钾肥、农药、农膜、柴油、电力、钢材、地膜等）生产和运输过程中的 SO_2 排放量；V_{NH_3} 表示农作过程中产生的 NH_3 挥发量；1.88 表示 1kg NH_3 与等量 SO_2 环境酸化潜势的转换系数。

3.3.3.4　水体富营养化潜势

水体富营养化潜势（EP）一般以磷酸盐（PO_4^{3-}）为参照物，单位为 kg PO_4^{3-}-eq，通常引起水体富营养化的物质主要包括 NH_3、NO_x、NO_3^-、NH_4^+、COD、TP（总 P），其转换为 PO_4^{3-} 的当量系数分别为 0.33、0.13、0.42、0.33、0.022、3.06（Guinee et al.，2002；邓南圣，2003）。农作物生产系统整个生命周期的水体富营养化潜势主要源自农业生产资料的生产和运输过程，农作物生长过程中 NH_3 挥发、NO_3^--N 流失、磷素流失等过程（表 3-19），以及农事操作等田间过程中机械燃料燃烧产生的气体排放过程。农资生产阶段的水体富营养化潜势转化因子见表 3-18。水体富营养化潜势具体计算公式如下：

$$EP = \sum_1^n (MS\_PO_4 + 0.33 \times V_{NH_3} \times 17/14 + 0.42 \times L_{NO_3} + 3.06 \times 0.2\% \times Ptot) \tag{3-15}$$

式中，EP 表示生产单位面积作物产生的水体富营养化潜势（kg PO_4^{3-}-eq/hm^2）；MS_PO_4 表示农资生产阶段各项投入（如氮磷钾肥、农药、农药、柴油、电力、钢材、地膜等）生产和运输过程中的 PO_4^{3-} 排放量；Ptot 为总磷流失量，以施入纯磷的 0.2% 计；0.33 为 1kg NH_3 与等量 PO_4^{3-} 水体富营养化潜势的转换系数；0.42 为 1kg NO_3^- 与等量 PO_4^{3-} 水体富营养化潜势的转换系数；3.06 为 1kg P 与等量 PO_4^{3-} 水体富营养化潜势的转换系数。

3.3.4　浙江省茶园化肥施用基线的环境效应分析

根据浙江省 13 个县（市、区）茶叶生产的施肥基线调研数据，得到了浙江省茶叶主产区单位面积茶园的环境排放量（表 3-19）。在此基础上，分别计算得到了浙江省茶园施肥基线的全球增温潜势、活性氮排放、环境酸化潜势和富营养化潜势。下面分别进行具体分析。

表 3-19　浙江省茶叶主产区茶园的环境排放量　　　　　（单位：kg/hm^2）

县（市、区）	样本数	N_2O	NO_x	NH_3	NO_3	总 P
诸暨市	10	5.57±2.80	1.02±0.51	41.89±21.07	59.53±29.93	0.23±0.14
嵊州市	25	6.35±2.91	2.09±0.96	85.92±39.39	122.08±55.96	0.31±0.23
淳安县	10	4.36±1.24	1.43±0.39	59.00±16.17	83.82±22.98	0.85±0.23
富阳区	10	3.47±1.67	1.14±0.55	46.93±22.65	66.68±32.18	0.27±0.19
开化县	10	5.31±2.36	1.75±0.78	71.86±31.92	102.11±45.35	0.27±0.19
永嘉县	10	3.77±4.47	1.24±1.47	51.02±60.53	72.49±86.01	0.62±0.63
建德市	10	4.14±1.92	1.36±0.63	55.96±26.00	79.51±36.95	0.39±0.21
长兴县	10	3.35±1.69	1.10±0.56	45.29±22.85	64.35±32.47	0.18±0.12
武义县	10	6.01±2.88	1.97±0.94	81.31±38.90	115.52±55.27	0.35±0.21
绍兴市	20	15.66±23.32	5.15±7.66	211.84±315.46	300.99±448.22	0.84±1.57
松阳县	10	12.52±3.05	4.11±1.00	169.41±41.20	240.70±58.54	0.55±0.24
衢州市	10	1.72±1.51	0.56±0.50	23.22±20.45	32.99±29.06	0.07±0.12
杭州市	75	2.39±1.88	0.79±0.62	32.34±25.44	45.94±36.15	1.15±0.65

3.3.4.1　浙江省茶叶生产的全球增温潜势

如图 3-13A 所示，浙江省不同县（市、区）茶叶生产单位面积的全球增温潜势明显不同，其中松阳最大 [（15 034±3613）kg CO_2/hm²]，衢州最小 [（2070±1820）kg CO_2/hm²]。浙江省不同县（市、区）茶叶生产单位产量的全球增温潜势范围为（5675±2836）~（211 971± 198 004）kg CO_2/t，其中长兴最大，衢州最小。这主要是由于长兴以生产名优茶为主，单位产量较低；而衢州以生产大宗茶为主，单位产量较高。浙江省不同县（市、区）茶叶生产单位产值的全球增温潜势范围为（0.01±0.02）~（0.77±0.60）kg CO_2/元，其中杭州最低，绍兴最高。这主要是由于杭州地区为中国名优绿茶道地产区（尤指西湖产区），茶叶产值较其他地区为高，因此单位产值的全球增温潜势较低；而绍兴绿茶生产的单位产值较低，因此单位产值的全球增温潜势较高。

以绍兴为例，所调研 20 户典型茶农茶叶生产的全球增温潜势构成如图 3-14a 所示。不同农户之间差异并不显著，对全球增温潜势影响较大的是氮肥投入，占比为 51%~54%；其次是 N_2O 排放，占比为 43%~46%；磷肥、钾肥投入对全球增温潜势的影响均较小，占比分别为 0~4%、0~3%；杀虫剂投入的影响也较小（0~1%）。

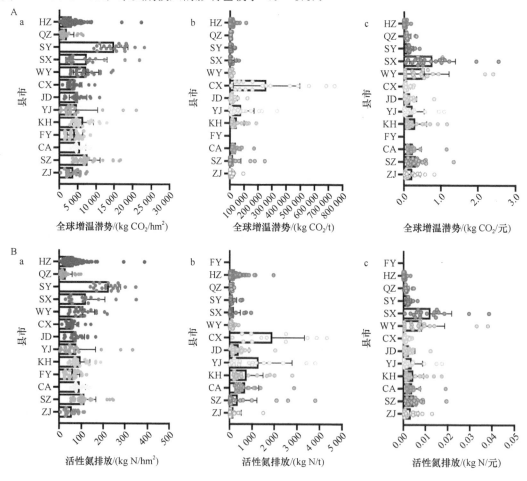

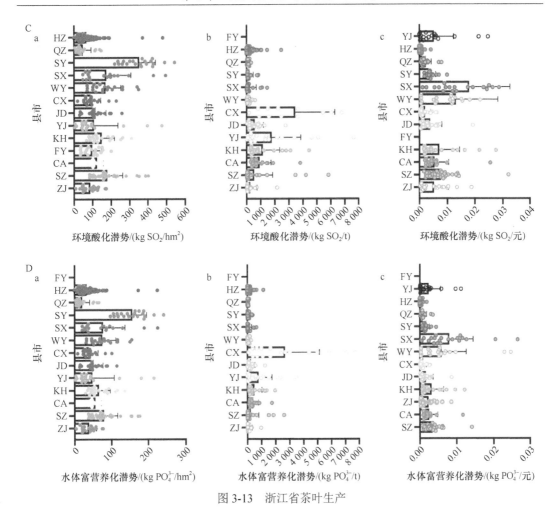

图 3-13　浙江省茶叶生产

A. 全球增温潜势，B. 活性氮排放，C. 环境酸化潜势，D. 水体富营养化潜势；a. 基于单位面积，b. 基于单位产量，c. 基于单位产值。ZJ：诸暨，SZ：嵊州，CA：淳安，FY：富阳，KH：开化，YJ：永嘉，JD：建德，CX：长兴，WY：武义，SX：绍兴，SY：松阳，QZ：衢州，HZ：杭州

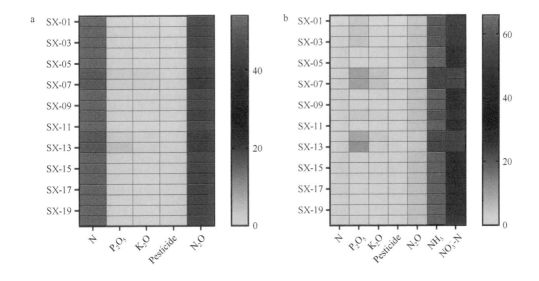

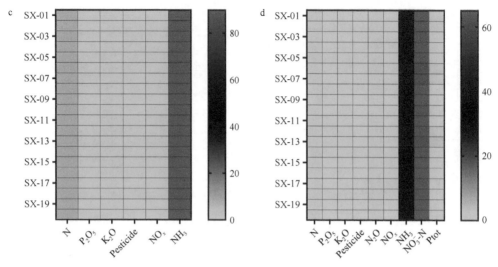

图 3-14　绍兴市 20 户茶农茶叶生产各指标构成热图

a. 全球增温潜势，b. 活性氮排放，c. 环境酸化潜势，d. 水体富营养化潜势。SX01～SX20 分别代表绍兴市所调研 01 号至 20 号茶农。N 代表氮肥投入；P_2O_5 代表磷肥投入；K_2O 代表钾肥投入；Pesticide 代表杀虫剂投入；NO_x 代表 NO_x 气体排放；NH_3 代表氨挥发；NO_3^--N 代表硝酸氮流失；Ptot 代表总磷流失

3.3.4.2　浙江省茶叶生产的活性氮排放

如图 3-13B 所示，浙江省不同县（市、区）茶叶生产单位面积的活性氮排放明显不同。其中，松阳最大，为（226.57±56.97）kg N/hm^2；嵊州和绍兴也较高，分别为（115.04±54.88）kg N/hm^2 和（110.76±84.72）kg N/hm^2；衢州最低，为（30.84±28.32）kg N/hm^2。对于单位产量的活性氮排放，长兴最高，为（1923.39±1345.82）kg N/t；永嘉也较高，为（1259.49±1497.36）kg N/t；诸暨最低，为（42.39±21.06）kg N/t。不同县（市、区）茶叶生产单位产值的活性氮排放明显不同，以绍兴最高，为（0.0115±0.0047）kg N/元；武义次之，为（0.0086±0.0009）kg N/元；杭州最低，仅为（0.0001±0.0001）kg N/元。

以绍兴为例，所调研的 20 户典型茶农茶叶生产的活性氮排放构成如图 3-14b 所示。活性氮排放以 NH_3 挥发占比最大（56%～66%）；NO_3^--N 流失对活性氮排放影响也较大（23%～27%）；氮肥投入和 N_2O 排放的影响相对较小，分别为 2% 和 4%～5%；磷肥对不同农户茶叶生产活性氮排放的影响有所不同，占比范围为 0～12%；第 6、7、12、13 号茶农磷肥投入较多，因此由磷肥投入引起的活性氮排放较高；而杀虫剂投入对活性氮排放的影响较小（<1%）。

3.3.4.3　浙江省茶叶生产的环境酸化潜势

如图 3-13C 所示，浙江省不同县（市、区）茶叶生产单位面积的环境酸化潜势明显不同，其中松阳最大 [（353.26±85.87）kg SO_2/hm^2]，衢州最低 [（48.42±42.65）kg SO_2/hm^2]。单位产量的环境酸化潜势以长兴最高 [（3472.64±2717.51）kg SO_2/t]，衢州最低 [（132.32±66.21）kg SO_2/t]。单位产值的环境酸化潜势以绍兴最高 [（0.0174±0.0086）kg $SO_2/$元]，杭州最低 [（0.0002±0.0004）kg $SO_2/$元]。

以绍兴为例，由图 3-14c 可见，20 户茶农茶叶生产的环境酸化潜势主要由 NH_3 挥发构

成，占比为 90%；其次是氮肥投入，占比为 9%；NO_x 排放占比为 1%，磷肥、钾肥和杀虫剂投入占比均小于 1%，不同农户之间差异很小。

3.3.4.4 浙江省茶叶生产的水体富营养化潜势

如图 3-13D 所示，浙江省不同县（市、区）茶叶生产单位面积的水体富营养化潜势明显不同，其中松阳最高 [（156.65±38.00）kg PO_4^{3-}/hm^2]，衢州最低 [（21.45±18.98）kg PO_4^{3-}/hm^2]。不同县市茶叶生产单位产量的水体富营养化潜势以长兴最高 [（2693.01±2376.92）kg PO_4^{3-}/t]，而绍兴最低 [（40.76±44.15）kg PO_4^{3-}/t]。不同县（市、区）茶叶生产单位产值的水体富营养化潜势以绍兴最高 [（0.0080±0.0063）kg PO_4^{3-}/元]，而杭州最低 [（0.0001±0.0002）kg PO_4^{3-}/元]。

以绍兴为例，所调研的 20 户茶农茶叶生产的水体富营养化潜势构成如图 3-14d 所示，NO_3^--N 流失对水体富营养化潜势的贡献最大，达到 63%～65%；NH_3 挥发的影响也较大，占比为 29%～30%；氮肥投入、N_2O 排放、总磷流失占比较小，分别为 2%、2%、0～4%；NO_x 排放对茶叶生产的水体富营养化潜势的贡献十分有限（0.3%）；磷肥、钾肥和杀虫剂三者投入对茶叶生产的水体富营养化潜势的总贡献小于 0.1%。

3.3.5 存在问题

据报道，氮肥（纯氮）用量为 300～450kg/hm^2，基本能满足茶树生长的氮肥需求（马立锋，2013）。然而，浙江省绿茶茶园过量施用氮肥（>450kg/hm^2）的面积达到总调研面积的 41%。在本研究中，高化肥投入地区的环境效应显著高于其他地区。例如，松阳县具有最高的单位面积全球增温潜势 [（15 034±3613）kg CO_2/hm^2]、活性氮排放 [（226.57±56.97）kg N/hm^2]、环境酸化潜势 [（353.26±85.87）kg SO_2/hm^2] 和水体富营养化潜势 [（156.65±38.00）kg PO_4^{3-}/hm^2]，嵊州市茶叶生产也因较高的肥料投入而环境效应较高。

粮食作物和蔬菜等生产的环境效应研究表明，单位产量的环境效应低于单位面积的环境效应（王占彪等，2015；Xue et al.，2016；Liang et al.，2019）。然而，本研究结果表明，茶叶单位产量的环境效应显著高于单位面积的环境效应，这主要由茶叶的单产较低所致。例如，由于长兴地区以生产名优茶为主，单位产量普遍较低，所调研的 20 户茶农平均茶叶产量为 62.5kg/hm^2（以干茶计），因此单位产量的环境效应在各县（市、区）表现为最高。具体地，全球增温潜势为（211 971±1980.04）kg CO_2/t、活性氮排放为（1923.39±1345.82）kg N/t、环境酸化潜势为（3472.64±2717.51）kg SO_2/t 和水体富营养化潜势为（2693.01±2376.92）kg PO_4^{3-}/t。

不同地区茶叶产值相差较大，因此本研究也计算了单位产值的环境效应。由于杭州地区为中国名优绿茶道地产区（尤指西湖产区），茶叶产值较其他地区为高，因此单位产值的环境效应较低；而绍兴绿茶生产的单位产值较低，因此单位产值的环境效应较高。

茶树与一般农作物不同，茶树主要收获叶片。尽管施肥量对茶叶产量有一定影响，但是采摘方式（如手采、机采，一芽两叶、一芽四叶等）不同导致的茶叶产量差异更大。然而遗憾的是，本研究的调研数据并未区分名优茶园和大宗茶园，掩盖了不同茶园管理方式对环境效应的影响，不能进一步分析不同农作管理方式间环境效应存在差异的根源。另外，名优茶园和大宗茶园之间施肥方式、施肥量有所不同。例如，所调研的杭州市（以西湖区为主）茶园多以生产名优茶为主，主要采摘方式为一年一季，只采春茶；而绍兴市茶园多以生产大宗茶为主,即全年采摘3~4次茶叶。然而,调研数据显示,名优茶园施肥量甚至高于大宗茶园,这导致严重的资源浪费。本研究结果表明,浙江省茶园肥料具有极大的减施空间。环境效应评价结果表明,不同区域由于施肥量不同,环境效应变异性较大。

3.3.6 结论与建议

3.3.6.1 结论

浙江省不同地区茶叶生产的环境效应差异较大。松阳和嵊州单位面积环境效应较大,其他地区较小。长兴和永嘉单位产量环境效应较大,其他地区较小。绍兴和武义单位产值环境效应较大,其他地区较小。浙江省茶园肥料投入和环境效应具有很大的降低空间。各种环境效应的构成有所不同,以绍兴市为例,对全球变暖潜势影响较大的是氮肥投入,占比为51%~54%,其次是 N_2O 排放,占比为43%~46%;活性氮排放以 NH_3 挥发占比最大(56%~66%),此外 NO_3^--N 流失的影响也较大(23%~27%);环境酸化潜势主要由 NH_3 挥发所致(占比90%),其次是氮肥投入(9%);水体富营养化潜势以 NO_3^--N 流失的贡献最大,占比为63%~65%, NH_3 挥发的影响也较大,占比为29%~30%。

3.3.6.2 建议

化肥、农药过量施用不仅造成巨大的资源浪费和农业生产成本的上升,还会引起农业非点源污染、农产品质量安全等一系列问题。科学有效地利用有限的水土资源,在保证农作物产量和品质的同时减少农业生产资料的投入与农业系统的环境代价,是当前中国和世界农业面临的巨大挑战(Tilman et al.,2011;Liu et al.,2015;金书秦等,2018)。基于以上分析,针对我国茶叶化肥和农药减施技术主要提出以下几点建议。

1)优化施肥模式。主要包括养分总量控制,不同区域差异化减施;典型茶区重点推广有机肥施用,并制定适宜的有机养分替代率;推广高氮低磷的茶树专用配方复合肥,以替代目前常用的等养分比例复合肥,降低磷钾养分的过量投入。

2)有机肥替代化肥技术。部分茶农为了增加茶叶产量和品质,习惯用有机肥替代部分化肥,但往往采用不同类型的有机肥进行替代,且替代比例比较随意。研究表明,配施有机肥不仅能够显著提高土壤酶活性、土壤微生物和生物(蚯蚓)数量、增强土壤保水性能、促进土壤碳和有效养分积累,而且能够提高茶叶产量和品质。

3)土壤改良+缓控释肥技术。由于茶树一年采摘多次嫩叶,会带走大量养分,因此茶树生育期需要持续从土壤中摄取各种营养元素,施用生物炭土壤改良剂可改善酸性红壤茶园土壤的酸碱环境和微生物活性,有利于促进土壤养分转化。此外,施用缓控释肥可以缓释控释养分,提供长足的肥效保证,减少土壤中氮素的流失和土壤 N_2O 的排放,提高养分的利用效率,有助于缓解目前茶园的环境污染问题。

4)林茶间作等生态工程技术。研究表明,相对于纯茶园,塑料大棚茶园、松茶间作茶园和林篱茶园能更有效地降低环境温度、改善光照条件、增加空气湿度、提升土壤水分和有机质含量、改善土壤养分状况。三种复合茶园茶叶品质(氨基酸和茶水浸出物含量)也显著提高,而茶多酚含量却显著低于纯茶园茶叶。在茶园中适当套种珍贵用材树种,可以增加生物多样性、减少病虫害、提高经济作物产量及品质和土地利用率,从而增加效益,达到建立高效生态茶园的目的。

3.4 苹果化肥施用基线与环境效应关系

中国是世界上最大的苹果生产国和消费国，总种植面积及总产量均占全世界 40% 以上（Ma et al.，2016）。然而，受土地资源紧缺的国情约束，当前存在果树"上山下滩，不与粮棉争夺良田"的种植现状（张聪颖等，2018），因此果园立地条件相对较差，通常需要人为投入大量养分用于维系果园的产量及品质（曲衍波等，2008；Liu et al.，2013）。近年来，由于苹果种植的经济效益相对高于粮食作物，加之很多果农缺乏科学的施肥及管理知识，奉行"高投入，高产出"的理念，因此出现了严峻的施肥过量问题，其中又以氮、磷盈余问题最为突出，不仅造成了相应的区域环境问题，也在一定程度上制约了苹果种植业的可持续发展（Zuo et al.，2014）。

目前，中国苹果优势种植区域已由过去的环渤海湾、黄土高原、黄河故道、西南冷凉高地四大种植区域演变为黄土高原和环渤海湾两大优势主产区（刘天军等，2012）。陈翠霞等（2018）对黄土高原苹果种植区施肥现状的研究结果表明：黄土高原苹果产区化肥投入过量现象较为普遍，N、P_2O_5、K_2O 的平均投入量分别为 1162kg/hm²、742kg/hm²、1041kg/hm²。Ge 等（2018）对栖霞市苹果园的研究结果表明：在不考虑有机肥的前提下，果园纯 N、P_2O_5、K_2O 的平均投入量分别为 1350kg/hm²、1108kg/hm²、1255kg/hm²。而国外发达国家苹果园的 N、P_2O_5、K_2O 推荐施用量分别为 150～200kg/hm²、100～150kg/hm²、150～200kg/hm²（Kipp，1992；Reganold et al.，2001；Ahad et al.，2018；Khorram et al.，2019）。可见中国苹果园养分投入量在各产区之间差异较大，均远超国外苹果种植业发达地区的常规水平。从肥料利用效率上比较，水肥一体化是国外果园采取的主流技术，可使氮肥及磷肥的利用效率保持在较高水平（戚迎龙等，2019；Sharma et al.，1990）。姜远茂等（2017）的研究表明，河北、陕西、山东和山西 4 省果园的氮肥及磷肥平均利用效率仅分别为 25% 和 5.4%。土壤中氮、磷肥料的过量富集会造成温室效应、土壤酸化、水体富营养化等诸多环境问题。综上，中国果园养分投入量高、利用效率低的现状，对区域生态环境的污染风险不容小觑（冯晓龙等，2015）。

养分平衡法是基于物质守恒原理，将研究对象视为一个系统或综合体，在此基础上对其养分的输入项与输出项进行量化。当输入量大于输出量时，该系统或综合体养分盈余；当输入量小于输出量时，该系统或综合体养分亏缺（Ma et al.，2019）。该方法在土地资源管理（Bindraban et al.，2000）、农作物生产评价（Blaise et al.，2005）、流域面源污染研究（周颖，2018）等诸多领域已有相关应用。同时，该方法适用于较大区域尺度的种植业养分投入环境效应评价（刘忠等，2009）。但当前针对县域果园养分平衡及其环境风险的研究鲜见报道。

栖霞市是中国环渤海湾地区最重要的苹果生产区，其种植模式、水肥管理措施及其所产生的环境效应具有典型的区域代表性。为响应国家"十三五"规划"化肥和农药双减"的号召，本研究以山东省烟台市栖霞市为例，在保证果园产量与品质的前提下减少化肥的施用量，通过构建苹果园养分输入输出模型，从宏观视域上对栖霞市苹果园氮磷平衡状况进行研究。通过量化各个途径的氮、磷养分输入量与输出量，评价现今管理模式下苹果园对外界环境的污染风险，为区域苹果种植业的可持续发展提供科学的理论依据。

3.4.1 山东典型苹果种植区化肥施用基线调查分析

调研开展时间为 2018 年 5～7 月，收集到 500 份合格问卷。问卷调研的主要内容：苹果园面积，果树品种，树龄，种植密度，产量，施肥情况，灌溉情况，果园地面覆盖方式，行间是否生草等。将调查结果与收集的研究资料进行整理分析，对栖霞市苹果园施肥现状和存在问题予以评价。

3.4.1.1　苹果园基本情况

通过对调研问卷整理可知，平均每户拥有的果园面积为 $0.448hm^2$，其中农户果园拥有面积最小的为 $0.067hm^2$，最大的为 $10hm^2$。果农果园拥有面积在 $0.33hm^2$ 以下的共有 175 户，占总户数的 35%；在 $0.33\sim0.67hm^2$ 的共有 232 户，占总户数的 46.4%；$\geqslant0.67hm^2$ 的共有 93 户，占总户数的 18.6%。总体而言，目前果农种植模式已逐渐由小规模种植管理向中大规模合作化管理转变。目前当地果农多为中老年人，青壮年较少，这为果园的标准化和规范化管理带来了诸多不便因素，也为果树栽培技术和果园合作化模式的推广带来了挑战。

调研的果树品种以'红富士'为主。该果树一般从第 5 年开始结果，第 8～9 年进入盛果期。近年来随着种植技术的不断推广，种植理念的不断更新，果树的种植密度逐渐由密植型（3m×3m）向宽广型（4m×4m 或 4m×5m）转变，每公顷果树平均种植密度为 780 棵。就产量而言，在调查的果园当中，最低的约 $1.5t/hm^2$，最高的可达 $67.5t/hm^2$，大多数农户产量在 $45t/hm^2$。果园产量的波动主要受气候因素和果农管理技术影响，容易形成"大年"或"小年"现象。为保证产量稳定，加强果园管理技术、做好配套果园基础设施建设是有效的手段。

在灌溉方面，正常年份大多数果园年灌溉次数在 3～6 次，平均每年灌溉次数为 4 次，主要集中在果树生长的 4 个重要时期：套袋前后、盛果期、摘袋前后和摘完果后，并且灌溉方式仍然以漫灌为主，只有极少数的果农在果园里铺设了喷灌装置，由于不少果园处在丘陵、山坡地带，灌溉困难，极易造成无水可用的情况，这对果园的产量产生了非常不利的影响。

在果园行间是否生草方面，超过 70% 的果农选择行间生草，低于 30% 的果农选择行间未生草。近年来随着果园生草理念的普及，越来越多的果农选择园间生草的种植模式。同时随着果农环保意识的提高和节约成本意愿的增强，果农在除草方式上多以割草机为主，仅少数的果农选择施用除草剂，在一定程度上减少了农药对环境的污染，有利于生态环境的保护。

3.4.1.2　苹果园施肥

栖霞市果农施用化肥遵循以下规律：苹果收获后，在当年 10 月底至翌年春季 3～4 月，以沟施或穴施的方式施用基肥（有机肥，复合肥和微量元素混施的方式）；4～6 月幼果膨大和花芽分化阶段，施用高磷型肥料；翌年 7～9 月果实膨大期，施用高钾型肥料。追肥的类型也包含二铵、钙肥等其他化肥，但以复合肥和水溶肥为主。关于追肥次数，果农会根据当年的果树生长情况与自身种植成本做出相应的调整，本次调研得到的肥料类型主要为有机肥（主要成分为有机质、大量元素、微量元素或菌种）、复合肥和水溶肥（主要成分是大量元素，以氮、磷、钾为主）。

1. 基肥施用

基肥作为果园施肥当中最重要的一环，对果树的生长具有重要的作用，有机肥是基肥的重要组成部分。通过调查分析可知，在 500 户果农当中，有 74.8% 的果农选择在苹果收获后的当年施肥，有 25.2% 的果农选择在次年春季施肥。所施用的肥料类型以有机肥、菌肥为主，复合肥和微量元素混合施用，也有果农施用农家肥，如牛粪、羊粪、兔粪和猪粪等。施用方式主要为在果树周围挖取条状沟，或者围绕果树挖取环状施肥沟，再将肥料撒在沟中，进而覆土掩埋。

通过对问卷的整理分析可知，有 92.8% 的果农将有机肥或者菌肥作为基肥，仅有 7.2% 的果农（大多数为幼龄果树）未使用有机肥或者菌。有机肥的大面积普及施用，减少了传统氮、磷、钾肥料的施用，标志着栖霞市果园已经由复合肥时代转变成为有机肥时代，从而形成了以有机肥为主，复合肥为辅，配微量元素和菌种的多元施肥模式体系。

2. 追肥施用

苹果树在年周期发育过程中，生长前期主要吸收氮素和磷素，中后期则主要吸收钾素，其中磷素的需求量全年都比较平稳。因此，在实际生产中，果农根据果树吸收氮素、磷素和钾素的动态进行追肥，形成了在果核生长期（5~6月）施用高磷型肥料，在果实膨大期（7~9月）施用高钾型肥料的模式。

通过栖霞市苹果园调研问卷统计结果可知，全年追肥次数为 0 次的仅有 27 户，占 5.4%，均为未长果的幼树；追肥次数为 1 次的有 185 户，占 37%；追肥次数为 2 次的有 219 户，占 43.8%；追肥次数为 3 次的有 65 户，占 13%；追肥次数为 4 次的有 4 户，占 0.8%。在追肥过程中，果农选择施用复合肥与水溶肥的比例也发生着变化。在第一次追肥选择水溶肥的果农有 220 户，占比为 46.1%；选择复合肥的果农有 218 户，占比为 46.5%；选择其他类型化肥的果农有 35 户，占比为 7.4%；在第二次追肥选择水溶肥的果农有 217 户，占比为 75.3%；选择复合肥的果农有 63 户，占比为 21.9%；选择其他类型化肥的果农有 8 户，占比为 2.8%；在第三次追肥选择水溶肥的果农有 54 户，占比为 78.3%；选择复合肥的果农有 10 户，占比为 14.5%；选择其他类型化肥的果农有 5 户，占比为 7.2%；在第四次追肥选择水溶肥的果农有 3 户，占比为 75%；选择复合肥的果农有 1 户，占比为 25%。由此种变化趋势可知，速效、易溶解、易吸收的水溶肥已逐渐成为果农追肥的首要选择。

3.4.1.3　苹果种植区肥料养分施用对比分析

通过收集欧美（杜鹏，2014）、中国山东省（魏绍冲和姜远茂，2012）和山东省栖霞市（郝文强等，2012）苹果种植区的施肥模式，结合本研究的调研结果，对比了不同苹果种植区养分施入情况和同一种植区不同时期养分施入情况（表 3-20）。结果显示，欧美地区由于采用了水肥一体化的灌溉施肥技术，养分利用效率提高，氮、磷、钾施入量均低于 220kg/hm²，各养分施入量也非常均衡，尤其注重有机质的施用，施入量达到 35 000kg/hm²。2012 年山东省苹果种植区氮、磷、钾施入量分别是 504kg/hm²、315kg/hm²、356kg/hm²，有机肥的施用尤其不足，根据魏绍冲等在 2012 年的问卷调研，仍有超过 40% 的农户不施用有机肥。2012 年栖霞市苹果种植区氮、磷、钾施入量均超过 1000kg/hm²，是山东省平均养分投入量的 3 倍。2018 年，本课题组重新对栖霞市苹果园养分施用状况进行问卷调研，发现氮、磷、钾施入量已分别下降到 405kg/hm²、462kg/hm²、514kg/hm²，与氮肥相比，磷肥和钾肥的施入量相对提高；此外，有机肥的施用得到普遍推广，有机质施入量达到年均 5016kg/hm²。综上所述，农户已经意识到大量使用化肥的危害，氮、磷、钾施入量在快速下降，有机质施入量有所增加，但是相对欧美苹果种植区，化肥施入量仍然普遍过高，有机肥施用量依然呈现明显不足。

表 3-20　苹果园年均养分施用量对比结果　　　　　　（单位：kg/hm^2）

地区	N	P_2O_5	K_2O	有机质
欧美	150～220	100～150	150～200	35 000
山东省（2012 年）	504	315	356	有机肥施用未普及
栖霞市（2012 年）	1 350	1 108	1 255	3 916
栖霞市（2018 年）	405	462	514	5 016

3.4.2　研究区概况与数据获取

3.4.2.1　研究区概况

栖霞市地处山东省东北部，位于胶东半岛腹地。地理位置为 37°05′～37°32′N、120°33′～121°15′E，总面积 2015.91km²。本区域地貌类型以山地丘陵为主，其中山地面积占 72.1%，丘陵面积占 21.8%，平原面积仅占 6.1%。气候类型为暖温带季风性半湿润气候，四季交替分明，年均降雨量为 640～846mm，年均气温为 11.4℃，年均日照时数为 2659.9h，平均无霜期为 209d。境内的河流多属于季风雨源型山溪性河流，主要水源为龙门口水库。另外，近年来因过度开采地下水，该区域地下水位埋藏深度不断加深，最高可达几百米。本区域土壤类型以粗骨土和棕壤为主。整体而言，栖霞市自然条件优越，适合苹果的生长。通过对栖霞市 2018 年夏、冬两季的 Landsat 8 OLI 影像进行解译，结合该区域数字高程模型（digital elevation model，DEM）数据及野外调查验证数据，采用决策树及支持向量机的分类方法得到本区域 30m 空间分辨率的果园种植区空间分布。

3.4.2.2　数据获取

1. 农户调查数据

2018 年 5～7 月，通过实地调研、问卷调研等方式对栖霞市苹果园的基本情况、施肥模式和施肥数量进行数据采集。其中，调研点共计 643 个，收集问卷 588 份，经筛选后有效问卷 500 份，问卷有效率 85.03%。问卷及调研内容具体包括果园面积、树龄、种植密度、苹果产量、灌溉方式及次数、肥料施用类型及数量等系列数据。

2. 苹果园基肥氮素气态损失数据

本研究以 2018 年栖霞市观里镇某一典型苹果园为案例，在苹果收获后，通过田间试验获取基肥施用的氮素气态损失参数。监测所采用的仪器为 GASERA ONE（芬兰）痕量级光声光谱多气体分析仪。该仪器的监测原理是光声红外光谱技术，其响应时间短且精度高，可有效对痕量气体进行动态监测。为避免其他因素对气体监测产生干扰，将试验小区的位置选在果园中心处，并制作安装静态箱（杜睿等，2001）。静态箱采用半封闭性设计，使用时将其放置于地面，上端开孔连接气管，气管接通至仪器，对近地面 20cm 处基肥施入前后的 NH_3 与 N_2O 浓度进行监测。具体为每隔 1d 监测一次，每次持续 24h，监测总时段为 2018 年 11 月 2～29 日。其中，11 月 2～11 日（共计 10d）为基肥施入前的氮素气态损失背景值监测时段；11 月 12 日苹果园施入基肥；11 月 13～29 日（共计 17d，直至被监测气体浓度消减至无明显变化）为基肥施入后的氮素气态损失监测时段。

3. 苹果园及其土壤温度数据

在对苹果园氮素气态损失数据监测的同时，利用 RC-5 温度计分别记录苹果园的气温及土壤不同深度的地温。

4. 栖霞市水质检测数据

通过烟台市水文局获取了研究区 2014～2017 年主要灌溉水源地（龙门口水库）的氮、磷含量数据。

5. 室内模拟苹果园追肥氮素气态损失数据

受果园试验条件的限制，氮素气态损失的田间实时监测不可控因素较多（如大风扰动、设备持续供电不便等），难以获取长时序的稳定数据。故苹果园追肥的氮素气态损失数据在实验室内通过模拟试验获取。具体方法：于试验苹果园内取 1m 深的原状土，分别装填在 4 个半径为 10cm、高 1m 的土柱中，将土柱置于人工气候室内进行培养。人工气候室内的温度、湿度、光照强度和光照时长均按照前期野外试验观测的实际数据进行设定。再根据外业问卷调研样本中关于果农追肥数据的统计结果，依次选取高磷型水溶肥、高磷型复合肥、高钾型复合肥、高钾型水溶肥 4 种不同类型的肥料各 20g（各类型肥料的 N、P、K 比例与果农追肥时的施用习惯保持一致）。水溶肥按照 1∶200 的比例溶于水后施用，复合肥在施用后浇适量的水。在此基础上，利用 GASERA ONE 光声光谱多气体分析仪，在土壤顶部 20cm 处对 NH_3 和 N_2O 的浓度进行监测。具体的监测时间安排：每隔 1d 监测一次，每次持续 24h，且施肥前一周对土柱内气体原始浓度进行监测，获取氮素气态损失背景值；施肥后则开始监测氮素气态损失量，直至被监测气体的浓度消减至无明显变化。

3.4.3　模型方法

3.4.3.1　苹果园氮磷养分平衡模型

参照前人（Hedlund et al.，2003；Tadesse et al.，2013；王金亮等，2018）的研究方法，本研究将苹果园养分的输入与输出视为一个系统进行研究，即用养分的投入总量减去养分的支出总量得到养分的收支盈余量。苹果园氮磷输入量可简化为肥料输入量、大气沉降量、灌溉水带入量；氮磷输出量可简化为枝条携出量、果实携出量、气态损失量、径流损失量、土壤残留与淋溶量（图 3-15）。

苹果园氮素平衡量化模型为

$$T_N = (A_{IN} + W_{IN} + F_{IN}) - (B_{ON} + F_{ON} + G_{ON}) \tag{3-16}$$

式中，A_{IN} 为氮素的大气沉降量（kg）；W_{IN} 为氮素的灌溉水带入量（kg）；F_{IN} 为氮素的肥料输入量（kg）；B_{ON} 为氮素的枝条携出量（kg）；F_{ON} 为氮素的果实携出量（kg）；G_{ON} 为氮素的气态损失量（kg）；T_N 为氮素养分盈亏量，在本研究中包括土壤残留量及径流损失量（kg）。

苹果园磷素平衡量化模型为

$$T_P = (W_{IP} + F_{IP}) - (B_{OP} + F_{OP}) \tag{3-17}$$

式中，W_{IP} 为磷素的灌溉水带入量（kg）；F_{IP} 为磷素的肥料输入量（kg）；B_{OP} 为磷素的枝条携出量（kg）；F_{OP} 为磷素的果实携出量（kg）；T_P 为磷素养分盈亏量，在本研究中包括土壤残留富集及径流损失量（kg）。

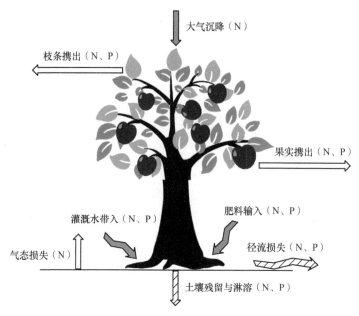

图 3-15 苹果园氮磷养分平衡示意图

3.4.3.2 氮素气态损失排放通量计算

首先，将氮素气态（N_2O、NH_3）损失体积浓度转化为质量浓度（张仲新等，2010）。

$$C = \frac{M}{22.4} \times S \times \frac{273.15}{273.15+T}$$
（3-18）

式中，C 为所测气体的质量浓度（mg/m^3）；M 为所测气体的分子质量；S 为所测气体的浓度（mg/L）；T 为采样时的温度（℃）。

为减少因浓度和温度而产生的数据误差，将二者的数据各以 0.5h 为间隔求取平均值，然后计算 N_2O、NH_3 排放通量，计算方法（李昊儒等，2018）如下：

$$F = \rho \times h \times \frac{\mathrm{d}c}{\mathrm{d}t} \times \frac{273.15}{273.15+T} \times \frac{P}{P_0}$$
（3-19）

式中，F 为所测气体的排放通量 [$mg/(m^2 \cdot h)$]，数值为正值时表示土壤向大气排放该气体，数值为负值时表示土壤从大气中吸收该气体；ρ 为标准状况下气体的密度（kg/m^3）；h 为采气口距离地面的高度（m）；$\mathrm{d}c/\mathrm{d}t$ 为单位时间内气体浓度变化的速率；P 为仪器舱室压力（Pa）；P_0 为标准大气压（Pa）。

某一天的累积排放通量以间隔 0.5h 的相邻两次采样的平均通量累加求得，计算方法（高蓉等，2018）如下：

$$T_\mathrm{d} = \sum_{i=1}^{47} \left(\frac{F_i + F_{i+1}}{2} \right)$$
（3-20）

式中，T_d 为某一天的累积排放通量（mg/m^2）；F_i 与 F_{i+1} 为第 i、$i+1$ 次测定时所测气体的排放通量 [$mg/(m^2 \cdot h)$]。

3.4.4　苹果园氮磷养分平衡与环境风险评价

3.4.4.1　苹果园氮磷养分平衡

1. 研究区施肥模式

通过栖霞市苹果园调研问卷的统计结果可知，本区域果农施肥大致遵循以下规律：苹果收获后，即当年 10 月至次年 3~4 月，以沟施或穴施的方式投入基肥，且以有机肥为主，复合肥和微量元素混施；次年 4~6 月的幼果膨大和花芽分化阶段，施用高磷型肥料；次年 7~9 月的果实膨大期，施用高钾型肥料。具体而言，2018 年栖霞市苹果园有机肥投入量为 7393.49kg/hm²，复合肥为 2160.56kg/hm²（用作基肥、追肥各占 70.65%、29.35%），高磷型水溶肥为 791.03kg/hm²、高磷型复合肥为 1259.30kg/hm²、高钾型水溶肥为 826.39kg/hm²、高钾型复合肥为 1261.93kg/hm²。同时根据对当地果农施肥习惯的分析及对化肥市场的调研，可将施用的化肥分为如表 3-21 所示类型。

表 3-21　不同类型肥料养分含量

施肥时间	肥料类型	N：P₂O₅：K₂O
2018 年 10 月至 2019 年 3 月	有机肥（有机质质量分数 72.50%）	1.67：1.67：1.67
	均衡型复合肥	15：15：15
2019 年 4~6 月	高磷型复合肥	13.25：31：11.5
	高磷型水溶肥	10.5：31：20.75
2019 年 7~9 月	高钾型复合肥	12.5：5.13：30.5
	高钾型水溶肥	12.5：3.75：28.5

2. 苹果园氮磷养分输入项

（1）肥料输入的氮磷养分含量

基于 2018 年栖霞市调研问卷的肥料施用量统计结果，结合表 3-20 中的氮、磷、钾养分含量比数据，可计算得到 2018 年栖霞市的肥料养分投入量：有机质为 5360.28kg/hm²、N 为 545kg/hm²、P₂O₅ 为 568.76kg/hm²、K₂O 为 712.57kg/hm²。其中，通过基肥输入的 N、P₂O₅、K₂O 各占总量的 82.23%、81.82%、70.41%，通过追肥输入的仅各占 17.77%、18.18%、29.59%。可见，基肥是苹果园养分输入的主要途径。

（2）灌溉水带入的氮磷养分含量

通过对烟台市水文局所提供的龙门口水库 2014~2017 年水质监测数据的整理，得到苹果园的灌溉用水平均含总氮 15.33mg/L、总磷 0.15mg/L。结合栖霞市统计年鉴所提供的苹果园平均灌溉水量为 2035m³/hm²，可进一步计算出苹果园由灌溉水带入的 N 为 31.19kg/hm²、P₂O₅ 为 0.71kg/hm²。

（3）大气氮沉降量

前人将中国划分为 6 个片区（华北地区、东南地区、西南地区、青藏高原区、西北地区及东北地区）对大气氮沉降量进行计算，得到各区氮沉降量（Liu et al., 2013；Zhang et al., 2018）。栖霞市位于中国华北地区，本研究基于该区域 2005~2015 年的氮沉降量，通过线性拟合法（$Y_{氮沉降量}=1.2921X_{年份}-2573.5$，$R^2=0.8593$）外推得到 2018 年氮沉降量为 33.96kg/hm²。

3. 苹果园氮磷养分输出项

（1）枝条与果实携出的氮磷养分含量

基于对樊红柱和于波等研究数据的再分析，构建苹果树树龄与枝条干物质量的线性回归关系：$Y_{树龄}=0.4413X_{枝条干物质量}-0.1171$（$R^2=0.7627$）。果树枝条的修剪对保证苹果的产量及品质具有重要作用，根据本研究 2018 年的调研统计结果可知，栖霞市修剪枝条的苹果树树龄大多分布在 6～30 年，将其代入回归方程可得到栖霞市苹果树的平均枝条干物质量为 7.83kg/株。另有相关研究结果表明，苹果树年均枝条修剪量约占总枝量的 40%（李敏敏等，2011），从而得到苹果树平均枝条干物质量为 3.132kg/株。通过收集大量已有的苹果树氮磷养分含量数据（束怀瑞等，1988；樊红柱等，2008；曾艳娟，2011；刘建才，2012；王富林，2013；王国义，2014；张秀芝等，2014；于文章，2017；张强等，2017），并对其加以统计分析，得到苹果树枝条的平均养分含量为 N 0.78%、P 0.2%；果实的平均养分含量为 N 0.31%、P 0.08%。结合通过问卷统计数据而知的栖霞市苹果园平均种植密度为 720 株/hm²，可计算得到枝条修剪的平均养分携出量为 N 19.06kg/hm²、P_2O_5 14.52kg/hm²。最后，根据栖霞市统计年鉴可知，栖霞市苹果园平均产量为 39.80t/hm²，进而得到果实收获的平均养分携出量为 N 148.5kg/hm²、P_2O_5 70.2kg/hm²。

（2）果园基肥及追肥的氮素气态损失量

以 N_2O 为例计算基肥施用的氮素气态损失量，通过光声光谱多气体分析仪对苹果园施用基肥前的 N_2O 浓度背景值及基肥施入后的气体浓度变化进行监测（图 3-16），可以发现：在施用基肥后第 1 天 N_2O 的浓度显著升高，达到日均浓度的最高值；在施肥第 4 天以后，其浓度逐渐恢复到正常水平。通过计算可得整个过程 N_2O 平均排放通量为 0.022mg/(m²·h)，基肥施用的 N_2O 累积排放通量为 0.014kg/hm²，氮素气态损失量为 0.0088kg/hm²。

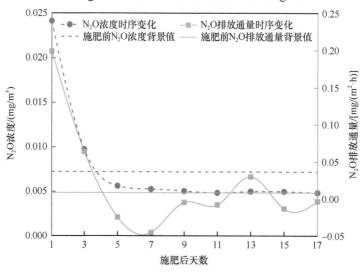

图 3-16　施肥后 N_2O 日均浓度及排放通量时序变化

通过实验室模拟完成苹果园不同追肥情景下氮素气态损失的监测（表 3-22），从结果可以看出：水溶肥的氮素气态损失时间及排放通量均低于复合肥，因此在果园追肥时，若适当将复合肥更换为水溶肥，可极大地减少肥料的气态损失量，从而降低对大气环境的污染。将表 3-22 中数据进一步折算，可得到施用水溶肥后由气态 N_2O 损失带走的 N 为 0.12kg/hm²，由

气态 NH_3 损失带走的 N 为 1.11kg/hm^2；施用复合肥后由气态 N_2O 损失带走的 N 为 1.77kg/hm^2，由气态 NH_3 损失带走的 N 为 36.61kg/hm^2。

表 3-22 室内模拟的不同追肥情景下氮素气态损失状况

肥料类型	20g 肥料中的折纯含氮量/g	气态损失类型	施肥前平均排放通量/[mg/(m²·h)]	施肥后监测时长/d	施肥后平均排放通量/[mg/(m²·h)]	施肥后累积排放量/(kg/hm²)	带走 N 比例/%
高磷型水溶肥	2	N_2O	0.33	1.00	1.21	0.29	0.02
		NH_3	0.00	0.33	92.92	7.44	0.96
高磷型复合肥	3.6	N_2O	4.30	17.00	7.42	32.88	0.86
		NH_3	0.00	17.00	10.64	18.35	1.32
高钾型水溶肥	4	N_2O	−0.69	1.00	2.77	2.61	0.07
		NH_3	0.00	0.42	7.49	6.62	0.22
高钾型复合肥	2.4	N_2O	5.44	33.00	7.23	47.78	0.23
		NH_3	0.00	23.00	111.68	328.57	21.24

综上所述，苹果园施肥（基肥+追肥）后由气态 N_2O 损失带走的总 N 量为 1.90kg/hm^2，由气态 NH_3 损失带走的总 N 量为 37.72kg/hm^2。

3.4.4.2 栖霞市苹果园环境风险评价

由于目前中国尚未制定明确针对苹果园的氮磷风险线划定标准，因此本研究参考中国农业非点源污染控制报告及相关研究成果所提供的氮、磷盈余的环境风险等级数据（朱兆良等，2006；王新新，2015）并折算至纯 N 与 P_2O_5，得到苹果园氮磷盈余的环境风险等级（表 3-23）。

表 3-23 基于苹果园氮、磷盈余量的环境风险等级划分　　　（单位：kg/hm^2）

养分类型	无风险	低风险	中风险	高风险
N	<250	250～400	400～550	>550
P_2O_5	<90	90～135	135～230	>230

基于前文氮磷养分各项参数（肥料输入量、灌溉水带入量、大气沉降量、枝条携出量、果实携出量、气态损失量）的折算结果，汇总得到栖霞市苹果园不同途径氮磷养分的输入量、输出量及盈余量（表 3-24 和表 3-25）。从氮素平衡来看（表 3-24），肥料是苹果园氮素输入的主要途径，占输入总量的 89.32%，虽然仅为黄土高原苹果优势产区氮素投入的 46.90%（陈翠霞等，2018），却是苹果种植发达国家果园氮肥推荐施肥量的 3 倍左右。果实及枝条带走的氮素分别占输入总量的 24.34% 和 3.12%，氮肥利用效率已较全国平均水平（25%）有所提高，但同国外苹果种植发达产区 40% 的利用效率相比仍有一定差距。肥料气态损失的氮素占输入总量的 6.49%（NH_3、N_2O 分别占 6.18%、0.31%），与农田生态系统的损失率 9%～42% 相比较低（张玉铭等，2011）。果园氮素盈余率高达 66.04%（402.97kg/hm^2），盈余的氮素一部分会随着灌溉、降雨的作用发生淋溶或径流，进入周围地表水及地下水，其余的将不断累积在土壤中，造成一系列环境问题。但若将追肥时所用复合肥更换为水溶肥，则追肥施用量能降低 35.85%，可有效地减少氮肥投入量，提高肥料利用效率，进而减少因气态损失、土壤残留、

地表径流等其他途径所造成的氮素损失。

表 3-24　栖霞市苹果园氮素平衡状况

途径		N 含量/(kg/hm²)	占比/%
输入	肥料	545.00	89.32
	灌溉水	31.19	5.11
	大气沉降	33.96	5.57
输出	果实	50.00	24.34
	枝条	19.06	3.12
	NH₃	37.72	6.18
	N₂O	1.90	0.31
盈余		402.97	66.04

从磷素平衡来看（表 3-25），肥料是苹果园磷素的最主要输入途径，占输入总量的 99.88%，苹果园 2018 年 P_2O_5 投入量约为 568.76kg/hm²，基肥和追肥分别占投入量的 81.82% 和 18.18%。这与朱占玲等（2017）得到的山东省苹果园磷肥投入量为 676.17kg/hm² 相比，降低了 15.89%，却仍是国外发达国家果园磷肥推荐施肥量的 4.5 倍（Kipp，1992；Reganold et al.，2001；Khorram et al.，2019）。输入果园的磷素有 12.33% 能被果实吸收利用，2.55% 被枝条吸收利用。磷肥利用效率已经较全国平均水平 5.4% 有较大的提高，但仍有 484.75kg/hm² 的磷肥盈余，盈余率高达 85.12%。其残留在土壤或随土壤侵蚀进入地表水，造成了资源浪费与潜在的环境污染问题。

表 3-25　栖霞市苹果园磷素平衡状况

途径		P_2O_5 含量/(kg/hm²)	占比/%
输入	肥料	568.76	99.88
	灌溉水	0.71	0.12
输出	果实	70.20	12.33
	枝条	14.52	2.55
盈余		484.75	85.12

从不同养分的盈余率来看，当氮素平衡盈余率大于 20% 时，将对环境产生潜在的威胁（姜甜甜等，2009）。与氮肥相比，磷肥具有较高的后效性，所以磷素的盈余率不允许超过 80%（Zhao et al.，2009；刘钦普，2014）。2018 年栖霞市苹果园 N 盈余 402.97kg/hm²，P_2O_5 盈余 484.75kg/hm²，结合表 3-23 可知栖霞市氮、磷素盈余量均超出环境安全阈值，分别属于中风险和高风险范围。氮肥施入土壤后除部分被果树吸收利用外，其余将通过各种途径损失到环境中。例如，氮肥的过量施用会加剧土壤温室气体 N_2O 的排放；各种形态的氮素通过侧渗、径流与侵蚀作用进入地表水造成富营养化；而硝态氮通过淋溶作用进入地下水，将造成更为严重且难以恢复的地下水硝酸盐超标问题；磷素在土壤中的溶解度很低，施入土壤中的磷肥很快就被土壤颗粒吸附或者与 Ca、Fe 及有机质等发生作用而成为结合态磷被土壤固定，一般不容易从土壤中损失，但是长期过量的投入会导致土壤磷吸附量达到饱和，进而改变土壤中磷素的化学平衡，降低土壤对磷素的固持能力，导致过量的磷素残存在土壤中，并通过

径流和侵蚀等途径进入地表水。综上所述，氮、磷肥料的过量施用必然对区域土壤、地表水及地下水资源、大气环境等造成威胁。

3.4.5　讨论

独特的自然条件（适宜的水土资源、气候类型及以低缓丘陵为主的地貌条件）造就了栖霞市以苹果种植为主导的农业经济生产格局。由前文可知，肥料的过量施用是氮、磷素盈余量及负荷增加的主要原因，然而当前果农相对缺乏科学的施肥、管理措施，加之盲目地追求短期经济效益，其结果是苹果园单位面积化肥施用量超过果树正常需求量。葛顺峰（2014）对栖霞市苹果园土壤养分的研究显示，1984～2012 年栖霞市果园 N、P_2O_5 养分的平均投入量分别为 963kg/hm²、664kg/hm²，有机肥为 6583kg/hm²，且总体出现无机化肥施用量逐渐增加而有机肥施用量逐渐降低的态势；另外，土壤 pH 逐渐减低，土壤酸化速率明显加快。将其数据结果与本研究对比可以发现：2018 年栖霞市苹果园的 N、P_2O_5 养分投入量同比分别降低 41.41%、14.34%，有机肥增加 28.08%。这表明土壤养分过量投入情况有所改善，这是因为近年来随着先进技术推广、肥料形态多样化、制肥工艺逐渐提高，栖霞市苹果园化肥施用量相比前几年有明显的下降趋势。栖霞市 N 盈余 402.97kg/hm²，P_2O_5 盈余 484.75kg/hm²，此结果虽与卢树昌等（2008）的河北省苹果园 N 盈余 499.7kg/hm²、赵佐平等（2014，2015）的渭北旱塬苹果园 N 盈余 533.9kg/hm² 研究结果相比较低，但与刘晓霞等（2018）的山东省种植年限为 6～10 年的苹果园土壤 P_2O_5 盈余 301.96～488.20kg/hm² 结果相近，但远高于河北省的 317kg/hm²、陕西省的 303.2kg/hm²、山西省的 330.6kg/hm²（卢树昌等，2008）。由此可见，栖霞市苹果园化肥施用过量的问题依然严峻。

综上，在苹果主产区推行减肥增效措施具有重要的现实意义。而本研究通过对栖霞市果农种植模式的深入了解，发现自家经营、地块零散、劳动力老龄化严重，加上管理理念的局限性，导致农户单位面积的化肥施用过量，从而造成了浪费和环境污染。而通过合作社模式种植的果园，推行科学高效的种植技术，施用新型高效肥料，并采用水肥一体化措施，可使苹果园灌水量及肥料施用量较传统种植方式均减少 50% 以上。该手段是在保证果园产量和质量的前提下，减少肥料施用的有效途径。因此，在"十三五"规划"化肥和农药减施增效"的号召下，栖霞市需进一步提高肥料利用效率，降低果园养分盈余对环境产生的风险。

3.4.6　结论

以典型苹果种植区栖霞市为研究对象，通过构建氮磷养分平衡模型，对区域环境风险进行了综合评价，最终得出如下结论。

2018 年栖霞市苹果园养分投入量：有机质 5360.28kg/hm²，N 545.00kg/hm²，P_2O_5 568.76kg/hm²，K_2O 712.57kg/hm²。基肥是养分输入的主要途径，通过基肥输入的 N、P_2O_5、K_2O 各占 82.23%、81.82%、70.41%，通过追肥输入的分别占 17.77%、18.18%、29.86%，通过大气沉降输入氮素 33.96kg/hm²，通过灌溉输入的 N 为 31.19kg/hm²、P_2O_5 为 0.71kg/hm²。2018 年栖霞市苹果园氮素输入总量的 6.49%（39.62kg/hm²）、24.34%（148.5kg/hm²）、3.12%（19.06kg/hm²）分别通过气态损失、果实收获、枝条修剪携出，氮素盈余量占比达 66.04%（402.97kg/hm²）；磷肥输入总量的 12.33%、2.55% 分别通过果实收获、枝条修剪携出，磷素盈余量占比达 85.12%（484.75kg/hm²）。栖霞市氮、磷盈余量均超出环境安全阈值，分别属于中风险、高风险范围，将对区域的土壤、水资源、大气环境等产生较大的污染风险。

以苹果种植为主导产业的农业区域，适当减少化肥施用量并大力推广新型高效肥料、建立完善的水肥一体化果园施肥模式、提升果农的果园管理理念、建立果园可持续发展模式，是势在必行的。

3.5　农田尺度地表氮磷流失及氮素去向估算模型

3.5.1　农田地表径流氮磷流失估算模型

美国农业部水土保持局的 SCS（soil conservation service）模型是目前应用最为广泛的流域水文模型之一。SCS 模型所需参数少、运算简单，是一种较好的小型集水区径流计算方法，能够反映土壤类型、土地利用方式及前期土壤含水量对由降雨产生的径流的影响，SCS 模型原理如下（NRCS，2004）：

$$\frac{Q}{F}=\frac{P-I_\mathrm{a}}{S} \tag{3-21}$$

式中，P 为降雨量（mm）；I_a 为初损值，主要指截流、表层蓄水量等（mm）；$P-I_\mathrm{a}$ 为潜在径流量；F 为实际入渗量（不包括 I_a）（mm）；Q 为实际径流量（mm）；S 为潜在入渗量（mm）。

根据经验公式，$I_\mathrm{a}=0.2S$，而 $P=I_\mathrm{a}+F+Q$，从而可以推导出 SCS-CN 模型：

$$Q=\begin{cases}\dfrac{(P-0.2S)^2}{P+0.8S} & P>0.2S \\ 0 & P\leqslant 0.2S\end{cases} \tag{3-22}$$

为计算 S，引入一个参数 CN，即土壤最大蓄水能力，是一个无量纲参数，决定 CN 值的主要因素为土壤前期湿度、土壤类型、土地坡度、植被覆盖类型、管理状况和水文条件，理论取值范围是 0～100，实际应用中取值范围是 40～98，CN 值可通过查表获得（NRCS，2004）。

$$S=\frac{25400}{\mathrm{CN}}-254 \tag{3-23}$$

3.5.1.1　旱地系统

旱地系统径流量计算的关键是 CN 值的确定，CN 值是由美国农业部水土保持局根据海量经验数据建立起来的，主要取决于土地利用类型、土壤类型和前期土壤水分条件。

首先，根据研究区不同土壤质地类型的渗透性及生产能力，将土壤类别归为 A、B、C、D 四大类，具体情况如表 3-26 所示。

表 3-26　美国农业部水土保持局划分的土壤类别

土壤类别	描述
A	易产生高渗透、低径流的土壤（砂土、砾石）
B	易产生中等渗透、低径流的土壤（粉砂壤土）
C	易产生低渗透、中等径流的土壤（壤土）
D	易产生低渗透、高径流的土壤（黏土）

其次，土壤前期水分条件根据前 5d 的降雨量判断，引入土壤前期湿润程度（antecedent moisture condition，AMC），其计算公式为

$$\text{AMC} = \sum_{i=1}^{5} P_i \tag{3-24}$$

式中，P_i 为最近 5d 的降雨量（mm）。根据土壤前期累积降雨量，将 AMC 划分为干旱、平均状态、湿润 3 种类型（表 3-27），分别对应表 3-28 中差、一般、好三种状态。

表 3-27　土壤前期湿润程度（AMC）的取值　　　　　　　　（单位：mm）

土壤前期湿润程度	作物休眠期	作物生长期
干旱	<13	<36
平均状态	13~28	36~53
湿润	>28	>53

最后，根据土地利用类型，结合上述土壤类别及土壤前期湿润程度，在表 3-27 中查找相对应的 CN 值，代入式（3-22）和式（3-23）计算可得到旱地系统径流量。

在 SCS-CN 方法的基础上，由径流量与径流水中氮或磷素浓度的乘积得到氮或磷径流量，计算公式为

$$N_R = Q \times \text{EMC} \tag{3-25}$$

式中，N_R 为氮或磷径流量（kg N/hm²）；Q 为径流量（mm）；EMC（event mean concentration）为径流水中氮或磷平均浓度（mg/L），EMC 可采用实测值或经验值（表 3-28）。

表 3-28　CN 值表

覆盖物类型	覆盖情况	土壤前期水分条件	土壤类别			
			A	B	C	D
休耕地	裸土		77	86	91	94
	作物残茬覆盖（CR）	差	76	85	90	93
		好	74	83	88	90
行栽作物	直排种植（SR）	差	72	81	88	91
		好	67	78	85	89
	SR+CR	差	71	80	87	90
		好	64	75	82	85
	波形种植（C）	差	70	79	84	88
		好	65	75	82	86
	C+CR	差	69	78	83	87
		好	64	74	81	85
	波形种植与梯田（C&T）	差	66	74	80	82
		好	62	71	78	81
	C&T+CR	差	65	73	79	81
		好	61	70	77	80

续表

覆盖物类型	覆盖情况	土壤前期水分条件	土壤类别			
			A	B	C	D
小粒谷类作物	SR	差	65	76	84	88
		好	63	75	83	87
	SR+CR	差	64	75	83	86
		好	60	72	80	84
	C	差	63	74	82	85
		好	61	73	81	84
	C+CR	差	62	73	81	84
		好	60	72	80	83
	C&T	差	61	72	79	82
		好	59	70	78	81
	C&T+CR	差	60	71	78	81
		好	58	69	77	80
豆科植物或轮作草甸	SR	差	66	77	85	80
		好	58	72	81	85
	C+CR	差	64	75	83	85
		好	55	69	78	83
	C&T	差	63	73	80	83
		好	51	67	76	80
长期放牧草地		差	68	79	86	89
		一般	49	69	79	84
		好	39	61	74	80
长期割草草地		好	30	58	71	78
林草结合（果园或林场）		差	57	73	82	86
		一般	43	65	76	82
		好	32	58	72	79
森林		差	45	66	77	83
		一般	36	60	73	79
		好	30	55	70	77

在计算氮和磷径流量时，需要输入每日降雨量、土壤类别和土地利用类型，具体计算步骤如图3-17所示。

第一步，根据土壤质地及渗透性确定土壤类别：A、B、C、D（表3-26）；第二步，根据发生径流前5d降雨量（P_i）确定土壤前期湿润程度，然后根据表3-27确定AMC值[式（3-24）]；第三步，根据上述条件查找CN值（表3-28）；第四步，将当次降雨量和CN值代入式（3-23）和式（3-22）计算得到实际径流量。第五步，根据表3-29中EMC的经验值，或者结合实测的径流水中氮和磷浓度，分别计算得到生育期内氮和磷径流量[式（3-25）]。

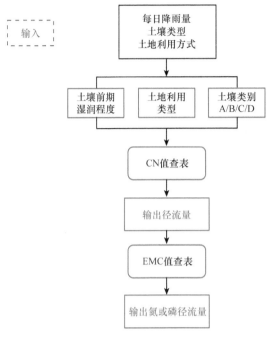

图 3-17 旱地农田氮磷流失计算流程图

表 3-29 不同土地利用类型的 EMC 值

土地利用类型	非点源污染质量浓度/(mg/L)					
	总氮	氨氮	总磷	总有机碳	最小化学需氧量	生化需氧量
住宅用地	4.81	2.26	0.22	6.09	21.90	4.43
林地	5.92	2.84	0.43	7.47	105.68	15.00
农业用地	10.96	3.72	0.79	8.48	132.67	7.75
交通用地	7.70	5.54	0.08	18.85	173.17	9.83
草地	2.48	1.09	0.07	8.80	151.71	7.00
商业用地	4.75	4.00	0.19	10.77	133.82	13.67

3.5.1.2 水田系统

径流是稻田氮素损失的主要途径之一，正确估算径流量对于稻田氮素径流量的计算十分重要。与旱地不同的是稻田在作物生长期基本处于淹水状态，而且有一定的田埂高度，降雨在超过田埂高度时才会产生径流。SCS 模型计算径流量时考虑了土壤类型、土地利用方式及土壤前期湿润程度 3 个因素。对于水稻田，土壤水分长期处于过饱和状态，土壤类型一般为渗透性较差的水稻土，径流量主要与降雨前田面水深度（H_i）、田埂高度（H_m）及降雨量有关，具体计算步骤见图 3-18。

SCS 模型在判断是否产生径流时，将 $P - I_a$ 是否大于零作为标准，I_a 大小由 CN 值决定，CN 值越大，产生的径流量越大。通常计算径流水量时取 CN 值为 98，稻田中淹水层与水体类似，因此假设淹水稻田 CN 值也是 98，但是该值仅适用于田面水深度与田埂高度差值（ΔH）较小的情况，水田中降雨必须先填满田埂高度之后才会产生径流，ΔH 越大，暴雨时产生的径流量越小。因此，稻田径流量的计算应该考虑田面水深度与田埂高度差，于是将 SCS 径流公式修改为

$$Q = \begin{cases} \dfrac{(P-0.2S)^2}{P+0.8S} & P > 0.2S + \Delta H \\ 0 & P \leqslant 0.2S + \Delta H \end{cases} \tag{3-26}$$

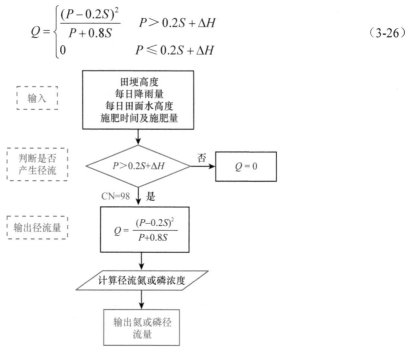

图 3-18　水田氮磷流失计算流程图

3.5.2　农田地表径流模型校验

3.5.2.1　材料与方法

1. 旱地试验

在浙江省绍兴市富盛镇典型绿茶茶园试验基地（29°56′N、120°43′E）开展化肥和农药双减旱地试验（2017～2018年）。试验地为低山丘陵地形，土壤为花岗岩、泥页岩等岩石风化物发育的黄棕壤和砂质土，平均海拔165.7m，坡度18°，常年平均气温16～20℃，常年平均日照时数1000～2200h，常年平均降雨量1000～2000mm，气候温暖湿润。统计研究表明，研究区内年均降雨量中等，春季和夏季降雨量分别占全年的28.9%和41.1%，而秋季和冬季降雨量则仅占19.4%和10.6%，全年降雨主要集中在夏季和春季。研究区常年相对湿度超过80%，无霜期200～230d。

试验地供试茶叶类型为绿茶，茶树品种为'丰绿'，树龄为10年，种植模式为单垄双行栽种。茶园化肥和农药减施试验设置为小区试验，共设置4组10个处理，包括1个基线模式FbPb（化肥与农药100%施用）与9个减施模式，减施模式分为3个化肥减施模式，即化肥减施20%（20%有机肥替代，F1）、化肥减施50%（50%有机肥替代，F2）和化肥减施80%（80%有机肥替代，F3），以及3个农药减施模式，即农药减施30%（P1）、农药减施50%（P2）和农药减施80%（P3）。每个处理重复3次，每个小区的面积为21m²（3m×7m），共设4行平行茶垄，垄宽3m，垄长90m，各试验小区采用随机排列。同时根据径流水的流向，在各个小区顺流下方设置用于收集水样的集水桶，由降雨产生的径流经过引水沟、输水管进入集水桶，收集桶中的水样后测定径流水中的营养元素含量（谢邵文，2019）。

根据茶树生长规律，结合当地农民习惯的施肥方式，化肥施用时间分别为当年的3月中下旬、5 月中下旬、7 月中下旬，全年施肥比例为 5：3：2。基线模式 FbPb 施 N 量为依据当地调研获得的常年年纯氮施用基线 450kg/hm²，并保证茶园中 N：P₂O₅：K₂O 的施用比例为 3：1：2（即 N=450kg/hm²、P₂O₅=150kg/hm²、K₂O=300kg/hm²），所有肥料均采用沟施，在茶树滴水线下开 20cm 左右深的施肥沟，将肥料施入后覆土，各小区水分管理等其他管理措施均保持相同，保证茶树正常生长。收集到的径流水样过滤后，采用流动分析仪测定铵态氮和硝态氮含量；采用电感耦合等离子体发射光谱仪（ICP-OES）测量总磷含量。

2. 水田试验

用于模型校验的水田试验有 2 个，分别为湖北荆州地区（2017～2018 年）和上海青浦区（2016～2017 年）试验。前者试验地位于长江中游地区的湖北荆州农业气象试验站（30°21′N、112°09′E），种植制度为水稻–油菜轮作（Fu et al.，2019）。研究区属于湿润季风气候，年均气温 16℃，年均降雨量 1095mm，地下水埋深约 90cm。田间试验从 2017 年 5 月开始，到 2018 年 9 月结束。水稻品种为 '丰两优香一号'，2017 年和 2018 年水稻分别在 6 月 6 日、6 月 9 日移栽，分别于 9 月 14 日、9 月 18 日收获，种植密度为 9 万株/hm²。小区面积 150m²（25m×6m），共 3 个重复。根据当地农民的农田管理习惯，施氮肥 230.9kg N/hm²、磷肥 26.6kg P₂O₅/hm²、钾肥 40.4kg K₂O/hm²。其中氮肥分别在移栽前基施、在分蘖和抽穗时追施。水稻生长季内水分管理采取淹水—晒田—再次淹水—乳熟期后自然落干至收获。

采用人工测量的方法每 2h 读取一次田面水深度，夜间田面水深度通过插值方法获得。每次的径流量和灌水量通过流量计得到，产生径流时收集径流水，采用自动流动分析仪测定水样中的铵态氮和硝态氮含量。通过每次获得的径流量及径流水中无机氮浓度得到氮径流量。

后者试验地位于上海市青浦区水利技术推广站的香花桥试验基地（31°12′N、121°07′E，海拔约 3.1m）（杨瑞等，2018），于 2016 年和 2017 年 6～9 月进行水稻试验，试验区规格为 16.2m×59.5m。研究区地形平坦，属东南季风气候，多年平均降雨量 1044.7mm（年均降雨时间为 133d，集中在夏季），年均气温 15.5℃。供试土壤各层土质均为粉砂壤土（国际制）。试验期研究区地下水埋深平均约为 55cm。犁底层离土壤表面 20～30cm，厚度为 5～10cm，是影响土壤剖面中水和氮素运移特征的关键区域。

采用传统的连续淹水灌溉方式，即水稻田表面无积水前即开始灌水，保持表面持续存在积水（烤田期间无积水）。施肥水平同当地常规施肥水平，2016 年研究时段内，播种（6 月 4 日）前施用农家肥（100kg/hm²），试验期间施用尿素，施肥量折合氮素 90kg/hm²，于苗期（7 月 2 日）、分蘖期（7 月 17 日）、抽穗期（8 月 12 日）撒施，施肥量分别占总施肥量的 20%、60%、20%。2017 年研究时段内，播种（6 月 18 日）前未施用尿素，苗期（7 月 11 日）、分蘖期（7 月 27 日）、抽穗期（8 月 27 日）撒施尿素，施肥量分别占总施肥量的 30%、50%、20%。

稻田水层高度通过固定于土壤中的刻度尺测量；灌溉量和排水量通过水表计量。自然降雨产流试验的径流水样在排水口处用取样瓶收集，所有水样经过 0.45μm 的滤膜过滤，使用紫外分光光度计法测定 TN、NH_4^+-N、NO_3^--N 的质量浓度。各指标数据均采用多点采样法获取，并取平均值进行数据分析。

3.5.2.2　茶园地表养分流失估算

根据构建的旱地系统径流量模型估算了茶园不同化肥减施处理的径流量，图 3-19 是绍兴市富盛镇径流量模拟值与实测值的对比结果，其决定系数达到 0.95，可见模型的模拟效果良好。

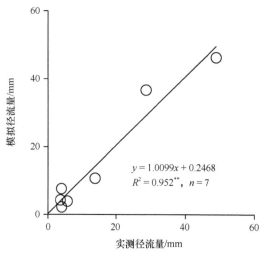

图 3-19 实测径流量与模拟径流量的相关性

** 表示在 0.01 水平显著相关

根据模拟径流量及不同化肥减施处理径流水实测硝态氮、铵态氮和总磷浓度，分别计算不同化肥减施处理硝态氮、铵态氮和总磷的径流量。图 3-20 显示了 2017 年不同化肥减施模式下硝态氮、铵态氮和总磷的径流量。具体来说，F1、F2、F3 处理的硝态氮总径流量分别为 19.58kg N/hm²、13.58kg N/hm²、11.13kg N/hm²，相比于 Fb 肥料基线模式，F1、F2、F3 模式分别降低了 10.8%、38.2%、49.3%。F1、F2、F3 处理的铵态氮径流量分别为 5.79kg N/hm²、4.46kg N/hm²、3.93kg N/hm²，相比于 Fb 基线模式，F1、F3 模式分别降低了 2.5%、24.9%、33.8%。F1、F2、F3 处理的总磷径流量分别为 12.64kg P/hm²、9.09kg P/hm²、7.99kg P/hm²，相比于 Fb 基线模式，F1、F2、F3 模式分别降低了 11.7%、36.5%、44.2%。可见，化肥减施有助于减少茶园氮磷的流失。

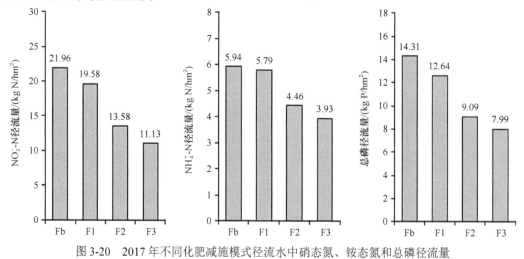

图 3-20 2017 年不同化肥减施模式径流水中硝态氮、铵态氮和总磷径流量

3.5.2.3 稻田地表养分流失估算

用稻田径流观测数据对改进的 SCS 模型进行了验证，图 3-21 是径流量模拟值与实测值的对比结果，可以看出湖北荆州和上海青浦两个试验点的决定系数均达到 0.98，可见模型的

模拟效果良好。从总体上来看，当 CN 值取 98 时模拟的径流量与实测值之间吻合度较高，但是部分模拟值偏高或偏低，是由田埂高度和田面水深度差值（ΔH）较大导致的，当 ΔH 较大时，降雨初损值增加，减小 CN 值可以使模拟的径流量减小。少数径流量出现偏低情况主要是由于部分径流采用人工排水的方式排出农田，排水量比实际径流量多。同时也存在这种情况，即降雨量较少时，进行了人工排水，记作产生径流量。这些情况都会导致模拟值出现较大偏差，但是总体上可用于估算稻田径流量。实际生产中，使用以上修正模型计算径流量时，首先需判断某次降雨是否会产生径流，若有实测的每日田面水深度，则使用实测值，若没有每日实测值，则使用一个大致估计值（如采用 FAO56 方法），当满足产流条件时，代入公式中计算获得径流量（计算时不需要田面水深度值）。

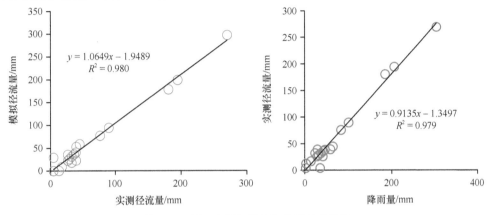

图 3-21　稻田实测与模拟径流量的相关性

稻田径流水中氮或磷浓度高低直接影响氮或磷的径流量。影响稻田氮磷养分径流流失的因素主要有施肥和降雨。径流水中的氮磷浓度与施肥量、施肥类型和施肥时期均有显著的关系。合理减少施肥量可以有效降低田面水中的氮浓度，从而降低氮磷径流流失风险。雨量、雨强等直接影响径流量的大小，雨量、雨强越大，径流量越大。此外，雨强的大小也直接影响土-水界面氮磷的转化，导致径流水中氮磷浓度发生变化。梁新强等（2019）运用 SPSS 软件对降雨强度、施肥量及径流水中氮磷浓度进行了二元一次方程拟合，结果发现径流水中氮磷浓度和降雨强度及施肥水平均存在极显著的相关关系，得出的径流氮磷浓度（mg/L）输出模型如下：

$$TN = 0.02 \times P + 0.48 \times 10^{-3} \times N - 0.51, \quad R^2 = 0.815^{**} \tag{3-27}$$

$$TP = 0.005 \times P + 0.39 \times 10^{-3} \times N - 0.14, \quad R^2 = 0.784^{**} \tag{3-28}$$

式中，TN 和 TP 分别代表总氮和总磷的径流输出量（kg/hm²）；P 代表降雨量（mm）；N 代表施肥量（kg N/hm²），若某次径流发生在第一次施肥后、第二次施肥前，则该次只计入第一次施肥量。

通过以上模型即可估算整个水稻淹水期每次的氮或磷径流量，最后累加可得到整个生育期的氮或磷径流量：

$$N_R = \sum_{i=1}^{n} (R_i \cdot C_i) \tag{3-29}$$

式中，N_R 代表氮或磷径流量（kg N/hm²）；R_i 代表每次的径流量（mm）；C_i 代表每次发生径流时水样的氮或磷浓度（mg/L）。

图 3-22 是模拟值与实测值的对比结果，可以看出湖北荆州试验点总氮、总磷径流量的决定系数分别约为 0.91、0.88，可见模型的模拟效果较好。

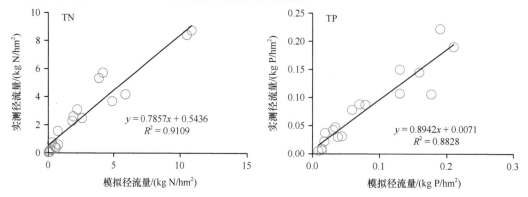

图 3-22　稻田实测与模拟总氮（TN）或总磷（TP）径流量的相关性

3.5.3　农田尺度氮素去向模型构建

在参考和借鉴国内外主流模型的基础上，引用 FAO 的气象模块和荷兰的 PS123 作物模型，借鉴 Daisy、Hydrus-1D、RZWQM、LeachM 模型的相关水分溶质运移理论并对其进行修改与完善，构建了适合我国国情的农田氮素去向模拟模型 WHCNS（soil water heat carbon and nitrogen simulation）。该模型主要包括气象、土壤水运动、土壤热传导、氮素运移及转化、有机质周转、作物生长和田间管理等模块，通过使用面向对象的 C++编程技术将这些模块有机地结合在一起，各模块可以单独运行，也可作为一个整体运行，各主要模块之间的关系及主要输出见图 3-23。

在这里只对模型原理进行简要介绍，详细过程见参考文献（梁浩等，2014）。WHCNS 模型以天为步长，由气象数据和作物生物学参数驱动。在模型中，采用 Penman-Monteith 公式（FAO，1998）估算参考作物蒸散量。土壤水分入渗和再分布过程分别采用 Green-Ampt 模型（Green and Ampt，1911）和 Richard's 方程进行模拟。根系吸水采用 van Genuchten 模型模拟，并引入补偿性吸水机制。土壤热运动采用对流-传导方程来描述（Šimůnek et al.，2008）。土壤无机氮的运移采用对流-扩散方程描述，源汇项考虑了碳氮循环各过程（有机质矿化、生物固持、尿素水解、氨挥发、硝化和反硝化等）和作物吸收。土壤有机质周转动态直接来源于 Daisy 模型（Hansen et al.，1990）。作物生长发育进程、干物质生产、叶面积指数、作物产量等的模拟可选择使用 EPIC 作物模型或者 PS123 作物模型，通过水氮胁迫校准因子来实现水氮限制下作物产量的模拟。模型可以模拟土壤水分运动及碳氮循环的关键过程，包括地表径流、土面蒸发、作物蒸腾、水分动态、土壤温度、氮素迁移与转化、作物生长过程及农田管理措施等。模型主要功能简单介绍如下：①土壤剖面水分、温度及无机氮动态过程的模拟；②土壤-作物-大气系统氮素转化过程（有机氮矿化、固持、硝化、尿素水解）及去向（反硝化、氨挥发、硝酸盐淋失和作物吸收等）的分析；③水氮胁迫下作物干物质重、产量和叶面积指数等的分析；④作物根系生长或吸水吸氮过程的模拟；⑤有机质转化动态过程（有机肥或秸秆库、土壤有机质库、微生物库分解与转化）的模拟；⑥温室气体排放过程（CO_2 和 N_2O）的模拟。

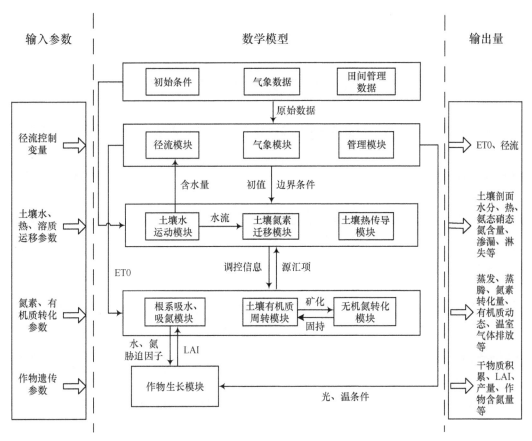

图 3-23　农田氮素去向过程模拟模型

ET0：参考作物潜在蒸散量；LAI：叶面积指数

3.5.4　设施菜地氮素去向估算模型

3.5.4.1　材料与方法

田间试验在山东省寿光市（36°55′N、118°45′E）的日光温室中进行。该地区属于暖温带大陆性季风气候区，土壤类型为潮土（FAO，1998）。温室的年均气温是 21.0℃。每季作物传统的灌溉和氮肥用量分别约为 600mm 和 1000kg N/hm²。

长期定位试验开始于 2004 年 2 月 15 日，至 2010 年 6 月 17 日结束，涵盖 13 个番茄生长季节，每年包括两个生长季节，即冬春季节（WS，2～6 月）和秋冬季节（AW，8 月到次年 1 月）。由于覆盖塑料薄膜，温室中没有降雨。根据当地 WS 和 AW 的耕作习惯，每 10d 灌溉一次，每次 50mm。

三种不同的氮素管理方法：常规氮素（CN），干鸡粪作为基肥混施到 0～20cm 土层中，有机肥用量和化肥氮追施量均基于当地农民习惯管理方式；减氮处理（RN），有机肥用量与 CN 处理相同，化肥氮用量取决于根区（0～0.3m）的矿质 N 含量和目标产量需 N 量（Liang et al.，2019）；有机肥处理（MN），有机肥用量与 CN 处理相同，不施化肥。具体水肥管理方式见表 3-30。

表 3-30　不同处理田间管理方式

年份	种植季	移栽日期	最终收获期	灌溉量/mm	有机肥/(kg N/hm²)	化肥/(kg N/hm²)		
						CN	RN	MN
2004	WS	2004.2.15	2004.6.10	712	260	870	260	0
	AW	2004.8.8	2005.2.21	663	360	720	360	0
2005	WS	2005.2.5	2005.6.11	611	316	630	316	0
	AW	2005.8.5	2006.2.21	687	258	720	258	0
2006	WS	2006.2.13	2006.6.19	618	162	600	162	0
	AW	2006.7.30	2007.2.22	548	311	600	467	0
2007	WS	2007.2.8	2007.6.18	498	154	540	154	0
	AW	2007.7.30	2008.2.29	445	310	480	310	0
2008	WS	2008.2.17	2008.6.18	369	146	600	146	0
	AW	2008.8.1	2009.2.15	477	143	600	143	0
2009	WS	2009.2.3	2009.6.5	562	270	700	270	0
	AW	2009.8.1	2010.2.19	592	190	480	190	0
2010	WS	2010.1.29	2010.6.17	458	146	720	146	0

田间试验前，在温室中开挖 0.9m 的土壤剖面，收集 0～30cm、30～60cm 和 60～90cm 土壤样本用于分析基本的物理和化学特性（表 3-31）。从 2004 年 2 月 15 日到 2007 年 7 月 30 日，大约每 10d 从每个小区收集 0～30cm 的土壤样品，此后采样间隔约为一个月。将土壤样品在 105℃ 的烘箱中烘至恒重，以确定含水量。使用连续流动分析仪测定土壤铵态氮和硝态氮的浓度。

表 3-31　土壤基本物理和化学性质

土层深度/cm	pH	有机质/(g/kg)	容重/(g/cm³)	土壤机械组成/%			饱和含水量/(cm³/cm³)	田间持水量/(cm³/cm³)	萎蔫含水量/(cm³/cm³)	饱和导水率/(cm/d)
				砂粒	粉粒	黏粒				
0～30	6.1	14.4	1.45	63.5	32.5	4	0.356	0.307	0.157	5.6
30～60	6.6	9.2	1.48	62	33.5	4.5	0.333	0.264	0.145	12.1
60～90	7.18	5.7	1.52	66.2	30.1	3.7	0.343	0.287	0.137	10.2

人工收获番茄，并在每次收获时称重。收获时收集植株样品，并将植株分为叶和茎。将所有植株样品在 70℃ 的烘箱中烘干 48h，然后称重。并通过凯氏定氮法测定植株的含氮量。使用自动气象站（AR5，Yugen，中国）记录温室中的气温、相对湿度和太阳辐射强度等气象要素。

3.5.4.2　WHCNS_Veg 模型校准与验证

根据田间实测的土壤含水量、土壤硝酸盐浓度、作物吸氮量和可销售的新鲜番茄产量，对 WHCNS_Veg 模型进行了校准和验证。结果表明，土壤含水量、土壤硝酸盐浓度、作物吸氮量、产量的标准均方根误差（nRMSE）的平均值分别为 15.4%、42.9%、21.2%、7.7%，一致性指数（IA）的平均值分别为 0.85、0.62、0.96、0.97，模型模拟效果较好（表 3-32）。

表 3-32 WHCNS_Veg 模型模拟效果评价指标

处理	评价指标	CN（校准）	RN（验证）	MN（验证）
土壤含水量	ME/(cm³/cm³)	−0.026	−0.018	−0.023
	nRMSE/%	16.3	14.7	15.3
	IA	0.86	0.85	0.84
	NSE	0.40	0.34	0.26
土壤硝酸盐浓度	ME/(mg/kg)	2.40	−1.80	−1.67
	nRMSE/%	39.6	40.2	48.8
	IA	0.51	0.63	0.72
	NSE	−0.31	0.11	0.26
作物吸氮量	ME/(mg/kg)	7.85	3.43	13.27
	nRMSE/%	22.2	18.2	23.3
	IA	0.96	0.97	0.95
	NSE	0.85	0.89	0.82
产量	ME/(kg/hm²)	3.59	1.01	1.44
	nRMSE/%	7.2	8.3	7.7
	IA	0.98	0.97	0.97
	NSE	0.90	0.85	0.89

注：ME 表示平均预测误差；NSE 表示模型模拟效率系数（无量纲）

3.5.4.3 氮素投入与去向的关系

采用校验好的模型进行情景分析，设置了不同的施肥情景，以模拟不同施肥量下的氮素去向（图 3-24）。拟合年氮肥用量与作物吸氮量、氮淋失量、氨挥发量、反硝化量之间的关系，以量化氮肥用量对 N 素环境去向的影响。作物吸氮量与氮肥投入量无显著线性相关性。氮肥用量与氮淋失量和氨挥发量的关系使用二次曲线拟合的效果均最好，相关系数（r）均接近 1（$P<0.0001$），说明氮淋失量和氨挥发量随着氮肥用量的增加而急剧增加。氮肥用量与反硝化量之间存在线性关系，$r=0.607$（$P=0.0035$），线性相关系数为 0.0353，表明反硝化损失了氮肥用量的大约 3.53%。

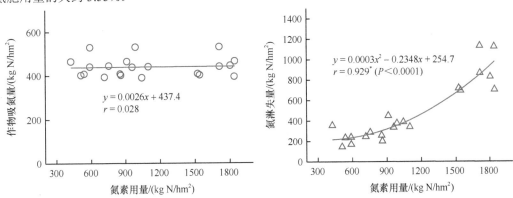

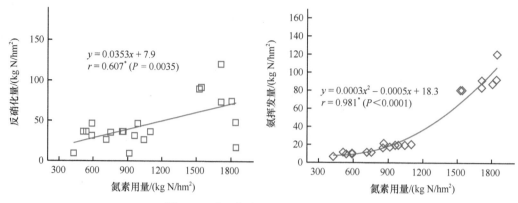

图 3-24　农田氮素去向过程模拟模型

3.5.5　稻田氮素去向估算模型

3.5.5.1　材料与方法

1. 研究区概况

试验地位于长江中游地区的湖北荆州农业气象试验站（30°21′N、112°09′E），种植制度为水稻–油菜轮作。研究区属于湿润季风气候，年均气温 16℃，年均降雨量 1095mm，地下水埋深约 90cm。田间试验从 2017 年 5 月开始，到 2018 年 9 月结束。水稻品种为'丰两优香一号'，2017 年和 2018 年水稻分别在 6 月 6 日和 6 月 9 日移栽，分别于 9 月 14 日和 9 月 18 日收获，种植密度为 9 万株/hm²。小区面积 150m²（25m×6m），共 3 个重复。根据当地农民的农田管理习惯，施氮肥 230.9kg N/hm²、磷肥 26.6kg P/hm²、钾肥 40.4kg K/hm²。其中氮肥分别在移栽前基施，在分蘖和抽穗时追施，基追比为 5∶3∶1。水稻生长季内水分管理采取淹水—晒田—再次淹水—乳熟期后自然落干至收获。具体田间管理见表 3-33。

表 3-33　水稻灌溉和施肥田间管理

年份	水分管理	时期	施肥	施肥时间	施氮量/(kg N/hm²)	施磷量/(kg P/hm²)	施钾量/(kg K/hm²)
2017	淹水	6-5～7-3	基肥	6/6	131.3	23.1	34.9
	晒田	7-4～7-10	追肥	6/16	78.7	0	0
	复水	7-11～8-19	追肥	7/11	34.9	3.6	5.5
	落干	8-20～9-14	合计		244.9	26.7	40.4
2018	淹水	6-9～7-12	基肥	6/9	131.3	23.1	34.9
	晒田	7-13～7-23	追肥	6/23	78.7	0	0
	复水	7-24～8-27	追肥	7/23	34.9	3.6	5.5
	落干	8-28～9-18	合计		244.9	26.7	40.4

2. 测定项目与方法

试验开始前开挖剖面，取样测定 0～60cm 土壤剖面各层机械组成（20cm 一层），同时测定 0～20cm 表层土壤的基本理化性质。土壤类型为潴育水稻土，pH 8.1，土壤有机碳含量为 7.9g C/kg，全氮含量为 1.2g N/kg。具体的土壤理化性质见表 3-34。

表 3-34 土壤剖面基本理化性质

土层深度/cm	容重/(g/cm³)	砂粒/%	粉粒/%	黏粒/%	饱和含水量/(cm³/cm³)	残余含水量/(cm³/cm³)	a/(cm⁻¹)	孔隙分布指数	饱和导水率/(cm/d)
0～20	1.10	0.44	79.79	19.77	0.54	0.09	0.01	1.62	42.53
20～40	1.43	0.63	82.17	17.20	0.48	0.08	0.01	1.60	11.36
40～60	1.30	0.43	81.80	17.77	0.47	0.07	0.08	1.60	10.73

注: a 为进气值的倒数

采用人工测量的方法每 2h 读取一次田面水深度,夜间田面水高度通过插值方法获得。每次的径流量和灌水量通过流量计得到,产生径流时收集径流水,采用自动流动分析仪测定水样中的铵态氮和硝态氮含量。通过每次获得的径流量及径流水中无机氮浓度得到氮径流量。

使用动态箱法测定氨挥发量,挥发 NH_3 收集装置由密闭式罩子、通气管、洗气瓶和真空泵组成(Cao et al.,2013)。洗气瓶中装有 60mL 的 20g/L 硼酸(H_3BO_3)溶液,用来从稻田中收集 NH_3。施基肥后 6d(2017 年 6 月 6～11 日)内每 2h 测定一次 NH_3 通量,6 月 12 日至 7 月 1 日、7 月 11～13 日仅在白天测定,频率与之前相同。中期排水晒田期间(7 月 2～10 日)以及第二次追肥后(7 月 14～17 日)减少到每天测定两次,之后直到收获每周测定 4 次 NH_3 通量,详细的氨挥发量测定过程和取样频率见文献(Zhan et al.,2019)。

在水稻关键生育期测定植株秸秆和籽粒干重。每次测定取样 8 株,在 70℃烘干至恒重。作物成熟时,收获每个小区中心 10m² 未被干扰的区域进行测产。每次采取植株样品后,使用碳氮元素分析仪(Flash2000,America)测定植株全氮含量。

气象数据来自试验站小型自动气象站,每 30min 记录一次降雨量、气温、相对湿度、风速和太阳辐射强度等气象因子,同时测定潜热通量、感热通量、土壤热通量等指标(LI7500,LI-COR;CNR4 Net Radiometer CSAT3;HFP01,Campbell,USA),用来计算蒸散量,具体计算方法见文献(Fu et al.,2019)。潜在蒸发量使用直径为 618mm 的 E_{601} 蒸发盘测得。

3.5.5.2 WHCNS_Rice 模型校准与验证

从模型模拟效果评价指标(表 3-35)来看,用于模型校准的 2017 年田面水深度、蒸散量、地上部干物质量及作物吸氮量的均方根误差(RMSE)分别为 16.03mm、1.44mm、414kg/hm² 和 15.02kg N/hm²,均在可接受范围内。从一致性指数(d)和模拟效率(NSE)来看,除田面水深度外,各个模拟项目的 d 和 NSE 值均大于 0.93。2017 年田面水深度的 d(0.77)和 NSE(−0.38)值较低,主要是因为移栽后 15～27d 田面水深度模拟值和实测值相差较大,该时段并无大量的降雨,只有第 22 天和第 23 天有少量降雨,可能是由人为测量误差造成的。用于模型验证的 2018 年田面水深度、蒸散量、地上部干物质量及作物吸氮量的 RMSE 分别为 15.74mm、1.18mm、375kg/hm² 和 16.89kg N/hm²,除田面水深度的 NSE 值为 0.70 外,其余模拟项目的 d 和 NSE 值均大于 0.92。以上两年的各项评价统计指标值均在可接受范围内。总体来说,模型模拟的各项指标与实测值之间具有很好的一致性。因此,该模型可以用来模拟分析该地区的水稻生长及农田水分变化和氮素运动。

表 3-35　模型模拟效果评价指标

年份	地上部干物质量			蒸散量			田面水深度			作物吸氮量		
	RMSE/(kg/hm²)	d	NSE	RMSE/mm	d	NSE	RMSE/mm	d	NSE	RMSE/(kg N/hm²)	d	NSE
2017	414	0.99	0.99	1.44	0.98	0.93	16.03	0.77	0.38	15.02	0.98	0.93
2018	375	0.99	0.99	1.18	0.99	0.95	15.74	0.93	0.70	16.89	0.98	0.92

3.5.5.3　氮素投入与去向的关系

模型模拟结果表明，农民习惯施肥模式造成了大量的氮素损失。2017 年或 2018 年稻田通过氨挥发、反硝化、径流和淋失氮约 105kg N/hm²，占氮总输入量的 37.8%。为提高氮素利用效率，同时减少稻田氮素损失，以 2017 年农田管理为基础，采用模型对不同施肥量下的作物产量及氮素去向进行情景模拟，结果如图 3-25 所示。从图中可以看出，作物吸氮量、产量与施肥量之间的关系均可以用线性加平台模型来描述。作物吸氮量、产量随着施肥量的增加线性增加，当施肥量超过 198kg N/hm² 时达到平台，继续增加施肥量，作物产量和吸氮量没有明显变化，但是各种氮流失项明显增加。从气体损失来看，随着施肥量增加，氨挥发量呈指数增长，反硝化量增加的速率逐渐降低，可用抛物线方程来描述。水体损失中，径流量随着施肥量增加呈指数增加。稻田铵态氮和硝态氮淋失量有所不同，铵态氮淋失量与施肥量的关系不明显，硝态氮淋失量随施肥量加大呈先增加后减少的趋势，这是因为施肥量较大时氮素通过氨挥发、反硝化和径流的比例明显增大，造成氮素淋失的减少。综上可知，当施肥量为 198kg N/hm² 时，产量达到最高值，继续增加施肥量增产效果不明显，反而造成大量的氮素损失。

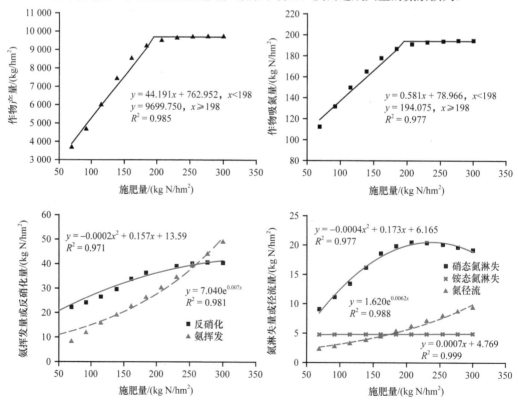

图 3-25　不同施肥量下稻田氮素去向

第4章 农药施用基线与环境效应关系

农药是指用于预防、消灭或控制危害农业、林业的病、虫、草和其他有害生物，以及有目的地调节植物、昆虫生长的化学合成或来源于生物、其他天然物质的一种物质或几种物质的混合物及其制剂。农药是服务于农业的重要生产资料，在保障我国粮食生产安全和稳定粮食产量方面贡献突出。在我国，农作物病、虫、草、鼠等生物灾害频发，常年发生灾害的种植面积约 4 亿 hm^2，严重威胁着农业生产和粮食、蔬菜、水果等农产品的质量安全。据估计，农药的使用帮助我国每年挽回粮食损失 4800 万 t、棉花损失 60 万 t、蔬菜损失 4800 万 t、水果损失 600 万 t。可见，农药在农业生产和粮食安全方面具有不可替代的作用。然而，由于农药施用量较大，加之施药方法不够科学，带来生产成本增加、农产品残留超标、作物药害、环境污染等问题。特别是农药的施用与生态环境安全密切相关，农药施用的基线水平如何？农药施用基线与环境效应有何关系？已经成为亟待解决的重要课题。阐明我国农药施用基线与环境效应关系将有助于支撑科学合理使用农药，实现农业生态环境的协调发展。

4.1 设施蔬菜农药施用基线与环境效应关系

4.1.1 我国设施蔬菜种植业发展现状

蔬菜已成为人们日常生活必不可缺的食物，我国是世界上第一大蔬菜生产国，蔬菜生产已成为我国农业发展的重要产业之一。统计数据显示，由于种植结构的调整和农业政策的驱动，我国蔬菜种植面积从 2009 年的 1667 万 hm^2 扩大到 2017 年的 1988.1 万 hm^2，增长幅度达到 19.27%；蔬菜产量也在同比增长，从 2009 年的 5.53 亿 t 增加到 2017 年的近 6.92 亿 t，单产达到 1640kg，人均占有量达到 570kg（刘钦，2020）。目前，我国已基本形成了华南冬春蔬菜、长江上中游冬春蔬菜、黄土高原夏秋蔬菜、云贵高原夏秋蔬菜、黄淮海与环渤海设施蔬菜、东南沿海出口蔬菜、西北内陆出口蔬菜及东北沿边出口蔬菜共八大蔬菜重点生产区域（娄伟丽，2014）。

我国蔬菜种植栽培类型主要分为露地栽培和设施栽培两种。由于设施蔬菜具有能够摆脱自然环境和传统生产条件的束缚以延长蔬菜生长时期、获得高产和经济价值等诸多优势，且相对于露地栽培，设施栽培单产高，复种指数高，经济效益增加，能够有效解决我国人多地少地区农业可持续性发展问题，所以设施栽培成为我国蔬菜栽培最主要的方式（郭畔等，2019；Wang et al.，2020）。自我国推进"菜篮子"工程建设以来，设施栽培产业发展迅猛，设施蔬菜种植面积不断扩大，目前我国蔬菜产业已形成较大规模，已成为继粮食产业之后农业第二大产业（李斯更和王娟娟，2018）。另有调查表明，大棚蔬菜生产每公顷产量较露地蔬菜高 598.6kg/hm^2（张金锦和段增强，2011）。我国已经成为世界上设施栽培面积最大的国家，截至 2010 年，设施蔬菜播种面积约达 467 万 hm^2，占我国设施栽培面积的 95%（Chen et al.，2013）。西安市设施蔬菜种植面积达 2.8 万 hm^2，占蔬菜总种植面积的 40% 以上，成为蔬菜产业的主体（郭军康等，2018）。武汉、宜昌、襄阳等地被湖北省政府选为"一主两副"发展方式着力点，其农产品消费量居全省前列（刘彬等，2016）。截至 2014 年末，作为我国东北地区著名"蔬菜之乡"的沈阳市新民蔬菜基地设施蔬菜总面积已达 3.6 万 hm^2（李玉双等，

2017）。山东省是蔬菜种植强省，自 20 世纪 90 年代以来，蔬菜产业的面积、产量及产值均位居全国前列，2016 年设施蔬菜产值达到 2206 亿元，约占山东省农业总产值的 44%，截至 2016 年底，设施蔬菜栽培面积已达 1518 万亩（李慧憬，2017）。寿光市是我国山东省主要的蔬菜生产基地，素有"中国蔬菜之乡"的美誉，现有超过 50% 的农田转变为设施蔬菜种植，截至 2016 年，蔬菜种植面积达 60 余万亩，年产 460 多万吨，其中以温室大棚和拱棚为主的设施蔬菜占比达到 90% 以上（陶宝先和刘晨阳，2018；颜士鹏，2019）。

在设施蔬菜栽培过程中，为提高产量和保证质量，施用农药成为菜农防治病虫草害及提高产量的首要手段，并被广泛使用。由于设施蔬菜常用的农药具有一定毒性、持久性和生物蓄积性，对人类健康和生态安全会产生较大的潜在危害（吴东明等，2014）。我国于 1983 年在农业上开始禁用一些有机氯类农药，如六六六、滴滴涕（DDT）、氯丹等，但仍有研究发现这些农药在禁用 30 年后在土壤中仍被频繁检出，不仅危害生态环境，而且对农产品的质量安全产生了严重影响，也在一定程度上破坏了土壤的可持续利用（冉聃等，2012；岳强等，2012；毛潇萱等，2013；Bojacá et al.，2013）。

4.1.2 设施蔬菜农药使用情况

4.1.2.1 设施蔬菜病虫害的发生特点

设施蔬菜大棚是人为构建的相对封闭的环境，内部优越的环境条件（温度、水分、光照等）虽对蔬菜生长十分有利，但也利于蚜虫、叶螨等害虫以及灰霉病、白粉病等病原菌的产生，加上棚内寄主植物常年存在，增加了病虫草害的发生概率，且随着栽培面积不断加大，重茬、连作等管理措施往往也会导致黄萎病、疫病等土传病害不断发生（张丹，2017a）。若防治不及时或防治方法不得当，往往造成严重损失。

设施蔬菜病虫害的发生主要有以下特点：①流行速度快，危害重。例如，黄瓜霜霉病从点片发生蔓延到全棚仅需要 5～7d，发病严重的可损失 50% 以上，甚至绝收。②为害期长，损失大。温室白粉虱、美洲斑潜蝇、甜菜夜蛾等害虫在日光温室内大量繁殖，世代增加而且重叠，由常规种植下的季节性发生变为周年性发生，其发生为害期长达 7～9 个月。③病虫种类复杂。在主要病虫猖獗的同时，次要病虫的危害上升，甚至可发展为主要的虫害（罗旋，2016；张丹，2017b）。

4.1.2.2 设施蔬菜的农药使用特点

化学农药由于用量少、见效快等特点，具有其他防治措施无法替代的优势。设施蔬菜中农药使用主要有以下特点：①从农药种类上来看，主要是杀菌剂、杀虫剂、除草剂和植物生长调节剂，其中以杀菌剂使用最多，杀虫剂次之，除草剂和植物生长调节剂较少；②从农药使用频次和剂量来看，高频、高剂量使用已成为常态。这主要是因为：一方面，病虫害频繁暴发，农药使用往往超出常规施用剂量和次数，设施蔬菜生产对农药形成了普遍的依赖性；另一方面，高频、高剂量的农药使用诱导害虫和病原菌产生抗药性，而生产者往往期望设施栽培能获得较高的产量和收益，从而陷入了加大使用农药剂量和频次的恶性循环（吴祥为，2014）。

4.1.2.3 设施蔬菜的农药使用现状

病虫草害的发生不仅造成了作物损失，还给农民带来了严重的经济损失。在设施蔬菜栽培和收获后贮藏过程中，菜农广泛应用杀虫剂、除草剂、杀菌剂和杀螨剂等不同类型的农药来控制病虫草害（Chowdhury et al.，2013）。

杀菌剂可以消灭病原物或抑制其发生与蔓延，提高寄生植物的抗病能力，控制或改造环境条件，使之有利于寄主植物而不利于病原物，从而抑制病害的发生和发展。张博等（2012）调查了日光温室蔬菜中黄瓜、番茄、茄子等的病害发生种类及对应使用的农药类型，发现多菌灵、百菌清、甲霜灵等是农户防治设施蔬菜病害的主要农药，每亩的用量在 57～100g，用药频率多集中在 7～10d 一次。张战利（2006）调查了陕西省农户在设施菜地中使用农药的情况，结果表明杀菌剂种类主要有百菌清、多菌灵、嘧菌酯、菌毒清等，每亩农药用药量在 5～10kg 的占 53.3%、5kg 以下的仅占 6.7%。

设施菜地的特殊环境使得虫害问题尤为严重。当前，设施菜地害虫的防治主要依靠使用化学农药等方法。由于番茄、黄瓜等蔬菜生长时间长，害虫发生为害时间长，整个生长季节都需要依赖化学农药防治。目前，设施蔬菜中频繁使用的杀虫剂主要有毒死蜱、吡虫啉、啶虫脒、阿维菌素、溴氰菊酯等。有研究表明，日光温室中杀菌剂在黄瓜全生育期内（定植到拔蔓，共 202d）用药高达 30 多次，在黄瓜病虫害高发期 2～3d 喷药 1 次，甚至隔天喷施 1 次（张战利，2006）。

在利用化学农药防治设施菜地病虫害时，普遍存在不科学使用的情况，主要表现为高频、高浓度地使用农药。不科学地使用农药不仅造成了设施蔬菜对农药的普遍依赖性，还诱导害虫和病原菌产生了抗药性，防治效果下降，同时严重杀伤了设施蔬菜产地内的自然天敌，丧失了天敌对害虫的控制作用，导致害虫再猖獗，从而陷入加大使用农药剂量和频次的恶性循环，继而导致蔬菜产品的农药残留严重超标，并有逐年加重的趋势。农药的大量频繁使用也带来设施蔬菜的药害问题。设施蔬菜病虫害防治的安全性及生态环境的污染问题变得愈来愈突出，设施蔬菜种植效益进一步下降，严重制约了设施蔬菜生产的可持续发展。

4.1.3　设施蔬菜产地环境农药残留及其环境风险

近年来，设施蔬菜产地的温湿度高、复种指数高及病虫草产生抗药性等原因，导致农业有害生物造成的危害日益加重，为保证蔬菜的稳产、高产，农药使用率不断提高，使用量也有所增大（王文桥，2016）。因此，设施蔬菜产地的农药蓄积会产生土壤环境效应，农药残留对土壤中动物、植物、微生物产生一定程度的影响。

土壤中农药残留是我国设施蔬菜产地环境健康的重要影响因素。蚯蚓是土壤中最为常见的无脊椎动物，常被当作土壤区系的代表类群，用于指示、监测土壤污染，其对农药残留的敏感性使得其可以作为陆生生态系统受危害程度的理想指示生物（Qin et al.，2015）。我国设施蔬菜的主要品种有番茄和黄瓜，姜林杰等（2019）在设施番茄和黄瓜土壤中开展农药残留对蚯蚓的急性毒性风险评估，研究发现在 95% 的番茄土样及 97% 的黄瓜土样中，目标农药对蚯蚓的急性风险商小于 1。在 3 例土壤中发现风险商大于 1，包括 2 例吡虫啉和 1 例噻虫胺，应用风险商逆推，吡虫啉和噻虫胺对蚯蚓的土壤安全阈值分别为 1.07mg/kg 和 0.593mg/kg。当吡虫啉浓度为 1.6mg/kg 时能抑制蚯蚓生长，并能降低其体腔细胞的溶酶体膜稳定性（冯磊等，2015）；并且经吡虫啉淋溶后的土壤会使蚯蚓体内的乙酰胆碱及酶原蛋白含量升高（王萌等，2017）。也有研究表明，另一种对蚯蚓具有急性毒性高风险的残留农药噻虫胺，当土壤中浓度在 0.5mg/kg 及以上时，蚯蚓体内的活性氧水平明显增加，并能引起抗氧化酶活性变化及部分功能基因异常表达（Liu et al.，2017）。

在设施蔬菜产地中，不同农药的残留同样会对土壤植物和微生物产生作用。董国政（2012）在实地调研的基础上，研究了山东寿光较典型设施蔬菜产地中农药吡虫啉和多菌灵残留对番茄生长的影响，发现吡虫啉和多菌灵超过一定浓度时对种子萌发、根长和芽长具有一定的抑制作用，同时对番茄植株鲜重和叶绿素含量也产生抑制作用，且上述指标随农药浓度的升高受抑制作用均越明显。有研究表明，毒死蜱过量使用可使小麦植株内游离脯氨酸含量上升，植物体内脯氨酸含量在一定程度上可以反映植物的抗逆性，可作为番茄抗性育种的一项生理指标（沈燕等，2007）。同样，随着吡虫啉和多菌灵的使用量增加，番茄的游离脯氨酸含量也有增加现象（董国政，2012）。该指标的变化可反映植株对逆境胁迫的适应性。同时，研究发现设施蔬菜产地农药残留影响土壤蔗糖酶和碱性磷酸酶的活性。0.07mg/L 的吡虫啉和 0.4mg/L 的多菌灵能够增加土壤微生物生物量碳、微生物生物量氮的含量，促进土壤 C、N、P 等养分的循环和番茄的生长。同样，上述两种浓度的农药有利于细菌的生长繁殖，而当吡虫啉和多菌灵浓度较高时，会明显抑制细菌的生长和繁殖（董国政，2012）。有研究报道，除草剂会降低旱作土壤的微生物量，而将土壤改良剂和除草剂同时施用时，土壤微生物的 C、N 含量都有所提高（Singh and Ghoshal，2010）。

由于生态环境复杂多变，为了全面指示生态环境，多种综合指数被提出，如多生物标志物污染指数（multi-biomarker pollution index，MPI）（Narbonne et al.，1999）、综合生物标志物响应指数（integrated biomarker response index，IBR）（Beliaeff and Burgeot，2002）、生物效应评价指数（bioeffect assessment index，BAI）（Broeg et al.，2005）、健康状态指数（health status index，HIS）（Dagnino et al.，2007）和生物标志物响应指数（biomarker response index，BRI）（Hagger et al.，2008）等。利用这些综合指数，可以将多种标志物的响应信息与环境质量联系起来，降低了多生物标志物数据在评价时的分散性和复杂性，更为直观，且易于被管理者和公众接受。

我国环境受农药污染严重，农药风险评估是识别和控制农药对健康与环境不良影响的重要手段。农业生产中通过使用农药来避免病虫草害，农药对环境和健康的风险具有隐藏性、长期性与分散性，是农业生产过程自觉或不自觉产生的，农药及其残留不仅仅污染水体、土壤和大气，甚至威胁人体健康。对农药施用的风险进行科学合理评估并提出有效的防控战略措施是当前亟待解决的问题。

目前，我国应用 China-PEARL 模型来评估蔬菜常用农药施用后对施药地区地下水可能产生的风险（于洋，2018）。农药风险评估通常是指某一特定暴露浓度下农药对人或环境产生不利影响的概率，风险由危害和暴露共同决定。农药风险评估的过程主要分为危害性识别、剂量−效应关系解析、暴露评估和风险表征 4 个步骤（Birnbaum，1994）。获得暴露评估结果后，可用风险商来表征农药风险。

4.1.4　甘肃、天津设施蔬菜产地农药施用基线调查

本研究在甘肃、天津开展设施蔬菜产地农药施用基线调查。

4.1.4.1　甘肃省设施蔬菜农药施用基线

通过调查问卷、现场考察和询问等方式，在甘肃省 31 个区（县）收集了 75 份调查问卷，获得了 334 条有效信息。蔬菜种类包括茄果类、瓜类、叶类和豆类等 33 种，涉及 122 种杀虫剂和杀菌剂。问卷表明，调查区域设施蔬菜种植面积高达 14 363 亩，农药总用量为 6049kg

（亩用量为 421g），农药有效成分总用量为 2310kg（亩用量为 161g），平均有效成分含量为 38.2%。

针对典型茄果类蔬菜番茄，发现用药种类高达 52 种，种植面积为 4844 亩，农药总用量为 1555kg（亩用量为 321g），农药有效成分总用量为 5622kg（亩用量为 116g），平均有效成分为 36.1%。涉及的病虫害种类高达 29 种，其中发生频次较多的依次为灰霉病、白粉病、霜霉病、蚜虫、晚疫病、小菜蛾。涉及的 52 种农药中，使用较多的依次为吡虫啉、百菌清、阿维菌素、多菌灵、霜脲锰锌。

针对典型瓜类蔬菜黄瓜，发现用药种类为 35 种，种植面积为 21 390 亩，农药总用量为 1196kg（亩用量为 55.9g），农药有效成分总用量为 284kg（亩用量为 13.3g），平均有效成分含量为 23.8%。调查面积范围内涉及的病虫害种类为 18 种，其中发生频次较高的依次为霜霉病、白粉病、蚜虫、灰霉病，分别为 53 次、24 次、21 次、10 次。问卷中出现 10 次以下的有炭疽病、褐斑病、叶斑病、斑潜蝇、角斑病、白粉虱、猝倒病、红蜘蛛。调查面积范围内涉及的农药种类为 35 种，其中用药频次较高的依次为霜霉威、吡虫啉、代森锰锌、阿维菌素、丙森锌，分别为 13 次、11 次、10 次、8 次、8 次。频次较低的有噁霉灵、腐霉利、壬菌铜、乙烯菌核利，都为 1 次。

针对豆类蔬菜豆角，发现调查范围内种植豆角的用户较少，主要使用灭蝇胺、阿维菌素、啶虫脒、代森锰锌、苦参碱、灭幼脲、百菌清，用于防治斑潜蝇、蚜虫、叶斑病、菜青虫、锈病及其他虫害。

针对叶类蔬菜甘蓝，发现调查范围内种植面积较多，总面积为 1242 亩，农药总用量为 170kg（亩用量为 137.3g），农药有效成分总用量为 77kg（亩用量为 62.1g），涉及的农药种类为 10 种，病虫害种类为 7 种。其中阿维菌素、高效氯氰菊酯、吡虫啉使用频次较高，分别为 12 次、9 次、7 次，主要用于防治菜青虫、小菜蛾、蚜虫、飞虱。种植面积较大的叶类蔬菜还有芹菜和普通白菜，常用阿维菌素和高效氯氰菊酯，用于防治菜青虫和小菜蛾。

总体来看，在中西部地区的代表区域甘肃，种植面积较大的为番茄和黄瓜，而且农药使用量较大，单位面积用量较大的蔬菜也是番茄和黄瓜，而豆类和叶菜类蔬菜种植面积与用药量都相对较小，但甘蓝的农药使用量相对较高。

4.1.4.2　天津市设施蔬菜农药施用基线

针对天津市农药施用基线情况，依然采用调查问卷、现场调查和核实等方式调查。由于天津市蔬菜种植比较集中，共调查了天津市 14 个区（县），收集调查问卷 43 份，获得有效信息 145 条。蔬菜种类包括茄果类、瓜类、叶菜类、豆类等 14 种，其中番茄、黄瓜、茄子、辣椒、豆角的种植面积较大。涉及杀虫剂和杀菌剂等 57 种农药。病虫害种类为 29 种。设施蔬菜种植面积高达 7723 亩，农药总用量为 803kg（亩用量为 104g），农药有效成分总用量为 407kg（亩用量为 52.8g），平均有效成分含量为 50.8%。

针对茄果类蔬菜番茄，发现用药种类为 21 种，种植面积为 2137 亩，农药总用量为 228kg（亩用量为 107g），农药有效成分总用量为 125kg（亩用量为 58.4g），平均有效成分含量为 54.8%。调查面积范围内涉及的病虫害种类为 11 种，其中发生频次较高的依次为灰霉病、疫病、白粉虱、蚜虫，分别为 26 次、16 次、12 次、10 次。10 次以下的有霜霉病、白粉病、青枯病、叶霉病、病毒病。调查面积范围内涉及的农药种类为 21 种，其中用药频次较高的依次为百菌清、霜脲锰锌、吡虫啉、嘧霉胺、啶酰菌胺，分别为 10 次、9 次、7 次、6 次、6 次；

频次较低有乙嘧酚磺酸酯、联苯菊酯、福美双、氟吗啉、啶虫脒，都为 1 次。

针对典型瓜类蔬菜黄瓜，发现用药种类为 31 种，种植面积为 2765 亩，农药总用量为 315kg（亩用量为 114g），农药有效成分总用量为 147kg（亩用量为 53.1g），平均有效成分含量为 46.7%。调查面积范围内涉及的病虫害种类为 14 种，其中发生频次较高的依次为白粉病、霜霉病、灰霉病、蚜虫、白粉病，分别为 23 次、22 次、14 次、12 次、9 次；发生频次较低的有叶斑病、疫病、菜青虫、红蜘蛛、菌核病，分别为 4 次、4 次、3 次、2 次、2 次。而调查区域内使用的 31 种农药中，用药频次较高的依次为代森锰锌、百菌清、霜脲氰、多抗霉素、中生菌素，分别为 11 次、9 次、7 次、6 次、5 次；用药频次较低的有噻虫嗪、阿维菌素、丁子香酚、香芹酚、唑螨酯，除唑螨酯外都为 1 次。

针对典型豆类蔬菜豆角，发现用药种类为 7 种，种植面积为 426 亩，农药总用量为 87kg（亩用量为 192g），农药有效成分总用量为 31.3kg（亩用量为 69.2g），平均有效成分含量为 36.0%。调查面积范围内涉及的病虫害种类为 7 种，发生频次较高的依次为锈病、白粉虱、灰霉病、蚜虫，分别为 11 次、3 次、3 次、2 次，发生频次较低的有白粉病和菜青虫，都为 1 次。而调查区域内使用的 7 种农药中，用药频次较高的依次为福美双、多菌灵、百菌清，分别为 7 次、4 次、3 次；用药频次较低的有苯醚甲环唑、嘧菌酯、乙醚酚、阿维菌素，分别为 2 次、2 次、1 次、1 次。典型叶菜为芹菜，调查范围内面积较小，为 12 亩，主要使用氯氟氰菊酯防治蚜虫，总用量为 2.8kg（亩用量为 233g），有效成分总用量为 224g（亩用量为 18.7g）。

总体来看，天津黄瓜用药量最大，其次为番茄，豆角和叶菜的农药用量较小。霜霉病、灰霉病、疫病发生较频繁，百菌清、霜脲锰锌、代森锰锌用量较大。

4.1.5 甘肃、辽宁设施蔬菜产地农药施用基线监测

大量农药施用导致土壤环境中有多种农药残留，然而至今关于土壤中农药残留处于何等水平的研究还比较匮乏。基于对甘肃、辽宁全省范围内大量土壤样品的采集，针对 90 种农药进行了残留量的检测，从检出率、残留量平均值、残留量中位值 3 个角度对农药残留基线进行了阐述。

4.1.5.1 甘肃土壤中农药残留特征

从甘肃省农药的检出率数据（表 4-1）可以看出，前期评估的吡虫啉和多菌灵检出率处于较高的水平，同时发现丁硫克百威、异丙威、噻虫嗪、烯酰吗啉、苯醚甲环唑和百菌清等的检出率也处于较高的水平，还发现菊酯类农药达到 10% 以上的检出率。

表 4-1 甘肃省土壤中农药检出率

农药	检出率/%	农药	检出率/%	农药	检出率/%
敌敌畏	83.8	戊唑醇	7.5	毒死蜱	3.8
吡虫啉	32.5	羟基莠去津	6.3	治螟磷	3.8
七氯	30.0	二甲戊灵	6.3	三唑酮	3.8
氰戊菊酯	23.8	氟虫腈	6.3	啶虫脒	2.5
氟氯氰菊酯	21.3	氟铃脲	6.3	丙环唑	2.5
异丙威	20.0	百菌清	6.3	辛硫磷	2.5

续表

农药	检出率/%	农药	检出率/%	农药	检出率/%
丁硫克百威	18.8	炔螨特	5.0	己唑醇	2.5
多菌灵	17.5	嘧菌酯	5.0	丁草胺	2.5
氯氟氰菊酯	17.5	阿维菌素	5.0	氟乐灵	2.5
氯氰菊酯	16.3	氟虫腈亚砜	5.0	五氯硝基苯	2.5
4-羟基百菌清	15.0	氟苯虫酰胺	5.0	o,p'-DDD/p,p'-DDD	2.5
噻虫嗪	13.8	吡嘧磺隆	5.0	o,p'-DDT/p,p'-DDT	2.5
烯酰吗啉	12.5	灭草松	5.0	溴氰菊酯	2.5
联苯菊酯	12.5	水胺硫磷	5.0	咪鲜胺	1.3
嗪草酮	12.5	除虫脲	5.0	氯虫苯甲酰胺	1.3
腐霉利	12.5	灭幼脲	5.0	噻虫胺	1.3
哒螨灵	11.3	氟甲腈	5.0	嘧霉胺	1.3
苯醚甲环唑	11.3	甲基异柳磷	5.0	β-硫丹	1.3
硫丹硫酸酯	10.0	氟啶脲	5.0	氟环唑	1.3
多效唑	8.8	环氧七氯	5.0	稻瘟灵	1.3
氟虫腈砜	7.5	甲基对硫磷	3.8	乙草胺	1.3

　　从农药残留量平均值（表4-2）来看，我们发现百菌清处于较高的水平，辛硫磷、苯醚甲环唑和多菌灵处于次高的水平，同时菊酯类农药处于较高的水平。

表 4-2　甘肃省土壤中农药残留量平均值

农药	平均值/(μg/kg)	农药	平均值/(μg/kg)	农药	平均值/(μg/kg)
百菌清	544.0	灭草松	17.3	炔螨特	10.2
辛硫磷	402.1	氟苯虫酰胺	16.8	氟甲腈	10.0
苯醚甲环唑	124.7	水胺硫磷	16.6	丁硫克百威	9.4
多菌灵	122.5	二甲戊灵	16.5	稻瘟灵	9.2
甲基对硫磷	109.5	氯氟氰菊酯	16.0	七氯	8.8
联苯菊酯	64.6	嘧霉胺	16.0	治螟磷	8.1
腐霉利	54.0	4-羟基百菌清	14.8	硫丹硫酸酯	7.8
氟乐灵	33.1	灭幼脲	14.4	羟基莠去津	7.5
吡嘧磺隆	28.3	嘧菌酯	14.0	氟环唑	7.4
噻虫嗪	27.9	氟啶脲	13.8	炔螨特	7.0
氯氰菊酯	26.8	甲基异柳磷	13.7	啶虫脒	6.9
阿维菌素	26.6	己唑醇	13.0	乙草胺	6.5
环氧七氯	26.3	哒螨灵	12.5	丙环唑	6.0
咪鲜胺	23.6	o,p'-DDD/p,p'-DDD	12.1	异丙威	5.7
丁草胺	22.6	o,p'-DDT/p,p'-DDT	11.9	氟氯氰菊酯	5.7
毒死蜱	22.0	除虫脲	11.7	氯虫苯甲酰胺	5.2

续表

农药	平均值/(μg/kg)	农药	平均值/(μg/kg)	农药	平均值/(μg/kg)
三唑酮	21.7	氟虫腈	11.6	氰戊菊酯	5.1
烯酰吗啉	20.5	氟铃脲	11.5	多效唑	5.1
噻虫胺	19.5	氟虫腈亚砜	11.5	嗪草酮	5.0
戊唑醇	19.1	氟虫腈砜	10.9	β-硫丹	5.0
五氯硝基苯	17.9	敌敌畏	10.6		
溴氰菊酯	17.4	吡虫啉	10.5		

从农药残留量中位值（表4-3）来看，我们发现大部分农药集中在几十微克每千克水平，其中吡嘧磺隆、咪鲜胺、炔螨特等处于较高的水平，同时多菌灵、嘧霉胺、毒死蜱等处于10μg/kg 水平以上。

表 4-3　甘肃省土壤中农药残留量中位值

农药	中位值/(μg/kg)	农药	中位值/(μg/kg)	农药	中位值/(μg/kg)
辛硫磷	402.1	灭幼脲	14.1	七氯	8.3
氟乐灵	33.1	氟啶脲	13.8	治螟磷	7.9
吡嘧磺隆	28.9	4-羟基百菌清	13.7	丁硫克百威	7.6
氯氰菊酯	28.4	氟虫腈砜	13.4	哒螨灵	7.5
腐霉利	25.7	苯醚甲环唑	13.4	氟环唑	7.4
环氧七氯	25.2	氟虫腈	13.3	啶虫脒	6.9
咪鲜胺	23.6	己唑醇	13.0	羟基莠去津	6.8
丁草胺	22.6	烯酰吗啉	12.5	乙草胺	6.5
多菌灵	20.1	o,p'-DDD/p,p'-DDD	12.1	三唑酮	6.3
噻虫胺	19.5	氯氟氰菊酯	12.0	丙环唑	6.0
五氯硝基苯	17.9	o,p'-DDT/p,p'-DDT	11.9	硫丹硫酸酯	5.8
溴氰菊酯	17.4	氟铃脲	11.7	炔螨特	5.6
灭草松	17.4	除虫脲	11.5	阿维菌素	5.6
毒死蜱	17.3	氟虫腈亚砜	11.4	氯虫苯甲酰胺	5.2
戊唑醇	16.9	噻虫嗪	10.2	氟氯氰菊酯	5.1
水胺硫磷	16.9	嘧菌酯	9.9	异丙威	5.1
氟苯虫酰胺	16.7	氟甲腈	9.7	多效唑	5.0
联苯菊酯	16.1	吡虫啉	9.4	嗪草酮	5.0
嘧霉胺	16.0	稻瘟灵	9.2	β-硫丹	5.0
百菌清	14.3	二甲戊灵	8.4	氰戊菊酯	4.8
甲基异柳磷	14.2	炔螨特	8.4		
甲基对硫磷	14.2	敌敌畏	8.3		

4.1.5.2　辽宁土壤中农药残留特征

针对辽宁省 102 个土壤样品，我们发现异丙威、嗪草酮、多效唑和部分菊酯类农药呈现出较高的检出率（表 4-4）。多菌灵、苯醚甲环唑等杀菌剂检出率处于 30% 的水平。杀虫剂中菊酯类检出率处于较高的水平。

表 4-4　辽宁省土壤中农药检出率

农药	检出率/%	农药	检出率/%	农药	检出率/%
异丙威	61.8	戊唑醇	13.7	吡蚜酮	3.9
嗪草酮	57.8	噻虫胺	12.7	啶虫脒	3.9
氟氯氰菊酯	52.9	烯酰吗啉	11.8	咪鲜胺	3.9
氰戊菊酯	52.9	甲氰菊酯	11.8	辛硫磷	3.9
多效唑	46.1	炔螨特	9.8	三唑酮	2.9
敌敌畏	39.2	己唑醇	8.8	治螟磷	2.9
苯醚甲环唑	37.3	丙溴磷	8.8	乐果	2.0
氯氟氰菊酯	34.3	嘧霉胺	7.8	噻嗪酮	2.0
多菌灵	31.4	嘧菌酯	7.8	二甲戊灵	2.0
噻虫嗪	27.5	毒死蜱	7.8	氟虫腈砜	2.0
硫丹硫酸酯	27.5	联苯菊酯	7.8	氧乐果	1.0
吡虫啉	24.5	甲胺磷	6.9	烯效唑	1.0
氯氰菊酯	21.6	丙环唑	6.9	甲维盐	1.0
哒螨灵	18.6	炔螨特	6.9	甲拌磷	1.0
羟基莠去津	15.7	异菌脲	5.9	特丁硫磷	1.0
甲基对硫磷	15.7	丁硫克百威	5.9	阿维菌素	1.0
4-羟基百菌清	15.7	β-硫丹	5.9	氟苯虫酰胺	1.0
氯虫苯甲酰胺	13.7	敌百虫	4.9	氟虫腈亚砜	1.0

由辽宁省 102 个土壤样品的数据可以发现，毒死蜱、噻虫嗪、啶虫脒、吡虫啉等杀虫剂的残留量平均值处于较高的水平，远远高于杀菌剂的水平（表 4-5）。烯酰吗啉、苯醚甲环唑、嘧菌酯、嘧霉胺等杀菌剂的残留量平均值处于次高的水平，不过明显低于杀虫剂的水平。总体来说，被禁用的六六六、克百威等农药没有检出。

表 4-5　辽宁省土壤农药残留量平均值

农药	平均值/(μg/kg)	农药	平均值/(μg/kg)	农药	平均值/(μg/kg)
噻嗪酮	43.4	氯虫苯甲酰胺	14.3	β-硫丹	6.9
炔螨特	39.5	噻虫胺	32.3	异菌脲	12.8
毒死蜱	81.2	吡蚜酮	16.4	二甲戊灵	6.3
噻虫嗪	71.5	苯醚甲环唑	18.0	甲维盐	6.2
啶虫脒	36.3	戊唑醇	23.9	丁硫克百威	6.7
氟虫腈砜	24.0	甲氰菊酯	26.8	甲胺磷	6.3
治螟磷	31.6	阿维菌素	10.6	特丁硫磷	5.9
吡虫啉	24.2	氯氰菊酯	21.7	敌敌畏	5.4
嘧菌酯	17.4	三唑酮	9.8	硫丹硫酸酯	7.8

续表

农药	平均值/(μg/kg)	农药	平均值/(μg/kg)	农药	平均值/(μg/kg)
烯酰吗啉	35.0	羟基莠去津	10.5	氧乐果	5.2
丙环唑	24.7	4-羟基百菌清	13.0	异丙威	8.7
丙溴磷	21.9	氯氟氰菊酯	43.2	敌百虫	5.1
多菌灵	26.1	氟虫腈亚砜	8.6	多效唑	6.3
哒螨灵	28.0	嘧霉胺	12.1	乐果	5.0
辛硫磷	32.5	七氯	8.7	嗪草酮	5.0
己唑醇	14.5	甲拌磷	7.9	氰戊菊酯	5.0
咪鲜胺	14.7	氟苯虫酰胺	7.8	氟氯氰菊酯	7.0
烯效唑	12.9	联苯菊酯	14.0		

从农药残留量中位值（表 4-6）来看，杀虫剂噻嗪酮、炔螨特、毒死蜱、噻虫嗪等处于较高的水平，而杀菌剂嘧菌酯、烯酰吗啉、丙环唑处于次高的水平。同时发现菊酯类农药处于较高的水平。总体来看，平均值和中位值呈现出的规律相似，表明杀虫剂残留在辽宁省占主导。

表 4-6 辽宁省土壤中农药残留量中位值

农药	中位值/(μg/kg)	农药	中位值/(μg/kg)	农药	中位值/(μg/kg)
噻嗪酮	43.4	氯虫苯甲酰胺	12.4	β-硫丹	7.3
炔螨特	31.8	噻虫胺	12.4	异菌脲	6.9
毒死蜱	28.0	吡蚜酮	11.8	二甲戊灵	6.3
噻虫嗪	25.7	苯醚甲环唑	11.4	甲维盐	6.2
啶虫脒	24.6	戊唑醇	11.0	丁硫克百威	6.1
氟虫腈砜	24.0	甲氰菊酯	11.0	甲胺磷	6.1
治螟磷	23.0	阿维菌素	10.6	特丁硫磷	5.9
吡虫啉	17.8	氯氰菊酯	10.1	敌敌畏	5.4
嘧菌酯	17.4	三唑酮	9.8	硫丹硫酸酯	5.2
烯酰吗啉	16.8	羟基莠去津	9.8	氧乐果	5.2
丙环唑	16.3	4-羟基百菌清	9.4	异丙威	5.1
丙溴磷	15.1	氯氟氰菊酯	8.9	敌百虫	5.1
多菌灵	14.8	氟虫腈亚砜	8.6	多效唑	5.1
哒螨灵	14.4	嘧霉胺	8.3	乐果	5.0
辛硫磷	14.3	七氯	8.2	嗪草酮	5.0
己唑醇	13.9	甲拌磷	7.9	氰戊菊酯	4.8
咪鲜胺	13.7	氟苯虫酰胺	7.8	氟氯氰菊酯	4.8
烯效唑	12.9	联苯菊酯	7.5		

4.1.6　农药降解动力学

4.1.6.1　黄瓜与土壤中农药动力学变化

由图 4-1 可以看出，黄瓜和土壤的吡虫啉随着时间的变化浓度发生逐步降低，并且土壤吡虫啉在第 7 天浓度才发生明显降低，而黄瓜在第 5 天浓度便发生了明显降低。

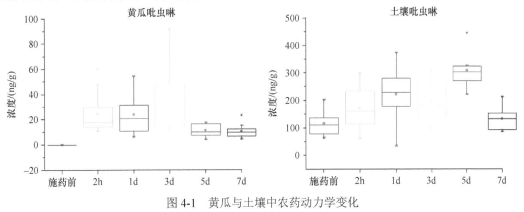

图 4-1　黄瓜与土壤中农药动力学变化

4.1.6.2　豆角与土壤中农药动力学变化

从豆角和土壤多菌灵与吡虫啉施药前后的动力学变化（图 4-2）可以看出，随着时间的变化，两种农药都呈现出下降的趋势。豆角多菌灵在第 5 天浓度发生了明显的降低，土壤也是

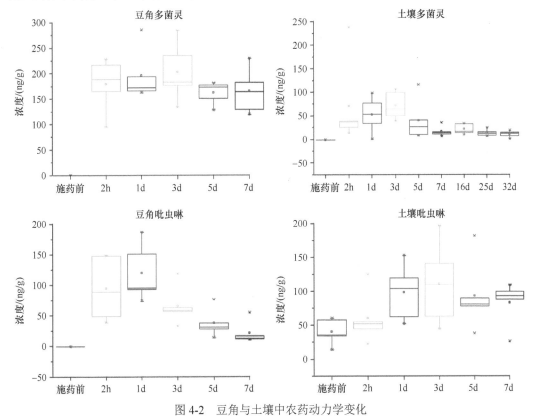

图 4-2　豆角与土壤中农药动力学变化

在第 5 天发生了明显的降低。对于吡虫啉，豆角在第 3 天浓度就发生了明显的降低，而土壤是在第 5 天发生了明显的降低。

4.1.6.3　生菜与土壤中农药动力学变化

从生菜和土壤多菌灵与吡虫啉的动力学变化（图 4-3）可以看出，随着时间的变化，生菜多菌灵和吡虫啉都呈现出浓度下降的趋势，但是土壤没有明显的趋势，可能原因是生菜冠状叶面积较大，导致土壤农药残留非常少，故农药浓度没有出现明显的时间趋势。由图 4-3 可以看出，生菜多菌灵在第 5 天浓度发生了明显的降低，而吡虫啉在第 3 天就发生了明显的降低。

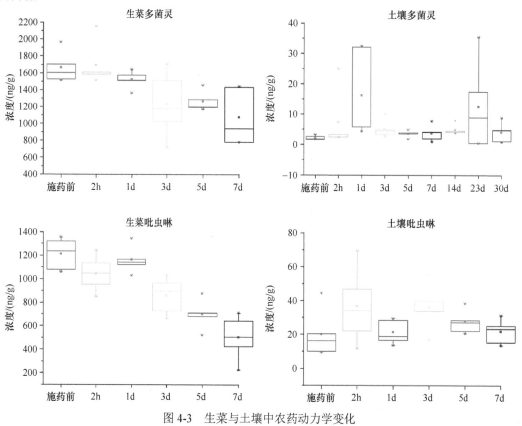

图 4-3　生菜与土壤中农药动力学变化

4.1.6.4　番茄与土壤中农药动力学变化

由番茄和土壤多菌灵与吡虫啉的动力学变化（图 4-4）可以看出，随着时间的变化，多菌灵和吡虫啉浓度都出现明显的降低趋势。番茄多菌灵在第 21 天浓度才发生明显的变化，而土壤在第 14 天就发生了明显的变化。番茄吡虫啉在第 28 天浓度才发生明显的降低，土壤在第 7 天就发生了明显的降低。

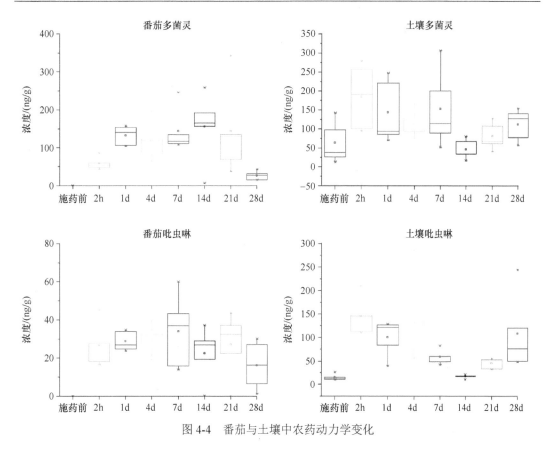

图 4-4 番茄与土壤中农药动力学变化

4.1.6.5 土壤溶液和土柱中农药动力学变化

图 4-5 显示了土壤深层和浅层溶液中吡虫啉与多菌灵的动力学变化,可以明显看出随着时间的变化,农药浓度呈现出明显的降低趋势。

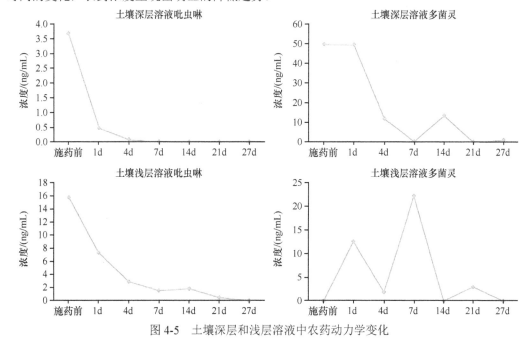

图 4-5 土壤深层和浅层溶液中农药动力学变化

表 4-7 为土柱中农药浓度随深度变化的情况，可以看出随着时间的变化，农药开始向地下迁移，并且到达 6～10cm 层，深层土壤还没有被农药污染。

表 4-7　土壤深层和浅层中吡虫啉与多菌灵的动力学变化

土层	多菌灵/(μg/kg)	吡虫啉/(μg/kg)
0～5cm	0.997	50.203
6～10cm	2.569	85.136
11～15cm	<0	2.018
16～20cm	<0	<0
21～25cm	<0	<0
26～30cm	<0	<0
31～40cm	<0	<0

4.1.7　农药与环境效应的关系

4.1.7.1　农药与土壤酶的关系

图 4-6 显示了土壤施药前后脲酶和磷酸酶的浓度变化情况，可以看出施药后明显会增加脲酶和磷酸酶的活性，同时可以看出脲酶被激活的程度要远高于磷酸酶。相关性分析发现，多菌灵浓度与脲酶活性显著相关（$P<0.05$），而磷酸酶没有，由此可以看出脲酶可以作为反映环境效应的备选指标。

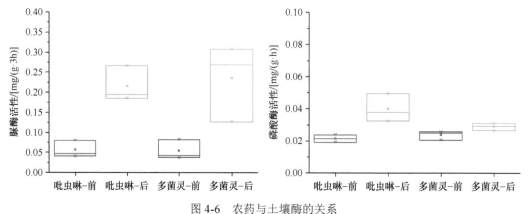

图 4-6　农药与土壤酶的关系

4.1.7.2　农药与土壤微生物的关系

1. 农药与土壤真菌的关系

利用基因组学技术，通过转录间隔区（ITS）分析，发现多菌灵残留在土壤中对真菌存在一定程度的干扰。多种真菌对多菌灵存在明显的丰度敏感差异，对多菌灵具有较高的敏感度。多灵菌对 7 种真菌具有明显的抑制效应，即 *Cladosporium sphaerospermum*、*Monographella cucumerina*、*Mortierella polygonia*、*Verticillium nigrescens*、*Acremonium antarcticum*、*Olpidium brassicae*、*Mortierella oligospora* 丰度明显下调；12 种真菌具有明显的丰度上调现象，即 *Alternaria alternata*、*Haematonectria haematococca*、*Fusarium oxysporum* f. sp. *melonis*、

Fusarium delphinoides、*Ascobolus* sp.、Microascaceae、*Scutellinia* sp.、Onygenales、*Pseudeurotium* sp.、*Humicola nigrescens*、Pyronemataceae、*Chrysosporium synchronum*。

关于吡虫啉对土壤真菌的效应，通过 ITS 研究发现 19 种土壤真菌对吡虫啉产生了明显的敏感效应。12 种土壤真菌存在被抑制的敏感效应，即 *Cladosporium sphaerospermum*、Onygenales、*Verticillium nigrescens*、*Ascobolus* sp.、*Monographella cucumerina*、*Mortierella oligospora*、*Acremonium antarcticum*、*Alternaria alternata*、*Fusarium delphinoides*、*Olpidium brassicae*、*Mortierella polygonia*、*Fusarium oxysporum* f. sp. *melonis*；8 种土壤真菌出现明显的丰度上升敏感效应，即 *Humicola nigrescens*、Pyronemataceae、*Scutellinia* sp.、未分类种群、*Pseudeurotium* sp.、Microascaceae、*Haematonectria haematococca*、*Chrysosporium synchronum*。还有部分未分类真菌呈现出明显的丰度上升效应。

为了探究土壤消毒剂对土壤真菌的效应，采用五氯硝基苯处理土壤真菌。研究发现 20 种土壤真菌呈现明显的敏感效应，其中大部分土壤真菌存在明显的丰度上升效应，小部分呈现明显的丰度下降效应。产生明显丰度上升效应的土壤真菌种类有 13 种，包括 *Pseudeurotium* sp.、*Monographella cucumerina*、*Fusarium oxysporum* f. sp. *meloni*、Onygenales、Microascaceae、*Alternaria alternata*、*Mortierella oligospora*、*Scutellinia* sp.、*Humicola nigrescens*、Pyronemataceae、*Ascobolus* sp.、*Olpidium brassicae*、*Chrysosporium synchronum*；其中未分类真菌和＜0.5% 未分类真菌也产生了明显的丰度上升效应；产生明显丰度下降效应的土壤真菌种类有 6 种，包括 *Verticillium nigrescens*、*Acremonium antarcticum*、*Fusarium delphinoides*、*Cladosporium sphaerospermum*、*Mortierella polygonia*、*Haematonectria haematococca*。

2. 农药与土壤细菌的关系

为了进一步探究农药对土壤环境的影响，以土壤细菌作为研究对象，进行了代表性杀菌剂多菌灵、杀虫剂吡虫啉、土壤消毒剂五氯硝基苯对土壤细菌影响的研究，发现 3 种农药对土壤细菌存在不同程度的影响，而且对土壤细菌门纲目科属种不同水平的影响存在差异。在种水平，土壤细菌存在明显的丰度上调现象，包括 6 种，分别为 *Algoriphagus hitonicola*、*Bacillus foraminis*、*Candidatus* Nitrososphaera SCA1170、*Candidatus* Nitrososphaera gargensis、*Lysobacter yangpyeongensis*、*Oscillatoria acuminata*；而仅 3 种土壤细菌（*Paracoccus marcusii*、*Phaeobacter gallaeciensis*、*Pseudomonas mendocina*）发生了明显的丰度下调现象，其中 *Pseudomonas mendocina* 最为明显，抑制倍数在 3 倍以上。代表性杀虫剂吡虫啉对土壤细菌的抑制和刺激作用处于相近的水平，有 5 种土壤细菌发生了明显的丰度上调现象，4 种土壤细菌发生了明显的丰度下调现象。受刺激细菌种类包括 *Oscillatoria acuminata*、*Algoriphagus hitonicola*、*Phaeobacter gallaeciensis*、*Candidatus* Nitrososphaera SCA1170、*Lysobacter yangpyeongensis*，受抑制细菌种类包括 *Candidatus* Nitrososphaera gargensis、*Bacillus foraminis*、*Pseudomonas mendocina*、*Paracoccus marcusii*，其中刺激倍数最高的达 80 倍，该细菌为 *Oscillatoria acuminata*，抑制倍数最高的细菌为 *Paracoccus marcusii*，达 10 倍左右。代表性土壤消毒剂五氯硝基苯对土壤细菌也存在明显效应，绝大多数细菌种类存在明显的丰度上升现象，小部分细菌种类呈现出明显的丰度下调现象。丰度上升的土壤细菌种类为 6 种，而丰度下降的土壤细菌种类为 3 种；丰度上升的土壤细菌为 *Oscillatoria acuminata*、*Lysobacter yangpyeongensis*、*Phaeobacter gallaeciensis*、*Bacillus foraminis*、*Candidatus* Nitrososphaera gargensis、*Candidatus* Nitrososphaera SCA1170，刺激倍数最高的达 16 倍，为

Oscillatoria acuminata，丰度下降的土壤细菌为 *Algoriphagus hitonicola*、*Paracoccus marcusii*、*Pseudomonas mendocina*，抑制倍数最低的为 *Pseudomonas mendocina*，在 3 倍左右。

3. 农药与土壤微生物多样性的关系

图 4-7a 展示了多菌灵（CAR）、吡虫啉（IMI）、五氯硝基苯（PCNB）对土壤真菌多样性的影响，图 4-7b 展示了这 3 种农药对土壤细菌多样性的影响。由此可见，这 3 种典型农药对真菌和细菌多样性的影响趋势与规律是相同的。多菌灵对土壤微生物多样性不存在明显的效应，吡虫啉对土壤微生物多样性呈现出明显的抑制效应，而五氯硝基苯对土壤微生物多样性呈现出明显的刺激效应，其中对细菌多样性的刺激效应更为明显。

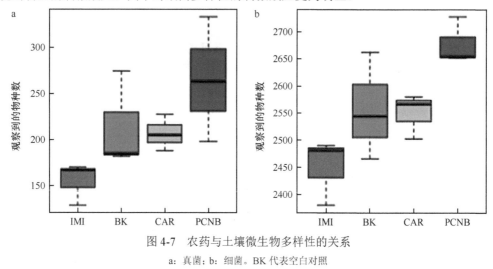

图 4-7　农药与土壤微生物多样性的关系

a：真菌；b：细菌。BK 代表空白对照

4.2　水稻农药施用基线与环境效应关系

4.2.1　我国水稻种植业发展现状

水稻是我国种植历史最为悠久的粮食作物之一。自 1991 年起，我国水稻播种面积一直稳定在 3000 万 hm² 左右。根据《全国种植业结构调整规划（2016—2020 年）》，到 2020 年，我国水稻面积将继续稳定在 4.5 亿亩，占粮食作物面积的 30%。

4.2.2　稻田农药使用情况

水稻在生产过程中可能会受到多种昆虫及病害的危害，化学防治作为经济高效的防治手段对水稻种植至关重要。我国为世界上稻米生产量最多的国家之一，截至 2020 年 3 月，在我国水稻上登记的不同厂家生产的农药剂型已达 8800 多种，农药类别涉及杀虫剂、除草剂、杀菌剂、植物生长调节剂和杀螺剂等，剂型种类丰富。合理选择农药种类是防治水稻病虫等危害的关键，但不同种类农药对环境的危害及带来的环境效应也会不同。同时，不同的施药方式也影响农药的环境效应评价结果。

植保机械用于农药施用，其质量好坏和技术性能优劣将直接影响病虫草鼠害的防治效果，影响农产品的农药残留、环境保护和施药者的人身安全。在我国，与耕种收等农业生产环节相比，植保仍旧是一个相对薄弱的环节，而高效植保机械更是其中的短板。2019 年最新数据公布，我国农药平均利用率为 39.2%，大部分农药通过流失和飘失的方式损失，对土壤、水造成污染，影响农田生态环境安全。

因此，科学调查水稻农药施用基线与环境效应的关系并建立模型进行评价是至关重要的，可以了解不同农药在不同地点、采用不同植保机械施药给环境带来的影响，从而更有效地监督和制止水稻上农药的不规范使用，降低环境治理与保护成本，为国家和地方大规模推广应用"两减"技术提供有效的技术支撑，具有明显的经济和环境效益。

4.2.3　稻田农药残留的环境风险评价

由于水稻是世界上产量最大的农作物之一，相关农药的使用数据丰富，国内外对稻田使用农药的环境影响十分重视。

陈洋等（2016）对国外稻田的农药风险评价进行了比较系统的总结。通过比较可以发现，在水稻农药使用和环境影响的相关研究中，国外更注重环境风险。美国关于稻田使用农药的环境风险研究起步较早，通过建立相关的模型和场景，形成了较为完整的体系。其中，多层次生态风险评价是最常用的评价方法，依次从低层次到高层次进行评价，每一个层次都包含了暴露评级、效应评价和风险表征 3 个步骤，重点为受体的评价终点。其中评价分为效应评价和暴露评价两部分。效应评价主要是分析农药对环境生物的毒害作用，同时包括不同农药暴露水平下毒害作用的实际变化；暴露评价主要是分析农药使用后在生态环境中的时空分布，以及其如何从源头转移到众多受体的过程。最终根据效应评价及暴露评价的综合结果，得到各种胁迫下不利生态效应的综合判断和风险表征。在该评价体系当中，低层次的第一层次、第二层次分别使用了 Rice Tier 1 Model、RICEWQ 模型对暴露水平进行了模拟与分析。Rice Tier 1 Model 模型是一个筛选水平的评价模型，不仅可以评估施药前后地表水中的暴露水平，也可以对饮用水进行暴露评价，从而对整个生态环境进行评价。然而该模型假设农药在水相和土相当中迅速分配均匀，没有考虑实际中农药在土相和水相中的转换，同时考虑的影响因素比较少，假设的条件相较现实条件更为简单，因此这一模型比较简单。在 RICEWQ 模型当中，除了考虑农药自身的理化性质，还考虑了稻田水体系当中降雨、蒸发等外界水环境的变化和交换，模拟了农药的转运过程，因此经常与多种水模拟模型偶联在一起使用，相较第一层次，第二层次得到的模拟结果会考虑稻田水体系受到的影响及外界环境因素的干扰。虽然在效应评价中对鱼、溞等代表性水生生物及附加水生生物进行了急性毒性试验，但是研究的体系相对来讲都比较简单，难以匹配现实环境的复杂程度。低层次的第一层次及第二层次两种模型对暴露水平进行模拟和分析时考虑的因素较少，结果也比较保守。但是如果低层次的评价结果已经表明农药使用后对生态环境具有一定的影响及污染，那么在之后的高层次评价当中就要考虑更加复杂的因素及使用更加复杂的模型进行预测。第三层次的暴露评价主要采用小生态系统或者实验室模拟生态系统（微宇宙、中宇宙）模拟实现，而第四层次的暴露评价主要进行田间研究，包括田间试验和实际检测，其试验规模比第三层次更大，实际检测是在完全不受控制及人为调节的条件下测定农药在生态环境中的行为过程，第三层次及第四层次的评价比低层次费时费力，费用更高。高层次的评价会着重注意通过低层次建模模拟得到的稻田环境风险是否依然存在，从而进一步确定农药在稻田环境中的暴露、残留行为，以及对生物的影响。

欧洲种植水稻的国家种植区较多靠近较大流域，在附近的地表水中常检测出较高浓度的各类农药。因此，欧盟十分注重水稻上农药的使用，提出了农药在稻田中的合理化使用。欧盟对稻田农药的相关环境评价与美国有一定的相似性，同样使用了多层次生态风险评价方法，每个层次的评估方式也与美国比较相同，但欧盟只进行了 3 个层次的评价。第一层次没有使用传统的数学模型直接结合一定的环境因素进行模拟，而是使用了植物健康常务委员会根据欧洲地域特点提出的地中海水稻计算表（Med-Rice spreadsheet）。这个计算模型通过限定农药特性和使用水平、施用时间、农药溶解度及半衰期等，最终计算出农药飘失到地表水中的浓度。第一层次的效应评价选择了鱼、溞等水生生物，通过判定死亡率、活力抑制率等指标进行评价。第二层次选择了地表水及地下水（surface water and ground water，SWAGW）模型，这个模型是在第一层次的计算模型基础上发展起来的，通过研究封闭稻田模型和开放稻田模型，并考虑农药在稻田中的淋溶、溶解及偏移等因素后，在第一层次上更准确地研究田地、田水及附近地表水的农药暴露浓度。第三层次主要进行田间试验研究，通过对实际位点多方面因素的综合考虑，主要进行微宇宙、中宇宙等研究，考虑的因素更加复杂，人为干扰因素更少，会更加贴合试验的自然效果，同时会将此层次得到的真实田间试验数据与低层次的模拟和相关毒性试验进行比对，将危险影响与对应的农药水平进行对应，最终得到环境效应，判定该农药在稻田中使用后对水生生物及生态环境的影响。

日本目前在售且常用的农药品种当中，有一半以上用于水稻生产。因此在稻田管理当中，日本对农药使用的合理化和规范化更加注重。日本的稻田使用农药环境评价体系类似美国及欧盟。在多层次评价中，第一层次使用的是日本开发的与 Med-Rice spreadsheet 相类似的 Aquatic PEC 模型，该模型是一个简单的 EXCEL 计算表，通过考虑农药飘移量、稻田中水流量变化等因素，最终得到河水中农药的浓度。这个模型相对比较简单，没有考虑农药在复杂体系中的再分配及农药自身的降解等因素，预测结果相对比较保守。第一层次的效应评价与美国、欧盟相类似，都是做代表性水生生物的急性毒性试验。在第二层次当中，日本开发了两个模型来模拟稻田使用农药后附近地表水当中的暴露浓度。农药稻田模型 PADDY 主要模拟农药在稻田中的暴露行为及农药在稻田水体系当中的分配平衡过程，主要考虑农药基本的理化性质及稻田土壤与水流的径向分布等因素，模拟了农药在水相和土相中的吸附分配，以及在水流和土壤当中的淋溶、降解等行为。PCPF-1 模型主要是模拟农药在水体及土壤里的转运及其他行为，该模型假设田水和表层土壤为一个完全混合的反应器，通过考虑田水水平衡、田水中农药质量平衡及表层土壤中农药质量平衡等多个因素，最终可以较好地模拟得到稻田使用农药后田水及表层土壤中的农药浓度。第三层次是进行田间研究，通过在选取试验田上遵循原有的稻田种植管理方法进行试验，研究农药在稻田使用后的分布情况。

国外的稻田使用农药环境风险研究都是采用多层级方式，一般是在低层次的评价当中选择数学模型及计算公式等进行暴露评价，但考虑的因素较少，只能在条件较为理想的背景下对各项指标进行简单分析。在高层次的分析中，一般选用现实环境进行模拟，外界人为干扰少。除此，都会选用代表性的水生生物进行试验，通过判定死亡率、活力抑制率等指标进行评价，在部分评价体系中，高层次的评价还会根据稻田情况，选择具有环境特色的生物及敏感性生物来进一步模拟分析农药的真实影响情况。最终通过低层次模拟得到的影响结果及高层次得到的模拟条件下真实结果，判定农药在水体、土壤当中的浓度，进而对其生态环境、环境生物影响进行评价。

在我国水稻农药使用和环境影响方面，周军英等研究了农药使用后稻田地下水的环境，并提出了农药与地下水污染的相关模型。该项研究借鉴了国外水稻-地下水模型的经验和方法，通过偶联 RICEWQ、VADOFT、ADAM 模型，根据"现实中最坏条件"原则，构建了水稻-地下水农药暴露场景体系。该体系基于我国主要的水稻种植区，考虑农药淋溶、自身降解慢等问题，收集土壤、作物、气象和地下水等参数编写为场景文件，可对稻田农药使用后的地下水情况进行研究分析与评价。同类型的还有农药使用后稻田水生生态系统污染研究等。除了这类研究，农业农村部农药检定所开发了 TOP-RICE 平台并构建了 2 个水稻–地下水暴露场景，南京环境科学研究所开发了 PRAESS 平台并构建了水稻–地表水农药暴露场景，但这些工作仅适用于风险评估，风险评估不同于环境效应评价。虽然都需要建立相关模型，但环境效应评价更突出"效应"二字，即农药使用后给环境带来的影响与相关评价。

我国农药使用环境效应研究较少，水稻农药使用环境效应方面的研究更是空缺。在农药使用环境效应的相关研究中，农药环境效应评价研究只限于分别对环境因子的影响进行检测。目前，农药环境效应评价最为全面的方法是张志全在 1997 年发表的农药环境影响评价方法，可以将其归结为"农药环境影响模型"，张志全建立了目前对环境影响较大的两个农药——滴滴涕（DDT）和六六六（BHC）对环境因子影响的评价模型，并将所计算的环境因子与环境污染质量分级标准相比较，得到农药对环境的污染程度（未污染、轻污染、中污染、重污染）。此模型选择的环境因子包括大气、水、土壤、粮食、果菜、动物食品 6 个方面，使用国家标准《农药安全使用标准》《粮食卫生标准》和环保部（现生态环境部）发布的《大气环境质量标准》《地表水环境质量标准》《土壤环境质量标准》来确定最终的评价标准。除了张志全的"农药环境影响模型"，上海交通大学张大第阐述了农田农药环境影响评价的 3 个方面：农田农药污染负荷的大小、农药的急性毒性评价及农药对水环境的潜在污染，他根据每公顷耕地农药的年用量和农药单次用量提出了评价农药污染负荷大小的方法。

国内关于水稻农药施用与环境效应关系的系统研究并没有开展，更没有在水稻上建立相关的环境效应评价模型。因此，建立水稻相关的环境效应评价模型，对于我国评价水稻上农药的使用有着巨大作用，有益于环境治理、化肥和农药减施增效。

农药在稻田的施用过程会对土壤、田水、空气、水生生物（藻细胞）等环境因子产生不同程度的影响。但是目前的农药环境效应评价方法中仅对单个环境因子评价，没有综合评价农药环境效应的方法，因此需要用合理的手段将不同农药对不同环境因子的影响结合起来，研究水稻农药施用基线与环境效应的关系。将水稻农药施用基线相关调查和监测有机结合，并将监测数据对应于相关环境生物因子，结合非靶标生物毒性试验进行环境效应评价，最终通过相关模型确立农药施用基线与环境效应之间的关系，技术路线如图 4-8 所示。

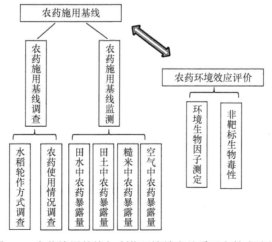

图 4-8　农药施用基线与农药环境效应关系研究技术路线

长江中下游平原属于亚热带季风气候，地势平坦，河湖密布，土壤肥沃，有利于发展水稻种植业。因此，选择长江中下游水稻典型种植模式为研究对象进行农药施用基线的调查与监测更具有代表性。

基线调查需要从线上线下等多个方面开展，主要通过调研获取当地主要使用农药种类、使用剂量及施药方式等基线数据。基线监测则需要在稻田环境中对各监测对象的农药暴露量测定，主要是通过在不同地点以不同的施药方式施用选定农药来模拟监测对象的农药暴露及受影响情况。将田间监测与环境暴露模型模拟相结合，开展农药施用基线与环境效应之间的关系研究，并构建农田和区域尺度的农药施用基线与环境效应关系模型，在项目区中予以验证和应用，以阐明水稻农药使用的环境效应。

4.2.4　长江中下游水稻产区农药施用基线调查与监测

2017 年，以长江中下游水稻典型种植模式为对象，通过搜集农业部等有关国家部门公布的材料及中外学术期刊，设计调查问卷并到植保站、田间地头或合作社等种植区域开展现场调研等手段（图 4-9 和图 4-10），调查了湖南、安徽、浙江三省各市（县）的主要使用农药种类、使用剂量及施药方式等基线数据。2017 年共收到调查问卷 200 份，最终确定试验用药剂为氯虫苯甲酰胺、苯醚甲环唑、五氟磺草胺。

水稻田农药应用情况调查表

（请在相应栏内打"√"）

_____省_____县_____乡镇　　调查人：_____

种植面积：_____　　　　　　　　调查时间：_____

1. 调查对象

□农户　　　　□合作社　　　　□农资经营站　　　　□其他_____

2. 种植方式

□稻麦轮作　　　　□稻油轮作　　　　□单季稻

□双季稻　　　　□稻鱼（虾、蟹）共生　　　　□其他_____

3. 用药情况

农药名称	施药方法				施药器械			亩用量（千克/亩）	施药时期	使用次数	间隔期
	喷雾	撒施	拌种	其他	人工	机械	无人机				

表 1 水稻病虫草害种类调查表

_____省_____县_____乡镇 调查地点：_____ 轮作方式_____

调查人：_____ 调查时间：_____ 稻作类型：单季□ 双季□ 作物生育期：_____ 种植面积：_____（公顷）

病害	发生程度				发生次数（次/生长季）	虫害	发生程度				发生次数（次/生长季）	草害	发生程度				发生次数（次/生长季）
	无	轻	中	重			无	轻	中	重			无	轻	中	重	
稻瘟病						三化螟						稗草					
稻纹枯病						二化螟						千金子					
稻曲病						大螟						杂草稻					
条纹叶枯病						稻纵卷叶螟						鸭舌草					
白叶枯病						稻蓟马						矮慈姑					
稻粒黑粉病						稻苞虫						节节菜					
稻恶苗病						灰飞虱						陌上菜					
黑条矮缩病						白背飞虱						眼子菜					
水稻云形病						褐飞虱						异形莎草					
稻叶鞘腐败病						稻叶蝉						水莎草					
水稻叶尖枯病						稻弄蝶						空心莲子草					
细菌性基腐病						黏虫						水蓼					
细菌性褐条病						电光叶蝉						双穗雀稗					

表 2 水稻主要病虫害防治药剂调查表

农药	使用剂量（千克原药/公顷）	施药方法 使用次数	农药	使用剂量（千克原药/公顷）	施药方法 使用次数	农药	使用剂量（千克原药/公顷）	施药方法 使用次数	农药	使用剂量（千克原药/公顷）	施药方法 使用次数
烯啶虫胺			敌百虫			三环唑			吡唑醚菌酯		
吡虫啉			乐果			戊唑醇			嘧菌酯		
呋虫胺			稻丰散			己唑醇			烯肟菌酯		
噻虫胺			醚菊酯			氯环唑			稻瘟酰胺		
啶虫脒			乙虫腈			叶枯唑			氟酰胺		
氟啶虫胺腈			吡蚜酮			丙环唑			二氯喹啉酸		
噻虫嗪			噻嗪酮			苯醚甲环唑			吡嘧磺隆		
毒死蜱			杀虫单			稻瘟灵			苄嘧磺隆		
敌敌畏			杀虫双			多菌灵			丙草胺		
甲拌磷			异丙威			甲基硫菌灵			丁草胺		
三唑磷			茚虫威			甲霜灵			乙草胺		
丙溴磷			丁硫克百威			噁霉灵			五氟磺草胺		
二嗪磷			氯虫苯甲酰胺			噻呋酰胺			双草醚		
辛硫磷			氯苯虫酰胺(禁用)			噻菌铜			氰氟草酯		
乙酰甲胺磷			阿维菌素			百菌清			2,4-D		
倍硫磷			甲氨基阿维菌素苯甲酸盐			肟菌酯			噁嗪草酮		

图 4-9 调研设计的相关调查问卷

除此之外，经调研长江中下游水稻产区目前常用植保机械主要有背负式电动喷雾器、担架式喷雾机、自走式喷杆喷雾机和植保无人机。植保无人机已经在我国大面积执行病虫害飞防作业，尤其在长江中下游水稻产区。与人工下地背负式喷雾器或担架式喷雾机劳动强度大、农药流失多、作业效果差，以及水田喷杆喷雾机容易陷入泥中、转弯难、压苗等缺点相比，植保无人机具有作业效率高、作业效果较好、作业速度快、应急能力强、适于大面积单一作物施药作业的优点，能以很快的速度控制住暴发性、突发性病虫害。近年植保无人机的水稻病虫害防治药效在 70%～90%，农药利用率在 40%～55%。无人机作为较新且高效的一类植保器械，研究其在长江中下游水稻产区施药所带来的环境效应更加重要，因此将利用其作为

图 4-10　在湖南益阳进行实地考察（左）和咨询合作社（右）

一种重要的施药方式在试验地进行试验。

通过基线调查结果，2017 年确定在湖南益阳、安徽巢湖、浙江金华三地水稻田以不同施药方式施用氯虫苯甲酰胺（氯虫苯甲酰胺 35% 水分散粒剂，美国杜邦公司）、苯醚甲环唑（40% 苯醚甲环唑悬浮剂，山东省青岛奥迪斯生物科技有限公司）、五氟磺草胺（25g/L 五氟磺草胺可分散油悬浮剂，陶氏益农中国有限公司）三种药剂。其中，湖南益阳种植方式为双季稻，采用背负式电动喷雾机、背负式喷杆喷雾机、多旋翼电动植保无人直升机（无人机）三种施药方式；安徽巢湖种植方式为稻-麦轮作，采用背负式电动喷雾机、担架式喷杆喷雾机两种施药方式；浙江金华种植方式为单季稻，采用自走式喷杆喷雾机和担架式喷枪喷雾机两种施药方式（图 4-11）。

图 4-11　无人机施药（a，湖南益阳）、担架式喷枪喷雾机施药（b，浙江金华）、背负式电动喷雾机施药
（c，安徽巢湖）

2017 年试验项目分别采集了施药前，以及施药后 2h、1d、3d、7d 和中期（开花时）、收获期的水体、土壤、大气、生物及稻穗样品，确定了三地不同施药方式的农药飘失情况及相关生物因子。同时，在试验田周围区域东、西、南、北不同方向、距离采集了区域尺度样品共计 5000 多个，测定了农药在样品中的暴露值，并确定了三地不同施药方式的农药飘失情况及相关生物因子。

通过监测并调查农药施用基线，结合模式生物的毒性效应，评价了农药施用基线的环境效应及量效关系，并初步探索了农药施用基线和环境效应关系模型。分别进行了目标杀虫剂、杀菌剂与除草剂及其代谢产物在农田和区域尺度的化学环境效应和非靶标环境生物效应研究，根据有关数据进行了模型的筛选及分析研究。2017 年初步建立了农药水稻农田尺度和区域尺度的环境效应评价模型。

　　2018 年，针对之前测得的数据和已建立的模型，进一步调整相关参数，探究模型的适用性并使之完善，选择更能体现长江中下游流域地理位置、管理体制较为完善的湖北鄂州，以及 2017 年原试验地安徽巢湖和浙江金华共三地进行田间试验。同时继续开展长江中下游水稻农药施用的基线调查，基线调查以两种方式开展：在湖北、安徽、浙江三个长江中下游水稻种植区以问卷的形式调查农民在耕种水稻时农药的使用情况（图 4-12）；深入到田间地头，现场

表 1　水稻病虫草害种类调查表

（请一律在相应栏内打"√"）

湖北 省　成丰 县　山寺 乡镇　　　调查对象：合作社　　轮作方式：＿＿＿＿
调查人：王慧　调查时间：2018.10.　稻作类型：单季☑ 双季□　作物生育期：6月-10月　种植面积：8亩

病害	有发生	发生程度			备注	虫害	有发生	发生程度			备注	草害	有发生	发生程度			备注
		轻	中	重				轻	中	重				轻	中	重	
稻瘟病						三化螟						稗草	√	√			
稻纹枯病						二化螟						千金子					
稻曲病	√	√				大螟						杂草稻	√		√		
条纹叶枯病						稻纵卷叶螟	√	√				鸭舌草					
白叶枯病						稻蓟马						矮慈姑					
稻粒黑粉病						稻苞虫						节节菜	√		√		
稻恶苗病	√	√				灰飞虱						陌上菜					
黑条矮缩病						白背飞虱						眼子菜					
水稻云形病						褐飞虱	√		√			异形莎草	√	√			
稻叶鞘腐败病	√	√				稻叶蝉	√		√			水莎草					
水稻叶尖枯病						稻弄蝶						空心莲子草	√	√			
细菌性基腐病						黏虫						水蓼					
细菌性褐条病						电光叶蝉						双穗雀稗					

表 1　水稻病虫草害种类调查表

（请一律在相应栏内打"√"）

浙江 省　慈溪 县　水和 乡镇　　　调查对象：农多种、双季连作稻　轮作方式：水稻-油菜
调查人：李林　调查时间：2017.4.16　稻作类型：单季☑ 双季□　作物生育期：4月-10月　种植面积：1.913hm²

病害	有发生	发生程度			备注	虫害	有发生	发生程度			备注	草害	有发生	发生程度			备注
		轻	中	重				轻	中	重				轻	中	重	
稻瘟病	√			√		三化螟	√	√	√			稗草	√	√			
稻纹枯病	√			√		二化螟	√		√			千金子	√		√		
稻曲病	√		√			大螟	√	√				杂草稻	×				
条纹叶枯病	√		√			稻纵卷叶螟	√	√				鸭舌草	×				
白叶枯病	√			√		稻蓟马	√	√				矮慈姑	√	√			
稻粒黑粉病	√					稻苞虫	√	√				节节菜	√	√			
稻恶苗病	√					灰飞虱	√	√				陌上菜	×				
黑条矮缩病	√	√				白背飞虱	√	√				眼子菜	×				
水稻云形病	×					褐飞虱	√			√		异形莎草	×				
稻叶鞘腐败病	×					稻叶蝉	√	√				水莎草	√	√			
水稻叶尖枯病	√		√			稻弄蝶	×					空心莲子草	×				
细菌性基腐病	×					黏虫	×					水蓼	×				
细菌性褐条病	×					电光叶蝉	×					双穗雀稗	×				

图 4-12　从湖北（上图）和浙江（下图）回收的调查表

调查农民在耕种水稻时农药的使用情况（图4-13）。根据对问卷调查结果的分类统计，结合农民在耕种水稻时农药的使用情况，得到湖北、安徽、浙江三地的主要使用农药种类、使用剂量及施药方式等基线数据，最终确定试验用药剂为氯虫苯甲酰胺、苯醚甲环唑、五氟磺草胺。

图4-13　在湖北省鄂州市进行实地调查

根据基线调研结果，2018年在湖北鄂州、安徽巢湖、浙江金华三地水稻田以不同施药方式施用氯虫苯甲酰胺（氯虫苯甲酰胺35%水分散粒剂，美国杜邦公司）、苯醚甲环唑（40%苯醚甲环唑悬浮剂，山东省青岛奥迪斯生物科技有限公司）、五氟磺草胺（25g/L五氟磺草胺可分散油悬浮剂，陶氏益农中国有限公司）三种药剂。其中，湖北鄂州种植方式为稻-油轮作，采用背负式电动喷雾机、多旋翼电动植保无人直升机两种施药方式；安徽巢湖种植方式为稻-麦轮作，采用背负式电动喷雾机、担架式喷杆喷雾机两种施药方式；浙江金华种植方式为稻-油轮作，采用背负式喷雾和担架式喷枪喷雾机两种施药方式（图4-14）。同时与课题5"长江中下游水稻化肥农药减施增效环境效应综合评价与模式优选"合作，探究肥料与农药的耦合作用。

图4-14　无人机施药（a，湖北鄂州）、背负式电动喷雾机施药（b，安徽巢湖）、担架式喷枪喷雾机施药（c，浙江金华）

2018年试验项目分别采集了施药前、施药后2h、收获期的水体、土壤、大气、生物及稻穗样品，确定了三地不同施药方式的农药飘失情况及相关生物因子。同时在试验田周围区域东、西、南、北不同方向、距离采集了区域尺度样品共计5000多个，测定了农药在样品中的暴露值，并确定了三地不同施药方式的农药飘失情况及相关生物因子，用于对已建模型的驯化。根据试验过程中遇到的问题修改了相关参数，并对 2017 年试验数据中不重要及影响微弱的数据进行了简化，使建立的模型进一步完善。

　　2019 年，针对 2017 年和 2018 年建立的水稻农田尺度和区域尺度农药环境效应评价模型，继续与课题 5 "长江中下游水稻化肥农药减施增效环境效应综合评价与模式优选"合作，进行成果对接与延伸，完善效应评价模型及验证模型。同时，与水稻大项目进行对接交流，参考大项目的种植模式和减施措施，2019 年将所驯化的模型应用于课题 5 选定的试验地（湖南、安徽和江苏），评价在当地主要种植模式下采用不同施药、施肥方式时，农药对环境产生的环境效应，具体试验手段如下。

1. 施药方式及相关信息

2017 年具体施药方式、面积和时期如表 4-8 所示。

表 4-8　2017 年施药方式、面积和时期

地点与时间	施药方式与施药面积	苯醚甲环唑	氯虫苯甲酰胺	五氟磺草胺
湖南益阳，2017	背负式电动喷雾机，0.63 亩	施药前，以及施药后 2h、1d、3d、7d 和中期、收获期	施药前，以及施药后 2h、1d、3d、7d 和中期、收获期	施药前，以及施药后 2h、1d、3d、7d 和中期、收获期
	背负式喷杆喷雾机，0.62 亩	同上	同上	同上
	多旋翼电动植保无人直升机，1 亩	同上	同上	同上
安徽巢湖，2017	背负式电动喷雾机，30m²	同上	同上	同上
	担架式喷杆喷雾机，1 亩	同上	同上	同上
浙江金华，2017	担架式喷枪喷雾机，1.5 亩	同上	同上	同上

项目	氯虫苯甲酰胺	苯醚甲环唑	五氟磺草胺
施药时期	水稻虫害发生时	水稻纹枯病发病初期	稗草 2～3 叶期
施药次数	2 次	2 次	1 次
施药方法	喷雾	喷雾	喷雾
施药剂量	6g/亩 兑水量 30kg/亩	18mL/亩 兑水量 45kg/亩	80mL/亩 兑水量 30kg/亩
施药间隔	10d	10d	
安全间隔期	21d	21d	

2018 年具体施药方式、面积和时期如表 4-9 所示。

表 4-9　2018 年施药方式、面积和时期

地点与时间	施药方式与施药面积	苯醚甲环唑	氯虫苯甲酰胺	五氟磺草胺
湖北鄂州，2018	背负式电动喷雾机，1 亩	施药前、施药后 2h、收获期	施药前、施药后 2h、收获期	施药前、施药后 2h、收获期
	多旋翼电动植保无人直升机，2 亩	同上	同上	同上
安徽巢湖，2018	背负式电动喷雾机，1 亩	同上	同上	同上
	担架式喷杆喷雾机，1 亩	同上	同上	同上
浙江金华，2018	担架式喷枪喷雾机，1 亩	同上	同上	同上
	背负式电动喷雾机，1 亩	同上	同上	同上

续表

项目	氯虫苯甲酰胺	苯醚甲环唑	五氟磺草胺
施药时期	水稻虫害发生时	水稻纹枯病发病初期	稗草 2～3 叶期
施药次数	2 次	2 次	1 次
施药方法	喷雾	喷雾	喷雾
施药剂量	6g/亩 兑水量30kg/亩	18mL/亩 兑水量45kg/亩	80mL/亩 兑水量30kg/亩
施药间隔	10d	10d	
安全间隔期	21d	21d	

除了常规施药，2018 年在湖北鄂州、安徽巢湖两地还施用了肥料，每地施用化肥和有机肥各 2 亩，通过检测样品中农药残留量，分析化肥和有机肥的施用对农药残留的影响，然后研究肥料与农药的耦合作用，对双减情况下的环境效应进行综合评价。

2. 样品采集

稻穗样本采集：在试验田中采取随机方式用剪刀剪取稻穗 2kg，装入样品袋中包扎妥当。将田间稻穗样本脱粒后，用出糙机人工脱壳。将糙米和稻壳分别混匀后，分取糙米 200g 和足够量稻壳各 3 份，分别装入样品袋。

土壤样品采集：采用棋盘法 12 点采集 0～15cm 深土壤，混匀后采用四分法留样 200g 各 3 份，−20℃冰箱保存待测（农田尺度：试验农田的土壤样品；区域尺度：试验农田周围的土壤样品）。

田水样品采集（浅层地下水，周边池塘）：每小区采用随机方式 12 点用水杯取水，倒入盆中混合均匀后取 500mL 各 3 份，分别装入样品瓶中，盆中剩水还倒入取水小区中，田水样品置于−20℃冰箱中贮存待测（农田尺度：试验农田的水样品；区域尺度：试验农田周围湖泊、水渠的水样品）。

气体样品采集：机具喷雾作业在上风区域，则农药空中飘失测试区域处于作业区域的下风方向（图 4-15）。机具作业区域宽 20m，有效长度至少 50m。以作业区域与飘失测试区域边界线为起点，分别在距该边界线 1m、3m、5m、10m、15m、20m 处作物冠层顶部布置水平农药雾滴飘移收集器来测定机具作业高度处农药空中飘失量；以边界线为起点，分别在距边界线 5m、15m 处的空中布置水平农药雾滴飘移收集器来测定空中飘失量，测定空中飘失量的农药雾滴飘移收集器设定高度分别为距作物冠层 1m、2m、3m、4m、5m。喷雾作业 10min 后，进行样品采集，采集样品放在−20℃的环境中贮藏，以待检测。

生态敏感因子采集：土壤微生物、藻类、蚯蚓、蜘蛛、鱼类。

土壤取样：每个小区采用 5 点取样法，每点取 0～20cm 耕作层的土壤 500g，并去掉植物残体和可见土壤动物，装入无菌保鲜袋中，写好标签。

水体（藻类）取样：每个小区采用 5 点取样法，每点取水 500mL 于干净的矿泉水瓶中，写好标签。

蚯蚓调查取样：每个小区采用 5 点取样法，每个样点 30cm×30cm。统计样点地表下 20cm（土层深度）土壤中的蚯蚓数量。将整个土方的土壤用铁锹快速取出，放在旁边铺在地上的大塑料布上，用手拣法（用镊子或戴手套）将其中的蚯蚓拣出并计数。填写生物调查取样记录表（图 4-16）。

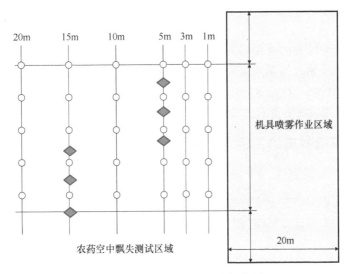

图 4-15　试验地农药飘失测试操作图示

图中圆形为地面飘移测量点；菱形为空中飘移测量点，每个空中飘移测量点测量 5 个高度，
分别为距离冠层顶端 1m、2m、3m、4m、5m

表 1　生物调查取样记录表

试验地点：			
调查取样人：		调查取样日期：	
小区名称	样点编号	生物样品名称（蜘蛛、蚯蚓或鱼）	生物样品数量
备注：			

图 4-16　设计的生态敏感因子采集记录表

蜘蛛调查取样：每个小区采用 5 点取样法，每个样点 30cm×30cm。统计每个样点内面积 900cm^2（30cm×30cm）地表及植物上的蜘蛛数量。填写生物调查取样记录表。

鱼类调查取样：每个小区采用 5 点取样法，每个样点 30cm×30cm。统计每个样点水体内（面积 900cm^2）鱼的数量。填写生物调查取样记录表。

3. 样品分析与测定

农药暴露样品：运用高效液相色谱（HPLC）、液质联用（LC-MS）、液相串联质谱（LC-MS/MS）、气质联用（GC-MS）等大型分析仪器，提取分析各农药施用前后不同阶段在水体、土壤及糙米中的暴露水平。

气体样品：依据农药在施药过程中发生飘失效应的研究，结合化学生态学、植保机械与施药技术测定农药施用后在空气中的飘失量。

生态敏感因子：运用生物显微镜、多功能酶标仪、凝胶成像仪等设备，依据农药毒理学、农药生物测定和农药使用技术原理测定不同农药施用前后不同阶段生物因子的变化。

4. 模型构建

根据以上三部分任务所测得数据，参照国内外的农药环境暴露模型、毒理学数据、农药综合风险评估模型及相关环境效应文献确认生物环境效应敏感因子，根据土壤环境中农药淋失风险的数值模拟经验，构建农药施用基线和环境效应关系模型。模型初步建立后，将后续所得的试验数据代入验证模型的适用性。

4.2.5 农药与环境效应的关系

4.2.5.1 环境效应探究

土壤：由各地不同小区土壤中药物的消解动态结果发现，背负式电动喷雾机施药方式在土壤中的残留量较大，无人机施药方式的残留量最小。三种药剂中，除草剂五氟磺草胺残留量较小，消解最快。

田水：由于水稻种植后期需放水，田水数据只能采集到中期。由这期间的结果发现，不同施药方式中，背负式电动喷雾机施药方式在田水中的残留量较大，无人机施药方式的残留量最小。3 种药剂中，除草剂五氟磺草胺消解最快，在水稻生长时期均无法检测出其存在，氯虫苯甲酰胺消解最慢。

糙米：我国苯醚甲环唑在糙米上的最大残留限量（maximum residue limit，MRL）为 0.5mg/kg，氯虫苯甲酰胺在糙米上的 MRL 为 0.5mg/kg，五氟磺草胺在糙米上的 MRL 为 0.02mg/kg，不同施药方式下，3 种农药在糙米上的残留量均小于其 MRL。

通过土壤、田水、糙米样品的测定结果可知，即便是不同的施药方式，只要严格遵守制剂标签的用量，水稻糙米的农药残留量就不会超过国家规定的最大残留限量。在不同的施药方式中，无人机施药方式土壤和田水的农药残留量最小，背负式电动喷雾机方式的农药残留量较大。

地面农药飘失：在飘失量方面，担架式喷枪和自走式喷杆喷雾机在 5m 内飘失量较高，而无人机在 10m 内飘失量较高，且远大于其他施药方式。同时担架式喷枪的飘失量比自走式喷杆喷雾机和背负式电动喷雾机高出很多，自走式喷杆喷雾机和背负式电动喷雾机飘失量接近。在飘失率方面，无人机的飘失率最高，担架式喷枪的飘失率也远高于自走式喷杆喷雾机和背负式电动喷雾机。同时无人机在近处飘失多，可能是无人机的卷扬气流导致雾滴在近处有一个较快的向上运动，能够飘失到更远的地方。

空中农药飘失：在飘失量方面，无人机的飘失量最多，其次为自走式喷杆喷雾机，最少的为担架式喷枪。担架式喷枪的飘失量通常低于自走式喷杆喷雾机。在飘失率方面，无人机的飘失率远高于其他方式，自走式喷杆喷雾机和担架式喷枪较为接近，但喷杆的雾滴较小，能够飘失更远。担架式喷枪除了在极少数位置飘失率大于自走式喷杆喷雾机，其余位置均低于自走式喷杆喷雾机。担架式喷枪飘失主要集中在近处，在 5m 后的飘失较少，自走式喷杆喷雾机在 5m、15m 处仍有一定飘失率，这主要是因为喷杆的雾滴较小，能够随风运动更远的距离。

结合空中和地面飘失结果可知，不同农药在空中和地面的飘失规律没有显著差异。不同植保机具间农药飘失率不同，但农药飘失主要集中在距离作业区边界 5m 内。其中，无人机相对其他机具农药飘失量较高；担架式喷枪雾滴较大，飘失距离较近，但整体飘失量较大；自走式喷杆喷雾机雾滴较小，飘失距离较远，在空中也有一定量的飘失，整体飘失量小于担架式喷枪。

代表性生物：各地以不同方式进行喷药处理后，除极少数水中的藻细胞数量呈现一定的波动外，大多生物数量呈现下降的趋势，空白组藻细胞数量明显多于施药组。试验田中各小区的蜘蛛数量均呈现随时间变化先降低后升高的趋势，其中收获期空白组蜘蛛数量明显多于其他药剂处理组。说明在稻田施用农药后短时间会对非靶标生物造成一定的危害，但可在环境中农药存量逐渐减少的过程中恢复，且这种危害不随施药方式发生明显变化。

由以上不同环境因子施药后的变化可以发现，无人机施药后检测到土壤和田水中农药残留量最小，因此施药对土壤和水体影响较小。但其有较为严重的药物地面飘失和空中飘失现象，为防止飘失药物对施药人员和施药地周边环境造成影响，需要对无人机操控者和相应区域尺度实施保护措施。除此之外，背负式电动喷雾机施药方式虽然在空中的飘失量较小，但检测到土壤和田水中农药残留量最大，因此对土壤和水体影响较大。

4.2.5.2　模型建立与驯化

农药对环境的影响是相互联系的多个因子共同作用的结果，要全面系统地评价农药对环境的作用效应，应当考虑农药对这些因子的影响，从而在单因子评价的基础上做出相应的综合评价。

在本研究中，为了方便建立完整的水稻农药环境效应评价模型，将评价因子设定为土壤、田水、水稻、空气及生物 5 个，分别由土壤、田水、糙米中的农药残留量，植保机械施药过程中在空气中的飘失量，以及试验地相应生物的数量变化得出。

2017 年，通过监测并调查农药施用基线，结合模式生物的毒性效应，分别进行了目标杀虫剂、杀菌剂与除草剂及其代谢产物农田和区域尺度的化学环境效应及非靶标环境生物效应研究，根据有关数据建立了模型。2018 年根据数据驯化了最终模型，分为农田尺度和区域尺度两大模块用于环境效应的评价［式（4-1）和式（4-2）］。

农田尺度：

$$E_1 = \frac{\sum_{t=1}^{n}(W_t C_0)}{\text{MRL} + \sum_{i=1}^{m} C_i} \tag{4-1}$$

式中，E_1 为水稻农药农田尺度环境效应评价因子；C_i 为某种农药对稻田代表性生物的毒性数据；C_0 为农药在水体、土壤、糙米、空气及生物中的实际浓度测量值；W_t 为每项所对应的加权系数。

区域尺度：

$$E_{\text{II}} = \frac{\sum_{t=1}^{n}(W_t C_0) + \sum_{q=1}^{q}\left(\dfrac{W_q C_q}{Q}\right)}{\text{MRL} + \sum_{i=1}^{m} C_i} \tag{4-2}$$

式中，E_{II} 为水稻农药区域尺度环境效应评价因子；C_i 为某种农药对稻田代表性生物的毒性数据；C_0 为农药在水体、土壤、糙米、空气及生物中的实际浓度测量值；C_q 为农药在距施药农田距离为 Q 的水体、土壤、糙米、空气及生物中的实际浓度测量值；W_t 和 W_q 为每项所对应的加权系数。

在模型建立的过程中，以现实中最大环境效应为基础，即在模型中确定各因素特征时尽可能选择现实中存在的最坏情况，从而在农药环境效应评价中获得相对保守的值。如果某农药在这种"现实最坏条件下"的环境效应较低，那么该农药在其他条件下施用也应该是安全的。

4.3 茶叶农药施用基线与环境效应关系

4.3.1 茶园病虫发生特点与农药使用概况

茶叶是一种药用价值和经济价值都很高的农作物，其栽培和饮用均有着悠久的历史，因含有丰富的儿茶素、绿原酸和多种矿物质等功能性营养物质而深受人们的喜爱。我国目前茶叶种植区域涵盖 13 个省份，茶叶种植面积、产量及出口量都位于世界前列，是我国主产茶区浙江、福建、云南、安徽等省重要的经济作物（陈宗懋，1995；杨亚军，2005）。同时由于经济价值高，又生长在高温高湿的亚热带或热带环境中，茶叶病虫害也很多，因此农药使用频繁，不仅对人体健康构成一定程度的威胁，而且对农业生产环境也造成了一定的影响。世界主要产茶国已报道的茶树病原有 500 多种（陈宗懋和陈雪芬，1999；刘瑜，2016），其中常见病害主要有茶饼病、茶云纹叶枯病、茶轮斑病、茶白星病等。由于我国茶园分布广泛，各地茶园环境气候、生态条件差异较大，因此发生的病害种类各异。病害的危害部位有嫩叶、老叶、枝干、根部。其中叶部病害种类最多，对生产造成的影响最直接，生产中通过茶园管理及化学药剂控制病菌的发生与传播。枝干病害主要有茶枝梢黑点病、寄生植物和寄生藻类等，主要通过修剪、除草等管理措施及化学药剂来防治。根部病害危害严重，往往造成整株茶树死亡，并且不易防治，需要做好病株清除、土壤消毒、苗木检疫工作。相对于病害，茶园中虫害除了对茶树造成直接危害，还会作为寄主传播病菌，虫害的发生更为严重。茶园中的有害动物有 814 种，其中昆虫占大部分，其次是螨类、软体动物。茶园害虫主要有茶毛虫、茶尺蠖、茶卷叶蛾、茶丽纹象甲、假烟小绿叶蝉、黑刺粉虱、蚧类、螨类、茶天牛等。由于生产模式的转变和农药使用的变化，茶园害虫由大体型向小体型演变；由咀嚼式口器昆虫向刺吸式口器昆虫变化；由发生代数少种类向发生代数多、发生频繁种类发展；由危害部位明显向危害部位隐蔽发展。茶园中害虫、天敌的种类与数量因各地的环境条件、气候、栽培管理方式不同而存在差异。一种栽培措施的实施对昆虫群落的演替会造成一定影响，尤其是化学农药的使用对昆虫演替有较大影响（陈宗懋和陈雪芬，1999；刘瑜，2016）。

我国茶园病虫害防治经历了 4 个阶段：化学防治阶段、全部种群防治阶段、害虫综合防治阶段、有害生物综合防治阶段。在 20 世纪 50 年代之前，茶园栽培管理方式较为传统，茶园分布分散，面积较小，不容易发生大面积病虫害，几乎不使用化学农药，防治措施主要有人工捕捉，或采用施硫黄、鱼藤、石灰水等方法防治病虫害。天敌与害虫之间维持在较为平衡的水平，不存在明显的种群演替变化。此时，茶毛虫、茶蚕、茶蓑蛾等食叶害虫和茶天牛、茶枝镰蛾、茶堆沙蛀蛾等枝干钻蛀害虫为优势种群。病害以茶饼病、根腐病为主。50 年代之后，化学农药逐渐推广开来。50 年代开始使用有机氯类农药（六六六、DDT），虽然能有效防治鳞翅目食叶性害虫，但也杀伤天敌，引发长白蚁等害虫发生，因不易降解、残留量大而被淘汰。60 年代后期，乐果、敌敌畏、敌百虫等有机磷类农药迅速推广，这类农药高效、速效、杀虫谱广、易降解，但在有效杀除害虫的同时也杀伤大量瓢虫等天敌，使螨类大发生。随着化学农药的使用，"3R"（即残留量、抗性、再猖獗）问题逐渐严重。60 年代中期，开始兴起病虫害综合防治策略，即通过物理（只对部分害虫有用）、化学、生物、农业等方面措施综合治理病虫害，综合考虑生物与环境之间的关系，以预防为主，将病虫害控制在经济阈值之内，把其对生态的破坏降到最低，提倡农业的可持续发展。1972 年农业部下发文件禁止茶叶使用 DDT 和六六六。80 年代初到 90 年代油桐尺蠖、灰尺蠖危害明显下降，黑刺粉虱、蚧螨等小型吸汁危害性昆虫数量大增，茶心枯病、茶根癌病、根结线虫病、黄萎病危害加重。80
年代起，更高效的拟除虫菊酯类杀菌剂开始大量使用。之后化学农药的品种逐渐增加，但茶
园中的杀虫剂仍以有机磷和菊酯类为主。90 年代开始，人们逐渐意识到无公害茶叶和生态安
全的重要性，农药由广谱向专一治虫转变，生物农药的开发使用也逐步加速。我国目前农药
市场上高毒的品种减少，三氯杀螨醇、氯戊菊酯被撤销在茶园中使用登记。但生物农药仍然
比例不高，调查显示，贵州无公害茶园中使用的 34 种农药中有 7 种为生物农药（茶尺蠖多角
体病毒、核型多角体病毒、鱼藤酮、白僵菌、苏云金芽孢杆菌、粉虱真菌制剂、苦参碱），但
10 种常用品种（5 种菊酯类农药、3 种有机磷类农药、2 种烟碱类农药）中无生物农药。在浙
江省农民用药品种的调查中，茶叶或其他作物生产中使用的生物农药品种也较少。目前，生
产中使用较多的生物农药有苏云金芽孢杆菌、白僵菌、多角体病毒、鱼藤酮、苦参碱、除虫
菊素等。生物农药具有专一性强、易降解、对人畜毒性低、靶标生物不易产生抗药性等特点，
相对于化学农药对环境和人体更加安全，但不恰当使用仍会造成安全问题。有研究认为，鱼
藤酮进入人体可能会影响机体神经系统，导致帕金森病，苦参碱使人中毒后，会出现呼吸加
速、流涎等症状，重者甚至会昏厥、呼吸衰竭而死亡。生物农药与化学农药一样都要严格检
测其安全性，并规范其使用（刘瑜，2016；牛建群等，2019）。

　　通过发放问卷、实地考察的方式对四大茶叶主产区的茶园病虫害防治现状进行了调查，
结果显示：①目前茶园危害最严重的害虫为茶尺蠖和小绿叶蝉，有些高山有机茶园茶毛虫发
生为害较重。②茶园常用的农药品种多样，除石硫合剂外，均为化学农药，其中杀虫剂 23
种，杀菌剂 10 种。出现频次最高的为联苯菊酯、甲氰菊酯、氯氰菊酯，其次为虫螨腈、氟氯
氰菊酯、啶虫脒和吡虫啉等。这些产品中，联苯菊酯在茶园中使用已近 30 年，吡虫啉在各
地防治假眼小绿叶蝉过程中已有明显的抗药性表现。此外，虽然在调查表中未出现禁用农药
品种，但实地考察时，偶尔也看到有农民使用禁用农药品种，如氰戊菊酯、三氯杀螨醇等。
③在防治次数上，差异很大，最少的 1 次/年，最多的高达 7 次/年，平均 3 次/年。由考察可
知，很多地区的茶农没有科学用药知识，通常是根据经验喷药，主要集中在病虫害高发的夏
秋两季，特别是病虫害暴发后，喷药次数、喷药种类往往超过平均值。由于茶农对数据的敏
感性，其在填问卷调查表时往往因谨慎而可能有所保留，结合实地考察结果可以推测，茶农
的实际喷药次数要高于调查统计的平均值。④在防治器具的使用上，目前许多茶园仍广泛使
用手动喷雾器，部分茶园使用机动弥雾机且使用比例在上升，此外还有部分农户或单位使用
担架式机动喷雾机和电动喷雾器。从实地考察情况来看，由于劳动力紧缺，机动弥雾机等机
动喷雾器已逐渐受到基层单位和茶农的青睐（刘瑜，2016）。

　　从农药品种的变迁来看，农药朝着专一、低毒、高效的方向发展，目的是减少农药使用
所带来的危害。除了改进农药品种，改进施药技术也是降低农残危害的关键。目前，施药技
术正从人力到机械，从全面覆盖到精准定位、定量施药转变，施药技术朝着高效、智能化发
展。低量、精准施药可有效减少农药的环境污染和对人体的毒害，同时解决劳动力、水资源
浪费等问题，越来越精准的施药技术将被开发利用（陈宗懋和陈雪芬，1999；刘瑜，2016）。

4.3.2　茶叶农药残留限量标准的制定情况

　　茶叶残留的农药可给茶叶消费群体带来健康隐患，甚至成为潜在的致癌物质，因此茶叶
农药残留问题受到国际社会的广泛关注，为控制茶叶的农药残留、保障茶叶质量安全，国内
外都对茶叶的农药残留进行了限量规定。例如，《食品安全国家标准　食品中农药最大残留限

量》（GB 2763—2016）关于茶叶农药最大残留限量（MRL）的条款有 48 项，《食品安全国家标准　食品中百草枯等 43 种农药最大残留限量》（GB 2763.1—2018）补充了百草枯和乙螨唑 2 项的茶叶 MRL。国外标准主要有欧盟标准（EN）、美国食品药品监督管理局（FDA）标准和日本《食品中残留农业化学品肯定列表制度》。欧盟标准关于茶叶现行农药残留限量和临时农药残留限量的条款高达 453 项，另外规定茶叶产品只能经由指定口岸进入欧盟成员国，并且要对 10% 的茶叶产品进行农药残留检测。此外，由联合国粮食及农业组织（FAO）和世界卫生组织（WHO）组建的国际食品法典委员会（CAC）也是全球消费者、食品生产和加工者、各国食品管理机构及国际食品贸易重要的基本参照标准的制定者。与国外的茶叶农药残留限量标准相比，我国的茶叶农药残留限量标准还需要进一步完善。例如，GB 2763—2016 除了 9 个在欧盟茶叶 MRL 标准中尚未规定的农药，以及草甘膦、甲拌磷、甲基对硫磷、硫丹、噻虫嗪和三氯杀螨醇 6 个农药的茶叶残留限量低于欧盟限量，其他农药的茶叶残留限量均比欧盟限量高。美国 FDA 标准关于茶叶 MRL 的指标除明确规定的 8 项之外的农药，全部执行"一律标准"，即 MRL 为目前检测仪器和检测条件下的最低检出限，这几乎对所有农药的茶叶残留都设置了限量标准，并且残留限量非常严格，涉及的农药种类非常广泛和全面。日本的肯定列表制度涉及茶叶的 MRL 指标大约有 300 种，对于茶叶中未规定其 MRL 的农药，全部不得超过 0.01mg/kg，由此可以看出日本肯定列表制度与美国 FDA 标准类似，都对茶叶中所有农药限定了残留量。

不管从经济贸易、环境安全，还是从人体健康方面来看，降低农药残留是今后发展的方向。但由于农药具防治成本低、见效快、防效好等优点，其仍然是农业生产中病虫害防治的主要方法。目前需要做的是选择使用高效、低毒、低残留的农药，更加合理规范地使用农药，开发推广生物防治、物理防治、农业防治等措施方法。

4.3.3　茶园气候地理特征及环境污染途径

我国茶叶种植地区分布辽阔，东自台湾东部海岸，西至西藏易贡，南起海南榆林，北到山东荣成，共包含湖南、浙江、湖北、安徽、四川、福建、云南、广东、广西、贵州、江苏、江西、陕西、河南、台湾、山东、甘肃及海南 18 个省份。在垂直分布上，可种植茶树的海拔最高达 2600m，而最低仅有百米甚至几十米。但我国茶叶主要种植区集中在南部各省的红壤丘陵地区，4 个茶叶主产区分别是华南、华东、西南、华中地区。华南以福建为代表，茶叶种植面积约为 23.0 万 hm²；西南以云南为代表，茶叶种植面积约为 43.0 万 hm²；华中以安徽和湖北为代表，茶叶种植面积约为 50.0 万 hm²；华东以浙江为代表，茶叶种植面积约为 20.0 万 hm²。茶叶主产区气候特征的综合分析结果表明，这些地区大部分属于亚热带典型的季风气候，气候温暖，降雨丰富。结合不同茶叶品种对降雨量的综合要求及前人的相关研究成果，咨询相关茶叶种植专家，将茶叶种植的年均降雨量适宜性划分如下：高度适宜区≥1100mm，中度适宜区为 1000～1100mm，勉强适宜区为 900～1000mm，不适宜区≤900mm。茶叶主产区年均降雨量在 1000～2000mm，年均气温在 15℃以上，年均日照时数在 1200～2400h，其中除云南、海南等地区日照时数在 2400h 左右，大部分地区在 1200～1800h，说明茶叶主产区日照充足，但日照时间并不是很长。

茶园大都处于降雨丰沛地带的山区，地表坡度是茶叶种植考虑的重要因子之一，坡度太低，影响排水，容易积水，不适宜茶叶种植，相关研究表明 15°～25° 的斜缓坡为茶叶种植高度适宜区，中度适宜区为 5°～15° 的缓坡，25°～35° 的陡坡为勉强适宜种植区，≤5° 及≥35°

的平坡与急险坡均不适宜茶叶种植。安徽茶叶种植区的坡度大多数≥15°，许多地区都≥25°（杜霞飞，2017）。

由于茶叶生长于温暖湿润的地带，病虫害发生频繁，需要长期和大量地投入农药来控制茶叶病虫害，而施用的农药利用率仅为 30%，其余部分农药通过降落和飘失直接进入土壤、水体和大气，或者通过吸附、淋溶、流失、挥发、沉降等间接方式在农作物、土壤、水体和大气之间相互迁移与转化，同时通过光解、水解、微生物分解等方式在多介质环境中发生降解。

4.3.4　农药在茶园环境中的残留动态及污染特征

4.3.4.1　茶叶或茶树中农药残留动态

茶园栽培管理中喷施的农药，往往会残留在茶叶或茶树表面，部分农药渗入茶树组织内部。沉积在茶叶表面的药剂由于物理化学性质不同，受日光、雨露、温度等气候因子的作用，其降解速度也不一样。一般农药在茶叶或茶树上的降解可分为迅速和缓慢两个阶段。喷施 2h 内，茶叶或茶树表面的药剂开始降解，由于日光、雨水等的作用，药剂降解速度比较快，随着时间的推移，农药由茶叶表面向蜡质层渗透转移，受外界因素影响日益减少，而且由于浓度的降低，农药的降解速度变缓慢。70% 吡虫啉水分散粒剂（WDG）以 6g/亩 [4.2g(a.i.)/亩] 的剂量对茶园进行喷施，施药 1 次之后分别于 2h、1d、2d、3d、5d、7d 和 14d 定期采集样品。试验结果证明：吡虫啉在茶叶上的原始沉积量为 3.225mg/kg，消解率在第 1 天为 15.8%，到第 5 天为 74.8%，到第 14 天达到 92.2%。其消解动态方程为 $C_t=2.6607e^{-0.191t}$，R^2 为 0.9154，消解半衰期为 3.62d。40% 喹啉铜悬浮剂（SC）以 105mL/亩［42g(a.i.)/亩］的剂量对茶园进行喷施，施药后分别于 2h、1d、2d、3d、5d、7d 和 14d 定期采集茶叶样品。试验结果证明：喹啉铜在茶叶上的原始沉积量为 6.671mg/kg，其残留量随着时间的推移逐渐减少，如喹啉铜在茶叶上的消解率在第 1 天仅为 1.5%，到第 5 天为 56.8%，到第 14 天达到 95.3%。其消解动态方程为 $C_t=8.8979e^{-0.233t}$，R^2 为 0.9792，消解半衰期为 2.97d。

茶叶中的最终农药残留量受多种因素影响，其中施药浓度、施药次数及采收间隔期的影响最大。据研究，施药浓度越高，原始残留量越高，在一定间隔期下的最终残留量也越大。根据文献报道，茶叶中农药残留量呈负指数函数变化，降解符合一级动力学方程，可用 $C_t=C_0e^{-kt}$ 表示，式中，t 为降解时间，k 为农药的降解速率常数，C_0 为农药的初始浓度，C_t 为农药在 t 时刻的浓度，因此农药的降解速率常数越大，半衰期越短，农药降解越快。

4.3.4.2　农药在茶园土壤环境中的行为和污染特征

土壤是农药在环境中的"贮藏库"与"集散地"，有 20%~50% 的农药在施用过程中直接落到土壤上，或者施用之后经过降雨冲刷、沉降和茶树的枯枝落叶最终进入土壤环境，致使土壤受到农药的污染。随着大量使用，农药会在土壤中不断积累，当农药残留达到一定程度将会显著影响土壤性质。茶树在受农药污染的土壤之中种植，会不断从土壤中吸收农药分子并在自身内部累积，不仅影响作物自身的正常生长，还会通过食物链直接影响人畜安全。

农药进入土壤后，会被土壤中的微生物降解，会通过淋溶、流失等方式进入地表水和地下水，也会受到日光、雨水、温度等气候因子的作用而水解、光解。楼正云等（2008）发现在杭州土壤和广州土壤中，农药半衰期各不相同。杭州土壤为褐土，广州土壤为砂壤土，其有机质含量分别为 1.8% 和 1.2%，pH 分别为 7.3 和 7.6。使用推荐用量的 2 倍（有效成分 60g/hm²）施药，取样检测后发现，腈菌唑在杭州土壤中的半衰期为 2.5d，在广州土壤中为 14.3d。土壤中农药降解速率与土壤基质和气候环境关系较大,如有机质含量、微生物量等土壤自身物化性质。已有试验表明,氟咪唑、丙环唑等在土壤中的降解速率与有机质含量成正比,有机质含量越高,三唑类杀菌剂降解速率越大。腈菌唑的降解速率与土壤酸碱度相关,酸度过高过低均会影响微生物量,从而降低腈菌唑的降解速率(楼正云等,2008)。除了土壤基质的影响,不同的气候环境下,腈菌唑的消解情况也大相径庭,相关的影响因素很多,包括温度、含水量、土壤氧气含量等。

4.3.4.3　茶园中农药对径流及水体的污染和分析

由于茶园多处于亚热带丘陵地区,降雨量和生长坡度一般较大,茶叶和环境介质中残留的农药容易被径流带走,因此由降雨而造成的径流对农药的冲刷,会引起茶叶、土壤中的农药迁移和通过径流进入河流、湖泊等地表水。降雨会降低茶叶上的农药残留量,影响程度与降雨距农药喷后时间、农药的水溶性强弱有关。夏会龙研究了降雨强度、施药距降雨的间隔时间对茶叶上敌敌畏、喹硫磷、乐果、马拉硫磷、氯氰菊酯冲刷损失的影响,结果表明,叶片上农药的淋失率与农药的水中溶解度(0~100mg/L)呈显著的正相关,24h内水溶性好的有机磷农药淋失率均大于水溶性差的氯氰菊酯;喷药72h后降雨,乐果(具有内吸性且水溶性好)大部分被吸收进入茶树,淋失率小于氯氰菊酯,氯氰菊酯只有少部分渗入叶片中。但当雨量较大时这种相关性降低,因为雨水对农药的冲刷作用大于溶解作用。研究还认为随着时间延长,部分农药逐渐渗透进入蜡质层,降雨的淋失作用逐渐减弱。因此,降雨距离施药时间越短,雨水淋失作用越大。模拟喷药后1h、24h、72h降雨,降雨持续1h,雨量5mm,分别可减少叶片上氯氰菊酯63.74%、30.77%、22.73%。不同降雨强度处理间,农药损失差异不大(夏会龙等,2003;刘瑜,2016)。

有机污染物进入河流后,随着水流会发生扩散、输移和转化。国内外学者依据环境水力学对水质模型进行了大量的研究,水质模型是基于物质守恒原理的数学模型,用数学的语言和方法来描述参与水循环的水质各因子所发生的物理、化学、生物与生态学方面的变化、内在规律及各个因子之间的相互影响。水质数学模型可描述河流水体中污染物随水流运动的规律以及其与水体中其他污染物的相互转换,模拟或预测污染物在水体中扩散和衰减的过程,在给定模型参数和初始边界条件下,我们可以通过数学模型计算预测污染物的时空分布。

在20世纪20年代中期至70年代初期,首个水质模型是Streeter-Phelps模型(S-P模型),是由美国斯特里特(H. Streeter)和菲尔普斯(E. Phelps)两人共同提出的,是较为简单的一维氧平衡模型。该模型在建立当时较为合理,所以得到广泛应用,但也有一定的缺陷,研究对象只局限于需氧污染物且其以稳定的方式汇入河道,河流也是稳态流动,这属于一维水质数学模型。后来,托马斯(Thomas)提出考虑泥沙、吸附沉降、化学絮凝沉降及水流冲刷和再悬浮过程去除(BOD)的影响,多宾斯(Dobbins)提出考虑通过底泥释放或沿程地表径流加入的有机污染物(BOD)和溶解氧(DO)沿河道在空间与时间上的浓度变化。之后奥康纳(O'Cormor)又提出新的假设,认为BOD不是碳化和硝化BOD两部分的总和等。在这个阶段,研究学者主要从这些方面对模型进行了修正,为后人的研究提供了参考。在70年代初期之后,研究人员开发出很多新的水质数学模型,最具代表性的是QUALI,该模型是一款综合性质的一维水质模拟模型。1972年美国水资源工程公司与美国国家环境保护局合作开发了QUALI水质数学模型,之后几年间,有很多专家学者对该模型进行了改进,又推出了模型QUALI2E、QUALI2E-UNCAS、QUAL2K。在这一阶段,水质数学模型从一维到多维,从单一组分到多重组分发展，研究对象也不局限于河流、河口，还可以对多支流、多排污口、取水口等复杂的河流环境进行研究，这一时期模型发展较为迅速。从 80 年代中期至今，水质数学模型的发展日趋完善，形成了模型体系，如美国国家环境保护局（USEPA）开发的 WASP 模型体系、基于 GIS 环境的系统 BASINS 模型体系、用于分析多目标的环境系统、美国弗吉尼亚大学开发的综合性水质数学模型、环境流体力学模型 EFDC，还有丹麦水力研究所开发的 Mike 模型，其是最早的动态水质数学模型，能够很好地进行水质预测及预警。

如果从斯特里特和菲尔普斯在 1925 年第一次建立水质模型（Streeter-Phelps）算起，人们对水质模型已研究近 100 年。在这漫长的年代里，提出了许多的水质模型。为了选择使用方便，可以把它们按不同的方法进行分类。按时间特性分类，分动态模型和静态模型。描述水体中水质组分浓度随时间变化的水质模型称为动态模型；描述水体中水质组分浓度不随时间变化的水质模型称为静态模型。按水质模型的空间维数分类，分为零维、一维、二维、三维水质模型。当把所考察的水体看成一个完全混合反应器时，即水体中水质组分的浓度是均匀分布的，描述这种情况的水质模型称为零维水质模型；描述水质组分的迁移变化在一个方向上是重要的，而在另外两个方向上是均匀分布的水质模型称为一维水质模型；描述水质组分的迁移变化在两个方向上是重要的，在另外一个方向上是均匀分布的水质模型称为二维水质模型；描述水质组分的迁移变化在 3 个方向进行的水质模型称为三维水质模型。按水体的类型可分为河流水质模型、河口水质模型（受潮汐影响）、湖泊水质模型、水库水质模型和海湾水质模型等。河流、河口水质模型比较成熟；湖泊、海湾水质模型比较复杂，可靠性低。

1. 河流的混合稀释模型

带着农药的径流排入水体后，最先发生的过程是混合稀释。对于大多数保守污染物，混合稀释是它们迁移的主要方式之一。对于易降解的污染物，混合稀释也是它们迁移的重要方式之一。水体的混合稀释、扩散能力，与水体的水文特征密切相关。废水进入河流后，便不断地与河水发生混合交换作用，使保守污染物浓度沿流程逐渐降低，这一过程称为混合稀释过程。径流排入河流的入河口称为注入点，注入点以下的河段，污染物在断面上的浓度分布是不均匀的，靠注入点一侧的岸边浓度高，远离注入点一侧的对岸浓度低。随着河水的流动，污染物在整个断面上的分布逐渐均匀。污染物浓度均匀一致的断面，称为水质完全混合断面。把最早出现水质完全混合断面的位置称为完全混合点。通过径流注入点和完全混合点把一条河流分为三部分。径流注入点上游称为初始段或背景河段，径流注入点到完全混合点之间的河段称为非均匀混合河段或混合过程段，完全混合点的下游河段称为均匀混合段。

设河水流量为 Q（m³/s），污染物浓度为 C_1（mg/L），径流水流量为 q（m³/s），径流水污染物浓度为 C_2（mg/L），水质完全混合断面前任一非均匀混合断面上参与和径流水混合的河水流量为 Q_i（m³/s）。把参与和径流水混合的河水流量 Q_i 与该断面河水流量 Q 的比值定义为混合系数，以 a 表示；把参与和径流水混合的河水流量 Q_i 与径流水流量 q 的比值定义为稀释比，以 n 表示，数学表达式如下：

$$a = \frac{Q_i}{Q} \tag{4-3}$$

$$n = \frac{Q_i}{q} = \frac{aQ}{q} \tag{4-4}$$

在实际工作中，混合过程段的污染物浓度 C_i 及混合段总长度 Ln 按费洛罗夫公式计算。

$$C_i = \frac{C_1 Q_i + C_2 q}{Q_i + q} = \frac{C_2 aQ + C_2 q}{aQ + q} \tag{4-5}$$

$$Ln = \left[\frac{2.3}{a} \lg \left(\frac{aQ + q}{(1-a)q} \right) \right]^3 \tag{4-6}$$

混合过程段的混合系数 a 是河流沿程距离 x 的函数：

$$a(x) = \frac{1 - \exp(-b)}{1 + (Q/q)\exp(-b)} \tag{4-7}$$

其中，$b = \alpha x^{1/3}$，$\alpha = \zeta \varphi \left(\dfrac{E}{q} \right)$，$E = \dfrac{Hu}{200}$（对于平原河流）。

式中，x 为自排污口到计算断面的距离（m）；φ 为河道弯曲系数，$\varphi = x/x_0$，x_0 为自排污口到计算河段的直线距离（m）；ζ 为排放方式系数，岸边排放 $\zeta=1$，河心排放 $\zeta=1.5$；H 为河流平均水深（m）；u 为河流平均流速（m/s）；E 为湍流扩散系数（m²/s）。水质完全混合断面以下的任何断面均处于均匀混合段，a、n、C 均为常数，有 $a=1$，$n=Q/q$，$C = \dfrac{C_1 Q + C_2 q}{Q + q}$。

2. 污染物在均匀流场中的扩散模型

进入环境的污染物可以分为两大类：守恒污染物和非守恒污染物。污染物进入环境以后，随着介质的运动不断地变换所处的空间位置，且由于分散作用不断向周围扩散而降低初始浓度，但不会因此改变总量发生衰减，这种污染物称为守恒污染物，如重金属、很多高分子有机化合物等。污染物进入环境以后，除了随着环境介质流动而改变位置，并不断扩散而降低浓度，还因自身的衰减而加速浓度的下降，这种污染物称为非守恒污染物。非守恒物质的衰减有两种方式：一种是由其自身运动变化规律决定的衰减，如放射性物质的蜕变；另一种是在环境因素的作用下，由于化学或生物化学反应而不断衰减，如可生化降解的有机物在水体中微生物作用下氧化-分解。

均匀流场中的扩散方程由扩散方程推导，并考虑污染物守恒条件。在均匀流场中的一维扩散方程为

$$\frac{\partial C}{\partial t} = D_x \frac{\partial^2 C}{\partial x^2} - u_x \frac{\partial C}{\partial y} \tag{4-8}$$

假定污染物排入河流后在水深方向（z 方向）上很快均匀混合，x 方向和 y 方向存在浓度梯度，建立二维扩散方程：

$$\frac{\partial C}{\partial t} = D_x \frac{\partial^2 C}{\partial x^2} + D_y \frac{\partial^2 C}{\partial y^2} - u_x \frac{\partial C}{\partial y} - u_y \frac{\partial C}{\partial y} \tag{4-9}$$

式中，D_x 为 x 坐标方向的弥散系数；u_x 为 x 坐标方向的流速分量；D_y 为 y 坐标方向的弥散系数；u_y 为 y 坐标方向的流速分量。

对于均匀流场，只考虑 x 方向的流速 $u_x = u$，认为 u_y 为 0，且整个过程是一个稳态过程，则

$$\frac{\partial C}{\partial t} = D_x \frac{\partial^2 C}{\partial x^2} + D_y \frac{\partial^2 C}{\partial y^2} \tag{4-10}$$

若在无限大均匀流场中，坐标原点设在污染物排放点，污染物浓度呈高斯分布，则方程式的解为

$$C = \frac{Q}{uhH\sqrt{4\pi D_y x/u}} \exp\left[-\frac{y^2 u}{4D_y x}\right] \tag{4-11}$$

式中，Q 是连续点源的源强（g/s），结果 C 的单位为 g/m³ 或 mg/L。

水体中农药的浓度一般都比较低，但是农药残留的现象非常普遍。黄河水资源保护研究所在 1986～1988 年对黄河三门峡花园口河段农药污染进行监测，其有机氯类农药主要为六六六，检出率高达 100%，浓度范围为 0.04～1.70g/L，表明该河段已经受到有机氯类农药的污染。1998 年的全国 109 700km 河流农药污染调查结果表明，有 70.6% 的河流遭受到农药污染（王赛妮和李蕴成，2007）。王未等（2013）调查分析了长江、珠江、黄淮海和松辽流域四大流域的农药污染，各大流域水体中残留的农药种类和数量各不相同，主要是由于不同流域的农业结构存在较大差异，但从整体来看四大流域都存在不同程度的农药污染情况。胡佳晨等（2014）对我国 17 个主要湖泊的农药污染进行评价，其中有机氯类农药污染较为严重的湖泊占总检测水体的 35.3%，其他湖泊水体中也存在一定浓度的农药残留，虽然不到严重污染的程度，但对生态系统的危害不容轻视。

4.3.4.4 茶园农药对大气的污染

茶园农药对大气的污染主要表现为：在茶园上喷洒有机氯类农药时，农药形成大量飘浮物，飘失到周围的大气环境中；施用农药后农作物和土壤表面残留农药的挥发。从大气中有机氯类农药含量的地域特征来看，仍在大量生产和使用有机氯类农药的地区，其大气中的浓度值要远远高于无使用或少使用地区。大气中的农药随着大气的运动而扩散，从而使大气污染范围不断扩大，甚至可以飘失到很远的地方，最后又经干湿沉降进入水体和土壤。

逸度模型广泛应用于调查或预测污染物的环境分布及归宿。在大气和土壤界面，化合物由于逸度差别在两相间存在交换。因此，逸度商或逸度比率常作为研究有机污染物土-气交换的有效指标，用来评价土-气交换方向即"源"或"汇"的问题，初步判断大气与土壤间平衡状态。化合物在大气和土壤两相中逸度值计算公式如下：

$$f_s = \frac{C_s RT}{0.41\phi_{om} K_{oa}} \tag{4-12}$$

$$f_a = C_a RT \tag{4-13}$$

式中，f_s、f_a 分别为污染物在土壤、大气中的逸度（Pa）；C_s、C_a 分别为污染物在土壤、大气中的浓度（mol/m³），可根据大气样相应点位土壤样的土壤密度和含水率，结合化合物摩尔质量，将土壤中污染物浓度由 ng/g 换算成 mol/m³；判断土-气交换方向：f_a/f_s 值大于 1 表示农药向土壤净沉降，小于 1 表示农药向大气中迁移；R 为通用气体常数 [8.314Pa·m³/(mol·K)]；T 为周围环境温度（K）；ϕ_{om} 为土壤总有机物含量，其值等于 1.7 倍的总有机碳（TOC）含量；K_{oa} 为辛醇-气分配系数。一般，根据 f_s、f_a 的计算公式得出土壤、大气中农药的逸度，并求出相应逸度商（f_a/f_s），逸度商等于 1 表示化合物在土-气中达到平衡（刘红霞等，2014）。

4.3.5 农药残留与环境效应的关系

4.3.5.1 茶叶中农药残留的环境效应关系评价

人们在饮用茶时直接进入人体的是茶汤，因此茶叶浸泡过程中的农药转移情况是研究茶叶膳食风险的关键。王运浩、万海滨等模拟了田间施药，并研究了茶叶浸泡时不同影响因子对 7 种拟除虫菊酯杀虫剂浸出率的影响，结果表明拟除虫菊酯农药浸出率偏小，最高的是联苯菊酯，达到 4.4%，明显低于喹硫磷的 12.4% 和乐果的 48.2%。根据 WHO 规定的化学品暴露人体健康风险评估原则，当农药的暴露值低于每日允许最大摄入量（ADI）时，人体会通过自身的生理机能或其他补偿机制来维持体内环境的平衡稳定，不会产生任何毒副作用。因此，在人体健康风险评估中，以实际每日摄入量占 ADI 的百分数（%ADI）来表示风险大小，即 %ADI=实际每日摄入量/ADI×100%。通过饮茶进入人体的农药实际每日摄入量根据如下公式计算：实际每日摄入量=(LP×HR−P×ER)/BW，其中 LP 为世界每人每天最高饮茶量（13g）；HR−P 为田间试验安全间隔期采收的成茶中农药最大残留量；ER 为农药最大浸出率。人体通过饮茶摄入的农药残留在不同农药之间差别很大，农药在茶汤中的浸出率与农药的理化性质有着密切关系，强极性农药在水中的溶解度大，蒸气压低，在茶汤中的浸出率很高，浸泡时浸出率最高可达 88.6%，浸出率与成茶农药残留量之间呈线性关系；高效氯氟氰菊酯属于非极性农药，蒸气压高，在水中溶解度低，大部分高效氯氟氰菊酯残留在茶渣中，茶汤中 3 次总浸出率仅为 1.94%。茶叶形态对其浸出率影响显著，其浸出率与成茶中农药残留量之间呈二项式关系。从 %ADI 来看，我们可以得知 %ADI 越大，其环境效益就越小；反之，%ADI 越小，其环境风险就越低，其效益就越高。

4.3.5.2 茶园中农药残留的环境效应关系评价

茶园中农药残留的环境效应主要包括农药施用后的物质循环平衡效应及社会、经济、生态效益相互协调效应，特别是生态环境保持效应。在环境效应评价模式构建的过程中，必须充分考虑这些规则。只有这样，农药的施用才具有科学性，才能充分利用光、热、水、肥等资源条件，在保护环境的基础上增产增值。在茶园环境中，不同的种群因生态位差异较大，在同一个生态系统中各自生长、互不干扰，以保持生态和环境的完整性，避免蜂、鸟、鱼、蚕及土壤微生物等各物种出现危害性风险，提高茶园环境复合生态系统的生产效率。环境评价指标体系选用的指标必须客观，分级科学，方法简便，与实际情况一致，能全面反映当地环境状况，具有较强的实用性和可操作性。如果药剂残留对种群 A 有危害性风险，那么我们需要对种群 A 的危害性风险进行评估，以维持茶园生态系统物质循环平衡，保证茶园社会、经济、生态效益相互协调。因此我们参照美国的水生生态风险评价，通过计算风险商（risk quotient，RQ）来确定危害性风险，确定危害潜在的污染因子。

风险商的计算公式如下：

$$RQ=\frac{农药在环境中平均浓度}{毒性终点值\ EC_{50}\ 或\ LC_{50}} \tag{4-14}$$

由于农药的多样性，我们可以引入环境影响评价常用的内梅罗综合指数来评价不同农药残留的综合影响。内梅罗指数法是当前国内外计算综合污染指数最常用的方法之一，先求出各因子的分指数，然后求出各分指数的平均值，取最大分指数和平均值计算。内梅罗综合指数考虑了污染指数最大的污染物对环境质量的影响和作用，从而增强了环境质量评价的灵敏性。

4.4　苹果农药施用基线与环境效应关系

苹果作为经济效益相对比较稳定的经济作物，在推进农业结构调整、转变农业经济增长方式、促进农民增收过程中起到巨大作用。自 20 世纪 80 年代以来，中国苹果产业快速发展，2014 年我国苹果种植面积已达 227 万 hm^2，总产量达到 4092 万 t，居世界首位。随着种植面积的增加和对果品质量的追求，苹果生产过程中频繁使用各种农药。但如果用药过量，不仅会造成土壤和环境污染，还会导致病虫害产生抗药性，加速生物变异，甚至会变异出没有天敌的新型生物，严重威胁相关农业生产活动。

4.4.1　我国苹果种植业发展现状

苹果是世界产量第二大水果，位居柑橘之后。截至 2010 年底，世界苹果种植面积约为500 万 hm^2，产量约 6000 万 t，主要分布在亚洲、欧洲、北美洲、南美洲。苹果产业是我国主要的农业产业之一，在推进农业结构调整、转变农业经济增长方式、促进农民增收和农村经济发展、满足人民生活水平日益提高的需求等方面发挥着重要作用（葛顺峰，2014）。果树产业是我国目前农业种植结构调整中的重要部分，栽培面积超过 870 万 hm^2，产量超过 7200 万 t，年产值可达 1000 多亿元（李会科，2008）。目前中国已成为世界上最大的苹果生产国和消费国，种植面积 310 万 hm^2（Xing et al.，2016），2017 年世界苹果总产量 7600 万 t，中国达4380 万 t，生产和消费规模均占全球 50% 以上（王利民等，2019）。我国苹果在自然生态条件、生产成本和生产规模方面具有较强的国际市场竞争力与潜在竞争优势，是我国加入世界贸易组织（WTO）后确定的最具竞争潜力的优势农产品之一。

果树产业是我国当前农业种植结构中的重要支柱产业，其效益在种植业中位居第三。20世纪 80 年代以来，果树生产发展迅猛，在种植业中异军突起，成为许多地方农村经济的支柱产业。经过几年的布局调整，我国苹果生产逐渐向资源条件优、产业基础好、出口潜力大和比较效益高的区域集中，形成了渤海湾和西北黄土高原两个苹果优势产业带，是世界优质苹果的最大产区，生态条件与欧洲、美洲各国著名苹果产区相近，与日本、韩国相比有明显的优势。由于海拔高，昼夜温差大，光照充足，有利于苹果糖分积累和着色，加之降雨少、空气湿度低、气候干燥、病虫危害少、黄土透气蓄水能力强等独特的气候资源和土壤条件，陕西渭北黄土高原被认为是最佳的苹果适生区，成为中国苹果生产的主要省区，苹果产业发展已经具有很大规模，种植面积近 900 万亩，果树产业也成为陕西果农经济增收的重要支柱产业（赵佐平，2014；许敏，2015；徐巧，2016）。但在苹果质量方面，国外一般可达到优果率70%，而我国优果率仅为 35% 左右，符合出口标准的高档果率仅为 5% 左右，与其他各个苹果出口大国相比仍有很大的差距。同时我国存在单产较低、单位面积投入量较高等问题。因此，改变果园传统的管理模式，并结合区域苹果生产特点保障园区良好的生态环境，已成为我国果树生产亟待解决的关键性问题。以陕西省扶风县为例，近年依托现代果业发展项目及集成科技优势，积极实施"优果强畜"发展战略，大力发展以苹果为主的果品产业，通过规模化栽植、标准化管理、系列化开发、品牌化经营，现代果业已经成为全县农民增收的主要来源和农村经济的支柱产业。截至 2013 年，全县果园面积 16 700hm^2，产量 26 万 t，优果率达到了 85%，实现了果区农民人均苹果收入占人均总收入的 71%。此外，还建成了 10 个省级优质苹果示范园区（刘佳岐，2015）。

近年来中国苹果种植面积趋于稳定，产量稳步增加。截至 2016 年，渤海湾和黄土高原两个苹果生产优势区占中国苹果种植面积的比例达到了 85%，产量占比达到了 89%，渤海湾产区苹果种植面积为 70.33 万 hm²，产量为 1600 万 t，分别占全国的 29.54% 和 36.37%。黄土高原产区苹果种植面积为 131.56 万 hm²，产量为 2328 万 t，分别占全国的 55.28% 和 52.91%。其他苹果生产区，如四川、云南、贵州等冷凉地区及新疆具有明显的区域特色，近年来种植面积略有增加（朱占玲，2019）。

近 30 多年来，世界苹果栽培制度发生了很大的变化，矮砧栽培已成为世界苹果种植普遍采用的栽培模式。矮砧栽培模式具有树冠矮小、结果早、通风透光、果品质量好、产量高、管理方便、便于标准化作业、节省劳动力等优点，是现代苹果产业发展的必然趋势（郝璠，2013）。

4.4.2 苹果园农药使用概况

4.4.2.1 苹果园主要病虫害

我国苹果种植中主要的病害包括苹果炭疽病、枝干轮纹病、褐斑病、炭疽叶枯病、腐烂病、白粉病、锈果病、斑点落叶病、黑点病、霉心病等。主要的害虫有苹果绣线菊蚜、苹果全爪螨、介壳虫、桃小食心虫、梨小食心虫、苹果绵蚜、苹果卷叶蛾、蚜虫等。在不同地区的苹果种植中，发生的主要病虫害有所不同。例如，在京津冀地区的苹果园中轮纹病、腐烂病发生较严重，由于套袋技术的广泛应用，果实轮纹病的发生得到极大的控制，但随之而来的枝干轮纹病突显严重，而且在生产中极难防控；主要的害虫有苹果卷叶蛾、蚜虫、介壳虫等。山东地区苹果园中的病虫害则以腐烂病、枝干轮纹病、叶螨、蚜虫为主，桃小食心虫的发生率在逐年下降，但苹果炭疽病呈现越来越严重的趋势。这些病害在一般年份造成的经济损失约在 15%，如遇病害流行年份造成的经济损失可能会更大（徐成楠等，2017；张贤霞，2018；范昆等，2020）。

4.4.2.2 苹果园农药使用情况

就苹果生产而言，我国苹果园 85% 以上的病虫害都是用农药控制的，其中化学农药的使用率在 90% 以上，而生物农药使用很少。果园用药后可使病虫害所造成的损失至少降低50%。针对苹果园中发生的主要病虫害，使用的农药种类主要有甲基硫菌灵、多菌灵、多抗霉素、嘧啶核苷类抗生素、过氧乙酸、吡虫啉、灭幼脲、毒死蜱、甲维盐、哒螨灵、噻螨酮、炔螨特等共计 50 种，其中低毒农药 31 种、中毒农药 12 种、高毒农药 7 种（聂继云等，2005）。

调查显示，苹果园年平均用药 7~10 次。一般在树体萌动期（3 月）施用石硫合剂，以后分别在苹果开花前（4 月中旬）、花后（5 月初）、6 月（套袋前）、7 月、8 月、9 月（摘袋前）各用药 1 次。为减少苹果园施药用工和成本，果农在喷施农药时一般采取多种药剂混配混用，即 1 次施用 2 种或 2 种以上的药剂来防治多种病虫害，同一药剂连续使用 2 次后更换其他药剂。

不同地区苹果园的农药用量也有所差异。京津冀地区部分苹果园的农药用量在0.47~104.00kg/亩，农药使用量超过 100kg/亩的果园占 10.58%，主要原因是使用了大量自制的石硫合剂防治病虫害。如果去除使用大量自制石硫合剂的果园和部分使用量年份较低的果园，则平均用药量为 9.67kg/亩（朱小琼等，2017）。在 2015 年调查辽宁各地苹果园农药使用情况时发现，辽宁地区苹果园的用药量在 2.2～3.23kg/亩，平均每亩农药的投入成本为 186.75 元（徐成楠等，2017）。

为防治病虫草害，美国苹果园普遍使用农药。根据 2010 年美国农业部的调查数据，在加利福尼亚、密歇根和纽约等 12 个州的苹果园中，87% 使用杀虫剂，85% 使用杀菌剂，68% 使用除草剂，12% 使用植物生长调节剂。其中，使用最普遍的杀虫剂是氨基甲酸酯类杀虫剂甲萘威，约 51% 的苹果园使用，年使用量（有效成分）平均约 1.92kg/hm^2，2009 年全年使用量为 11.2t。使用最多的杀菌剂是代森锰锌，约 36% 的苹果园使用，年使用量（有效成分）平均为 9.51kg/hm^2，2009 年全年使用量为 38.5t。美国农业部农业统计分析服务中心（NASS）的调查结果表明，美国苹果园使用的杀菌剂有 50 种，使用量占前 3 位的分别是代森锰锌、硫黄和氟菌唑，其用药率均为 36%（即 36% 的苹果园使用）。2009 年，代森锰锌的使用量为 385.2t，硫黄的使用量为 439.2t，氟菌唑的使用量为 18.45t。虽然在美国苹果园使用的杀菌剂品种有 50 种，但用量较大、用药率较高的只有 14 种。其中，年使用量排在前 5 位的是传统保护性杀菌剂石硫合剂、克菌丹、硫黄、代森锰锌、代森联；使用频率最高的是克菌丹、百菌清，平均年使用次数分别为 6.7 次、6.8 次；三唑类杀菌剂因高效和广谱，单位面积苹果园有效成分用量和年使用率都很低，苯醚甲环唑（有效成分）的单次使用量仅 0.06kg/hm^2，年使用次数只有 1.7 次。

美国苹果园主要的害虫有桃小食心虫、金纹细蛾、小卷叶蛾、叶螨类等。苹果树上所使用的杀虫剂有 68 种，年使用量达 2810t。使用最普遍的是甲萘威，约占调查组统计数据的 51%。杀虫剂使用量比较大和使用次数比较多的主要有 16 种，其中有机磷杀虫剂毒死蜱、亚胺硫磷、甲基谷硫磷排在前 3 位。氟虫双酰胺在苹果园中的年使用次数为 2 次。拟除虫菊酯杀虫剂品种比较多，有氟氯氰菊酯、甲氰菊酯、联苯菊酯、溴氰菊酯、氯氰菊酯、氰戊菊酯等，其中甲氰菊酯的用量最大。新烟碱类杀虫剂啶虫脒、噻虫啉使用也较为普遍，前者的用药率（使用地区）高于后者。苹果园使用的氨基甲酸酯类杀虫剂主要是灭多威，但使用很少。生物杀虫剂主要有阿维菌素、依马菌素、乙基多杀菌素、多杀菌素等，其中乙基多杀菌素使用量最大，应用范围也最大。苹果园使用的杂环类杀螨剂主要有哒螨酮、四螨嗪、唑螨酯、噻螨酮等，其中哒螨酮的使用量最大。相比杀虫剂和杀菌剂，美国苹果园的除草剂使用较少。统计结果显示，2009 年，在美国苹果园中使用的除草剂有 25 种，总用量为 161.7t。草甘膦异丙胺盐的使用量和用药率都位于第一，33% 的苹果园使用草甘膦异丙胺盐防除杂草，2009 年总使用量 54.9t。其次是百草枯、西玛津、二甲戊灵等，使用量也都在 10t 以上。有 67% 的美国苹果园使用植物生长调节剂，排在前面的是乙烯利、调环酸钙、6-苄氨基嘌呤、赤霉素 A4+A7、萘乙酸钾、萘乙酸钠。其中乙烯利占美国苹果园植物生长调节剂使用量的 4.0%，而调环酸钙和 6-苄氨基嘌呤的使用范围比较大，分别在 23% 和 21% 的果园应用。

在本项目中，实地走访、问卷调查、当面询问、电话回访和历史资料等数据均显示，我国苹果种植仍以家庭种植为主，占绝对统治地位，生产规模普遍偏小。少数规模种植的尝试，常面临劳动力成本居高不下、效益不佳的现实问题。苹果树的病害主要有腐烂病、轮纹病和锈病等，虫害主要有钻木虫、红蜘蛛和蚜虫等，杂草也是重要的危害之一。随着城镇化水平的不断提高，农村青壮年正在快速消失，果农年龄普遍偏大，受教育程度较低，约占总农户的 55%。农户选购农药的信息约 85% 来自农药销售人员，购买农药的渠道以村农药零售店为主，约占 80%。购买农药时，75% 的农户最优先考虑的因素是防治效果，然后才是农药价格或者综合考虑防治效果和价格。苹果园的喷药次数为 6～15 次，中位值为 8 次，平均用药量在 4.06～11.8kg/亩。喷药次数和施用量主要取决于病虫害的严重程度、发生频次与施药效果。表 4-10 是我国苹果园的主要病虫草害和主要施用的农药种类。在施药量和施药次数的确定方面，约 50% 的农户会采纳农药销售人员的建议，25% 的农户会凭经验，15% 的农户会参考药品说明书，10% 左右的农户会依据技术人员的指导；施药会考虑农药安全间隔期的农户超过85%。在农药对人体健康和环境影响的认知方面，65% 的农户认为基本没有影响，30% 的农户认为会有较大影响，5% 认为程度一般。在农药残留的认知方面，90% 以上的农户表示有所了解，仅有不足 5% 认为比较了解；超过 60% 的农户会在施药期间采取防护措施，包括戴口罩、手套和穿防护衣等。在农药残液的处置方面，超过 85% 的农户会兑水喷洒完。总体上，农户对果园的管理都比较重视，对病虫害的防护意识不断增强，对农药的使用也产生了一定的依赖心理，用药次数和用药量都在增加。相应的，无效用药的情况也时有发生，有时会在同一苹果园 1 年内多次使用同种农药，如氯氰菊酯和阿维菌素的使用甚至可以达到 4～5 次。

表 4-10　我国苹果园的主要病虫草害和主要施用农药种类

主要病虫草害	发生次数/（次/生长季）	主要农药种类	使用次数/（次/生长季）
斑点落叶病	2	丁香菌酯	1
霉心病	1	毒死蜱	1
红蜘蛛	1～2	多抗霉素	1
苍耳	常年	三唑酮	1
锈果病	1	腈菌唑	1
腐烂病	1～2	噻嗪酮	1
褐斑病	1	多抗霉素	2
花叶病	2	多菌灵	2
轮纹病	1	代森锰锌	1
小卷叶蛾	1～2	三唑锡	1
苹果黄蚜	1	吡虫啉	2
苹果红蜘蛛	1～2	甲基硫菌灵	1
金龟子	1	氯氟氰菊酯	1
		螺螨酯	1
		丁硫克百威	1
		啶虫脒	1
		辛硫磷	1
		哒螨灵	1
		百菌清	2～3
		草铵膦	2

4.4.3　苹果园农药残留与环境效应关系

4.4.3.1　苹果园农药残留对大气环境的影响

在农业生产过程中，农户由于不了解农药的使用知识而过量使用农药的现象随处可见（Abhilash and Singh，2006）。果农在喷施农药时，一般采取多种药剂混配混用，即 1 次施用

2 种或 2 种以上的药剂来防治多种病虫害，小面积果园中施药通常采用手动喷雾器，压力小、喷雾覆盖面积小，大面积果园会使用覆盖面积大的喷雾机械，两种施药形式均直接作用于大气，短时间内有高浓度农药残留，对大气环境造成较大威胁。果园中农药喷施剂量通常较大，农药在使用以后，只有 10%～20% 作用到有害生物上，剩下的 80%～90% 则会进入水体、空气和土壤环境中（吴祥为，2014）。喷洒的农药一部分散落在果园，一部分残留在枝叶或土壤中，喷洒在大气中的农药颗粒在气流作用下迅速扩散污染，而残留在植物、土壤中的农药有些具有高毒、剧毒、长残效的特性，也会因气流影响而在空中扩散，对大气环境产生长久性污染。

4.4.3.2　苹果园农药残留对水环境（地表水、地下水）的影响

我国传统的苹果种植通常采用清耕制度，果园中具有大面积裸露的地表，在降雨量较大的夏季时节，雨水冲刷引起的水土流失是造成果园水体环境污染的主要原因之一（毕明浩等，2017）。地下水主要受水层下层矿物质的影响，地表水受人类生产生活影响较大，因此果园施用农药后对地表水的污染较为严重。此外，农药喷洒在空气中或土壤中的农药挥发至大气中，都会通过降雨落在果园生态系统的周围水体中，对周围水体造成污染，直接或间接影响人们正常用水。另外，果园中同时施用的多种农药会通过淋溶作用进入地下水发挥协同作用，而地表水中的农药残留最终会通过降雨冲刷或地表灌溉随着时间推移进入沟渠、湖泊、江河等水体，直至影响整个水体生态环境系统。有机磷类农药会影响暴露在水中鱼类的乙酰胆碱酯酶活性，从而对鱼类产生不可逆的影响（Jordaan et al.，2013）。李祥英等（2017）在评价吡唑醚菌酯对鱼类不同生命阶段的毒性效应时，以斑马鱼为指示生物，研究发现，该农药不仅会对斑马鱼心率产生影响，也会对其胚胎发育产生毒性效应。合成拟除虫菊酯类农药在水体中常被检出，且对鱼类、两栖动物等水生生物产生毒害作用（Sturve et al.，2016）。贾伟等（2016）研究了 4 种甲氧基丙烯酸酯类杀菌剂对斑马鱼的急性毒性效应，发现这 4 种杀菌剂均呈现高毒的高风险效应，推测可能对其他水生生物也存在潜在的风险。

4.4.3.3　苹果园农药残留对土壤环境的影响

我国是世界上苹果生产第一大国，在苹果的产出过程中农药的使用必不可少。山东省内苹果园农药残留的调查结果显示，苹果园农药按成分类型可划分为 9 种，分别为机硫类、三唑类、苯并咪唑类、铜制剂、石硫合剂、拟除虫菊酯类、新烟碱类、有机氯类杀虫剂、杀螨剂，生物农药只有阿维菌素和多抗霉素等（范昆等，2020）。对陕西省 10 户果农 2005 年苹果园用药情况调查后显示，年使用农药次数在 10～12 次，所用农药中高毒农药 2 种、中毒农药 4 种、低毒农药 6 种、微毒农药 1 种（张贤霞，2018）。因此，在苹果园内不同种农药的残留及其多少可能会对土壤动物、植物及微生物产生不同程度的影响。

敌百虫杀虫剂对南方农田土壤动物的染毒模拟试验结果表明，随敌百虫处理浓度的增加，土壤动物的个体数量和类群数量减少，Shannon-Wiener 多样性指数（H'）和 Pielou 均匀度指数（E）均表现出递减趋势（朱丽霞等，2011）。

另有研究探究了土壤中百菌清对蚯蚓的毒性效应，结果显示随着土壤中百菌清浓度增加，蚯蚓体重减少了 5.5%～40.9%，其急性毒性 LC_{50} 约为 95mg/kg，最低可观察效应浓度（lowest observed effective concentration，LOEC）剂量处理下，蚯蚓幼蚓数量显著减少（Lancaster et al.，2014）。姜锦林等（2017）研究了噻虫啉、阿维菌素等常用农药对赤子爱胜蚓的毒性效

应，结果表明，0.1mg/kg 的噻虫啉 14d 暴露能显著抑制蚯蚓体内过氧化氢酶（catalase，CAT）活性，而同样浓度下总超氧化物歧化酶（T-SOD）活性显著上升；0.25mg/kg 的阿维菌素暴露 14d 则能显著刺激蚯蚓谷胱甘肽 S-转移酶（glutathione S-transferase，GST）的活性。

苹果园农药残留中的有机氯类农药具有稳定、不易挥发和分解及耐高温、耐酸性环境的特点，属于高残留农药。因此即使停止使用有机氯类农药后，农作物仍会继续从土壤中吸收有机氯类农药，生产的粮食和蔬菜在相当长的一段时间内仍会有残留农药。农药在植物体内主要富集于谷类、富含蜡质水果的外皮等部位。同样，拟除虫菊酯类在农作物中的残留期远大于其在土壤中的残留期，且在植物果皮上有蓄积性。

众多研究表明，苹果园农药残留对土壤微生物具有不同程度的影响。例如，土壤中残留的呋虫胺会显著降低砂壤土中微生物生物量碳含量，并会造成土壤中微生物群落发生显著变化（赵炎，2018）。另外，乐果污染土壤的种群多样性研究发现，乐果污染土壤中微生物的变性梯度凝胶电泳（denatured gradient gel electrophoresis，DGGE）图谱有一定的差异性。乐果的存在改变了环境中微生物的群落结构，对微生物的多样性与生长具有一定的抑制作用。同一时期不同乐果浓度处理下，微生物种群多样性随着乐果的浓度增加而呈现变少的趋势，也有部分菌群对其呈现出一定的耐受性（肖佳沐，2011）。另外，还有研究发现有机苹果园和常规苹果园的土壤微生物结构存在差异，常规苹果园农药及化肥的使用降低了微生物群落的丰富度与功能多样性。研究结果显示，常规苹果园土壤微生物磷脂脂肪酸多态性为 114.99nmol/g，是有机苹果园（43.44nmol/g）的 2.6 倍，但有机苹果园磷脂脂肪酸丰富度比常规苹果园的高 19%，生物多样性也高；有机苹果园土壤微生物中革兰氏阳性菌与革兰氏阴性菌的比例为 1.50，常规苹果园为 0.30；有机苹果园真菌生物量占 2.84%，常规果园为 6.55%，可见差异显著（孙健等，2013）。

4.4.4　环境效应研究进展

环境效应（environmental effect）是指自然过程或者人类的生产和生活活动对环境造成污染与破坏，进而导致环境系统的结构和功能发生变化，有正效应，也有负效应，主要有生物环境效应、化学环境效应、物理环境效应三种。生物环境效应是环境诸要素变化而导致的生态系统变化，如现代大型水利工程使鱼、虾、蟹等水生生物的繁殖受到不同程度的影响；工业废水大量排入江河、湖泊和海洋使鱼贝类水生生物受到严重危害；致畸、致癌物质污染引起的畸形者和癌症患者增多。生物环境效应按引起后果时间和程度上的差异，分为急性生物环境效应和慢性生物环境效应，前者如某种细菌传播引起疾病的流行，后者如经过几十年才出现的环境危害。生物环境效应关系到人和生物的生存与发展，这种效应的机理及其反应过程得到了人们的广泛研究，如污染物的毒性、毒理、吸收、分布和积累研究，污染物的拮抗作用和协同作用研究，生物解毒酶的种类、数量及其对各种污染物的解毒作用研究等。化学环境效应是在环境条件的影响下物质之间发生化学反应所引起的环境效果，如环境的酸化和盐碱化等。物理环境效应是物理作用引起的环境效果，如噪声、振动、地面下沉等。

19 世纪以来的产业革命，在推动大工业化进程的同时，也使得大量污染物进入环境，造成日益严重的环境污染，对人类的生活和经济发展构成了严重威胁。科尔克威茨和马森在 1909 年首次提出 "saprobien system"（污水生物系统）概念，运用指示生物定性评价污染物对水体的环境生态效应，开创了污染物环境生态效应评价的先河。20 世纪 20 年代以后生态学由定性描述发展到定量分析的新高度，为污染物环境生态效应定量分析奠定了重要基础。90

年代以后，随着环境化学、生态学和生态毒理学等学科的发展，研究有毒有害化学物质对生态环境的危害逐渐受到人们的重视，污染物环境生态效应评价的研究内容和方法也不断发展。1998 年，美国国家环境保护局正式出台《生态风险评估指南》（Guidelines for Ecological Risk Assessment），此后，加拿大、英国和澳大利亚等国也相继提出并开展了污染物生态风险评价的研究工作。生态效应评价研究作为生态风险评价研究的关键环节，也开始受到社会的更多关注，成为环境生态学研究的热点之一。污染物环境生态效应评价就是定量地分析和评价环境污染物对生态系统的不良效应，为环境质量评估、调控和管理提供科学依据。污染物环境生态效应评价的关键是生态受体的选择、反应终点和评价参数的确定。

4.4.4.1　生态受体

生态受体是指暴露于环境污染物压力之下的生态实体，可以是生物体的组织、器官，也可以是种群、群落和生态系统等不同生命层次。由于生态系统中可受到污染物危害的生态受体种类很多，不同生态受体对各种污染物的反应也各不相同，不可能对每种生态受体都进行分析和评价，因此需要选择一种或者几种典型的、有代表性的生态受体来反映整个生态系统的状况。然而，鉴于生态系统的复杂性和污染物的多样性，不仅不同受体对相同污染物的反应不同，同一受体对不同污染物的反应也不同，这使得选择什么生态受体作为系统评价指标能较准确地反映危害对象、受体特征及受体的生命和运动过程，成为污染物环境生态效应评价的关键内容。目前，生态受体研究主要集中在个体和种群层次上。一般情况下，较敏感和可快速对环境污染物产生明显反应的生物较适宜作为指示生物，进而通过其反应了解环境的现状和变化。指示生物通常具有以下基本特征：①对污染物反应敏感；②有着预警的功能；③具有代表性；④应是常见种，最好是群落中的优势种；⑤对污染物的反应在个体间差异小、重现性高，如果选植物作为指示生物，无性植物最佳。

早在 19 世纪初，科尔克威茨和马森便提出了污水生态系统，并首次运用指示生物评价污染物对水体的环境生态效应。在这之后，克列门茨把植物个体及群落对污染物的反应作为指标，应用于农、林、牧业，检测污染物对环境中植物造成的影响。20 世纪 50 年代以后，通过生物变化检测生态污染已成为活跃的研究领域，环境效应的研究理论和方法也更加丰富，并且由淡水生物向各种不同水域生物发展，由短期效应研究向着长期效应研究发展。瑞典生态毒理学家 Goran Dave 等研究发现，以斑马鱼胚胎仔鱼为受体能快速测定水环境对鱼类生长的长期效应。生活在海洋及高盐水域中的卤虫作为一种无脊椎动物，具有虫卵易保存运输、便于孵化、试验快速和为世界种等优点，被公认为评价海洋污染的优秀指标生物；桡足动物猛水蚤则可以用来评价咸淡水及河口污染。美国国家环境保护局建立海水水质基准时，应用的指示生物包括藤壶的胚胎和幼虫、双壳类软体动物（蛤、贻贝、牡蛎和扇贝等）、海胆、龙虾、螃蟹、小虾、鲍鱼及海洋浮游植物（*Selenastrum* 或 *Skeletonema*）或维管植物等。底栖生物群落可作为生态受体用于评价底质有机污染的严重程度。此外，生态系统完整性的概念也提供了以生态系统为受体进行污染物环境生态效应评价的可能性。

以生物个体作为生态受体，试验可控性、重复性高，试验结果变异性小，可以应用较为成熟的生态毒理学试验方法，但难以反映污染物对整个生态系统的影响状况，一般只在生态系统优势种、关键种是敏感种的情况下才能应用。以生物种群作为生态受体，试验可控性、重复性一般较高，能够反映污染物在种群层次上造成的不利影响，但难以表征污染物对群落或生态系统结构等的不利效应。此时，一般应采用以细菌、微藻等微型生物为优势种、指示种的生态系统。生物种群、生态系统水平的生态受体，试验控制难度较高，试验结果变异性大，一般难以定量研究污染物浓度–效应关系，通常用于定性地判断污染物对生态系统是否造成损害。

4.4.4.2　反应终点

反应终点可以是表征生态系统发生变化的指标，也可以是明确需要保护的生态环境价值，可以通过生态受体及其属性来确定。任何基本生态过程不可接受的改变均可视为反应终点，也可称作评价终点、试验指标或生态终点。生态系统中不同营养级的生态受体存在不同的反应终点。反应终点应根据生态受体和污染物毒性特征进行选择，体现生态关联性/污染物易感性和生态环境价值可控性等原则。由于生态系统的复杂性和污染物的多样性，研究者往往根据自己关注的生态环境价值来选择反应终点，因此反应终点的选择有很大的偶然性，而选择不同的反应终点，经常导致污染物环境生态效应评价结果不一致。另外，污染物环境生态效应评价的定量化要求对反应终点进行测定。如果确定的反应终点能直接测定，可以将其直接用于污染物环境生态效应评价；如果反应终点不能直接测定，需要选择一种或几种与反应终点有关联的可测终点，由可测终点的测定结果计算反应终点的变化。例如，对于多种污染物环境生态效应试验，受试生物在其生活史的不同时期对不同的污染物具有不同的适应性，进行污染物环境生态风险评价时需选择涵盖其整个生命周期的反应终点才可提高灵敏性和可靠性，而这种反应终点往往需要通过可测终点来确定。因此，深入研究生态受体及其属性、污染物特性和环境生态效应反应终点确定方法，才能更加科学合理地选择反应终点。

生物个体水平上有关反应终点的研究是迄今最为深入的，可选择范围较广。例如，甲壳类动物主要有存活、发育、运动和有性生殖等类别，鱼类主要有成鱼存活、成鱼生长、幼鱼存活、幼鱼生长、雄鱼和雌鱼性成熟、雌鱼产卵数量、仔鱼生存能力等类别。其中，存活类反应终点主要是寿命；繁殖类反应终点主要有产卵数、产幼数、第一次产卵时间、第一次产幼时间、最后一次产卵时间、最后一次产幼时间、繁育周期等；发育类反应终点主要有胚胎发育时间、生殖前期、生殖期、生殖后期、最小世代时间等；运动类反应终点主要有游泳速度、游泳曲折度、游泳时间等；有性生殖类反应终点主要有休眠卵产生率、挂卵个体与非挂卵个体比值、雄体与雌体比值、混交雌体与非混交雌体比值等。需要说明的是，不同反应终点的敏感性是不同的，一般繁殖类反应终点的敏感性高于存活、生长类反应终点，幼年期的反应终点高于成年期的反应终点。

种群水平的反应终点在当前污染物环境生态效应评价中已较为常用，主要有种群增长率、内禀增长率、世代时间、净生殖率、周限增长率、种群生物量等。种群水平反应终点研究也是目前污染物环境生态效应研究较为活跃的领域。群落水平的反应终点主要有群落指示种、群落关键种、物种多样性、物种均匀性和物种丰度等指标，如用辛普森（Simpson）多样性指数、Margalef丰富度指数等表征群落物种丰富度和均匀度变化。生态系统水平及以上层次的反应终点主要有生物量、初级生产力、物种集群速度等。然而，目前生物种群、生态系统水平的反应终点仍不能全面反映生态系统功能和结构的变化。近年来，细胞、亚细胞和分子水平的反应终点测试技术得到较大发展，为污染物环境生态效应研究提供了全新的思路和技术手段。例如，以蚯蚓体腔细胞的尾部DNA百分含量和尾长为反应终点可以评价重金属Cu的污染状况。分子和细胞水平的反应终点比个体与群落水平的反应终点对环境干扰及污染反应更为敏感，对指示重金属污染具有重要参考价值。

4.4.4.3　评价参数

表征环境污染物对生态受体毒性效应的参数可分为两类：半数效应浓度（EC_{50}）（半致死浓度 LC_{50}）和（准）非效应浓度。EC_{50}（LC_{50}）是指在一定时间内试验系统或某一生态群落表现出可观察到的不良效应（或死亡）时的污染物浓度。EC_{50}（LC_{50}）常用于比较不同污染物的毒性效应大小。（准）非效应浓度是指在一定的时间内暴露于环境污染物中生态系统的试验生物或生物种群还没有产生不良反应或产生的效应可忽略时的污染物浓度。（准）非效应浓度可用于推导保护人类和环境的基准浓度，是污染物环境生态效应评价的基础。（准）非效应浓度代表性参数包括无可见效应浓度（no observed effective concentration，NOEC）、低效应浓度（EC_5/EC_{10}）、无效应浓度（no effect concentration，NEC）、安全浓度（safe concentration，SC）等。NOEC 是指与对照试验没有显著差异的最高试验水平（显著水平 $\alpha=5\%$）。常用的假设检验方法有 Dunnett t 检验、Duncan t 检验、Jonckheere-Terpstra 检验、Bonferroni-Holm 校正、多重 U 检验等。前 3 种方法均为参数检验，要求样品数据符合独立正态分布，并且方差齐性；后两种方法是非参数检验，在样本数据不符合参数检验的要求时使用。可应用 Kolmogorov-Smirnov 检验判别样本数据是否符合正态分布，Levene 检验判别方差是否齐性。NOEC 是一个试验设计浓度，受平衡试验数量、数据样本大小及平行试验数据变异性等的影响较大。由于 NOEC 概念明确、容易理解，常被应用于污染物环境生态效应评价中。EC_x 是指与对照试验相比能使效应指标（如生物量和生长率等）减少 $x\%$ 的污染物浓度。由于 5% 或 10% 的生态毒性效应一般可以被人接受，并且计算结果不会因为所选择模型的不同而有显著差异，经济合作与发展组织（OECD）、国际环境毒理与环境化学学会（SETAC）建议用 EC_5 或 EC_{10} 置信区间的下限作为生态安全暴露基准浓度。污染物与生态受体之间的剂量-效应曲线通常呈反"S"形，Log-Logistic 模型能很好地拟合这类曲线，并且 EC_x 作为参数在模型拟合过程中能直接确定。Probit 模型、Weibull 模型及多项式模型等也能拟合污染物与受体之间的剂量-效应关系，但低效应浓度 EC_x 要在模型参数确定后通过插值获得。NEC 是指污染物在生物组织中产生毒性效应的阈值浓度，通过动态能量预算模型（dynamic energy budgets model，DEB）来计算。DEB 模型将污染物对生物功能的影响与生物体内能量资源分配联系起来，但模型涉及的多数生理过程及过程参数难以通过试验进行验证，在种群、群落和生态系统水平上，模型构建仍存在许多困难。

安全浓度是采用 LC_{50} 或 EC_{50} 除以安全系数获得的能够充分保护生态环境的可接受浓度。安全系数的确定基于急性和慢性毒性效应的差异/物种的敏感性差异/实验室条件和野外现场条件下观测的效应差异，具体根据试验数据的数量和性质而定。安全系数具有很大的主观性，只有根据现有试验数据难以判断计算 NOEC 或 EC_x 时才能应用。

由于生态系统的复杂性和污染物的多样性，不同生态受体对污染物的反应不同，个体和种群层次的生态受体往往缺乏代表性，其受危害的情况难以反映整个生态系统的状况，而群落和系统层次的生态受体则缺乏有效的反应终点来表达群落或系统的效应变化。只有应用能够反映生态系统功能和结构变化的反应终点，才能使得以生物群落或生态系统作为生态受体来研究污染物环境生态效应具有更强的可操作性。生长类、发育类、繁殖类等反应终点都能反映个体和种群层次生态受体在特定发展阶段表现出来的污染物环境生态效应，但不能对生态受体在其生长周期内表现出来的污染物环境生态效应进行综合评价。物种多样度、物种丰富度、生物量、初级生产力、物种集群速度等反应终点只能反映群落和系统的功能效应，难以反映结构变化。20 世纪 70 年代 Jorgensen 提出的生态系统放射本能（exergy）理论，近年来获得快速发展。放射本能是指生态系统从有组织的、远离平衡的状态到达环境热力学平衡状态（熵最大状态）时所做的有用功，是生物量结构及其内在信息的量度，可以衡量生态系统发展的能力，能够较完整地表征群落和系统层次结构与功能发生的变化。但目前不同生物放射本能的计算还存在许多困难，难以广泛应用。

4.4.5 环境生态风险评价方法

4.4.5.1 风险商法（商值法）

风险商（risk quotient，RQ）主要是指环境中污染物的测量浓度（MEC）与预测无效应浓度（PNEC）之间的比值，常被用来评估目标生物的生态风险，在本研究中，我们将其作为苹果园施用农药环境效应的评价指标。PNEC 是毒理学相关浓度（LC_{50} 或 EC_{50}）与安全系数（f）的比值。风险商的计算公式为

$$RQ = \frac{MEC}{PNEC} = \frac{MEC}{\dfrac{E(L)C_{50}}{f}} \tag{4-15}$$

根据风险商，生态风险水平可划分为 4 个标准，如表 4-11 所示。

表 4-11 生态风险水平的划分

风险商（RQ）	生态风险程度
RQ<1.00	无显著风险
1.00≤RQ<10.0	较小的潜在负效应
10.0≤RQ<100	显著的潜在负效应
RQ≥100	预期的潜在负效应

4.4.5.2 AQUATOX 模型

AQUATOX 模型是美国国家环境保护局开发的一种综合的水生态系统模型，可以预测化学物质的环境行为并评估其生态风险，如水生态系统中营养物质和有机物质的生态风险。该模型不仅可以预测直接毒性效应，即由化学物质对单一物种的急性和慢性毒性数据（LC_{50} 或 EC_{50}）计算水生态系统生物量的变化，还可以预测由食物网引起的间接生态效应，如碎屑量的增加将导致其在营养循环中的作用增强及在分解过程中的溶解氧消耗增加。模型中各个种群的生理参数主要来源于 AQUATOX 模型数据库或文献资料。

4.4.5.3 物种敏感性分布法

物种敏感性分布（species sensitivity distribution，SSD）方法是由美国科学家 Stephan 和荷兰科学家 Kooijman 于 20 世纪 70 年代末提出的一种生态风险评价方法，当可获得的毒性数据较多时，SSD 能用来计算 PNEC。SSD 假定在生态系统中不同物种可接受的效应水平跟随一个概率函数，称为种群敏感性分布，并假定有限的生物种是从整个生态系统中随机取样的，可认为评估有限生物种的可接受效应水平可表征整个生态系统的可接受效应水平。SSD 的斜率和置信区间揭示了风险估计的确定性，一般用作最大环境许可浓度阈值（HC_x，通常 x 取值 5），HC_5 表示该浓度下受到影响的物种不超过总物种数的 5% 或达到 95% 物种保护水平时的浓度。

4.4.5.4 地积累指数法

地积累指数法（index of geoaccumulation，I_{geo}）是德国海德堡大学 Müller 等在 1969 年研究河底沉积物时提出的一种计算沉积物中重金属元素污染程度的方法，通过计算 I_{geo} 值来评价某种特定化学污染物造成的环境风险程度。计算公式如下：

$$I_{geo} = \log_2 \left(\frac{C_n}{kB_n} \right) \tag{4-16}$$

式中，I_{geo} 为地累积指数；C_n 为元素 n 在沉积物中的浓度；B_n 为元素 n 的环境背景值；k 为考虑各地岩石差异或成岩作用可能引起环境背景值的变动而采取的修正指数，通常表征岩石地质、沉积特征及其他影响。

4.4.5.5 Hakanson 潜在生态风险指数法

Hakanson 潜在生态风险指数法是瑞典科学家 Hakanson 于 1980 年提出的一种风险评价方法，是目前较为常用的评价沉积物中重金属污染程度的方法之一。该方法的重点之一是可以确定重金属的毒性系数，考虑了沉积物中重金属的毒性和其在沉积物中普遍的迁移转化规律，通过重金属总量与区域背景值进行比较，消除了区域差异及异源污染的影响。计算公式为

$$\begin{aligned} E_r^i &= T_r^i \cdot C_f^i \\ C_d &= \sum C_f^i \end{aligned} \tag{4-17}$$

综合潜在生态风险指数（RI 值）为单个重金属的潜在风险参数（E_r^i）之和，计算公式为

$$\text{RI} = \sum E_r^i = \sum (T_r^i \cdot C_f^i) \tag{4-18}$$

式中，E_r^i 表示沉积物中某一重金属的潜在生态风险参数；T_r^i 表示某一重金属的毒性系数；C_f^i 表示为某一重金属的污染参数，为全球工业化前沉积物中某一重金属含量实测值 C_n^i 与表层沉积物中某一重金属含量实测值 C^i 的比值；C_d 为多种重金属的综合污染指数。

利用 Hakanson 潜在生态风险指数法计算得到的结果不仅可以反映单一重金属污染对环境造成的影响，而且能反映多种重金属并存时对环境造成的综合影响。

4.4.6 苹果园中常用农药残留分析方法

中国苹果 IPM 信息网（http://www.Apple-IPM.cn/yjk/list.asp）共公布了 16 种病虫害及其推荐农药，如戊唑醇、苯醚甲环唑、多菌灵、啶虫脒、氟硅唑、氯氟氰菊酯等。为防止苹果树发生各种病虫害，我国主要苹果产区已使用农药 50 种。大量使用农药会导致其在苹果和相关土壤中高残留，这与健康和生态毒性风险密切相关。例如，在苹果（0.002~0.052mg/kg）和相应土壤（0.002~0.298mg/kg）中检测到高水平的苯醚甲环唑残留，同时其在苹果园的使用也会影响附近的地表径流，特别是山间溪流。在中国的苹果产区如甘肃、陕西、河南和山东，小型分散农场是主要的生产单位，为了防止苹果树受到害虫和杂草的威胁，每年大量使用不同种类的杀虫剂。值得注意的是，由于我国大多数果农对农药、害虫和杂草知之甚少，农药的使用处于无序状态，他们关心的是如何控制害虫和杂草，而不是农药的使用量和生态风险。到目前为止，我国有关苹果园农药使用的权威统计资料尚不多见。基于高效液相色谱-紫外检测器（HPLC-UV）、高效液相色谱-质谱（HPLC-MS）、气相色谱-质谱（GC-MS）

和傅里叶变换红外光谱（FTIR）等分析手段，国内外已开发出多种检测农产品、土壤和水体中农药残留的方法。这些方法的检出限（LOD）和定量限（LOQ）一般在 μg/L 或 ng/g 水平，对马拉硫磷、吡虫啉、三唑酮、苯醚甲环唑等农药残留的分析比较灵敏有效。这些方法通常涉及几种或一种农药，如有机磷类农药、有机氯类农药、拟除虫菊酯。但由于对杀虫剂种类及其数量缺乏了解，很少有报道分析苹果园中常用的杀虫剂。在对我国主要苹果产区的苹果园农药使用情况进行问卷调查和总结的基础上，开发了一种基于超高效液相色谱-轨道阱-高分辨质谱（UPLC-Orbitrap-HRMS）的分析方法，并对随机抽取的 14 个苹果园土壤样本进行了有效性评价。

在 60 种调查农药中，有 11 种农药的喷洒频率（SF）较高（＞85%），分别是多菌灵（SF=100%）、戊唑醇（SF=100%）、毒死蜱（SF=92%）、灭幼脲（SF=91%）、噻嗪酮（SF=90%）、苯醚甲环唑（SF=89%）、三唑酮（SF=89%，代谢产物为三唑醇）、啶虫脒（SF=89%）、哒螨灵（SF=86%）和吡虫啉（SF=85%）。这 11 种化合物的残留量在一定程度上可以代表我国农药的整体使用情况。由于 Orbitrap-HRMS（120 000）具有较高的分辨率，为了获得更高的灵敏度、排除样品中的干扰，这里将 11 种农药的 MS^1 数据与纯标准品的质量信息和保留时间进行比较，用于鉴别和定量（表 4-12）。UPLC-Orbitrap-HRMS 比 HPLC-MS/MS 显示了更多的指纹信息。乙腈和水组成的流动相比甲醇和水组成的流动相更容易洗脱农药。加入 0.1% 甲酸有利于农药的正电离，可增强信号强度。采用 ACQUITY UPLC BEH C_{18}（2.1mm×100mm，1.7μm，Waters）作为净化小柱，对洗脱条件进行了优化。流速从 0.2mL/min 增加到 0.4mL/min 时，拖尾减小，但峰度没有改善，特别是多菌灵、吡虫啉和啶虫脒等极性化学品，可归因于物质在溶剂中的洗脱能力高于流动相。在标准溶液中加入一定量的水可以解决这个问题，然而高水平的水（如 50%）会降低农药的溶解度。使用含有 20% 甲醇水的溶剂溶解农药，并作为样品的溶剂。最后，以甲醇/水（80/20，v/v）为溶剂，乙腈和水（含 0.1% 甲酸）为流动相，流速为 0.3mL/min，在 25min 内分离出这 11 种农药，峰重叠很少（图 4-17）。

表 4-12　苹果园常见 11 种农药的化学信息

化合物	分子质量/(g/mol)	MS^1/(m/z)	MS^2/(m/z)
多菌灵	191.19	192.076 81	160.050 69
吡虫啉	255.66	256.059 54，258.056 49	277.216 00，279.231 75
啶虫脒	222.67	223.074 54，225.071 49	126.010 70，196.063 74
三唑醇	295.76	296.115 97，298.113 01	279.231 90，227.083 45
三唑酮	293.75	294.100 43，296.097 35	197.072 94，225.067 86
戊唑醇	307.82	308.152 40，310.149 35	290.141 88，151.031 13
灭幼脲	309.15	309.019 20，311.016 24，313.013 24	156.021 22，138.994 72
苯醚甲环唑	406.26	406.071 87，408.068 85，410.065 89	337.039 34，251.002 53
毒死蜱	350.59	349.933 59，351.930 60，353.927 58，355.924 29	321.902 28，197.927 54
噻嗪酮	305.44	306.163 45	201.105 82，116.053 10
哒螨灵	364.93	365.144 87，367.141 66	309.082 34

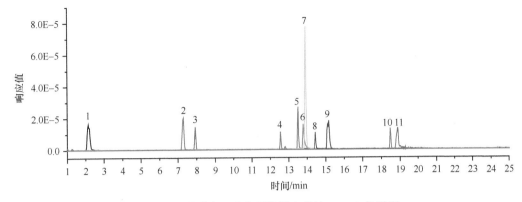

图 4-17 苹果园 11 种主要施用农药的 HRMS 色谱图

1. 多菌灵（10ng/mL）；2. 吡虫啉（20ng/mL）；3. 啶虫脒（10ng/mL）；4. 三唑醇（50ng/mL）；
5. 三唑酮（10ng/mL）；6. 戊唑醇（10ng/mL）；7. 噻嗪酮（10ng/mL）；8. 灭幼脲（50ng/mL）；
9. 苯醚甲环唑（10ng/mL）；10. 毒死蜱（100ng/mL）；11. 哒螨灵（10ng/mL）

该方法的性能见表 4-13，除三唑醇（1～500ng/mL）、灭幼脲（1～500ng/mL）、哒螨灵（2～500ng/mL）和毒死蜱（10～500ng/mL）外，其余农药的校正曲线均在 0.5～500ng/mL。11 种农药均呈良好的线性关系（$R^2 > 0.99$），方法检出限（MDL，S/N=3）为 0.2～1.5ng/g DW，方法定量限（MQL，S/N=10）为 0.6～4.0ng/g DW，MQL 与 HPLC-ESI-MS/MS 法（1～20ng/g）相当。当土壤样品中添加 10ng/g DW、100ng/g DW 和 500ng/g DW 时，回收率在 72.0%～102.4%，SD 值低于 10.5%。日内 RSD 为 1.2%～4.3%，日间 RSD 为 2.3%～4.4%。11 种靶向农药在 50ng/mL 时的基质效应为 93.6%～104.6%，在 500ng/mL 时的基质效应为 92.4%～104.2%，小于 10% 的信号波动说明我们的研究可以忽略基质效应。

表 4-13 苹果园常见 11 种农药分析性能

化合物	回收率 （n=3）/%	基质效应 （n=3）/%	日内 RSD （n=6）/%	日间 RSD （n=3）/%	MDL /(ng/g DW)	MQL /(ng/g DW)
哒螨灵	101.4±3.7	97.2±10.6	2.4	3.0	0.2	0.6
多菌灵	94.6±5.8	96.2±9.8	2.1	2.6	0.8	2.0
吡虫啉	100.8±3.6	98.5±11.6	1.7	2.5	0.2	0.6
啶虫脒	72.0±7.2	93.6±8.3	4.3	2.9	1.2	3.5
三唑醇	82.8±1.1	94.3±12.8	1.0	2.6	0.4	1.3
三唑酮	102.4±10.5	104.6±9.5	3.6	2.4	0.3	1.2
戊唑醇	93.6±1.4	99.8±8.7	4.0	3.8	1.1	3.5
灭幼脲	85.8±2.1	96.7±13.8	3.6	3.6	0.2	0.8
苯醚甲环唑	90.6±5.2	98.5±11.3	2.7	4.4	1.5	4.0
毒死蜱	83.8±4.4	94.6±12.9	1.9	3.7	0.3	1.0
噻嗪酮	90.4±9.5	96.6±14.7	1.2	2.7	0.9	3.2

注：SD 代表标准差，RSD 代表相对标准差

4.4.7　苹果园中常用农药土壤残留实地考察案例

分别于 2017 年 4 月（花期）和 8 月（果实期）、2018 年 3 月（发芽期，年度首次打药）对陕西省咸阳市长武县某苹果园的土壤和大气进行采样，确定了 10 种主要农药及其代谢产物的残留量。同时在山东、山西和陕西等地进行苹果土壤样品采集，以完善基线数据。另外，运用农田环境介质中残留农药的风险商模型、农药人群暴露模型对陕西长武苹果土壤的农药环境效应进行评估。

选取的采样区域为实际苹果种植林地，且试验区与其他农民种植的果树之间没有明显界限（图 4-18），由于各地块间存在化肥和农药施用、除草、松土、苹果树品种等多方面差异，在后期样品的实验室分析及数据处理阶段可能出现特殊情况，但苹果土壤农药残留的时空变化除去个别站位外，从整体上看具有明显的趋势。

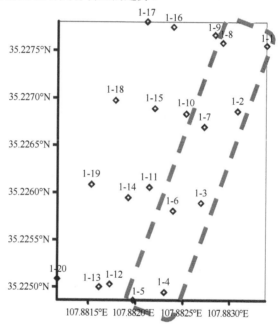

图 4-18　某苹果园土壤采样站位

从时间维度来看，如图 4-19 所示，土壤中的农药残留量在农药喷施后第 1 天急剧升高，浓度最高的站位高达 14 548.51ng/g DW，平均值为 3801.47ng/g，约为打药前一天的 4.3 倍。喷施后进入土壤的农药迅速降解，到打药后第 3 天土壤中农药残留量明显下降，与打药前基本持平（平均为 1110.47ng/g DW），打药后第 5 天较第 3 天残留量没有明显下降，仍保持在 1200ng/g DW 上下。从空间维度来看，1～8 号站位为试验区（喷施农药毒死蜱），9～20 号站位为对照区（喷施农药时间及种类不明），试验区农药残留量在打药前后明显呈倒"U"形，打药后第 3 天土壤中毒死蜱的残留量明显下降，站位 1 浓度偏低主要由农药在人工喷施过程中分布不均所致。对照区土壤中存在一些特殊点如站位 14，可能点源污染造成该处土壤农药残留量异常偏高。从整体上看，农药喷施后第一次采样试验区土壤农药残留量明显高于对照区，约为对照区的 1.9 倍，其他时间的样品两个区域农药残留量则无明显差异。由此可见，农药喷施后在土壤中的残留量会迅速上升，之后不多于 3d 即可降解至较低浓度。

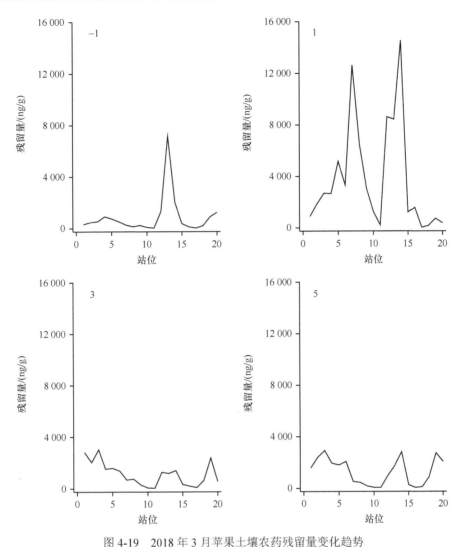

图 4-19　2018 年 3 月苹果土壤农药残留量变化趋势

图中-1 和 1、3、5 分别表示喷施农药前一天和喷施后第 1 天、第 3 天、第 5 天，图 4-20 和图 4-21 同

2018 年 3 月采样以毒死蜱的喷施时间为参考节点，分别采集喷施前一天及喷施后第 1 天、第 3 天、第 5 天土壤样品。结果显示（图 4-20），试验区土壤中毒死蜱残留量在 4 批样品中发生了明显的变化。打药前一天，土壤中毒死蜱残留量非常低，试验区仅为（81.24±35.99）ng/g DW，对照区毒死蜱残留量为（298.52±405.54）ng/g DW，是试验区的约 3.7 倍。打药后第 1 天，试验区毒死蜱残留量急剧上升，达到（3468.29±3487.70）ng/g DW，之后迅速回落，到第 3 天残留量即减少至（1236.32±797.91）ng/g DW，之后发生进一步降解，打药后第 5 天变为（1010.91±679.61）ng/g DW，已经是打药后第 1 天的约 30%。对照区在打药前后农药毒死蜱的残留量也在一定程度上发生了变化。打药后第 1 天为（1684.81±2751.55）ng/g DW，打药后第 3 天为（287.31±327.14）ng/g DW，打药后第 5 天为（322.53±347.56）ng/g DW。对照区的残留量变化可能受到试验区农药喷施的影响，也可能由其他农户在这一时间段也喷施毒死蜱所致。由于对照区种植作物多样化，农药喷施不限于毒死蜱，且农药喷施时间不确定，因此与试验区进行对照具有实际意义。

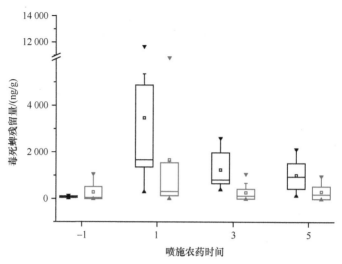

图 4-20　毒死蜱残留量变化趋势

黑色代表试验区；蓝色代表对照区

2017 年 8 月试验区农民喷施农药为戊唑醇，打药前一天及打药后第 1 天、第 3 天、第 5 天在土壤中残留量的变化如图 4-21 所示。与毒死蜱不同，戊唑醇在土壤中的残留量没有明显由低到高再降低的变化趋势。可能是由于降雨形成的暂时性地表径流，或风的影响及对照区中其他农户喷施农药对试验区产生明显影响，因此戊唑醇在打药前一天残留量为（123.12±66.00）ng/g DW，打药后第 1 天为（107.24±64.24）ng/g DW，打药后第 3 天[（169.88±128.64）ng/g DW] 及第 5 天[（199.16±207.89）ng/g DW] 残留量增大（图 4-21）。

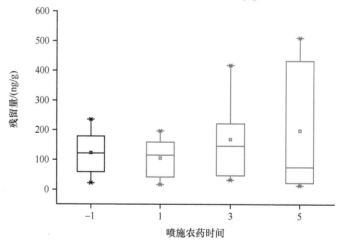

图 4-21　戊唑醇残留量变化趋势

选择蚯蚓作为参照生物，根据土壤中农药对蚯蚓的半致死浓度（LC_{50}）确定预测无效应浓度（PNEC），以得到风险商，从而进行土壤中农药的环境风险评价。11 种农药对蚯蚓的毒性数据（LC_{50}）来自农药特性数据库（PPDB），评估因子（assessment factor，AF）=1000 来自欧洲化学品管理局（ECHA），具体计算见表 4-14。

表 4-14　苹果土壤中农药 RQ

农药	LC$_{50}$/(mg/kg)	PNEC/(ng/g)（AF=1000）	预测环境浓度//(ng/g)	RQ
毒死蜱	29	129.00	211.61	1.64
			2398.20	18.59
			666.91	5.17
			597.88	4.63
啶虫脒	5.4	5.40	0.39	0.07
三唑醇	390.5	390.50	0.66	0.002
噻嗪酮	500	500.00	15.92	0.03
哒螨灵	19	19.00	46.69	2.46
苯醚甲环唑	610	610.00	140.21	0.23
灭幼脲	500	500.00	141.74	0.28
戊唑醇	1381	1381.00	357.96	0.26
三唑酮	50	50.00	0.77	0.02
吡虫啉	10.7	10.70	80.46	7.52
多菌灵	5.4	5.40	16.40	3.04

注：毒死蜱为喷施农药，因此按照打药前一天及打药后第 1 天、第 3 天、第 5 天的 PNEC 计算 RQ

由表 4-14 可知，土壤中 11 种农药的 RQ 大部分小于 1。低风险（0.01＜RQ＜0.1）的农药有 4 种，占 36.4%，包括啶虫脒（RQ=0.07）、三唑醇（RQ=0.002）、噻嗪酮（RQ=0.03）、三唑酮（RQ=0.02）。中等风险（0.1＜RQ＜1）的农药有 3 种，占 27.3%，包括苯醚甲环唑（RQ=0.23）、灭幼脲（RQ=0.28）、戊唑醇（RQ=0.26）。其余 4 种属于高风险（RQ＞1）农药，包括毒死蜱、哒螨灵（RQ=2.46）、吡虫啉（RQ=7.52）和多菌灵（RQ=3.04）。尤其值得注意的是毒死蜱，在打药前一天其 RQ 就超过 1，属于高风险农药，在打药后第 1 天，RQ 更是高达 18.59，具有非常大的环境风险。打药后毒死蜱降解速度较快，到打药后第 3 天，RQ 降至 5.17，与 3d 前相比降低 72.2%。之后，随着毒死蜱在土壤中的残留量降低，RQ 继续降低，到打药后第 5 天为 4.63，不足打药后第 1 天的 1/4，但是依然具有很高的环境风险。

4.5　农药施用基线与环境效应关系模型

4.5.1　产地环境农药残留及其环境影响

农药作为必要的农业投入品，施用到环境后，特别是过量使用后，将增加产地环境中的农药载荷量，威胁生态健康。根据 2015 年农业部数据，使用农药后，我国水稻、玉米、小麦三大粮食作物的农药平均利用率仅为 36.6%，其他 60% 左右的农药通过各种途径进入产地环境，如通过土壤吸附和淋溶、挥发、生物富集等方式进入产地环境各种介质，威胁产地环境健康及有益生物生存。过量使用农药，不仅增加防治病虫草害的成本、增加农药残留超标风险，而且会对农业产地环境造成危害。过量使用农药会造成产地环境土壤和水体中农药残留量增加，会影响农业生态安全而导致生物多样性下降，如氟虫腈及其代谢产物均可对水生无脊椎动物造成危害，而且会对产地环境中的有益生物造成危害，如多种农药会降低土壤中蚯蚓的存活数量，对瓢虫和赤眼蜂等害虫天敌的种群安全构成威胁。

　　农药对水质的污染主要是散落在土壤中的农药随着降雨及灌溉水污染地表水、地下水资源,进而影响生物体健康(李湄琳,2017;周一明等,2018)。在水体环境中,不同农药残留污染的程度和范围不同,对水环境污染的程度也不相同。一般情况下,以浅层地下水污染最重,但污染范围较小;自来水与深层地下水因经过净化处理或土壤吸附过滤,污染程度相对较轻。在我国,水体环境中农药残留问题早已广受关注。王建伟等(2016)在2015年的研究中发现,江汉平原地下水中有机磷农药整体含量范围为31.5~264.5ng/L,含量最高的是氧化乐果、甲胺磷、二嗪农,分别为54.3ng/L、32.1ng/L、27.8ng/L,并且农药的含量随着水深深度的增加而升高,宋严等(2016)的研究表明,青狮潭库区六六六和滴滴涕含量仍然很高,六六六的最大浓度高达455.66ng/L,滴滴涕最大浓度高达91.89ng/L。设施蔬菜农药残留问题给水环境带来巨大影响,水体被农药污染后,鱼类及其他水生生物数量会大大减少,生态环境遭到破坏,同时间接给人类的健康带来了严峻的挑战(张秀玲,2013)。斜生栅藻、大型溞和斑马鱼均是常见的水生生物,是用于评价农药对水环境毒性效应的重要指示生物,李远播(2013)研究了设施蔬菜常用的几种农药(三唑醇、腈菌唑和戊唑醇)对这三种水生生物的急性毒性,发现这三种水生生物对农药的敏感性存在差异,但都造成了生长缓慢甚至致死的毒性效应。接触环境相关浓度的农药会持续降低存活率,氨基甲酸酯和氯丙烷在研究中对水中两栖动物产生严重影响(Baker et al.,2013)。研究发现当接触环境相关浓度的农药时,会使暴露的两栖动物和鱼类的游泳速度降低35%,总活性降低72%,这可能反映了潜在的生理过程(Shuman-Goodier and Propper,2016)。在研究阿特拉津及其他农药的毒理效应时,在鱼类和两栖动物性腺形态、性激素浓度、免疫功能和生长指标方面共同观察到了亚致死效应(Rohr and McCoy,2010;Ghose et al.,2014)。

　　实施农药减量控害,改进施药方式,有助于提高防治效果,减轻农业面源污染,保护农田生态环境,促进生产与生态协调发展。在保障粮食和农业生产稳定发展的同时,我们应统筹考虑生态环境安全,减少农药面源污染,保护生物多样性。根据农业部(现农业农村部)数据,2017年我国农药使用量已连续三年负增长,农药利用率为38.8%,比2015年提高2.2个百分点,相当于减少农药使用量3万t,减少生产投入12亿元。2017年,全国绿色防控面积超过5.5亿亩,绿色防控覆盖率达到27.2%,比2015年提高4.1个百分点。农药使用量零增长行动的开展,保障了农产品质量安全及产地环境健康。

4.5.2　农药环境风险评价

　　农药环境风险评价在农药开发、注册登记和管理决策等方面发挥了关键作用,因此目前世界上许多发达国家和发展中国家都开展了农药环境风险评价,其中以美国和欧盟的风险评价体系最完备。美国于1992年提出的《生态风险评估框架》(Framework for Ecological Risk Assessment)为农药的环境风险评价制度(risk assessment forum)奠定了基础,1998年发布的《生态风险评估指南》(Guidelines for Ecological Risk Assessment)为农药环境风险评价提供了具体的准则。美国对地表水水生生态系统的农药风险评价主要包括生态受体(ecological receptor)的选择、评价终点(assessment endpoint)的确定、暴露评价(exposure assessment)及风险表征(risk characterization)4部分。

　　美国EPA主要选择鱼类和水生无脊椎动物作为评价水生生物风险的代表。评价终点的选择主要包括急性和慢性影响,对于鱼类主要涉及LC_{50}和NOEC,对于水生无脊椎动物主要涉及EC_{50}和NOEC。

水生生态的暴露评价主要研究农药在地表水环境中的时空分布规律，从而得到预测环境浓度（estimated environmental concentration，EEC），这一数值反映了农药在地表水中可能的残留浓度。EEC 值可通过假设估算、模型预测或实际监测 3 种方式获得。假设估算是暴露评价中最简单、最保守的方法，主要根据农药使用量、农田面积、农药飘失量、农药流失量及水体体积来估算水体中的农药浓度。美国的假设标准取决于农药施药方式，当采用飞机喷雾方式时，假设飘失量为 5%；当采用地面喷雾方式时，假设飘失量为 1%。EPA 通常会使用暴露模型来获得 EEC。实际监测是实地对地表水环境中的农药残留量进行监测，典型的、有质量保证的监测数据优于模型预测环境浓度，可以用来验证和改善模型，但实际检测的成本很高。

对于风险表征，EPA 主要采用商值法和多级生态风险评价法。商值法的基本原理是将暴露评价中得到的 EEC 与鱼类和水生无脊椎动物的评价终点（如 LC_{50} 和 NOEC）进行比较，得到风险商（RQ），将 RQ 与 EPA 制定的风险关注水平（levels of concern，LOC）进行比较，就得到了该农药的地表水环境风险判断。多级生态风险评价法是指由初级风险评价过渡到高级风险评价的方法。初级风险评价主要以保守假设和简单模型为基础，对农药的环境安全性进行初级筛选，主要关注最有风险的农药及其使用方式；更高级的风险评价需要更多的数据及使用更接近真实情况的更复杂模型或者进行实际监测，以期与真实的环境更贴近，从而进一步确认筛选评价过程所预测的风险是否仍然存在。美国和欧盟是目前世界上开展农药生态风险评价研究最多、技术水平最高的国家和地区，普遍应用多级风险评价方法评价农药的地表水生态风险（顾宝根等，2009）。

在农药环境风险评价方面，欧盟和美国的情况类似。欧盟农药风险评估由欧洲食品安全局（EFSA）开展，农药风险管理由欧盟理事会负责。1993 年成立的欧盟农药工作组（FOCUS）先后对农药及化学品风险评估做出了要求及规定，并列入欧盟委员会指令 91/414/EEC。此后于 2002 年颁布了《水生生态毒理学工作指导书》（Guidance Document on Aquatic Ecotoxicology）。欧盟的地表水环境风险评价体系也与美国相似，包括保护目标选择（protection goal）、生态毒理学影响评价（ecotoxicological effects assessment）、暴露评估（exposure assessment）和风险表征（risk characterization）4 部分。欧盟的地表水农药暴露模型主要为 SWASH（surface water scenarios help）模型，它是连接 MACRO、PRZM 和 FOCUS_TOXSWA 三个模型的界面，用于完成参数录入并协调 3 个模型的工作。农药可以喷雾飘失、排水沟排水及地表径流 3 种途径进入地表水，使用喷雾飘失分散参数表、MACRO、PRZM 和 FOCUS_TOXSWA 即可算出 FOCUS 地表水场景中的农药暴露浓度。

欧盟通过毒性暴露浓度比值（toxicity exposure ratio，TER）和多级生态风险评价法来对农药的地表水生态系统风险进行表征。毒性暴露浓度比值是指生态毒理学影响水平与地表水中农药暴露浓度的比值，包括急性（TERst）和慢性（TERlt）比值。在计算过毒性暴露浓度比值（TER）后，将其与欧盟法案 91/414 附件 VI 中的阈值（trigger value）进行比较，判断风险：当 TERst＜100（阈值）或者 TERlt＜10（阈值）时，该农药对水生生物具有高风险。此外，周军英和程燕（2009）总结了欧盟与美国水生生态风险评价的 4 个层次。

我国的农药环境风险评价工作刚刚创建，目前正在开发适合我国国情的地表水生态系统中农药的环境风险评价体系。由于我国农药使用情况和地表水水生生态系统复杂，创建我国自己的风险评价体系势在必行。

4.5.3 农田和区域尺度农药施用基线与环境效应关系模型

农药施用基线与环境效应关系模型的建立，与污染物环境效应评价方法和模型密切相关。目前，常用的污染物环境效应评价模型有物种敏感性分布法、内梅罗指数法和风险商法，现将这 3 种方法——进行介绍，用于农药施用基线与环境效应关系模型的建立。基于项目要求，根据不同效应评价方法和模型的特征，采用内梅罗指数法和风险商法构建农田尺度农药基线与环境效应关系的模型，采用物种敏感性分布法构建区域尺度农药施用基线和环境效应关系的模型。风险商法能够直接进行单一农药评价，同时能够进行简单的加和，这样便要求多种农药具有相同的毒性机理，所以可以采纳该模型对单一农药或者毒性机理相同的多种农药在单一介质中进行评价。由于内梅罗指数法在数学统计意义上进行多种污染物的综合效应评价，可补充风险商法的缺陷，因此采用内梅罗指数法进行毒性机理不同的多种农药的环境效应评价。由于物种敏感性分布法基于多物种对污染物的敏感效应，而农药使用对区域范围内的物种会产生不同程度的干扰效应，因此该模型可用于区域尺度多种农药施用基线与环境效应关系的建立。以下将详细介绍这 3 种模型的概念、公式、原理及应用。

4.5.3.1 农田尺度单一农药模型——风险商法

环境效应评价一般可以参照风险评估一般方法。

每项保护目标的环境效应评估一般也可采用分级评估的方法，通常先以保守假设使用简单暴露模型工具和效应结果进行初级评价，当效应不可接受时，使用更多的数据和更复杂的模型进行高级风险评估，必要时进行实际监测研究，以最大限度地接近实际环境条件。

暴露分析应综合农药性质、施药方法、作物类型与生长期、环境条件、生态物种特征参数等因素，依据农药的环境归趋，对保护目标在相关介质中的预测环境浓度（PEC）或剂量（PED）进行量化分析估算。

效应分析应运用现有技术在不同农药暴露剂量或浓度下，对不同生态水平（个体、种群、群落或系统）产生的不良效应进行量化分析估算。

在分析评估中，根据数据和信息的数量多少或可靠性，效应评估的任何层级都可与暴露分析的任何层级关联起来，反之亦然。既可用初级效应分析的结果与初级暴露分析的结果相关联进行风险表征，也可以用初级效应分析的结果与高级暴露分析的结果相关联进行风险表征。

1. 评估程序

农药环境效应评估程序包括问题阐述、暴露分析、效应分析、风险表征 4 个过程。

（1）问题阐述

明确具有代表性的环境保护目标，分析风险发生范围、程度，选择可行的评估方法和评估终点，确定评估内容和计划。

（2）暴露分析

初级暴露分析：以保守假设使用简单数字模型工具、实验室获得的化合物基本特征参数、简单环境场景进行暴露量的初步估算。

高级暴露分析：当初级暴露分析结果无法满足评估要求时，应进一步获取更多、更详细的化合物特征参数、复杂的环境场景信息，并建立更完善、更精细的数学模型进行接近实际情况的暴露量估算。

实际监测：当使用初级或高级暴露分析结果仍无法反映实际暴露情况时可进行实际监测研究，以获得实际的暴露量或浓度数据。

暴露分析一般使用以下信息和参数：监测数据、农药的物理化学特性、农药的代谢途径及其代谢产物、农药的环境归趋（降解和吸附/解析特性等）、农药的作用方式和作用机理、剂型、施药方法、作物类型与生长期、土壤特性、气象参数等地理信息。

（3）效应分析

初级效应分析：可使用 GB/T 31270—2014 或其他特定的试验准则在实验室条件下进行试验，以获得的单一生态物种毒性数据作为效应终点值进行初级效应分析。

高级效应分析：可使用室外人工模拟生态系统试验（如半田间试验、中/微宇宙试验）等方法获得既定效应浓度和/或无效应浓度。

不确定因子：不同生态毒性数据应选择对应的不确定因子合理外推 PNEC（PNED）值。不确定因子一般随着不同生态水平（单物种、种群、群落或系统）效应终点值的使用而逐步缩小。

（4）风险表征

风险表征一般采用风险商进行定量描述：

$$RQ = \frac{PEC}{PNEC} \tag{4-19}$$

式中，RQ 为风险商；PEC 为预测的环境浓度；PNEC 为预测无效应浓度。PEC 和 PNEC 需采用相同的单位。

当评价毒性机理相同的多种农药时，将多种农药的 RQ 值进行加和。RQ≤1，即暴露浓度（剂量）低于或等于无作用浓度（剂量），即风险效应可接受；RQ＞1，即暴露浓度（剂量）高于预测无作用浓度（剂量），则风险效应不可接受。

如采用合理的风险降低措施后风险可接受，应在风险表征时对采用的风险降低措施进行重新评估和描述。

4.5.3.2　农田尺度多农药模型——内梅罗指数法

1. 标准内梅罗指数

内梅罗指数法是由美国学者 N. L. Nemerow 提出的，该方法在评价各领域的污染状况方面得到了普遍的应用，如水体的污染程度、土壤的污染程度等。内梅罗指数是多因子计权型环境质量指数，计算过程中兼顾极值，并突出最大值的贡献度，传统的内梅罗指数评价结果能反映综合污染状况。其计算公式为

$$N_i = \frac{C_i}{S_{ij}} \tag{4-20}$$

$$N_{ave} = \frac{1}{n} \sum_{i=1}^{n} N_i \tag{4-21}$$

$$N = \sqrt{\frac{N_{ave}^2 + N_{max}^2}{2}} \tag{4-22}$$

式中，C_i 为污染因子 i 的实测值；S_{ij} 为污染因子 i 对应的标准浓度，此处选用Ⅲ类标准，$j=3$；N_{ave} 为 N_i 的平均值，N_{max} 为 N_i 的最大值；n 为污染因子数量；N 为标准内梅罗指数法的综合值。

2. 标准内梅罗指数法结果说明

标准内梅罗指数法特别考虑了评价因子中最大项对结果的影响，突出了最大项因子对结果的贡献。此外，内梅罗评价法还考虑了平均值的贡献，其对环境因素的评价结果也会造成影响，即考虑所有因子对环境的影响，评价结果较为全面、客观。

应用由各因子分指数计算出的综合评分值，能较为客观地反映环境质量是否满足相关评价要求。当 $N>1$ 时，环境质量不能满足评价要求；当 $N=1$ 时，环境质量刚好满足评价要求；当 $N<1$ 时，环境质量能满足评价要求。

3. 利用内梅罗指数法评价水体环境效应

内梅罗指数评价法是《地下水质量标准》（GB/T 14848—1993）推荐的评价方法，针对所选评价指标，按照 GB/T 14848—1993 划分为五类，内梅罗指数在水质评价中得到广泛应用，虽计算结果具有局限性，但可用来评价农药在水体中的环境效应。

内梅罗指数评价法步骤如下。

对水环境因子的单项组分所属类别进行划分，得出水质的单项分组评价等级。各单项指标实测值 C_i 与 GB/T 14848—1993 的 S_{ij} 进行比较，各评价指标不同类别标准值相同时，从优到劣，确定该项检测指标所属类别，各类别规定如下：

类别	I	II	III	IV	V
F_i	0	1	3	6	10

按照以下公式计算内梅罗指数评价法的综合评分值 F。

$$F_{ave} = \frac{1}{n}\sum_{i=1}^{n} F_i \qquad (4\text{-}23)$$

$$F = \sqrt{\frac{F_{max}^2 + F_{ave}^2}{2}} \qquad (4\text{-}24)$$

式中，F_{max} 为单项指标评分值 F_i 的最大值；F_{ave} 为各单项指标评分值 F_i 的平均值；N 为评价指标数量。

根据综合评分值 F 来确定农药对水体环境的影响，获得的多种区域环境综合评分值进一步比较，可以获得农药与水体环境效应的关系。

4. 利用内梅罗指数法评价土壤环境效应

土壤环境效应的评价与土壤环境质量评价息息相关，涉及评价因子、评价标准和评价模式。评价因子数量与项目类型取决于监测的目的与现实的经济及技术条件。评价标准通常采用国家土壤质量标准、区域土壤背景值或部门（专业）土壤质量标准。评价模式常用污染指数法或者与其相关的评价方法。

（1）效应指数、超标率（倍数）评价

土壤环境效应评价一般以单项污染指数为主，指数小污染轻，指数大则污染重。当区域内土壤环境质量作为一个整体与外区域进行比较或者与历史资料进行比较时，除采用单项污染指数外，还常采用综合污染指数。由于区域背景差异较大，用土壤污染累积指数更能反映土壤的人为污染程度。土壤污染物分担率可用于评价确定土壤的主要污染物项目，污染物分担率由大到小排序，污染物主次也同次序。除此之外，土壤污染超标倍数、样本超标率等统计量也能反映土壤的环境状况。污染指数与超标率等的计算公式如下：

$$土壤单项污染指数=土壤农药实测值/土壤农药质量标准 \tag{4-25}$$

$$土壤污染累积指数=土壤农药实测值/农药背景值 \tag{4-26}$$

$$土壤污染物分担率（\%）=（土壤某项污染指数/各项污染指数之和）×100\% \tag{4-27}$$

$$土壤污染超标倍数=（土壤某农药实测值-某农药质量标准）/某农药质量标准 \tag{4-28}$$

$$土壤污染样本超标率（\%）=（土壤样本超标总数/监测样本总数）×100\% \tag{4-29}$$

（2）内梅罗污染指数环境效应评价

利用内梅罗指数法评价土壤环境效应，计算公式如下：

$$P_{N} = \sqrt{\frac{PI_{ave}^{2} + PI_{max}^{2}}{2}} \tag{4-30}$$

式中，P_{N} 为内梅罗污染指数；PI_{ave} 和 PI_{max} 分别是平均单项污染指数和最大单项污染指数。

内梅罗污染指数反映了各农药对土壤的作用，同时突出了高浓度农药对土壤环境的影响，可按内梅罗污染指数划定效应等级。内梅罗污染指数土壤环境效应等级标准如表 4-15 所示。

表 4-15　内梅罗污染指数土壤环境效应等级标准

等级	内梅罗污染指数	污染等级
Ⅰ	$P_{N} \leqslant 0.7$	清洁（安全）
Ⅱ	$0.7 < P_{N} \leqslant 1.0$	尚清洁（警戒线）
Ⅲ	$1.0 < P_{N} \leqslant 2.0$	轻度污染
Ⅳ	$2.0 < P_{N} \leqslant 3.0$	中度污染
Ⅴ	$P_{N} > 3.0$	重污染

4.5.3.3　区域尺度模型——物种敏感性分布法

物种敏感性分布（SSD）方法是 1978 年由美国 EPA 提出的用于制定水质基准的方法，现在已经被广泛应用于生态风险评价领域。SSD 摒弃了以往单一物种，单一污染物的模式，而是通过选择某个概率分布并拟合 SSD 曲线的方法，描述某一种污染物对一系列物种的毒性。这一物种系列可以是某一类生物的序列、一部分选定物种的组合或者一个自然群落。因此，SSD 是从生态系统的角度分析不同污染物对不同物种的危害程度，进而对生态风险进行评估。SSD 有正向与反向两种用法。正向用法主要用于生态风险评价，即已知污染物浓度水平，通过 SSD 曲线计算潜在影响比例（potential affected fraction，PAF），即用于表征生态系统或者不同类别生物的生态风险；而反向方法通过计算 HC$_5$（即对研究物种的 5% 产生危害的污染物浓度值）来制定环境质量基准。本部分内容主要使用正向方法来评价污染物的环境效应。

1. SSD 的原理

SSD 的基本假设是，一组生物的敏感性（LC$_{50}$ 等）可以用一个带有参数的分布公式来描述，如正态分布、逻辑斯蒂分布等。可用的生态毒理数据可以看作是生态系统敏感性分布的一个样本，用来对 SSD 分布参数进行估计。用不同生物毒理数据（NOEC 或 LC$_{50}$ 等）的浓度值（μg/L）对这组数据以大小排列的分位数作图，并选用一个分布对这些点进行参数拟合，就得到 SSD 曲线（陈波宇等，2010）。

2. SSD 的构建和应用

SSD 的构建和应用主要有如下几个步骤：①毒理数据获取；②物种分组和数据处理；③ SSD 曲线拟合；④ HC$_5$ 和 PAF 计算；⑤多种污染物联合生态风险（multi-substance PAF，msPAF）计算。

（1）毒理数据获取

SSD 的构建可以使用 LC$_{50}$（或 EC$_{50}$）或 NOEC 等急性或慢性毒性数据，本研究使用急性毒性数据构建 SSD，利用美国国家环境保护局 ECOTOX 数据库（http://www.epa.gov/ecotox/），搜集农药对水生生物的毒理数据。

（2）物种分组和数据获取

对于同一物种有多个数据的情况，采用其所有浓度数据的几何平均数。为了从生态系统的不同层次进行研究，将物种按照以下 3 种情况分类处理：①不对物种进行分类，整体分析不同重金属对所有物种的影响；②将所有物种分为脊椎动物和无脊椎动物进行分析；③将物种按其生物组别（如鱼类、甲壳类等）进行分析。所有物种包括脊椎动物和无脊椎动物，脊椎动物包括鱼类和两栖动物，无脊椎动物包含甲壳类、昆虫和蜘蛛类、软体动物、蠕虫及其他无脊椎动物等。对于数据量太小（物种数小于 10）的动物物种，则不对其详细分析。

（3）SSD 曲线拟合

以毒理数据浓度值作为 x 轴，将数据点进行参数拟合得到 SSD 曲线。拟合的形式有 Log-Normal、Log-Logistic 或 Log-triangular 等。可采用 Burr Ⅲ 型分布进行 SSD 曲线的拟合。Burr Ⅲ 型分布是一种灵活的分布函数，对物种敏感性数据拟合特性较好，在澳大利亚和新西兰的环境风险评价与环境质量标准制定中被推荐使用（陈波宇等，2010）。

第5章 化肥和农药减施增效环境效应评价 指标体系与评价方法

随着我国经济发展和科技进步，国内日益增长的粮食和环境需求与我国落后的施肥施药技术构成了农业生产中的主要矛盾。为了在保障粮食安全的同时降低环境影响和避免生态恶化，使我国农业生产能够得到可持续发展，探究不同尺度下化肥和农药减施增效技术环境效应的评价指标体系、评价方法显得尤为重要。因此，本章在分析国内外化肥和农药施用评价指标、评价方法的基础上，依据我国农业生产实际情况，提出了客观"双减"技术实施后环境效应的评价指标体系和评价方法，并开展了农田和区域尺度的实证分析，为我国农业生产方式改进、生产布局调整及农田生态环境保护与管理提供科学依据。

5.1 化肥和农药减施增效环境效应评价指标体系

5.1.1 化肥减施增效环境效应评价指标体系

5.1.1.1 国内外化肥减施增效环境效应评价指标体系的研究现状

农业可持续发展离不开粮食收益和环境影响两个方面。从社会角度来说，农业可持续发展考虑的是环境的容纳能力（Barbier，1987）。而从环境角度考虑，如果一项农业活动的污染排放和对自然资源的利用能够得到环境的长期支持，那么它就是可持续的。有效的农业管理活动是农业可持续的基础，而优化农业管理措施的环境效应则是农业生产实践的重要核心。环境效应的优化，需要通过不同管理措施的对比来开展，而这则需要评判管理活动之间的优劣。基于此，农田施用化肥后环境的评价方法显得尤为重要，是可持续发展的标尺和评判官。

已经有相当多的科研人员开展化肥施用后农田环境效应的评价，然而，由于农田环境的复杂性，大多数研究侧重于主单一变量对环境的影响（Payraudeau and van der Werf，2005）。其中大多集中于农田管理对土壤和水体的影响。例如，将地下水硝酸盐含量作为农田水体环境的评价指标（Chung and Lee，2009），将农田土壤氮平衡（Binder et al.，2010）作为氮肥施用后土壤累积量的评价指标等。这些定义目标更多是基于单因素考虑或者未能明确指出肥料损失后对环境的危害程度，而实现多目标评价则需要对不同度量指标进行整合，如将经济因素纳入考量，在保证农业收入和产出的前提下进行环境效应的评价。

5.1.1.2 化肥减施增效环境效应评价指标体系的创建

化肥施用环境效应评价指标体系以农田产量和环境影响为目标，其特征主要是在时间尺度上反映农田环境效应，在空间尺度上反映农田生态系统整体环境效应的差异性和分布特征，从不同层次上反映不同施肥措施的农田环境效应。建立量化指标体系应遵循如下原则：科学性、动态性和可操作性等。

科学性：指标体系建立在一定的科学理论基础之上，概念的内涵和外延明确，能够度量和反映不同尺度施肥措施环境效应的主体特征、发展趋势与主要问题。

动态性：时空变化是不同化肥施用技术的主要特征之一，并且不同施肥措施对环境的影响程度及其空间分布都会随着时间发生动态变化，因此，在设置指标体系时，必须使其时间和空间尺度的差异得以体现。

可操作性：指标具有可测量性和可比性；指标的获取具有可能性，易于量化；指标的设置尽可能简洁，避免繁杂。

不同施肥措施环境效应评价结果的科学性基于评价指标体系的科学性，因此，我们首先要对农田肥料施用造成环境影响的主要元素（氮和磷）的循环进行了解，除了降雨和灌溉，化肥施用是农田氮磷元素的主要来源，但这些元素由于特定的农田环境条件和作物生产情况并未完全被作物吸收利用，而未被利用的氮磷元素，一部分储存在土壤中，另一部分则进入大气和水体等环境当中。这些进入环境中的元素会对环境产生重要的影响，如导致水体富营养化、酸雨效应、温室效应和臭氧层破坏等。如果我们把作物生产产生的各种环境影响看作"果"的话，那么施肥事件则是与之对应的"因"。图 5-1 展示了一次施肥事件产生环境效应的完整因果链，而施肥措施环境效应评价基于这种因果链选取指标显得更具有科学性和实用性。因果链开始端指标（如施用氮肥）相对于因果链末端指标（由富营养化导致物种减少）是不容易定量化获得的。因果链开始端指标与环境目标的关系现在还不能科学界定，因此不能实际评估施肥措施的环境效应。相对而言，因果链末端指标直接反映了施肥技术对环境的影响，但理想化末端指标的获取往往需要十分全面的数据采集和极复杂的模型，这无疑增加了评价的成本及不确定性。所以在实践中，通常使用那些基于方法容易测量的指标。我们在考虑指标时，应该更倾向于选择因果链末端指标，如果这种指标难以获取，我们选择因果链中效应范围内容易测量的中间指标。因此，基于目前的研究水平和结果，我们选取与温室气体排放相对应的 N_2O、CH_4 排放，体现土壤固碳水平的土壤有机碳（SOC）变化，与酸雨效应相对应的 NH_3 挥发，与水体富营养化相对应的氮磷径流和氮淋失，以及反映臭氧层破坏的 N_2O 作为评价指标（图 5-2）。下面分农田和区域两个尺度分别阐述。

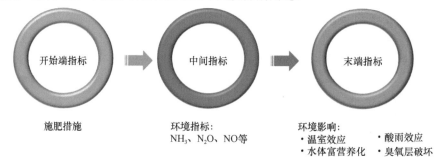

图 5-1　农业施肥措施与环境效应因果链

1. 农田尺度化肥减施增效技术环境效应评价指标体系

农田尺度化肥减施增效技术环境效应评价指标体系由约束性指标、控制性指标和参考性指标 3 个层次构成，共计包括 8～10 个指标（不同农田种植模式会有所区别），覆盖与化肥施用相关的水体、土壤、大气、生物等环境指标，主要用来体现与化肥施用相关的水体富营养化、环境酸化、温室效应、臭氧层破坏等环境效应类型（表 5-1）。

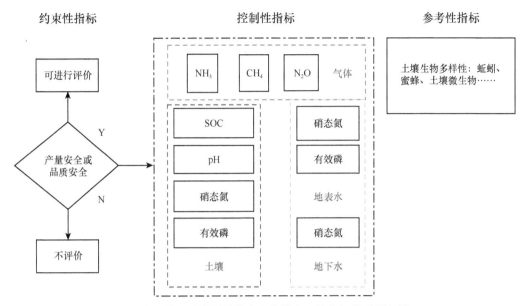

图 5-2　化肥减施增效技术环境效应评价指标体系框架图

表 5-1　农田尺度化肥减施增效技术环境效应评价指标体系

指标层次	指标	指标的解释
约束性指标	作物产量（或品质水平）	对于粮食作物，主要是指产量；对于经济作物（果树、茶叶等），主要是指品质水平
控制性指标	与水体、土壤、大气等环境效应评价相关的指标	碳氮痕量气体（NH₃、CH₄、N₂O）；土壤有机碳（SOC）含量；径流损失的氮素（主要是硝态氮）和磷素（主要是有效磷）；淋溶损失的氮素等指标
参考性指标	对评价有参考性的生物指标	土壤动物（蚯蚓）、土壤微生物等（可以根据不同区域、不同作物来选择）

（1）约束性指标

主要指作物的产量（或者品质水平）。对于粮食和蔬菜作物，主要是指产量；对于经济作物（果树、茶叶等），主要是指品质水平。约束性指标是指实施的减施增效技术与当地农民常规种植技术相比，必须保证与之相当的产量（或品质水平），这是由我国"人多地少，必须保证需求"的国情确定的，因此，作为评价的前提条件，必须符合要求才给予评价。

（2）控制性指标

主要指与水体、土壤、大气等环境效应评价相关的指标。

气体：主要包括污染气体（NH₃）、温室气体（CH₄ 和 N₂O）。NH₃ 既是污染气体，也是造成环境和土壤酸化的重要物质。CH₄ 和 N₂O 都是主要的农业源温室气体，且受化肥施用影响较大。

土壤：主要包括表征土壤肥力的土壤有机碳（SOC）变化。

水体：主要包括与地下水和地表水质量相关的氮磷速效养分量；与地下水环境质量相关的淋溶损失的总氮和硝态氮指标；与地表水环境质量相关的径流损失的硝态氮和有效磷指标。

（3）参考性指标

指对评价有参考性的生物指标，主要包括土壤蚯蚓、土壤微生物量等，这类指标通常不易获取和测定，且受环境影响波动较大，可以用来辅助评价不同化肥减施增效技术对环境的影响。

由于我国生态类型区各异，作物种类和种植模式众多，因此，不同区域、不同作物或种植模式的评价指标体系会有所差别。在水体环境效应方面：对于北方小麦、玉米、设施蔬菜等作物，施肥对水体的影响一般只涉及地下水，而不包括地表水，因此选择的指标主要是硝态氮的淋溶损失；而对于南方水稻、茶叶等作物，施肥影响地下水和地表水，因此，径流损失的硝态氮和有效磷、淋溶损失的硝态氮都包括在内；而对于果树，考虑其根系较深，地下淋溶量相对较少，因此，选择的指标只包括径流损失的硝态氮和有效磷。在温室效应方面：对于水稻田（单季稻、双季稻），选择的指标包括 CH_4、N_2O 排放；对于水稻之外其他的作物，则只考虑 N_2O 排放。

2. 区域（流域）尺度化肥减施增效技术环境效应评价指标体系

区域（流域）尺度的评价指标体系与农田尺度基本一致（表 5-2），只是在个别指标上有所区别。在土壤肥力方面，考虑到区域氮沉降影响土壤酸化效应，增加了土壤 pH；在地表水方面，考虑到氮磷径流损失引起了水体富营养化效应，增加了铵态氮。如果整个区域是一个完整的流域，则更关注施肥对水体（地表水和地下水）环境的影响；如果是平整的区域，则更关注施肥对土壤环境质量的影响，其他的说明和农田尺度化肥减施增效技术环境效应评价指标体系基本一致。

表 5-2　区域（流域）尺度化肥减施增效技术环境效应评价指标体系

指标层次	指标定义	包括的具体指标
约束性指标	作物产量（或品质水平）	对于粮食作物，主要是指产量；对于经济作物（蔬菜、果树、茶叶等），主要是指品质水平
控制性指标	与水体、土壤、大气等环境效应评价相关的指标	碳氮痕量气体（NH_3、CH_4、N_2O）；土壤有机碳（SOC）、土壤 pH、硝态氮和有效磷；径流损失的硝态氮、铵态氮和有效磷；淋溶损失的总氮和硝态氮等指标
参考性指标	对评价有参考性的生物指标	土壤蚯蚓、土壤微生物量等

5.1.2　农药减施增效环境效应评价指标体系

本节确定了区域（流域）尺度和农田尺度的农药减施增效技术环境效应评价指标体系（详见表 5-3 和表 5-4），该指标体系主要由三类指标构成：环境效应指标、生物效应指标、人体健康效应指标。

表 5-3　区域（流域）尺度农药减施增效技术环境效应评价指标体系

环境效应指标	环境暴露指标	区域环境介质（土壤、大气、地面水、地下水和沉积物）中农药的残留浓度
	环境风险指标	区域环境介质中残留农药的风险商 *
生物效应指标	生物暴露指标	农作物组织（如根、茎、叶和果实等）中农药的残留浓度
	生物毒性指标	无可见效应浓度（NOEC），半致死浓度（LC_{50}），半数效应浓度（EC_{50}）
	生态风险指标	潜在影响比例（PAF），受影响概率
人体健康效应指标	人体暴露指标	暴露途径（呼吸、饮水、饮食等）及暴露量
	人体健康风险	致癌风险，非致癌风险

注：* 环境介质中残留农药的风险商=环境介质中农药的残留浓度/该环境介质的环境标准，下同

表 5-4　农田尺度农药减施增效技术环境效应评价指标体系

环境效应指标	环境暴露指标	农田环境介质（土壤、大气）中农药的残留浓度
	环境风险指标	农田环境介质中残留农药的风险商
生物效应指标	生物暴露指标	农作物组织（如根、茎、叶和果实等）中农药的残留浓度
	生物毒性指标	无可见效应浓度（NOEC），半致死浓度（LC_{50}），半数效应浓度（EC_{50}）
	生态风险指标	潜在影响比例（PAF），受影响概率
人体健康效应指标	人体暴露指标	呼吸暴露及暴露量，接触暴露及暴露量
	人体健康风险	致癌风险，非致癌风险

5.1.2.1　环境效应指标

农药施用后会在环境介质内迁移、转化，并通过大气沉降、降雨、径流等作用向区域土壤、水体扩散，危害当地动植物及人体健康。因此，获取区域内各环境介质中的农药残留浓度是评价其生态环境效应的前提。本研究根据农药的物理化学性质及农药在系统内的环境行为，筛选出农田和区域尺度的农药环境暴露指标，包括土壤、大气、地表水、地下水和沉积物等环境介质的农药残留浓度，可系统全面地进行监测与评价，并可根据该环境介质的环境标准计算区域环境介质中残留农药的风险商，进而评价其环境风险。

土壤：包括区域或农田尺度的土壤介质。农药施用后会在农田土壤中残留，并经大气沉降等作用向区域扩散，形成长期残留。野外样品采集时，应选取评价区域内具有代表性的采样点，去除表层杂质，钻取深度约为 20cm 的土壤，混合均匀，干燥、过筛后进行农药残留检测。

大气：包括气态和大气颗粒物。野外样品采集时，应根据所评价农药的物理化学性质选取合适的吸附材料，吸附一定体积的气态农药，并采集大气颗粒物，进行农药残留检测。

地表水：包括评价区域内的主要河流、湖泊及水库，是水生生物的主要暴露途径。野外样品采集时，应采取适量的水样进行农药残留检测，当环境浓度较低时可浓缩后测定。

地下水：包括评价区域内的井水、泉水，是居民生活用水、农田灌溉用水的主要水源之一，农药主要由土壤渗透作用进入地下水。野外样品采集时，应在当地常用的水井采集适量的水样进行农药残留检测。

沉积物：包括评价区域内河流和湖泊水体中颗粒物、生物碎屑沉降形成的底泥，其有机质含量较高，是河流、湖泊系统内污染物主要的汇集处。野外样品采集时，应在当地河流、湖泊底部采集适量沉积物，混合均匀，干燥、过筛后进行农药残留检测。

5.1.2.2　生物效应指标

生物的农药暴露量，尤其是农作物的农药残留浓度，直接关系到农产品的质量安全。对农作物组织（如根、茎、叶、果实）中农药残留检测，构建农田农药施用与农产品残留的关系，有利于评价农药减施增效对生物农药暴露的影响。根据生物的农药暴露量，结合农药的生物毒性指标，如无可见效应浓度、半致死浓度、半数效应浓度等，可从种群、群落层面评估农药对当地生物的影响，计算其对生物的潜在影响比例（potential affected fraction，PAF）、受影响概率，系统地评价农药对生物的风险。

无可见效应浓度（NOEC）：在毒性试验中，化学物质对受试生物无不利影响的最大浓度。

半致死浓度（LC_{50}）：在毒性试验中，一定时间内能引起试验生物群体中 50% 个体死亡的化学物质浓度。

半数效应浓度（EC_{50}）：在毒性试验中，一定时间内能引起试验生物群体中 50% 发生某种效应的化学物质浓度。

5.1.2.3 人体健康指标

对于农药施用职业人群，其农药暴露途径主要是施药时的呼吸暴露和接触暴露，对于非职业人群，农药暴露途径有呼吸、饮水、饮食等。根据区域及农田尺度各环境介质的农药环境暴露指标，结合致癌物质和非致癌物质的毒性数据，可计算不同暴露情景下不同人群的致癌风险和非致癌风险（健康损害风险），以评估农药对人体健康的影响。

5.2 化肥和农药减施增效环境效应评价方法

5.2.1 化肥减施增效环境效应评价方法

5.2.1.1 国内外化肥减施增效环境效应评价方法的研究现状

不同农田环境评价方法依托于差异性的目标驱动。从单一的指数表征，到运用经济学的多目标规划，采用这些方法来评估农业措施对环境的影响时，会将经济和社会因素加以嵌入以评价农田管理的综合可持续性。这些评价方法主要有基于映射的方法如环境风险作图（environmental risk mapping，ERM）、标准化环境评估方法如生命周期分析（life cycle analysis，LCA）和环境影响评估（environmental impact assessment，EIA）及农田环境优化方法如多智能体系统（multi-agent system，MAS）和线性规划（linear programming，LP）。

ERM 方法通常针对单一的环境影响进行评价，如农田硝酸盐浸出的地下水风险、磷水体富营养化风险和农药转移等（Finizio and Villa，2002）。这种评价可以迅速获得风险的定性特征。然而，在处理多变量时，不同变量之间的加权会不可避免地引入主观因素。经典实施案例有"意大利不同土地利用方案的水质评价"（Giupponi and Rosato，1999）。

LCA 方法的目的是评估产品生产、使用和处置对环境的影响，其核心概念是将产品在使用过程中产生的污染排放和使用的资源用少量的指标结合起来。这种方法已经成为全球诸多领域标准化评价环境影响的手段（Akkerman et al.，2010；Brentrup et al.，2004；Roy et al.，2009）。在农业活动的环境影响评估分析中，根据排放源的本地、区域和全球影响确定评价指标（Dalgaard et al.，2003）。例如，噪声污染传播距离较短，可以看作局部污染，而像水体富营养化和酸雨影响既是局部的，也是区域的，因为它们既可以影响附近的环境，也可以影响离排放区域几百千米远的环境，温室效应和臭氧层破坏则可以看作全球影响。比较典型的案例有"欧洲能源作物的生态和经济可持续性"和"德国从传统农业向有机农业的转变评价"。

EIA 方法的主要目的是评估新的局部污染源（如工业或公路）对其周围环境的影响。与 LCA 方法一样，EIA 方法也是标准化的，包括从排放记录到政府决策的几个阶段。当人们试图评估一项措施对环境、人口和周围环境的影响时，也将可持续因素（环境、经济和社会）考虑在内。从环境的角度来看，应优先考虑噪声、气味、灰尘、烟雾等局部或区域影响。与 LCA 方法不同，管理措施的全球影响很少被纳入评价之中。实施案例有"巴西农业技术创新的可持续评价"（Rodrigues et al.，2003）。

MAS 方法试图从环境、社会和经济的角度确定资源的利用是可持续的。在农业中，MAS

方法可用于研究灌溉措施的影响或粪肥的优化管理。与前 3 种方法相比，分析农田之间的相互作用是该方法的核心，可以在经济、社会和环境的限制下分析各因素之间的相互作用，通常只考虑单一的环境影响。比较典型的案例有"模拟集水区灌溉管理在泰国社会和农业约束下的影响"（Becu et al.，2003）和"利用水文、农艺和社会经济模型在多主体系统中评价法国地下水的数量和质量"。

　　LP 方法则是根据技术选择和经济及社会期望来优化总产量，同时尽量减少环境影响（Stoorvogel et al.，1995）。这种方法包括 3 个阶段：首先，每一种动物或植物的生产都以其投入和排放作为投入-产出矩阵来描述；其次，定义了一组环境、管理、社会和经济约束来限制可能的管理方法；最后，使用线性优化技术来寻找管理方法，使收入和就业最大化，使污染排放和资源使用最小化，同时满足约束系统。这种类型的评估可能既有单个指标如侵蚀，也有如农药、富营养化和温室气体等多个指标。典型实施案例有"马里农田生产系统高产出与低环境效应优化项目"。

　　不同方法针对的评价内容也有区别。ERM 方法评价的对象包括土壤流失、氮肥利用、营养物质、农药施用、水体及土壤质量。MAS 方法则侧重于水资源利用率、营养物质和景观质量多样性及社会经济效应几个角度。LP 方法则重点考虑资源利用效率、土壤质量及社会效应。EIA 方法更多侧重于农田相关的输入及其排放状态及影响。LCA 相较于 EIA 方法增加了就业状态作为评价内容。

　　总的来说，现有评价方法依然存在很多问题，仍急需一种可以涵盖环境影响各个层面的可描述环境影响时空尺度变化的直观评价方法。

5.2.1.2　化肥减施增效环境效应评价方法的建立

　　针对不同施肥措施的环境效应，本研究主要从以下几个方面进行评价。

　　温室效应：大气中某些组分对地球长波辐射的吸收作用使近地面热量得以保持，从而导致全球气温升高的现象称为温室效应。CO_2 对温室效应的贡献达 60%，因此，CO_2 的削减与控制成为全球减缓温室效应的重点。然而，其他的温室气体同样不可小觑，CH_4、N_2O 在百年尺度上分别是 CO_2 增温潜力的 25 倍、298 倍（IPCC，2013）。大气中 N_2O 浓度从 1940 年至今涨幅超过 12%，而且在未来还将继续稳步增高（Park et al.，2012）。农田土壤是 N_2O 排放的主要来源，占到全球总排放量的一半。同样，大气中 CH_4 浓度比工业革命前增加了 1059ppb，灌溉稻田是大气中 CH_4 的重要来源。中国作为水稻生产大国，稻田 CH_4 排放对全球温室效应的影响依然举足轻重。因此，在不同施肥措施环境效应评价中需要将温室效应考虑进去。

　　臭氧层破坏：指高空 25km 附近臭氧密集层中臭氧被损耗、破坏而变稀薄的现象。臭氧层破坏会使过量的紫外辐射到达地面，从而对人类健康、植物生长及生态平衡等造成严重危害。大气中的 N_2O 可以通过其在平流层产生的 NO 引发链式反应，破坏臭氧分子（1 个 N_2O 分子可破坏 105 个 O_3 分子）（Ravishankara et al.，2009）。因此，农田作为 N_2O 最主要的排放源，其对臭氧层的破坏在不同施肥措施环境效应评价中显得尤为重要。

　　水体富营养化：指水体中 N、P 等营养盐含量过多而引起的水质污染现象。《第一次全国污染源普查公报》显示，农业面源排放的总氮和总磷分别占全国总排放量的 57% 和 67%，种植业和养殖业流失的总氮与总磷分别占农业源流失总氮和总磷量的 48% 和 95%。各种形态的氮肥施入土壤后，在微生物作用下形成 NO_3^--N，因土壤胶体对 NO_3^--N 的吸附甚微，其易经雨水或灌溉水淋洗而进入地下水或通过径流、侵蚀等汇入地表水，对水体环境造成污染。同样，由于作物对磷肥的利用率很低，占施肥总量 60%～80% 的磷素滞留在土壤中，并通过径流等途径向水体迁移乃至流失。氮磷肥料等通常通过农田排水和地表径流的方式进入地表水体造成污染。

酸雨效应：酸雨是指 pH 小于 5.6 的雨雪或其他形式的降水。酸雨会导致土壤酸化、加速土壤矿物质营养元素流失和诱发植物病虫害，从而使农作物大幅度减产，特别是小麦，在酸雨影响下，可减产 13%～34%。大豆、蔬菜也容易遭受酸雨危害，导致蛋白质含量和产量下降。大气中的氨（NH_3）对酸雨形成是非常重要的。氨是大气中唯一的常见气态碱，由于其具水溶性，能与酸性气溶胶或雨水中的酸发生中和作用而降低酸度。在农田中，施用氮肥造成的氨挥发是大气中 NH_3 源的重要组成。合成氮肥施入农田以后，有大约 22% 以氨挥发形式释放到大气当中。全球范围内，每年有接近 18% 的氮肥投入以 NH_3 形式损失（Ouyang et al.，2018）。

因此，我们将温室效应、酸雨效应、水体富营养化及臭氧层破坏等效应整合在一起，作为农田化肥施用环境效应评价的主要方面。

不同效应的指标如何确定权重，始终是评价中的难题。针对环境效应，对于农民最直观的体验是产量收益，而对于决策者则需要考虑在保障粮食安全的基础上，尽可能地减少环境成本。因此，针对评价目标，我们通过成本分析的方法，将农田生产中体现上述 4 项效应的指标筛选出来计算出货币损失值，将其进行加和表征施肥后环境效应，我们将其命名为农田环境效应指数（agricultural environmental index，AEI）。公式如下：

$$AEI = NGEG + E_{eutrophic} + E_{acid} + E_{ozone} \qquad (5-1)$$

AEI 即农田环境效应指数，等于净温室效应、水体富营养化效应、酸雨效应及臭氧层破坏效应之和。其中：

$$NGEG = \left(E_{CH_4} \times 25 \times \frac{16}{12} + E_{N_2O} \times \frac{44}{28} \times 298 - dSOC \times \frac{44}{12} \right) \times \frac{174.3}{1000} \qquad (5-2)$$

NGEG 为净温室效应，即温室效应减去农田固碳的值；各单位均折算为 kg C/hm^2。

$$E_{eutrophic} = \left(0.42 \times N_{leaching+runoff} + 0.33 \times \frac{17}{44} \times V_{NH_3} + \frac{95}{31} \times P_{runoff} \right) \times 3.8 \qquad (5-3)$$

$E_{eutrophic}$ 为水体富营养化效应；各指标均为纯量值，即氮元素、磷元素的单位分别为 kg N/hm^2、kg P/hm^2。

$$E_{acid} = V_{NH_3} \times 5 \times 1.88 \times \frac{17}{44} \qquad (5-4)$$

E_{acid} 为酸雨效应；V_{NH_3} 单位为 kg N/hm^2。

$$E_{ozone} = E_{N_2O} \times 7.98 \qquad (5-5)$$

E_{ozone} 为 N_2O 造成的臭氧层破坏效应；E_{N_2O} 单位为 kg N/hm^2。

5.2.2　农药减施增效环境效应评价方法

目前农药已经广泛应用于农业生产的全过程，在农业生产中起到至关重要的作用。化学农药已从最初的有机氯农药、有机氮磷农药发展到氨基甲酸酯、新烟碱农药等，农药的广泛使用带来的环境影响引起了各国的关注与重视。中国是传统的农业大国，也是目前世界上最大的农药生产国和使用国，中商产业研究院统计得出，2016 年中国的农药生产量（折有效成分 100%）达到峰值 377.8 万 t，而使用量接近 200 万 t。庞大的使用量带来的是广泛而全面的农药残留问题。农药的主要施用方式包含叶面喷洒、土壤埋施及大气喷洒等，施用后的农药会残留在土壤、大气、水体和沉积物等环境介质，以及植物、动物等生物介质中。大量使用农药会产生一定的危害，以新烟碱农药为例，有研究指出，新烟碱类农药能引发"蜂群崩溃综合征"（Zhou et al.，2018a），减少昆虫种群数量（Alaux et al.，2010；Sánchez-Bayo，2014），减弱其觅食能力（Henry et al.，2012），降低蜂群增长速率和蜂王繁殖能力（Whitehorn et al.，2012），影响独居蜜蜂的体重、发育速度与成年寿命（Anderson and Harmon-Threatt，2019）。此外，有研究表明，吡虫啉和啶虫脒可能会影响正在发育的哺乳动物的神经系统（Kimura-Kuroda et al.，2012），噻虫嗪和噻虫胺可能积累在睾丸与卵巢中，是潜在的内分泌干扰物质。对于人体，设施蔬菜种植者常会出现诸如恶心、头痛、咳嗽等症状，虽然这些工人的血液样品未检测出农药残留，但血液中的 SOD、CAT 活性显著降低，可能会引发更多的生物氧毒害效应（Serdal et al.，2012）。农药在各个介质中迁移转化，会对陆生生物、水生生物及人类产生一定程度的危害。因此，查明农药施用后发生的残留及其风险至关重要。农药减施增效环境效应的评价方法包含 3 个基本步骤：暴露评价、毒性评价、生态风险评价。评价方法的框架如图 5-3 所示。

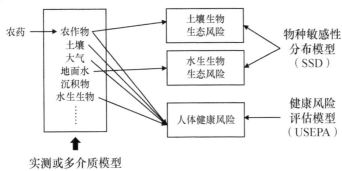

图 5-3　农药减施增效环境效应评价方法框架图

5.2.2.1　暴露评价

随着农药使用规模的不断扩大，农药残留问题日趋严重。农药一方面在杀灭农业有害生物中发挥重要作用，另一方面由于本身的性质，部分不易降解的农药容易在不同环境介质中迁移，同时在农作物或者生物链中传递、富集和放大，使得施用之后残留在环境中的农药及其衍生物不仅对自然环境中的动植物产生危害，破坏生态系统的结构与功能，影响生态系统的服务功能，而且对人类的健康构成严重威胁（Jeyaratnam，1990；Rosenstock et al.，1991）。因此，深入研究农药施用之后在环境多介质中的迁移与归趋尤为关键。很多研究者试图基于模型和其他方式研究农药施用后在各介质的分配动态及其所产生的实际环境影响。环境多介质模型是 1980 年在国外发展起来的污染物环境过程模型，其核心思想为环境系统的性质和污染物自身的物理化学属性共同决定了污染物在各环境介质间的浓度分布与迁移转化过程，其特点是将各种不同环境介质内污染物的迁转化过程与污染物跨介质的迁移过程相联系，在污染生态学、持久性有毒污染物生物地球化学循环与生态风险评价、环境管理及污染防治等方面得到广泛应用。农药迁移模型对于理解农药在农业系统中的行为、建立更好的农药管理策略有重要的意义（Malone et al.，2004）。农药的多介质归趋模型研究，已经实现了从温室尺度（Katsoulas et al.，2012）、农田尺度（La et al.，2014）到流域与区域尺度（Zhang et al.，2015a）的跨越。目前已有部分农药多介质模型得到了较为广泛的应用，如 PRZM 系列模型、RZWQM 模型和 PEARL 模型等。

1. 构建农药参数数据库

根据前期确定的 64 种中国常用农药清单，本研究团队收集了这些农药的各种参数，构建了农药参数数据库。农药参数数据库包含了国内外常用农药的基本物理和化学性质参数，基本可以满足区域（流域）尺度农药多介质迁移归趋模型（EUTOX）的模拟需要。数据库目前包含苯胺类、苯并咪唑类、苯甲酸及其类似物等 31 类共 64 种农药。

大部分参数（除分子量之外）在数据库中的值在经过对数转换之后呈现正态分布（图 5-4）。数据库涵盖的农药物化性质范围较大，部分参数的波动范围可跨越 1～2 个数量级（表 5-5），如饱和蒸气压（25℃）。另外，部分参数几乎所有的农药都搜集到，而另一些参数仅部分农药可以搜集到，如非线性 Freundlich 吸附常数，64 种农药中只有 44 种搜集到，在该参数无法获取时只能采用线性吸附的方法模拟农药在土壤有机质中的吸附过程。

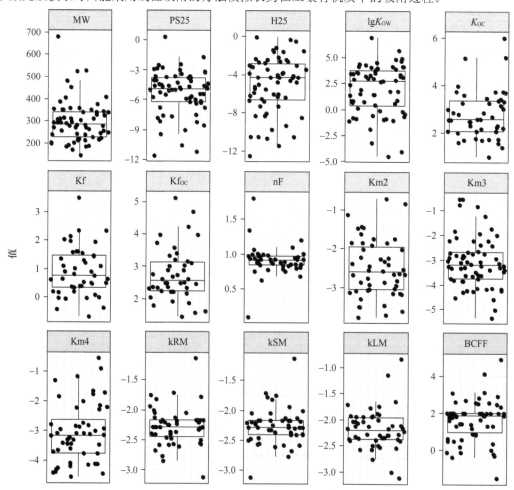

图 5-4　农药参数数据库各参数搜集样本值箱线图

图中 MW、PS25 等参数的定义见表 5-5

表 5-5 农药参数数据库各参数搜集样本值统计量

参数	定义	样本数	平均值	标准差	标准误	置信区间（95%）
MW	分子量	64	297.88	95.31	11.91	23.81
PS25	饱和蒸气压（25℃）	64	−5.29	2.24	0.28	0.56
H25	亨利常数（25℃）	62	−5.08	2.97	0.38	0.75
lgK_{OW}	辛醇−水分配系数	64	1.93	2.38	0.30	0.59
K_{OC}	有机碳−水分配系数	46	2.79	1.02	0.15	0.30
Kf	非线性 Freundlich 吸附常数	45	0.90	0.86	0.13	0.26
Kf_{OC}	非线性 Freundlich 吸附常数（OC 校正）	44	2.75	0.80	0.12	0.24
nF	非线性 Freundlich 吸附系数	45	0.91	0.22	0.03	0.07
Km2	水相中污染物降解速率	50	−2.49	0.74	0.10	0.21
Km3	土相中污染物降解速率	64	−3.09	1.02	0.13	0.25
Km4	沉积物相中污染物降解速率	52	−3.06	0.99	0.14	0.27
kRM	农作物根部降解速率	50	−2.27	0.32	0.05	0.09
kSM	农作物茎部降解速率	50	−2.26	0.31	0.04	0.09
kLM	农作物叶部降解速率	50	−2.18	0.39	0.06	0.11
BCFF	鱼类生物浓缩系数	62	1.63	1.10	0.14	0.28

注：除分子量（MW）之外，所有参数的统计量均为经过对数转换后的结果

2. 构建区域（流域）尺度农药多介质迁移归趋模型基本框架结构

本模型主要是针对区域（流域）尺度构建的。模型主要由大气、土壤、农作物、水体和沉积物 5 个部分组成（图 5-5）。其中，大气相包括气态和颗粒物两个部分，土壤相包括气、水、颗粒物 3 个部分，农作物相包括根、茎、叶 3 个部分，水相包括水、悬浮物、鱼类 3 个部分，沉积物相包括水和颗粒物两个部分。

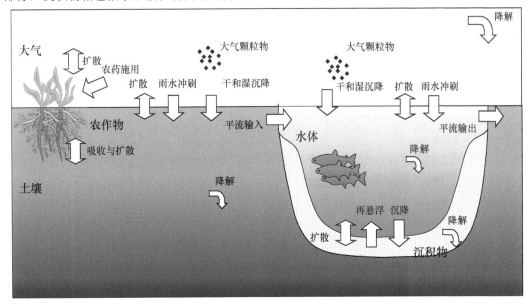

图 5-5 区域（流域）尺度农药多介质迁移归趋模型基本结构示意图

3. 开发区域（流域）尺度农药多介质迁移归趋模拟软件平台（EUTOX）

EUTOX 是一款在区域（流域）尺度对农药在环境介质中的归趋与迁移进行模拟计算的软件平台（图5-6）。EUTOX 基于多介质逸度模型，在选定的不同施用方式下，对农药在区域（流域）内不同介质（大气、大气颗粒物、土壤、农作物、水体、悬浮物、鱼类、沉积物）中的分配、迁移和降解等环境行为进行模拟，评估农药暴露水平，识别关键参数，定量模型预测的不确定性，从而为农药的生态风险和健康风险评价奠定基础。

图 5-6　EUTOX 总体结构

EUTOX 包含一个内置的参数数据库（图5-6），可以模拟设定区域（流域）内超过60种常见农药在不同施用方式下的迁移和归趋情况。EUTOX 在 Matlab GUI 环境中开发，主要包括启动界面、参数设置/模型运行主界面、灵敏度分析界面、不确定性分析界面及4个不同类型模型参数的设置界面（图5-7）。其中，启动界面主要提供模型基本信息和帮助链接，实现在首次运行模型时进行初始化，并提供进入软件主界面的按钮。参数设置/模型运行主界面是模型的核心界面，可实现模型参数的设置、模型的运行、结果可视化等核心功能。灵敏度分析界面提供对模型参数灵敏度进行分析的功能。不确定性分析界面则是提供对模型模拟的不确定性进行评估的功能。4个不同类型模型参数的设置界面则是为主界面提供模型参数设置渠道。主界面设置完成的参数值会自动导入灵敏度分析和不确定性分析界面中。

该模型的主要创新点：①以逸度为基础，简化计算；②区域（流域）尺度；③充分考虑农作物与周围环境介质之间的交换，以及农作物内部根、茎、叶之间的交换；④可比较不同施药方式的环境影响。

利用 EUTOX 的模型模拟湖南长沙脱甲河流域7种常用农药的多介质归趋。本研究选定啶虫脒（ACET）、氰氟草酯（CYHA）、氟苯虫酰胺（FLUB）、吡蚜酮（PYME）、戊唑醇（TEBUC）、虫酰肼（TEBUF）和三唑磷（TRIA）7种该地区常用农药为研究对象，分属于7种不同的农药类型，包括新烟碱类、芳氧苯氧丙酸类、邻甲酰胺基苯甲酰胺类、吡啶类、三唑类、昆虫生长调节剂拟蜕皮激素和有机磷类。这7种农药均已包含在 EUTOX 的农药数据库中，可在模型模拟时直接调用。

在相同的施用量和施用方式下，模型模拟了7种农药在稳态下环境各相中的残留浓度（图5-8）。观察发现，对于模拟的7种农药，大气中的残留浓度均为最低，农作物叶面的浓

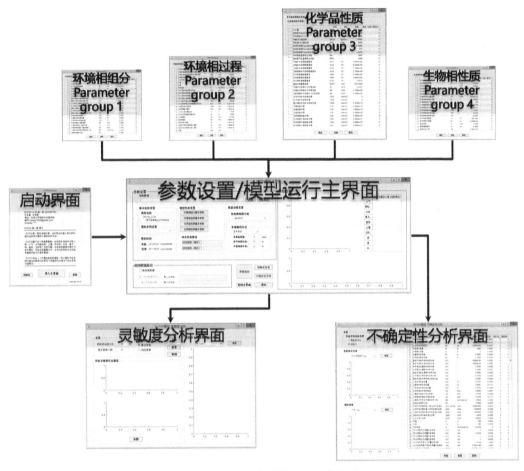

图 5-7　EUTOX 各功能界面及其关系

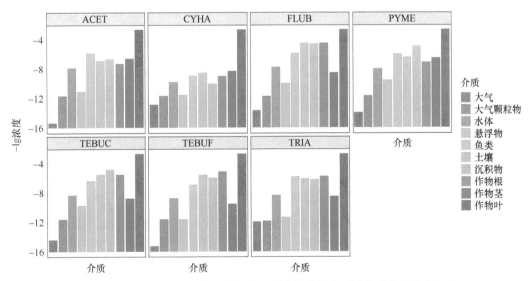

图 5-8　利用 EUTOX 的模型模拟的 7 种常用农药在不同介质中的浓度分布

ACET: 啶虫脒; CYHA: 氰氟草酯; FLUB: 氟苯虫酰胺; PYME: 吡蚜酮; TEBUC: 戊唑醇;

TEBUF: 虫酰肼; TRIA: 三唑磷。下同

度均为最高。有趣的是，这两个相都是农药的直接施用对象，但农药的残留情况却截然不同。其他各相中的农药浓度分布特点类似但也有所不同，可以推测农药自身的物化性质对其进入环境后在各种介质中的残留浓度起到决定性的作用。例如，氰氟草酯、三唑磷在大气中的残留浓度分别为 $1.61×10^{-13}$ mol/m^3、$1.18×10^{-12}$ mol/m^3，要高于其他几种农药 14 个数量级，这应该与二者相对较高的饱和蒸气压有关。另外，除了氰氟草酯，其他农药在土壤、沉积物、鱼类和农作物根中残留浓度均较高。例如，土壤中氰氟草酯的残留浓度为 $3.22×10^{-9}$ mol/m^3，其他农药的残留浓度为 $1.43×10^{-7}$~$3.84×10^{-5}$ mol/m^3；在农作物根中，氰氟草酯的残留浓度为 $1.14×10^{-9}$ mol/m^3，其他农药的残留浓度为 $5.79×10^{-8}$~$3.48×10^{-5}$ mol/m^3。由于氰氟草酯在各种环境介质中有较高的降解速率，施用之后在主要环境介质中的残留浓度要明显低于其他几种农药。

各种介质中的残留浓度是农药污染研究的重要部分，而要想获得农药施用后在各种环境介质中的质量分布，需要将各种介质中的浓度与体积相乘后计算其比例（图 5-9），这对于了解农药施用后在环境中的分配、归趋等行为十分重要。观察发现，虽然所研究的 7 种农药在环境中的质量分布特征不尽相同，但这 7 种农药主要的汇是土壤与沉积物，其质量分布比例可占到 77.69%（氰氟草酯）~99.87%（氟苯虫酰胺）。其中，除了吡蚜酮在沉积物（68.41%）中的分布比例要高于土壤（29.61%），其他 6 种农药在土壤中的分布比例都远高于沉积物，在土壤的比例为 71.05%~96.65%，在沉积物的比例为 0.19%~28.65%。

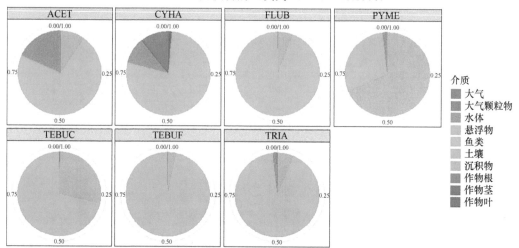

图 5-9　利用 EUTOX 的模型模拟的 7 种常用农药在不同介质中的质量分布比例

吡蚜酮在沉积物中的分布比例高于土壤，可能是由于沉积物中其残留浓度要远高于土壤（图 5-9）。另外，啶虫脒、吡蚜酮、戊唑醇均在沉积物中有着相当比例的质量分布，分别为 9.64%、68.41%、28.65%，这三种农药有着共同的特点，即在沉积物中的降解速率相比土壤要低一个数量级左右。另外，啶虫脒在水体中的质量分布比例（18.36%）要明显高于其他农药，甚至高于沉积物（9.64%），这可能与其相对于其他农药有更低的亨利常数有关。氰氟草酯在大气中也有相当比例（10.78%）的质量分布，远高于其他农药（0~0.34%），这可能与其较高的饱和蒸气压和大气残留浓度有关。三唑磷同样在大气中有较高的浓度，但由于其在各相中降解速率较低，在沉积物和土壤中残留浓度远高于氰氟草酯，因此在大气中的质量分布比例并不高。

当氰氟草酯的施用方式为叶面和大气混合喷洒时，在环境相和农作物相中的残留浓度都会很高；当施用方式为叶面喷洒时，在环境相中的残留浓度显著降低（图 5-10 右侧）；当施用方式为大气喷洒时，在农作物相中的残留浓度显著降低（图 5-10 左侧）。因此，在选择氰氟草酯施用方式时，尽量不要选择大气和叶面混合喷洒的方式。由于氰氟草酯的环境降解速率高，作物内降解速率相对并不高，因此建议选择大气喷洒方式，尽量降低氰氟草酯在作物中的累积。

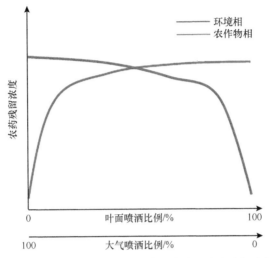

图 5-10　氰氟草酯施用方式对其环境分配的影响概念图

5.2.2.2　毒性评价

根据收集的近百种典型农药的急性与慢性毒性数据，采用下面提及的 BITSSD 软件平台构建了 SSD 模型，并计算 HC_5，进而比较典型农药对水生与陆生生物的毒性效应。

1. 典型农药对水生生物的毒性效应

SSD 曲线的位置可以反映污染物的毒性，以及随着暴露浓度的增加污染物对物种的潜在影响（即生态风险的上升程度）。对几类主要农药的急性 SSD 曲线进行比较，如图 5-11 所示。以有机磷农药为例，毒死蜱和特丁硫磷的 SSD 曲线位置在最左侧，其次为丙溴磷和马拉硫磷，草甘膦和乙酰甲胺磷在最右侧，说明影响相同比例生物的污染物浓度依次升高，即污染物的毒性按 SSD 曲线的位置从左至右依次降低。此外，从曲线的倾斜程度上可以看出不同污染物随浓度增加其生态风险增加的程度。例如，对于最左侧位置的毒死蜱和特丁硫磷，毒死蜱的 SSD 曲线斜率大于特丁硫磷，在低浓度（<0.1μg/L）时特丁硫磷的风险更大，但随着浓度的增加，毒死蜱的生态风险上升程度明显高于特丁硫磷，是风险最高的有机磷农药。

由图 5-12 中农药的水生生物急性与慢性 HC_5 比较结果可以看出，急性危害阈值与慢性危害阈值的排序有较大差异，但危害较高的均为拟除虫菊酯类及氟虫腈等农药。对本研究收集的 8 种常见农药类型的急性毒性进行比较，根据其 SSD 中值的平均值排序：拟除虫菊酯类（0.0152μg/L）＞苯基吡唑类（0.0181μg/L）＞磺酰脲类（8.76μg/L）＞甲氧基丙烯酸酯类（25.6μg/L）＞有机磷类（59.9μg/L）＞有机氯类（97.6μg/L）＞氨基甲酸酯类（228μg/L）＞三唑类（734μg/L）。此外，对这 8 种农药类型的慢性毒性进行排序，其顺序有较大变化，除拟除虫菊酯类农药仍是毒性最高的农药外，磺酰脲和有机氯类农药毒性增加，而有机磷类农药的毒性减弱，具体顺序如下：拟除虫菊酯类（0.0022μg/L）＞磺酰脲类（0.363μg/L）＞有机氯类（0.631μg/L）＞甲氧基丙烯酸酯类（1.02μg/L）＞苯基吡唑类（2.51μg/L）＞氨基甲酸酯类（5.46μg/L）＞三唑类（13.0μg/L）＞有机磷类（61.2μg/L）。

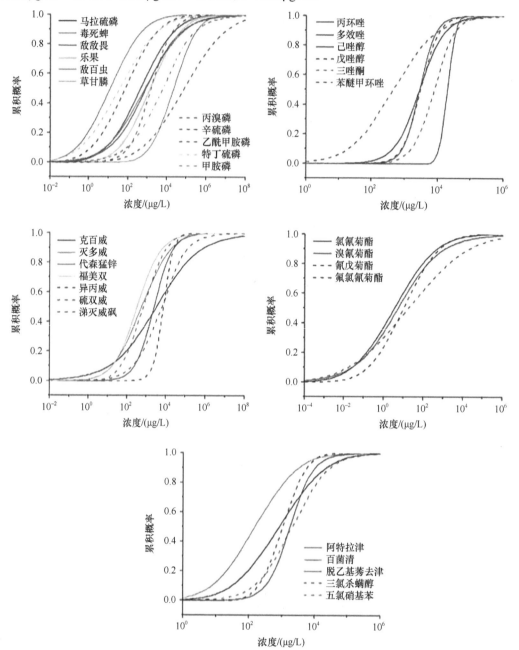

图 5-11　不同类别农药的水生生物急性 SSD 曲线对比

2. 典型农药对陆生生物的毒性效应

将同类别农药的急性 SSD 曲线进行比较，可以直观地对比不同农药对全部物种的毒性大小，以及随着浓度的上升，不同农药针对全部物种的风险增加程度。如图 5-13 所示，13 种有机磷类农药急性 SSD 曲线的倾斜程度（毒性数据的标准差）不同，其中毒死蜱与乙酰甲胺磷的倾斜程度较为相似，随浓度增加其风险增加上升较为缓慢，敌敌畏与敌百虫的倾斜程度相

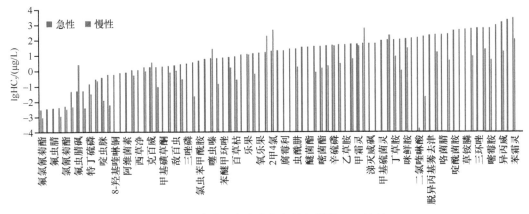

图 5-12　农药对水生生物急性与慢性 HC$_5$ 比较

似，位置相近；辛硫磷、丙溴磷、氧乐果的倾斜程度相似，但位置差异较大，辛硫磷在最左边，而氧乐果在最右边，说明辛硫磷的风险最高，而氧乐果最低。其余有机磷类农药的 SSD 曲线较为陡峭，如特丁硫磷、三唑磷、乐果等，说明随着浓度的增加其风险上升较快。6 种新烟碱类农药的 SSD 曲线中，吡虫啉、噻虫嗪、噻虫胺的倾斜程度差别不大，啶虫脒的略倾斜，而烯啶虫胺和氯噻啉的 SSD 曲线较为陡峭，从位置上看，当浓度较低时（＜0.01mg/kg），各农药风险差异不大，其中啶虫脒最高，噻虫胺次之，而氯噻啉最低；随着浓度的上升，噻虫胺的风险上升；在中浓度时（＜100mg/kg），烯啶虫胺的风险显著上升，远高于其他新烟碱类农药。

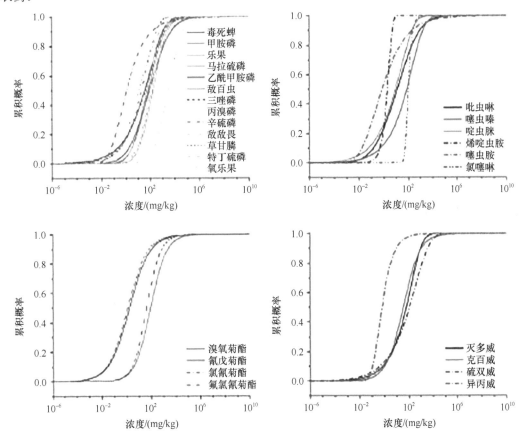

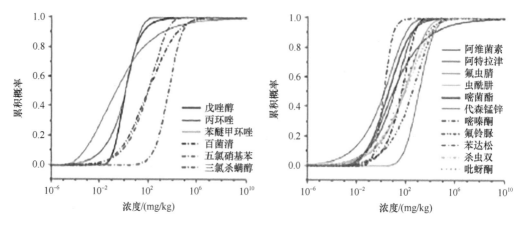

图 5-13 不同类别农药的陆生生物急性 SSD 曲线对比

通过陆生生物的急性与慢性 SSD 曲线计算得到各种农药的急性和慢性 HC_5。将各农药危害阈值按其急慢性 HC_5 进行排序（图 5-14），可以看出急性危害阈值与慢性危害阈值的排序有较大差异。其中急性危害最大的农药为苯醚甲环唑，HC_5 为 $1.67×10^{-4}$ mg/kg；其次为氟虫腈，HC_5 为 $2.93×10^{-4}$ mg/kg；毒性最弱的农药为五氯硝基苯，HC_5 为 144mg/kg。对本研究收集的 6 类常见农药的整体毒性进行比较，根据其 SSD 中值的平均值排序：三唑类（0.0293mg/kg）＞氨基甲酸酯类（0.14mg/kg）＞拟除虫菊酯类（0.557mg/kg）＞有机磷类（6.69mg/kg）＞新烟碱类（7.15mg/kg）＞有机氯类（38.2mg/kg）。而农药对陆生生物的慢性危害阈值大于对应的急性危害阈值，阿维菌素、虫酰肼和毒死蜱均表现出这样的特点。

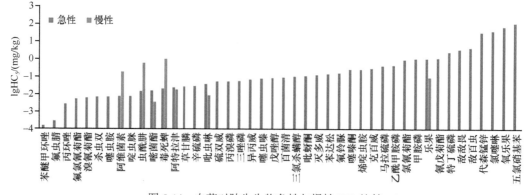

图 5-14 农药对陆生生物急性与慢性 HC_5 比较

5.2.2.3 生态风险评价

SSD 模型是一类群落水平的剂量效应模型，横坐标为暴露浓度，纵坐标为群落物种受到影响的比例，即生态风险，它以某类物质对多个物种的生态毒性数据（如急性毒性 LC_{50} 或慢性毒性 NOEC）为基本数据，利用统计学获得。SSD 方法为目前农药施用环境效应评价领域应用最广泛的生态风险评价方法。

SSD 模型本质上是基于不同物种对同一种污染物的耐受浓度，即急性毒性或慢性毒性数据构建的不同物种毒性数据的累积概率模型（图 5-15）。SSD 模型基于以下 5 个假设：①物种的敏感性可以用诸如三角函数、正态分布等分布函数进行表述；②由于真实毒性数据分布终点未知，因此 SSD 模型可由毒性数据估计而来；③部分污染物对靶标和非靶标生物的物种敏感性分布曲线存在双模式，这种情况以靶标生物分布构建 SSD 模型更合适一些；④ SSD 模型可用于设定或推导环境质量基准，用测定或者预测的环境浓度进行危害评估；⑤ SSD 曲线形状存在不同的分布假设，如对数正态分布、对数逻辑斯蒂分布或 Burr Ⅲ 分布等。

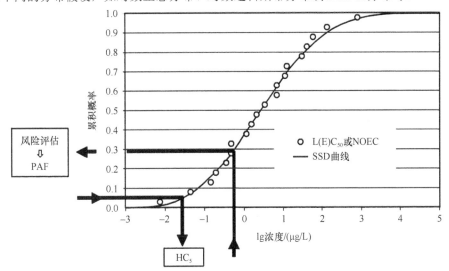

图 5-15　SSD 曲线的基本形式

构建 SSD 模型的第一步是搜集不同物种的毒性数据，最好是 NOEL 或 NOEC 数据，如这些数据缺乏，考虑使用 LC_{50} 或 EC_{50} 数据。目前，美国 EPA ECOTOX 数据库（cfpub.epa.gov/ecotox/）包含了全球大量污染物的急慢毒性数据，而且数据库在不断更新，为 SSD 模型构建提供了基础数据。由于不同生态系统中的物种组成存在差异，类似物种在不同国家对污染物的耐受浓度也不尽相同，利用全球毒性数据获得的 SSD 曲线与利用区域毒性数据获得的 SSD 曲线往往存在一定差异，利用实验室毒性数据构建的 SSD 曲线也与利用野外获得的毒性数据构建的 SSD 曲线存在差异，因此，毒性数据筛选时应该遵循毒性终点一致、毒性试验环境一致、暴露时间限定范围和同物种数据均值计算方式一致等规则（Duboudin et al.，2004）。

第二步是计算累积概率，公式为 PR=R/(N+1)，其中 R 是某个物质的毒性或暴露数据排序数，N 是物种的总数量；采用最小二乘法、最大似然值或贝叶斯推理等方法对 SSD 模型（一般是"S"形的多参数非线性函数）的参数进行估计；利用参数的不确定性来估计 SSD 模型的不确定性边界。

第三步利用构建完成的 SSD 模型开展生态风险评估、预测无效应浓度（predicted no effect concentration，PNEC）或者后续的其他应用（He et al.，2014a，2014b）。

尽管 SSD 理论存在一定的缺陷，不过，随着大量深入研究的开展，SSD 理论会进一步被丰富，缺陷也会得到修补。但不管怎么说，任何风险评估模型都有一定的应用边界，SSD 模型在生态风险评估中的应用已经得到了大家的认可，并被多个国家环保机构采纳为标准方法。

当 SSD 模型确定后，可以利用潜在影响比例（PAF）来反映某物质的生态风险，其可以通过将浓度值输入到确定了参数的 SSD 模型后计算得到。本课题组前期研究表明，参数分布平均值确定的 SSD 模型比参数分布中值确定的 SSD 模型得到的预测值与原始数据点差别大（He et al.，2014b），而利用蒙托卡罗模拟得到的中值 SSD 与原始数据点的差别最小，但与参数分布中值确定的 SSD 模型得到的预测值之间的差异并不显著。

由于模型参数属于一个范围，利用其平均值或者其他方式确定的生态风险往往只能反映风险的中值。不确定性分析能确定风险的最小值和最大值，有利于完善风险评估，避免风险出现高估或低估的情况，一般采用 95% 置信区间来进行不确定性分析。

本课题组研发的 BITSSD 是一款利用贝叶斯理论（Bayesian theory），结合蒙特卡罗模拟（Monte Carlo，MC）对物种毒性数据（或环境暴露浓度）的概率累积分布函数（cumulative distribution function，CDF）进行参数估计，获得参数及其后验分布后构建毒性浓度–物种受影响概率的 SSD 曲线或者暴露浓度–累积概率分布曲线的软件（图 5-16）。

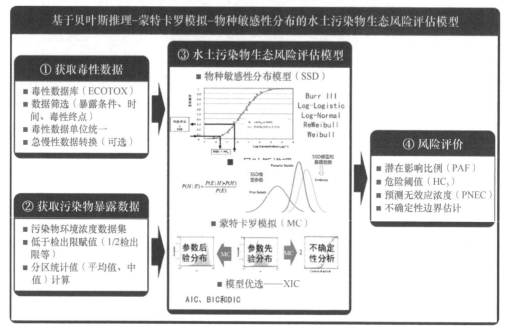

图 5-16　BITSSD 软件的基本结构

本软件利用 SSD 曲线评估化学品在特定暴露浓度下影响的物种比例，即生态风险。本软件以 WinBUGS 14 为核心计算模块，以 MATLAB GUI 为开发操作界面，便于对 SSD 模型熟悉程度不同的各类风险评估人员操作。BITSSD 的主要功能如图 5-17 所示，包括主功能界面，SSD 构建、优选及风险评估，基于 Exergy 理论的 SSD 曲线构建及风险评估，毒性数据 SSD 和暴露浓度 SSD 的联合概率曲线构建与风险评估。软件内置了一些农药毒性数据，如图 5-18 所示。

5.2.3　化肥与农药减施增效耦合环境效应评价方法

农田施用化肥和农药是保证与促进作物生长的最重要的两种农艺手段，在过去的 40 年中，施用于农业生产的化肥和农药急剧增加（Santos et al.，2008；Ram et al.，2016；Silva et al.，2019；Yu et al.，2019），在全球范围内造成了水体富营养化、生物多样性减少、土壤结构和微生物群落被破坏等一系列生态环境问题（Wei et al.，2005；McDowell et al.，2006；Liu et al.，2018）。减少化肥和农药过量施用，一方面可以减少农业生产中农资的过多投入，另一方面可以在不减少产量的前提下减少化肥和农药施用所产生的环境效应。

化肥和农药施用于农田，其对环境所产生的效应，既有单个因子所产生的效应，也有它们耦合所共同产生的效应（Gimeno-García et al.，1996）。例如，农药的施入阻止了害虫和杂

图 5-17　BITSSD 的主要软件平台

图 5-18　BITSSD 毒性数据库

草对作物生长的影响，从而有利于作物对氮磷的吸收，提高氮磷肥的利用效率，减少其环境损失。而过量施用化肥，可能会加剧病虫害的发生，导致作物减产，氮磷肥的环境损失增加。区分两者对环境效应的相对贡献和共同贡献是建立化肥与农药减施增效耦合环境效应评价方法的关键。

5.2.3.1　化肥和农药施用耦合环境效应试验设计

量化化肥和农药对环境的耦合效应可以采用裂区试验设计（split-plot design），采用有重复的小区试验（Bingham and Sitter，1999），即将化肥或者农药变量列为主处理，而将剩下的农药或化肥变量列为副处理，主处理的数量取决于该处理水平的数量，每个主处理再根据副处理水平的数量分成相应数量的副处理，处理总数是主处理水平数量与副处理水平数量的乘积，同时对各处理设计3～4次重复。在这种试验设计下，可以采用裂区试验统计方法对化肥、农药的环境效应及化肥与农药的耦合环境效应进行方差分析。在野外田间试验中，一些需要设置大型小区的试验，受到均一性质土壤的土地面积限制，有时难以设置处理重复，则可以通过方差分解分析（variation partition analysis），将化肥、农药作为独立变量来量化两者对作物生长的相对贡献和共同贡献（Borcard et al.，1992；McArdle and Anderson，2001）。

本研究选择湖南长沙的典型丘陵区双季稻田设置了5个化肥水平（F0～F4，即0、50%、70%、100%、150%，其中100%代表当地常规化肥施用水平）和4个农药水平（P0～P3，即0、50%、70%、100%，其中100%代表当地常规农药施用水平）的15个混合处理，包括一个无化肥处理（F0）、一个无农药处理（P0）、一个既无化肥也无农药处理（P0F0），以及4个化肥水平和3个农药水平组合的12个处理。试验小区为大型小区（小区平均面积220m²），受样地面积限制未设置重复。

高强度的化肥投入通常使得田面水氮磷浓度在施肥前期较高，而在中后期却平稳偏低，因此田面水氮磷浓度难以呈现正态分布（图5-19～图5-21）（Tian et al.，2006；Liu et al.，2020），所以可以应用Kruskal-Wallis检验方法检验同一化肥或者农药水平下田面水氮磷浓度差异的显著性（McKight and Najab，2010），从而评价单一化肥或者农药因素对农田田面水氮磷浓度的影响。Kruskal-Wallis检验结果表明，化肥施用显著影响田面水氮磷浓度，而农药的施用却不显著（图5-22和图5-23）（Liu et al.，2020）。

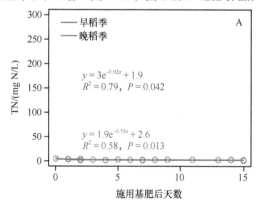
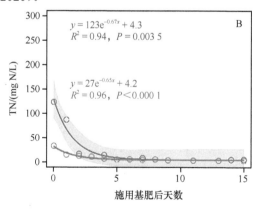

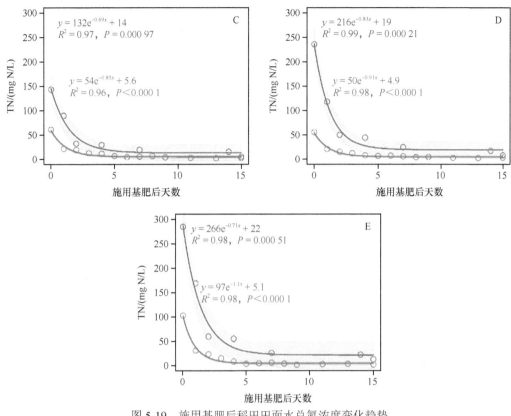

图 5-19　施用基肥后稻田田面水总氮浓度变化趋势

A～E 小图分别对应化肥施用水平 F0～F4，下同

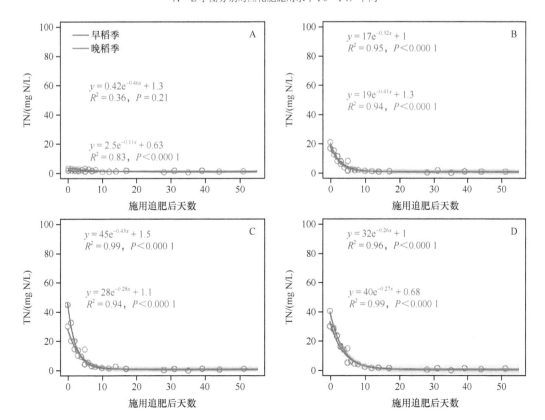

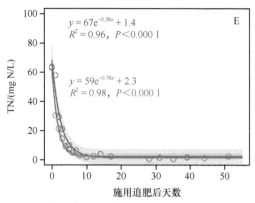

图 5-20 施用追肥后稻田田面水总氮浓度变化趋势

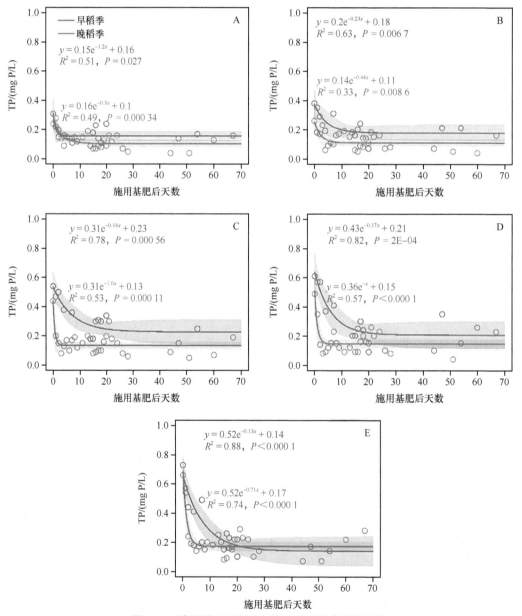

图 5-21 施用基肥后稻田田面水总磷浓度变化趋势

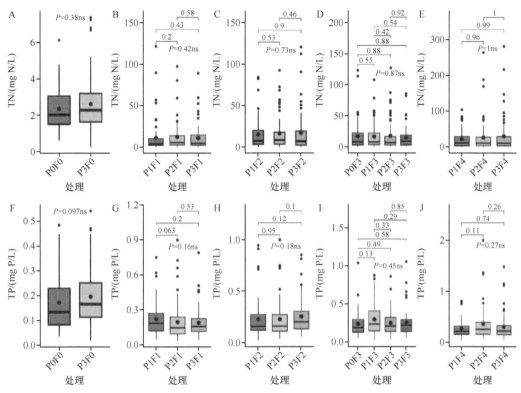

图 5-22　不同农药水平下田面水氮和磷浓度差异

ns 表示差异不显著（$P > 0.05$）

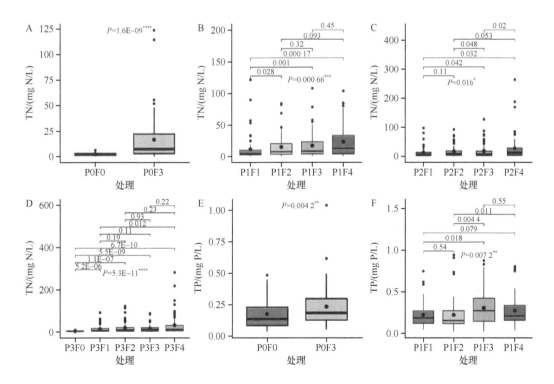

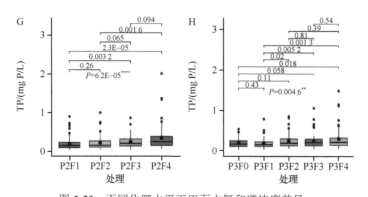

图 5-23　不同化肥水平下田面水氮和磷浓度差异

* 表示在 0.05 水平差异显著，** 表示在 0.01 水平差异显著，*** 表示在 0.001 水平差异显著，
**** 表示在 0.000 1 水平差异显著

　　化肥与农药对田面水氮磷浓度、氮磷流失量和谷物产量的相对贡献及共同贡献可以采用方差分解分析来研究。在此分析中，化肥和农药都作为一个独立的变量来测算其对田面水氮磷浓度的影响，数学计算原理基于冗余分析。结果表明，化肥是控制田面水氮磷浓度、氮磷流失量和谷物产量的关键因素，贡献达 50% 以上，而化肥和农药仅在水稻产量上有着显著的共同作用，共同作用为 1%（图 5-24）（Liu et al., 2020）。本研究中农药、农药和化肥的耦合作用未表现出对氮磷径流流失及水稻生长有显著作用，一方面与丘陵区的稻田周边往往分布有林地，区域生物多样性较高使得病虫害相对较轻有关；另一方面可能与研究中的当地常规农药品种在当地长期使用，病虫害已经产生抗性有关，因此不同农药水平影响不显著。

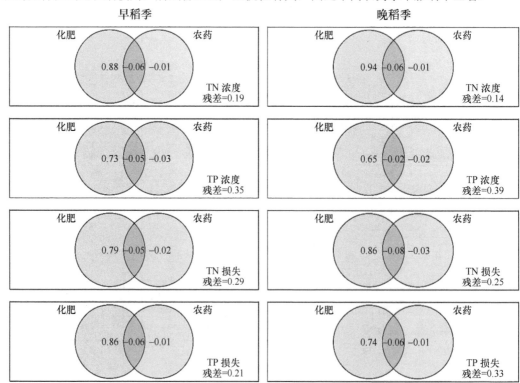

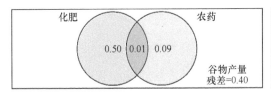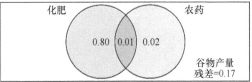

图 5-24 化肥和农药对田面水氮磷浓度、氮磷流失量和谷物产量的影响（方差分析）

5.2.3.2 化肥和农药施用耦合环境效应评价模型

为满足化肥和农药耦合环境效应评价的需要，本研究开发了两个模型模拟程序：农田水分养分管理模型的农药模拟系统（WNMM-PEST）及水稻农药模拟系统（WNMM-RICE-PEST），它们不仅可以模拟水稻生长对水分养分胁迫的响应及水田农药的归宿，还能够模拟水稻生长对生育期内病虫草害的响应及农药防控病虫草害的效果。WNMM-RICE-PEST 是在农田水分养分管理模型 WNMM（登记号 2015SR254958）农药模拟系统 WNMM-PEST（登记号 2019SR0391371）的基础上开发的模拟我国南方水稻田生态系统养分循环、水稻生长、农药归宿和病虫草害防控的四元耦合的农田生态系统综合模型（图 5-25），不仅可以模拟水稻生长对水分养分胁迫的响应，还能够模拟水稻生长对生育期内病虫草害的响应及农药防控病虫草害的效果。因此，WNMM-RICE-PEST 能够模拟水稻田生态系统肥料和农药的耦合效应，即高量施肥虽然可增加水稻产量，但也增加了稻田病虫草害的发生率和强度，大量使用农药可以防控水稻病虫草害，却由于残留大幅度降低了水稻田生态系统的环境质量。

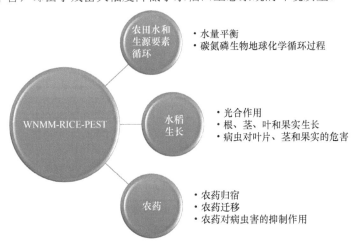

图 5-25 WNMM-RICE-PEST 模拟系统框架图

WNMM-RICE-PEST 主要由两个子程序构成：初始化程序和水稻生长模拟程序。在初始化程序中，需要输入水稻生育期内各种病虫草害的发生时段和潜在强度，目前该模拟系统能够模拟的病虫草害有杂草（WEED）、白叶枯病（BLB）、叶稻瘟病（LB）、纹枯病（SHB）、褐斑病（BS）、东格鲁病（TUNGRO）、穗颈病（NB）、鞘腐病（SHR）、白穗病（WH）、枯心病（DH）、褐飞虱（BPH）和食叶虫（DEF）等。水稻生长模拟程序（图 5-26）主要模拟叶片的光合作用、光合产物的分配、分蘖、根茎叶果实的生长，并模拟病虫草害对叶片、茎和果实的影响，其具体影响机制见表 5-6。

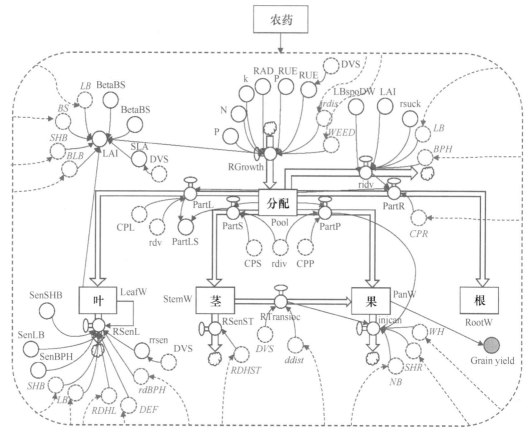

图 5-26　WNMM-RICE-PEST 模型水稻生长模拟程序

表 5-6　水稻病虫草害及其影响水稻生长的机制

病虫草害	影响水稻生长的机制
1. 杂草（WEED）	减少光能利用效率
2. 白叶枯病（BLB）	减少绿叶面积指数
3. 叶稻瘟病（LB）	减少绿叶面积指数；增加叶片黄化率而减少生物量；浪费光合作用产物
4. 纹枯病（SHB）	减少绿叶面积指数；增加叶片黄化率而减少生物量
5. 褐斑病（BS）	减少绿叶面积指数
6. 东格鲁病（TUNGRO）	减少光能利用效率
7. 穗颈病（NB）	减少光合作用产物向果实的分配
8. 鞘腐病（SHR）	减少光合作用产物向果实的分配
9. 白穗病（WH）	减少光合作用产物向果实的分配
10. 枯心病（DH）	减少水稻分蘖数
11. 褐飞虱（BPH）	浪费光合作用产物；增加叶片黄化率而减少生物量
12. 食叶虫（DEF）	增加叶片黄化率而减少生物量

WNMM-RICE-PEST 输出每天计算的水稻根茎叶果实各组分的生物量和总生物量，碳氮磷各组分在土壤层次的浓度、地表径流流失（包括土壤流失）通量、根区淋溶流失通量、植被吸收通量，各农药组分（水溶态、土壤吸附态和气态）在土壤层次的浓度、地表径流流失（包括土壤流失）通量、根区淋溶流失通量、植被冠层挥发损失通量、植被吸收通量、植被冠

层降解损失通量、土壤降解损失通量等。因此，WNMM-RICE-PEST 可以用来评价农田化肥和农药的交互作用，以及化肥和农药对大气、地表水与地下水环境质量的影响。WNMM-RICE-PEST 已在湖南长沙金井镇双季稻田应用于模拟除草剂苄嘧磺隆和丁草胺的农田归宿及其对氮磷肥料施用的响应。在长沙地区，双季稻田主要应用两类（除草和杀虫）三种（苄嘧磺隆、丁草胺、虫酰肼）农药，苄嘧磺隆（0.15kg/hm²）、丁草胺（3.0kg/hm²）直接应用于土表，而虫酰肼（1.5kg/hm²）应用于植被冠层。苄嘧磺隆和丁草胺的性质见表 5-7。WNMM-RICE-PEST 模拟的除草剂苄嘧磺隆和丁草胺在双季稻田土壤中的降解过程见图 5-27。通常，双季稻田的早稻季肥料施用量为 120kg N/hm² 和 32.5kg P/hm²，晚稻季肥料施用量为 150kg N/hm² 和 32.5kg P/hm²。2018 年，设置通常施肥量和施药量为 100%，农药田间试验设置 4 个处理：0%、50%、70%、100%，化肥田间试验设置 5 个处理：0、50%、70%、100%、150%，每个处理 3 次重复。WNMM-RICE-PEST 模拟的化肥和农药交互作用对籽粒产量的影响结果见图 5-28a，基本与田间试验结果（图 5-28b）一致。

表 5-7　除草剂苄嘧磺隆和丁草胺的物理、化学、生物性质

参数	苄嘧磺隆	丁草胺
水中溶解度（20℃）/(mg/L)	67	20
辛醇-水分配系数（20℃）	6.17	3.16×10^4
沸点/℃	240	156
蒸气压（20℃）/MPa	2.8×10^{-9}	0.24
Henry 常数（25℃）	2.0×10^{-11}	3.74×10^{-3}
蒸发热/(kJ/mol)	23.6	11.1
植被淋洗系数/mm	0.01	0.01
植被吸收系数/%	5.0	5.0
植被挥发常数（20℃）/d	0.004	0.004
植被降解常数（20℃）/d	0.008	0.008
农田降解常数（20℃）/d	0.02	0.03
Freundlich 吸附平衡常数（20℃）	6.6	25.0
Freundlich 吸附幂常数（20℃）	0.92	0.89
施用量/(kg/hm²)	0.15	3.0
施用时间（DOY，1～365）	127 218	127 218

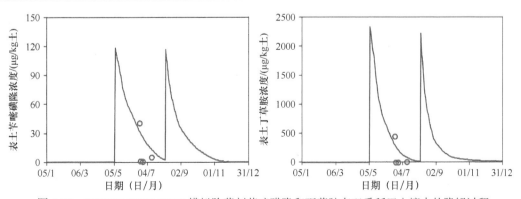

图 5-27　WNMM-RICE-PEST 模拟除草剂苄嘧磺隆和丁草胺在双季稻田土壤中的降解过程

蓝线代表模拟值，红色、粉红色圆点分别代表观测到的表土（0～20cm）中苄嘧磺隆、丁草胺的浓度

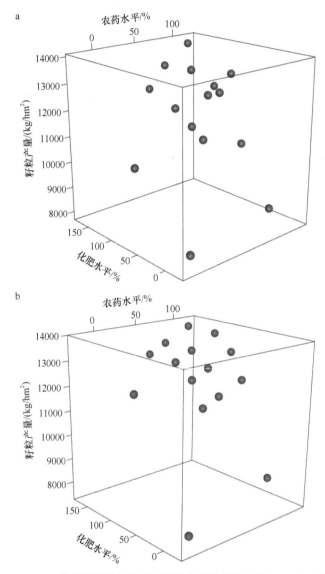

图 5-28　WNMM-RICE-PEST 模拟的肥料和农药对籽粒产量的耦合效果（a）与实际田间试验观测到的
肥料和农药对籽粒产量的耦合效果（b）的比较

5.3　化肥和农药减施增效环境效应评价实证分析

本研究提出了化肥和农药减施增效环境效应评价的指标体系和方法，下面以设施蔬菜和双季稻为例对其进行验证。

5.3.1　设施蔬菜化肥和农药减施增效环境效应评价

5.3.1.1　化肥减施增效环境效应

1. 试验设置

针对我国设施蔬菜种植过程中农民过量施肥和灌溉的现状，选取典型设施蔬菜生产区——山东寿光，进行设施番茄的原位监测试验。遵循当地农民的施肥习惯，每年有机肥只施用一次，时机选在秋冬茬种植之前。试验以施用有机肥的秋冬茬为一年试验的起始季，至次年的冬春茬植株拉秧结束算一个完整的试验周年。试验从 2017 年 8 月底开始，至 2019 年 7 月初结束，其间完成了 2 个试验周年、4 个茬口的设施番茄种植。具体的施肥方案如表 5-8 所示。

表 5-8 寿光设施番茄试验施肥方案 （单位：kg/hm²）

| 处理 | 秋冬茬 | | | | 冬春茬 | | | | 灌溉方式 |
| | 基肥 | | 追肥 | | 基肥 | | 追肥 | | |
	N	P₂O₅	N	P₂O₅	N	P₂O₅	N	P₂O₅	
常规水肥处理（CON）	80	480	420	420			420	420	漫灌
优化水肥处理 1（OPT1）	36	384	336	336			336	336	漫灌
优化水肥处理 2（OPT2）	36	384	336	336			336	336	滴灌
优化水肥处理 3（OPT3）	94	336	294	294			294	294	滴灌
不施肥处理（CK）	0	0	0	0			0	0	漫灌

寿光设施蔬菜种植多采用下沉式冬暖大棚，同时考虑到试验周期短，只进行了两年试验，因此典型设施蔬菜种植模式下环境效应评价指标不考虑土壤径流和土壤 SOC 变化产生的环境效应。试验监测的环境指标仅涉及活性氮（reactive nitrogen，Nr）损失，包括氮淋失、氨挥发、N_2O 排放，分别采用陶土头法、抽气法、静态箱法进行监测。

2. 设施番茄产量

不施肥（CK）处理单季平均产量是 58.7t，各施肥处理（CON、OPT1、OPT2、OPT3）较 CK 单季分别平均增产 12.8t、16.4t、10.3t、9.1t（图 5-29）。农艺措施（施肥、改变灌溉方式）对各施肥处理番茄产量的贡献率分别仅有 17.9%、21.9%、14.9%、13.4%，贡献率很低。同时相较于 CON 处理，每一季优化水肥处理（OPT1、OPT2、OPT3）的番茄产量都没有显著降低。出现上述现象的原因可能是设施蔬菜生产中长期过量投入氮肥，促使设施土壤氮素高残留，较高的土壤氮残留量或者土壤肥力缓和了作物对肥料的依赖，降低了农艺措施（施肥、改变灌溉方式）对增产的贡献，进而出现了减少水肥投入却不减产的现象。因此，实际设施蔬菜生产中，可以在常规水肥模式的基础上，采用减施肥料（减施比例 20%～30%）和改变灌溉方式（漫灌→滴灌）的农艺措施，可达到不减产的目标。

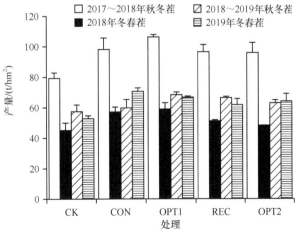

图 5-29 寿光设施番茄产量

3. 水肥管理措施对 Nr 损失（氮淋失、氨挥发、N₂O 排放）的影响

不施肥（CK）处理两年氮淋失量的平均值为 324kg N/hm²，各施肥处理（CON、OPT1、OPT2、OPT3）与 CK 处理相比，氮淋失年均增加量分别为 322kg N/hm²、232kg N/hm²、−35.3kg N/hm²、−48.4kg N/hm²（图 5-30a）。以 CK 处理的氮淋失量表征设施菜地土壤的贡献，可知 CON、OPT1 处理施肥对氮淋失的贡献率分别为 49.9%、41.7%，与土壤的贡献率相当。这表明设施菜地土壤对氮淋失的贡献不逊于肥料，也是一个不容忽视的影响因素。不过采用滴灌模式的 OPT2、OPT3 处理的氮淋失量却低于 CK 处理，显然改变灌溉方式（漫灌→滴灌）能够有效降低氮淋失，缓解施肥对氮淋失的正向效应。各优化水肥处理（OPT1、OPT2、OPT3）相较于 CON 处理的氮淋失两年平均减少量分别为 90kg N/hm²、357kg N/hm²、370kg N/hm²，年均减少比例分别为 13.9%、55.3%、66.7%（图 5-30b）。用 OPT1 处理的氮淋失减少量作为减施 20% 肥料的效应值，可知改变灌溉方式（漫灌→滴灌）对 OPT2 处理氮淋失减少量的贡献率高达 74.8%，显著高于减施肥料的贡献率。因此在设施蔬菜生产中，改变灌溉方式（漫灌→滴灌）比减施肥料能更有效地降低氮淋失。

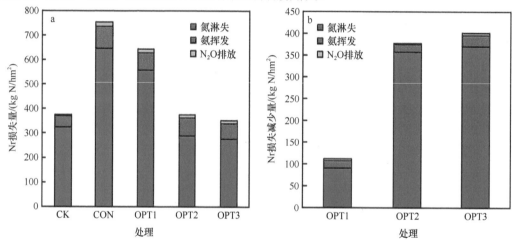

图 5-30　年均 Nr 损失量（a）和优化水肥试验较常规水肥处理的年均 Nr 损失减少量（b）

CK 处理氨挥发量的两年平均值为 46.4kg N/hm²，各施肥处理（CON、OPT1、OPT2、OPT3）与 CK 处理相比，氨挥发年均增加量分别为 44.2kg N/hm²、27.4kg N/hm²、26.5kg N/hm²、17.7kg N/hm²（图 5-30a）。与 CK 处理相比，同为漫灌处理的 CON、OPT1 的肥料对氨挥发的贡献率分别为 48.8%、37.2%。这表明土壤与肥料一样是氨挥发的重要贡献者。相较于 CON 处理，各优化水肥处理（OPT1、OPT2、OPT3）的氨挥发两年平均减少量分别为 16.8kg N/hm²、17.7kg N/hm²、26.6kg N/hm²，年均减少比例分别为 18.5%、19.5%、36.0%（图 5-30b）。用 OPT1 处理的氨挥发减少量作为减施 20% 肥料的贡献值，可知改变灌溉方式（漫灌→滴灌）对 OPT2 处理氨挥发减少量的贡献率仅有 5%（表 5-8）。表明在设施蔬菜生产中，减施肥料与改变灌溉方式相比能更有效地降低氨挥发。

CK 处理两年 N₂O 排放量的平均值为 4.0kg N/hm²，各施肥处理（CON、OPT1、OPT2、OPT3）与 CK 处理相比，N₂O 排放年均增加量分别为 13.3kg N/hm²、9.2kg N/hm²、10.2kg N/hm²、8.9kg N/hm²（图 5-30a）。与 CK 处理相比，同为漫灌处理的 CON、OPT1 的肥料对 N₂O 排放

的贡献率分别为 76.8%、69.6%。这表明典型蔬菜种植模式下肥料是 N_2O 排放的最主要驱动因素，设施土壤对 N_2O 排放的贡献率远没有其对氮淋失和氨挥发的贡献率高。相较于 CON 处理，各优化水肥处理（OPT1、OPT2、OPT3）的 N_2O 排放两年平均减少量分别为 4.1kg N/hm^2、3.1kg N/hm^2、4.4kg N/hm^2，年均减少比例分别为 23.7%、17.8%、33.0%（图 5-30b）。用 OPT1 处理的 N_2O 排放减少量作为减施 20% 肥料的贡献值，可知改变灌溉方式（漫灌→滴灌）对 OPT2 处理 N_2O 排放减少量的贡献率仅有 −32.8%（表 5-9）。表明在设施蔬菜生产中，改变灌溉方式不会降低 N_2O 排放，反而在一定程度上增加了 N_2O 排放。因此，减施肥料与改变灌溉方式（漫灌→滴灌）相比能更有效地降低 N_2O 排放。

表 5-9　减施肥料和改变灌溉方式对优化水肥处理氮淋失、氨挥发、N_2O 排放降低的贡献率

（单位：%）

Nr 损失项	处理	减施氮肥	改变灌溉方式（漫灌→滴灌）
氮淋失	OPT1	100	0
	OPT2	25.2	74.8
	OPT3	27.8	72.2
氨挥发	OPT1	100	0
	OPT2	95.0	5.0
	OPT3	96.6	3.4
N_2O 排放	OPT1	100	0
	OPT2	132.8	−32.8
	OPT3	123.2	−23.2

注：以 CON 和 OPT1 相同损失项的差值计为减施 20% 肥料的贡献值，以 CON 和 OPT2 相同损失项的差值计为减施 20% 肥料与改变灌溉方式（漫灌→滴灌）的贡献值之和，以 OPT2 和 OPT3 相同损失项的差值计为减施 10% 肥料的贡献值，以 CON 和 OPT3 相同损失项的差值计为减施 30% 肥料和改变灌溉方式（漫灌→滴灌）的贡献值之和，以 CON 和 OPT1 相同损失项的差值与 OPT2 和 OPT3 相同损失项的差值之和计为减施 30% 肥料的贡献值，以此分别计算减施氮肥和改变灌溉方式对氮淋失、氨挥发、N_2O 排放降低的贡献率

　　CK 处理 Nr 损失量的周年平均值为 370kg N/hm^2，各施肥处理（CON、OPT1、OPT2、OPT3）与 CK 处理相比，Nr 损失年均增加量分别为 366kg N/hm^2、259kg N/hm^2、−9kg N/hm^2、−31kg N/hm^2（图 5-31a）。与 CK 处理相比，同为漫灌处理的 CON、OPT1 的肥料对 Nr 损失的贡献率分别为 49.7%、41.2%，接近一半。这表明在设施蔬菜生产中，设施土壤和肥料都对 Nr 损失起着重要作用。相比于 CK，OPT1 和 OPT2 处理虽然都施了一定的肥料，但是通过改变灌溉方式显著遏制了肥料促进 Nr 损失的效果，出现了 Nr 损失量降低的现象。

　　相较于 CON 处理，各优化水肥处理（OPT1、OPT2、OPT3）的 Nr 损失年均减少量分别为 107kg N/hm^2、375kg N/hm^2、397kg N/hm^2，年均减少比例分别为 14.5%、50.9%、63.1%（图 5-31b）。优化水肥处理中氮淋失的降低是 Nr 损失降低的最主要贡献者，贡献率超过 80%（图 5-31a）。用 OPT1 的 Nr 损失减少量作为减施 20% 肥料的贡献值，可知改变灌溉方式（漫灌→滴灌）对 OPT2 处理 Nr 损失减少量的贡献率为 71.5%（图 5-31b）。同理，OPT3 处理减施肥料和改变灌溉方式（漫灌→滴灌）对 Nr 损失减少量的贡献率分别为 32.5% 和 67.5%。再一次印证了在设施蔬菜生产中，改变灌溉方式（漫灌→滴灌）较减施肥料能更好地降低 Nr 损失。与漫灌模式相比，滴灌模式可通过降低氮淋失进而降低 Nr 损失。

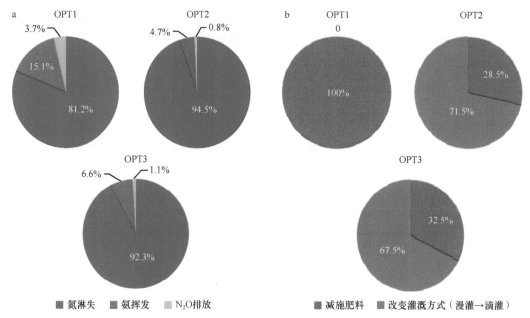

图 5-31　优化水肥处理中各途径氮损失减少量对 Nr 损失减少量的贡献率（a），以及减施肥料和改变灌溉方式对 Nr 损失减少量的贡献率（b）

4. 水肥管理措施对农田环境效应指数的影响

如图 5-32 所示，常规水肥处理 CON 的农田环境效应指数（AEI）周年平均值为 3616 元/hm²。其中，温室效应最为突出，占比高达 39.1%；其次是酸雨效应和水体富营养化效应，两者的环境效应值相当，占比接近（28.6% 与 28.5%）；臭氧层破坏效应最低，占比仅有 3.8%。

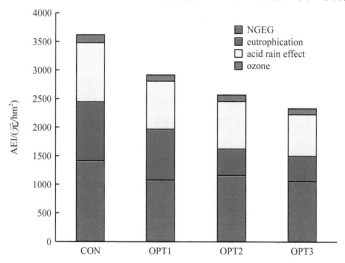

图 5-32　寿光设施番茄年均农田环境效应指数

NGEG：净温室效应；eutrophication：水体富营养化效应；acid rain effect：酸雨效应；ozone：臭氧层破坏效应。下同

相比于常规水肥组合（CON），各优化水肥处理农田环境质量指数的降低值分别为 702 元/hm²、1048 元/hm²、1285 元/hm²，减少比例分别为 19.4%、29.0%、55.1%。温室效应的降低是 OPT1 处理 AEI 降低最大的贡献者，贡献率高达 48%（图 5-33a），其次是酸雨效应、水

体富营养化效应，贡献率分别为 27.3%、20.5%，臭氧层破坏效应的贡献率仅有 4.7%。与减施肥料的影响不同，灌溉方式的改变（漫灌→滴灌）还影响了各子项的贡献率顺序，最主要的影响是水体富营养化效应的贡献率有所上升，贡献率在 46.0%～54.4%，成为最主要的贡献者，而温室效应的贡献率只有 24.0%～27.7%，下降至次席。

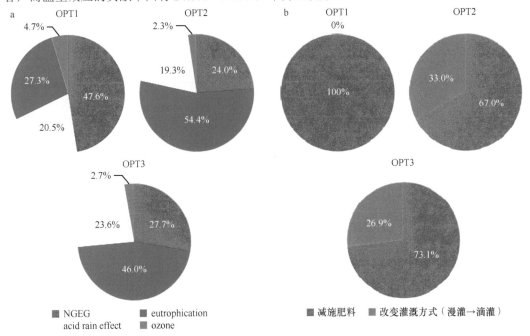

图 5-33　优化水肥处理各环境效应降低值对农田环境质量指数降低值的贡献率（a）以及减施肥料、改变灌溉方式对农田环境质量指数降低值的贡献率（b）

用 CON 处理与 OPT1 处理的农田环境质量指数差值作为减施 20% 肥料的贡献值，可知改变灌溉方式改变（漫灌→滴灌）对 OPT2 处理农田环境质量指数降低值的贡献率仅有 33.0%（图 5-33b）。同理，OPT3 处理中肥料和灌溉方式改变（漫灌→滴灌）对农田环境质量指数降低值的贡献率分别为 73.1% 和 26.9%。这表明在设施蔬菜生产中，减施 20%～30% 肥料与改变灌溉方式（漫灌→滴灌）相比能更有效地降低农田环境质量指数。

5.3.1.2　农药减施增效环境效应

1. 设施蔬菜土壤主要农药种类及残留量

寿光市位于中国北方山东省的中北部，地处中纬度带，处于山东半岛的平原地区，属暖温带季风区大陆性气候。寿光市是国务院命名的"中国蔬菜之乡"，是中国最大的蔬菜集散中心，并在农业产品的品种引进和技术研发等方面做出重大贡献。寿光市是中国最大的温室蔬菜种植基地，耕地面积占当地的 65%。寿光市产量最高的蔬菜品种为番茄和黄瓜。根据寿光市植保站数据，2017 年寿光市番茄产量为 $4.24×10^8$kg，小番茄产量为 $3.38×10^8$kg。本研究选取寿光市洛城街道番茄、黄瓜两种作物不同种植年限（短期：2 年，中期：8～9 年，长期：14 年以上）的代表性种植大棚各 3 个作为对象。

寿光地区两种蔬菜种植大棚中不同深度土壤新烟碱类农药检出情况及残留量的统计特征如表 5-10 所示。在黄瓜土壤中共检出 6 种新烟碱类农药，包括呋虫胺、啶虫脒、噻虫胺、吡虫啉、噻虫嗪、氯噻啉。其中，啶虫脒、吡虫啉和氯噻啉在所有样品中均有检出，噻虫胺在表层土和中层土中均有检出；吡虫啉的含量最高，中位值为 0.460μg/kg，6 种新烟碱类农药的总含量范围为 0.363～19.224μg/kg。在番茄土壤中共检出 7 种农药，除了上述提及的 6 种农药，还检测到烯啶虫胺。其中，啶虫脒、噻虫胺和氯噻啉在所有样品中均有检出，噻虫嗪在中层土和下层土中均有检出；啶虫脒的含量最高，中位值为 0.463μg/kg，7 种新烟碱类农药的总含量范围为 0.731～11.383μg/kg。

表 5-10　寿光地区两种蔬菜种植大棚农药检出情况及残留量的统计特征　　　（单位：μg/kg）

介质	统计	呋虫胺	啶虫脒	噻虫胺	吡虫啉	烯啶虫胺	噻虫嗪	氯噻啉	总量
番茄土壤	1/4 分位值	0.174	0.228	0.109	0.242	0.153	0.446	0.093	1.510
	中位值	0.274	0.463	0.181	1.897	0.268	0.667	0.111	3.981
	3/4 分位值	0.512	2.580	0.326	3.159	0.475	1.498	0.117	9.496
	范围	ND～1.223	0.102～7.127	0.076～1.361	ND～6.018	ND～0.582	ND～4.865	0.066～0.271	0.731～11.383
	总检出率/%	66.67	100.00	100.00	85.19	22.22	96.30	100.00	
	0～10cm 检出率/%	66.67	100.00	100.00	100.00	33.33	100.00	100.00	
	10～20cm 检出率/%	66.67	100.00	100.00	88.89	33.33	100.00	100.00	
	20～30cm 检出率/%	66.67	100.00	100.00	66.67	0	88.89	100.00	
黄瓜土壤	1/4 分位值	0.297	0.048	0.059	0.229	ND	0.113	0.070	0.566
	中位值	0.300	0.083	0.071	0.460	ND	0.124	0.084	0.849
	3/4 分位值	0.305	0.132	0.125	1.366	ND	0.464	0.094	1.697
	范围	ND～0.310	0.035～2.134	ND～1.276	0.151～8.510	ND	ND～7.472	0.045～0.501	0.363～19.224
	总检出率/%	11.11	100.00	96.30	100.00	0	55.56	100.00	
	0～10cm 检出率/%	0	100.00	100.00	100.00	0	66.67	100.00	
	10～20cm 检出率/%	0	100.00	100.00	100.00	0	33.33	100.00	
	20～30cm 检出率/%	33.33	100.00	88.89	100.00	0	66.67	100.00	

注：ND 表示未检出

对不同种植年限番茄和黄瓜大棚的新烟碱类农药残留量进行比较，如图 5-34 所示。结果表明：无论是番茄还是黄瓜大棚，中期（8～9 年）种植历史的土壤内新烟碱类农药的残留量均低于长期（14 年以上）和短期（2 年）。

对不同种植年限、不同深度两种蔬菜大棚土壤中新烟碱类农药的残留量进行对比，如图 5-35 所示。对于番茄，除长期种植历史外，土壤中新烟碱类农药的残留量基本呈现表层土＞中层土＞下层土的趋势；而对于黄瓜，表层土均高于中层土及下层土，中层土与下层土农药残留量差异不大。

结合实际测定的土壤中新烟碱类农药残留量，计算得到的寿光地区两种蔬菜大棚使用新烟碱类农药的生态风险见图 5-36。番茄种植土壤中啶虫脒和噻虫嗪的生态风险较高，而在黄瓜种植土壤中啶虫脒的生态风险较高。针对番茄，短期种植与中期种植历史生态风险排序为表层土＞中层土＞下层土，长期种植历史风险排序为中层土＞表层土＞下层土。随着种植年限的延长，表层土与中层土生态风险逐渐增加，而下层土生态风险基本不变。针对黄瓜，短期种植与番茄规律一致，而中期和长期种植历史中层土生态风险要低于表层土与下层土。氯噻啉与烯啶虫胺两种农药的生态风险较小，低于其他农药 3～5 个数量级。总体来看，我们需要重点关注黄瓜短期大棚及番茄长期大棚土壤的生态风险。

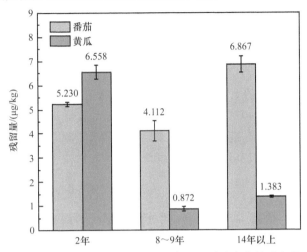

图 5-34　不同种植年限大棚土壤中新烟碱类农药的残留量

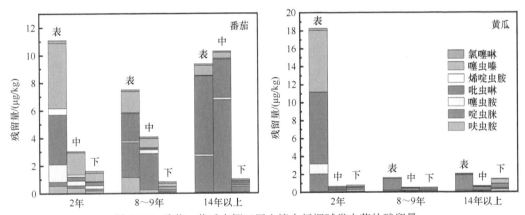

图 5-35　番茄、黄瓜大棚三层土壤中新烟碱类农药的残留量

每个年限柱状图从左到右依次代表表层土、中层土、下层土，下同

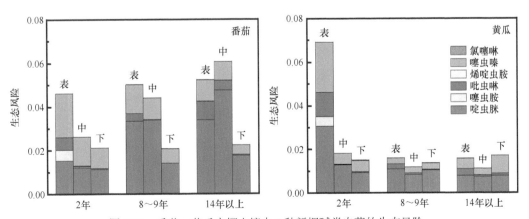

图 5-36　番茄、黄瓜大棚土壤中 6 种新烟碱类农药的生态风险

2. 寿光蔬菜大棚土壤中典型农药的风险评估

寿光大棚土壤检出农药有阿维菌素、苯醚甲环唑、吡蚜酮、虫酰肼、啶虫脒、噻嗪酮、三唑磷、烯啶虫胺、异丙威。这9种农药针对土壤生物的最优SSD模型如图5-37所示，农药残留量、生态风险分别如图5-38、图5-39所示。

3. 典型农药对微生物的毒性效应

本课题组于2019年5月进行现场采样，共布设18个采样点，选取栽培方式和管理方法相似的温室，分别采集番茄和黄瓜两种作物（成熟期）的土壤，每个温室设置5个分布均匀的采样点，共收集18个温室的土壤样品（0～10cm）。将采集的土壤样品以温室的种植年限区分，共分为3组（包括8年以下、9～14年、16年以上）。土壤样品的农药类型及含量分析采用高效液相色谱质谱仪，土壤细菌群落分析采用16S高通量测序技术。分析不同种植年限温室土壤中常见农药残留类型及其浓度、细菌群落多样性及结构变化，对揭示农药残留对土壤细菌群落的影响具有重要意义。

（1）土壤农药残留量分析

在温室土壤样品中共检测到15种农药并测定了其残留量，结果如图5-40所示。在9～14年的土壤中，番茄和黄瓜样品中的农药残留量均最高，而在8年以下的土壤中，农药残留量均最低。在温室中，随着种植年限的增加总农药残留量增加，然后在16年以上组有所下降。此外，番茄样品中的主要残留成分为啶酰菌胺（250.44～633.46μg/kg）、戊唑醇（29.14～109.45μg/kg）和苯醚甲环唑（33.17～60.36μg/kg），而黄瓜中检出的主要农药为苯醚甲环唑（137.33～183.10μg/kg）、啶酰菌胺（17.03～182.02μg/kg）和多菌灵（76.15～272.4μg/kg）。

（2）群落多样性分析

在所有18个样品中共获得了604 839条高质量序列，所有样本的测序序列量范围为（28 139±3857）～（37 627±1225）条（表5-11），为了构建稀疏曲线（图5-41）并估计α多样性的差异，去除了所有样本中的单条序列。稀疏曲线显示出清晰的渐近线，表明较好地代表了样品中的物种。从Good's覆盖范围值可以推断出测序深度的统计差异。Good's覆盖范围值从番茄样品的（0.974±0.001）～（0.976±0.002），到黄瓜样品的（0.975±0.002）～（0.982±0.002）（图5-41），表明土壤样品中几乎所有微生物物种都被检测到。

首先对每个样品测序得到的序列进行抽平，以控制采样工作量的差异，每个样本取25 480条序列，然后分析多样性指数（表5-11和图5-41）。番茄样品的平均OTU数（相似性为97%的序列为一个OTU）为（2015±189）～（2224±158），黄瓜样品的平均OTU数为（1605±35）～（2034±100）。Chao1指数表示微生物丰富度（表5-11），在不同种植年限的番茄样品中，未观察到土壤微生物丰富度的显著变化（$P > 0.05$）。但是，与8年以下和16年以上的组相比，9～14年组黄瓜样品的土壤微生物丰富度显著下降（$P < 0.05$）。该趋势与Shannon指数所表示的土壤微生物多样性一致。结果表明，9～14年组样品的多样性和丰富度指数低于8年以下与16年以上组的样品，尽管番茄样品中无显著差异。

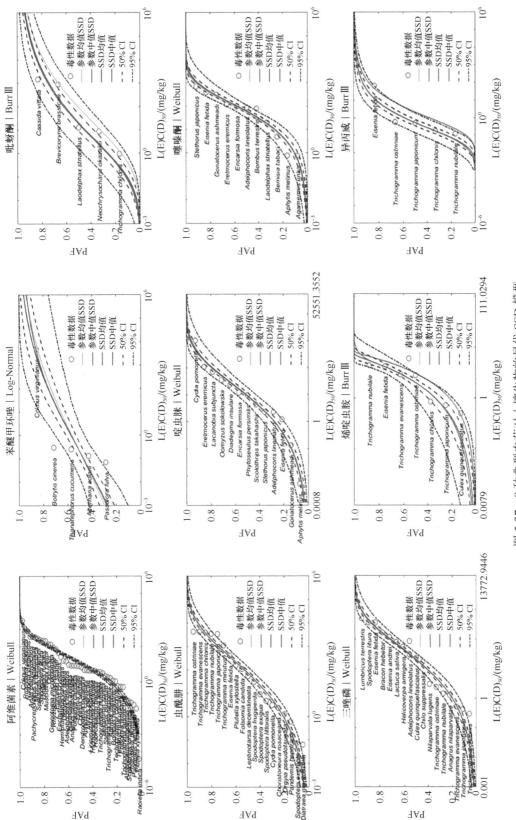

图 5-37　9 种典型农药对土壤生物的最优 SSD 模型

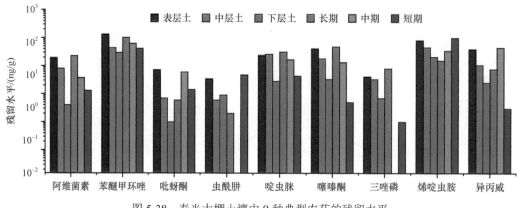

图 5-38　寿光大棚土壤中 9 种典型农药的残留水平

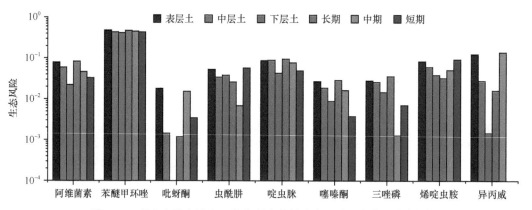

图 5-39　寿光大棚土壤中 9 种典型农药的生态风险（中值风险范围）

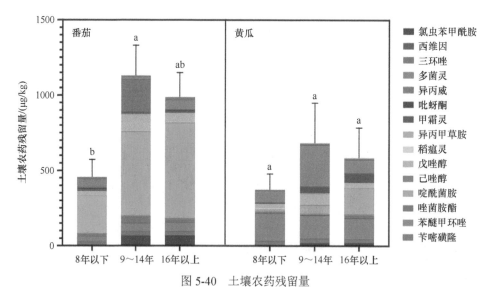

图 5-40　土壤农药残留量

图柱上不含有相同小写字母的表示土壤样品之间存在显著差异（$P < 0.05$，LSD），下同

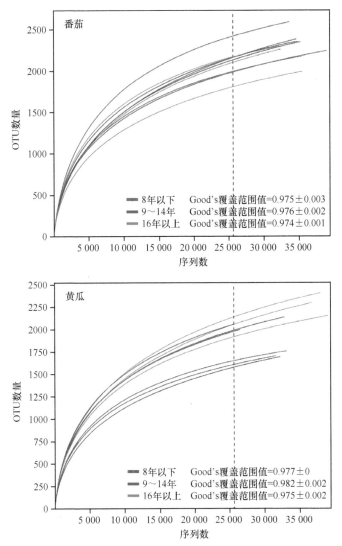

图 5-41　样品 Good's 覆盖范围值（平均值±标准差）和单个样品的稀疏曲线

垂直虚线是以最小样本序列量为基准进行抽平，以控制采样工作量和测序量的差异，进一步精确计算多样性

（每个样本统一至 25 480 条序列）

表 5-11　不同种植年限下微生物 OTU 数量及多样性指数

作物		8 年以下	9～14 年	16 年以上
序列数	番茄	36 209±2 372a	33 212±1 820a	34 421±768a
	黄瓜	28 139±3 857b	32 005±742ab	37 627±1 225a
OTU 数量	番茄	2 027±102a	2 015±189a	2 224±158a
	黄瓜	2 006±3a	1 605±35b	2 034±100a
Chao1 指数	番茄	2 686.18±230.3a	2 579.43±134.09a	2 818.65±97.09a
	黄瓜	2 534.58±20.42a	2 058.57±73.84b	2 648.51±139.87a
Shannon 指数	番茄	6.26±0.08a	6.16±0.25a	6.34±0.29a
	黄瓜	6.22±0.13a	5.69±0.24b	6.22±0.05a

注：同一行数据后不含有相同小写字母的代表 95% 置信水平的统计性差异（P＜0.05，LSD），下同

（3）不同栽种年限组细菌结构的总体变化

进一步研究了不同种植年限组细菌门水平和属水平的物种。细菌群落包括 42 个不同的门水平物种。但是，对于所分析的大多数细菌群落，只有 15 个不同的门水平物种占到序列总数的 97% 以上（图 5-42）。在所有样品中观察到的较丰富的 3 个细菌门是变形菌门（34.2%~43.4%）、酸杆菌门（9.7%~19.3%）、拟杆菌门（9.2%~16.5%）。不同种植年限组所有鉴定出的细菌门水平的相对丰度均没有显著差异。

细菌门	番茄			P值	黄瓜			P值
	8年以下	9~14年	16年以上		8年以下	9~14年	16年以上	
变形菌门	37.8	34.2	35.7	0.670	37.2	43.4	37.0	0.587
酸杆菌门	19.3	15.9	12.5	0.113	13.4	9.7	16.1	0.051
拟杆菌门	12.3	9.2	14.8	0.561	16.5	13.6	10.3	0.301
放线菌门	6.3	9.2	9.8	0.837	3.8	4.0	3.7	0.837
绿弯菌门	6.5	6.7	6.9	0.957	8.9	6.1	8.7	0.066
浮霉菌门	5.7	5.9	5.2	0.733	5.6	3.7	5.5	0.061
芽单胞菌门	4.7	4.8	5.3	0.670	4.4	9.1	7.4	0.061
厚壁菌门	1.7	4.2	3.3	0.148	3.5	3.6	2.6	0.733
蓝藻细菌门	0.5	3.4	0.7	0.733	0.7	1.3	0.5	0.288
硝化螺旋菌门	1.1	1.8	0.7	0.252	0.3	0.5	1.1	0.113
未分类门	0.9	1.2	0.8	0.733	0.7	0.7	0.5	0.587
匿杆菌门	0.5	0.9	0.6	0.957	0.8	1.0	3.0	0.329
装甲菌门	0.6	0.6	0.8	0.670	0.6	0.4	0.7	0.252
疣微菌门	0.4	0.6	0.5	0.837	0.8	0.3	0.8	0.061
迷踪菌门	0.3	0.2	0.3	0.587	0.5	0.4	0.4	0.670

图 5-42　不同栽种年限组细菌不同门水平物种的相对丰度（%）

颜色越深表示物种相对丰度越高，只展示丰度大于 0.5% 的门

对于细菌属水平的物种，我们将核心细菌微生物组定义为每个样品中前 15 个最丰富的属，共得到 18 个属。根据三元图分析，核心细菌属的分布比例在不同种植年限组中有所不同（图 5-43）。在番茄土壤样品中，结果显示 9~14 年组中假节杆菌属相对丰度较高，而 16 年以

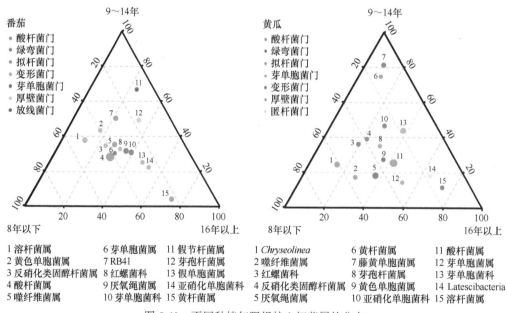

图 5-43　不同种植年限组核心细菌属的分布

物种种类以颜色区分，每个圆圈代表一类物种，圆圈大小代表相对丰度高低

上组中黄杆菌属富集。在黄瓜土壤样品中，9～14 年组富集了黄杆菌属和藤黄单胞菌属，16 年以上组富集了溶杆菌属和 Latescibacteria。表 5-12 列出了所有核心细菌属的相对丰度和不同种植年限对其的影响。此外，丰度较高的属大多属于酸杆菌门。

表 5-12　两种作物不同种植年限中相对丰度前 15 的细菌属物种

属		属相对丰度/%		P 值
	8 年以下	9～14 年	16 年以上	
番茄 酸杆菌属	29.51	19.70	22.07	0.148
厌氧绳菌属	7.45	8.14	8.39	0.837
噬纤维菌属	8.12	8.47	6.93	0.587
溶杆菌属	11.34	8.45	2.78	0.051
芽单胞菌科	6.35	6.66	8.32	0.561
RB41	5.03	9.62	4.10	0.118
黄杆菌属	4.34	0.92	13.39	0.561
芽孢杆菌属	2.50	8.38	5.45	0.061
红螺菌科	4.51	4.32	4.27	0.957
亚硝化单胞菌科	3.13	3.06	6.66	0.301
假单胞菌属	3.44	3.06	5.59	0.875
假节杆菌属	1.07	7.22	3.79	0.957
反硝化类固醇杆菌属	4.70	4.06	2.69	0.079
黄色单胞菌属	4.48	4.70	2.12	0.393
芽单胞菌属	4.02	3.25	3.44	0.957
黄瓜 酸杆菌属	17.77	14.14	22.64	0.039*
厌氧绳菌属	15.54	5.92	12.37	0.177
Chryseolinea	16.11	7.32	4.50	0.193
芽单胞菌科	4.90	11.88	10.34	0.066
藤黄单胞菌属	1.89	15.98	2.47	0.113
亚硝化单胞菌科	4.37	7.52	4.40	0.099
红螺菌科	7.14	5.64	3.17	0.079
噬纤维菌属	8.59	2.80	4.27	0.027*
芽孢杆菌属	5.20	5.67	4.71	0.670
溶杆菌属	2.12	1.57	10.46	0.061
黄色单胞菌属	5.02	3.69	4.56	0.837
黄杆菌属	1.63	9.52	1.31	0.733
反硝化类固醇杆菌属	4.58	4.52	2.61	0.193
Latescibacteria	1.84	2.27	6.82	0.252
芽单胞菌属	3.32	1.57	5.36	0.148

注：采用 Kruskal-Wallis 等级检验分析显著性，在不同种植年限中相对丰度差异显著的标记 *

（4）微生物群落结构与农药残留相关性分析

Mantel 检验用于评估群落组成与土壤农药浓度之间的关系，以更好地了解群落组成。结果显示，细菌群落结构的变化与啶酰菌胺、己唑醇、戊唑醇、稻瘟灵、异丙甲草胺、甲霜灵、多菌灵、三环唑的浓度显著相关（$P<0.05$）（表 5-13）。Pearson 相关性分析用于分析 15 个最主要细菌门与 3 种农药浓度的相关性（图 5-44）。结果表明，装甲菌门、拟杆菌门、绿弯菌门、变形菌门、疣微菌门与农药浓度无显著相关性。在浓度最高的农药中，啶酰菌胺与硝化螺旋菌门呈显著正相关，多菌灵与迷踪菌门呈显著正相关，异丙威与放线菌门呈显著正相关。

表 5-13　通过 Mantel 检验分析农药浓度与细菌群落结构之间的相关性

农药	Mantel 相关系数	P 值
西维因	0.285	0.257
氯虫苯甲酰胺	0.204	0.140
苄嘧磺隆	0.205	0.213
苯醚甲环唑	0.376	0.097
唑菌胺酯	0.138	0.471
啶酰菌胺	0.306	0.019
己唑醇	0.541	0.003
戊唑醇	0.360	0.038
稻瘟灵	0.528	0.001
异丙甲草胺	0.400	0.022
甲霜灵	0.258	0.026
吡蚜酮	0.360	0.126
异丙威	0.129	0.510
多菌灵	0.420	0.030
三环唑	0.468	0.008

注：置换数为 999（利用 OTU 相对丰度计算）

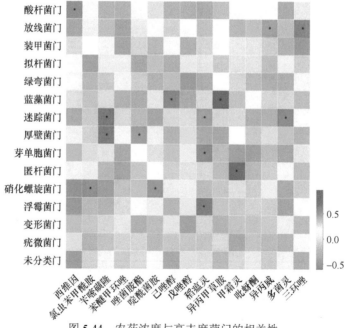

图 5-44　农药浓度与高丰度菌门的相关性

颜色越绿表示负相关性越高，颜色越红表示正相关性越高；具有显著相关关系的以 * 表示

在属水平，除了苄嘧磺隆、氯虫苯甲酰胺、甲霜灵，所有属均与一种及以上农药呈现显著相关性（图 5-45）。例如，含有较高啶酰菌胺浓度的样品与酸杆菌属、RB14、溶杆菌属具有显著正相关性。相对丰度最高的酸杆菌属与异丙威呈显著负相关关系，但与啶酰菌胺呈显著正相关。在所有样本中相对丰度均较高的厌氧绳菌科与异丙威、戊唑醇、多菌灵、稻瘟灵、异丙甲草胺呈显著负相关性。此外，虽然红螺菌属、黄杆菌属、反硝化类固醇杆菌属在所有样品中均具有较高的丰度，但未与任何一种检测到的农药呈现出显著的相关性。

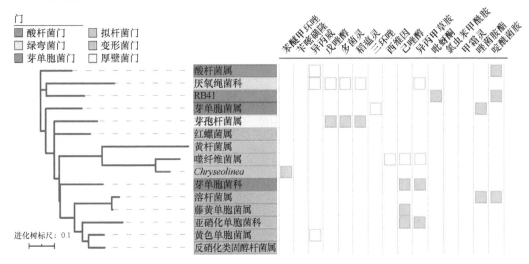

图 5-45　农药浓度与高丰度属的相关性

左侧为 15 种属的系统发育树，物种不同的背景颜色代表该物种所属的门；右侧对齐的彩色表示该属是否与农药类型显著相关（由形状指示），实心形状表示显著正相关（$P < 0.05$），而空的形状表示显著负相关（$P < 0.05$），无形状表示不相关

5.3.2　双季稻田化肥和农药减施增效环境效应评价

5.3.2.1　化肥减施增效环境效应

本项目分别依托江苏句容和湖南金井长期定位点开展了双季稻田化肥减施增效的环境效应评价研究。通过在两地设置碳氮温室气体排放的原位观测试验，截至 2019 年底共获得金井一年半（含 1 个晚稻季和 1 个完整周年双季稻观测周期）、句容两年（含 2 个完整周年双季稻观测周期）双季稻的田间观测数据。

1. 江苏句容观测试验实证分析

（1）试验处理设计

本试验于 2018 年 4 月 20 日在江苏省句容市天王镇农业示范区进行。试验共设有 5 个处理：不施用氮肥对照处理（Control）、化肥全量施用处理（F，150kg/hm²）、化肥减量 30% 处理（R，115kg/hm²）、有机肥减量 30% 处理（O，115kg/hm²）、缓释肥减量 30% 处理（C，115kg/hm²），每个处理设置 4 次重复。试验小区规格为长 8m×宽 6m，每个试验小区用 0.5m 高的田埂隔开，每条田埂进行覆膜处理，以防水肥串通。早稻于 2018 年 4 月 23 日播种，到 2018 年 7 月 23 日收获，晚稻试验从 2018 年 7 月 27 日开始，到 2018 年 10 月 26 日结束，除了肥料管理，田间水分及其他农作管理措施与当地大面积生产一致。观测试验采用静态暗箱-气相色谱法进行气体样品的采集与测定，同时采用常规方法进行土壤和水体理化指标的测定与分析。

（2）主要结果分析

从双季稻田 CH_4 和 N_2O 季节排放动态来看，两者之间存在显著的此消彼长（trade-off）关系。水稻生长前期稻田一直处于淹水状态，以 CH_4 排放为主，N_2O 排放较少，中期烤田开始直至再次淹水，基本没有 CH_4 排放。稻田 N_2O 排放和氮肥施用显著相关，在每次追肥时均有排放峰值出现。晚稻季的 CH_4 排放通量较早稻季明显增加，最大峰值出现在化肥常量处理，达到 $141.66mg/(m^2 \cdot h)$。一方面是由于晚稻季气温普遍高于早稻季；另一方面是由于前茬作物残体为晚稻季的 CH_4 排放提供了丰富的 C、N 底物。在水稻生长后期随着稻田水层的逐渐落干，CH_4 排放急剧下降，此时由于农田通气条件改善，N_2O 排放呈现显著上升趋势（图 5-46）。

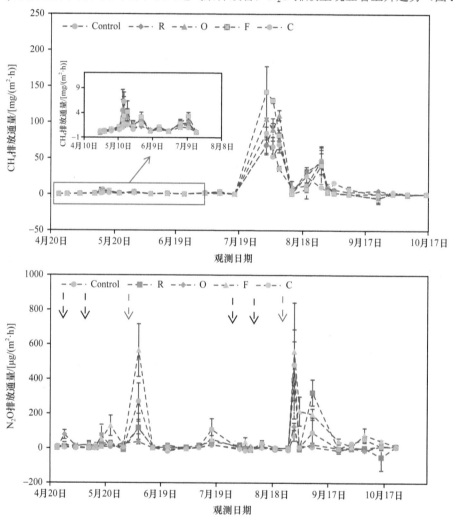

图 5-46 全年双季稻观测周期 CH_4 和 N_2O 的排放动态（2018 年）

图中虚线箭头代表灌溉事件

从季节排放通量来看，晚稻季的 CH_4 和 N_2O 排放通量要普遍高于早稻季，其中晚稻季的 CH_4 排放通量占到前后两季排放通量的 76%。同时，不同肥料处理间 CH_4 和 N_2O 排放通量具有显著差异。早稻季各施肥处理 CH_4 排放并无明显差异，而晚季稻化肥全量施用处理较其他减施处理促进了 CH_4 排放。化肥减量和全量施用处理的 N_2O 排放均高于其他减施处理（图 5-46）。通过计算两者的综合温室效应发现，施肥处理的综合温室效应均显著高于对照处理。与化肥全量施用处理相比，减施处理均不同程度降低了稻田 CH_4 和 N_2O 排放的净综合温室效应（表 5-14），其中以化肥减施最为明显。另外，从 CH_4 和 N_2O 排放对稻田综合温室效应的贡献来看，双季稻田的贡献主要来自 CH_4 排放，贡献率达到 94%，而 N_2O 排放的贡献较低。

表 5-14　不同处理温室气体排放量和综合温室效应

处理	CH_4 排放量 /(kg/hm²)	N_2O 排放量 /(kg/hm²)	综合温室效应/[t CO₂-eq/(hm²·a)]
Control	347.50±45.16c	0.37±0.25c	9.82±1.25bc
R	454.46±62.92b	1.48±0.08b	13.11±1.73ab
O	527.38±81.75ab	0.62±0.09c	14.93±2.30ab
F	582.00±87.48a	3.16±0.39a	17.13±2.56a
C	412.46±39.31b	1.68±0.70b	11.99±0.95b

注：同列数据后不含有相同小写字母的表示在 0.05 水平差异显著，下同

与对照相比，早稻季和晚稻季施肥处理均不同程度提高了水稻产量与生物量，减施处理中以化肥减量处理的增产效应最大，其增产达 46%。对于早稻季，同等施氮水平下缓释肥减施处理的增产效应最为明显，而化肥减施处理的增产效应最小。与产量相似，所有施肥处理均能提高水稻生物量，早稻季和晚稻季减施处理中分别以化肥与有机肥减施处理促进生物量累积的效应最大（表 5-15）。从氮肥利用率（NUE）来看，相对于化肥全量施用，早稻季减施处理有效提高了稻田氮肥利用率，其中以化肥减施处理的增加效应最明显，有机肥和缓释肥减施次之。与早稻季不同，相对于化肥全量施用，晚稻季只有缓释肥减施处理有效提高了氮肥利用率，其他减施处理均不同程度降低了稻田氮肥利用率（图 5-47）。

表 5-15　水稻季产量、生物量的比较

处理	产量/(kg/hm²)		生物量/(kg/hm²)	
	早稻季	晚稻季	早稻季	晚稻季
Control	4 830.27±790.04bc	3 260.53±112.73c	6 679.20±588.44c	4 108.53±376.05c
R	7 060.80±327.86a	4 261.60±524.54b	11 094.27±282.15a	6 884.80±272.18b
O	6 113.60±416.21ab	4 299.73±286.26b	8 703.73±859.44bc	8 661.07±932.45a
F	6 429.60±429.03ab	5 299.73±97.21a	11 094.13±752.14a	8 273.07±590.01a
C	5 545.47±215.46b	4 651.07±121.11ab	9 916.93±829.41b	8 801.60±547.21a

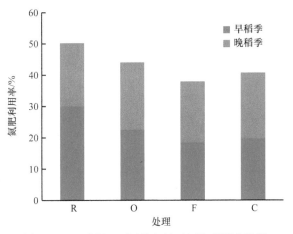

图 5-47　双季稻田不同施肥处理氮肥利用率比较

2. 湖南金井观测试验实证分析

（1）试验处理设计

试验于 2018 年 3 月 15 日在湖南省长沙市金井镇进行。试验共设有 9 个处理：不施农药和化肥的对照（P0F0），不施农药、化肥全量施用（P0F3），农药全量、不施化肥（P3F0），农药和化肥减施 50%（P1F1），农药全量、化肥减施 50%（P3F1），农药全量化肥减施 30%（P3F2），农药全量化肥减施 30%（P3F2），农药全量化肥减施 30%（P3F2），农药减施 50%、化肥减施 30%（P1F2），每个处理设置 4 次重复。每个试验小区用 0.5m 高的田埂隔开，每条田埂进行覆膜处理，以防水肥串通。试验从 2018 年 3 月 15 日开始，到 2018 年 10 月 30 日结束。试验采用静态暗箱-气相色谱法进行气体样品的采集及测定，采用常规方法进行土壤和水体理化指标的测定与分析。

（2）主要结果分析

图 5-48a 是土温及气温的变化图，温度在气体采集的同时进行测定。纵观双季稻试验观测期，气温具有显著的季节性变化，最高气温出现在夏季（2018 年 6 月 1 日至 8 月 31 日），为 32℃，最低气温出现在冬季（2018 年 11 月 1 日至 2019 年 1 月 31 日），为 3℃，观测期平均气温为 23.7℃。相应的，稻田表层土壤（5～10cm）温度动态变化与气温相一致，最高土温 29.5℃，最低土温为 1℃，观测期平均土温为 21.4℃。双季稻田 CO_2 排放通量的动态变化如图 5-48b 所示，虽然不同处理间变化幅度有所差异，但各处理间的季节变化趋势基本相同，其排放通量呈现夏秋季高、冬春季低的全年动态变化。如图 5-48c 所示，从双季稻田 CH_4 排放通量的动态变化来看，全年稻田 CH_4 排放主要发生在水稻生长季，休耕期无明显 CH_4 吸收或排放。双季稻田 CH_4 排放主要集中在插秧后一个月左右，施用基肥后 3～4 周出现 CH_4 排放高峰，烤田后 CH_4 排放通量急剧下降，复水后始终保持在较低水平。如图 5-48d 所示，双季

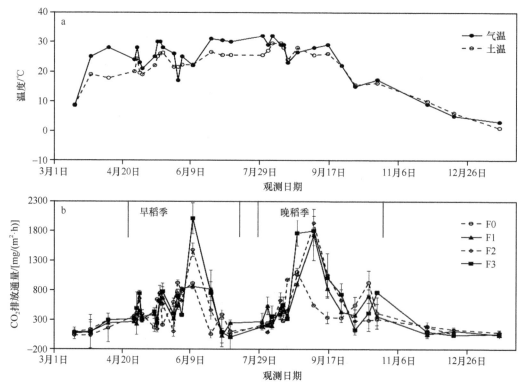

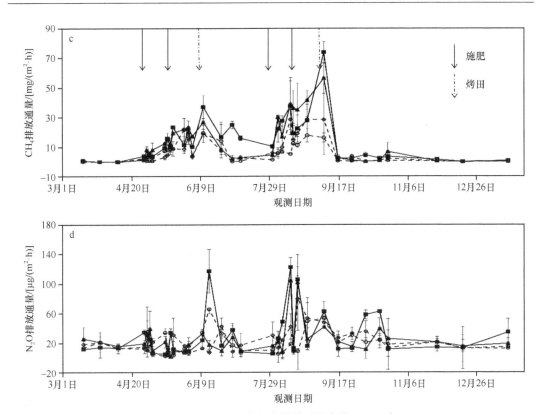

图 5-48　双季稻田温室气体排放季节变化（2018 年）

稻田 N_2O 排放呈现明显的季节性变化规律。当田间处于淹水状态时，各处理 N_2O 排放通量极低，其排放高峰主要是在烤田后期、干湿交替期及落干期，与该地区类似水分管理下的稻田 N_2O 排放模式相似，也符合水分条件驱动土壤 N_2O 排放的基本规律。

从温室气体排放通量和综合温室效应的比较（表 5-16）来看，与对照不施肥处理（F0）相比，F1、F2、F3 施肥处理双季稻农田 CO_2 排放通量分别增加了 7%、3%、19%，CH_4 排放通量分别增加了 119%、84%、205%，N_2O 排放通量分别增加了 58%、75%、104%。相对于化肥全量施用（F3），化肥减施处理均不同程度降低了双季稻田温室气体排放通量及综合温室效应，其中以化肥减施 50% 处理最为明显。就季节性排放差异来看，在整个观测期内，稻田晚稻季 CO_2 排放通量高于早稻季，占全年排放通量的 57%～62%；而稻田晚稻季 CH_4 排放通量略高于早稻季，占全年排放通量的 54%～59%；同样，晚稻季 N_2O 排放通量也明显高于早稻季，占全年排放通量的 60%～65%。

表 5-16　不同处理温室气体排放通量及综合温室效应

处理	CO_2 排放通量 /[t/(hm²·a)]	CH_4 排放通量 /[kg/(hm²·a)]	N_2O 排放通量 /[kg/(hm²·a)]	综合温室效应（CH_4+N_2O） /[kg CO_2-eq/(hm²·a)]
F0	29.75±0.25c	289.62±2.78d	1.02±0.02d	8.12±0.08c
F1	31.78±0.29b	636.15±3.45b	1.61±0.03c	17.65±0.16b
F2	30.52±0.31b	531.60±4.58c	1.78±0.03b	14.88±0.12bc
F3	35.51±0.34a	883.42±6.23a	2.08±0.02a	24.46±0.19a

5.3.2.2　农药减施增效环境效应

本项目开展了稻田常规使用农药后的环境残留情景与环境效应研究，研究区域土壤为代表性红壤土，农药选择水稻代表性杀虫剂氯虫苯甲酰胺（CTP）。常规种植情境下，按照常量（100%）、减量（70%）、半量（50%）及无量（0）施用氯虫苯甲酰胺后，研究分析其在水–土介质中的残留动态，以及其对水稻根系、根际土壤和大田土壤微生物的影响。

1. 典型农药在稻田水–土环境中的暴露评估

监测氯虫苯甲酰胺使用后在水–土介质共存期两介质中的消解动态，样品的 CTP 含量分析采用高效液相色谱质谱仪，前期研究确认水体和土壤环境背景中不存在 CTP 污染。

比较两介质中不同梯度 CTP 浓度差异及其变化，如图 5-49 和图 5-50 所示。在水体介质中，CTP 日浓度存在明显组间差异，但半量施药组的 CTP 浓度相对偏低（施药后 1d 全量、减量、半量水体 CTP 浓度比为 100∶71∶32）；在土壤介质中，各分组 CTP 浓度最初存在明显差异，但减量和半量施药组 CTP 浓度相对均偏高（施药后 1d 全量、减量、半量土壤 CTP 浓度比为 100∶87∶65），随着时间变化，全量与减量组间 CTP 浓度差异变得不明显，在施药后5d，减量施药组 CTP 含量超过全量施药组。同时，各处理分组内部的 CTP 浓度波动相对较大，表明稻田环境的随机差异可能存在一定影响。

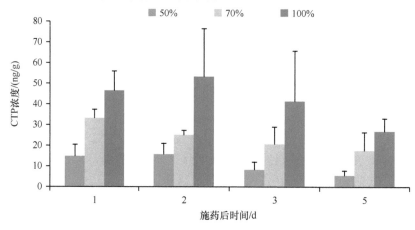

图 5-49　水体介质中不同梯度 CTP 浓度

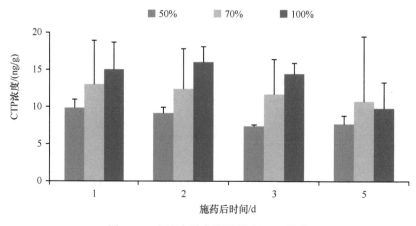

图 5-50　土壤介质中不同梯度 CTP 浓度

分析两介质中各梯度 CTP 浓度的时间变化趋势，计算其半衰期，如图 5-51 和图 5-52 所示。施药后各梯度 CTP 水体浓度整体上呈下降趋势，3 个梯度 CTP 的消解过程呈指数下降规律（一级反应），且其消解速率相近，对应半衰期在一周以内，为 1.8～4.5d（表 5-17），属于易降解农药。

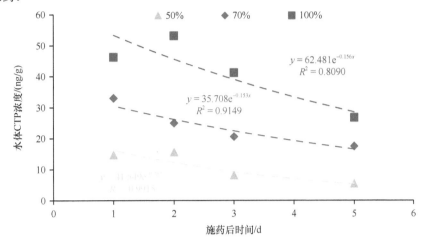

图 5-51　水体介质中 CTP 含量-时间变化图

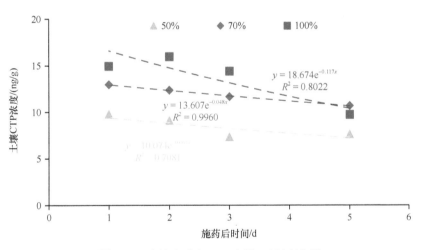

图 5-52　土壤介质中 CTP 含量-时间变化图

表 5-17　水-土介质中 CTP 的半衰期

处理	水体半衰期/d	土壤半衰期/d
50%	1.8	10.7
70%	4.5	14.4
100%	4.4	5.9

在土壤环境中同样不存在 CTP 背景污染，施药后 CTP 的消解整体上呈现符合一级反应规律的下降趋势，全量施用组的下降略快于其他两组，但其下降趋势的波动性也相对更高，拟合效果相对更差。土壤中 CTP 半衰期为 5.9～14.4d，基本上处于两周以内，仍属于易降解农药。CTP 在两介质中的半衰期与相关文献报道值相近，表明 CTP 在不同稻田环境中的降解相

对稳定。由于 CTP 在水体中降解显著快于土壤，其对土壤环境的影响需要更多关注。

2. 典型农药对土壤微生物的影响

选择全量、半量、空白处理研究氯虫苯甲酰胺（CTP）施用后对土壤微生物的影响，采集施药后 6d、41d 水稻植株处于抽穗期、成熟期的稻田土壤、根际土壤（根周 2mm 土壤）、水稻根系样本，分析其中土壤微生物（细菌）群落变化，土壤细菌群落分析采用 16S 高通量测序技术。

在所有样品中共获得 2 121 077 条高质量序列，平均每个样本的测序序列为 16 825～69 507 条。构建稀疏曲线并计算各类型样本 Good's 覆盖范围值，如表 5-18 所示，三类样品的测序深度都满足要求，其 Good's 覆盖范围值均大于 95%，表明土壤样品具有微生物物种代表性。

表 5-18　不同类型土壤微生物样本序列数及 Good's 覆盖范围值

项目	大田土壤	根际土壤	水稻根系
原始序列数	61 673±9 928	63 321±7 166	63 300±10 130
Good's 覆盖范围值	95.67%±0.45%	95.05%±0.52%	98.86%±0.75%

在 α 多样性层面，分别由 Shannon 指数和 Chao1 指数表示微生物多样性与丰富度（图 5-53a 和 b）。在不同种植年限的番茄样品中，未观察到土壤细菌丰富度有显著变化。研究

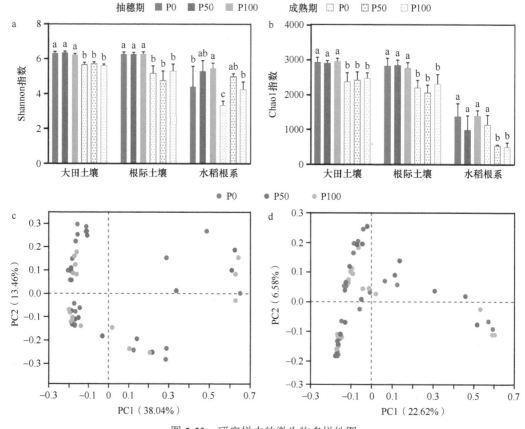

图 5-53　研究样本的微生物多样性图

a: Shannon 指数，b: Chao1 指数，c: Bray-Curtis 算法 PCoA 图，d: Jaccard 算法 PCoA 图

样本微生物群落间的差异主要来自植物生长周期不同，对于大田和根际土壤，不同农药梯度并不会影响两时期细菌的丰富度和均匀度，而对于水稻根系，成熟期不使用农药的水稻根系细菌的丰富度略高于半量和全量使用组，但其多样性相对较低，表明 CTP 对土壤微生物的潜在胁迫仅作用于水稻根系。

微生物 β 多样性距离分析结果如图 5-53c 和 d 所示，Bray-Curtis 算法关注样本矩阵在微生物类型和丰度层面的差异，而 Jaccard 算法仅关注微生物类型的差异。结果显示，在考虑微生物类型和丰度时，各研究样本被明显分组，但农药梯度分组无法解释样本中微生物群落多样性的差异。使用生长周期（抽穗期、成熟期）和样本来源（大田土壤、根际土壤、水稻根系）分组作图（图 5-54），结果显示，水稻根系样品在微生物类型和丰度上与两种土壤样本存在明显差异，土壤样本之间并不存在明显区别；同时，对于全部三类样本，抽穗期和成熟期样本的微生物之间均有明显区别。对结果进行 Adonis 分析，结果显示，样本来源对样本间差异的解释度最大，两种算法分别为 33.88% 与 24.81%，其次为生长周期与农药施用，农药施用对全体样本中微生物群落差异的解释度均小于 5%，考虑不同类型土壤，同样发现生长周期的影响为主导因素（表 5-19）。

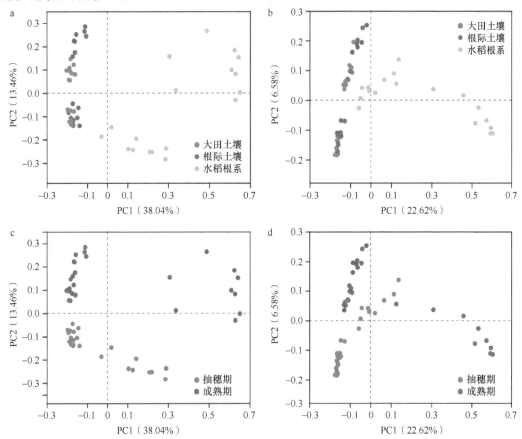

图 5-54 　两种算法下研究样本 β 多样性距离 PCoA 图

a 和 c：Bray-Curtis 算法 PCoA 图；b 和 d：Jaccard 算法 PCoA 图

表 5-19　不同样本 Adonis 分析结果

样本	影响因素	Bray-Curtis 算法		Jaccard 算法	
		解释度	P 值	解释度	P 值
全部样本	样本来源	33.88%	0.001	24.81%	0.001
	生长周期	13.47%	0.001	11.71%	0.001
	农药施用	2.71%	0.759	3.17%	0.718
大田土壤	生长周期	46.94%	0.001	37.68%	0.001
	农药施用	11.25%	0.368	11.73%	0.346
根际土壤	生长周期	45.94%	0.001	35.96%	0.001
	农药施用	8.91%	0.639	10.07%	0.600
水稻根系	生长周期	32.22%	0.001	23.08%	0.001
	农药施用	10.50%	0.565	11.19%	0.485

分析各样本在门水平的优势物种，以及属水平各样本中对应 3 种分类微生物种类的共性与差异情况。由图 5-55 可知，在门水平，样本中相对丰度前 5 的门分别是变形菌门、放线杆菌门、绿弯菌门、厚壁菌门、拟杆菌门，总相对丰度可达 72.79%～99.84%。在土壤和根际样品中，3 种 CAP 处理的细菌群落组成均较根系样品稳定。在成熟期的根系样品中，随着 CAP 水平的增加，厚壁菌门的相对丰度降低，而变形菌门的相对丰度增加。如图 5-56 所示，CAP 施用后，大田土壤和根际土壤样品的属重叠程度明显高于根系样品，水稻成熟期样品中不同 CAP 梯度根系微生物的差异最大。

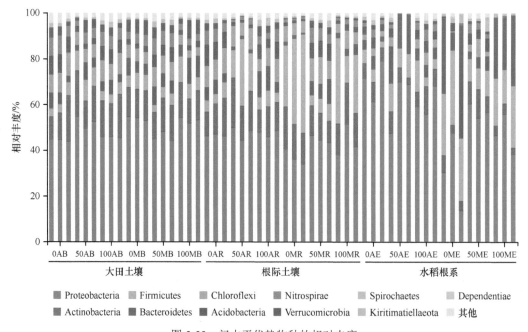

图 5-55　门水平优势物种的相对丰度

在横坐标轴上，数字表示农药施用梯度，A、M 分别代表抽穗期、成熟期，
B、R、E 分别代表大田土壤、根际土壤、水稻根系

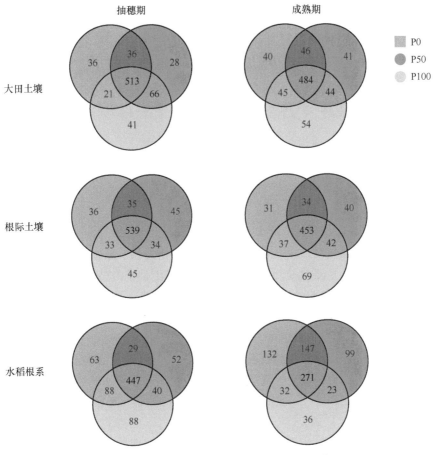

图 5-56 样本中属水平的共享与独特物种数

综上所述，相较于作物生长周期，CTP 施用对水稻根系−土壤环境中微生物（细菌）群落的影响相对较小，其对大田土壤和根际土壤的微生物没有明显影响；但对于水稻根系微生物，CTP 的施用确实存在一定的胁迫效应，且这一效应在水稻成熟阶段更为明显。

第 6 章　长江中下游水稻环境友好型化肥和农药减施技术及监测评价

6.1　长江中下游水稻种植主要生态环境问题分析

6.1.1　长江中下游基本概况

6.1.1.1　自然环境与土壤概况

1. 自然环境概况

（1）地理位置和范围

长江中下游地区包括江汉平原、洞庭湖平原、鄱阳湖平原、苏皖沿江平原、里下河平原、长江三角洲平原等区域，是我国最大的水稻生产区，水稻面积和产量均占全国 50% 以上（杨秉臻等，2018）。长江中下游平原是指中国长江三峡以东的中下游沿岸带状平原，西起巫山东麓，东到黄海、东海滨，北接桐柏山、大别山南麓及黄淮平原，南至江南丘陵及钱塘江、杭州湾以北沿江平原，东西长约 1000km，南北宽 100～400km，总面积约 20 万 km²，一般海拔 5～100m，多在海拔 50m 以下，年均气温 14～18℃，年均降雨量 1000～1500mm，为中国三大平原之一，也是中国重要的粮食产区所在地，种植粮食作物以水稻为主。长江中下游地区覆盖了湖北省、湖南省、江西省、安徽省、江苏省、浙江省、上海市共 7 个省（直辖市）（黄炜虹，2019）。

长江中下游粮食主产区有江苏、安徽、湖北、湖南、江西 5 个省，其划分依据来源于 13 个粮食主产区范畴与长江中下游覆盖地区范畴。该流域土地总面积 80.68 万 km²，耕地面积 217 746km²，占国土面积 26.99%，常住人口 30 981.04 万人（2013 年末），农业人口比重高于三江平原、辽河平原等粮食主产区。长江中下游粮食主产区是我国长江经济的重点建设区域，区内地形复杂、土壤种类众多、耕地保护问题种类繁多、各省省情差异相对较大，耕地生态安全问题长期成为该地区农业发展的瓶颈，因而长久以来成为学界探讨的焦点地带（宋振江等，2017）。

长江中下游流域泛指湖北宜昌以东的长江流域，北起秦岭，南至南岭，西通巴蜀，东抵黄海（23°45′～34°15′N、105°30′～122°30′E），涉及江苏、浙江、安徽、江西、湖北、湖南、河南、陕西、上海等地，区域总面积 776 321.83km²（贾艳艳等，2020a）。

（2）气候概况

长江中下游地区冬凉夏热，四季分明，降雨丰沛。大部分地区属北亚热带，小部分属中亚热带北缘。中下游大部分地区年均气温 14～18℃，最冷月均气温 0～5.5℃，绝对最低气温-20～-10℃，最热月均气温 27～28℃，绝对最高气温可达 38℃；年均降雨量 1000～1500mm，季节分配较均匀；无霜期 210～270d。作物可一年二熟，长江以南可发展双季水稻连作一年三熟。湘、赣南部至南岭以北地区达 18℃以上，为全流域年均气温最高的地区；长江三角洲和汉江中下游在 16℃附近；汉江上游地区为 14℃左右；四川盆地为闭合高温中心区，大部分地区在 16～18℃；重庆至万州地区达 18℃以上；云贵高原地区西部高温中心达 20℃左右，东部低温中心在 12℃以下，冷暖差别极大；金沙江地区高温中心在巴塘附近，年均气温达 12℃，低温中心在理塘至稻城之间，平均气温仅 4℃左右；江源地区气温极低，年均气温在-4℃上下，呈北低南高分布。

逐月平均气温分布特点：长江流域最热月为 7 月，最冷月为 1 月，4 月和 10 月是冷暖变化的中间月份。

【1 月】中下游地区大部分为 4～6℃，湘、赣南部为 6～7℃，江北地区在 4℃以下。四川盆地在 6℃以上。云贵高原西部暖中心普遍在 6℃以上，中心最高达 15℃左右，东部暖中心在 4℃以下。金沙江地区西部为 0℃左右，东部为-4℃左右。江源地区气温极低，北部气温平均在-16℃以下。

【4 月】中下游大部地区在 16～18℃，江北及长江三角洲为 14～15℃，南岭北部达 18℃以上。四川盆地在 18℃以上。云贵高原西部暖中心高达 25℃左右，而东部低温中心为 12℃。金沙江西部地区在 10℃以上，东部则在 4℃以下。江源地区平均气温仍在 0℃以下，北部达-4℃左右。

【7 月】中下游地区普遍在 28℃以上。四川盆地在 26～28℃。云贵高原西部暖中心在 24～26℃，而东部暖中心在 20℃以下。金沙江地区西部为 18℃，东部为 12℃左右。江源地区平均气温为 8℃上下。

【10 月】中下游的江南地区平均气温在 18～20℃，江北和长江三角洲为 17℃左右。四川盆地在 18℃上下。云贵高原西部暖中心为 16～18℃，中心地区高达 21℃，东部暖中心在 12℃以下。金沙江地区西部为 12℃，东部在 6℃以下。江源地区北部达-4℃以下，南部为-2℃左右。

年均最高、最低气温分布特点。年均最高气温：中下游地区普遍在 20～24℃，比其年均气温高 4～5℃；四川盆地为 20℃左右，仅比其年均气温高 2～3℃，是全流域气温年际变化最小的地区；云贵高原、金沙江和江源地区的年均最高气温变化较大，一般比年均气温高 6～8℃。年均最低气温：中下游大部地区为 12～14℃，四川盆地与之相当，云贵高原的冷、暖中心分别为 8℃、12～16℃，金沙江地区东西部的冷、暖区分别为-2℃、8℃左右，江源地区在-10℃上下。

极端最高、最低气温分布特点。极端最高气温：中下游地区普遍在 40℃以上，最大值出现在江西修水站，达 44.9℃；长江三角洲和洞庭湖地区、江汉平原一般在 40℃以下；四川盆地大部地区在 40～42℃；云贵高原和金沙江地区仍然存在东西并列的高低值中心区，其差值达 10℃以上；江源地区在 22～24℃。极端最低气温：中下游大部地区为-16～-10℃；四川盆地一般在-6～-2℃；川西和金沙江地区分布梯度最大，等温线密集；江源地区普遍在-30℃以下，属于亚热带季风气候，年均气温 14～18℃，全年无霜期 210～270d，年均降雨量 1000～1400mm，集中于春、夏两季。

（3）植被概况

长江中下游流域湖泊星罗棋布，与长江干流组成了我国最大的自然-人工复合湿地生态系统，孕育了丰富的生物多样性。长江中下游区域自然条件优越，地势西高东低，西部雪峰山和南部南岭海拔均在 1000m 以上；中部和东部地势平坦，低山丘陵与平原相间分布，主要包括大洪山、桐柏山、大别山及东延的江淮丘陵，以及由黄淮平原、江汉平原、洞庭湖平原、鄂东沿江冲积平原、鄱阳湖、巢湖及皖江平原、长江三角洲组成的平原区。研究区域气候温润，四季分明，孕育了丰富多样的植被类型。自然植被具有明显的南北过渡性，北为常绿落叶阔叶混交林，乔木层以落叶阔叶树种为主，混生少量耐寒性常绿乔木树种。落叶阔叶林主要成分有栎属（*Quercus*）、水青冈属（*Fagus*）、杨属（*Populus*）等，混生常绿成分主要有青冈（*Cyclobalanopsis glauca*）、小叶青冈（*C. myrsinifolia*）等。典型常绿阔叶林分布在南部，主要成分为壳斗科的锥属（*Castanopsis*）、柯属（*Lithocarpus*）、青冈属（*Cyclobalanopsis*），樟科的樟属（*Cinnamomum*）。针叶林分布在研究区域北部或海拔较高处，中部和东北部为覆盖高的农田植被。

（4）地质地貌

中国长江三峡以东的中下游沿岸带状平原是中国三大平原之一，位于湖北宜昌以东的长江中下游沿岸，系由两湖平原（湖北江汉平原和湖南洞庭湖平原总称）、鄱阳湖平原、苏皖沿江平原、里下河平原和长江三角洲平原组成，面积约 20 万 km²。长江中下游平原在巫山以东长江及其支流的两岸，被周围低山丘陵（见江南丘陵）交错分割成 4 部分：两湖平原、鄱阳湖平原、皖中平原和长江三角洲平原，面积 30 万 km²，海拔在 50m 以下。长江三角洲在江苏镇江以东、杭州湾以北、通杨运河以南，面积约 5 万 km²，海拔多在 10m 以下，素有"水乡泽国"之称，是中国人口最密集的地区之一。

长江中下游平原地貌类型多样，长江干流附近以地形起伏较小的平原为主，各主要支流流经地区以地形起伏较大的山地、丘陵为主。平原上集中了研究区 43% 以上耕地、82% 以上湿地和 64% 以上建设用地，人类活动最剧烈，人地矛盾突出；丘陵山地区以林地、草地等自然景观为主，但人类活动的影响也在逐渐加深。耕地、林地、建设用地和湿地的动态变化明显，1995～2005 年，耕地流向建设用地、湿地的面积分别为 3440.15km²、1705.11km²；2005～2015 年，5747.13km² 的耕地和 1432.52km² 的林地转变为建设用地。耕地、林地破碎度增加，湿地和建设用地破碎度减小，建设用地连通性增加，趋于集聚连片分布，整体上景观异质性增强，景观格局趋向复杂化（贾艳艳等，2020a）。

（5）河流水系

长江中下游平原区域内的长江天然水系及纵横交错的人工河渠使该区成为全国河网密度最大的地区，区域内最主要的河流为长江及其支流汉江，区域内河流多为冲积性河流。长江自湖北宜昌至江西湖口为中游江段，长 948km，流域面积 68 万 km²，湖口以下为下游，长830km，流域面积 12 万 km²。长江中游次一级支流有清江、汉江，洞庭湖水系的湘、资、沅、澧四水和鄱阳湖水系的赣、抚、信、饶、修。下游江段注入支流有青弋江、水阳江水系、太湖水系、巢湖水系及淮河的部分水量经大运河入江。

长江中下游平原河汊纵横交错，湖荡星罗棋布，湖泊面积 2 万 km²，相当于平原面积的10%。两湖平原上，较大的湖泊有 1300 多个，若包括小湖泊，共计 1 万多个，面积超过 1.2万 km²，占两湖平原面积的 20% 以上，是中国湖泊最多的地方。长江中下游平原是我国淡水湖泊资源最为集中的区域，拥有面积大于 1km² 的湖泊 651 个，大于 100km² 的湖泊 18 个。据20 世纪 80 年代调查资料估算，大于 1km² 的湖泊总面积 16 558km²，占我国淡水湖泊总面积的 60% 以上。鄱阳湖、洞庭湖、太湖、洪泽湖、巢湖等大淡水湖与长江相通，具有调节水量、削减洪峰的天然水库作用，且产鱼、虾、蟹、莲、菱、苇，还有中华鲟、扬子鳄、白鱀豚等世界珍品，水产在中国占重要地位，素称"鱼米之乡"。

长江中下游平原自然资源优势显著，天然水系湘江、沅江、资江、赣江、抚河、汉江、青弋江等河流纵横境内，洞庭湖、鄱阳湖、巢湖、太湖等我国大型的淡水湖泊均集中于此，湿地资源丰富多样（包括河流、湖泊、滩涂、滩地、沼泽地等自然湿地和水库坑塘等人工湿地），分布广泛，为中下游流域带来了数量众多的自然保护地。研究区有国际重要湿地 12 处、国家级湿地自然保护区 20 处、国家级水利风景区 163 处、国家级湿地公园 209 处等（贾艳艳等，2020b）。

1995～2015 年湿地景观不断增加，1995 年、2005 年、2015 年分别占长江中下游流域总面积的 5.14%、5.27%、5.30%，湿地景观面积由 1995 年的 39 932.93km² 增加到 2015 年的 41 152.29km²，增长率为 3.05%（表 6-1）。湖泊、水库坑塘和河渠是研究区的优势湿地类型，3 个时期的面积占比分别均在 30%、27%、22% 或以上；滩地占比均在 11% 以上，沼泽地和滩涂占比则较低。受长江流域水资源开发、洪水多发以及 1998 年长江特大洪水后"退田还湖"等政策实施的影响，区域河渠面积增加，增长率为 1.59%；湖泊面积在前 10 年增加 721.95km²，但由于围垦养殖、农业开发等人类活动，分别有 5.5%（690.4km²）、1.73%（217.31km²）的湖泊转化为滩地、耕地（表 6-2），整体上湖泊减少 70.73km²；人工湿地水库坑塘的面积持续增加且增幅显著，20 年共增加 1155.32km²，增长率为 10.43%，对湿地总面积增加的贡献率达 94.75%；滩涂面积在 20 年内也有增加，有 2.38% 转化为建设用地；滩地面积先减少后增加，整体增加了 204.46km²，有 13%（685.92km²）转化为湖泊；沼泽地面积整体减少 216.53km²，有 15.09%（290.48km²）转化为滩地（贾艳艳等，2020a）。

表 6-1　1995～2015 年长江中下游流域湿地类型面积及变化（贾艳艳等，2020a）

湿地类型	1995 年		2005 年		2015 年		面积变化		
	面积/km²	占比/%	面积/km²	占比/%	面积/km²	占比/%	1995～2005 年	2005～2015 年	1995～2015 年
河渠	9 084.61	22.75	9 202.83	22.48	9 229.14	22.43	118.22	26.31	144.53
湖泊	12 542.00	31.41	13 263.95	32.40	12 471.27	30.31	721.95	−792.68	−70.73
水库坑塘	11 073.94	27.73	12 059.41	29.46	12 229.26	29.72	985.46	169.86	1 155.32
滩涂	18.06	0.05	18.73	0.05	20.38	0.05	0.67	1.65	2.32
滩地	5 288.87	13.24	4 785.40	11.69	5 493.33	13.35	−503.47	707.93	204.46
沼泽地	1 925.44	4.82	1 610.46	3.93	1 708.91	4.15	−314.97	98.44	−216.53
总计	39 932.93	100.00	40 940.79	100.00	41 152.29	100.00	1 007.86	211.50	1 219.37

表 6-2　长江中下游流域 1995～2015 年湿地景观转移矩阵（贾艳艳等，2020a）

景观类型	河渠	湖泊	水库坑塘	滩地	滩涂	沼泽地	耕地	建设用地	林地	草地	未利用地
河渠	8 759.12	84.01	18.59	136.19	1.95	7.80	20.65	22.40	5.53	36.77	0.00
湖泊	7.68	11 400.66	58.13	690.40	0.00	98.48	217.31	52.57	9.68	8.36	0.01
水库坑塘	48.92	65.24	9 982.07	303.61	0.23	40.97	319.91	208.13	43.42	24.24	0.13
滩地	184.90	685.92	259.50	389 428	0.24	48.63	108.66	57.34	13.88	23.52	0.01
滩涂	0.01	0.00	0.21	0.00	16.79	0.00	0.10	0.43	0.00	0.53	0.00
沼泽地	6.59	78.33	34.96	290.48	0.00	1486.03	21.13	4.70	0.72	2.82	0.00
耕地	112.34	124.85	1 730.57	147.57	0.60	23.72	259 516.96	9 158.84	680.69	319.89	13.56
建设用地	7.38	1.55	14.45	1.18	0.00	1.95	142.51	23947	26.47	12.13	1.26
林地	95.58	4.98	72.74	16.14	0.01	0.40	778.21	1 830.32	379 456.96	618.83	10.07
草地	17.36	25.02	27.73	8.12	0.00	1.45	235.27	162.48	632.87	56 309	2.49
未利用地	0.15	0.20	2.85	0.00	0.59	0.00	2.48	7.91	5.07	4.54	109.95

2. 成土母质及土壤

（1）成土母质

砂岩和花岗岩发育的黄棕壤含重矿物约 70g/kg，50～250μm 粒级中，重矿物含量为 20%～30%，角闪石的含量也较高，约 14%，黏土矿物主要是水云母、高岭石、蛭石及少量蒙皂石，在一些黄棕壤中偶见很少量的三水铝石。黄土母质发育的黄褐土黏粒和粉砂含量较上述黄棕壤高。玄武岩发育的红壤所含的铁矿物，多为赤铁矿、钛铁矿和褐铁矿。花岗岩发育的红壤，除含铁矿物外，还含有一定量的角闪石、云母、锆石和电气石。第四纪红色黏土发育的红壤所含的原生矿物有辉长石、钠长石及角闪石等。湘乡更新统红黏土发育的红壤与南昌附近的同类土壤很相似，发育于砂页岩的韶山低丘红壤风化程度低于红黏土及其他红壤。红壤性水稻土因母质种类较多，土壤黏土矿物组成复杂，其中花岗岩发育的红壤性水稻土以高岭石和水云母为主要黏土矿物，其次是蛭石-绿泥石过渡矿物（马毅杰，1994）。

（2）土壤类型及分布

长江中下游平原土壤主要是黄棕壤或黄褐土，南缘为红壤，平地大部为水稻土。红壤生物富集作用十分旺盛，自然植被下的土壤有机质含量可达 70～80g/kg，但受土壤侵蚀、耕作方式影响较大。黄棕壤有机质含量也比较高，但经过耕垦明显下降。紫色土有机质含量普遍较低，通常林草地＞耕地。土壤有机质含量高，有利于形成良好结构，增强土壤颗粒的黏结力，提高蓄水保土能力。该地区的红壤、黄壤、黄棕壤与石灰土一般质地黏重、透水性差、地表径流量大，若植被消失、土壤结构破坏，极易发生水土流失；而紫色土和粗骨土透水性虽好，但土层多浅薄，在失去植被保护和降雨强度较大的情况下，亦易发生强烈侵蚀。

（3）土地利用状况

1995～2005 年，耕地流向建设用地、湿地的面积分别为 3440.15km^2、1705.11km^2；2005～2015 年，5747.13km^2 的耕地和 1432.52km^2 的林地转变为建设用地。耕地、林地破碎度增加，湿地和建设用地破碎度减小，建设用地连通性增强，趋于集聚连片分布，整体上景观异质性增强，景观格局趋向复杂化（贾艳艳等，2020b）。

6.1.1.2　社会经济情况

1. 社会经济发展概况

长江中下游平原气候温暖湿润，为中国重要的农业基地，是重要的产棉区和产粮区，区域内稻、麦、棉、麻、丝、油、水产等产量居中国前列，素有"鱼米之乡"之称。长江中下游平原主要工业有钢铁、机械、电力、纺织和化学等，是中国重要的工业基地，也是中国经济最发达的地区之一。

长江中下游平原东部的上海市和江苏、浙江两省部分地区，是区域内经济最发达的地区，人口聚集最多、综合实力雄厚、创新能力强，尤其是上海具有核心城市的功能，是中国经济、金融、贸易、航运中心和国际大都市，具有辐射带动长江三角洲其他地区、长江流域乃至全中国发展的能力。南京、杭州是长江三角洲两翼中心城市，南京是长江中下游地区承东启西的枢纽性城市，是中国重要的现代服务业中心、先进制造业基地和国家创新型城市、区域性金融和教育文化中心；杭州具有科技、文化、商贸和旅游功能，是中国重要的国际休闲旅游城市、文化创意中心、科技创新基地和现代服务业中心。此外，还有苏州、无锡、常州、南通、扬州、镇江等竞争力较强的节点城市。

　　长江中下游平原中部地区包括湖北、湖南、江西、安徽等省的部分地区，该区承东启西、连南通北，区域内人口众多，自然和文化资源丰富，科教基础较好，水陆空综合交通网络便捷，农业特别是粮食生产优势较为明显，工业基础比较雄厚，产业门类齐全，生态环境容量较大，集聚和承载产业、人口的能力突出，具有加快经济社会发展的良好条件。经济发展重点是以能源、冶金、石化为主的原材料工业，以工程机械、汽车船舶加工等为主的装备制造业，以软件、光电子、激光设备、新材料、生物工程等为主的高新技术产业，依托长江航运的以物流、商贸、旅游等为重点的第三产业，以粮食生产及农产品加工为主的现代农业。

　　长江中下游经济带作为国家三大战略区域之一，在我国社会经济发展全局和区域发展总体格局中具有重要战略地位。2017 年地区生产总值达到 370.998 亿元，占全国的 43.8%；社会消费品零售总额达到 154.891 亿元，占全国的 42.6%。分三次产业来看，长江中下游经济带的产业结构正在不断优化，呈现出从"二三一"向"三二一"转变的格局，正在朝着以服务业为主导的"后工业化"阶段迈进。三次产业比重由 2010 年的 9.2∶49.7∶41.1 转变为 2017 年的 7.3∶42.3∶50.5，第二产业比重下降，第三产业比重增加（王木子，2019）。

2. 人口发展状况

　　长江中下游经济带人口规模较大，城镇化水平、人均受教育年限相对略低，老龄化较为严重。2017 年末地区总人口 59 501 万，占全国的 42.95%，比上年同期增长了 6.1‰，增长幅度比全国高出 0.5 个千分点；城镇化水平为 58.3%，比全国水平低 0.23 个百分点；人均受教育年限为 9.0 年，比全国水平低 0.2 年；65 岁及以上人口占 12.3%，比全国水平高 0.9 个百分点；劳动力人口占比 71.0%，低于全国 0.8 个百分点（王木子，2019）。

　　长江中游城市群是长江中下游经济带的重要组成部分，作为中国经济发展新增长极、中西部新型城镇化先行区，在我国的区域发展战略中具有重要地位。国务院批复的《长江中游城市群发展规划》把其范围界定为武汉、黄石、长沙、株洲、南昌、九江等 31 个城市，土地面积约 31.7 万 km²，2014 年地区生产总值超过 6 万亿元，年末总人口 1.27 亿人，分别占到全国的 3.3%、9.7%、9.3%。1990 年以来，长江中游城市群人口总量不断增长，但增长速度有所减缓，人口集聚能力较弱；人口分布具有较明显的非均衡性，整体上呈集中趋势；人口分布的空间格局呈现出由单核心结构向多核心结构转变。1990 年以来，长江中游城市群"镇"人口的增长是城镇人口增加的主要贡献力量，人口"镇"化是城镇化发展的主要驱动力；在空间上，城镇化水平经历了由以长江为界北高南低分布向沿长江、京九和浙赣沿线地区分布的发展过程，形成了多核心结构的城镇化格局。与全国相比，1990~2010 年长江中游城市群城镇化水平较低，但其增长速度快于全国，将赶超全国城镇化水平。与同时期的长江三角洲地区相比，长江中游城市群总人口占全国比例、总人口增长率、人口密度及城镇化水平均较低，人口增长速度缓慢，人口集聚水平不足。研究发现，长江中游城市群城镇化格局与人口分布在空间上具有一定程度的一致性，都呈现出由单核心结构向多核心结构转变，表明了人口集聚度对城镇化差异的影响，但城镇化水平同时受到经济发展水平、工业化水平、基础设施发展、区域投资等因素的影响，因此其空间差异更为明显，格局变化更为复杂、显著。长江中游城市群应根据自身特点，合理调控人口，促进人口经济协调发展，推动区域城镇人口合理分布，发展中小城镇。

　　长江中游城市群的人口迁移空间格局及演变趋势可总结如下：首先，长江中游城市群人口是大幅度往外流失的，主要流往广东和浙江，形成中国最大的"空巢"城市群。除了 4 个中心城市——武汉、长沙、南昌和宜昌，其他城市人口都是净流出的，其中武汉和长沙流入人口数量较大且增长迅速，是人口流动的主要吸引中心。其次，长江中游城市群人口大规模外迁导致的结果是地区人口增长较缓慢（一些城市甚至出现人口负增长），劳动力占总人口比例较低，总抚养成本比较高，平均受教育程度有限，地区人口红利是净输出的。再次，中部地区外流人口于 2009 年达到峰值，长江三角洲和珠江三角洲的流动人口增长也同时达到峰值，长江中游城市群从 2010 年开始出现人口回流，迎来了新的区域经济发展契机，除了江西省人口还在持续外流，湖北省和湖南省已经回流了相当一部分人口，回流人口主要来自广东省。吸纳人口回流的主要为 4 个中心城市，此外还有湖北的宜昌、孝感、黄冈，以及湖南的衡阳、常德、岳阳。

3. 农业和农村经济发展状况

随着现代化进程加快，长江中下游农村地区人类活动加剧。其中中游地区在农业发展、城市化和工业化进程中对自然资源的利用和化肥、农药与塑料使用量的增加，造成了农业污染排放和自然资源过度开发。人口稠密、城市化程度高和乡镇工业发达造成了城乡生活排放与工业排放的叠加，导致长江下游流域非农排放增加幅度比长江中游流域大（孙剑和乐永海，2012）。

农业生产环境呈现好转，下游仍然比中游农村地区好转程度高。近几年，长江下游地区污染减排，特别城市工业减排力度大，使下游流域农村环境与中游地区比较恶化速度减缓，但农户感知自然灾害的能力、生物多样性和居民生活环境仍然处于恶化状态。随着农村现代化进程加快，特别是长江中游的农村自然生态系统和生存空间遭到很大破坏，为人类的生存和发展敲响了警钟。

长江中下游流域的农村环境质量下降变化出现了明显加快的趋势。其中长江中游流域相对下游发展滞后，主要靠加快工业化、城市化速度，以及提高工农业生产、加大自然资源开发等行为来提高农业现代化程度，导致农村环境质量明显比长江下游流域下降幅度大（孙剑和乐永海，2012）。

长江中游和下游流域农村环境质量变化的影响因素既有同质性也有差异性。其中同质性表现在对自然资源过度开发和人们环保意识弱。差异性体现在长江中游地区影响环境变化的主要因素是城市化和农业现代化进程加快造成环境质量快速下降，而长江下游地区主要是人口压力大，工业化程度和城乡一体化程度高，农村地区受到生活排放和工业排放的叠加影响，因此环境质量下降（孙剑和乐永海，2012）。

随着我国现代化进程的加快，长江中下游地区面临工业化、城市化和农业现代化带来的环境压力，但我们不能走西方"先污染后治理"的道路。一方面，我们应该提高技术水平，跨越以自然资源和环境为代价的农村工业化与城市化建设模式，结合农村实际实现农村经济发展方式的转变，大力发展生态经济和绿色产业；另一方面，在推进农村工业化和城市化进程中，我们要重视环境治理，发展前要重视环境的评估，发展中要重视环保技术的运用，发展后要重视环境的持续保护，在保护环境的基础上加快农村工业化和城市化进程，实现农村经济和环境的可持续发展（孙剑和乐永海，2012）。

4. 农业种植及分布

长江中下游地区以不足全国 1/5 的耕地面积养活了中国将近 30% 的人口，粮食产量占全国粮食产量的 1/4，其中稻谷比例为 50%、棉花为 17.35%、油料为 31.49%、水果约为 20%、肉类为 26.42%、水产品为 35.36%。农业发达，一年二熟或三熟，土地垦殖指数高（上海 62.1%，江苏 45.6%），是重要的粮、棉、油生产基地，盛产稻米、小麦、棉花、油菜、桑蚕、苎麻、黄麻等。

1990～2015 年长江流域粮食产量总体呈增长趋势，由 1571.79 亿 kg 增加到 1781.60 亿 kg，增长了 13.35%，年均增长率为 0.5%，远低于全国平均水平（1.75%）。其中，1990～2005 年长江流域粮食产量增长缓慢，2005～2010 年增长速度加快。长江流域上游、中游、下游粮食生产能力存在显著的空间差异，1990～2015 年上游和中游地区粮食产量呈增长趋势，下游地区呈现下降趋势，中游地区年均增长率最高，为 0.8%，上游地区次之，为 0.6%，下游地区平均每年下降 0.7%。1990～2015 年长江流域人均粮食占有量波动幅度较大，呈先降低后增加，2005 年人均粮食占有量最低，达到 278.86kg/人（低于供需紧平衡标准）；上游、中游、下游人均粮食占有量存在差异，上游长期处于劣势区，平均人均粮食占有量为 358.55kg/人，中游为优势增长区，年均增长率为 0.2%，下游为急剧减少区，年均增长率为-1.2%（胡慧芝等，2019）。

长江流域粮食生产东西差异显著的特征主要受流域自然条件影响，上游一直是粮食生产落后区，中下游地势平坦，土壤肥沃，其自然条件有利于粮食生产。自 20 世纪 90 年代以来，粮食生产与社会经济、政策密切相关，随着东部沿海地区城市化进程加快，非农用地增加，大量建设用地占用农业用地，致使保障 1.2 亿 hm² 耕地红线面临挑战；另外，大量劳动力从第一产业向第二、第三产业转移，粮食生产劳动力投入减少，下游流域粮食生产优势减弱，粮食产量下降，转变为粮食安全潜在风险区。同时，化肥、农药等的施用导致耕地质量下降，使土地生产力降低，从而威胁粮食安全。确保耕地面积、降低农业面源污染、提高产能以保障粮食安全具有深远意义（胡慧芝等，2019）。

长江中下游地区历来是我国粮、棉、油、麻、丝、茶的重要产区。据资料统计，2005 年长江中下游地区耕地面积为 2537 万 hm²，占全国的 19.5%；有效灌溉面积占比高于全国平均水平，达到 60.7%。农业种植以粮食作物为主，经济作物为辅，各种农产品丰富多样。2005 年农作物播种面积为 4056.4 万 hm²，占全国的 26.1%，其中粮食作物占全国的 24.2%，经济作物占全国的 27.9%。粮食作物以水稻、小麦、豆类播种面积较大，分别占到全国的 50.3%、20.6%、17.8%，产量分别达到 9186.5 万 t、1793.3 万 t、375.1 万 t，经济作物中油料、棉花、蔬菜、麻类、果园播种面积分别占到全国的 37.5%、27%、29.8%、29.4%、16%，其中油料、棉花、麻类、水果产量分别达到 133.0 万 t、1054.7 万 t、23.9 万 t、3408.6 万 t。

6.1.2　长江中下游水稻种植及化肥和农药施用情况

6.1.2.1　长江中下游水稻种植情况及分布

1. 整体情况

粮食是关系到国计民生的头等大事，而水稻在粮食作物生产中占据着重要的地位。在我国水稻是最主要的粮食作物之一，分布广、面积大、产量高。水稻土是中国最重要的耕作土壤类型，占全国耕地面积的 1/4，主要分布在长江以南的热带亚热带地区。特别是在南方，水稻是主要粮食作物，如湖南省水稻种植面积占全省耕地面积的 80%。我国是世界上生产稻谷最多的国家，为世界之冠。我国水稻播种面积不足粮食种植总面积的 30%，而产量约占 40%，是全国 60% 以上人口的淀粉热量来源。因此，水稻生产在我国国民经济中有极其重要的地位。

长江中下游地区水资源丰富，气候条件适宜，是我国粮食主产区之一，对全国粮食总产量的贡献率居全国第二，达到21.4%，对全国水稻总产量的贡献率最高，达到41.9%。长江中下游地区农田对我国粮食产量增加、粮食安全问题解决起到了积极的作用。20世纪80年代以来，随着农业生产条件的改善和技术水平的提高，我国的粮食单产不断提高，全国各地出现了一大批"吨粮县"，高产农田面积不断增加。据统计，我国吨粮田面积约为330万hm²。资料分析表明，全国耕地中高产农田约占30%。高产水稻土在面积上虽然不是稻田的主体，但对于确保粮食生产持续稳定上升具有重要的作用。加强高产水稻土的培育、巩固和提高现有高产田的生产水平、扩大高产稳产农田的面积，是许多地区保障粮食安全的重要举措。高产是水稻产业发展永恒的主题，随着人口不断增加与耕地不断减少，我国十分重视水稻产量的提高，近年来更加关注优质、无公害稻作技术的研究与应用。

水稻是我国重要的粮食作物之一，2012年我国水稻播种面积3013.7万hm²，稻谷产量20 423.6万t，占全国粮食总产量的34.64%。研究表明，我国稻谷产量大部分作为人们的口粮（约67%），50%以上的人口以稻米为主食，水稻在我国粮食生产中占据了无可替代的重要地位。水稻的生产能力直接影响我国的粮食安全。近30年我国水稻种植面积的总体趋势表现为减少，自1980年的5.08亿亩降至当前的4.48亿亩，最低谷期为2003年的3.98亿亩。在不考虑不变区的基础上，空间变化分析表明全国表现为水稻种植面积减少趋势，面积增加占变化区域的44.5%，而面积减少占变化区域的55.5%。水稻面积分布的时空变化表明，高度减少区域主要位于甘肃、广东、浙江、福建，分别占高度减少量的16.3%、12.4%、9.8%、17.0%；低度减少区域则主要分布于广东、广西，分别占低度减少量的14.3%、13.4%；低度增加区域主要分布于黑龙江、吉林、江苏、山东，分别占低度增加量的32.8%、12.5%、8.0%、9.5%；高度增加区域主要分布于江苏、黑龙江、山东、安徽，分别占高度增加量的16.1%、12.4%、12.4%、15.0%。持续增加区占变化区的比例为23.5%，主要分布于黑龙江、吉林和山东；波动不稳定区为29.5%，分布较多省份有四川、湖北、安徽和江苏，属于传统的轮作区，容易更换作物；恢复区占18.67%，主要分布于双季稻区的江西和湖南；持续减少区占28.36%，主要分布于城市化较快的浙江、福建和广东。1980～1990年面积减少区域分布于西北地区的甘肃和新疆；1990～2000年分布于南方双季稻主产区的湖南、江西和四川等地；2000～2010年中国沿海省份广东、福建、浙江、上海和江苏南部水稻种植面积都大规模减少，京津冀和辽宁的辽河下游地区小规模减少；1980～1990年零星增加地区分布于湖北南部、安徽中部及东北三省部分地区；1990～2000年增加区域主要分布在黑龙江松嫩平原和三江平原、江苏北部、四川盆地、海南北部；2000～2010年增加区域主要分布在黑龙江和吉林的松嫩平原、江苏北部、宁夏北部。

目前我国南方稻区约占水稻播种面积的94%，长江中下游的水稻播种面积约为全国总面积的59%。长江中下游地区是我国最重要的水稻种植和分布区。2010年长江中下游地区水稻种植面积为1490万hm²，占全国水稻种植面积的49.87%，产量985万t，占全国稻谷产量的50.33%。近年，南方稻区水稻播种面积逐年减少，导致全国水稻播种面积仍有逐年减少的现象。纵观多年数据，长江中下游地区双季稻种植面积1984～1997年保持相对稳定，1997年之后随着种植面积的逐年下降，水稻产量也随之逐年下降，而近5年又有回升趋势。长江中下游地区的水稻生产能力自2008年以后连续多年达到9000万t以上的较高水平。据国家统计局数据，1997～2013年水稻播种面积平均减少9.4%，而产量增加16%。

一年两熟制和一年三熟制是长江中下游流域多熟制系统中最主要的种植模式，提高了总的作物产量及土地利用效率。南方稻区作为我国水稻的主产区，其水稻产量约为全国水稻产量的 83.52%。而长江中下游地区是我国水稻的第一大主产区，其水稻生产能力对于全国的水稻生产及粮食安全非常重要。水稻主产区水稻产业的健康可持续发展是我国水稻产业健康可持续发展的必然要求，因此，寻找合适的土壤改良剂以提高水稻产量及肥料利用率势在必行（方至萍，2019）。

中国是世界上种稻最早也是产稻谷最多的国家，水稻在各种粮食作物中平均单产最高。我国的水稻种植区域以南方为主，近年来呈现出逐步向长江中下游和黑龙江等水稻优势产区集中的趋势。目前南方稻区约占我国水稻播种面积的 94%，其中长江流域水稻面积已占全国的 65.7%，北方稻作面积约占全国的 6%。近 20 年长江中下游地区水稻的播种面积表现为东部地区大幅减少，西部地区略有增加，总体面积缩减，年际间呈 "V" 型变化；水稻单产水平不断提高，受地区间经济发展差异影响不明显；水稻产量与面积年际间变化类似，近年来出现连增（赵倩倩，2015）。1996～2015 年长江中下游地区水稻生产的规模比较优势指数、效率比较优势指数、综合比较优势指数平均值分别为 2.0781、0.9008、1.3680，具有规模比较优势和综合比较优势，不具有效率比较优势；长江中下游地区水稻的比较优势受规模优势的影响较大，为保持生产优势，扩大播种面积较为困难，效率比较优势指数有增长潜力，提高单产是有效途径。

长江中下游地区气候条件优越，是我国农业粮食生产的重要区域，也是采用多熟制种植方式的重要区域，随着农业的高速发展和社会经济水平的持续上升，该区域种植业结构出现相应的变化。20 世纪 50 年代，为大面积提升粮食产量，农业部首次发起 "三改" 计划，即一年一熟改成一年两熟、间作复种改成连作、籼稻品种改成粳稻品种；60 年代初期至 70 年代后期，南方地区陆续开展 "双三制" 种植，双季稻-绿肥种植体系迅速蔓延至长江中游三省区域，并形成了不小的规模，在改革开放的推进下，为进一步提高粮食产量，长江中游三省开始转向三熟制种植，即利用油菜、小麦等冬性作物与水稻形成新型双季稻-油菜、双季稻-小麦等三熟制；70 年代后期至 80 年代后期，针对南方 "双三制" 迅速发展而遗留下来的种种不利影响，各区域双季稻种植面积首次出现下调，长江中游 "双三制" 也逐步改为双季稻和稻- "粮、饲、经" 三位一体的复种种植方式；90 年代至 20 世纪末，以提高稻田生态、经济和社会效益为主，开始发展以水稻生产为主，粮、饲、经、肥、菜等为辅的多种复种方式。21 世纪以来，随着社会经济的高速发展，人民对生活水平的要求日益提高，我国稻田种植模式逐步向高产高收益方向发展，由于早稻和晚稻产量较低且效益不高，长江中下游地区再次出现双季稻种植面积大幅度降低，单季稻种植面积增加，甚至在 2012 年单季稻面积达此区域水稻种植总面积的 50%（夏飞，2019）。

2. 各区域水稻种植情况

长江中下游地区覆盖了湖北省、湖南省、江西省、安徽省、江苏省、浙江省、上海市共 7 个省（直辖市），是中国最大的水稻生产区和重要的商品粮基地，水稻种植面积和产量均占全国一半以上。我国六大稻作区之一的华中双单季稻稻作区与长江中下游平原大部分重合。在长江中下游六省一市中，湖南省的稻田面积最大，为 266.5 万 hm²，江苏省的稻田面积也很大，达到 229.5 万 hm²，其次是安徽省稻田面积，为 209.0 万 hm²，以上三省的稻田面积均达到 200.0 万 hm² 以上，紧随其后的是江西省和湖北省的稻田面积，分别为 195.1 万 hm² 与 172.0 万 hm²，浙江省的稻田面积相对较小，为 70.3 万 hm²，稻田面积最小的是上海市，仅有

9.5 万 hm²。在稻田水产养殖面积方面，长江中下游地区以湖北省的稻田水产养殖面积最大，2016 年稻田综合种养面积为 25.4 万 hm²，其次是湖南省，达到 18.2 万 hm²，之后依次是江苏省（11.1 万 hm²）、浙江省（7.7 万 hm²）、安徽省（6.5 万 hm²）、江西省（6.4 万 hm²）及上海市（43hm²）（黄炜虹，2019）。

长江中下游地区水稻生产的集中度、稻田的基础地力也均高于其他水稻主产区。研究表明，随着全球气候变暖，长江中下游地区的热量资源呈现明显增多的趋势。其中双季稻的种植北界往北移动约 200km，且安全成熟期增加一周左右，有利于水稻总产潜力的提高。中国统计年鉴的数据显示，随着水稻种植结构的调整，近年来长江中下游地区的单季稻种植面积逐年上升，而双季稻种植面积变化较小，且有降低趋势。双季稻种植面积降低很大程度上会导致该区水稻总产降低，影响中国粮食安全。此外，长江中下游平原很多地区水稻产量已经接近或达到 80% 的潜在产量，产量在近十几年内增长缓慢甚至停滞。因此，了解该地区的水稻生产情况，探明还有增产空间的地区和可能的增产途径对于进一步提高该地区的水稻总产、保障中国粮食安全意义重大。

（1）优质稻与普通稻

2018 年长江中游稻区种植水稻以优质稻品种为主，种植面积占比 63.6%。4 省 41 县调查结果表明，优质稻率最高的省份为河南（89.3%），其次为湖北（77.0%）、湖南（64.0%），江西优质稻率最低，为 51.3%。同时，江西和湖南全省数据显示，2018 年江西优质稻率较低，仅 18.3%；而湖南优质稻率达 70.3%，优质化水平高，产品结构更符合市场需求。湖南 25 县抽样数据显示，2018 年湖南优质稻面积较上年增加 800hm²，增幅 0.1%，而普通稻面积缩减 5.89 万 hm²，降幅 10.0%。

（2）杂交稻与常规稻

2018 年长江中游稻区种植水稻品种以杂交稻为主，种植面积占比 64.0%。4 省 41 县抽样调查结果显示，长江中游稻区以河南杂交稻率最高，达 80.1%，以湖北最低，仅 35.8%。湖南全省杂交稻率为 68.0%，25 个抽样县的杂交稻率为 70.0%，表明湖南水稻种植仍以杂交稻为主。与 2017 年相比，湖南 25 个抽样县 2018 年杂交稻面积缩减了 4.7 万 hm²，降幅 4.4%；同时常规稻种植面积缩减了 1.2 万 hm²，降幅 2.6%。江西全省杂交稻率为 51.5%，抽样县的杂交稻率为 54.1%，杂交稻与常规稻率接近 1∶1。有研究显示，20 世纪 80 年代，长江流域及以南存在一个杂交稻大范围迅速替换常规稻的过程，而 2009～2016 年又出现常规稻小幅替换杂交稻的现象。

（3）籼稻与粳稻

长江中游稻区种植的水稻绝大部分为籼稻品种，种植面积占比 97.6%。除河南 4 县粳稻面积占比（20.5%）相对较高外，其余 3 省受访县的粳稻面积占比基本处于 0.3%～4.6%。其中，粳稻面积最少的为湖南，全省粳稻面积占比仅 0.2%，抽样县粳稻面积占比 0.3%，主要为小规模试种；而且与 2017 年相比，2018 年湖南 25 个取样县的粳稻种植面积缩减了 45.9%。其次为江西，全省粳稻面积占比仅 0.8%，主要集中在鄱阳湖平原，抽样县粳稻面积占比也只有 1.3%。湖北 4 县粳稻面积占比相对稍高，为 4.6%。河南豫南籼稻区籼改粳发展缓慢，几经反复，目前粳稻种植面积占比不到 10%；特别是 2018 年粮食收储库不收购粳稻，在很大程度上阻碍了该地区籼改粳的发展。

长江中游稻区 2018 年和 2019 年两年水稻总体种植面积表现为持续缩减状态，主要由湖南种植面积减幅较大所致。针对长江中游稻区 4 省 39 县 426 户农户的调查结果表明

（表 6-3），与 2017 年相比，2018 年的水稻种植面积减少了 2.42%，其中，河南和湖北面积略有增加，但因湘赣两省缩减面积较大，总体上稻区水稻面积轻度缩减。另有全省数据表明，2018 年湖南、江西水稻种植面积较上年分别减少了 5.5%、2.15%；与 2018 年相比，2019 年稻区水稻意向种植面积将继续缩减 1.8% 左右，其中湖南、江西可能分别缩减 2.88%、2.93%，河南和湖北则有增长趋势，但最终可能增不抵减。双季稻改种单季稻为长江中下游区域种植面积下降的主要原因，各省份均有不同程度双改单现象。此外，2018 年粮价低、卖粮难，以及肥料、人工、柴油等成本上涨和极少数的退租、弃耕现象也是 2019 年水稻意向种植面积减少的重要原因。

表 6-3　长江中游稻区水稻种植情况（赵正洪等，2019）

地区	调查样本量	种植面积/hm²			比上年变化率/%	
		2017 年	2018 年	2019 年	2018 年	2019 年
湖南	28 县 317 户	16 050.3	15 307.8	14 867.5	−4.63	−2.88
江西	6 县 56 户	2 370.8	2 352.1	2 283.1	−0.79	−2.93
河南	3 县 31 户	1 567.1	1 832.5	1 907.3	16.94	4.08
湖北	2 县 22 户	477.0	478.0	553.7	0.21	15.84
长江中游稻区	39 县 426 户	20 465.1	19 970.4	19 611.5	−2.42	−1.80

3. 各区域水稻种植主要模式

长江中下游地区主要有两类水稻种植模式：单季稻（中稻/一季晚稻/仅种植晚稻）和双季稻种植模式。近年来，部分稻农种植模式发生变化，调查地区户均外出务工人数超过务农人数，户均务工时间也超过务农时间，从而有超过 50% 的农户选择种植单季稻，近 5 年来“单”的趋势更为明显。实证结果表明，影响稻农种植模式选择的因素主要是耕整和收割等农业机械和社会化服务、地块特征及农户特征。农业机械和社会化服务节约了稻农劳动时间，农户倾向于种植双季稻；地块特征是影响稻农种植模式选择的重要因素，丘陵水田、离家近、土壤质量高、非冷浸田地块，农户倾向于种植双季稻；灌溉条件差和机器通达程度低，农户倾向于种植单季稻；家庭外出务工人员多、老人多及户主未婚与劳均水稻耕地面积大，使稻农投入到水稻种植中的时间精力与能承受的劳动强度有限，倾向于种植单季稻；稻农种粮目的强，则倾向于种植双季稻（罗观长等，2019）。

长江中下游地区稻作方式主要有直播、抛秧和插秧，因减少了育秧、插秧等环节，省工节本的直播稻的经济效益显著高于其他栽植方式。务农人数少、劳均耕地面积大的家庭农业劳动强度大，倾向于种植直播稻；中稻生长季节光温均衡，不易受春寒和秋旱气候影响，种植直播稻的可能性大；若当地请工或请机械不易，没有雇佣劳动力或机械替代自家工，倾向于种植直播稻（罗观长等，2019）。

从 1978 年我国实行改革开放至今，长江中下游地区稻田耕作制度的发展大致可划分为 4 个阶段：“高产型”稻田耕作制度阶段（1978~1991 年）、“高效型”稻田耕作制度阶段（1992~2000 年）、“优质型”稻田耕作制度阶段（2001~2011 年）、“绿色型”稻田耕作制度阶段（2012 年至今）。稻田耕作制度发展取得了巨大成就：粮食增产、农田增效、农民增收、品质改善、模式增多、物种多样、科技进步、结构优化、功能拓展和国际影响扩大。当前，该地区稻田耕作制度发展面临多种问题与挑战：用地不充分、养地不到位、农田基础差、自然灾害多、土壤污染重、产品不安全、务农劳力缺、长期连作多、资源浪费大、种植规模小和经济效益低等。今后，该地区耕作制度实现可持续发展应采取的对策和措施：开发冬季农业、实行轮作休耕、三产融合发展、改善生产条件、优化生态环境和建立防灾减灾体系等。

（1）种植技术

长江中游稻区不同水稻种植技术应用比例表现为抛秧＞手插和直播＞机插秧。手插种植方式因为用工多、劳动强度大，种植面积逐年减少，已经从占水稻总面积85%左右的水平下降到约50%的水平。近10年来，随着农村劳动力的不断转移，精耕细作背景下发展起来的手栽由于用工多，逐步退出稻作方式的主体位置。长江中游稻区丘陵山地面积较大，受地形地貌和农田大小影响，机插秧比例较低，仅13.5%；而抛秧面积占比较高，达45.2%；同时手插与直播稻面积基本相当，占比分别为20.8%和20.5%，直播中人工直播占18.7%，机械直播占1.8%。稻区手插比例较高可能与丘陵地区农田较小和成片集中度较低，以及机插秧秧龄期短、秧龄弹性弱等有关，且基本以双季晚稻为主。调查还发现，稻区机插秧比例较高的为河南，机插率为47.0%，其次为湖北（35.0%）和湖南（全省31.7%，抽样县22.8%），江西最低，其全省和抽样县机插率均为8.0%左右，较低的机械化程度可能是江西水稻种植成本较高的主要原因。另外，与2017年相比，2018年湖南25县除机插秧外，其余移栽方式应用面积均发生缩减：机插秧面积增加了1.64万hm²，增幅5.1%，而机械直播、人工直播、手插、抛秧面积分别减少了0.77万hm²、1.12万hm²、3.51万hm²、1.65万hm²，降幅分别为8.1%、4.7%、9.2%、3.4%。长江中游稻区直播比例最大的为湖北，占比43.0%，且基本全部为人工撒播，其次为湖南、江西，抽样县直播率分别达到了21.4%、20.7%，均以人工直播为主，江西水稻直播率为18.2%，湖南机械点播率较其他3个省高，达3.5%，抽样县机直播率则有5.9%。抽样调查结果表明，湖南的直播面积以湘北为主，6个抽样县面积占全省25个抽样县直播总面积的54.7%，其次为湘中东和湘南，湘西直播面积最小。2018年长江中游稻区38个抽样县的再生稻总面积为19.92万hm²，其中江西8县面积最大，达3.83万hm²，其次为湖南25县，为3.67万hm²，主要分布在湘中东地区，河南4县为0.15万hm²，湖北1县为106.7hm²。在受光热资源限制的"两季不足一季有余"的湖北地区，再生稻的发展具有相当大的潜力，且再生季产量可达到3000kg/hm²。再生稻在河南的籼稻区刚刚开始发展，2018年再生稻种植面积为0.56万hm²左右，占籼稻区水稻种植面积的1.2%。由于河南信阳属于籼稻的种植北界，光温资源不适宜再生稻的发展，头季稻抽穗灌浆正处于高温季节，米质差，再生季虽然米质好，但产量年际间波动大，不稳产。不过由于再生稻省工省本、可增加收益（7500元/hm²左右），未来种粮大户会适当增加再生稻种植。地方政府为提升信阳大米的优质米品牌，大力支持发展再生稻，但河南发展再生稻存在一定的气候年际风险。作为中稻生产区的一种有益补充，江西将再生稻作为中稻区种植结构优化的主抓措施，依托水稻绿色高产高效创建和粮食适度规模经营补贴政策等项目，加大对再生稻的扶持力度，全省再生稻面积逐年增加。据统计，2017年江西全省再生稻种植面积3.19万hm²，同比增加了一倍。据湖南省粮油处调查统计，2018年湖南再生稻面积合计8万hm²，较2017年略有增加，25县调查数据也显示，2018年湖南再生稻种植面积较2017年增加了0.85万hm²，增幅30.3%。随着湖南双季稻面积的调减，中稻面积增加，水稻生产效益下降，湖南的再生稻面积在未来几年呈增长态势。

（2）稻田综合种养

2018年长江中游稻区38县"水稻+"稻田综合种养模式发展总规模达60.04万hm²，其中稻渔19.92万hm²，主要为稻虾、稻鱼和稻鳖等，稻鸭3.79万hm²，稻经14.27万hm²，其他模式 2.26 万 hm²。2018 年湖南全省稻渔综合种养面积 23.3 万 hm²，经营模式多样，有稻虾连作、稻虾共作、一稻两虾、稻鳅共生、再生稻+鱼、双季稻+虾/鲢、稻蛙、稻鳖等模式。据调查摸底，一些接受新鲜事物快、敢于挑战的科技示范户，正在或意向发展稻虾鳅混养、稻鳖虾鱼混养等模式，实现了"一水两用、一田双收、稳粮增鱼、粮鱼双赢"的良好效益。此外，2018 年湖南省发展稻经模式 133.3 万 hm²，主要有稻油、稻烟和稻蔬等，同时发展稻鸭模式 1.33 万 hm²。2018 年，江西全省稻渔面积 6.13 万 hm²，稻鸭面积 1.53 万 hm²，稻经面积 1.14 万 hm²。2018 年江西省加快示范推广种养结合模式，将稻渔综合种养列为现代水产业发展工程的重点支持内容。据统计，已落实稻渔综合种养补贴资金 970 万元，带动全省稻渔综合种养面积达到 6.13 万 hm²，比上年增加 1.47 万 hm²。除此之外，还积极推广稻鸭、稻经等复合种养模式 2.67 万 hm²。稻虾共作绿色高质高效模式作为湖北省主要的"水稻+"绿色高质高效支柱产业和重要典范，是湖北省农业发展的重要方向。2017 年全省稻虾共作面积共计 27.79 万 hm²，较 2016 年新增 4.28 万 hm²，总产量 63.16 万 t，占全国小龙虾产量的 55.91%。2017 年全省稻虾产业总产值 849.9 亿元，其中第一产业产值 252.3 亿元，第二产业产值 116.4 亿元，第三产业产值 481.2 亿元，带动 30 余万人就业。《湖北省推广"虾稻共作稻渔种养"模式三年行动方案》提出，到 2020 年，全省稻虾共作、稻渔种养模式发展到 46.67 万 hm²，形成一套成熟的田间工程建设、生产经营管理和产业发展支撑体系，实现亩产千斤（1 斤=500g，后文同）稻，亩增收 2000 元；小龙虾和稻米产业化水平进一步提高，产业链条进一步拓展，品牌知名度、美誉度、市场影响力大幅提升；稻虾共作绿色高质高效在全省呈现出产业发展、农民增收、农业增效的良好局面。但是，在产业快速运行下也呈现出发展不平衡、不充分等问题。例如，在河南省为增加经济效益，种粮大户对稻田综合种养的"水稻+"模式普遍感兴趣，籼稻区政府补贴发展稻田养虾、养鸭等种植模式，种粮大户每亩收益在 2000～3000 元，显著高于单纯种植水稻；沿黄粳稻区也有稻鸭共作、稻鳅共作等高效种植模式，但仅限于极少部分种粮大户，面积有限；传统手插方式逐步减少（赵正洪等，2019）。

　　长江中下游地区常见的稻田生态种养模式有稻虾共作模式、稻鱼共生模式、稻蟹共作模式等，以上模式在六省一市均有分布，但由于自然条件、经济条件与社会条件的差异，各地重点推广和发展的模式有所差异。由于近年来小龙虾的市场需求猛增，市场价格持续走高，农户对稻田养虾的热情与日俱增，稻虾共作模式在长江中下游地区的推广力度和采纳效果尤为显著。稻虾共作模式的经营面积和小龙虾产量以湖北省最大，并且稻虾共作是湖北省重点发展的稻田综合种养产业；湖南省、安徽省、江西省与江苏省的稻虾共作模式亦得到了大力发展，省内部分地区集中发展稻虾共养模式，产业集聚度相对较高；浙江省和上海市的稻虾共养模式发展起步较晚，尚不普及。稻蟹共作模式在江苏省与浙江省分布较为集中，产业体系与产业配套设施相对于其他地区发展得更为成熟。稻鱼共生模式在浙江省、江西省、江苏省采纳较多，但就全国而言，长江中下游地区的普及程度要弱于四川、云南等降雨量和水资源都更丰富的地区（黄炜虹，2019）。

　　稻田在引入相应的养殖生物后可以有效地改善土壤养分、减少病虫害并能促进稻田增产。在稻田和小龙虾共作生态系统中，水稻为小龙虾提供庇护场所和适当的水温、氧气及食物，小龙虾通过取食稻田中的虫子和杂草减轻稻田的虫害、草害，减少了除草剂和杀虫剂等农药的使用。在稻田养蟹生态系统中，由于河蟹的存在，河蟹的爬行、觅食和其他活动翻动土壤，增加土壤的透气性，促进土壤的理化性质发生非常显著的变化，进而促进水稻的生长，促使养蟹稻田增产增效；稻田放养一定密度的河蟹可以有效控制丝状藻类的生长，达到生物防治丝状藻类的目的。然而目前国内针对稻虾、稻蟹共生系统中养殖生物对稻田微生物影响的研究较少。

6.1.2.2 长江中下游水稻化肥施用情况及其变化

1. 整体情况及其变化

保障粮食供应是我国经济社会可持续发展的重要基础，化肥施用是促进粮食增产的重要环节。但随着我国人口政策的改变，近年来我国人口增长速度有所加快，人均耕地面积随之减少，如何合理施用化肥以保证农作物产量成为我国亟待解决的问题。随着社会发展和经济建设进步，农业作为我国国民经济的重要组成部分，在先进生产管理模式的推动下，也加快了发展步伐，与农业发展相对应的农用化肥的种类及功能也逐步趋于完善。农业生产过程中在不同阶段根据农作物生长的需求进行有序施肥，能够保障农作物生产质量。但从我国现阶段农田土壤化肥施用情况来看，缺乏合理标准的配比方案和具体化肥施用剂量的规定，或者可靠的施用时机，导致土壤中重金属和有毒元素不断增加，这种情况不仅使农作物的经济效益和产量呈现下降趋势，还有可能使化肥通过食物链不断在生物体内富集，并转化为毒性更大的化合物，最终危害人体健康。同时化肥的大量流失对土壤原有结构造成了严重危害，使土壤质量降低，对农业的长久持续稳定发展是十分不利的。另外，化肥的流失很可能污染周边的水源，导致水源积累大量有害物质，长此下去水资源污染的情况也会愈发加剧。根据联合国粮食及农业组织（FAO）和中国国家统计局提供的化肥施用量数据，2013 年全球化肥施用总量为 1.67 亿 t，中国农业化肥施用当量为 0.59 亿 t，占全球化肥施用总量的 35.39%。同时，单位面积化肥施用量超过世界平均水平 3 倍多，我国农田化肥过量施用面临的环境风险是其他国家无法相比的。因此，在我国进行化肥施用调研及时空尺度分析有益于环境管理与污染控制。近年来，由施肥不当或过量施肥带来的环境污染问题越来越突出，如农田氮磷随地表径流进入受纳水体，或随地下淋溶进入土壤，引起水体富营养化和土壤污染等农业面源污染。随着工业污染的治理，农业氮磷流失成为水环境污染的主要来源。农田氮磷流失包括地表径流和地下淋溶两个主要方面，其中地表径流为氮磷流失的主要途径，是农田化肥进入周围水体最直接、最快速的方式，但由于其随机性强、周期长等特点，治理起来较为困难，因此控制农田氮磷流失是控制农业面源污染的重要途径。目前，我国氮肥利用率仅为 30%～35%，磷肥利用率不足 20%，远低于发达国家水平。为此，2016 年中央一号文件提出了"加大农业面源污染防治力度，实施化肥农药零增长行动"的目标，对农田化肥调研及对地表径流氮磷流失估算与评估有助于实现农田面源污染风险的防范。

在实际农业生产过程中，虽然使用化肥已经成为农作物种植中必不可少的一部分，但并不代表针对土壤化肥污染的防治措施已经完善。随着我国化肥施用种类与数量的增加，需要相应地调整化肥施用制度。目前我国土壤化肥污染的防治仍处于落后状态，在处理有关化肥污染问题时缺乏针对性措施，从而降低了防治工作的力度，因此无法有效处理好当前的化肥污染问题。近年来，随着我国城市化改革进程的不断深化，农业生产在各种生产资料的投入方面也发生了明显的变化，主要表现为农药、化肥、机械等投入增加以弥补农业劳动力的逐渐流失。因此，为了使我国农业实现持续稳步向前，进一步提高农作物的质量和产量，同时最大限度地降低土壤的污染程度，针对土壤中由化肥施用引起的一系列环境污染问题，制定有效的解决方案，使土壤资源得到良性循环，并建立和健全土壤化肥污染的防治机制。

化肥作为促进作物增产的重要手段，一直是作物增产的基础，作为粮食作物和经济作物重要产区的长江中下游地区，也是我国最重要的化肥生产和消费地区，但是近年来作物产量和化肥用量增长不协调。以粮食作物为例，1978～2005 年粮食产量仅增长 50%，而化肥消费却增长了 300% 以上，因此不合理的化肥用量不仅造成了资源的浪费，还带来了巨大的环境污染问题。据资料报道，目前长江中下游地区湖泊、浅水资源污染严重，过量施肥成为水体富营养化发生的重要原因之一，2003 年调查发现长江中下游地区农村非点源氮污染中有 85.14% 来自农田水稻氮肥流失，而对太湖污染的研究发现在太湖稻-麦种植区氮、磷径流量分别占当年施肥量的 6.36%、1.93%，加重了太湖水体富营养化。综合以上分析，化肥合理施用是作物稳产、环境优化的首要任务，而化肥是区域农业生产的保障，协调好化肥合理消费与作物生产将成为该区农业可持续发展的保证。通过对长江中下游地区化肥消费与供需平衡分析表明，化肥消费以氮肥、复合肥最大，钾肥、复合肥消费呈快速增长趋势，1979 年以来年均增长率分别达到 11.3%、16.4%；氮肥存在过量施用现象，而磷钾肥施用相对不足，经济作物化肥用量要高于粮食作物。2004 年主要作物化肥需求量与理论需求量相比，氮肥多消费了12.1 万 t，而磷肥与钾肥分别亏缺了 12.3 万 t、256.3 万 t，钾肥水稻应增加 112.7 万 t、蔬菜应增加 119.2 万 t，磷肥果树应增加 16.4 万 t 用量。结合种植结构变化发现，粮食作物播种比例下降将会促进磷钾肥消费的继续增加，上海、浙江、湖北将成为主要消费区域。区域化肥供需平衡研究表明，目前主要消费区域化肥自给率为 90.6%，氮磷肥盈余，钾肥有很大缺口，省份间以上海、浙江、江西缺口最大。根据资料报道，目前湖南、安徽、湖北、江苏等省份化肥施用在粮食作物上仍有较大的增产空间，化肥在粮食作物上的施用总量低于世界和全国平均水平，且施肥结构不合理，氮肥偏高、钾肥偏低；上海蔬菜作物施用量明显高于粮食作物，化肥不合理施用给当地环境带来了很大压力。主要消费区域除氮肥盈余较多以外，磷肥、钾肥相对来说还很不足。因此，主要消费区域未来若要保持单产不变，同时满足生活水平提高对蔬菜、水果等其他经济作物的需求，解决农业生产中的化肥供需矛盾，建议相关农业部门和化肥生产企业重视经济作物播种面积增加对化肥消费的刺激作用，并按照推荐施肥量进行合理投肥，降低作物不合理施肥给长江流域带来的环境压力，积极利用秸秆和其他有机肥源，同时当地企业与政府部门配合加大磷复合肥、钾肥供给，调控氮肥分配，保证当地农业生产可持续。

　　（1）长江中下游地区化肥消费特征

　　以氮肥、复合肥消费为主，钾肥与复合肥消费量增长较快。从长江中下游化肥消费结构（表 6-4）来看，以氮肥、复合肥为主，磷肥和钾肥为辅，2005 年化肥消费总量为 1360.3 万 t（折纯），占全国的 28.5%，其中氮肥为 654.9 万 t、磷肥 212.1 万 t、钾肥为 139.1 万 t、复合肥为 354.2 万 t。对不同地区间比较，化肥消费主要集中在江苏、安徽、湖北、湖南 4 省，化肥消费量分别达到 340.8 万 t、285.7 万 t、285.8 万 t、209.9 万 t，各省氮磷钾消费比例分别为 1∶0.37∶0.24、1∶0.51∶0.45、1∶0.49∶0.27、1∶0.33∶0.41（张四代等，2008）。

表 6-4　2005 年长江中下游地区化肥消费结构（张四代等，2008）

地区	氮肥/万 t	磷肥/万 t	钾肥/万 t	复合肥/万 t	总量/万 t	N∶P₂O₅∶K₂O
长江中下游	654.9	212.1	139.1	354.2	1360.3	1∶0.43∶0.33
上海	8.9	1.5	0.5	3.6	14.4	1∶0.27∶0.16
江苏	183.0	48.2	21.7	87.9	340.8	1∶0.37∶0.24
浙江	56.1	12.6	7.5	18.1	94.3	1∶0.30∶0.22

续表

地区	氮肥/万 t	磷肥/万 t	钾肥/万 t	复合肥/万 t	总量/万 t	N：P$_2$O$_5$：K$_2$O
安徽	111.1	38.9	30.7	105.0	285.7	1：0.51：0.45
江西	47.8	25.4	20.8	35.5	129.4	1：0.62：0.55
湖北	142.0	59.8	23.2	60.8	285.8	1：0.49：0.27
湖南	106.0	25.6	34.9	43.4	209.9	1：0.33：0.41

从 1980～2019 年长江中下游地区不同时期化肥年均消费量（表 6-5）来看，化肥消费总量一直呈增长态势，年均增长率为 5.5%；氮肥消费量一直处于高位水平，年均增长率为 3.7%，且 1995 年以后基本稳定在 600 万～700 万 t；磷肥消费量变动很小，年均增长率为 4.3%；消费量增长最快的是钾肥和复合肥，钾肥从 1979 年的 8.6 万 t 增长到 2005 年的 139.1 万 t，复合肥从 1980 年的 6.9 万 t 增长到 2005 年的 354.2 万 t，年均增长率分别达到 11.3%、16.4%（张四代等，2008；刘晓永，2018）。

表 6-5　不同时期长江中下游地区和全国化肥年均消费量（刘晓永，2018）

时期	养分	长江中下游/万 t	全国/万 t
1980～1989 年	N	427.85	1261.31
	P$_2$O$_5$	140.62	441.90
	K$_2$O	31.39	84.76
	N+P$_2$O$_5$+K$_2$O	599.86	1787.97
1990～1999 年	N	684.32	2161.47
	P$_2$O$_5$	312.92	1088.46
	K$_2$O	96.76	301.51
	N+P$_2$O$_5$+K$_2$O	1094.00	3551.44
2000～2009 年	N	737.15	2538.2
	P$_2$O$_5$	453.74	1643.29
	K$_2$O	154.87	538.53
	N+P$_2$O$_5$+K$_2$O	1345.76	4720.02
2010～2019 年	N	775.13	2963.87
	P$_2$O$_5$	455.6	1843.91
	K$_2$O	262.88	1028.54
	N+P$_2$O$_5$+K$_2$O	1493.61	5856.32

粮食和蔬菜作物氮肥施用过量，磷钾肥施用量不足。根据农户调查数据估算（表 6-6），2004 年长江中下游地区小麦、水稻、玉米、棉花、蔬菜、果树施肥总量占化肥总消费量的 82.8%，达到 1102.7 万 t，其中水稻占 37.6%、小麦占 11.9%、蔬菜占 20.0%、果树占 4.8%（张四代等，2008）。

表 6-6　2004 年长江中下游地区主要作物施肥情况（折纯）（张四代等，2008）

作物（n）	品种	占本地区比例/%	农户施肥/(kg/hm²)	推荐施肥/(kg/hm²)	实际消费量/万 t	理论需求量/万 t
小麦（1021）	氮肥		229.1	67.5	101.7	30.0
	磷肥	11.9	84.3	45.0	37.8	20.0
	钾肥		43.7	45.0	19.4	20.0
水稻（9417）	氮肥		226.9	201.2	320.3	284.0
	磷肥	37.6	72.5	108.0	102.4	152.0
	钾肥		55.2	135.0	77.9	190.6
玉米（264）	氮肥		217.6	165.0	38.3	19.0
	磷肥	4.7	83.5	37.5	14.7	6.6
	钾肥		54.6	67.5	9.6	11.9
果树（36）	氮肥		252.0	254.4	37.0	37.3
	磷肥	3.9	67.1	67.5	9.8	9.9
	钾肥		32.3	67.5	4.7	9.9
果树（66）	氮肥		153.9	295.5	24.1	46.3
	磷肥	4.8	157.0	183.6	24.6	28.8
	钾肥		94.8	199.4	14.9	31.3
蔬菜（85）	氮肥		234.2	201.0	121.9	104.6
	磷肥	20.0	157.5	126.0	82.0	65.6
	钾肥		119.0	348.0	61.9	181.1

　　从不同作物单位面积施肥量来看，氮肥除果树外其余作物均存在过量施用现象，而磷肥、钾肥在水稻、果树、蔬菜上施用量不足。其中，小麦氮肥、磷肥施用量分别超过推荐施肥量 161.6kg/hm²、39.3kg/hm²；水稻氮肥超过推荐施肥量 25.7kg/hm²，而磷肥、钾肥施用量比推荐施肥量分别要低 35.5kg/hm²、79.8kg/hm²；玉米氮肥、磷肥施用量分别超过推荐施肥量 52.6kg/hm²、46.0kg/hm²，钾肥施用量低于推荐施肥量 12.9kg/hm²；棉花施肥总量基本合理，但还应增加钾肥用量；果树氮肥、磷肥、钾肥施用量不足，分别比推荐施肥量少 141.5kg/hm²、26.6kg/hm²、104.6kg/hm²；蔬菜氮肥、磷肥施用量分别超过推荐施肥量 33.2kg/hm²、31.5kg/hm²，钾肥比推荐施肥量要低 229.0kg/hm²（表 6-6）。对比 2004 年主要作物的实际化肥消费量和理论需求量，可以得出农户实际氮肥消费量比理论需求量多 12.1 万 t；而磷肥、钾肥缺口分别为 12.3 万 t、256.3 万 t，其中钾肥在水稻、蔬菜、果树上的缺口较大，水稻应增施 112.7 万 t、蔬菜应增施 119.2 万 t、果树应增施 16.4 万 t（张四代等，2008）。

　　种植结构变化将会促进磷肥、钾肥消费量继续增加。长江中下游区域粮食作物占农作物总播种面积的比例已经由 1979 年的 71.9% 下降到 2005 年的 62.1%，而化肥消费量却从 1979 年的 339.8 万 t 增长到 2005 年的 1360.3 万 t。我国近 20 年化肥施用研究结果显示，经济作物投肥比例呈逐年上升趋势，施肥总量占比提升到 43% 左右；随着蔬菜瓜类和果树的种植面积扩大，总体上将增加单位面积投肥量和化肥总需求量，但会大幅度降低粮食作物化肥消费比例。根据表 6-6，目前粮食作物基本已经达到或超过合理施肥水平，经济作物中蔬菜、果树还需要增加化肥的投入，如果水稻种植面积继续下降而果树、蔬菜、棉花等播种面积上升，可以预见未来该区域化肥消费量还将继续增加，而种植结构变化比较大的省份如上海、浙江、湖北将成为化肥消费量增长主要区域（张四代等，2008）。

（2）长江中下游地区化肥供需平衡状况

根据统计资料，2005年长江中下游地区7省份共有化肥企业362家，其中氮肥和磷复合肥企业各181家，江苏、安徽、浙江、湖北、湖南分别占总数的20%、15%、31%、23%。从化肥生产情况来看，2005年长江中下游地区共生产化肥1232万t（折纯），占全国化肥生产总量的25.2%，其中氮肥、磷肥分别占全国生产总量的25%、31%，达到894.84万t、333.7万t。江苏、安徽、湖北、湖南是我国氮肥生产大省，2005年产量分别达到214.43万t、148.22万t、213.5万t、228.88万t；磷肥以湖北产量最大，2005年达到161.54万t，占到地区总产量的一半。从化肥市场供需平衡角度来看，长江中下游地区化肥自给率从2001年的71.6%提升到2005年的90.6%，除钾肥亏缺外其余化肥市场供需基本平衡。2005年氮肥盈余121.9万t，磷肥盈余3.6万t，钾肥亏缺253.7万t，与2001年相比缺口进一步拉大。2005年各省化肥自给率湖北、湖南、江苏、安徽相比2001年分别上升了15.8个百分点、43.4个百分点、27.9个百分点、12个百分点，而上海、浙江、江西自给率分别下降了42.6个百分点、6.1个百分点、7个百分点。江苏、安徽、湖北、湖南氮肥基本处于平衡或盈余状态，而磷肥除湖北外其他地方均存在需求缺口，且供需缺口正在扩大（张四代等，2008）。

对于农作物，肥料对其生长起着巨大的作用，合理施肥对水稻优质高产高效栽培有着重要的促进作用。如果土壤存在肥料养分不足的情况，就会无法满足水稻正常生长的养分需求，只有对水稻进行科学施肥，在适宜的时间做好养分补给工作，才能实现水稻的合理栽培。在水稻的栽培过程中，可以选择动物粪便作为肥料，这是由于粪便中含有一定水稻所需的养分元素，进而促进水稻发育。做好施肥工作可以使养分及时传输至水稻的各个组织，进而提高水稻的品质及产量。但是施肥过多也会对水稻生长发育产生一定的不利影响，一方面水稻无法吸收过多的养分而造成资源浪费，另一方面水稻摄入过多的养分会产生一些反作用。因而，对水稻进行合理的施肥意义重大，是决定水稻产量多少以及品质高低的关键因素。长期以来，长江中下游水稻种植区化肥的品种构成较单一，主要是氮肥、磷肥和钾肥，而复合肥、微肥、有机肥施用较少。氮肥的施用中，主要以尿素和碳酸氢铵为主，而磷肥的施用主要以含磷较低的普通过磷酸钙为主。长江中下游地区双季稻高产田N、P_2O_5、K_2O最佳施用量分别约为461kg/hm²、130kg/hm²、430kg/hm²，水稻年产量维持在1693kg/hm²左右；水旱轮作高产田N、P_2O_5、K_2O最佳施用量分别约为200kg/hm²、145kg/hm²、250kg/hm²，作物年产量维持在13 000kg/hm²左右，其中水稻产量为9500kg/hm²左右。长江中下游地区双季稻高产田N、P_2O_5、K_2O最佳施肥比例约为1∶0.28∶0.93，水旱轮作高产田N、P_2O_5、K_2O最佳施肥比例约为1∶0.73∶1.25（张四代等，2008）。

2. 各区域化肥施用情况及其变化

长江中下游区域位于我国东南部，地跨湖南、湖北、江西、安徽、江苏、浙江、上海7个省（直辖市），大部分城市是我国重要的工农业基地，是经济和科技文化发达地区，其中湖南、湖北、江苏为我国的农业大省，农业生产活动较多。水稻是我国主要的粮食作物，氮是决定水稻产量的关键因素，在一定范围内氮肥的施用量决定作物的生长发育情况和产量高低。但是过量施氮会降低氮肥利用率、加重水稻病虫害并影响稻米品质和产量。自20世纪80年代以来，我国氮肥施用量迅速上升，氮肥的不合理施用不仅浪费资源，还对环境造成了严重的负面影响。过量施用氮肥可显著改变耕作土壤理化性质，引起土壤酸化、板结、肥力下降等；土壤累积的氮素一方面可通过径流、淋溶等形式进入水体而引起水体富营养化，另一方面可经硝化反硝化作用生成氮氧化物进入大气，加速全球变暖进程。因此，如何在保证作物产量的前提下减少氮肥施用量、减少氮素损失并改良土壤环境成为可持续发展农业需要解决的关键问题。

双季稻是该区域的主要种植模式，水田是造成化肥流失的主要区域，但近年来也产生了较多的农业面源污染问题。由于化肥的不合理施用，富营养化问题频发，水环境恶化，水质降低。化肥尤其是化学氮肥的大量施用可导致农田氮素大量盈余，1995 年我国浙江、福建、江西、湖南、广东、广西 6 省份农田氮素盈余量分别占输入量的 52%、185%、76%、104%、185%、70%（李建军等，2016）。对于氮肥施用强度，湖南是施用强度最大的省份，东部地区都为高氮肥施用强度区，西部地区属于较高氮肥施用强度区；相比之下，江西和上海的大部分区域氮肥施用强度处于较低水平。朱兆良总结我国 782 个田间试验得出，我国水稻的氮肥利用率在 28%～41%。通过对 2002～2005 年全国 20 个省 50 个养分监测村开展的 165 个田间试验统计得出，我国水稻的当季氮肥吸收利用率在 8.9%～78.0%，平均为 28.7%。在江苏南部等施氮量较高的粳稻地区，氮肥吸收利用率一般仅有 20%，氮肥农学利用率也仅为 9.1kg/kg，与以粳稻为主的日本和韩国等国家相比，我国粳稻的氮肥吸收利用率和农学利用率明显偏低。磷肥施用强度与氮肥施用强度呈现出明显差异，湖南东部和湖北中部属于磷肥施用强度较高的区域，对几个市级行政区依次排序为湘潭市＞益阳市＞常德市＞宜昌市＞岳阳市＞襄阳市，而浙江、江西和上海的大部分地区磷肥施用强度较低。综上所述，湖南为六省一市中氮肥施用强度最大的省份，而磷肥施用强度较高的为湖南和湖北两省的部分区域。因此，对于肥料施用控制管理，应具体位置具体分析，同一个省份不同市级单位的化肥施用量仍具有一定的差异。同时，上海的氮磷施用强度一直处于较低水平，这与上海城市化水平较高、农田面积比例较小有关。

1996～2015 年，长江中下游地区六省一市施肥总量波动不大，总体呈现上升趋势，范围在 1.233 亿～1.513 亿 t，约占全国化肥施用总量的 30%（张四代等，2008）。由此说明，研究区所处的六省一市一直为我国的农业中心。自 2011 年起，施肥总量达到 1.5 亿 t，2015 年再次下降至 1.4 亿 t，这与 2014 年我国提出适时开征化肥税引导农民减少化肥施用有关。其中，对于各类化肥，氮、磷、钾肥施用量基本保持不变，波动较小，氮、磷、钾、复合肥所占比例的平均值分别为 47.97%、16.07%、9.67%、26.29%，可以看出，氮肥施用量最高，钾肥施用量最低，而复合肥施用量呈现明显上升趋势。在农田化肥所含有的三种元素中，氮、磷仍是主要元素，也是造成农业面源污染的潜在关键元素，因此氮磷流失是本研究所要关注的重点内容。同时，该地区粮食产量在 2003～2012 年呈现上升趋势，至 2012 年粮食产量已达 15.08 亿 t，而当年我国粮食总产量为 58.96 亿 t，实现粮食产量"九连增"，而研究区粮食产量约为全国的 25.58%。同样，2012～2015 年研究区的粮食产量呈现上升趋势，但 1996～2003 年粮食产量呈现下降趋势。由此可以看出，化肥施用量的增加在一定程度上促进粮食增产，但化肥施用量和粮食产量没有呈现完全的正相关，合理的化肥施用更能保障粮食产量和有利于环境管理（孙铖等，2017）。

（1）化肥施用空间分布特征

长江中下游地区各个省份的社会经济和自然环境状况存在明显差异。对于氮肥施用强度，湖南是施用强度最大的省份，东部地区都为高氮肥施用强度区，西部地区属于较高氮肥施用强度区，相比之下，江西和上海的大部分区域氮肥施用强度处于较低水平。磷肥施用强度与氮肥施用强度呈现出明显差异，湖南东部和湖北中部属于磷肥施用强度较高的区域，对几个市级行政区依次排序为湘潭市＞益阳市＞常德市＞宜昌市＞岳阳市＞襄阳市，而浙江、江西和上海的大部分地区磷肥施用强度较低。综上所述，湖南为六省一市中氮肥施用强度最大的省份，而磷肥施用强度较高的为湖南和湖北两省的部分区域。因此，对于肥料施用控制管理，应具体位置具体分析，同一个省份不同市级单位的化肥施用量仍具有一定的差异。同时，上海的氮磷施用强度一直处于较低水平，这与上海城市化水平较高、农田面积比例较小有关（孙铖等，2017）。

（2）农田化肥氮磷流失特征

流失率不同，则氮磷流失量不同。总体来说，湖南省是氮磷流失的主要区域。对于氮肥流失量，湖南省具有较高流失量的市级行政区排序为益阳市（$7.66×10^3$t）＞岳阳市（$7.31×10^3$t）＞衡阳市（$7.16×10^3$t）＞永州市（$6.05×10^3$t）＞长沙市（$5.37×10^3$t）＞邵阳市（$5.26×10^3$t），湖南省的郴州市、株洲市、湘潭市，以及湖北省的襄阳市和江苏省的徐州市、盐城市属于次高氮流失区；相比之下，江西省和浙江省的大部分区域与上海市属于氮肥流失较少的区域。总体来看，研究区氮肥流失量处于$0.521×10^3$～$1.214×10^3$t的地区居多。对于磷肥流失量，湖南省具有较高流失量的市级行政区排序为常德市（$2.69×10^3$t）＞益阳市（$1.97×10^3$t）＞岳阳市（$1.81×10^3$t）＞衡阳市（$1.73×10^3$t），湖南省的其他市级行政区磷肥流失量也处于较高水平，同时，其他5省1市的磷肥流失量基本小于1000t，尤其是浙江省的全部区域磷肥流失量小于200t。总体来看，研究区磷肥流失量处于$0.154×10^3$～$0.381×10^3$t的地区居多。对于氮肥施用强度，研究区施用强度的平均值为2.41kg/(hm²·a)，而湖南省大部分地区属于氮肥施用强度较高地区，氮肥施用强度远高于平均水平，对几个市级行政区依次排序为常德市＞岳阳市＞长沙市＞株洲市＞衡阳市＞永州市＞郴州市＞娄底市＞邵阳市，湖北省的襄阳市和宜昌市、江苏省的北部地区氮肥施用强度也处于较高水平，而江西省大部分地区氮肥施用强度都处于较低水平。对于磷肥施用强度，研究区施用强度的平均值为0.61kg/(hm²·a)。与氮肥施用强度相同，湖南省大部分地区属于磷肥施用强度较高地区，其中湖南省的东北部属于施用强度最高地区，对几个市级行政区依次排序为湘潭市＞益阳市＞常德市＞岳阳市＞长沙市＞株洲市，而安徽省、江西省和江苏省的大部分地区磷肥施用强度较低。综上所述，湖南省为氮肥、磷肥施用强度最大的一个省份，同时氮肥、磷肥的施用强度在空间分布上稍有不同。这与不同地区的种植模式不同有关，也与氮磷元素在自然界中的存在形态不同有关，氮以溶解态为主，磷以吸附态为主，氮肥与磷肥相比更易流失（孙铖等，2017）。

3. 水稻种植化肥施用情况及其变化

长期不合理施用化学肥料可导致土壤酸化，尤其是化学氮肥对土壤酸化的影响比酸沉降大25倍。长江中下游地区稻田土壤pH总体呈逐渐下降趋势，从1988年到2012年总体下降了0.37个单位（李建军等，2015）。

以2013年湖北省水稻施肥调查为例，全省水稻氮肥（N）、磷肥（P_2O_5）、钾肥（K_2O）平均用量分别为177.4kg/hm²、73.8kg/hm²、96.3kg/hm²，肥料投入比例为1：0.42：0.54，与当前水稻生产中氮、磷、钾肥推荐用量153.7kg/hm²、61.5kg/hm²、120.8kg/hm²相比仍有一定差距，表现为氮肥和磷肥用量略高而钾肥用量偏低。建议在今后的水稻生产中进一步平衡氮、磷、钾肥施用比例，尤其注意增施钾肥。湖北省水稻氮肥施用量在120～160kg/hm²的比例最大（29.6%），氮肥施用量＜120kg/hm²的比例仅为 18.5%；磷肥施用量在＜60kg/hm²的比例最大（40.4%），而磷肥施用量＞120kg/hm²的仅占 3.8%；钾肥施用量在 60～90kg/hm²的比例最大（31.5%）。以上数据说明稻农重视氮肥的施用，而钾肥的投入不足，应引起高度重视（孙浩燕等，2015）。

湖北省水稻整个生育期以 2 次施肥（基肥、分蘖肥）方式为主，占 57.6%；3 次施肥（基肥、分蘖肥、孕穗肥）方式其次，占 36.4%。分蘖肥以氮肥为主，以促进水稻分蘖，改善水稻群体构成，是保证水稻高产的基础；孕穗肥以氮肥和钾肥为主，是巩固有效穗数、培育大穗、提高产量的基础（孙浩燕等，2015）。

（1）不同肥料对稻田土壤有机质的影响

土壤有机质既是植物矿质营养和有机营养的源泉，又是土壤中异养型微生物的能源物质，同时是形成土壤结构的重要因素。它影响土壤的物理、化学及生物性质，具有重要的农业生产价值和环境价值。因此，有机质是土壤肥力的重要指标之一。有研究认为单施化肥可以增加土壤有机质含量，因为施化肥能增加作物生物学产量，从而增加土壤有机质的投入（根系、残茬、落叶、根系分泌物等）。但本研究结果表明，虽单施化肥土壤有机质含量无明显增加趋势，但可以基本维持土壤有机质平衡。有机肥在提高土壤有机质含量方面的效果大大优于化学肥料，在 60 年试验后，土壤积累的有机质已相当于每年有机肥用量的 10 倍。施用有机肥或有机无机肥配施均可明显增加土壤有机质含量。不施肥或仅施化肥的土壤活性有机质（LOM）及碳库管理指数（CMI）都明显下降；而有机肥或有机肥化肥配合施用，LOM 和 CMI 显著升高；秸秆还田处理 LOM 和 CMI 表现为先下降后增加。说明化肥主要提高非活性有机质含量，有机肥则显著增加土壤有机质含量，秸秆还田提高红壤有机质含量比有机肥慢。

（2）不同肥料对稻田土壤氮素的影响

氮是限制农业生态系统生产力最重要的营养元素，是农田生态系统养分循环中最为活跃的元素之一，氮肥对作物增产的贡献率可达 76%。在水稻吸收的氮素营养中，土壤氮素的供应起着十分重要的作用。有研究表明，施用氮肥与否，水稻对土壤氮素的依存率都在 50%以上，而目前我国的当季氮肥利用率只有 30%～35%，低利用率、高损失已是氮肥施用最显著的特征，损失的氮素或进入大气，导致温室效应，或进入水体，引起水质污染。不同施肥水平对稻田土壤氮素供应、累积和迁移能力以及水稻吸氮特性都有不同程度的影响。研究表明，稻田系统长期施用氮肥比不施氮肥能显著改善土壤供氮状况，提高土壤有效氮含量，土壤有效氮含量最大可达到 30.2mg/kg；有机无机结合施用比单施化肥可提高土壤有效氮含量 43%，水稻累积吸氮量也随有机肥与化肥配合程度增加而增加。中量和高量有机肥与化肥配合施用提高土壤全氮含量的效果明显优于单施化肥和秸秆还田处理。等氮、磷、钾量条件下，单施化肥（尿素），其氨挥发损失达 38%，而单施有机肥、无机有机肥各半配合施用的氨挥发损失分别降低至 0.7%～1.0%、7.2%～18.2%，可显著减少稻田氨挥发。稻-稻-绿肥种植制度及有机无机肥配施能显著提高氮肥利用率。

（3）不同肥料对稻田土壤磷素的影响

磷是植物生长发育所必需的营养元素之一，直接影响作物的丰产性和产品质量。但磷在土壤中的化学稳定性强、移动性差，当季磷肥利用率只有 10%～25%。一般长期施用磷肥能提高土壤全磷及有效磷含量，而且磷肥的残效期较长，重施一次磷肥，其后效可持续 10 年以上。有机肥是我国传统农业的主要肥料，其对土壤磷素的活化作用已有许多报道。对于稻田生态系统，最直接的有机物料是秸秆、绿肥和人畜粪肥（稻谷就地消费后的排泄物），这些有机物料不但能通过自身所含磷的循环再利用改善磷营养，降低土壤对磷的吸附，增加磷的解吸，以及通过无机磷向有机磷转化而提高磷肥利用率，而且能通过还原、酸溶、络合溶解作用促进解磷微生物的增殖等过程来活化土壤中难利用磷为可利用磷。有机无机肥配施能显著提高稻田土壤全磷和有效磷含量，不仅仅增大了土壤的磷库，更增强了土壤对作物的供磷能力；有机无机肥配施还能减少土壤对磷的固定作用，活化土壤中难溶性磷化物。

（4）不同肥料对稻田土壤钾素的影响

钾是植物必需的营养元素之一，在正常情况下植物吸钾量一般会超过吸磷量，与吸氮量相近，而喜钾作物需钾量高于需氮量。钾还是土壤中含量最高的大量营养元素。我国农田总养分平衡状况是氮、磷略有盈余，钾整体亏缺，严重缺钾土壤约占全国耕地面积的1/3，主要分布在南方稻作区。土壤钾库极大，即使长期施用钾肥，对土壤全钾的影响也无法测出。单施无机肥，尤其是氮、磷肥，以及单施钾肥、有机肥与有机无机肥配施均可提高土壤有效钾含量。这也许是由于随着有机肥本身所含的钾不断施入，有机胶体使土壤有效钾含量显著降低。长期水稻-小麦（大麦）轮作方式下，无论施钾与否，不同土壤均有明显的钾亏缺状况，土壤钾素每年的亏缺量较大，而水稻-水稻轮作方式下亏缺量小。有研究表明：不施肥或仅施化肥，土壤钾素严重亏缺，其中以不施钾而施氮磷的处理最严重，平均每年亏缺钾120.1kg/hm^2，有机养分循环利用的施肥制度可大幅度降低稻田土壤钾素的亏缺甚至出现钾素盈余，有机养分循环利用对土壤钾平衡有重要作用。

（5）不同肥料对稻田土壤微量元素的影响

钙、镁、硫为土壤中的中量营养元素，其在农业生产中的作用越来越引起人们的注意。长期大量施用含硫化肥导致水稻土表层土壤pH明显下降，抑制水稻（特别是晚稻）吸收Fe、Mo、B、Mg、Cl，并导致水稻（特别是晚稻）产量显著下降。可见，长期施用含硫化肥可能影响水稻土性质进而影响水稻生长。长期施用氮肥和钾肥会减少土壤中的钙含量，尤其是交换性钙含量。长期施用氯化钾对土壤交换性钙含量影响不大，但若施用含氯量较高的氯磷铵钾复混肥，土壤交换性钙含量明显降低。印度的试验证明，连续施用农家厩肥，土壤中的钙含量降低，而施用磷酸钙则可增加土壤钙的含量。长期施用猪粪，土壤耕层的镁含量降低，但心土层的镁含量增加，施用氮肥则降低土壤中的有效镁含量。土壤中微量元素的含量尽管很低，却是动植物正常生长所不可缺少的，对农业和人类健康有着重要意义。长期不施肥或单施化肥，土壤中的有效Cu、Zn、Fe、Mn含量明显降低，而单施有机肥或有机肥配施无机肥会增加土壤中的有效Cu、Zn、Fe含量。其中，单施化肥、有机肥或有机无机肥配施均可提高土壤中有效铁的含量。这可能是因为化肥尤其是氮肥连年施用导致土壤酸化，使土壤中的有效铁含量增加，同时有机肥尤其是厩肥含有较多的铁，且多为有机结合态，对土壤有效铁的贡献比较大。

（6）不同肥料对稻田土壤物理性状的影响

土壤的物理性状与土壤肥力的高低有着密切的关系，良好的土壤物理性状有利于协调土壤的水、肥、气、热状况，促进土壤养分的转化，有利于土壤肥力的发挥。土壤容重作为土壤物理性状的重要指标之一，对农田的持水能力和作物的根系生长有着重要的意义。虽然它随季节和区域的变异较大，但多数研究表明，长期不施肥或偏施化肥土壤容重有增加的趋势，同时孔隙度减小、通气性降低、土壤物理性状变劣。氮磷钾肥配合施用，特别是氮磷钾配施有机肥，则可以降低土壤容重，增加土壤孔隙度，提高田间持水量，较好地改善土壤的物理性状。

（7）不同肥料对水稻产量的影响

施肥是影响作物产量的最重要的环境因子。研究认为，仅施化肥亩产偏低，且不稳定；实行稻草还田，可以提升土壤钾素供应，使产量进一步提高；增施猪厩肥等腐熟有机肥料，尤其是有机肥配施化肥，可达到稳产高产的目标。获得足够的有效穗数和总颖花数是高产的基础。有机无机肥配合一次性基施可以促进水稻孕穗期光合产物的形成和提高水稻积累同化物的能力，有效穗数和总颖花数最高，千粒重、结实率和收获指数与其他处理相差不大；化肥分次施用，总颖花数虽少于化肥一次性基施，但其结实率和收获指数较高；对照的结实率、千粒重和收获指数高，但其总颖花数最少。可见，有机无机肥配合施用特别是一次性基施能够显著提高水稻产量。合理的氮磷钾配比可以实现水稻最佳效益产量。研究认为，不同施肥基础上的有机养分循环利用都能显著提高水稻产量，但增产率随化肥配施程度提高而降低。

4. 水稻种植新型肥料（缓控释肥、生物肥等）施用情况及其影响

研究表明，不同化肥减量措施并不会对水稻产量、秸秆产量和谷草比产生不利影响，且对耕地质量有显著的提升效果，其中以减量施肥+有机肥处理的综合效果最好。除土壤缓效钾含量差异不显著外，与习惯施肥处理相比，减量施肥+有机肥处理的水稻产量增加 11.8%，土壤有机质含量增加 19.4%，土壤全氮含量增加 20.7%，土壤有效磷含量增加 19.9%，土壤有效钾含量增加 64.9%，并且减量施肥+有机肥处理的化学肥料总投入较习惯施肥处理减少 22.6%。综上所述，合理的化肥减量措施不但能降低过量化肥投入带来的危害，还能促使水稻增产，并对耕地质量起到改良作用，值得借鉴推广。

新型缓控释肥的研发和推广，是在技术和时代大背景下的必然趋势。国外对缓控释肥的研究起步较早，至今已有 50 余年的历史，已经有成熟的硫包衣和聚合物包膜等产品，主要用在园艺和草坪等高端经济作物上，价格普遍较高。我国缓控释肥研究起步较晚，20 世纪 60 年代末，中国科学院南京土壤研究所最早开始相关研究，成功研制出碳酸氢铵粒肥，2015 年我国缓控释肥产能从 2001 年的 6.5 万 t 增长为 300 万 t，平均每年增加 30%。从 90 年代开始，缓控释肥成为研究热点。我国缓控释肥行业经过 50 余年的发展，技术已经逐步成熟，同时我国化肥行业整体面临着严峻的考验，如普通化肥产能过剩、结构不合理，以尿素为例，2013 年国内尿素产能富余 1200 万～1400 万 t。缓控释肥对水稻的影响包括以下几个方面。

（1）对氮素吸收的影响

合理施用缓控释肥对提高肥料利用率具有一定的促进作用。盆栽试验发现，水稻控释肥"新农科"一次性施用相对常规施肥氮肥表观利用率提高了 12.2%～22.7%。一次性基施树脂包膜缓控释肥，穗部氮积累量、氮肥农学利用率、氮肥表观利用率、氮肥偏生产力较常规施肥分别提高 51.83%、18.71%、57.97%、5.54%。水稻专用缓释复混肥（$N:P_2O_5:K_2O=24:8:10$）在减少 20% 氮肥用量下仍能提高水稻产量和 8.16% 的氮肥表观利用率，并且环境效益显著。更有研究发现，氮肥利用率较常规施肥最多可提高 69.76%。从水稻在各生育时期对氮肥的吸收特性来看，常规施肥处理水稻在生育前期（移栽至幼穗分化期）、生育中期（幼穗分化期至齐穗期）、生育后期（齐穗期至成熟期）氮素吸收量占总吸氮量的 57.7%～63.5%、34.7%～41.1%、1.2%～1.8%，而缓控释肥处理分别为 51.2%～62.7%、33.3%～38.1%、4.7%～10.1%，生育后期氮素吸收明显增加。表明缓控释肥"前足、中控、后促"的肥效释放特性更为契合水稻生长规律，从而促进了水稻在关键生育时期尤其是生育后期对氮素的吸收。

（2）对氮代谢相关酶活性的影响

水稻施用缓控释肥下氮肥吸收量与利用率的提高和氮代谢相关酶活性密不可分，其中硝酸还原酶、谷氨酰胺合成和转化酶及蛋白酶起关键性作用。研究表明缓控释肥处理下，水稻生育后期（尤其是抽穗期至乳熟期）功能叶中硝酸还原酶活性显著高于常规施肥，而谷氨酰胺合成和转化酶活性的增强可从抽穗期维持到蜡熟期，在抽穗期和乳熟期最明显，籽粒蜡熟期谷氨酰胺合成酶和转化酶活性分别提高了31.6%和27.1%。由此说明，缓控释肥施用可以增强植株体内氮代谢相关酶的活性，促进水稻生育后期氮素吸收与同化，增加吸氮量的同时提高利用率。此外，施用缓控释肥使得乳熟期和蜡熟期叶片中的蛋白酶活性提高，有利于生育后期叶片中蛋白质水解，并向籽粒进行再运转。

（3）对产量及品质的影响

1）对产量的影响

水稻生产中，在一定的施氮范围内，增施用肥可以显著增加水稻的产量，超过一定范围或氮肥不足均会导致产量及部分产量构成因子呈下降趋势。因此，研究缓控释肥施氮量对水稻产量的影响也具有重要意义。等氮量下，将包膜尿素复混肥、"农科控释肥"和"乐喜施"3种不同类型缓控释肥一次性基施后发现，在移栽后的前30d内氮素释放量较高，中后期氮素供应充足，成穗率高，较常规施肥增产5.51%～21.56%。控释期为90d的树脂膜和硫膜控释尿素与普通尿素以7:3比例一次性基施均能显著提高水稻籽粒产量，增幅为7.9%～31.7%。采用测土配方和平衡施肥原理制成N:P$_2$O$_5$:K$_2$O=24:8:10的水稻专用缓释复混肥，与常规施肥相比，等氮处理下水稻增产7.06%，而等价处理仅增产0.66%，表明缓控释肥等氮量下增产效果显著，但由于缓控释肥生产工艺和流程更加复杂，提高了肥料成本，因此等氮量下经济效益不明显。为了降低生产成本，开展缓控释肥减量对产量影响的相关研究，表明减肥增产是可行的。缓控释肥减量20%～30%情况下，缓控释肥处理产量与常规施肥相比不减产甚至增产，在中肥力土壤和低肥力土壤上表现出相同规律。连续7年的大田试验结果表明，缓控释肥减量30%下水稻产量与常规施肥一致，可维持土壤肥力并降低劳动力成本，在减量50%下产量略有降低，但与常规施肥相比仍未表现出显著差异。也有研究发现，缓控释肥在一次性施用下易造成水稻前期氮素供应不足、后期养分偏多的现象，不利于水稻高产甚至导致减产，为了弥补这一不足，有研究采用等氮量下缓控释肥与普通尿素掺混施、测土配方与平衡施肥等方法，增产7.06%～10.49%。综合前人的研究表明，缓控释肥的合理施用对水稻具有增产作用，增产效果因缓控释肥肥料种类、施肥方式和栽培条件等有所差异。

2）对稻米品质的影响

随着人们生活水平的提高，对稻米品质提出了更高的要求，研究缓控释肥对稻米品质的影响具有十分重要的意义。在施用量0～1500kg/hm^{2}下，缓控释肥在一定程度上可以提高精米率、整精米率、直链淀粉和蛋白质含量，降低垩白粒率，水稻N、P、K总积累量和每100kg稻谷需N、P、K量与碾磨品质、直链淀粉含量、蛋白质含量呈显著正相关，与垩白粒率呈负相关，缓控释肥施用量1200kg/hm^{2}为获得较优品质和较高养分吸收利用率的肥料水平。

6.1.2.3　长江中下游农药施用情况及其变化

1. 整体情况及其变化

水稻全生育期主要病害有稻瘟病、稻曲病、白叶枯病、纹枯病、病毒病等，主要虫害有螟虫、飞虱、叶蝉、蓟马等。水稻是长江中下游地区的四大主粮之一，是农药市场上的重要靶标作物。水稻全生育过程主要使用的农药有除草剂、杀虫剂、杀菌剂。

长江中下游地区水稻田除草剂市场的用量前十大产品包括氰氟草酯、丁草胺、五氟磺草胺、丙草胺、草甘膦、双唑草腈、二氯喹啉酸、双草醚、敌稗、苄嘧磺隆等；水稻用杀虫剂市场领先产品包括毒死蜱、吡虫啉、氯虫苯甲酰胺、敌敌畏、噻虫嗪、三唑磷、烯啶虫胺、噻嗪酮、辛硫磷、异丙威等。全球用量前十五大杀菌剂依次为嘧菌酯、丙硫菌唑、吡唑醚菌酯、代森锰锌、肟菌酯、戊唑醇、铜类杀菌剂、氟环唑、环丙唑醇、氟唑菌酰胺、甲霜灵、啶酰菌胺、百菌清、啶氧菌酯、苯并烯氟菌唑。

2. 各区域农药施用情况及其变化

中国农作物生产过程中病虫草害频发，致使农药使用量不断攀升，每年使用农药约 31 万 t（以有效成分计），防治 3 亿～4 亿 hm^2。中国的耕地面积占世界耕地面积的 9%，却使用了超过世界 25% 的化学农药，是世界第一农药生产和使用国，单位面积农药用量是世界平均水平的 3.5～6 倍。目前，中国农药平均利用率仅为 35%，大量农药通过飘失、渗漏和径流等方式流失，污染水体、大气和土壤，危害生态环境安全。进入 21 世纪以来，稻田农药使用量大幅增长，从近 70 元/hm^2 一直上升到 2011 年的超过 150 元/hm^2，翻了·倍多（杨益军，2015）。可见，长江中下游水稻种植生产过程中，化学防控已成为病虫害防治的主要方法，农民对农药的依赖性越来越大。从结构来看，中国农药使用以杀虫剂占比偏高；从地区来看，南方地区农药用量较大；从作物来看，水稻的农药用量较大；从使用方式来看，传统的小喷雾器浪费比较严重，致使农药利用率低（杨益军，2015）。

3. 水稻农药施用情况及其变化

水稻在生产过程中遭受的病虫害较多，因此农药的施用量也最多。有数据显示，水稻生产过程中农药的施用量大约占到中国农药总消费量的 15%。相比而言，水稻农药施用量的增幅则更为可观，尤其是进入 2000 年以后，其经历了一个激增的阶段，对比近 30 年的用量，增长了将近 4 倍，而同一时期，水稻的每公顷产量仅仅增长了 37% 左右（杨益军，2015）。

粮食作物农药施用量的增加是多方面原因促成的。一个原因是粮食作物的价格指数增长速度明显高于农药，即农药投入的成本小于粮食作物产量增加的收益，这在一定程度上解释了农民为了追求粮食作物的高收益而加大农药施用量的行为。另一个不可忽视的原因则是近年来随着我国城镇化改革的推进，大量农业劳动者进城务工。随着农业劳动机会成本的逐渐增加，农业劳动力出现了明显不足。在很多农村地区，青壮年劳动力流向城镇，留守从事农业劳动的劳动力大部分是中老年。劳动力的流失使得农业生产过程中不得不通过加大农药的使用来弥补劳动力的不足（赵倩倩，2015）。

由于水稻种植面积大，因此用药量大，有关农药在稻田环境中的迁移分布规律已有不少相关研究进展：采用田间试验与模拟试验相结合，研究三环唑在南方稻区稻土-水体系中的残留与迁变规律，发现水稻植株能很快吸收土-水体系中的农药，吸收率随水中三环唑浓度增大而增大，水中三环唑浓度与水稻中农药浓度呈很好的线性关系，水中三环唑浓度与稻株吸收量呈正相关，并推测水中三环唑是植株可利用的有效部分，即使土壤吸附那部分三环唑不能被稻株直接利用，但土-水中三环唑处于动态平衡中，土壤吸附的农药能够通过解吸为稻株所利用。

采用同位素标记方法研究呋喃丹在水稻-土壤系统中吸收、分布、迁移和转化规律的结果表明，呋喃丹随时间逐渐蓄积于水稻叶尖及边缘，而稻穗部位迁移甚微，在稻田土、水稻植株、水生植物中的主要转化产物为结合态。氯氰菊酯在玉米、土壤、土壤动物相互之间的质量平衡、吸收、结合残留、迁移和转化规律研究结果表明，植物通过根部从土壤中吸收少量氯氰菊酯，并通过叶脉输导，但向上输导能力差，无内吸作用，对于植物吸收的药剂，在植物体内主要转化为结合体，在动物中则主要发生代谢作用。

典型污染地区水稻田土壤及作物中多氯联苯的含量和分布特征研究表明，多氯联苯在土壤中的横向和纵向迁移行为很弱，同类物之间表现出不同的迁移特性；水稻对多氯联苯没有明显的生物富集作用；水稻不同组织中多氯联苯的含量相差较大，其中浓度分布顺序为稻叶＞稻壳＞稻秆＞糙米，大气沉降可能是水稻多氯联苯污染的主要来源。采用田间消解动态试验实测数据，借助推广的药物动力学双室模型，分析丁草胺在水稻田植株-水体-表土中的迁移、降解规律，结果表明丁草胺在水稻田环境中的动态规律用三室体系模型能较好地描述（刘菲菲，2013）。

近年来，随着我国城市化改革的不断深化，农业生产在各种生产资料的投入方面也发生了明显的变化，主要表现为农药、化肥、机械等投入增加，以弥补农业劳动力的逐渐流失。近 30 年来，我国水稻种植业的化肥投入从 163 元/hm² 增长到 284 元/hm²，增长幅度超过 74%；机械投入的增长幅度更为明显，从 18 元/hm² 增长至 608 元/hm²，增长了 32.8 倍；而人工投入却从 440 工日/hm² 大幅度缩水至 130 工日/hm²，减少了约 70%（赵倩倩，2015）。当前化肥、农药过量施用，导致农田面源污染严重。长江流域灌区的污染源主要来自化肥和农药的使用。由于灌溉方式粗放，过量和不合理施用化肥、农药，化肥利用率仅为 30% 左右，氮、磷等污染物经地表径流、农田排水、地下渗漏等途径进入自然水体，导致灌区内地表水和地下水中的氮、磷普遍超标。例如，云南滇池、江苏太湖的农业面源污染氮量分别占入湖总氮量的 70%、73%，安徽巢湖约有 52% 的总磷和 70% 的总氮来自农业。可见，农田面源污染已成为灌区河道的主要污染源。此外，粗放的灌排方式及面源污染还引起灌区土壤质量退化，生产力降低。

4. 水稻种植新型农药施用情况及其变化

施用生物农药可防治病虫害，消灭有害生物，即利用细菌、真菌等微生物来控制病虫害的出现。这种农药又被称为天然农药，并不属于化学农药，其利用天然物质或者是生命体来对病虫害进行有效控制，具备传统农药的作用，但无传统农药的危害。现阶段，生物农药已经实现多元化，并且已经运用到病虫害的防治中，取得了良好的效果。在对生物农药进行选择及使用的过程中，需要充分考虑稻田内已经发生或者经常发生的虫害类型，如害虫性诱剂通常可以针对性地吸引害虫，在田间放置具有性诱剂的诱捕器，可以对害虫进行有效收集诱捕。在水稻的生长过程中，对于单独虫害类型，性诱剂防治方法具有极好的效果，同时不会对生态环境当中青蛙及蜘蛛等害虫的天敌造成任何伤害，具备较高的安全性，是一种绿色环保且较为出色的虫害防控措施（周瑞岭和杨国兆，2020）。

生物农药的种类很多，分为病菌类、细菌类、真菌类、微生物代谢产物、昆虫代谢产物和植物提取物。运用最多的是病菌类，病菌类有蟑螂病菌、甜菜夜蛾病毒、菜青虫病毒、棉铃虫多角体病毒等，也就是针对害虫的种类来研制相应的病毒。细菌类主要有球形芽孢杆菌、地衣芽孢杆菌、蜡质芽孢杆菌等。真菌类有绿僵菌、白僵菌和木霉菌等。微生物代谢产物有多抗霉素、井冈霉素等。植物提取物有蛇床子素、烟碱、苦参碱等。昆虫代谢产物有蟑螂信号素、诱蝇等（周瑞岭和杨国兆，2020）。

我国目前市场上所存在的生物农药有农用抗生素、植物源农药、转基因植物等。随着环保要求越来越严格,水稻种植中化学农药的使用将逐渐减少,这样就给生物农药的发展带来机遇。例如,我国所研发的白僵菌制剂已经达到规模化生产要求,能够寄生多种生物,可更好地防治马尾松毛虫,并且对松毛虫的防治效率极高,表明生物农药的发展前景良好,其他国家也不断在这方面投入更多的精力,以更好地防治病虫害(周瑞岭和杨国兆,2020)。

6.1.2.4　长江中下游有机肥施用情况及其变化

1. 整体情况及其变化

有机肥是指来源于动物和植物,施用于土壤,为植物提供营养的含碳物料,一般要求有机质含量≥30%、总养分≥4%、水分≤20%、pH 5.5～8.0。有机肥有广义和狭义之分。广义上的有机肥俗称农家肥,包括以各种动物、植物残体或代谢产物通过一定时间的发酵腐熟所形成的肥料,还包括饼肥、堆肥、沤肥、厩肥、沼肥、绿肥等。狭义上的有机肥专指以各种动物废弃物和植物残体,采用物理、化学、生物等处理技术,经过一定的加工工艺,消除其中的有害物质达到无害化标准而形成的一类肥料。我国自古就非常重视有机肥的施用,但自20 世纪 80 年代开始,作物生产出现了越来越依赖化肥的趋势,而有机肥施用越来越不被重视。我国与长江中下游区域有机养分资源量见表 6-7。大量研究指出,单纯施用化肥会带来土壤质量下降、作物难以持续高产及环境污染等一系列问题(王元元等,2019)。有机肥施用及有机无机肥配施对水稻产量、稻米品质和土壤特性的影响如下。

表 6-7　不同时期长江中下游区域和全国有机肥养分年均资源量(刘晓永,2018)

时期	养分	长江中下游/万 t	全国/万 t
1980～1989 年	N	575.07	2311.05
	P	115.79	411.63
	K	524.78	1943.21
	N+P+K	1215.64	4665.89
1990～1999 年	N	735.60	3159.65
	P	145.70	550.10
	K	678.79	2722.81
	N+P+K	1560.09	6432.56
2000～2009 年	N	790.10	3683.28
	P	162.16	655.71
	K	704.16	3134.21
	N+P+K	1656.42	7473.20
2010～2019 年	N	828.54	3807.52
	P	178.10	707.38
	K	746.77	3282.51
	N+P+K	1753.41	7797.41

水稻的生长发育受肥料的影响明显,施用化肥对水稻生长短期内有明显的促进作用,能快速提供水稻生长发育所需的养分,但长期施用化肥会导致土壤肥力下降、质量退化、通透

性下降，致使根系纵深发展受到影响，进而对水稻生长发育造成影响。近年来，前人试图通过施用有机肥及有机无机肥配施的方式来改善生产上存在的这一问题。研究表明，秸秆还田对水稻茎蘖生长、叶面积指数、地上部干物质积累等有一定的促进作用。相关研究指出，秸秆还田对水稻生长发育的影响与秸秆腐熟程度有关。

大量研究表明，合理施用有机肥能提高水稻的产量。通过长期定位试验发现，施用有机肥能增加水稻干物质量、提高结实率、增加千粒重。还有研究表明，单独施用牛粪等厩肥或与木醋液结合施用能够显著增加水稻产量，主要是因为增加了千粒重。长期定位试验结果指出，短期施用有机肥可使作物产量缓慢增加，但连续施用有机肥20年后，作物产量能够达到甚至超过化肥处理的产量水平。这说明有机肥对水稻产量是有提高效果的，长期施用情况下可以替代化肥（王元元等，2019）。

目前我国化肥的施用量占施肥总量的比例过大，土壤有机质没有得到及时补充，造成土壤板结、地力衰退，水稻营养不良和病虫害多的严重后果，加上养地、培肥地力措施不够，造成耕地质量逐年下降、有机质含量下降、土壤结构遭到破坏、环境污染。而减少化肥投入、增施有机肥是改善土壤、增加有机质、提高耕地质量的有效途径，这样才能实现土地的可持续利用。例如，"蚯蚓粪"生物有机肥能够改良土壤结构，增强土壤肥力，提高土壤有机质含量，改善土壤通气状况，使土壤变好，增加土壤保肥、保水能力，提高解毒效果，净化水稻种植土壤环境，提高土壤生物活性，刺激植物生长（李杨和陈兴良，2019）。

研究表明，有机肥的有机质含量高、养分全面、肥效长，能改善土壤微生物群落结构，从而改良土壤、维持地力，提高农产品品质。另外，有机肥在物质循环和环境保护方面有重要作用，施用有机肥符合有机农业或生态农业的要求。但是近年来有机肥在原料和生产方面出现的问题，使其对农产品安全和农田生态环境产生潜在的负面影响。畜禽粪便等多数有机肥所含的有害物质普遍高于化肥，包括重金属、添加剂残余，甚至是微生物病原体等。有研究报道，现在畜禽饲料中通常含有大量重金属，因此以畜禽粪便为主要原料的有机肥重金属含量经常超标。此外，有机肥施入土壤中，可能产生更多的温室气体，加重温室效应。大量施用有机肥而超过土壤本身自净能力时，其二次污染是农业生产中又一个难题（宁川川等，2016）。

综上所述，虽然有机肥在改善土壤理化性状、维持土壤养分平衡和提高土壤微生物活性等方面具有化肥不可比拟的优势，但是有机肥（主要来源于畜禽粪便）的施用存在增加土壤重金属含量和促进作物吸收累积重金属的风险，而且会增加土壤温室气体（CO_2、CH_4等）的排放，加重温室效应。因此，建议农业生产中应加强有机肥的管理，严格规范有机肥的生产标准，选择优质的有机肥（低重金属和持久性污染物含量），并且建立有机肥施用配套技术，改革施肥方式，适时适地施肥，有机与无机相结合，尽量降低有机肥施用带来的环境风险。

现阶段，有机肥资源呈现不断增长的趋势，但是不能盲目追求"有机"，更不能过量施用有机肥，应正视有机肥和化肥的优缺点，遵循农业现代化和可持续发展原则，特别是在以化肥为主体的背景下，建立对有机肥的新认识、新观念（宁川川等，2016）。

2.各区域有机肥施用情况及其变化

我国和其他国家不同地域设置的大部分长期定位施肥试验均表明，在养分投入量相等的条件下，与单施化肥相比，有机肥替代部分化肥能促进水稻增产，增产范围在4%~20%，甚至高达 63%，并且施用年限越久增产效果越好，有机肥替代部分化肥后水稻平均增产 7.3%。有机肥替代部分化肥对水稻的增产效应受替代比例的影响，且不同土壤的最适替代比例不同。例如，在湖南祁阳第四纪红土发育的水稻土中，连续 6 年有机肥替代部分化肥的年均产量为 12.2t/hm^2，比单施化肥增产 4%，比单施有机肥增产 5%。在紫色大眼泥田水稻土中，以有机肥替代 30% 或 50% 化肥的增产效果好于单施化肥或者有机肥，且 30% 替代水平下增产效果最佳，当替代 70% 化肥时效果弱于单施化肥。在湖南红壤丘陵区河流冲积物发育的水稻土中，研究结果与之类似。在江苏冲积母质发育的水稻土中，稻谷产量实现最佳增幅的氮用量为 180kg/hm^2 或 240kg/hm^2，有机肥氮的替代率为 15%。总体上，有机肥替代化肥氮的比例过高会降低水稻产量，替代比例控制在 20% 以内效果最好。也有例外的情况，在江西第四纪红壤发育的中潴黄泥田中，有机粪肥替代 30% 或 70% 的化肥氮时，早稻和晚稻产量均高于 50% 替代比例的产量，推测 30%～70% 的替代比例可能均未达到其最佳增产效果，但该研究未设置低替代比例处理（如 15%），因而不能确定其最佳替代比例。总体上，有机肥替代部分化肥对晚稻的增产幅度高于早稻，其原因可能是早稻季投入的有机肥缓慢分解释放养分使其残效在晚稻季得到体现。

以安徽省为例，2010～2016 年有机肥年均可提供养分 287.70 万 t，提供的氮（N）、磷（P$_2$O$_5$）、钾（K$_2$O）分别为 104.49 万 t、39.60 万 t、143.61 万 t。秸秆和畜禽粪便是有机肥的主要来源，可提供全省 75.92% 的有机肥养分。绿肥的资源潜力虽然不可忽视，但目前的占有率不足 40%。安徽省有机肥养分当季利用率低，氮、磷养分当季利用率仅为 21.44%（N）、19.91%（P$_2$O$_5$），钾养分当季利用率稍高，达 53.98%（K$_2$O）。有机肥 N、P$_2$O$_5$、K$_2$O 实际还田量仅占作物养分需求量的 20.74%、25.38%、63.61%。

安徽省有机肥氮磷钾养分量与本省作物养分需求量基本平衡，而化肥氮、磷施用量过多与钾肥施用不足的现象比较普遍。有机肥 N、P$_2$O$_5$、K$_2$O 施用量占作物养分需求量的比例分别为 96.75%、97.32%、113.71%，氮、磷略有亏缺，而钾略有盈余。有 6 个市的有机肥氮、磷、钾养分均存在不同程度的亏缺（除了淮南市有机肥的钾养分略有盈余），其余 10 个市有机肥氮、磷、钾养分均有盈余（除了黄山市氮略有亏缺）。化肥中氮、磷、钾施用量分别是作物养分需求量的 1.53 倍、2.21 倍、0.60 倍，分别有 6 个市和 10 个市的化肥氮、磷养分消费量是需求量的 2 倍以上，存在较高的环境污染风险，16 个市钾肥施用量均低于作物的需求量。

安徽省农田养分总投入量为 445.70 万 t，有机肥、化肥的养分分别占总养分的 25.37%、74.63%，有机肥 N、P$_2$O$_5$、K$_2$O 养分分别占其全省投入量的 11.87%、10.27%、51.35%。总养分中的 N、P$_2$O$_5$、K$_2$O 投入量分别为 188.68 万 t、100.59 万 t、156.44 万 t，是作物养分需求量的 1.75 倍、2.47 倍、1.24 倍，盈余量分别为 80.69 万 t、59.90 万 t、30.14 万 t，分别有 13 个和 7 个市的 P$_2$O$_5$、N 输入量超过作物养分需求量的 2 倍，氮磷污染风险较高。

安徽省化肥的减施潜力为 116.84 万 t，占化肥消费量的 35.12%，减施潜力大小依次为 N 35.38 万 t、P$_2$O$_5$ 21.64 万 t、K$_2$O 59.82 万 t，分别占化肥消费量的 21.28%（N）、23.97%（P$_2$O$_5$）、78.61%（K$_2$O）。优化调整后，有机肥的 N、P$_2$O$_5$、K$_2$O 养分占总投入的比例可提高至 14.61%、13.08%、83.15%，但化肥在农业氮磷养分供给中依然占据非常重要的地位。当前安徽省畜禽粪便和秸秆养分的综合利用率为 37.05%，绿肥资源的发展不足 40%，因此未来通过提高有机肥（尤其畜禽粪便）还田率和养分释放率，同时发挥绿肥等其他有机肥资源潜力，可进一步降低安徽省的化肥消费量。

3. 水稻种植有机肥施用情况及其影响

（1）施用情况

1）双季早稻肥料施用情况

长江中下游双季早稻氮肥用量偏高，前期氮肥用量过大，有机肥施用少。应适当降低氮肥总用量，增加穗肥比例。基肥深施，追肥"以水带氮"。磷肥优先选择普钙或钙镁磷肥。增施有机肥料，提倡秸秆还田。

在亩产 400～450kg 条件下，亩施氮肥 8～11kg（折纯，下同）、磷肥 4～5kg、钾肥 4～5kg；在缺锌地区，适量施用锌肥；适当基施含硅肥料。

氮肥 50%～60% 作为基肥，20%～25% 作为蘖肥，10%～15% 作为穗肥；磷肥全部作基肥；钾肥 50%～60% 作为基肥，40%～50% 作为穗肥。

施用有机肥或种植绿肥翻压的农田，基肥用量可适当减少；常年秸秆还田的地块，钾肥用量可适当减少 30% 左右。

2）一季中稻肥料施用情况

长江中下游一季中稻有机肥用量少；氮肥普遍过量，前期施用过多；基肥在整地上水后施用损失量大。应增施有机肥，有机无机肥相结合；控制氮肥总量，调整基肥及追肥比例，减少前期氮肥用量；基肥深施，追肥"以水带氮"；油-稻轮作田，适当减磷。

在亩产 550～600kg 的条件下，氮肥用量粳稻为 14～16kg，籼稻为 10～14kg，磷肥用量为 3～5kg，钾肥用量为 4～6kg；缺锌土壤每亩施用硫酸锌 1kg；适当基施含硅肥料。

氮肥基肥占 40%～50%，蘖肥占 20%～30%，穗肥占 20%～30%；有机肥与磷肥全部基施；钾肥分基肥（占 60%～70%）和穗肥（占 30%～40%）两次施用。

施用有机肥或种植绿肥翻压的农田，基肥用量可适当减少。

（2）影响

1）对分蘖期水稻植株生长的影响

研究发现，水稻分蘖期对氮肥的需求较大，并且对施用氮肥较为敏感。有机肥属于长效化肥的范畴，氮肥含量相对较高，肥效能对整个生育期产生影响，可为水稻植株在分蘖期的生长提供相应的支持。在施用有机肥后，分蘖期水稻植株的株高、叶长、叶宽等都出现了积极的变化，长势相对较好，并且水稻在移栽后生根速度明显加快，促进水稻分蘖的效果相对较为明显，较之常规施肥方式，水稻茎蘖数明显提高，基本上提高幅度为 0.7～2.3 个/穴，可见有机肥能有效促进水稻分蘖，对水稻保持良好的生长态势产生积极的影响（章萍青和肖丽萍，2019）。

2）对幼穗分化期水稻植株生长的影响

水稻幼穗分化期是较为关键的生长阶段，此时按照水稻肥力需求的变化选择合适的有机肥，能对水稻生长过程中叶面积、干物质积累情况产生促进影响，也能使根干重表现出积极的发展态势，使水稻保持良好的生长状态。在调查研究后，发现施加有机肥能有效促进分蘖，确保幼穗分化期水稻长势，水稻的分蘖数和株高都明显优于施加常规肥料处理。

3）对抽穗至灌浆期水稻植株生长产生的影响

水稻植株的抽穗至灌浆期是需肥量相对较大的时期，此时合理施肥对于提升水稻的整体产量具有一定的促进作用。在水稻抽穗至灌浆期施加有机肥，能确保有机肥中的养分高效释放出来，并且肥料的后劲足，能满足抽穗至灌浆期水稻生长需求。对施用有机肥后水稻抽穗至灌浆期的生长情况进行调查，发现在对有机肥施用量进行科学选择和控制后，水稻株高、叶面积及穗长都有所增加，干物质积累量也呈现出积极的变化态势。一般情况下，在水稻抽穗至灌浆期施加有机肥，有助于促进有机肥的肥力合理彰显（章萍青和肖丽萍，2019）。

4）对抽穗期水稻抽穗率的影响

在水稻抽穗期施加有机肥，会对水稻抽穗速度、抽穗率等产生直接的影响。具体来说，在水稻的抽穗期施用有机肥，有机肥养分释放能体现出前后期不一致的特点，一般前期养分释放相对较少，后期养分释放相对较多，具有使水稻抽穗进程适当延后、水稻籽粒营养旺盛的特点，成穗率也会出现积极的变化。在水稻的抽穗后期，有机肥的施用可增加水稻后期产量，促进水稻栽培种植工作实现高产增收的目标。

5）对水稻产量的影响

有机肥的合理施用能对水稻不同生长阶段产生积极的影响，必然也会促使水稻的整体产量出现变化，即促进水稻产量进一步提升。有机肥施用量不同，对水稻产量产生的影响也存在明显的差异，并且有机肥和常规化肥配合施用，能避免单纯施用有机肥养分迅速分解释放以至于无法满足植株生长过程中养分需求的情况，使水稻的综合产量得到提升。对不同有机肥施用量下水稻产量进行对比分析可知，有机肥的施用量控制在 $22.5t/hm^2$ 左右，水稻产量最高，并且如果单纯施用有机肥，还能实现水稻有机生产，提高水稻的整体品质，确保水稻生产过程创造出更大的经济效益和价值，实现增产增收的目标，为区域有机水稻生产的持续稳定发展产生积极的影响。因此，要正确解读施用有机肥对水稻产量和品质产生的影响，按照各地区实际情况制定合理的有机肥施用方案，进而有效发挥出有机肥的重要作用，为我国有机水稻生产工作的开展提供相应的支持，加快生态农业和绿色农业的整体建设与发展进程，切实推进我国水稻种植业呈现出现代化发展态势（章萍青和肖丽萍，2019）。

综上所述，在水稻栽培和种植工作中，有机肥的合理施用会对水稻不同生长阶段产生相应的影响，为水稻生长提供丰富的营养，从而提高水稻产量，促进水稻种植增产丰收。因此新时期在水稻栽培种植活动中，要有意识地积极探索有机肥的合理施用，促使水稻栽培种植逐步呈现现代化态势，提升综合生产能力和科学生产整体水平（章萍青和肖丽萍，2019）。单施有机肥肥效缓慢，需长年施用才能达到单施化肥的水平，在实际生产中，往往采取有机无机肥配施来提高作物产量、改善土壤特性。在长江中下游区域水稻大面积生产中，适量增施有机肥可有效减少化肥施用量，达到化肥减量增效的目的。

6.1.3 长江中下游水稻种植区生态环境现状及存在的问题

6.1.3.1 大气环境及存在的问题

1. 大气环境现状分析

由于长江中下游沿江重化工业林立，这些高消耗、高污染的化工企业在生产过程中排放大量的废气，严重污染了大气环境。据统计，2014 年长江中下游区域氮氧化物（NO_x）、SO_2、烟粉尘三大主要大气污染物排放量已分别占到全国的 32%、34%、28%，大气污染问题日趋严重。当前，以武汉、沪宁杭分别为中心的华中、华东两大酸雨区已经形成。此外，由城市垃圾焚烧和汽车废气排放造成的环境污染也日益严重。近年来，长江三角洲与成都平原地区已经成为中国雾霾天数最多的地区之一。

研究数据表明，长江中下游区域大气污染排放效率仍亟待提升，近年来长江中下游经济带在经济快速增长的同时，并未真正实现由低效率向高效率的转型。在当前生产与环境治理技术水平下，各省市的大气污染减排潜力仍然十分可观。其中，长江中游、下游两大地区的平均无效率值分别为 0.3009、0.0840，下游地区明显高于中游地区，呈现与地区经济发展水平相一致的"东高西低"梯度分布，地域差异特征明显。从总体趋势来看，长江中下游经济带全要素大气污染排放效率呈现不升反降的特点，无效率值从 2007 年的 0.2116 上升至 2014 年的 0.3143；除了 2008 年和 2014 年，其他年份的无效率指数都是上升的，中游和下游地区无效率指数基本上呈现与整体无效率指数相同的变化趋势，中游地区无效率指数从 0.2249 升至 0.3617，下游地区从 0.0522 上升至 0.1347。目前长江中下游区域各省市政府尤其是中游地区的很多地方政府在招商引资的过程中，不惜将大量高污染、高消耗的重化工业转移至本地区加以扶持发展，完全背离了生态优先与绿色发展原则，这无疑会加剧长江中下游区域大气环境质量的恶化。值得关注的是，2014 年中游和下游地区无效率指数都扭转了上升趋势，转为下降通道，希望这能成为长江中下游区域大气污染排放效率积极向好的一个信号。

长江下游的上海、江苏、浙江三省份位于第一梯队，全要素大气污染排放无效率值较小，分别为 0、0.1063、0.1456，位列经济带各省市前三。其中，上海在研究期内一直位于生产前沿面，是长江经济带大气环境保护的标杆。江苏与浙江两省经济增长和大气环境保护之间的协调度也较高。下游 3 省市所在的长江三角洲区位条件优越，交通发达，科技水平较高，是中国对外开放的窗口，GDP 总量约占整个经济带的一半，优势资源集中，产业结构升级较早，且已基本形成了以电子信息、金融、服务等高科技和知识密集型产业为主的产业布局，化石能源消耗与污染排放较少，经济与环境之间的矛盾相对比较缓和。相比之下，中上游省市大气污染排放效率要低很多。其中，安徽大气污染排放无效率值为 0.3510，是中游 4 个省市中最低的。作为地理上最接近长江下游的省份，安徽具有明显的区位优势，是长江三角洲地区产业转移的前沿阵地。但是近年来安徽承接长江三角洲地区的主要是一些低端制造业与高耗能、高污染产业，导致污染迁移，从而拉低了安徽大气污染排放效率。综上所述，长江中下游区域大气污染排放效率存在显著的地域差异，这就要求不同地区的大气污染防治不能采取"一刀切"的标准，应该根据各地实际情况因地制宜地制定科学、合理与可行的大气污染减排目标，从而最大限度地挖掘各地区的大气污染减排潜力（汪克亮等，2017）。

长江中下游区域整体大气污染排放无效率中，SO_2、氮氧化物、烟粉尘分别贡献了21.72%、14.14%、25.51%，其中烟粉尘贡献率最高，其次为 SO_2，氮氧化物最低（表 6-8）。随着时间推移，烟粉尘贡献率有所下降，而 SO_2 与氮氧化物的贡献率则有不断抬升趋势。可以从以下两个方面加以解释：一方面，可能是近年来长江中下游区域能源结构优化，导致煤炭消费比例有所下降，一定程度上减少了烟粉尘排放量，因为相对于石油与天然气，煤炭燃烧产生的烟粉尘要多得多；另一方面，近年来长江中下游流域各省市机动车保有量持续增加，汽车尾气污染日益严重，SO_2 与氮氧化物排放量直线上升，导致近期这两类大气污染物排放对整体无效率值的贡献率不断提升，长江中下游区域各省市相关决策部门必须充分警惕，今后在治理大气污染的同时，一定要做好重点污染物的防控（汪克亮等，2017）。

表 6-8　长江中下游区域 3 种大气污染物排放无效率值及其贡献率（2007～2014 年）（汪克亮等，2017）

年份	SO$_2$		NO$_x$		烟粉尘		全要素无效率值
	无效率值	贡献率/%	无效率值	贡献率/%	无效率值	贡献率/%	
2007	0.0401	18.94	0.0245	11.59	0.0617	29.14	0.2116

年份	SO$_2$		NO$_x$		烟粉尘		全要素无效率值
	无效率值	贡献率/%	无效率值	贡献率/%	无效率值	贡献率/%	
2008	0.0391	21.19	0.0193	10.49	0.0500	27.13	0.1845
2009	0.0483	20.24	0.0267	11.19	0.0656	27.46	0.2387
2010	0.0515	21.49	0.0284	11.87	0.0622	25.96	0.2396
2011	0.0661	22.31	0.0479	16.15	0.0729	24.60	0.2965
2012	0.0685	22.65	0.0498	16.46	0.0726	24.00	0.3026
2013	0.0707	22.13	0.0506	15.86	0.0799	25.03	0.3192
2014	0.0733	23.34	0.0506	16.16	0.0726	23.10	0.3143
平均值	0.0572	21.72	0.0372	14.14	0.0672	25.51	0.2634

如表 6-9 所示，从地区差异角度来看，下游地区三大污染物排放对整体无效率值的贡献率分别为 8.62%、9.13%、10.26%，中游地区三大污染物的贡献率分别为 40.95%、41.80%、45.84%，可见中上游地区与下游地区的差距非常明显，再次彰显了长江经济带大气污染防控水平的显著地区差异性。自 20 世纪 90 年代以来，经过 20 多年的开发开放，长江三角洲地区基本完成了高消耗、高污染产业的对外转移，以知识、技术密集型产业为主的产业结构已经形成，在实现经济高质量增长的同时，也明显减少了污染排放；然而，相比于下游地区，长江中上游地区开放程度较低，大多省市属于典型的资源型省份，能源资源丰富，区域主导产业以资源优势为基础，极易形成以高耗能、高污染为特征的"资源依赖"型产业结构，再加上近年来大量承接了下游地区的资源环境密集型产业，地区内环境质量进一步下降，这是中上游地区大气污染排放效率较低且被长期"锁定"的一个重要原因（汪克亮等，2017）。

表 6-9　长江中游与下游区域 3 种大气污染物排放无效率值
及贡献率比较（2007~2014 年）（汪克亮等，2017）

污染物	下游地区		中游地区		整体无效率值
	无效率值	贡献率/%	无效率值	贡献率/%	
SO$_2$	0.1627	8.62	0.5797	40.95	0.5148
NO$_x$	0.1123	9.13	0.3853	41.80	0.3352
烟粉尘	0.2274	10.26	0.7622	45.84	0.6047

系统考察长江中下游区域全要素大气污染排放效率的地域差异与影响因素，研究结果表明，2007~2014 年长江中下游区域存在一定的大气污染减排潜力，经济增长与大气环境保护并未实现协调发展；在研究期间内，长江中下游区域全要素大气污染排放效率维持了刚性增长趋势，大气环境保护压力巨大；下游地区大气污染排放效率明显高于中上游地区，中、下游区域省市大气污染排放效率地区间差距主要来自中、下游地区之间的差距；三大大气污染物对大气污染排放无效率值的贡献率分别为 35.26%、22.36%、42.38%，其中烟粉尘贡献率最高，其次为 SO$_2$，氮氧化物最低，且近期 SO$_2$ 与氮氧化物的贡献率有所提升；长江中下游区域大气污染排放效率具有一定的延迟滞后效应，上期会对下期效率产生明显的正向影响；经济发展水平的提升、第三产业比重的增加、研究与发展（R&D）投入强度的加大、能源消费

结构的优化及对外开放水平的提升显著促进了长江中下游地区大气污染排放效率的提升（汪克亮等，2017）。

从各省市的发展趋势（表6-10）来看，浙江与江苏的大气污染排放效率虽然样本期整体较高，但分别从2013年、2011年开始大幅下降，需特别注意经济发展与可持续发展之间的协调，保持住较高水平的大气污染排放效率。其他省市不仅大气污染排放效率水平较低，并且在样本期整体都出现了不同程度的下降趋势，说明这些省市大气环境劣势非常明显，污染形势十分严峻，是未来长江中下游区域大气环境治理政策的重点实施地区。从长江中下游地区的发展趋势来看，在样本期整个长江经济带的大气污染排放效率并未得到改善，效率值从2006年的0.6747下降到2015年的0.5201，说明当前长江中下游经济发展与大气环境间的矛盾日益突出，保护大气环境的任务依旧艰巨（汪克亮等，2017）。此外，中下游地区各省市的大气污染排放效率同样呈现不升反降的特点，基本上与整体效率的变化趋势相似：中游地区从0.5852下降到0.4386，下游地区从1.0000下降至0.7743（汪克亮等，2017）。

表6-10 长江中下游区域大气污染排放效率（2006～2015年）（汪克亮等，2017）

地区	2006年	2007年	2008年	2009年	2010年	2011年	2012年	2013年	2014年	2015年	平均值
安徽	0.5247	0.5156	0.5008	0.5040	0.4727	0.4516	0.4418	0.4314	0.4244	0.4124	0.4666
江西	0.6776	0.6046	0.6067	0.6212	0.6186	0.5113	0.4964	0.4819	0.4791	0.4616	0.5517
湖北	0.5858	0.5724	0.5690	0.5671	0.5525	0.4569	0.5283	0.4516	0.4492	0.4340	0.5125
湖南	0.5526	0.8103	1.0000	1.0000	0.4917	0.4514	0.4463	0.4562	0.4558	0.4464	0.5977
上海	1.0000	1.0000	1.0000	1.0000	1.0000	1.0000	1.0000	1.0000	1.0000	1.0000	1.0000
江苏	1.0000	1.0000	1.0000	1.0000	0.6637	0.6636	0.6586	0.6810	0.6716	0.8212
浙江	1.0000	0.7011	1.0000	0.6646	1.0000	0.6516	0.6561	0.6346	0.6611	0.6514	0.7535
中游	0.5852	0.6257	0.6691	0.6731	0.5339	0.4678	0.4782	0.4553	0.4521	0.4386	0.5321
下游	1.0000	0.9004	1.0000	0.8882	1.0000	0.7718	0.7732	0.7644	0.7807	0.7743	0.8582
整体	0.6747	0.6574	0.7014	0.6720	0.6510	0.5651	0.5683	0.5124	0.5152	0.5201	0.5947

2. 大气环境存在的问题

化肥对大气环境的影响主要集中在氮肥上。氮肥的施用对温室气体，如 CH_4 和 CO_2 的释放有影响，氮素通过硝化及反硝化作用释放 N_2O 到大气中，造成温室效应，氨的挥发和释放会使大气中氮的含量增加，污染大气。长江中下游地区区域传输季节变化明显，总体呈现出秋冬季污染物区域传输高于春夏季的特点。长江中下游地区典型城市污染的省内年均贡献在39.7%～83.2%，省外传输年均贡献为16.8%～60.3%。由此可见，空气污染问题不仅仅是局地性的，更受到区域大尺度的影响，应当重视污染物的长距离传输。

以稻田 CH_4 排放为例，CH_4 的传输主要有3个途径，即植物体的通气组织、水层冒泡和水体液体的扩散，主要受植株生长状态、气温和水田的持水时间等因素影响。通过根系吸收由植株释放到大气中的 CH_4 占稻田总释放量的80%左右。研究表明，水稻根系长期在水层厌氧条件下会主动吸收 CH_4，然后通过地上部分的茎、叶和穗等器官的气孔排放到空气中，这种方式排放的 CH_4 占3个途径总量的55%左右。

稻田土壤的质地是影响 CH_4 排放的一个基本因素。土壤质地越黏，向大气中排放的 CH_4 越多，建立水层的淤泥种水稻是导致 CH_4 大量排放的重要因素。国际水稻研究所认为，当稻田土壤淹水后，理化性状发生重大变化，氧化还原电位（Eh 值）急剧下降，当 Eh 值低于 -150mV 时，稻田将会产生大量 CH_4。

水稻田的水肥管理同样也影响 CH_4 的释放。在水稻生长季 CH_4 释放有 3 个高峰期：①分蘖期，有机物的分解是主导因素；②幼穗分化至孕穗期，可能与气体输送的效率、根部系统的迅速发展，以及根部的渗出物与根部的落叶有关；③灌浆成熟期，可能与根部有机物的腐烂有关。研究结果表明，如果将 200kg/hm^2 尿素深施到 20cm 土层，CH_4 释放量甚至会减少；如果在空白对照区的表层施 200kg/hm^2 尿素，可以观测到 CH_4 释放量的大幅度增加。水稻分蘖末期的搁田及灌浆成熟期的干湿交替乃至脱水，是我国传统水稻普遍采用的一种高产栽培措施，它可以抑制稻田 CH_4 的产生和释放，降低其释放速率。

全球气候变暖问题已得到普遍关注，CH_4 是仅次于 CO_2 的主要温室气体之一，对全球温室效应的贡献达到 15%。据估算，在 100 年的时间尺度上，CH_4 的全球变暖潜力是 CO_2 的 25 倍。相关资料显示，农业生态系统是整个生态系统 CH_4 的重要排放源，而稻田在其中占有很大的比例。我国水稻种植面积约 0.3 亿 hm^2，占世界水稻种植面积的 22%，居世界第 2 位。随着全球人口的不断增长，人类对稻米需求的提高必定使提高水稻单位面积产量成为主要的生产任务，需肥量与施肥量亦增大，这将导致全球稻田 CH_4 排放量存在不断增加的趋势。

稻田产生的 CH_4 主要有 4 条排放途径：通过水稻植株排放到大气中、通过水层气泡排放到大气中、溶解在水中、被甲烷氧化菌氧化。研究表明，在水稻生长周期中，大部分的 CH_4 是通过水稻植株排放到大气中的，因此水稻植株在稻田生态系统 CH_4 产生的整个过程中起着至关重要的作用。

以湖北省为例，其位于我国最大的长江流域水稻种植区，地处亚热带，常年气候温润，水源充足，热量丰富，为水稻种植提供了有利条件。全省稻谷产量占粮食总产量的 2/3，由此引起的稻田 CH_4 排放就成为全省温室气体总排放最主要的组成部分。

另外，化肥中氮肥的硝化与反硝化过程会产生温室气体 N_2O，N_2O 可以破坏臭氧层，引起全球升温，一分子 N_2O 的升温效应可达一分子 CO_2 的 310 倍。研究表明，大气层 70% 的 N_2O 来自农业生产过程。农田温室气体的排放主要发生在灌水阶段，稻田温室气体排放在其中占有很高的比例。

农药喷洒过程中雾滴的飘失和残留农药的挥发都会对大气造成农药污染。大气中的农药随大气运动而扩散，污染整个长江中下游水稻种植区域。

6.1.3.2　水环境及存在的问题

1. 水环境质量现状分析

长江中下游流域包括长江流域三峡库区以下至长江口的广大区域，流域面积约 77.2 万 km^2，研究调查涉及湖南、湖北、河南、江西、安徽、江苏、浙江、陕西、上海 9 省份，共 66 个市（州）505 个县（市、区）。根据污染状况及汇水特征，长江中下游流域可划分为长江干流、长江口、汉江中下游、洞庭湖、鄱阳湖、丹江口库区及上游、太湖和巢湖 8 个控制区。丹江口库区及上游、太湖和巢湖 3 个控制区是全国水污染防治的重点流域，已分别编制《水污染防治规划》《湘江流域重金属污染防治制定专项方案》。本项目研究区域包括长江干流、长江口、汉江中下游、洞庭湖和鄱阳湖 5 个控制区，流域面积约 63.3 万 km^2，涉及湖南、湖北、河南、江西、安徽、江苏、上海 7 个省份，共 55 个市（州）408 个县（市、区）。

长江从湖北宜昌以下至河口为中下游，干流河长 1893km，流经湖北、湖南、江西、安徽、江苏、上海五省一市。其中，宜昌以下至徐六泾的中下游干流全长约 1711km，徐六泾至 50 号灯标区段为长江口，全长 182km。长江中下游两岸及河口地区经济发达、人口密集，是长江防洪、供水、灌溉、航运及河道治理、水资源开发保护的重点区域。据调查统计，2010 年从长江中下游干流及长江口共取水超过 500 亿 m³，相当于大通站年径流总量的 6%。长江中下游各引江工程既有城镇集中供水、一般工业用水自备水源和火电厂取水口，也有农业灌溉用水和生态环境补水工程，还包括各类用水对象的综合水利工程。供水对象既有本流域内的用水，也有如南水北调东线工程的跨流域调水。随着今后中下游地区社会经济的进一步发展，从长江干流取水的规模将会进一步增加，预计到 2020 年，仅长江下游大通以下沿江引江工程的取水量就将增加到 600 亿 m³ 左右。虽然中下游干流来水总量较为丰富，但是存在季节变化大、河道排污量大、河口地区盐水入侵等问题。干流河道的流量与中下游地区的用水需求存在一些矛盾，特别是在枯水季节容易出现缺水。此外，长江流域还承担着向干旱的北方黄淮海流域调水的重任，是南水北调工程的水源地，南水北调东线工程更是直接从长江下游干流取水，这将进一步影响长江干流的水量，中下游地区的用水矛盾较为突出。

长江中下游地区是我国浅水湖泊分布最为集中的区域，5 个淡水湖中，鄱阳湖、洞庭湖、太湖和巢湖都分布于此。但由于经济的发展及人类的活动，极大程度改变了湖泊的循环规律，导致生态系统结构、功能退化，水质恶化。根据换水周期、湖泊深浅和富营养化程度，将湖泊较浅、富营养化程度较低及换水周期较快的洞庭湖、梁子湖、鄱阳湖、石臼湖、军山湖、珠湖、阳澄湖、淀山湖、高邮湖和黄大湖划为过水性湖泊；将换水周期较慢、富营养化程度较低及湖泊较深的太平湖水库、柘林水库和花亭湖水库划为深水湖泊；将换水周期较慢、湖泊较浅及富营养化程度较高的长湖、大通湖、黄盖湖、洪湖、武山湖、龙感湖、武昌湖、巢湖、滆湖和太湖划为富营养化湖泊。

（1）水质状况

长江水环境总体态势为：干流和主要支流水质较好，但局部污染较重；长江沿岸区域生态问题突出，湖泊水质普遍较差，富营养化问题严重；自三峡水库库湾和主要入库支流蓄水运行以来水质下降明显；流域环境风险突出，沿江各类集中式饮用水水源地供水安全存在隐患和潜在风险。

1）干流和主要支流水质总体较好，但局部污染较重

长江作为我国第一大河流，干流多年平均入海径流量达 9760 亿 m³，且河流比降大、水动力强，水体污染自净能力和水环境容量相对较大，干流和主要入江支流水质总体较好。2009 年，长江流域 103 个国控监测断面中，Ⅰ～Ⅲ类水质断面比例为 87.4%；Ⅳ类、Ⅴ类和劣Ⅴ类水质断面比例总计 12.6%。主要污染指标为氨氮、五日生化需氧量和石油类，主要表现为干流水质总体为优，支流劣于干流，岸边劣于中泓线，城市江段劣于非城市江段。与 2007 年水质状况相比，Ⅰ～Ⅲ类水质断面比例增加了 5.9 个百分点，Ⅴ类和劣Ⅴ类水质断面比例总计减少 7.8 个百分点，近两年来水质略有改善（杨桂山，2012）。

长江流经城市的干流江段和一些支流水质普遍较差，有些支流河段污染较为严重。2009 年，长江干流岸边污染带累计超过 600km，且有逐渐扩大趋势。岷江、沱江、湘江、黄浦江等支流及流经城市的中小支流普遍污染严重，一些流经城市的中小支流水质普遍为Ⅴ类和劣Ⅴ类，一些河段甚至终年黑臭（杨桂山，2012）。

虽然长江流域总体水质较好，但是部分支流污染严重。2012 年国控断面监测数据显示，湖北涢水水质为劣Ⅴ类，主要污染因子是总磷和氨氮。虽流域城镇化进程较快，如长江下游

省市城镇化水平达到67%，高出全国平均水平14.5%，但城镇环境基础设施建设相对滞后，城市内河、城乡接合部及农村人口聚集区的河流沟渠水质普遍受到污染。同时，造纸及纸制品业、纺织业、化学原料及化学制品制造业、农副食品加工业等重污染行业在长江中游广泛布局，产业结构调整难度大，结构性污染影响短时期内难以消除。由于流域污染治理欠账多且时间长，因此要实现全方位的改善难度大。

2）区域生态问题突出，湖泊水质普遍较差，富营养化问题严峻

自1949年以来，长江中下游地区大量湖泊被围垦，总面积超过13 000km²，因围垦而消亡的湖泊达1000余个。一方面长江上游及一些支流，如岷江、嘉陵江、金沙江等流域水土流失导致大量泥沙倾泻入河床，加上人为围湖造田，行洪蓄洪区域急剧减少，大大降低了其蓄洪、调节洪峰的能力；另一方面，长江干流及支流水资源开发力度不断加大，长江上游干支流建设了控制性水库，长江与洞庭湖和鄱阳湖的河湖关系发生改变，特别是水库群汛后蓄水加快了两湖出流，因此两湖枯水期提前，且枯水期延长已成为常态，对水生态环境造成一定的影响。对两湖的影响还突出表现在两湖湿地面积日益萎缩，生物资源锐减，破碎化、陆域化演替进程加快，抗干扰能力减弱，调节气候和洪水等生态服务功能退化严重。另外，南水北调中线、引江济滇、引江济太、引江入湖等大型水利工程的实施，将对长江中下游的水质及生态环境安全产生叠加影响。

同时，湖泊水质普遍较差是长江水环境最为突出的问题。在鄱阳湖、太湖、巢湖、洞庭湖、滇池等32个重点湖泊中，除云贵高原泸沽湖水质为Ⅰ类、程海整体水质为Ⅲ类外，其他湖泊水质均为Ⅳ至劣Ⅴ类，2009年湖泊水质评价中，Ⅰ～Ⅲ类水面面积仅占27.1%，Ⅳ至劣Ⅴ类占72.9%，其中Ⅴ和劣Ⅴ类占55.4%，主要超标项目为总磷、总氮和高锰酸盐指数（杨桂山，2012）。

长江中下游地区是我国湖泊富营养化问题最普遍的地区。自20世纪80年代以来，长江中下游地区一直是我国湖泊开发与保护的热点区域，人类活动强度大，湖泊保护与开发的矛盾大，但太湖、巢湖、武昌东湖等湖泊的富营养化治理与生态修复为我国湖泊治理的经典案例。然而，由于营养本底高、经济发展旺盛、流域水文格局变化大等多重因素，该区域湖泊富营养化的问题仍普遍存在，湖泊富营养化治理和生态保护的思路及效果仍有待重新考量。2007～2010年对长江中下游面积大于10km²的主要湖泊水质调查，采用总氮（TN）、总磷（TP）、叶绿素a（Chl a）、悬浮物（SS）含量及透明度值（SD）和化学需氧量（COD$_{Mn}$）6个水化学指标得到的湖泊富营养化指数（TSI）显示，中下游湖群77个湖泊中有88.3%超过了富营养化标准，其中达到重富营养化标准的占23.4%，中营养和贫营养湖泊总计仅为11.7%。国家重点治理的"三湖"中，滇池水质为劣Ⅴ类，处于中度富营养状态，蓝藻水华灾害严重；巢湖东半湖水质为Ⅳ～Ⅴ类，西半湖水质为劣Ⅴ类，均处于中度富营养状态；太湖Ⅳ类、Ⅴ类和劣Ⅴ类水域面积分别占7.6%、18.5%和73.95%，全年处于中度富营养状态，蓝藻水华灾害连年暴发。其他大型淡水湖泊中，鄱阳湖水质总体为Ⅳ类，为中度富营养状态；洞庭湖为Ⅴ类水质，为轻度至中度富营养状态，两湖水质均呈现逐渐恶化的趋势（杨桂山，2012）。

2009年监测的几个城市内湖中，东湖（武汉）为Ⅳ类水质，中度富营养状态；玄武湖（南京）为Ⅴ类水质，轻度富营养状态；各湖主要污染指标为总氮、总磷和石油类（杨桂山，2012）。

3）三峡水库蓄水以来库湾和主要入库支流水质下降明显

三峡水库自2003年6月开始蓄水，2010年水位首次达到175m设计高度，蓄水导致三峡

水库出现大范围回水水域，坝前库首水域水流速度急剧下降，水力滞留时间延长，水体污染物迁移转化和横向扩散能力减弱，库区干流水质虽总体稳定，全年水质基本达到或优于Ⅲ类，但自 2005 年以来，干流部分江段出现不同程度的Ⅳ类或劣Ⅴ类水体，预示出库区干流水体水质呈现下降趋势。干流重庆、涪陵、忠县、万州、云阳、奉节、巫山、巴东等城市江段岸边污染带明显扩大，长 1~15km、宽 50~150m，主要超标项目为高锰酸盐指数、总磷、总氮等，邻近大坝的江段汛期已呈现轻度富营养化，库湾和入库支流水质下降更为明显（杨桂山，2012）。

蓄水后库区部分支流受回水顶托影响，在回水区末端形成水流缓慢、局部水域相对静止的库湾，水体氮、磷含量显著增加，水体明显向富营养化过渡，局部水域部分时段富营养化水平较高，成为易出现水华的敏感水域，时常暴发水华。在监测的 26 条入库支流中，12 条出现不同程度的富营养化及"水华"现象，2004 年水华暴发累计发生 6 起，2005 年发生 19 起，2006 年发生 20 余起，呈逐年加重、扩大趋势。香溪河、大宁河、小江等支流富营养化严重，局部水域在春夏季呈重度富营养状态，如香溪河吴家湾水域、大宁河大昌水域等。

4）流域环境风险突出，集中式饮用水水源地供水安全存在隐患和潜在风险

我国长江沿线分布有大量的重化工企业，在全国的 21 236 家化工企业中，有近万家位于长江沿岸。目前，长江流域正在建设或规划的化工园区有 20 多个，如此高密度的重化工企业布局，造成区域产业重构化问题突出，叠加性、累积性和潜在性环境污染隐患多，未能形成流域产业协作和分工格局。沿江各地市主要饮用水水源地与各类危、重污染源生产储运集中区交替配置，水运航道穿过饮用水水源保护区的现象较多，危化品运输量逐年增加，致使发生化学品运输泄漏事故的概率增大，饮用水水源受石油和化学品污染的风险加大。2009 年，长江中下游饮用水水源保护区内共有排污口 392 个、耕地面积 43.9 万亩、工业企业 251 家、加油站 60 个、垃圾堆存量 7.6 万 t，这些都是严重威胁饮用水安全的重要风险源。长江干流拥有港口 220 多个、船舶 10 万多艘，每年产生的油污达 6 万 t 左右，而由沉船造成的油污达 100t 以上，流域内镉、砷等有毒有害污染物排放量占到全国排放量的 50% 以上。湘江流域重金属污染问题突出，历史排污造成的底泥重金属累积等环境问题严重威胁着长江中下游流域的水质安全，是改善流域水环境质量的难点（杨桂山，2012）。

长江水质下降给饮用水安全带来的威胁日益明显，长江干流有集中式饮用水取水口近 500 个，部分取水口不同程度地受到岸边污染带的影响，导致供水水质时常不达标。同时，突发性水污染事件也时刻威胁着长江用水安全，2006 年初全国化工石化项目排查显示，全国 2 万家化工企业中，位于长江沿岸的就有近万家，与此相对应，近年来长江化学品运输增长迅猛，每年有毒危险化学品吞吐量超过 500 万 t，有毒化学品泄漏污染事故偶有发生，给长江供水安全带来巨大威胁，如 2004 年 2 月下旬，位于沱江上游的四川化工集团有限责任公司违法排放高浓度氨氮废水，致使沱江中下游河段氨氮严重超标，污染持续近一个月，事故造成沱江中下游百万人饮水中断、出现大量死鱼、水生态遭到严重破坏，给社会生产、生活造成巨大影响，直接经济损失超过 3 亿元（杨桂山，2012）。

此外，水质下降引起湖泊水源地蓝藻水华暴发，对供水安全也造成一定的威胁。例如，2007 年 5 月，太湖藻类水华长时间暴发，大量藻类在风场的作用下在贡湖西北岸大量堆积死亡、腐烂，并在东南风风浪掀起的沉积物的作用下，形成腥臭刺鼻的黑水团，污染江苏省无锡市南泉水厂取水口，造成无锡几乎全城停水，形成矿泉水抢购风潮，震惊中外（杨桂山，2012）。

2009 年，研究区域 78 个国控断面中达到或优于Ⅲ类水质的断面有 48 个，约占 61.5%；Ⅳ类和Ⅴ类断面共 23 个，总计占 29.5%；劣Ⅴ类断面 7 个，占 9.0%；主要污染指标为总磷、粪大肠菌群、石油类、挥发酚、氨氮、化学需氧量和总氮。其中，长江干流及 20 条主要支流有 52 个国控断面，有 42 个断面水质达到或优于Ⅲ类，占 80.8%；干流的 18 个国控断面中，有 17 个水质达到或优于Ⅲ类，上海段水质为Ⅳ类；主要支流的 34 个国控断面中，水质达到或优于Ⅲ类的为 25 个，水质为Ⅳ类和Ⅴ类的为 4 个，劣于Ⅴ类的为 5 个，劣Ⅴ类断面主要集中在滁河、湘江衡阳至长沙段、京杭运河镇江段、外秦淮河，长江干支流的城市江段普遍存在岸边污染带。在研究区域内 505 个城镇集中式饮用水水源地中，有 450 个水源地水质达标，主要污染指标为氨氮、铁、锰等。在洞庭湖、鄱阳湖、东湖、玄武湖等湖泊共布设 26 个国控点位，其中 6 个点位水质为Ⅲ类，18 个点位水质为Ⅳ类和Ⅴ类，2 个点位水质为劣Ⅴ类，主要污染指标为总氮、总磷、高锰酸盐指数。洞庭湖总体营养状态为中营养，鄱阳湖、玄武湖为轻度富营养，东湖为中度富营养（杨桂山，2012）。

根据 2012 年的国控监测断面数据，在长江中下游流域范围内的 54 个河流型国控断面中，有监测数据的断面共计 47 个，Ⅰ～Ⅲ、Ⅳ和Ⅴ类、劣Ⅴ类断面数分别为 42 个、3 个、2 个，所占比例分别为 89.4%、6.4%、4.2%；与 2010 年相比，2012 年劣Ⅴ类断面所占比例增加 4.2%（表 6-11）。个别断面水质呈恶化趋势，外秦淮河的七桥瓮水质全面由Ⅳ类下降为劣Ⅴ类，黄浦江的吴淞口断面由Ⅴ类下降为劣Ⅴ类。2012 年流域内高锰酸盐指数较 2010 年有所下降，化学需氧量、氨氮和总磷浓度略有升高，其中氨氮浓度上升的点位所占比例最高，达到 14.6%（姚瑞华等，2014）。

表 6-11　2010～2012 年长江中下游流域水环境质量状况（姚瑞华等，2014）

年份	水质Ⅰ～Ⅲ类		水质Ⅳ和Ⅴ类		水质劣Ⅴ类		污染状况
	断面/个	比例/%	断面/个	比例/%	断面/个	比例/%	
2010	48	88.9	6	11.1	0	0	良
2011	40	85.1	7	14.9	0	0	良
2012	42	89.4	3	6.4	2	4.2	良

（2）污染物排放状况

长江中下游流域是我国人口密度最高、经济活动强度最大、环境压力最大的流域之一，流域水环境问题日渐突出，饮用水水源和水生态安全面临考验。长江中下游平原区内河水系水污染较严重，水生态呈相对恶化趋势。例如，2010 年湖北省降雨量较常年偏多 22.5%，即使如此，地表水水质比往年还略有下降，主要湖泊、水库水质较差符合Ⅳ类、Ⅴ类标准的水域面积占 36.4%，水质污染严重为劣Ⅴ类的占 9.1%。据调查，进入洞庭湖的化学需氧量、总磷、总氮，农业源比例分别为 51%、86%、65%。位于长江三角洲腹地的太湖流域，水质在 20 世纪 60 年代为Ⅰ和Ⅱ类，70 年代为Ⅱ类，80 年代初为Ⅱ和Ⅲ类，80 年代末全面进入Ⅲ类，局部为Ⅳ类，90 年代中期平均为Ⅳ类，1/3 湖区水质为Ⅴ类或劣Ⅴ类，至 2012 年以Ⅴ类为主，蓝藻、水花生灾害频发，湖泊富营养化严重（姚瑞华等，2014）。

根据环保部（现生态环境部）的环境统计数据，2012 年长江中下游流域 COD 排放总量为 379.9 万 t，其中生活、农业、工业 COD 排放量分别为 48.3 万 t、183.3 万 t、148.4 万 t，占比分别达到了 12.7%、48.2%、39.0%。上海市、荆州市、衡阳市、武汉市 4 个城市 COD 排放量较高，均超过 14 万 t；岳阳市、赣州市、长沙市、永州市、南京市、常德市、宜春市、黄冈市、邵阳市、南阳市、襄阳市、郴州市、益阳市、南昌市、上饶市 15 个城市的 COD 排放量超过 8 万 t；黄山市 COD 排放量最低，仅有 2714t（姚瑞华等，2014）。

2012 年长江中下游流域氨氮排放总量为 49 万 t，其中生活、农业、工业氨氮排放量分别为 27.3 万 t、16.1 万 t、5.6 万 t，占比分别达到 55.6%、32.9%、11.5%。上海市、岳阳市、衡阳市 3 个城市氨氮排放量较高，均超过 2.6 万 t；南京市、武汉市、赣州市、荆州市 4 个城市氨氮排放量均超过 1.4 万 t；柳州市氨氮排放量最低，只有 338t（姚瑞华等，2014）。

虽然长江流域总体水质较好，但是部分支流污染严重，2012 年国控断面监测数据显示，湖北涢水水质为劣 Ⅴ 类，主要污染因子是总磷和氨氮。虽流域城镇化进程较快，如长江下游省市城镇化水平达到 67%，高出全国平均水平 14.5%，但城镇环境基础设施建设相对滞后，城市内河、城乡接合部及农村人口聚集区的河流沟渠水质普遍受到污染。同时，造纸及纸制品业、纺织业、化学原料及化学制品制造业、农副食品加工业等重污染行业在长江中游广泛布局，产业结构调整难度大，结构性污染影响短时期内难以消除。由于流域污染治理欠账多且时间长，因此要实现全方位的改善难度大（姚瑞华等，2014）。

2. 长江中下游水污染造成的危害

（1）影响生存环境，危及人民的生活与健康

水污染直接影响人类的生存环境，损害人体健康。多种致病细菌、病毒及寄生虫通过污染的水体传播，使一些地区已得到控制的传染病又有抬头趋势，甚至造成局部流行。

水污染严重威胁饮用水源水质安全。目前在城市江段选择一个符合饮用水卫生标准的水源地日益困难，普遍呈现水质性缺水危机。据初步统计，长江干流共有取水口近 500 个，目前都不同程度地受到岸边污染带的影响，若都改从江心取水，需比原投资增加数十亿元。水污染对水生态环境的危害有以下几个方面。

第一，洪涝灾害威胁依然存在。三峡工程建成后将大大缓解洪水危害最严重的长江中游地区的防洪压力。但长江中下游仍有 80 万 km² 的集水面积，河道泄洪能力和湖泊调蓄能力仍显不足，蓄滞洪区建设严重滞后。多湖泊、多洼地是长江中下游地区最基本的地貌特征，亚热带季风气候在春夏时节引发的强降雨过程非人力可以改变，洪涝灾害仍然是威胁人民群众生命财产安全的心腹大患，因为三峡工程改变不了长江中下游地区地势平坦、多洼地、排水不畅的地形地貌，也不可能改变大气环流和季风气候。事实上，三峡工程运行后由于天气异常，区域内强降雨引起的洪涝灾害几乎年年发生，局部甚至很严重。2010 年是三峡工程第三期完成的第一年，6 月中下旬受极端天气影响，长江中游区间的汉江支流丹江和白河，鄱阳湖水系信江、抚河和赣江等发生了超历史纪录的洪水，洞庭湖水系湘江发生了历史第三高水位的洪水，鄱阳湖及长江干流九江段自 2003 年以来水位首次超警；7 月中下旬，长江三峡水库和汉江丹江口水库分别出现建库以来最大和第二大入库洪峰流量，长江中下游监利、螺山、汉口、九江、大通河段及汉江下游发生超警洪水。另外，湖南和湖北在一段时间内出现多次强降雨，造成多次重复受灾，武汉、杭州等大城市因强降雨一度遭受严重内涝。2011 年，长江中下游地区在遭遇严重的春旱之后，6 月上中旬因强降雨又出现了严重的洪涝灾害。综上可见，在大江大河治理的基础上，加强区域内中小河流的洪涝治理十分重要。

第二，以涝为主、旱涝并存。从气候来看，长江中下游地区大部分位于北亚热带季风气候区，小部分位于中亚热带北缘，年均降雨量 1000～1400mm，降雨多集中于春夏两季，特

别是夏季强烈的梅雨过程极易产生严重涝灾，区域性大涝平均 3～5 年就会发生一次，其中隔年涝、连年涝也有一定发生。另外，由于降雨时空分布不均，在有些年份会出现比较严重的干旱，在同一年内也存在严重的干旱时段。梅雨过后，受西太平洋副热带高压控制，其中一些地方 60% 的年份出现 25d 以上连续少雨的伏旱或伏秋连旱。1951 年湘、赣发生初夏旱和伏旱，1959 年鄂、湘、皖、苏南和赣北部分地区 7～8 月上旬出现夏旱，部分地区延至 9 月，伏旱和秋旱以皖、鄂最为严重，湘、赣大部和鄂部分地区 7～8 月降雨较常年偏少 3～5 成，夏旱比较严重，对中稻生长影响较大。1986 年鄂、湘两省发生了较重的春夏旱。2000 年湖北大部地区出现了历史罕见的严重春旱，夏收作物大幅减产，春耕春播严重受阻，农业经济损失达 66 多亿元。2006 年湖北、2007 年湖南和江西等均出现了比较重的旱情。同一年旱涝并存、交替出现的现象也比较普遍。1988 年和 2011 年长江中下游地区旱涝并存、交替出现，危害严重。1988 年鄂、湘、苏、皖夏涝成灾，后又遇严重的秋冬连旱，2011 年则是春季重旱，早稻和水产养殖遭受重创，6 月初后出现旱涝急转，不少地方出现了严重的洪涝灾害，对农业生产和人民生活均造成了很大影响。根据刘松等（2012）对江汉平原四湖流域中区的研究，旱涝并存在春、夏两季出现较多，发生概率分别为 0.54%1 和 0.486%。所以从防灾减灾角度看，水资源工程配置要考虑旱涝兼治。

　　第三，荆江南岸松滋河、虎渡河、藕池河、调弦河（统称荆南四河）的水环境、水生态形势严峻。荆南四河长期分泄荆江洪水，大量泥沙进入洞庭湖，造成分流量不断减少，三峡工程投入运行后也未改变这种状况，某种程度上还使沿岸用水和水环境、水生态形势变得更严峻。三峡工程自 2003 年蓄水运行后，干流河床下切、中下游水位逐渐降低，荆南四河分流进一步减少，对枯水期这些河流沿岸的农田灌溉、居民饮水和水环境造成了较大影响。以松滋河为例，2003 年三峡工程蓄水后，松滋河分流减少、河床淤积，枯水期比以往提前 1 个多月，枯水期水位较常年低 0.5m 左右，低水位从冬季一直持续到 5 月下旬至 6 月上旬，比过去延长 50d 左右，2004 年和 2005 年冬季出现了断流，而 2006 年就 8 月初出现了断流。松滋河分流减少乃至断流，使沿岸松滋市和公安县 40 多万人饮水受到影响，沿河涵闸不能自流灌溉，抗旱成本增加。据 2011 年 10 月 11 日湖北省荆州电视台报道，长江已进入枯水期，较往年提前了一个月，荆南四河基本断流。由于从长江分流的量减少、流速变缓，荆南四河水体自净能力降低、水质变差，从 2007 年开始，每年冬春时节松滋河全流域、虎渡河与藕池河及调弦河的部分断面就会出现水华现象。再者，荆南四河枯水期延长至 5 月下旬至 6 月上旬，会影响早稻和中稻灌溉用水，如果缺水问题得不到有效解决，水作改旱作将不可避免，农业种植制度也会随之改变。另外，荆南四河分流减少将引发洞庭湖流域多重水生态和水环境问题。因此，解决好荆南四河的水环境和水生态问题，事关重大。

　　第四，内河水系水污染加剧、水生态恶化。2010 年湖北省降雨量较常年偏多 22.5%，即使如此，地表水水质比往年还略有下降，主要湖泊、水库水质较差符合Ⅳ类、Ⅴ类标准的水域面积占 36.4%，水质污染严重为劣Ⅴ类的占 9.1%。位于长江三角洲腹地的太湖流域，水质在 20 世纪 60 年代为Ⅰ和Ⅱ类，70 年代为Ⅱ类，80 年代初为Ⅱ和Ⅲ类，80 年代末全面进入Ⅲ类，局部为Ⅳ～Ⅴ类，90 年代中期平均为Ⅳ类，1/3 湖区水质为Ⅴ类或劣Ⅴ类，如今以Ⅴ类水质为主，蓝藻、水花生灾害频发，湖泊富营养化严重。近 10 多年来，随着经济快速发展，污水排放有增无减，由于大量工业废水和生活污水未经处理直接排入内河水系，加之农业大量使用化肥、农药，长江中下游平原地区河沟、湖泊水污染难以有效控制，导致水环境恶化、水生态系统退化、水质性缺水普遍，农村地区 60%～70% 的人口存在饮水不安全问题。另外，因水环境恶化，天然鱼类等水生生物资源衰退，物种生物多样性下降。

第五，湖泊湿地萎缩、生态系统退化。20世纪50年代为解决温饱问题，开始了自宋代以来围湖垦殖的第3次高潮，由此丧失了不少湖泊水面。泥沙淤积也是长江中下游地区湖泊萎缩的重要原因，洞庭湖尤为突出，年淤积速率达3.7cm，洞庭湖湖盆目前已高出江汉平原5～7m。由于围垦和泥沙淤积等，长江中下游地区的湖泊面积由20世纪50年代的17 198km^{2}减少到目前的6600km^2。因湖泊大幅度萎缩，长江中游地区调蓄洪水的能力大减，防洪压力增大，与过去同样频率洪水造成的危害相比，损失明显上升，出现了洪量中等、水位高、损失大的现象。长江1998年大洪水同1954年大洪水相比，具有洪量小、水位高、损失大的特点。以长沙为例，1998年最大洪峰流量略高于60 000m^3/s，比1954年约少10 000m^3/s，而最高洪水位（45.22m）却比1954年（44.67m）高0.55m。从受灾范围来看，1954年大洪水的主灾区是江汉平原，而1998年大洪水除此之外，上至川渝、下至江西九江、安徽安庆等都严重受灾。湖泊萎缩严重影响防洪的同时，湖泊生态系统也在逐渐退化。20世纪80年代以来，伴随着人口增加、经济发展，大量耗氧物质、营养物质和有毒物质排入湖泊，导致水体透明度、自净能力和溶解氧含量下降，原有的水生植被群落因缺氧和得不到光照而成片死亡，水体中其他水生动物、底栖生物的种类也随之减少，生物量降低，取而代之的是浮游植物（藻类），最终形成以藻类为主体的富营养生态体系。

（2）经济损失巨大

近年来，长江流域水污染事故频繁，仅1996年不完全统计，干流重大污染事故就达100余起。

（3）生物多样性面临严峻挑战

水环境恶化改变了生物原有生存环境，生物多样性受到重大影响，许多动物、植物种类大大减少，一些珍稀品种面临灭绝。

长江天然资产量逐年下降，水质污染是减产原因之一，如南京以下江段盛产的鲥鱼、刀鱼与20世纪70年代相比已减少80%以上。干流四大家鱼产卵场和渔场规模缩小，一些严重污染的江段甚至鱼虾绝迹。

（4）水体失去原有资源价值

水污染影响了水的功能用途，使水的景观、娱乐功能减弱。许多天然浴场消失，一些风景区也因水污染而大为逊色。某些有毒有害物质的存在还影响水的渔业和农业用途。农业生产活动中，氮、磷等营养物质，农药、重金属等有机和无机污染物，土壤颗粒等沉积物，通过地表径流和地下渗漏对环境尤其是水域环境造成污染。

3. 存在的问题

随着长江中下游平原区经济快速发展，污水排放有增无减，由于大量工业废水和生活污水未经处理直接排入内河水系，加之农业大量使用化肥、农药，氮、磷等营养物质，农药、重金属等有机和无机污染物及土壤颗粒等沉积物，通过地表径流和地下渗漏对环境尤其是水域环境造成污染。化肥中硝态氮的淋失会造成水资源污染，携带污染物质的水源进入地表和地下水体会造成大面积的污染扩散，进而引起农田水域的富营养化现象，导致水中藻类的大量生长，消耗大量的氧气，最终水生生物大量死亡甚至绝迹。近些年来，水体富营养化已成为一个突出的环境问题，对湖泊河流水体造成了严重的损失。

农药进入水体后扩散会造成大面积的水体污染，严重影响水生生物正常生存，给养殖业和渔业带来重大经济损失，而且人畜饮用这些农药含量超标的水源会致病中毒。长江中下游平原区河沟、湖泊水污染难以有效控制，导致水环境恶化、水生态系统退化、水质性缺水普遍。另外，因水环境恶化，天然鱼类等水生生物资源衰退，物种生物多样性下降。

近年来，中央和沿江各省市越来越重视生态环境保护，长江流域水资源与水生态保护虽取得了重大进展，但要满足长江经济带建设的需要，任务还十分艰巨。目前长江中下游水资源存在以下主要问题。

（1）入江污染物排放量逐年增加，水生态、水环境恶化趋势尚未得到遏制，饮用水安全面临严重威胁

据统计，目前长江全流域污水排放量每年约 150 亿 t，占全国废水年排放总量的 36%，而且每年正以 3.3% 的速度递增，仅长江沿岸的攀枝花、重庆、武汉、南京、上海五大城市的污水排放量就占干流排放总量的 80% 以上，大部分污水未经处理直接排入长江，加上岸边水域水流速度相对较缓、水体稀释扩散能力有限，因此长江沿岸已形成一条累计长 800km 的污染带。长江流域水资源保护局的调查显示，长江干流岸边污染带已接近 600km；近 500 个主要城市取水口均已不同程度地受到岸边污染带的影响。对长江流域内 15 个省（自治区、直辖市）的 25 条河流、35 个省界水体水质的监测表明：2000 年超过地面水环境质量 III 类标准的断面比例为 35%～51%，而 1999 年这一指标是 31%～46%。近年来，长江污染物排放量的增幅虽减缓，但绝对量还在增加，局部水域污染严重的态势尚未得到遏制。据统计，2005 年长江流域废污水排放量为 296.4 亿 t，2008 年为 325.2 亿 t，2012 年为 347.4 亿 t，其中长江干流沿岸城市废污水排放量占一半以上，城市沿江段形成明显的岸边污染带。总体来说，长江中下游流域水质总体特征为干流及较大支流水质尚可，但支流劣于干流，岸边劣于中泓，城市江段劣于非城市江段，干流近岸水域存在明显的岸边污染带；流域内湖泊富营养化问题突出，水污染事故频发，污染有向下游转移的趋势。长江干流污染趋势是下游重于中游，中游重于上游。水质污染的主要来源有面源、点源、流动源和固体废弃物等。面源主要是水土流失、农田排水等，点源主要是沿江工业、生活排污口，流动源主要是长江中船舶污水和垃圾，固体废弃物主要是沿江堆积的工业废物和生活垃圾。受多种因素综合而长期的影响，长江水生态退化问题依然突出，生物多样性呈下降趋势，长江江苏段鱼类已由 162 种降至 109 种，53 种鱼类趋向濒危，刀鲚、凤鲚等鱼类资源急剧衰退，曾经位列“长江三鲜”之首的长江鲥鱼，年产量最高时达 1600t，现在已基本绝迹，河鲀、长江刀鱼、中华鲟等也已难寻踪影。长江是其中下游沿江城市的重要饮用水水源地，甚至是部分沿江城市的唯一饮用水水源地。以江苏为例，直接以长江为水源地的共有 28 个城市；全省多年平均利用长江水量为 194 亿 m³，占全省总用水量的 40%，如果加上江水北调、江水东引、引江济太等间接由长江提供的水量，则全省近 80% 的用水依赖于长江，可以说长江是江苏的“生命线”。近年来，长江突发水污染事件呈现多发态势，潜在风险越来越大。2012 年，江苏镇江、靖江水污染事件严重影响了城市饮用水安全；2014 年 4 月，汉江武汉段水质发生异常，两座水厂停止供水，30 万人供水受到影响。据调查，常年在长江上运营的船舶每年向长江排放含油废水和生活污水 3 亿 t，排放生活垃圾 7.5 万 t；江苏段过境危化品运量超过 2 亿 t，一旦被引爆或发生事故泄漏，将造成严重后果。目前，长江沿江取排水格局缺乏协调统筹，沿江分布的大型工业园区及城市污水处理厂的排水口与下游城市饮用水水源地的取水口交错排列，同时危险品的水路运输监管制度不健全，导致长江饮用水安全仍然面临重大威胁，饮用水安全已成为近期水资源保护工作的重中之重。

（2）水资源保护法规不健全，缺乏完善的法律保护体系，重大规划中水资源约束考虑不足

总体来讲，国家层面已初步建立起较为完整的水法律法规体系，直接指导水资源保护管理的《中华人民共和国水法》和《中华人民共和国水污染防治法》修订后已实施多年，但至今尚无与之配套的实施细则，涉及水资源保护的诸多制度与机制已经与新的形势和要求不适应。目前实行的《水功能区监督管理办法》只是水利部门的规章，且缺失水功能区分级分类管理的制度设计，在水污染防治及水资源保护管理方面的效用受到严重制约。在流域层面，水资源保护法规更是缺乏，流域和行政区域的事权划分不清晰，在水资源开发利用与保护中责任、权利与义务不明确。由于水资源保护与管理相关法规不健全，水资源的刚性约束未能贯穿于国家及地方人民政府组织制定的经济、技术政策之中，部分地方各类经济区规划、园区规划、产业发展规划、工业布局规划等对水资源和环境承载能力考虑不足。长期以来，多数地方的这类规划强调的是经济社会发展规划、城乡规划、土地利用规划的"三规合一"，而忽略处于要害位置的涉水规划，甚至压根就没有水规划。这些规划一旦实施就难以调整，要使这些规划与水资源、水环境承载能力相适应就更难以实现了。这种倾向是长江经济带发展应该避免的。

（3）水资源产权不明晰，水资源保护体制机制不顺，缺乏有效的管理体制，投入不足，缺乏专项资金投入

由于我国现在处于市场经济转轨时期，尽管水资源的所有权归国家，水资源的保护和管理主体是国家，但是谁代表国家行使所有权及如何行使所有权都不够明确，所有权、使用权、行政权三者混淆。通常以行政权、使用权管理代替所有权管理，致使所有权被淡化、肢解，国家作为所有者的地位模糊，使所有者的责、权、利无人监管落实，也造成各部门之间、地区之间、单位之间及个人之间在水资源开发利用方面的水事纠纷日益加剧。条块分割的管理体制，人为地将系统、完善的水系分割开，"多龙治水"，难以实现"统一规划、合理布局"。水资源保护没有遵照流域水资源与水环境一体化、水量与水质并重的原则进行统一管理，缺乏有效的宏观调控。

长江流域内各河流上下游、左右岸、干支流分属不同行政区域，水事活动管理涉及交通、电力、水利、农业、城建、环保等众多部门，急需统一协调和管理。目前长江干流中下游沿江省市尚未建立起跨区域、跨部门的联防联动联合执法和协商协调协作机制。此外，流域水资源保护管理机构的水行政管理职能比较薄弱，《中华人民共和国水污染防治法》明确的监督管理职能难以落实到位，与地方环境保护主管部门进行协调难度较大，特别是在入河排污口监控方面尚未与环保部门建立沟通和信息共享机制，入河排污口监督管理缺乏有效手段，水功能区污染物入河总量控制方案难以落实。水资源保护与治理投入不足，没有固定的资金和项目支持渠道，水资源保护工程体系尚在规划形成阶段，各种水资源开发利用项目"重工程、轻保护"的问题依然存在。

污水处理技术落后，加上水质污染治理资金投入巨大，缺乏专项治污资金投入，工业废水、城市生活污水未经处理或处理不力直接排入长江，以及大量垃圾的倾泻，是长江中下游水质污染的主要原因之一。长江流域是我国经济发达地区，但在水污染治理投入方面长期低于全国平均水平。城市污水处理率低，成为长江近岸污染带形成的重要原因。仅以湖北为例，集中污水处理率只有11%，大量污水未经处理直接排放，不仅造成环境污染，而且给城市供水带来极大困难。据悉，武汉、南通等地多次出现水厂因水质污染而被迫停止供水的现象。

（4）水资源保护监管和应急处置能力不足

近年来，流域水资源保护监测能力不断得到加强，但是仍与监督管理的实际要求有较大差距，尤其是地下水水质监测、水生态监测和主要控制断面的生态水量监测能力亟待加强。同时，应对突发水污染事件的应急响应和应急监测能力建设滞后、信息化水平不高，与实际工作需要存在较大差距。实际上，一些长江水环境基本情况仍不清楚，长江流域年排放总量是多少？全国入河排污口实时监控情况如何？省界排污口断面责任如何划分？这些不清楚困扰着长江流域水资源保护和水污染防治。目前长江流域重要江河湖泊水功能区监测覆盖率为70.3%，与国家评价与考核要求差距较大，覆盖率整体偏低，东中西部各省市差距较大，中下游监测覆盖率相对较高，上游地区覆盖率较低，尚不能满足水资源保护监督管理的要求。

4. 长江中下游水资源保护的对策建议

为加强长江中下游水资源保护和水生态文明建设，支撑长江经济带可持续发展，针对目前长江中下游水资源保护形势和存在问题，提出以下对策或建议。

（1）统筹长江沿线经济发展，优化产业布局与城镇化布局，逐步形成水资源节约保护和高效利用的倒逼机制

长江流域水资源总量约 9958 亿 m^3，水资源综合规划确定的可利用量约 2800 亿 m^3，目前已利用水资源总量为 2000 亿 m^3 左右，近年来流域干旱缺水问题越来越突出，突显了全流域水资源总量控制和水量分配十分必要。建设长江经济带要切实保护和利用好长江水资源，严格控制和治理长江水污染，妥善处理江河湖库关系，加强流域环境综合治理，强化长江生态保护和修复，促进长江岸线有序开发，建设绿色生态廊道。一是以总量约束适应水资源支撑能力。在流域产业布局和城镇化建设中作出水资源总量制度安排，如推进建立规划水资源论证制度，重大项目布局规划、行业专项规划、城市总体规划、区域经济发展规划均应进行水资源论证，深入分析水资源条件对规划的保障能力与约束因素，科学论证规划布局与水资源承载能力的适应性，提出规划方案调整与优化意见，并建立长江流域国家水资源督察制度，使水资源和水环境承载能力成为经济社会发展的刚性约束。二是以循环利用方式解决水资源结构矛盾。目前，长江流域大体上尚有 1/3 城市存在不同程度和不同性质的缺水问题，上游地区普遍存在工程性缺水问题，中游省份局部地区存在不同程度的工程性缺水和水质性缺水，下游水质性缺水问题突出，水资源结构矛盾突出。因此，需要因地制宜地采用水资源调蓄和水资源循环利用方式解决当前的水资源结构矛盾，即通过全面节水、区域调配、地下水调蓄、污水处理回用、海水淡化、雨水利用等途径，不断提高区域水资源调控能力，从而提高水资源利用效率和效益，以满足区域经济社会发展的用水需求。三是以"三条红线"严格水资源管理。长江流域水资源既有时空分布不均、水污染日益严重等老问题，又面临大型水库群需统一调度、跨流域调水与流域内用水矛盾、大量开发利用活动对生态环境造成威胁或破坏等新挑战，像坚持 18 亿亩耕地红线一样坚守水资源"底线"尤为重要。要在流域和区域实行最严格水资源管理制度，明确长江水资源开发利用、用水效率和限制纳污三条红线，严格控制水资源过度开发，大幅降低水消耗强度和强化入河湖排污总量控制，从制度上推动经济社会发展与水资源、水环境承载力相适应。在长江经济带规划及其实施过程中，必须高度重视长江水安全和水资源保护，全面强化最严格水资源管理，深入构建节水型社会，大力推进水生态文明建设，着力加强饮用水水源地保护，切实做好长江经济带的水利支撑。水功能区监管是水资源保护的主要职责和重要抓手，因此可将长江经济带建设与水功能区管理密切挂钩，

形成水资源节约保护和高效利用的倒逼机制。按照水功能区达标要求，全面建立以水功能区为单元的入河污染物总量控制制度，统一制定流域环境准入制度，出台严格的产业准入名录。对于现状达标的水功能区所在区域，要按照确保水质不恶化的原则要求，严格控制排污增量；对水环境承载力已超载的区域实行限制性措施，调整发展规划和产业结构，控制发展规模。

（2）加强水资源保护配套法规建设，加快推进《长江流域管理条例》立法进程

长江水资源开发与保护的矛盾日益尖锐，水安全问题日趋严重，进一步突显了加强流域水资源保护法规建设的必要性和紧迫性。从国家层面上，应尽快出台《中华人民共和国水法》和《中华人民共和国水污染防治法》的配套实施细则，对相关法律确定的水功能区管理制度、入河排污口管理制度、水源地保护制度等一系列水资源保护制度进行细化，增强各项制度的可操作性。推进水功能区管理办法、入河排污口监督管理办法的修订，尽快明确流域与区域水功能区和入河排污口分类分级管理事权。在流域层面上，结合长江流域特点和保护需求，应加快推进《长江流域管理条例》的立法进程，强化流域机构在水资源保护管理中对地方政府的协调、指导与监督职能，理顺流域管理机构与地方行政区域之间的关系，明晰水利部门与环保、农业、城建等相关部门的职能。同时，从法律法规上解决流域水资源合理配置、跨界水污染联防机制及生态补偿和污染赔偿机制建立等问题，真正形成流域水资源保护的合力，推进长江经济带的绿色发展。

（3）建立跨部门和跨区域的水资源保护、水污染防治协调机制与流域生态补偿机制

建立跨部门和跨区域的水资源保护联动机制，统筹好上下游、左右岸、地上地下、城市乡村关系；建立突发性水污染事件区域联防联控机制与水资源保护和水污染防治信息共享机制，严格各行政区在长江保护中的责任与义务，强化水质达标机制；建立合理的生态补偿和污染赔偿机制，发挥经济制约作用，以水源地保护为重点，逐步建立流域生态补偿机制和生态功能区补偿机制。同时，根据污染者付费的原则，应针对各地区的突发环境污染事件建立相应的赔偿责任制度。

（4）加强水资源保护管理能力建设，加大河湖综合治理力度，建立水资源保护的长效投入机制

按照系统治理的思路，统筹山水林田湖各要素，从涵养水源、修复生态入手，兼顾上下游、左右岸、地上地下、城乡农村、工程措施和非工程措施，加快推进河湖生态保护与修复工作，实施流域重要河湖健康定期评估制度，协调解决水灾害防治、水环境改善、水生态修复问题。培育和加强地方水资源保护力量，加强地方水资源保护管理队伍建设，全面提升流域水资源保护管理能力。深化水资源保护体制机制创新，坚持政府作用和市场机制协同发力，积极培育水资源保护市场，建立水资源保护的长效投入机制。

1）以支流治理为重点改善干流水质

以长江中下游各主要支流为水系重点，切实落实《长江中下游流域水污染防治规划》（2001—2005 年）确定的相关控制单元的水污染防治任务，制定单元达标治理方案。控制单元超标的主要原因是总磷或氨氮超标，对于超标重点城市，应加强化肥、农药、化工、焦化、造纸、制革和肉类加工等氮磷高排放行业的监督管理，加强治污设施的建设，并积极推进清洁生产，减少工业氮磷排放量。在积极完善城镇污水处理及其配套设施建设的同时，推动脱氮除磷设施的改造。集中推进沿河周边的农村污染治理和畜禽养殖污染控制，逐步使畜禽养殖从低水平、分散性养殖向规模化、集约化养殖转变，通过农村连片整治等措施开展清洁乡村建设。

2）保障下游河道基流及湖泊生态水位

长江中上游干支流大小水库约有 190 多座，总库容超过 530 亿 m³，占长江径流量的 90%，汛前集中泄水、汛后集中蓄水给长江中下游带来严重的生态环境问题。为此，应实行长江上游水库群联合调度与优化运行，优先考虑下游河湖生态用水需求，同时兼顾防洪、发电和航运。在确保防洪安全的前提下，适时提前蓄水期和预泄期，适当延长蓄水时间和消落时间，适度增加枯水期下泄流量，切实保障生态基础流量。通过"退田还湖""清淤蓄洪"来扩大洞庭湖和鄱阳湖的水域面积，恢复河流湖泊与湿地的生态功能。

（5）加强长江水生态水环境现状及发展趋势的科学研究，为水资源保护决策提供科技支撑

长江水安全问题仍然处于潜变阶段，长江水质和水生态的变化是从量变到质变的聚集过程。要系统认识区域经济社会与水资源水环境耦合发展演变的规律，系统评估区域水资源与水环境条件与变化特征及其对长江中下游经济社会发展的长远影响，需开展长江中下游河湖健康调查评估，系统掌握长江中下游生态系统健康状况，全面诊断区域的水资源及水环境问题，明晰长江中下游生态安全存在的重大隐患与胁迫因素；需系统分析长江水文水动力变化条件下长江中下游水功能区纳污能力的变化趋势，针对重点湖泊保护要求，系统研究江湖关系，研究制定以流域水循环自然规律为准则、以水资源及水环境承载力为基础、以可持续发展为目标的长江中下游水资源保护对策；需系统分析研究三峡工程及上游水库群对长江中下游水情、水环境及水生态的影响，研究制定优化调度方案。建议在长江中下游率先建立水资源保护先进适用技术推广示范区，加大技术引进和推广应用力度。

6.1.3.3　农田土壤环境及存在的问题

1. 土壤环境质量现状分析

我国是农业大国，但人多地少的矛盾日益突出，复种指数较高，耕地负载严重。为了追求高产，化肥和农药的过量施用已加速土壤退化和污染。改革开放以来，长江中下游水稻种植区有机肥施用逐年减少，土壤养分失衡，为了追求作物高产，通过过量施用化肥来弥补养分不足，但化肥利用率低，加剧了土壤退化和污染，降低了土壤生物多样性。改革开放前（1975 年），有机肥占肥料总投入量的 60% 以上，单位面积化肥施用量仅 70kg/hm²，与世界同期水平持平；此后农田化肥用量迅速增长，2000～2014 年我国化肥用量年均增加 141.0 万 t，至 2015 年我国农田化肥用量达 6022.6 万 t，占世界化肥总用量的 1/3，单位面积施用量为 490kg/hm²，分别是法国、德国、美国的 1.5 倍、1.6 倍、3.3 倍，是世界平均水平的 3.8 倍，远超国际公认的 225kg/hm² 化肥施用环境安全上限。过量及不合理的化肥施用改变了耕地土壤理化性状，引起土壤酸化、板结、有机质含量降低、肥力下降及土壤微生物活性减弱等问题。化肥的过量投入，使得其利用率仅有 30%～40%，大量剩余的化肥通过淋洗或径流损失，平均每年流失的氮肥超过 170 万 t，流失的化肥成为环境污染源，导致环境污染加剧。

农药污染的稻田土壤出现明显酸化，而且土壤中的农药残留会对土壤中的生物造成不同程度的危害，影响水稻的生长发育。

综合分析 1988～2012 年长江中下游地区稻田土壤养分的变化趋势，该区域稻田土壤肥力总体得到提高，除土壤 pH 外，土壤有机质、全氮、碱解氮、有效磷、有效钾含量基本呈现上升趋势（李建军等，2015）。土壤有机质的稳定水平取决于农田有机碳投入和输出之间的平衡。研究表明，除增施秸秆外，单施化肥也能提高土壤有机质含量，而化肥配施秸秆更有利于土壤有机质的积累。长期定位试验研究发现，秸秆还田及有机肥配施氮、磷、钾化肥还能

提高土壤耕层有效磷和有效钾的含量。然而，化肥尤其是化学氮肥的大量施用可导致农田氮素大量盈余，1995 年我国浙江、福建、江西、湖南、广东、广西 6 省区的农田氮素盈余量分别占输入量的 52%、185%、76%、104%、185%、70%。研究表明，长期施磷肥或有机肥能显著扩大土壤有效磷库，其中 23 年不施肥的黑土全磷、有效磷含量分别下降了 37.4%、60.0%；而施用磷肥的土壤全磷含量增加了 53.9%～65.7%，有效磷增加了 6～15 倍。长期施肥对土壤养分有重要影响，施肥量的增减和施肥种类的变化直接影响土壤养分的演变趋势。

长江中下游地区水稻土监测点的数据显示，监测初期到监测后期肥料的总施用量从 194.9kg/hm^2 增加到 219.1kg/hm^2，增加了 12.4%，农用氮肥、钾肥分别增加了 0.6%、95.6%，磷肥用量从监测初期到监测中期也呈现增加趋势。而《中国农业年鉴》的统计结果显示，该区监测前期农用氮肥施用量为 510.1 万～566.5 万 t，磷肥施用量为 141.9 万～164.9 万 t，钾肥施用量为 40.7 万～69.9 万 t，复合肥施用量为 60.3 万～124.3 万 t。随着人们对施肥的日益重视，该区肥料施用量尤其是化肥施用量不断增加，到监测后期，农用氮肥、磷肥、钾肥、复合肥的施用量分别上升到 652.8 万～662.2 万 t、210.2 万～212.8 万 t、144.4 万～154.6 万 t、401.5 万～485.5 万 t。与监测初期相比，农用氮肥、磷肥、钾肥、复合肥大约每公顷分别增加了 0.10t、0.04t、0.07t、0.24t，与该区域水稻土监测点施肥量的变化趋势相一致，因此土壤有机质、全氮、碱解氮、有效磷及有效钾含量基本都保持上升趋势。另外，注重秸秆还田，推行浅耕和免耕的耕作方式也会在一定程度上增加有机质等养分的积累（李建军等，2015）。

区域稻田主要肥力贡献因子和限制因子的变化与化肥投入量的持续增加有关，随氮肥用量的增加，磷、钾肥用量也在逐年增加，与监测初期相比，20～25 年后磷肥、钾肥的施用量分别增加了（58.1±10.2）万 t、（94.2±9.5）万 t，增幅分别为 37.9%、170.3%。土壤肥力的主要贡献因子从全氮、碱解氮、有机质转变为土壤全氮、碱解氮、有效钾，主要限制因子从有效磷和有效钾转向 pH，这表明从农田养分平衡管理的角度来看，土壤有效钾和有效磷仍然是该区稻田持续生产和农业持续发展的重要影响因素（李建军等，2015）。

长江中下游地区稻田土壤 pH 总体呈逐渐下降趋势，从 1988 年到 2012 年总体下降了 0.37 个单位。长期不合理施用化学肥料可导致土壤酸化，尤其是化学氮肥对土壤酸化的影响比酸沉降大 25 倍；如果连续施用 10～20 年，一些农田的耕层土壤 pH 下降幅度可超过 1.0 个单位，且随施氮量的增加而明显增加。该区域氮肥施用量 25 年后每公顷增加了 0.10t，是该区域 pH 下降的主要原因（李建军等，2015）。

1988～2013 年，我国南方长江中下游区域典型水稻土平均 pH 由 6.64 下降至 6.05，下降了 0.59 个单位，平均每年下降 0.023 个单位，明显高于 1980～2000 年全国水稻土酸化的平均水平（平均每年下降 0.012 个单位）。长江中下游水稻土区域相对较高的年降雨量增加了土壤中盐基离子和 NO_3^- 的淋溶，加速了土壤酸化。另外，长江中下游区域水稻土普遍为一年二季或三季，较高的产量也是导致水稻土酸化不可忽视的因素之一，作物收获后将带走土壤中大量的钙镁钾钠等盐基离子，加速土壤酸化。区域土酸化具有明显的阶段性特征，在施肥的前 14 年间，土壤 pH 迅速下降，显著酸化；后 10 年土壤 pH 变化较小，保持稳定水平。化学氮肥的过量施用是长江中下游区域水稻土酸化的重要原因，且常规化学氮肥以尿素为主。化学氮肥引起土壤酸化的主要过程是 NH_4^+ 的硝化反应及 NO_3^- 的淋溶作用。水稻土酸化的另一个不可忽视的施肥原因就是有机肥施用量的减少，有机肥施用量与水稻土 pH 呈显著正相关。这是因为增施有机肥能够提高土壤缓冲容量，从而增强水稻土的酸缓冲能力，而且长期投入有机肥可补充作物收获带走的土壤盐基离子，从而避免土壤碱性物质的过度消耗。稻田红壤长期施肥研究表明，与施用化学氮磷钾肥相比，施用猪粪可显著提高土壤 pH，减缓土壤酸化；长期施用有机肥能够提供植物生长所需 70% 甚至更多的氮源，有机肥既可以提供足够的氮源，也能够缓解和控制土壤酸化过程。土壤氮含量也对土壤酸化有非常重要的影响，含氮量高的土壤更容易酸化，土壤氮含量与土壤 pH 下降量呈显著线性关系。生态系统的氮循环是土壤酸化的重要驱动机制，主要通过 NH_4^+ 吸收和 NO_3^- 淋溶产生质子而加速土壤酸化。另外，水稻土氮含量增加促进作物生长，作物生物量的增加能够从土壤移走更多的盐基阳离子，加剧水稻土的酸化（李建军等，2015）。

2. 存在的问题

（1）有机肥施用量减少，化肥施用量增加

随着农业结构调整，大量劳动力外出务工，种植大户不断涌现，有机肥用量锐减，化肥用量逐年增加。多年来，大量施用化肥造成了土壤养分失调和耕性下降。

（2）耕作制度与耕作方式不科学

近年来，种植大户为了提高短期效益，不重视用地与养地相结合，如排水良好的农田水稻–油菜和水稻–小麦复种比例增加，不种植冬绿肥；排水不畅的农田多为冬闲田，不进行任何改良处理。水稻田改种果蔬、瓜蒌等经济作物的面积逐年增大，片面追求效益，大大提高了化肥施用量；一部分种植户不懂得水田耕作层保护，随意变动机耕深度，犁底层遭到破坏，不利于保水保肥；种植大户受到劳动力成本和人工耕作效率的影响，减少精耕细作，增加免耕直播等粗放耕作，不利于提高耕地质量。

（3）土壤存在潜在生态安全风险

随着工业化和城镇化发展、林地开垦、滩涂开发，农业投入品和生活垃圾增加，长江中下游区域土壤污染存在潜在风险，尤其是公路两侧、城乡接合部及乡村集镇周围土壤污染很可能会不断加重。土壤污染监控和治理步伐跟不上社会发展的脚步，制约了无公害产品、绿色产品及有机食品的发展。

1）土壤重金属与有毒元素增加

化肥产品从原料开采到加工生产环节都会带进重金属或有毒元素，磷肥及利用磷酸制成的一些复合肥料为主要混有重金属的矿质肥料。磷矿是制造磷肥的原料，原料本身含有的与磷伴存的有害元素主要有氟和砷，在加工过程还带进其他重金属（如镉、汞）。因此，随着化肥（尤其是磷肥）使用的扩大，土壤中重金属的积累日益增加。

2）营养失调与 NO_3^- 积累

农业生产中存在着化肥施用不平衡、投入比例失调等现象。尤其在蔬菜生产中，氮肥用量相当大，导致土壤中钾严重消耗，作物生长不良，同时发生 NO_3^- 的积累。NO_3^- 是强致癌物质亚硝胺的前体物，可危害人体健康。近年来大棚蔬菜种植面积急剧增加，氮肥用量相当大，导致土壤供氮多，在较弱的光照条件下，蔬菜体内的 NO_3^- 转化缓慢，极易发生积累。

3）农业生产过程中普遍存在重施化肥、轻施有机肥的现象

有机肥施用比例的逐年下降，致使土壤板结，养分供应能力降低，土壤综合肥力下降。氮肥施用与累积导致土壤 pH 变化，引起土壤酸化，这与土壤氮发生硝化作用产生 NO_3^- 有关。氮肥在一定条件下会挥发损失，以 NH_3 的形式进入大气，再经过氧化和水解作用转化成酸雨的成分（HNO_3）之一，引起土壤与环境的酸化。

4）微生物活性降低

土壤微生物个体小、能量大，具有转化有机质、分解矿物和降解有毒物质的作用。不科学地施用化肥，导致土壤化学性质变劣，促进可产生植物毒素的真菌发育。施用单一氮肥会削弱初生根和次生根的生长，同时导致土壤中病原菌数目增多和生活能力增强。

5）农药对土壤生态环境的影响

人们在长期的农业生产中为追求单位面积农作物产量的提高，大量使用成本低的高毒、高残留农药。化学农药是为了控制及消灭对农、林、牧业等构成危害的生物或病毒而发明、生产、使用的，有毒是其基本属性。化学农药是对陆地生态系统影响最为宽广的、人为主动使用且最为直接的污染物。扩散、残留、富集是化学农药不可避免的环境行为。

残存于土壤中的农药会对土壤中的微生物、原生动物及节肢动物、环节动物、软体动物等产生不同程度的影响。农药（特别是杀菌剂和某些除草剂）污染对土壤动物的新陈代谢及卵的数量和孵化能力均有影响。另外，农药通过各种途径污染土壤：直接施入土壤；农药施用过程中很大一部分会散落到土壤中并被土壤所吸附；大气中的农药经雨水淋洗也将落入土中；留在农作物上的农药随着农作物的腐烂而进入土壤中。某些持久性毒物有毒害土壤中多种生物，抑制土壤中酶的活性，或杀死或影响生物繁殖、代谢等行为活动的特性，从而影响土壤质量。

6.1.3.4　稻田生物现状及存在的问题

1. 稻田生物现状

（1）稻田虫害

多年生水稻田间主要害虫有稻飞虱、钻蛀性螟虫和稻纵卷叶螟。研究表明，飞虱、螟虫、稻纵卷叶螟等害虫在水稻种植区为为害面积较大的害虫。一季稻区多年生水稻第一季田间稻飞虱主要为害期为分蘖期至孕穗期；白背飞虱主要为害期为水稻分蘖末期至抽穗期。但多年生水稻第二季田间稻飞虱主要为害期为拔节期至扬花期，并且在稻飞虱的各为害期，第二季田间稻飞虱平均种群数量均显著高于第一季，说明第二季田间稻飞虱为害期较第一季更长，水稻受害更严重。水稻孕穗期至抽穗期是稻纵卷叶螟的主要为害期，钻蛀性螟虫为一季稻区多年生水稻第一季田间主要害虫，其在第二季田间为害率较第一季明显降低，可能是由于多年生水稻第二季抽穗不齐，在大部分水稻已进入孕穗期时，多年生水稻第二季田间大部分水稻还处于拔节期，避开了钻蛀性螟虫为害的关键时期。

一季稻区多年生水稻第一季田间主要天敌肖蛸与稻飞虱在时间维度上具有同步性，具明显的跟随现象，表明肖蛸对稻飞虱具有较好的控制作用。肖蛸等蜘蛛是水稻田间稻飞虱的主要天敌。一季稻区多年生水稻第二季及二季稻区多年生水稻田间稻飞虱的主要天敌是黑肩绿盲蝽。黑肩绿盲蝽是水稻田间稻飞虱的优势种天敌，在捕食性天敌总数中占有较高比例。另外，不管是一季稻区还是二季稻区，多年生水稻田间紫黑长角沼蝇与稻纵卷叶螟的生态位宽度重叠值均较大，且生态位相似性比例较高。但是从食性来看，紫黑长角沼蝇主要以幼虫取食水稻田间锥实螺等软体动物，与稻纵卷叶螟等稻螟虫并无捕食关系。紫黑长角沼蝇是稻纵卷叶螟的主要天敌稻螟赤眼蜂的重要交替寄主，它的卵是稻螟赤眼蜂寄生率最高的一种寄主，卵块寄生率可达98%以上，且出蜂率高。因此，即使紫黑长角沼蝇不是稻纵卷叶螟及钻蛀性螟虫的天敌，但作为替代寄主，合理控制田间紫黑长角沼蝇的种群数量，能为稻纵卷叶螟及钻蛀性螟虫的生物防治提供帮助。

（2）稻田草害

杂草稻已成为水稻种植地区最普遍、危害最严重的杂草。杂草稻是一类在生长形态和植株性状上与栽培稻相似，同时在结实率和质量品质等方面不符合栽培稻标准的杂草，又称杂草型稻或杂草种系。杂草稻最早发现于美国（1946年），现已成为世界上公认的恶性杂草，甚至在温带地区一些国家已成为仅次于稗草和千金子的第三大杂草。随着水稻栽培方式向轻简栽培改变及种植面积不断扩大，近年来杂草稻呈暴发趋势，普遍存在于全球水稻种植区。

2. 存在的问题

多年生水稻田间的天敌对害虫有一定的控制作用，可以依靠害虫和天敌的种群动态以及它们在时间上的相互作用关系来对害虫进行生物防治。但在多年生水稻生长中后期，田间主要害虫种群数量处于较高水平，对水稻造成较大危害，此时单一地依靠生物防治无法起到较好的防治效果，应适当采取化学防治等其他防治措施，切实有效进行综合治理，保证水稻生产的产量与品质。

稻田杂草是造成水稻减产的最大影响因素之一，杂草危害使全世界水稻减产10.8%。作为作物的伴生生物，农田杂草与作物竞争资源的同时也影响农田生态系统的发展。稻田主要杂草如稗草、千金子等的抗药性问题越来越严重，使用除草剂后水稻叶片枯黄，而杂草仍旧猖獗，如何做到在不伤害水稻的前提下提高杂草防除效果，是我国稻田除草剂发展所面临的困境，应用生物多样性方法进行稻田杂草的防治是行之有效的方法。

6.1.3.5　农业面源污染状况

1. 农业面源污染排放

2011年长江中下游城市群4种污染源向水环境排放的氮总量共计128.27万t。其中，农业种植的排放比例最大，占58.92%；畜禽养殖次之，占33.53%；相比之下，水产养殖、农村生活的排放比例分别仅占3.61%、3.95%。因此，农业种植和畜禽养殖是全区农业面源污染的主要氮污染源。从城市群角度来看，2011年武汉城市圈、长株潭城市群、鄱阳湖生态经济区、皖江城市带的污染氮排放量分别为51.01万t、27.99万t、14.24万t、35.03万t，占全区农业面源污染氮排放总量的39.77%、21.82%、11.10%、27.31%。其中，武汉城市圈和皖江城市带农业种植的排放比例是畜禽养殖的2倍以上，长株潭城市群和鄱阳湖生态经济区农业种植的排放比例与畜禽养殖较为接近。通过比较各个城市群之间不同污染源的氮排放情况发现，武汉城市圈4种污染源的氮排放量均高于其他3个城市群，尤其是农业种植、水产养殖的氮排放量分别达到全区两种污染源各自氮排放总量的41.80%、52.53%；在畜禽养殖排放中，长株潭城市群的贡献率（27.14%）超过了皖江城市带（22.79%），而鄱阳湖生态经济区的贡献率最小，为14.52%；在农村生活排放中，4个城市群的贡献率排序依次为武汉城市圈（33.65%）＞皖江城市带（32.21%）＞鄱阳湖生态经济区（18.39%）＞长株潭城市群（15.75%）。从区域角度来看，排放量较大的地区主要包括北部的黄冈市、孝感市、六安市和西部的荆州市、长沙市、岳阳市，以上6个城市的农业面源污染氮排放量合计59.29万t，占整个长江中下游城市群的46.22%。

2011年长江中下游城市群4种污染源的总氮排放强度为48.83kg/hm²，农业种植、畜禽养殖、水产养殖、农村生活的氮排放强度分别为28.77kg/hm²、16.37kg/hm²、1.76kg/hm²、1.93kg/hm²。从城市群角度来看，武汉城市圈的氮排放强度最高（70.70kg/hm²），长株潭城市群次之（65.64kg/hm²），相比之下，鄱阳湖生态经济区的氮排放强度最低（24.62kg/hm²），仅为全区平均水平的一半。在农业种植排放中，武汉城市圈的氮排放强度达到43.78kg/hm²，远高于其他3个城市群，鄱阳湖生态经济区的氮排放强度最低（11.24kg/hm²），仅为武汉城市圈排放水平的1/4；在畜禽养殖排放中，长株潭城市群、武汉城市圈的氮排放强度分别为27.38kg/hm²、21.19kg/hm²，约为其他2个城市群氮排放强度的2倍；在水产养殖排放中，武汉城市圈的氮排放强度（3.37kg/hm²）将近全区平均水平的2倍，其他3个城市群的氮排放强度则远低于全区平均水平；在农村生活排放中，4个城市群的氮排放强度排序依次为武汉城市圈（2.36kg/hm²）＞长株潭城市群（1.87kg/hm²）＞皖江城市带（1.81kg/hm²）＞鄱阳湖生态经济区（1.61kg/hm²）。从区域角度来看，农业面源污染氮排放强度在不同地区之间存在较大差异，排放强度最高的地区（鄂州市）为208.71kg/hm²，排放强度最低的地区（上饶市）为14.78kg/hm²，两者相差13倍；就各个污染源而言，不同地区的氮排放强度同样差异明显，其中，农业种植氮排放强度最高的鄂州市（153.72kg/hm²）高出排放强度最低的上饶市（4.88kg/hm²）约30倍，畜禽养殖氮排放强度最高的湘潭市（43.24kg/hm²）高出排放强度最低的池州市（4.57kg/hm²）近9倍。

2. 农业面源污染控制

（1）存在的问题

1）农业面源污染治理主体的责任意识尚未树立

《中华人民共和国环境保护法》明确规定地方政府对本行政区环境质量负责，"谁污染谁治理"。农业面源作为影响地方环境质量的一个重要污染排放源类型，至今还未受到相关地方政府及广大农民、从事农业生产的企业等农业污染责任主体足够的重视。

部分地方政府部门对农业面源污染治理的思想认识程度不够，工作推进程度与国家的要求存在差距。由于农业农村面源污染具有分散性、随机性、不易监测、短期危害影响不明显、难以追溯责任主体等特点，地方政府执行部门畏难情绪普遍，也不重视引导农民和广大社会力量参与治理。部分地方领导干部环境意识淡薄，"先污染、后治理"的传统发展思维观念还普遍存在，习惯采用单纯依赖资源开发和物质投入的外延式增长方式，对农业发展中存在的环境污染问题重视不够，分析研判不足，工作推动力度不够，行动不实，甚至个别地方政府还未按照"水十条"的部门责任分工抓好农业面源污染治理工作。

广大农民和从事农业生产的企业等环境保护意识薄弱，片面追求经济利益，面源污染知识与治理技能不足，长期以来只考虑节约成本而忽视对农业生产污染防治的投入。

2）没有进行顶层设计，政策间缺乏协调性

农业面源污染治理缺乏顶层设计，虽多部门参与，但没有形成治污合力。例如，农业部门负责农业生产投入端的污染控制（农药和化肥减量、畜禽粪污资源化利用等），环境部门和住建部门负责农村污水、垃圾等治理设施的建设，住建部门负责公共厕所的改造，卫生部门负责户用厕所的改造等，部门间缺乏有效的沟通，难以形成治污合力。农业生产废弃物资源再利用的优惠政策力度不强，上级对基层的补助力度还不够大，使得资源化利用向更大范围推广存在困难。

农村生态环境保护的法律法规体系还不系统，强制性措施、引导性技术标准和规范明显缺乏。例如，水产养殖尾水排放没有国家控制标准，部分地方制定的标准偏低，难以对其进行有效监管。

农田面源污染治理中有机产品的经济价值转化机制不健全。例如，有机肥应用统供组织不健全，施用有机肥提高耕地质量和改善农产品品质的作用不能充分体现为农民的直接经济效益。

畜禽养殖污染治理堵有余疏不足。地方按照国家要求划定了禁养区，并对禁养区内的养殖场进行了关闭，却未配套出台相应的转型升级保障措施，甚至造成非禁养区新、扩建养殖场用地很难落实，导致关停多、搬迁少，对区域畜牧产业发展和产品供应造成不利影响。

3）已建成的示范工程和措施效果不明确，没有相关技术标准和规范，可推广性差，且未建立起长效运行保障机制

当前已建立的示范工程和措施在设计、施工、监管方面缺乏统一的标准。例如，修建的生态截污沟渠坡度过陡，导致地表径流的水力停留时间过短，难以达到有效的污染物削减目标。

所采取的管理类措施缺乏有效的监管，导致农业面源污染物的削减效果不明显。例如，巢湖流域已实施了多年的测土配方施肥措施，但是由于缺乏对农民实际施肥量的监管，巢湖水体的总磷含量并未出现明显的下降。

示范工程和措施内容千篇一律，并未针对不同区域的污染物类型和排放特征设计针对性的污染控制措施及其组合类型，导致示范工程的推广性差。例如，各地都在开展水泥基底的人工湿地建设，对湿地选址、基质材料配比、建设规模（主要指最大处理量）及地表径流的收集范围等缺乏科学合理的测算和评估，难以进行大范围的推广应用。

一些地区的治污设施以乡镇为主体进行建设、运行和维护，普遍缺乏资金、人才、技术等保障，后续常态化运维跟不上，往往不能正常稳定运行，成为"晒太阳"工程。2017 年审计署南京特派办对江苏省第四季度的抽查结果显示，农村小型污水处理设施正常运行率不超过 30%。

4）激励政策不完善

当前的补偿机制仍然是政府对政府间的直接补偿，对农业面源污染的实际治污主体（如企业、农民等）补偿较少。例如，安徽省新安江流域水环境生态补偿试点开展以来累计投入 120.6 亿元，但均是浙、皖两省间的补偿。

农业绿色发展的市场化激励机制不完善。一方面，农产品优质优价的价格形成机制不健全，虽然在少数生产者直供消费者的闭合供求链内，绿色食品、有机农产品能够实现其价值，但这类产品尚未得到市场的普遍认可；另一方面，采用绿色生产技术的环境效益还不能转化为经济效益，相当一部分农业生产者仍然选择通过高投入、高消耗追求高产量。

农业面源污染治理的政策激励机制还不健全。例如，针对有机肥生产厂商、农村污水处理设施等运行所需的用地、用电等优惠价格机制还未形成，甚至对其按工业用电价格征收，导致运行成本升高、维护困难。

5）需建立完备的农业面源污染管控法律体系

我国还没有专门的农业面源污染管控方面的立法，散见于其他法律中的农业面源管控措施法律个别还存在不规范、不具体、难以操作、法律责任较轻等问题，难以真正发挥作用。

6）需建立高效的农业面源污染管控机构

我国目前还没有专门的农业面源污染管控机构，多部门管理往往无法协调，各自为政，不能从根本上有效管控农业面源污染。

7）需建立综合型的管控措施体系

农业面源污染的复杂性决定单纯采用某一种管控机制很难达到理想的管控效果，我国命令控制型的措施不完善，市场型的管控措施几乎没有涉及，由于公众环保意识不强，公众参与也没有落到实处。

8）需运用形式多样的市场型管控措施

由于市场型管控措施手段多样，形式灵活，选择性和自由度大，往往具有事半功倍的功效，备受各国政府青睐。很多国家把市场型管控措施作为防治农业面源污染的重要手段，但是市场型管控措施又是复杂多样的，需要在充分了解生产者污染行为的基础上设计出合理有效的市场型管控措施。我国目前针对面源污染的市场型管控措施还是空白。

9）需充分鼓励公众参与环境管理

我国公众受知识文化水平的限制，环保意识较差、程度低，法律对公众参与的方式和途径也没有进行明确规定，公众参与机制在我国也没有真正发挥作用。实现乡村振兴战略的前提是开展农村生态环境保护，有助于改善农村的居住条件和生态环境，农业生态环境的污染严重制约了农村社会经济的发展。当前，国内也应开始尝试农业源污染治理研究（魏欣，2014）。

（2）具体改进方向

1）坚持统一领导、统筹治理，明确部门职责

建议构建"国家支持、省负总责、市县实施"的责任体系，落实地方政府治理农业面源污染的主体责任，建立政府主要领导负责的农业面源污染防治工作责任制，明确各部门的工作目标、细化分解任务、严格绩效考核。针对农业面源污染点多面广、责任主体难以明确追溯、农业污染历史欠账多、污染行为主体经济技术能力严重不足的现状，更需要强调基层政府管理部门对农业污染行为主体和污染治理主体的监督管理、引导与服务职能，加强乡镇政府机构能力建设，提升县、乡农业技术推广部门的能力。

建议进一步明确政府各部门在农业面源污染防治工作上的职责分工，落实习近平总书记有关"管发展必须管环保，管生产必须管环保，长江经济带要共抓大保护"的讲话精神，按照机构改革的总体原则，区分所有者与监管者，明确各部门的责任分工，形成齐抓共管的工作格局。明确行业主管部门对农业面源污染防治技术的指导和监督工作，做好农业生态绿色发展新技术新方式的研究、培训和推广工作；生态环境综合监管部门对农业面源污染治理的顶层设计、监测评估、执法监督等职责。

建议国家或省级层面重点做好建立健全法律法规体系、制定或修订农业面源污染防治相关规范和标准、加强监管能力和体系建设、加大法治力度、研究提出相关产业和经济政策、做好农业面源污染防治引导等工作。建议将农业农村污染治理作为中央环保督察的重要内容。

2）强化对农业生产环节投入品的监管

突出"两区划定"，以空间管控和准入约束为抓手，从源头控制农业投入品的消耗对象，优化农业投入品的使用效率，降低农业废弃物的产生量和环境风险。

强化对有机肥、生物替代等环节的监管，对农业农村、自然资源、林业草原、住房建设等部门（按照与农业面源污染治理的相关性排序）提出的与农业面源污染治理相关的政策开展环评，对政策、措施的执行和实施过程及效果开展定期评估，及时发现和完善政策措施的不足。

强化农业废弃物资源化利用，进一步完善畜禽养殖废弃物无害化处理利用体系、秸秆收

储利用体系，支持秸秆高附加值产业开发，实施整县推进畜禽粪污资源化利用，开展生态健康养殖、现代化示范农场、畜牧业绿色发展、废旧农膜和农药包装物回收处理利用等试点，探索市场化运作机制。

开展农田面源污染、农用地污染、渔业水域环境污染与生态效应监测，以及主要水库养殖环境容量评估等方面的长期工作，完善在线自动监测，构建省、市、县三级监测数据传输专网和信息共享平台。

3）加强对生态治污措施和工程技术方案设计的指导

会同农业农村、自然资源、林业草原、住房建设等部门（按照与农业面源污染治理的相关性排序）建立国家农业面源污染治理措施清单和相关行业标准，对治理措施的工程设计、维护、适用条件等进行明确的规定。

国家相关部委每年组织一些境内外专题学习、培训，以及发达国家相关技术和设备的推广会、展览会等，博采众长，为我所用，少走弯路。

4）完善现行水质考核指标体系，强化末端监管

在现行水质考核指标体系中加入河流总氮、总磷考核指标，允许地方根据其农业面源污染物流失特征和种养殖模式的差异，对指标进行细化，如增加颗粒态磷、硝酸盐氮等控制指标。

充分考虑面源污染的地表径流和地下蓄渗流失过程，将土壤养分控制指标纳入考核体系。

5）加快出台相关激励型政策措施，形成多方参与的共治、共享机制

加强政策支持。在用电方面，建议出台农村环境基础设施电价优惠政策；在用地方面，建议制定政策，优先保障农村环境基础设施用地指标，减免相关征地费用；在项目手续方面，建议适当简化农村环境整治和农业面源污染治理工程基本建设项目程序，优化立项、环评、招标采购等手续要求，以缩短前期手续时间、提高整治效率。

建立增效补偿机制。以村为单位、户为对象，对施用有机肥、培肥地力、保育农田的农户给予一定的补贴，引导和鼓励农民采取配方施肥、秸秆还田、保护性耕作等措施。利用监测网络，定期对耕地地力进行监测，依据监测结果核定补贴标准，建立完善农田保育生态补偿机制。

6）完善农业绿色生产的政策体系和准入评价机制

围绕治水，建立完善畜禽养殖户环境准入与退出机制，畜禽养殖污染治理、化肥和农药减量使用等评价标准；围绕治气，建立完善养殖废气排放、沼气安全使用等评价标准；围绕治土，建立完善养殖饲料及添加剂、兽药、沼液、农膜使用等评价标准；围绕农业绿色生产，探索建立农业绿色发展的引导政策和保护负面清单制度，建立完善符合生态化要求的农业生产标准、农业废弃物资源化利用标准或操作规程。

7）减少农药使用，开展生态防治

针对目前农作物病虫害频发的局面，一方面需要农业部门统计分析历年数据，建立不同生态环境、不同作物营养需求及病虫害暴发模型，提前预测病虫害发生；另一方面需要增加农药使用效率，根据生态环境开发不同剂型的农药，有条件的地方可以以自然地块为基本单位实行统防统治，同时采用无人机喷洒农药，有效减少防控药品使用、提升效益。最重要的是，因地制宜实行生态控制，开辟耕地生态走廊，增加农田生物种类多样性，给害虫天敌预留栖息空间，实现其繁衍生息并达到生态平衡，以降低农作物对化学农药的依赖度。还可以通过培育微生态制剂、种子处理及农田使用，对农作物实施微生态环境保护，促使微生态制

剂同病原竞争农作物表面易感区域，减少病害的发生；筛选抗虫、抗病良种，提高农作物自身抗逆性；实行轮作制度，增加农作物种类，降低病虫害危害，防止农作物对化学农药产生依赖。

8）提高肥料使用效率，加大环境友好型化肥使用

针对目前肥料使用效率低的现状，可以根据土壤类型使用不同种类的化肥、工具和频率，推广农产品精准施肥技术，合理加大有机肥的使用，降低化肥用量，同时需要尽量减少由灌溉回归水导致的肥料流失对水资源的污染。通过加大生态复合肥、生物固氮技术使用，轮流播种绿肥及豆科植物等办法，改善土壤肥力，提升肥料使用效率。

9）多途径综合开展畜禽粪污资源化利用

在全面保障畜禽农产品有效供给、提高养殖户收入的前提下，需要积极探索生态畜牧业发展新模式，探索畜禽养殖废弃物资源化利用，推广绿色健康的畜禽养殖业，实现可持续发展。一是依据科学规划，划定禁养区，严禁违规养殖，并依法关闭或搬迁处于禁养区内的规模场和专业户，加大规模养殖场比例。二是已有的规模场要严格按照污染防治需要，做好相应粪污贮存、处理、利用设施建设。散养比较集中的地方，有条件的尽可能实现畜禽粪污集中处理利用。三是大力发展生态经济，落实种养结合，减少畜禽粪污排放，还可以拉长生产链条，实现养殖、种植农户双赢。加大沼气池建设资助力度，对粪污开展能源化处理。就地消化利用畜禽粪污，实现变废为宝。

3. 先进案例分析

以湖北省农业面源污染整治专项战役工作为例：2018 年以来，在湖北省委、省政府的领导下，在长江大保护十大标志性战役指挥部的统一部署下，全省农业部门坚定贯彻共抓大保护、不搞大开发方针，转变农业发展方式，为推进长江经济带绿色发展、高质量发展贡献力量。

（1）目标任务

力争到 2020 年，全面落实"一控两减三基本"措施，有效遏制农业面源污染。

1）落实化肥和农药减量增效

主要农作物测土配方施肥技术覆盖率达到 95% 以上，每年冬闲田种植绿肥面积达到 200 万亩次以上，肥料、农药利用率均达到 40% 以上；每年建立植保绿色防控示范区 100 个；到 2020 年主要粮食作物病虫害专业化统防统治覆盖率达到 40% 以上。

2）落实畜禽粪污基本资源化利用

全省畜禽养殖废弃物资源化综合利用率 2018 年达到 66% 以上，2019 年达到 72% 以上，2020 年达到 75% 以上。规模养殖场粪污处理设施装备配套率 2018 年达到 72% 以上，2019 年达到 82% 以上，2020 年达到 95% 以上。大型规模养殖场粪污处理设施装备配套率 2019 年达到 100%。到 2020 年，全省所有县（市、区）全部实施整县推进畜禽粪污资源化利用，基本实现畜禽粪污资源化利用。

3）落实水产健康养殖

到 2020 年，全省江河湖库天然水域网箱围网养殖全面取缔；长江流域水生生物保护区实现全面禁捕；养殖水域生态环境进一步改善，在全省适宜地区推广"双水双绿"稻渔综合种养模式。

4）探索区域农业面源污染综合治理新模式

在粮食主产区或环境敏感重点流域，以边界清晰的农区与小流域为整体单元，建设典型

流域农业面源污染综合治理示范区。

（2）工作措施

1）摸清农业面源污染底数

结合全国第二次农业污染源普查，以县为单位，组织开展农业源（种植业、畜禽养殖业、水产养殖业）生产活动现状调查，摸清农业污染源结构、总量与分布，为科学推进农业面源污染治理、优化农业产业结构和生产力布局服务，逐步构建基于环境资源承载力的农业绿色发展格局。2019 年底，完成全省农业面源污染普查摸底工作。

2）推进畜禽粪污基本资源化利用

巩固畜禽养殖"三区"划定和禁养区关停搬迁成果，制定完善畜禽养殖废弃物资源化利用整县推进实施方案，构建种养结合、农牧循环的可持续农业发展新格局。强化规模养殖企业主体意识，充分发挥业务部门的技术指导作用，结合农业农村部发布的 9 种畜禽养殖废弃物资源化利用模式，逐场"会诊"，科学确定"一场一策一方案"技术路线与工艺方案。推行粪污全量收集还田利用、固体粪便堆肥利用、粪水肥料化利用、畜-沼-菜（果、茶、粮）等模式，提高畜禽养殖废弃物的利用效益。积极争取中央预算投资和中央财政资金，支持 37 个畜牧大县（市、区）整县推进畜禽粪污资源化利用，其中 2018 年在襄阳市实施整市推进畜禽粪污资源化利用。省财政每年统筹安排 1.4 亿元资金，采取以奖代补方式，支持非畜牧大县（市、区）实施整县推进项目。

3）推进化肥和农药减量增效

落实化肥、农药零增长行动，普及推广测土配方施肥，推进精准施肥，不断调整化肥使用结构，改进施肥方式，示范推广有机肥、绿肥、秸秆还田等有机养分替代化肥技术模式，在 18 个县示范实施肥水一体化技术，重点抓好宜都市等地果茶菜有机肥替代化肥示范，全域推广冬闲田绿肥种植技术措施；实施国家重大病虫防控、绿色防控及绿色高产高效创建等项目，建立 100 个农作物病虫害绿色防控示范，办好 25 个全国专业化统防统治与绿色防控融合示范区和 7 个果蔬茶全程绿色防控示范区，在黄陂区、秭归县、蔡甸区继续开展蜜蜂授粉与病虫绿色防控技术集成应用示范；大力推进重大病虫害统防统治，培养扶持统防统治服务组织，推广大型自走式精准施药器械及植保无人机等先进施药器械，提高农药利用率和植保作业能力；继续做好《农药管理条例》宣传贯彻实施，加强农药生产、经营、使用全程监管，强力推行高毒农药禁限用和定点经营制度，大力推行农药销售处方制。

4）推进水产健康养殖示范

巩固中央环保督察成果，取缔江河湖库天然水域网箱围网养殖。推进长江流域水生生物保护区全面禁捕，严厉打击"绝户网""电毒炸"等破坏水生生物资源的捕捞行为，保护渔业水域生态环境。开展水产养殖环境综合整治，出台水域滩涂养殖规划，科学划定禁养区、限养区、宜养区，规范水产养殖行为。推行水产健康养殖，推进鱼池改造升级，合理确定养殖规模和养殖密度。推广"双水双绿"稻渔综合种养、工厂化循环水养殖等水产生态健康养殖技术模式，防控水产养殖污染。

5）探索区域农业面源污染综合治理新模式

以边界清晰的农区和小流域为整体单元，以区域内农业面源污染突出问题为导向，因地制宜、菜单式组装治理方案，探索新技术、新模式集成创新，引导带动区域农业面源污染治理整体推进工作。

（3）相关工作要求

1）强化组织领导

各市、州、县人民政府是农业面源污染整治工作的责任主体，要建立政府主导、部门参与配合的工作机制，组建工作专班，定期研究，强力推进。

2）科学制定方案

县级人民政府要组织编制农业面源污染综合治理实施方案，全面摸清县域农业环境问题，梳理区域农业资源、农业废弃物资源和农业产业结构，进行生态资源环境承载力评估，做到技术路线清晰、创新点突出、实施主体明确、实施内容翔实、规模适度合理、投资测算准确、建设起止时间明确，并明确资金筹措与项目实施进度。实施方案报市、州人民政府审批，并报省农业农村厅备案。

3）加大支持力度

各地要加大投入，省级财政适当增加以奖代补资金，统筹使用相关资金，支持农业面源污染治理。落实沼气发电上网标杆电价和上网电量全额保障性收购政策。落实沼气和生物天然气增值税即征即退政策，支持生物天然气和沼气工程开展碳交易项目。落实农业废弃物资源化利用企业设施用地、农业用电优惠政策。探索地方政府利用中央财政农机购置补贴资金对粪污、秸秆、尾菜等农业废弃物资源化利用装备实行补贴。鼓励利用国际融资项目或基金项目，引入新理念、新技术开展农业面源污染治理。建立农业面源污染防控制度体系，逐步建立以绿色、生态为导向的农业补贴机制。

4）加强监督考核

建立由省农业农村厅牵头，以省发展改革委、省科技厅、省财政厅、省环保厅、省住建厅、省水利厅为成员的省农业面源污染整治考核专班，开展农业面源污染整治工作考核与重点项目监督评估。建立重大项目安排与农业面源污染整治工作考核挂钩机制。

5）建立长效机制

逐步构建政府引导、企业主体和农民参与的多元化农村社会化服务体系。加快培育农业面源污染防治农业环保新业态，鼓励引入农业面源污染综合治理工程整体式设计、模块化建设、一体化运营等第三方治理模式，逐步建立农业面源污染预警监测监控体系，建立农业面源污染治理长效运行机制。

（4）工作成效

1）摸清家底，奠定防治基础

按照国家统一部署，结合省农业面源污染整治专项战役的工作安排，2018 年以来，湖北省农业农村厅组织全省 17 个地市州，部署了农业污染源普查工作，目前已全面完成国家安排的普查任务，基本摸清全省农业污染源底数，为下一步科学推进农业污染治理奠定了坚实基础。

2）优化布局，完善"治本之策"

全省畜禽养殖、水产养殖完成"三区"划定，划定畜禽养殖禁养区 2141 个，禁养区内关停搬迁畜禽养殖场（户）12 838 家，在全国率先启动了江河湖库水产养殖污染整治工作，共拆除围栏围网网箱养殖 127.6 万亩，取缔投肥（粪）养殖 27.4 万亩、珍珠养殖 4.5 万亩。74 个县（区）政府发布养殖水域滩涂规划，83 个长江流域水生生物保护区实现全面禁捕。稻渔综合种养面积 2017 年为 450 万亩，2019 年达到 680 万亩。初步构建了以农业资源环境承载力为基础的农业绿色发展新格局。

3）源头管控，坚持绿色发展

据统计，全省测土配方施肥技术年均应用面积稳定在 9500 万亩次以上，实现了主要农作物的全覆盖，果菜茶有机肥替代化肥示范县从 2017 年的 5 个增加到 2020 年的 11 个。每年创建部、省两级绿色防控示范区 100 个，全省绿色防控面积从 2017 年的 2160 万亩增加到 2020 年的 3050 万亩，主要粮食作物统防统治覆盖率从 2017 年的 41.5% 提高到 2020 年的 42.8%。全省化肥和农药使用量连续 6 年保持负增长。各项农业绿色种养模式和农业清洁生产技术措施的推广应用，保障了全省农药和化肥实现负增长。

4）以用促治，培育新业态

三年来，累计申请中央资金总额约 15.8 亿元，在全省 38 个畜牧大县启动畜禽养殖废弃物资源化利用整县推进项目。省级财政安排资金 4.2 亿元，在 39 个非畜牧大县全面启动畜禽养殖废弃物资源化利用整县推进项目。全省畜禽粪污基本实现无害化处理与资源化利用。累计争取国家秸秆综合利用资金 2 亿元，开展秸秆综合利用。培育了以秸秆为原料的秸秆秧盘、秸秆板材，以畜禽粪污为原料的有机肥等新产业、新业态。

5）整合资源，统筹解决问题

以小流域为整体单元，以问题为导向，以构建区域农业农村生态循环水系、绿色产业模式和废弃物利用新业态为重点，菜单式集成方案，探索区域农业面源污染综合治理新路径，已累计争取中央资金 4.6 亿元，在 16 个县开展示范。系统考虑农业内源与外源污染治理，全省筹资 600 多亿元，全面推进了厕所革命、乡镇生活污水治理、生活垃圾处理和消灭荒山 4 个方面的三年行动计划。厕所革命、农村垃圾和生活污水处理有效遏制了外源污染因素，缓解了农业面源污染。

6）强化督导，提升管治体系

结合中央环保督察反馈及"回头看"、长江经济带生态环境警示片等涉农环保问题整改，落实好"坚持政府主责、农业部门牵头、其他部门配合"的工作机制，坚持高标准、高质量整改。对工作不力的单位和个人，该通报的通报，该约谈的就约谈，以严肃的态度和责任追究倒逼整改工作落实。初步统计，全省共组织联合执法行动 1000 余次，下发通报 21 份、督办函 66 份，约谈 132 人次，查处案件 626 起，司法移送案件 117 起。

6.1.3.6　畜禽养殖业污染状况

1. 畜禽养殖业污染排放

长江流域畜禽养殖规模大，相当一部分散养畜禽养殖场分布于大型干、支流沿岸，且缺少相应的治污措施，成为水环境最重要的污染源之一。养殖废水即使得到处理并达标排放，按照《畜禽养殖业污染物排放标准》（GB 18596—2001）总磷浓度限值为 8.0mg/L，是 GB 3838—2002 Ⅲ 类标准的 40 倍。如果养殖废物不能得到资源化利用，或不能通过种养平衡得到有效消纳，其废水直排环境势必会造成一个养殖场就能污染一条河流的局面。

（1）畜禽粪便总量、结构及分布

按猪粪当量计算，长江中下游地区 2015 年畜禽粪便总量 44 784.09 万 t。从不同种类畜禽的粪便量来看，牛粪便量最多，为 17 353.81 万 t，占畜禽粪便总量的 38.75%；家禽、猪粪便量大体相当，分别为 12 180.81 万 t、11 477.98 万 t，占比分别为 27.20%、25.63%；羊粪便量最少，为 3771.50 万 t，占畜禽粪便总量的比例仅为 8.42%。

从省域分布来看，湖南省、湖北省的畜禽粪便资源丰富，畜禽粪便量均在 1 亿 t 以上，占长江中下游地区畜禽粪便总量的比例分别为 27.91%、22.78%；安徽省、江西省、江苏省的畜禽粪便资源较丰富，畜禽粪便量均在 5000 万 t 以上，占长江中下游地区的比例分别为 17.13%、14.42%、13.17%；浙江省、上海市的畜禽粪便资源均较少，占比仅分别为 3.99%、0.60%。

从市域分布来看，有 14 个市的畜禽粪便量在 1000 万 t 以上，合计 18 950.50 万 t，占长江中下游地区的 42.32%，分别为江苏省的徐州市、盐城市，江西省的赣州市、吉安市、宜春市，安徽省的淮南市，湖北省的襄阳市、孝感市、黄冈市，湖南省的衡阳市、邵阳市、岳阳市、常德市、永州市。有 7 个市的畜禽粪便量不足 100 万 t，分别为江苏省的无锡市、镇江市，浙江省的舟山市、台州市，江西省的景德镇市，安徽省的铜陵市、黄山市。

（2）耕地畜禽粪污氮（磷）负荷

通过测算长江中下游地区单位耕地畜禽粪污氮（磷）负荷可知，长江中下游耕地畜禽粪污氮、磷负荷分别为 71.18kg/hm^2、12.71kg/hm^2，是欧盟限量标准的 40% 左右。

从省域来看，长江中下游地区 7 个省份的氮、磷负荷均未超过欧盟限量标准，但湖南省和湖北省的耕地畜禽粪污氮负荷较高，均超过 100kg/hm^2，尤其是湖南省的耕地畜禽粪污氮负荷达到 163.45kg/hm^2，接近欧盟限量标准，此外，湖南省的耕地畜禽粪污磷负荷也较高，达到 24.72kg/hm^2。

从市域来看，有 7 个市的耕地畜禽粪污氮负荷超过欧盟限量标准，分别为浙江省的衢州市，湖南省的长沙市、湘潭市、衡阳市、邵阳市、永州市、娄底市，尤其是衢州市的耕地畜禽粪污氮负荷约是欧盟限量标准的 3 倍。有 3 个市的耕地畜禽粪污磷负荷超过欧盟限量标准，分别是浙江省的衢州市，湖南省的永州市、娄底市，尤其是衢州市的耕地畜禽粪污磷负荷约是欧盟限量标准的 3 倍。

由于中国尚未制定畜禽粪污氮磷养分的施用标准，研究中常选取欧盟标准，但中国的耕作制度、种植方式、复种指数等与欧洲差异较大，评估结果可能与实际情况存在差异。评估结果显示，长江中下游地区所有地级市的耕地畜禽粪污磷负荷未超过区域作物磷养分需求，仅湖南省娄底市的耕地畜禽粪污氮负荷超过区域作物氮养分需求。

（3）畜禽养殖环境容量及环境风险指数

分别以氮、磷为基准，长江中下游地区的实际畜禽养殖量分别为 51 924.40 万头猪当量、89 270.67 万头猪当量，而畜禽养殖环境容量分别为 76 561.60 万头猪当量、106 208.50 万头猪当量，环境风险指数分别为 0.68、0.84，表明长江中下游地区的实际畜禽养殖量尚未超过环境容量，畜禽养殖环境污染风险中等。

从省域来看，上海市、江苏省、浙江省、安徽省、湖北省、湖南省以氮、磷为基准的环境风险指数介于 0.5~1，环境风险为中等；江西省以氮为基准的环境风险指数为 0.92，环境风险中等，而以磷为基准的环境风险指数为 1.08，环境风险较严重。

从市域来看，以氮为基准，有 26 个市的环境风险指数≤0.5，有 40 个市的环境风险指数介于 0.5~1，有 13 个市的环境风险指数>1；以磷为基准，有 9 个市的环境风险指数≤0.5，有 50 个市的环境风险指数介于 0.5~1，有 18 个市的环境风险指数>1，有 2 个市的环境风险指数>2。综合氮、磷基准，约 59% 的市畜禽养殖环境风险中等，约 28% 的市畜禽养殖环境风险较严重，约 10% 的市畜禽养殖环境风险较小，仅 3% 的市畜禽养殖环境风险严重。

通过区域和市域层面的分析，不难看出，长江中下游地区畜禽养殖分布不均匀，畜禽养殖耕地氮磷点源污染普遍。例如，安徽省整体畜禽养殖环境污染风险中等，但其中淮南市和宣城市的畜禽养殖环境风险指数大于 2，环境污染风险严重。

（4）畜禽养殖发展潜力

根据区域畜禽养殖环境风险指数可判断该区域是否具有畜禽养殖发展潜力。如果环境风险指数小于 1，则具有发展潜力，可适当增加养殖数量；如果大于或等于 1，则不具有发展潜力，应对养殖规模实行总量控制，适当调减养殖数量。通过前述分析可知，长江中下游地区整体具有发展潜力。分省域来看，江西省畜禽养殖不具有发展潜力，需要进行总量控制；其他省市具有发展潜力，可适当增加养殖数量。但由于畜禽养殖区域分布不均匀，应注意省域内部的调整优化。

根据区域畜禽养殖环境容量和实际养殖总量测算区域可承载新增养殖量的结果，以氮、磷为基准，长江中下游地区可承载的新增畜禽养殖量分别为 24 637.21 万头猪当量、16 937.83 万头猪当量，增量规模分别为实际养殖量的 47%、19%。

从省域层面来看，综合氮、磷基准，江西省的调减规模为 7.57%，安徽省、浙江省、湖南省、江苏省、上海市、湖北省的调增规模分别为 2.77%、3.36%、12.31%、22.87%、26.33%、43.60%。

从市域层面来看，综合氮、磷基准，具有畜禽养殖发展潜力的市共有 55 个，其中 33 个市的增量规模＜50%、14 个市的增量规模介于 50%～100%、8 个市的增量规模＞100%。不具有畜禽养殖发展潜力的市共有 24 个，其中 22 个市的调减规模＜50%、2 个市的调减规模介于 50%～100%。

2. 畜禽养殖业污染控制

畜禽养殖的主要污染源是粪便和废水，因此畜禽养殖中粪便的"干湿分离"对其后续处理方式的选择及去向尤为重要。未做到"干湿分离"，会为畜禽粪便的后续处理和环境带来较大的潜在隐患。在畜禽养殖中，畜禽养殖圈舍的清理方式、畜禽粪便和废水的处理方式等对控制污染十分重要。

（1）分类推进长江中下游地区畜禽养殖布局调整优化

根据区域畜禽养殖环境风险指数和发展潜力，将长江中下游地区畜禽养殖布局划分为重点调控区、约束发展区、适度发展区、潜力增长区和重点发展区。其中，重点调控区是畜禽养殖调减规模在 50%～100% 的区域；约束发展区是畜禽养殖调减规模小于 50% 的区域；适度发展区是畜禽养殖增量规模在 0～50% 的区域；潜力增长区是畜禽养殖增量规模在 50%～100% 的区域；重点发展区是畜禽养殖增量规模大于 100% 的区域。各区域应根据资源环境承载力，科学确定适宜养殖规模，形成不同区域优势互补、协调发展的畜禽养殖布局。但需要注意的是，各省市均有各自的农业功能定位和发展方向，基于作物养分需求的畜禽养殖承载力评估仅为区域畜禽养殖布局调整优化提供参考，而非硬性约束。

（2）重视基于种养平衡的长江中下游地区畜禽养殖布局动态调整

上述长江中下游地区畜禽养殖布局调整优化方案是基于现阶段作物种植结构提出的，如果未来区域种植业结构调整，区域作物粪肥需求将发生变化，以此为基础的区域畜禽养殖环境容量也将发生变化，应相应调整畜禽养殖布局。这也从侧面印证了种养结合的科学性和必要性，要做到以种定养、以养促种、种养平衡，实现种养业可持续发展。

6.1.3.7 农村生活废弃物污染状况

随着社会经济的快速发展和农村城镇化水平的不断提高，长江中下游区域农村的生活水平及生产生活方式发生了重大变化，农村生活垃圾数量也逐年增多，成分日趋复杂，治理难度大幅增加。卫生部 2007 年的调查结果显示，我国农村生活垃圾人均产生量达 0.86kg/(d·人)，产生总量约 3 亿 t/年。日益严重的农村生活垃圾污染问题已逐渐影响农民生活生产和农村城镇化建设，制定并实行切实可行的防治对策十分必要；有效地解决农村生活垃圾污染问题，对改善农村生态环境和提高农村群众生活质量具有重要意义，也符合生态文明的理念。

以安徽为例，经测算，安徽农村每年约产生工业废水 3 亿 t，工业废气 15 000 亿 m³，工业固体废弃物 5000 万 t；生活垃圾 2000 万 t，生活污水 6 亿 t；除工业固体废弃物综合利用率达 70%外，其他各种废弃物不经过处理就直接排放到农村环境，对农村环境构成严重威胁。一些河流、湖泊富营养化，饮用水源安全受到威胁，部分土壤遭受有毒物质污染，甚至危害居民健康，引发群体事件，农村环境保护的任务越来越重。

1. 农村工业污染日趋严重

随着农村工业总量的增加，农村工业污染有加重趋势，一些地区仍然没有摆脱"先污染、后治理"的老路，部分分散在农村的工业企业，污染源与农田、农村居民点交织在一起，极易引发局部农村环境污染问题，造成环境纠纷。问卷调查显示，93%的农村居民认为农村工业对农村环境存在一定程度污染，农村工业污染形势依然严峻。农村发生工业污染的主要原因：一是农村工业经济规模逐渐增大，产生污染总量逐渐增多；二是农村工业企业单体规模偏小，产业层次低，技术落后，污染治理设施不配套或运行不规范；三是农村工业空间布局分散，污染源分散，污染治理难度大；四是农村环保机制缺失，执法不到位，污染难以监管；五是农村环境保护法律法规严重滞后。

2. 农业污染不容乐观

当前我国农业加大了化肥、农药、地膜的使用量，加上分散经营的农户不易掌握测土配方、合理施肥等农业新技术，导致化肥、农药、地膜等过量使用，大量不被植物吸收的化肥、农药和遗弃的地膜造成土壤、水体污染。统计年鉴显示，2001～2010 年，安徽省化肥、农用塑料薄膜、农药的使用量分别由 262.29 万 t、6.5 万 t、7.3 万 t 增加到 319.77 万 t、8.07 万 t、11.63 万 t。随着养殖业规模化的提高，集约化养殖在增加畜禽产品供给的同时，也存在着不少畜禽粪便得不到有效利用或无害化处理而直接排放的现象，对农村周围环境影响较大。随着农村能源结构改变，过去作为能源使用的秸秆，现在大多露天焚烧或者随意丢弃形成农村环境污染。统计年鉴显示，2010 年安徽省农业污染物中的化学需氧量、氨氮排放量分别占全省总排放量的 42%、36%，已超过工业污染物排放量。

3. 生活污染呈加剧趋势

农村生活垃圾总量增加，安徽省农村地区每年大约产生 2000 万 t 生活垃圾、6 亿 t 生活污水，农村生活污染呈现加剧趋势，且成分复杂化，由过去简单和易降解变为复杂和难降解，处理难度加大。生活污染加剧的原因：一是农民环境意识薄弱，生活垃圾随意堆置，或倾倒在河湖沟渠岸边，造成河流污染；二是污染处理措施缺乏，设备不足，导致农村生活垃圾、生活污水处理率很低；三是没有相应的管理主体和管理机制，致使农村生活垃圾收集和处理几乎完全处于无人问津的状态。

4. 城市污染仍在向农村蔓延

城市为改善环境质量，把高污染企业向市郊或农村转移；东部沿海地区具有一定污染的产业也正在向中西部农村转移；城市工业废水、废气、固体废弃物和城市污水及生活垃圾，经处理后排放到农村仍会产生一定的污染；仍有不少城市垃圾、污水和工业废弃物直接进入农村填埋或扩散到农村；仍然存在少数企业偷排工业污染，对农村区域造成污染。随着工业化和城市化的推进，城市污染向农村蔓延问题仍比较严重。农村环境污染对农村甚至全社会的危害是十分严重的：一是危及食品安全，污染使农业土壤和水中含有对人体有害的物质，有一部分被农作物吸收，给农产品安全和质量带来了隐患；二是危及农村居民健康，农村污染使农村空气变坏，饮水安全受到威胁，直接影响农民的居住环境，对农民的健康造成很大损害；三是制约农村经济发展，大气、水、土壤的污染导致植被破坏、气候异常和农业减产，直接造成农民经济利益的损失。

5. 诱发群体事件

农村污染会引起环境纠纷和冲突，诱发群体事件，影响社会稳定。

6.1.4　对策建议

化肥和农药是长江中下游水稻种植区重要的农业生产投入品，在农业生产中发挥了重要作用。但是，农用化学品的大量投入造成稻米质量安全问题日益突出，导致整个长江中下游水稻种植区域正面临严峻的水环境、大气环境与土壤环境危机。农药、化肥在土壤中残留积累已有 30～40 年，而修复土壤板结、酸化等退化问题也是缓慢的，即使增加有机肥投入、实行配方施肥和均衡施肥可在某种程度上加快修复速度，但至少也需要 20 年，长江中下游水稻种植区仍处于农田生态环境质量缓慢退化阶段。水土流失和土地荒漠化治理需要很大的资金投入，目前仅在典型区域开展治理试点工作，如果能在工程措施、耕作技术措施等多个方面全面展开，治理和修复效果会显著提高。具体对策建议如下。

6.1.4.1　制定规划

"凡事预则立，不预则废"。只有先搞好长江中下游区域水稻种植业的发展规划，水稻种植才能有序、高效、快速发展。而要想做好长江中下游地区水稻种植业规划，就必须进行深入调查研究，实事求是、因地制宜，根据长江中下游各地区的自然、经济状况搞好水稻种植业规划。

首先，各省市应因地制宜地设置耕地生态问题缓解目标方案，其中指标的设定应沿着"多归融合"方向思考，与经济发展规划、土地利用规划相协调，以达到协同治理、提高治理效率，实现耕地资源的可持续利用。其次，耕地生态安全状况良好的省份应积极保持当前水平，并稳步弥补不足，进一步升华耕地经济经营模式，力促各方人民群众提高耕地生态环境保护意识，实现耕地资源的永续利用。再次，经济欠发达省份应着力推进土地整治项目的开展，对已污染耕地给予治理，对耕地占补平衡区域耕地加以有效修复，对耕地细碎区耕地进行平整以实现规模经营和农业现代化，这些工程性措施有助于提升耕地质量与耕地生态安全。最后，政府应充分贯彻生态文明建设与"去产能"方针的要旨，淘汰旧有资源消耗型、环境污染型产能，在保障质量的前提下确保 18 亿亩耕地红线不缩水，走绿色发展道路，实现耕地生态安全的有效提高。基于上述宏观建议，在具体层面，长江中下游区域应在保障现有耕地生态安全水平的基础上进一步提升水稻种植耕地生态安全水平，大力发展经济的同时应实现"供给侧改革"与"去产能"以降低水稻种植耕地污染，兼顾经济建设与水稻种植耕地生态安全，"既要金山银山，也要绿水青山"，加大水稻种植耕地保护投入，提升污染治理能力，激发环保意识（宋振江等，2017）。

6.1.4.2　完善制度，加强相关法规制度建设

管理不规范、制度不健全，严重阻碍了长江中下游地区水稻种植业的发展。人们应依据各项法律法规，结合长江中下游地区的实际情况，制定出一套行之有效、适合水稻种植业发展的法规和制度，并严格执行、规范管理，做到"有法可依、有法必依、执法必严、违法必究"，真正从"法规"和"制度"上保障长江中下游地区水稻种植业的健康发展。

按照"源头严防、过程严管、后果严惩"的思路，强化相关制度建设，以制度保障促进生态环境的根本改善。借鉴《太湖流域管理条例》的经验，对长江流域生态环境保护进行立法，统筹全流域开展饮用水安全、水资源保护、水污染防治、防汛抗旱与水域和岸线保护等相关工作。调整政府绩效考评标准，转变唯 GDP 考核方式，将资源消耗、环境损害、生态效益等指标作为长江沿岸各级政府政绩考核的主要内容；参照"醉驾入刑"的做法，实行环境污染追责入刑，并借鉴公安机关严惩酒驾的做法，采取统一的尺度和标准，严格执法，严厉查处环境违法案件，开展经常性、不定期的环境执法检查或专项行动，坚决消除以罚代管、人情执法等问题，杜绝环境违法久治不绝的现象。长江中下游水稻种植生态环境问题治理是一场攻坚战，必须拿出坚定的勇气和决心，早抓、快抓、下狠手抓。要用法律手段筑牢生态文明建设的法治屏障，严厉打击破坏生态环境特别是污染农田和灌溉水源的违法犯罪行为。对于环保检查时玩"躲猫猫"的"小散乱污"作坊业主和非法倾倒危险废物者，法院、检察院、公安局、环保局要联合制定环境保护执法联动机制，做到依法快捕、快诉。对已经停产、转产或关闭的污染企业和小作坊，要对其周围土壤、水塘进行全部清理和检测，将各项指标控制在安全范围内，消除潜在的安全隐患。应对土壤、水塘改良给予相应的财政补助，并请相关专家就如何降低、消除环境危害提供指导措施，逐步净化保障农产品品质、安全的土壤和水源。

6.1.4.3　建立联防联控机制

长江中下游各省市表现出产业向沿江聚集、人口向沿江聚集、长江三角洲地区经济和人口高密度聚集的现象，要坚持以长江为载体，在流域层面上实现部门统筹和区域协同，实现流域保护的"大部制"，改变九龙治水的困局。打破行政壁垒，组建长江水生态环境保护联盟，搭建区域生态环境保护战略合作平台和环保投融资平台，建立流域联防联控机制、区域生态补偿机制、区域联合执法机制、区域联合监测机制、区域环境保护联合会商和信息共享机制、重点工程项目联合审查机制、区域环境保护公众联合参与机制、环境损害赔偿联合鉴定和环境风险评估联动机制等一整套区域联动保护机制。

各省应基于省情来制定适宜本省及所处流域的粮食经济生态问题缓解与治理目标方案，诸如合理制定土地整治方案，对农业面源污染严重区域耕地进行综合治理，加强农业经营主体生态农业发展感知性培训，从而规避风险感知的夸大、强化科技富农以推进生态农业发展。提升粮食经济生态保护意识是粮食经济生态安全治理的关键环节，其根源在于提升各利益相关方的风险意识，通过适当参与污染治理、社区宣传等方式，使生态农业发展方式融入农户

的生产行为之中，以指导其从根源上治理农业面源污染，缓解粮食经济生态压力。

加快制度建设是农地确权、农地流转、生态农业发展的系统性制度保障，多种制度以严谨的逻辑结构进行连接构成复杂的制度网络，以强化其在农业生产活动中的驱动力，从而改善粮食经济生态现状，提高可持续发展能力。

6.1.4.4　以环保教育和激励机制推动全民共治

一是必须加强老百姓保护农村生态环境的意识，使其清楚其中的利害关系、惠民程度，充分调动其参与整治和保护环境的自觉性、积极性、主动性，增强环保意识。二是开展生态文明建设主题活动，引导村民去发现破坏环境的不文明行为，并督促整改提高，通过活动让村民从中获得幸福感。三是加强思想道德建设，在农民群众中深入浅出地开展社会主义核心价值观教育，培育优良家风、文明乡风；开展法治意识、国家意识、社会责任意识宣传教育，提升群众的生态文明素养。四是在学校开设生态环境保护课程，把生态教育作为素质教育的重要内容，让小手牵大手，共建生态农村。五是制定举报奖励措施，广大村民能够最早感知身边破坏生态环境的行为，相关部门应制定举报奖励办法，鼓励群众积极提供线索。

6.1.4.5　提高水稻种植耕地质量的对策

1. 建立耕地质量保护机制

严格执行《基本农田保护条例》和《补充耕地质量验收评定技术规范（试行）》，加强对水稻种植补充耕地的监督管理，确保新增耕地质量不下降。加强耕地质量监测，建立健全耕地质量监测管理网络，掌握耕地质量变化动态。同时，加大财政资金支持力度，逐步改造中低产田，创建高标准农田，鼓励种植大户、家庭农场、合作社等新型农业经营主体重视改土培肥，不断提升水稻种植耕地质量，将农业补贴与水稻种植耕地质量建设有效对接。

2. 长期开展测土配方施肥，大力发展循环农业

多年来，测土配方施肥工作取得了一定的成效，摸清了长江中下游区域土壤基本情况，初步建立了水稻种植科学施肥指标体系，大大减少了不合理施肥现象。为了巩固技术成果，要将测土配方施肥技术由项目实施转变为土壤肥料常态工作并长期、深入开展，坚持采样检测，加强试验示范，不断丰富和更新数据库，研制和校正施肥配方，推广配方肥料，健全农作物施肥指标体系。将测土配方施肥与现代信息技术相结合，开发和推广"互联网+智慧土肥"服务工作。大力推进"互联网+"现代农业，应用物联网、云计算、大数据、移动互联等现代信息技术，推动农业全产业链改造升级。有效利用微生物资源，将传统的植物、动物二维农业拓展为植物、动物、微生物三维农业。通过在几个种养品种中安置生态互补品种，做到一个种养品种的废弃物是另一个品种的投入品；或者利用种养业废弃物培育微生物，实现微生物资源产业化、畜禽养殖废弃物综合利用和田间沟渠氮磷生态拦截，最大限度地利用水分、养分、微生物等资源来实现生态良性循环。

3. 降低化肥、农药使用量

大力推广节水、节肥、节药等绿色生产技术，全面应用测土配方施肥和水肥一体化技术，积极采用物理、生物防治技术。进一步提高植保专业化服务水平，指导农户科学合理使用农药、化肥，规定必须使用生物农药或高效低毒低残留农药，农业重点区域禁止使用除草剂等。

4. 增施有机肥，推广新型高效肥料和新技术

土壤中的真菌和细菌等微生物能够分解落叶、秸秆等有机物，但是常年使用化肥、农药使土壤中的微生物减少，农作物更容易患病。为此，农户不得不加量使用农药，导致土壤环境更加恶化并陷入恶性循环，农产品品质下降。因此，要全面实施畜禽养殖废弃物和秸秆综合利用，鼓励、引导农户使用天然有机肥料，保护农业生态系统的健全性。

整合农业财政项目，对有机肥施用实行补贴，引导农民施用有机肥、多种绿肥，尤其在需肥量较大的水稻种植上要加大有机肥施用量，推广有机肥替代化肥和秸秆还田综合技术。大力推广缓释肥、微生物肥料等新型肥料；实行根部施肥与叶面喷肥相结合，提高肥料利用率，实现化肥减量增效的目标。

6.1.4.6 加强农业生态环境保护，大力发展生态农业，恢复生态系统

生态系统自我调节功能退化是农村面临的主要环境危机之一。而生态农业具备农业发展与生态环境保护的双重功能，可以提升生态系统的稳定性。落实土壤污染防治行动计划，通过深入调查和综合评价，将长江中下游区域水稻种植耕地划分为优先保护、安全利用和严格管控3个类别，依据划分结果建立耕地土壤环境质量类别清单，制定耕地土壤环境质量分类管理实施方案，实行分类管理；对陡坡地实行退耕还林，对缓坡地进行坡改梯，减少水土流失；加强污水处理，避免污水直接灌溉；大力推广病虫草害绿色防控技术，减少农药施用量；建立废旧农膜、农药包装废弃物回收利用机制，实现畜禽粪污无害化处理，减少农业投入品对土壤的污染。

6.1.4.7 增加投入

农业生产的发展不光靠政策和科技，还要靠投入。目前农业政策和科技相对稳定，因此长江中下游地区水稻种植业的发展主要依靠增加投入。这里所说的增加投入，一是增加资金投入，二是增加物质投入。可以通过国家、企业、民间团体等各种途径筹集用于长江中下游地区水稻种植业发展的资金。而物质投入不仅包括农业生产资料如化肥、农药、农膜等的投入，还包括人力投入和改善农业生产条件。只有这样，才能确保长江中下游地区水稻种植业得到发展，才能改善条件，推进循环农业快速发展。

6.1.4.8 培养人才，提升农民生态种养殖水平

农业生产发展关键靠"人"。长江中下游地区水稻种植业发展得如何，主要看干部、群众素质的高低。技术农民必将成为现代生态农业主体，政府要加大培养力度，并注重培训质量和效果，为现代生态农业建设提供人才基础和保障；要专门下发配套资金，及时分配培训任务，并加强督促检查；要制定科学合理的培训计划，邀请高级农技人员和专家组成讲师团，统筹运用师资力量集中系统学习，或在主要农时季节组织专家和能手到田间地头现场宣传教学；充分运用手机微信等现代媒体，及时发送有关环保和生态种养技术等信息。现如今信息技术飞速发展，人们可以通过广播、电视、微信、微博等多种途径，以水稻种植业为主题，以长江中下游地区从事"三农"工作的广大干部及农民群众为对象进行培训。

6.2 区域尺度化肥减施增效技术环境效应综合评价
——以湖北省鄂州市为例

水田是我国南方地区最为典型的农业土地利用类型，其主要种植作物——水稻作为我国第一大粮食作物，是全国口粮中最重要的消费类型，而稻田作物的生产对我国农业及国民经济发展具有重要的支撑作用。鄂州市作为全国重要的水稻生产基地及油料生产大市，其稻田种植模式主要包括稻–稻、油–稻两种。作为长江中游典型的"鱼米之乡"，鄂州市在农业生产方面也存在较为严重的化肥过量施用情况。近几年，鄂州市积极响应、开展测土配方施肥项目的推广，化肥施用量逐年减少，但平均每公顷耕地化肥施用量仍然较高，其中仅鄂城区、华容区平均每公顷耕地化肥施用量（折纯）就分别达到 1.71t、2.02t（2016 年），远高于全国平均水平，其中氮肥的施用量始终居高不下，由此造成的面源污染问题也亟待解决，而减量施肥成为当地农业部门的重点关注领域。从实施成效来看，鄂州市大部分区域已经遵循推荐施肥方案开展农田种植与施肥工作，化肥施用量逐步降低，但化肥过分减施也可能会对粮食产量造成影响，威胁区域粮食安全。因此，寻找一种既能够保证粮食安全，又能降低环境污染的施肥方案至关重要。

生命周期评价作为一种新兴的环境效应评价工具，能够从资源消耗和环境排放两方面评估从化肥上游生产到化肥施用整个阶段的环境效应，最终寻找到对环境影响最大的因素，从而提出针对性的改善意见。而 DNDC 模型作为详细描述农田生态系统中碳氮循环复杂过程的模型，可以定量化估算不同情境下区域尺度农田环境的排放情况，对了解区域环境排放情况并针对性开展污染治理具有重要的战略意义。因此，本研究以鄂州市稻田作物为例，通过分析稻田作物化肥施用状况及环境污染风险指数判断化肥施用环境效应，再以乡镇为基本单元，通过 DNDC 模型测算各乡镇的排放情况，并在此基础上对稻田作物化肥施用进行生命周期评价，探究对环境效应贡献最大的影响类型与排放因子，最后通过设置梯度施肥量情景来模拟探究不同施肥量对生产效应和环境效应等多方面的综合影响，筛选出既能保证作物产量又能减少环境污染的最佳施肥方案，为统筹农业发展，在保证产量的前提下减少生态环境污染提供理论和实践参考，并为测土配方施肥技术在区域尺度上的推广应用奠定基础，对于我国农业可持续发展、生态文明建设具有重要的现实意义。

6.2.1 稻田作物施肥状况与环境风险评价

6.2.1.1 稻田作物施肥状况与空间分布

本研究对 2007～2010 年 2472 个鄂州市测土配方农田的施肥采样数据进行了统计分析，在剔除异常值之后获取了鄂州市两种典型稻田种植模式，即稻–稻、油–稻两种轮作模式的施肥量（折纯量），利用 SPSS 20 软件对施肥样点进行描述性统计分析，其结果如表 6-12 所示。异常值用平均值±3 倍标准差为基准加以测算，在基准之外的样点按照乡镇–村层级进行划分与比较，若存在大量异常样点在某一区域集聚，则能够代表该区域施肥水平，不予剔除，最终获得了 2395 个有效样点。

表 6-12　鄂州市稻田作物施肥量统计

作物类型	化肥类型	样本数	最小值	最大值	平均值	变异系数/%	标准差	偏度	峰度
油菜	氮肥/(kg N/hm²)	1158	137.1	204.8	168.46	5.83	9.83	0.60	1.09
	磷肥/(kg P₂O₅/hm²)	1158	19.4	68.4	38.93	17.19	6.69	1.03	2.05
	钾肥/(kg K₂O/hm²)	1158	0	60.0	44.76	16.68	7.47	-2.46	13.48
早稻	氮肥/(kg N/hm²)	1237	112.5	296.6	188.09	14.10	26.52	0.20	-0.29
	磷肥/(kg P₂O₅/hm²)	1237	18.0	105.0	52.01	43.95	22.86	0.60	-1.18
	钾肥/(kg K₂O/hm²)	1237	0.0	60.0	26.85	79.37	21.31	-0.36	-1.66
中稻	氮肥/(kg N/hm²)	1158	125.3	268.5	183.71	22.08	40.57	0.07	-1.20
	磷肥/(kg P₂O₅/hm²)	1158	13.5	96.6	53.58	29.97	16.06	0.19	0.31
	钾肥/(kg K₂O/hm²)	1158	0.0	90.0	55.74	26.20	14.60	-0.40	2.20
晚稻	氮肥/(kg N/hm²)	1237	107.1	340.5	201.04	14.89	29.93	0.94	2.17
	磷肥/(kg P₂O₅/hm²)	1237	13.5	105.0	56.99	34.25	19.52	0.42	-0.81
	钾肥/(kg K₂O/hm²)	1237	0.0	108.0	57.47	32.76	18.83	-0.29	1.17

对表 6-12 进行统计分析可知，鄂州市 2007～2010 年各乡镇单季氮肥施用量平均为 187.255kg N/hm²，其中油菜、早稻、中稻、晚稻的氮肥施用量平均分别为 168.46kg N/hm²、188.09kg N/hm²、183.71kg N/hm²、201.04kg N/hm²，按氮肥施用量排序为油菜＜中稻＜早稻＜晚稻；各乡镇单季磷肥施用量平均为 50.79kg P₂O₅/hm²，其中油菜、早稻、中稻、晚稻的磷肥施用量平均分别为 38.93kg P₂O₅/hm²、52.01kg P₂O₅/hm²、53.58kg P₂O₅/hm²、56.99kg P₂O₅/hm²，按磷肥施用量排序为油菜＜早稻＜中稻＜晚稻；各乡镇单季钾肥施用量平均为 50.79kg K₂O/hm²，其中油菜、早稻、中稻、晚稻的钾肥施用量平均分别为 44.76kg K₂O/hm²、26.85kg K₂O/hm²、55.74kg K₂O/hm²、57.47kg K₂O/hm²，按钾肥施用量排序为早稻＜油菜＜中稻＜晚稻。此外，按照不同轮作制度分类，油-稻轮作期年施用氮肥、磷肥、钾肥总量分别为 352.17kg N/hm²、92.51kg P₂O₅/hm²、100.5kg K₂O/hm²，合计施肥量为 545.18kg/hm²；稻-稻轮作期年施用氮肥、磷肥、钾肥总量分别为 389.13kg N/hm²、109kg P₂O₅/hm²、48.33kg K₂O/hm²，合计施肥量为 546.46kg/hm²。可以看出，鄂州市水稻、油菜种植氮肥用量最大，而磷肥、钾肥用量相对较小，其中油菜氮、磷、钾施用比例为 1∶0.23∶0.26，早稻氮、磷、钾施用比例为 1∶0.27∶0.15，中稻氮、磷、钾施用比例为 1∶0.28∶0.29，晚稻氮、磷、钾施用比例为 1∶0.28∶0.29，均不满足大田作物氮磷钾施用比例一般为 1∶0.5∶0.5 的要求。

按照播种面积来看，鄂州市油菜、早稻、中稻、晚稻单季施肥量分别为 207.39kg/hm²、266.93kg/hm²、293.03kg/hm²、315.53kg/hm²，除油菜外，早稻、中稻、晚稻单季施肥量均超过了国际公认的化肥施用环境安全上限 225kg/hm²，分别是我国国家环境保护总局 2007 年规定的生态县建设化肥施用负荷标准 250kg/hm² 的 1.07 倍、1.17 倍、1.26 倍，表明鄂州市虽然在全域推广了测土配方施肥技术，也取得了一定成效，但其稻田作物仍然存在区域性的过量施肥和偏施氮肥情况。

变异系数（coefficient of variation，CV）作为描述数据变异程度的参数，可以消除量纲的影响，比标准差能更好地反映样本的离散程度。一般，CV＜10%、10%＜CV＜90%、CV＞90% 分别代表了弱变异、中度变异、高度变异。可以看出，除油菜氮肥施用量样本为弱变异分布之外，其他样本均为中度变异分布。

偏度和峰度常用来描述样本的对称性与离散性,标准正态分布的偏度为 0,峰度为 3。从偏度来看,偏度大于 0 为正偏而小于 0 为反偏,这里除钾肥样本为反偏之外,其他施肥量样本均为正偏;从峰度来看,峰度大于 3 为尖峰分布反之则为扁平分布,可以看出除油菜钾肥样本分布较为集中外,其他样本分布均较为分散。

为了进一步了解鄂州市稻田作物施肥的空间分布情况,对测土配方施肥样点数据按照乡镇进行汇总统计,获取各乡镇稻田作物的化肥施用情况。由于大部分测土配方采样点是按照特定行政村进行集中采集,样点在空间分布上属于局部集聚,不符合空间插值所要求的均匀分布特征,因此在尝试了多种空间插值方法之后,发现插值结果均无法满足要求,加上对各乡镇施肥采样点按照乡镇进行统计分析之后发现,乡镇内部各村施肥情况大致相似,标准差较小,变异程度较低,因此可以用分乡镇样点平均值代表该乡镇施肥状况。

从空间分布上看,不同稻田作物施肥量最高的乡镇大多分布于中部及西部地区,而施肥量最低的乡镇大多分布于北部及东部地区。从氮肥投入来看,油菜、早稻、中稻和晚稻氮肥投入量最高的乡镇分别为长港镇、杜山镇、杨叶镇和沼山镇;从磷肥投入来看,油菜、早稻、中稻、晚稻磷肥投入量最高的乡镇分别为新庙镇、长港镇、杜山镇、长港镇;从钾肥投入来看,油菜、早稻、中稻、晚稻钾肥投入量最高的乡镇分别为杨叶镇、碧石渡镇、杜山镇、长港镇。综合来看,长港镇、杜山镇的氮磷钾肥投入量相比其他乡镇属于高投入,而葛店镇、庙岭镇、新庙镇等乡镇的氮磷钾肥投入量相比其他乡镇较低。

6.2.1.2　鄂州市稻田作物化肥污染环境风险评价

1. 研究方法

化肥施用面源污染环境风险是农业生产活动中施用化肥对生态环境造成污染的可能性,是一种非突发性环境风险(刘钦普,2017)。这种风险是客观存在的,但风险的具体表现是不易确定的。而环境风险评价则是为环境污染程度提供一个可以参考的标准,进而对环境污染的风险进行预警,同时有利于评估不同区域的环境污染程度。

当前关于化肥污染风险评价的研究多集中于对国际上广泛使用的 SWAT、AnnAGNPS、APEX 等大型面源污染机理模型进行改进和应用(起晓星,2015)。但这些面源污染机理模型模拟的过程较为复杂,需要大量的基础数据进行模型的验证与分析,而且针对单质肥料的环境风险评价相对较少。因此,为了便于直观了解鄂州市稻田作物是否存在化肥污染风险,比较各乡镇施肥的环境风险情况,本研究采用刘钦普(2017)提出的环境风险指数模型进行化肥污染环境风险评价。

环境风险指数模型计算公式为

$$R_t = \sum_{i=1}^{n}(W_i R_i) \quad (i = \text{N, P, K}) \tag{6-1}$$

$$R_i = \frac{F_i}{F_i + T_i} \quad (i = \text{N, P, K}) \tag{6-2}$$

$$T_t = \frac{2\rho A}{n}\sum_{i=1}^{n}Y_i \tag{6-3}$$

$$T_N = 0.5T_t \tag{6-4}$$

$$T_P = T_K = 0.5T_N \tag{6-5}$$

式中，R_t 为总化肥施用环境风险指数；R_i 为单质肥料（氮、磷或钾等）施用环境风险指数；W_i 为单质肥料施用环境风险权重，氮、磷、钾分别取 0.648、0.230、0.122；F_i 为单质肥料施用强度，即本年内实际用于农业生产的单位播种面积化肥施用量（kg/hm^2）；T_i 为单质肥料施用环境安全阈值，即单位播种面积化肥施用量上限；T_t 为总化肥施用环境安全阈值；ρ 为化肥施用环境安全阈值调节系数，一般取 0.8 或 0.9；A 为单位产量的作物需氮量；Y_i 为某地区近期 n 年中某一年的作物产量；T_N、T_P、T_K 分别为氮、磷、钾肥施用环境安全阈值。其中，单位产量的作物需氮量参考巨晓棠（2015）提出的理论施氮量，在当前生产条件下，水稻的百千克收获物需氮量为 2.4kg。而油菜的需氮量通过鄂州市 2007～2010 年各乡镇作物平均产量与平均施氮量测算，油菜的百千克收获物需氮量为 0.078kg。

由式（6-1）和式（6-2）可知，R_t、R_i 介于 0～1，当 $R_i=0.5$ 时，F_i、T_i 相等，即化肥施用强度（化肥现状施用量）与化肥施用环境安全阈值相等，可以视为施肥环境安全的临界点。通过比较化肥施用强度与环境安全阈值的大小，可表征化肥施用的环境风险大小。

根据化肥施用强度超过化肥施用环境安全阈值的程度，刘钦普把化肥施用风险指数对应划分为 5 种程度，分别为安全、低度风险、中度风险、严重风险、极严重风险，如表 6-13 所示。

表 6-13　化肥施用环境风险指数分级

等级	R_t（或 R_i）	环境风险类型	分类依据
4	＞0.70	极严重风险	$F_i > 2.5T_i$
3	0.66～0.70	严重风险	$2T_i < F_i \leqslant 2.5T_i$
2	0.61～0.65	中度风险	$1.5T_i < F_i \leqslant 2T_i$
1	0.51～0.60	低度风险	$T_i < F_i \leqslant 1.5T_i$
0	≤0.50	环境安全	$F_i \leqslant T_i$

2. 鄂州市稻田作物化肥污染环境评价结果

本研究对 2007～2010 年鄂州市测土配方农田的施肥采样数据进行了统计分析，计算得出了鄂州市 2007～2010 年各乡镇稻田作物的平均产量，结果如表 6-14 所示。其中，基于泽林镇无稻–稻轮作采样点数据，将其他各乡镇早稻、晚稻产量平均值作为该镇早稻、晚稻平均产量结果。

表 6-14　鄂州市各乡镇稻田作物平均产量　　　　　　　　　　（单位：kg/hm^2）

区域	油菜	早稻	中稻	晚稻
碧石渡镇	2213	6122	7535	7762
东沟镇	2079	6470	7394	7944
杜山镇	2356	6364	7830	7960
段店镇	2166	6482	7416	8026
葛店镇	2242	6433	8620	8030
花湖镇	2012	6252	7206	8033
华容镇	2210	6198	7545	8066
梁子镇	2123	6330	7638	8068
临江乡	2082	6450	7510	8100

区域	油菜	早稻	中稻	晚稻
庙岭镇	2109	6300	6925	8108
蒲团乡	2137	6467	7725	8134
沙窝乡	2104	6450	7393	8137
太和镇	2131	6415	7125	8147
汀祖镇	2143	6415	7757	8151
涂家垴镇	2270	6572	7597	8154
新庙镇	2147	6535	7472	8161
燕矶镇	2278	6572	7560	8190
杨叶镇	2013	6502	7823	8220
泽林镇	2091	6361	7439	8250
长港镇	2282	6679	7826	8525
沼山镇	2259	6318	7226	8597

可以看出，鄂州市油菜产量为 2012～2356kg/hm²，平均值为 2164.14kg/hm²；早稻产量为 6122～6679kg/hm²，平均值为 6413.67kg/hm²；中稻产量为 6925～8620kg/hm²，平均值为 7550.57kg/hm²；晚稻产量为 7762～8597kg/hm²，平均值为 8131.57kg/hm²。其中，油菜平均产量＜早稻平均产量＜中稻平均产量＜晚稻平均产量，各乡镇作物平均产量相差不大。

利用表 6-14 中数据通过环境风险指数模型计算出总化肥施用环境安全阈值（表 6-15）及各单质肥料施用环境安全阈值（此处略）。由结果可知，各乡镇油菜总化肥施用环境安全阈值为 251.11～294.02kg/hm²，平均值为 270.07kg/hm²，其中，氮肥、磷肥、钾肥施用环境安全阈值平均分别为 135.04kg/hm²、67.52kg/hm²、67.52kg/hm²；早稻总化肥施用环境安全阈值为 235.09～256.46kg/hm²，平均值为 246.28kg/hm²，其中，氮肥、磷肥、钾肥施用环境安全阈值平均分别为 123.14kg/hm²、61.57kg/hm²、61.57kg/hm²；中稻总化肥施用环境安全阈值为 265.92～331.03kg/hm²，平均值为 289.94kg/hm²，其中，氮肥、磷肥、钾肥施用环境安全阈值平均分别为 144.97kg/hm²、72.49kg/hm²、72.49kg/hm²；晚稻总化肥施用环境安全阈值为 298.06～330.13kg/hm²，平均值为 312.25kg/hm²，其中，氮肥、磷肥、钾肥施用环境安全阈值平均分别为 156.12kg/hm²、78.06kg/hm²、78.06kg/hm²。从化肥施用环境安全阈值平均值来看，早稻＜油菜＜中稻＜晚稻。

表 6-15　鄂州市各乡镇稻田作物总化肥施用环境安全阈值　　　　（单位：kg/hm²）

区域	油菜	早稻	中稻	晚稻
碧石渡镇	276.12	235.09	289.33	298.06
东沟镇	259.45	248.44	283.93	305.05
杜山镇	294.02	244.39	300.67	305.66
段店镇	270.27	248.89	284.79	308.19
葛店镇	279.81	247.03	331.03	308.35
花湖镇	251.11	240.08	276.71	308.46
华容镇	275.85	238.00	289.73	309.74

区域	油菜	早稻	中稻	晚稻
梁子镇	264.90	243.05	293.29	309.82
临江乡	259.80	247.68	288.40	311.04
庙岭镇	263.20	241.92	265.92	311.34
蒲团乡	266.64	248.31	296.65	312.34
沙窝乡	262.56	247.68	283.91	312.44
太和镇	265.93	246.35	273.59	312.85
汀祖镇	267.40	246.34	297.88	312.98
涂家垴镇	283.34	252.36	291.72	313.13
新庙镇	268.00	250.94	286.92	313.40
燕矶镇	284.28	252.36	290.31	314.48
杨叶镇	251.19	249.69	300.41	315.65
泽林镇	260.91	244.25	285.64	316.80
长港镇	284.82	256.46	300.52	327.38
沼山镇	281.90	242.60	277.50	330.13

进一步计算各乡镇稻田作物的总化肥施用环境风险指数、各单质肥料施用环境风险指数，结果分别如表6-16、表6-17所示。从表6-16可以看出，鄂州市各乡镇油菜的总化肥施用环境风险级别多为安全，早稻、中稻、晚稻的总化肥施用环境风险级别大都处于低度风险状态，特别是早稻仅有新庙镇环境风险级别为安全，而其他乡镇均为低度风险，表明鄂州市进行测土配方推荐施肥之后，各乡镇水稻种植阶段化肥施用量仍然超过化肥施用环境安全阈值，施肥的不合理性与环境污染的可能性依旧存在，仍需要对化肥的施用进行调控与管理。而找出施肥造成环境污染的可能性原因及其对环境的污染程度是接下来的研究重点，也是施肥方案进行合理性优化、采取针对性优化措施的必要过程。

表6-16　鄂州市各乡镇稻田作物总化肥施用环境风险级别

区域	油菜	早稻	中稻	晚稻
碧石渡镇	安全	低度风险	低度风险	低度风险
东沟镇	安全	低度风险	安全	低度风险
杜山镇	安全	低度风险	低度风险	低度风险
段店镇	安全	低度风险	安全	低度风险
葛店镇	安全	低度风险	低度风险	安全
花湖镇	安全	低度风险	低度风险	低度风险
华容镇	低度风险	低度风险	低度风险	低度风险
梁子镇	安全	低度风险	低度风险	安全
临江乡	安全	低度风险	安全	低度风险
庙岭镇	安全	低度风险	低度风险	安全
蒲团乡	低度风险	低度风险	低度风险	低度风险
沙窝乡	安全	低度风险	低度风险	低度风险

续表

区域	油菜	早稻	中稻	晚稻
太和镇	低度风险	低度风险	低度风险	安全
汀祖镇	安全	低度风险	低度风险	低度风险
涂家垴镇	安全	低度风险	低度风险	低度风险
新庙镇	安全	安全	安全	安全
燕矶镇	安全	低度风险	低度风险	低度风险
杨叶镇	低度风险	低度风险	低度风险	低度风险
泽林镇	安全	低度风险	安全	低度风险
长港镇	安全	低度风险	低度风险	低度风险
沼山镇	低度风险	低度风险	低度风险	低度风险

表 6-17　鄂州市各乡镇稻田作物单质肥料施用环境风险指数

区域	油菜			中稻		
	氮肥	磷肥	钾肥	氮肥	磷肥	钾肥
碧石渡镇	0.53	0.35	0.40	0.59	0.43	0.45
东沟镇	0.56	0.36	0.41	0.54	0.41	0.43
杜山镇	0.56	0.36	0.40	0.52	0.53	0.53
段店镇	0.56	0.34	0.38	0.52	0.40	0.42
葛店镇	0.56	0.38	0.42	0.56	0.41	0.43
花湖镇	0.56	0.36	0.39	0.52	0.48	0.47
华容镇	0.56	0.40	0.43	0.59	0.40	0.43
梁子镇	0.53	0.32	0.40	0.62	0.37	0.42
临江乡	0.55	0.35	0.39	0.53	0.43	0.44
庙岭镇	0.55	0.38	0.39	0.59	0.38	0.39
蒲团乡	0.57	0.38	0.44	0.61	0.46	0.47
沙窝乡	0.56	0.35	0.40	0.51	0.48	0.49
太和镇	0.56	0.37	0.42	0.59	0.37	0.42
汀祖镇	0.54	0.37	0.41	0.61	0.47	0.47
涂家垴镇	0.54	0.37	0.39	0.59	0.37	0.39
新庙镇	0.54	0.39	0.28	0.57	0.40	0.28
燕矶镇	0.54	0.37	0.41	0.57	0.42	0.43
杨叶镇	0.58	0.40	0.44	0.62	0.43	0.45
泽林镇	0.55	0.37	0.42	0.53	0.40	0.43
长港镇	0.56	0.44	0.21	0.52	0.47	0.47
沼山镇	0.57	0.38	0.42	0.57	0.42	0.44
区域	早稻			晚稻		
	氮肥	磷肥	钾肥	氮肥	磷肥	钾肥
碧石渡镇	0.61	0.40	0.43	0.57	0.43	0.45

续表

区域	早稻			晚稻		
	氮肥	磷肥	钾肥	氮肥	磷肥	钾肥
东沟镇	0.62	0.47	0.35	0.57	0.42	0.44
杜山镇	0.64	0.56	0.00	0.56	0.49	0.48
段店镇	0.61	0.48	0.24	0.54	0.44	0.45
葛店镇	0.58	0.35	0.40	0.53	0.38	0.41
花湖镇	0.62	0.52	0.16	0.56	0.47	0.46
华容镇	0.60	0.36	0.41	0.57	0.35	0.39
梁子镇	0.58	0.35	0.42	0.58	0.32	0.37
临江乡	0.61	0.48	0.23	0.54	0.44	0.45
庙岭镇	0.57	0.37	0.39	0.55	0.38	0.37
蒲团乡	0.61	0.43	0.41	0.58	0.48	0.47
沙窝乡	0.63	0.54	0.14	0.56	0.49	0.50
太和镇	0.62	0.46	0.34	0.55	0.43	0.31
汀祖镇	0.60	0.43	0.34	0.58	0.43	0.44
涂家垴镇	0.58	0.46	0.23	0.56	0.40	0.41
新庙镇	0.57	0.38	0.33	0.53	0.33	0.31
燕矶镇	0.60	0.46	0.34	0.59	0.44	0.45
杨叶镇	0.59	0.43	0.38	0.57	0.42	0.43
泽林镇	0.62	0.46	0.33	0.58	0.44	0.44
长港镇	0.63	0.57	0.00	0.56	0.51	0.52
沼山镇	0.61	0.41	0.39	0.60	0.36	0.37

此外，从表 6-17 可以看出，鄂州市各乡镇的化肥施用环境风险级别为低度风险的主要原因在于氮肥过量施用。除早稻外，各乡镇氮肥施用环境风险指数基本在 0.5～0.6，属于低度风险，而早稻氮肥施用环境风险指数大部分在 0.61～0.65，属于中度风险；中稻、晚稻也有部分乡镇氮肥施用环境风险等级为中度风险，如梁子镇、蒲团乡、杨叶镇等，表明鄂州市各乡镇稻田作物氮肥施用具有较高的环境污染风险，需要引起格外警惕。磷肥、钾肥施用环境风险指数基本小于 0.5，属于安全级别，但杜山镇、花湖镇、沙窝乡、长港镇早稻磷肥及杜山镇中稻、长港镇晚稻磷钾肥施用环境风险指数均大于 0.5，属于低度风险，施肥尚有调整空间。而钾肥施用虽然基本处于安全级别，但在 25 个杜山镇早稻施肥样点及 35 个长港镇早稻施肥样点中，钾肥的施用量为零，其他地区的钾肥施用量也相对偏少，施肥结构明显不够合理，需要在保证环境风险较低的前提下尽量提高钾肥的施用量，这对土壤肥力的提升、作物产量的提高均有较大作用。

3. 小结

对鄂州市各乡镇稻田作物施肥状况进行了初步分析，并对稻田作物施肥状况开展了化肥施用环境风险评价，得出了以下结论。

从播种面积来看，鄂州市油菜、早稻、中稻、晚稻单季施肥量分别为 207.39kg/hm²、

266.93kg/hm²、293.03kg/hm²、315.53kg/hm²，除油菜外，早稻、中稻、晚稻单季施肥量均超过了国际公认的化肥施用环境安全上限 225kg/hm²，分别是我国国家环境保护总局 2007 年规定的生态县建设化肥施用负荷标准 250kg/hm² 的 1.07 倍、1.17 倍、1.26 倍，表明鄂州市虽然在全域推广了测土配方施肥方法，但其稻田作物仍然存在一定程度的过量施肥情况。

除油菜的总化肥施用环境风险级别多为安全之外，早稻、中稻、晚稻的总化肥施用环境风险级别大都处于低度风险状态，表明鄂州市在实施测土配方推荐施肥之后，各乡镇水稻种植阶段化肥施用的不合理性与环境污染的可能性依旧存在，仍需要对化肥的施用进行调控与管理。

除早稻外，各乡镇氮肥施用环境风险指数基本大于 0.5，属于低度风险，而早稻氮肥施用环境风险指数大部分在 0.61～0.65，属于中度风险，需要严格控制氮肥用量；钾肥虽然基本处于安全级别，但钾肥的施用量相对偏少，施肥结构不够合理，需要在保证环境污染风险较低的前提下尽量提高钾肥的施用量。

6.2.2　稻田肥力和施肥量与水稻产量的定量关系研究

本研究以湖北省鄂州市试验区为研究区域，将肥力水平研究所广泛用到的测土配方施肥技术与施肥量研究中广泛用到的 DNDC 模型相结合，研究耕地肥力和施肥量对水稻产量的影响与作用关系，揭示它们对水稻产量的相对贡献率。同时通过对模型模拟结果进行定量分析，揭示出特定耕地肥力条件和施肥方案下水稻的产量规律。

6.2.2.1　水稻产量对耕地肥力的敏感性分析

为了更加准确地把握耕地土壤肥力对水稻增产的作用，需要进行水稻产量参数的敏感性分析。因变量是水稻的籽粒碳产量，自变量包括研究变量和控制变量。研究变量指的是耕地土壤各项与稻田肥力相关的指标；控制变量是除研究变量之外的变量，是其他影响水稻籽粒碳产量变化的因素。根据 DNDC 模型的四大基本驱动因子，本研究选取了 8 个研究变量和若干控制变量。根据所查阅的文献，本研究选取的研究变量为土壤初始有机碳（SOC）含量、容重、顶部均匀土层厚度、下层有机碳递降率、黏土含量、田间持水量、孔隙度、pH。其余涉及水稻种植的变量均为控制变量，包括 DNDC 基础参数中的土壤参数、作物参数、田间管理参数和气象参数。为了保持控制变量不变，除研究变量以外的土壤参数均采用鄂州市 804 个测土配方采样点的平均值。

采用敏感性指数（sensitivity index，SI）来评估各个土壤肥力参数对水稻籽粒碳产量的影响，其函数表达式为

$$SI(i) = \frac{\Delta O / O}{\left| \Delta F(i) / F(i) \right|} \tag{6-6}$$

式中，SI(i) 表示第 i 个土壤参数的敏感性指数；O 为水稻产量，ΔO 为水稻产量的变化量；F(i) 为第 i 个研究变量，即耕地土壤的肥力指标；$\Delta F(i)$ 为 F(i) 相对于基准值的变化量。每次运行 DNDC 模型时，在 F(i) 的基准值上分别变化±10%，F(i) 的基准值同样采用鄂州市测土配方采样点的平均数据。计算得到的 SI 绝对值越大，表示水稻产量对模型中该项自变量的敏感性越高，模拟结果与该项土壤肥力参数的相关性越强。SI 为正值时，模拟结果与研究变量为正相关；SI 为负值时，模拟结果与研究变量为负相关。敏感性分析的结果如图 6-1 所示。

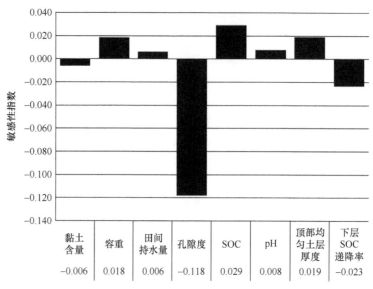

	黏土含量	容重	田间持水量	孔隙度	SOC	pH	顶部均匀土层厚度	下层SOC递降率
	-0.006	0.018	0.006	-0.118	0.029	0.008	0.019	-0.023

图 6-1 土壤肥力参数的敏感性指数

由敏感性分析结果可知，在各项土壤肥力参数中，土壤孔隙度、初始有机碳含量、下层有机碳递降率对水稻籽粒碳产量的影响较大。综合来看，对水稻籽粒碳产量影响最大的是土壤孔隙度，达到了 -0.118，孔隙度的增大会显著阻碍水稻籽粒碳产量的提高。在 8 项土壤肥力指标中，水稻籽粒碳产量增加对土壤初始有机碳含量和其下层递降率的敏感性较高，敏感性指数分别为 0.029 和 -0.023。其中，土壤孔隙度、下层有机碳递降率和黏土含量为负相关因子，其余参数均为正相关因子。

6.2.2.2　综合肥力评价与等级划分

本研究通过文献查阅，基于全国第二次土壤普查推荐的土壤养分等级分级标准，分别确定了稻田土壤肥力 8 项主要指标的分级标准（表 6-18）。

表 6-18　鄂州市耕地土壤肥力评价分级标准

评价/评分	SOC/(g/kg)	碱解氮/(mg/kg)	有效磷/(mg/kg)	有效钾/(mg/kg)	有效锌/(mg/kg)	有效硼/(mg/kg)	有效硅/(mg/kg)	ΔpH
极高/100	>20	>120	>40	>200	<0.3	<0.2	>230	<0.4
高/80	16~20	90~120	20~40	150~200	0.3~0.5	0.2~0.5	115~230	0.4~0.8
中/60	13~16	60~90	10~20	90~150	0.5~1.0	0.5~1.0	70~115	0.8~1.2
低/40	9~13	45~60	5~10	30~90	1.0~3.0	1.0~2.0	25~70	1.2~1.6
极低/20	<9	<45	<5	<30	>3.0	>2.0	<25	>1.6

注：ΔpH 指样本的 pH 与基准值（pH=6.2）之差的绝对值

在确定土壤各项主要指标分级标准的基础上，参考前文水稻籽粒碳产量敏感性分析结果，适当调整相关指标的权重，对敏感性较强的指标赋予较高的权重，对敏感性较弱的指标赋予较低的权重，最终确定的鄂州市土壤肥力指标权重结果见表 6-19。

表 6-19　鄂州市土壤肥力评价指标权重

指标	SOC	碱解氮	有效磷	有效钾	有效锌	有效硼	有效硅	ΔpH	合计
权重	0.32	0.25	0.15	0.15	0.01	0.01	0.01	0.10	1.00

　　最终建立了鄂州市测土配方施肥试验区的土壤综合肥力指数（integrated fertility index, IFI）评价模型［式（6-7）］。这一模型基于指标加权法，将各指标的指标值量化为相同量纲的分值，再依据相关的分析结果确定权重，对土壤肥力的各指标综合统筹考虑。依据这个土壤综合肥力指数评价模型，对湖北鄂州研究区 804 个采样点的稻田进行土壤肥力定量评价，确定相应的土壤综合肥力指数 IFI。

$$IFI = \sum_{j}^{N}(W_j F_j) \tag{6-7}$$

式中，W_j 表示第 j 个评价指标的权重；F_j 表示第 j 个评价指标的隶属度。j 在本研究中取值范围为 1～8，最大值 N 等于 8，分别代表 8 个表示土壤肥力水平的指标。IFI 越大表明该采样点的初始土壤肥力条件越好。

　　根据最终的土壤综合肥力指数，对 804 个样本进行等级划分，一共划分为 3 个级别：IFI≥75 为土壤肥力 Ⅰ 级，包含 95 个样本；60≤IFI<75 为土壤肥力 Ⅱ 级，包含 416 个样本；IFI<60 为土壤肥力 Ⅲ 级，包含 293 个样本。鄂州市测土配方施肥试验中采样稻田的土壤参数统计结果如表 6-20 所示。

表 6-20　鄂州市土壤肥力评价参数统计表

参数	最大值	最小值	平均值	中位值	标准差	峰度	偏度
SOC/(g/kg)	28.20	6.20	14.20	14.01	4.11	0.32	0.46
碱解氮/(mg/kg)	213.60	30.10	92.57	90.40	27.68	2.11	1.11
有效磷/(mg/kg)	49.60	4.00	16.68	13.45	9.44	1.36	1.37
有效钾/(mg/kg)	261.00	23.00	112.23	105.00	52.22	1.08	1.00
有效锌/(mg/kg)	6.30	0.27	0.85	0.75	0.43	50.96	5.00
有效硼/(mg/kg)	1.49	0.13	0.62	0.60	0.23	1.09	0.73
有效硅/(mg/kg)	923.10	181.30	444.44	430.81	117.68	1.23	0.79
土壤 pH	8.10	4.10	6.16	6.10	0.95	−0.81	0.08
土壤综合肥力指数	90.20	35.60	63.40	63.00	9.74	−0.22	0.15

　　由表 6-20 可知，总体上鄂州市的耕地土壤成分较为合理，较为适宜水稻的种植，主要表现为土壤有机碳和碱解氮的含量较为可观，呈弱酸性（pH 在 6～6.5）。另外，从标准差可以看到，土壤碱解氮和有效钾含量的个体差异较大，采样点稻田的数值分布跨度较大。

　　根据最终得到的 IFI 可知：鄂州市水稻田 IFI 个体间的离散程度较大，水稻田土壤质量差异较为明显。而且 IFI 的偏度值为正，表示其在平均值两侧的分布并不均衡，对称分布具有右偏态，数据位于平均值右侧的比位于左侧的少。另外，因为有少数变量值特别大，使曲线右侧尾部拖得很长，这一趋势在土壤有效锌的数据中反映得最为显著，说明有个别样本的有效锌含量极高，应被视为特殊值。

6.2.2.3 基于 DNDC 模型的水稻产量对肥力水平和施肥量变化的响应模拟

本研究利用经过预先验证和参数校正的 DNDC 模型来模拟不同耕地综合肥力等级输入条件与不同施肥量方案下鄂州市水稻产量的变化，以综合分析不同耕地综合肥力等级梯度下施肥量与水稻籽粒碳产量的耦合关系。

出于对实际生产的考虑，本研究中的水稻产量具体指的是水稻的籽粒碳产量，籽粒有机质的积累主要与作物的氮吸收有关，因此本研究中施肥方案的设置仅考虑氮肥的施肥量。试验具体操作如下。

选取同一耕地综合肥力等级的所有试验田为一组，每一组水稻田设置 6 种施肥量处理方案：F0，对照组不施肥；F1，在当地农民习惯基础上减少 50% 施肥量；F2，在当地农民习惯基础上减少 25% 施肥量；F3，按照当地农民习惯施肥，为鄂州市水稻种植的平均施肥量 160kg N/hm^2；F4，在当地农民习惯基础上增加 25% 施肥量；F5，在当地农民习惯基础上增加 50% 施肥量。

试验以鄂州市水稻种植的平均施肥量 160kg N/hm^2（基准值）作为 F3 的模拟输入施肥参数，并在此基础上分别变化 ±25%、±50%。试验所用的气象数据采用中国气象局鄂州市气象站（区站号 57496）的 2017 年每日气象数据，包括日最高气温、日最低气温、日均温、日均降雨量、日均湿度、最大风速、平均风速等。其余模型所需土壤参数均采用鄂州市测土配方施肥试验的平均值；作物参数采用本研究对 DNDC 模型验证后校正的参数；田间管理参数采用当地农民习惯的播种、犁地、灌溉、收获等劳作时间和方案。

利用 DNDC 模型点位模拟中的施肥模块模拟不同耕地综合肥力等级输入条件下水稻产量对施肥量变化的响应，以及可获得的最大水稻籽粒产量。不同综合肥力等级下的耕地施肥量模拟中，水稻产量取同组所有样本水稻籽粒碳产量的平均值，然后对模拟的耕地综合肥力等级和施肥量及相应的水稻产量进行分析，分析结果的统计如表 6-21 所示。

表 6-21 鄂州市耕地水稻产量模拟

肥力等级	产量/(kg/hm^2)					
	F0	F1	F2	F3	F4	F5
Ⅰ级	721.83	1762	2554	3228	3455	3455
Ⅱ级	601.00	1289	2116	2846	3400	3455
Ⅲ级	556.00	1112	1943	2676	3303	3455

由表 6-21 和图 6-2 的 DNDC 模型水稻产量模拟结果可知：在同一等级的耕地综合肥力下，水稻产量会随着施肥量的增加呈现持续增加的趋势，但是施肥量的增加导致作物从肥料中获取氮素而增产的量不断减少，对基础地力中氮素的利用率不断减小，因此随着施肥量的增加，产量的增长幅度显著减小。水稻产量的增长整体符合边际递减规律：增加相同幅度的施肥量，增产趋势越来越平缓。在施肥量达到特定的数值之后，Ⅰ级、Ⅱ级、Ⅲ级综合肥力等级的土地先后依次达到当年鄂州市自然地理条件下平均可达到的水稻最大产量 3455kg/hm^2。

不同综合肥力等级下水稻产量对施肥量的响应存在差异。由图 6-2 可知，不同耕地综合肥力等级的稻田，在不施肥条件下产量差距不大，均较为低下。在施肥量为 F0 至 F3 时，Ⅰ级土地的优势较为明显，水稻产量增长较Ⅱ级、Ⅲ级土地更为显著。另外，耕地综合肥力为

Ⅰ级的土地最先达到最大产量，Ⅱ级土地次之，Ⅲ级土地最晚，且并非所有Ⅲ级土地的产量都能达到 3455kg/hm² 这一数值。在 F3 左侧，即施肥量＜100% 时，耕地综合肥力为Ⅰ级的土地产量对施肥量增加的响应较好，而在 F3 右侧，即施肥量＞100% 时，Ⅱ级和Ⅲ级土地产量对施肥量增加的响应更好。这表明当达到当地农民习惯施肥量水平后，Ⅰ级土地的增产效果将不再明显，增加施肥量这一举措的意义不大，而对于Ⅱ级和Ⅲ级土地，增施化肥仍然能够有效提高水稻产量。

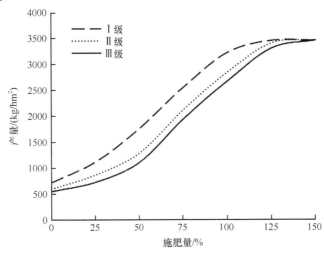

图 6-2　鄂州市各级稻田水稻产量模拟

6.2.2.4　耕地肥力和施肥量与水稻产量的综合定量关系

为了深入研究鄂州市水稻产量对耕地肥力水平和施肥量变化的响应，本研究采用 SPSS 22.0 软件来实现多项式拟合。以土壤综合肥力指数 IFI 及施肥量 F 为自变量，水稻籽粒碳产量 Y 为因变量，得到了鄂州市水稻产量和土壤综合肥力指数、施肥量的拟合函数，用于综合分析不同土壤综合肥力指数下施肥量与水稻产量的耦合关系。

为了统一各变量的单位，施肥量 F 以当地农民习惯施肥量（F3）基准值为标准量，取值 100。水稻产量 Y 以 DNDC 模型模拟的最高产量 3455kg/hm² 为标准量，取值 100。土壤综合肥力指数 IFI 以满分 100 为标准量，取值 100。回归结果显示，水稻产量模拟值与实测值的线性拟合方程为一次多项式：$Y = 0.246 \times \text{IFI} + 0.597 \times F + 1.658$，拟合结果的 R^2 达到 0.936，调整后的可决系数达到 0.934，$P < 0.01$ 表明模型拟合较为理想。最后利用鄂州市试验区的稻田数据检验，结果显示拟合精度符合回归要求。

上述土壤综合肥力指数 IFI 和施肥量 F 与水稻产量 Y 的综合定量关系函数式表明，土壤综合肥力指数和施肥量的共同提升有利于水稻产量的增加。而且比较自变量的标准化回归系数可知，在去除量纲的前提下，F 的标准化系数为 0.957，明显大于 IFI 的标准化系数 0.140，这表明在保持其他因素不变的情况下，施肥量对水稻增产的贡献要远大于耕地土壤肥力水平。施肥量与土壤综合肥力指数标准化系数的比值即相对贡献率比值约为 6.84。因此，在一定条件下，相较于提升耕地整体肥力水平，增加施肥量是更为高效和便捷的增产手段。同时，农户可以参考这一定量关系模型，预估某一耕地达到理想水稻产量所需的最小施肥量，从而有效削减化肥施用量，避免过量施肥，实现粮食生产的生态和经济效益耦合。

6.2.2.5 小结

本研究首先利用 2007～2010 年鄂州市测土配方施肥试验中的气象、作物、土壤、田间管理数据对 DNDC 模型进行检验和参数校正。然后通过水稻产量参数的敏感性分析来研究土壤肥力对水稻增产的作用。再参考敏感性分析结果，建立土壤综合肥力指数评价模型，对鄂州市 804 个测土采样点样本进行定量评价，并划分为 3 个等级。最后利用该模型模拟鄂州市不同耕地综合肥力等级和施肥量下的水稻籽粒碳产量，并利用 SPSS 软件分析它们之间的定量关系。本研究得到的主要成果和结论如下。

通过对测土配方施肥试验采样点的统计分析，构建了 DNDC 模型基础数据库，包括气象参数数据、土壤参数数据、植被参数数据和田间管理参数数据。基于这 4 项基础数据，验证 DNDC 模型模拟的鄂州市水稻籽粒碳产量，结果显示，模型的模拟效果较好，模拟精度较高，决定系数达到了 0.992，均方根误差为 2.6%，均表明拟合结果相关性达到了显著水平。

土壤肥力 8 项指标的敏感性分析结果表明，对水稻籽粒碳产量影响最大的是土壤孔隙度。而土壤初始有机碳含量是水稻籽粒增产的一大决定要素，水稻增产对土壤初始有机碳含量和下层有机碳递降率的敏感性较高。其中，土壤孔隙度、下层有机碳递降率和黏土含量为负相关因子，其余参数均为正相关因子。

通过对湖北鄂州研究区 804 个采样点的稻田进行耕地肥力定量评价和综合肥力等级划分，将耕地分为 3 个级别，包括 I 级地样本 95 个、II 级地样本 416 个、III 级地样本 293 个。耕地肥力评价结果表明，鄂州市水稻田土壤综合肥力指数的个体间离散程度较大，土壤质量差异较为明显。

基于 DNDC 模型的水稻产量对肥力水平和施肥量（出于对实际生产的考虑，本研究中的水稻产量具体指的是水稻的籽粒碳产量，籽粒有机质的积累主要与作物的氮吸收有关，因此本研究中施肥方案的设置仅考虑氮肥的施肥量）变化的响应模拟结果显示：在同一等级的耕地综合肥力水平下，水稻籽粒碳产量会随着施肥量的增加呈现持续增加的趋势，同时水稻籽粒碳产量的增长整体符合边际递减规律。在施肥量达到特定的数值之后，I 级、II 级、III 级肥力等级的土地先后达到模拟年份可达到的水稻最大籽粒碳产量。

研究以土壤综合肥力指数 SF 及施肥量 F 为自变量，水稻籽粒碳产量 Y 为因变量，得到了鄂州市水稻产量和土壤综合肥力指数、施肥量的线性拟合函数。结果表明，SF 和 F 的共同提升有利于水稻籽粒产量的增加。而且施肥量对水稻增产的贡献大于耕地肥力水平对水稻增产的贡献，二者标准化系数比值即相对贡献率比值约为 6.84。证明了在特定条件下，增加施肥量是提高水稻单产的有效措施。

6.2.3 基于 DNDC 模型测算稻田作物环境排放

由于农业模型需要应用到不同的田间管理实践和土壤气候条件中，因此要对模型参数进行校验，而对模型参数评估主要是要尽可能缩小模型模拟值和试验实测值之间的差异，降低误差，以确保模型模拟的结果与测量结果相符合，即提高模拟的合理性与精确性（李虎，2006）。也就是要进行点位模拟来验证、校正模型，确保该模型在研究区的适用性，需要输入点位的土壤、气候、作物、农田管理等参数，对作物籽粒碳产量和温室气体排放进行模拟。

6.2.3.1　产量验证

本研究通过对鄂州市测土配方施肥田间试验中 38 个水稻采样点及 6 个油菜采样点进行点位模拟，获取了各样点作物的模拟籽粒碳产量。DNDC 模型模拟产量为作物籽粒碳产量，而田间实测产量数据为作物实际产量，由于 DNDC 模型默认作物实际产量与作物籽粒碳产量之间的换算系数为 0.4（周文强等，2017），因此可大致推算出田间实测作物籽粒碳产量。为检验模拟值与实测值的拟合程度，本研究分别采用标准均方根误差（nRMSE）和相关系数（R^2）来进行验证。根据 Gjettermanna 提出的 nRMSE 小于 25% 才表示模型的模拟成效较好，其值在 25%～30% 为可接受的限度。其计算公式为

$$nRMSE = \sqrt{\frac{1}{n}\sum_{i=1}^{n}\frac{(P_i - O_i)^2}{O_m^2}} \qquad (6\text{-}8)$$

式中，P_i 为模拟值；O_i 为实测值；O_m 为实测值的平均值；n 为样本容量。

水稻籽粒碳产量模拟值与实测值的线性拟合方程为 $y=1.016x-100.935$，R^2 为 0.786，$P=0.001$（图 6-3）。油菜籽粒碳产量模拟值与实测值的线性拟合方程为 $y-0.74x+175.979$，R^2 为 0.946，$P=0.001$（图 6-4）。模拟值与实测值相关性均达到了极显著水平。此外，统计得出水稻、油菜籽粒碳产量的 nRMSE 分别为 4.87%、10.5%，说明 DNDC 模型对鄂州市作物产量的模拟精度较好。

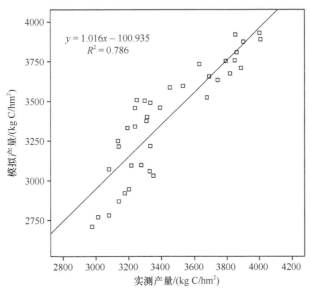

图 6-3　水稻籽粒碳产量点位验证结果

6.2.3.2　气体排放验证

以往利用 DNDC 模型模拟稻田温室气体排放的相关研究大多是通过在某一田间开展田间温室气体排放测量来进行实测值与模拟值的相关性分析。但由于温室气体收集装置较为复杂，设备较为昂贵，仅部分专业的农业试验站有所配备（周文强等，2017）。本研究所收集的测土配方施肥田间实测数据并没有温室气体排放数据的相关记录，且田间实测数据分布于鄂州市内多个乡镇，同时气体排放数据采集难度较大，很难开展温室气体排放的实测工作。因此，本研究借助已经公开发表的论文，将其实测的气体排放系数作为本研究气体排放田间试验的

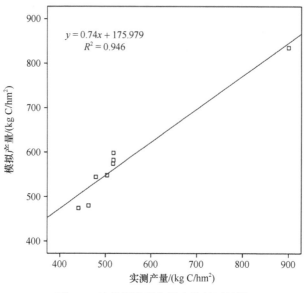

图 6-4　油菜籽粒碳产量点位验证结果

理论系数，进而通过 DNDC 模型点位模拟得到的气体模拟与理论排放系数之间的关系来验证 DNDC 模型能否较为准确地测算鄂州市气体排放情况。大量研究证明，N_2O 排放、NH_3 挥发与氮肥施用都具有较高的正向关系，因此考虑用 N_2O、NH_3 排放系数来验证 DNDC 模型模拟的适用性，相关学者的研究内容如表 6-22 所示。

表 6-22　不同学者模拟稻田作物气体排放的成果

文献	地点	观察时间	种植制度	施肥及施肥量/(kg N/hm²)	实测值/(kg N/hm)	排放系数/%
邹凤亮等（2018）	江汉平原	2016 年	油–稻	稻季：复合肥 105+尿素 107	N_2O 4.95	2.33
				油菜季：复合肥 120+尿素 52	N_2O 10.15	5.90
赵苗苗等（2019）	江西泰和	2016 年	稻–稻	复合肥 72+化肥 108	N_2O 1.46	0.80
杨波（2015）	江苏常熟	2011～2014 年	稻–麦	稻季：氮肥 240	N_2O 0.29～0.81	0.12～0.34
				麦季：氮肥 240	N_2O 1.46～2.28	0.61～0.95
杨士红等（2012）	江苏昆山	2009 年	水稻	淹灌+传统施肥：氮肥 324.6	NH_3 71.65	22.10
				淹灌+控制施肥：氮肥 184.88	NH_3 48.03	25.98
				控灌+传统施肥：氮肥 324.6	NH_3 58.35	17.97
				控灌+控制施肥：氮肥 184.88	NH_3 39.63	21.44

可以看出，水稻种植过程中 N_2O 的排放系数范围在 0.12%～2.33%，油菜种植过程中 N_2O 的排放系数在 5.9%。而暂未找到相关文献提出的油菜种植的 NH_3 排放系数，因此以 Saggar 等（2013）提出的华北农田的 NH_3 挥发系数为参考，油菜种植的 NH_3 排放系数在 11%～48%；水稻种植的 NH_3 排放系数在 17.97%～25.98%。

在对水稻、油菜田间测土配方施肥采样数据进行 DNDC 模拟之后，发现水稻平均 NH_3 排放系数在 21.97%～31.08%，略高于杨士红等的研究结果，但基本符合相关研究结果；油菜平均 NH_3 排放系数在 19.6%～28.6%，也符合相关研究结果。水稻 N_2O 排放系数模拟结果在

0.1%～1.03%，油菜 N$_2$O 排放系数模拟结果在 0.54%～0.73%，均符合相关研究结论。表明 DNDC 模型能够较好地模拟鄂州市气体排放情况，适用于该区域。

6.2.3.3　区域模拟数据库构建

区域模拟是点位模拟在空间上的进一步扩展，即将区域划分为多个基本单元，并假设单元内部各种条件都是均匀的，基于所有单元构建一个区域系统数据库。该数据库包含了模拟区域中各单元气候、土壤、植被和农田管理等方面的信息，DNDC 模型对所有单元进行逐一模拟，最后进行加和得到区域模拟结果（张婷婷，2011）。

以 DNDC95 模型为例，支持 DNDC 模型区域模拟的数据库包括 7 个地理信息系统文件、1 个土壤数据库、1 个气象数据库和 1 个作物数据库。7 个地理信息系统文件包括与格点坐标相关联的地理信息数据，如地理位置、气象台站标号、土壤特性、作物种类、农田管理措施等。其中，农田管理数据库包含施肥种类及比例，犁地、灌溉及施肥时间，耕作深度，灌溉方式，烤田时长，灌溉比例，秸秆还田率等；土壤数据库包含各类土壤特性，稻-稻、油-稻两种轮作方式的土壤有机碳含量，土壤 pH 及容重的最大和最小值；气象数据库包含各气象台站的逐日最高气温、最低气温及降雨量数据；作物数据库包含水稻、油菜两种作物的品种、收播时间等物候学参数、需水量及生长积温、各乡镇主要稻田作物的种植面积。

1. 土壤数据库

由于 DNDC 模型的区域模拟会以土壤最大、最小敏感性参数分别进行两轮模拟，因此本研究对 2009～2010 年 921 个测土配方施肥土壤采样点按照乡镇级别进行分类，剔除异常值之后对各乡镇土壤样点参数进行统计分析，获取各乡镇稻-稻、油-稻两种轮作方式的土壤有机碳（SOC）含量、容重、pH 的最大值和最小值（表 6-23），以此建立 DNDC 模型区域模拟土壤数据库，并以平均值作为最终输出结果。结合鄂州市土壤图可知，鄂州市农田土壤多为潴育水稻土及潜育水稻土，土壤质地多为砂质壤土及砂质黏壤土，土壤黏粒含量多在 9%～27%。

表 6-23　鄂州市各乡镇不同轮作方式下的稻田主要土壤参数

区域		土壤有机碳/(g/kg)		土壤 pH		土壤容重/(g/cm^3)	
		最大值	最小值	最大值	最小值	最大值	最小值
稻-稻	碧石渡镇	17.87	4.62	7.5	4.1	1.56	1.25
	东沟镇	22.85	8.29	8.1	4.5	1.39	1.13
	杜山镇	26.86	8.29	7.7	4.1	1.38	1.08
	段店镇	23.38	10.38	7.8	4.3	1.35	1.12
	葛店镇	22.16	6.21	7.6	4.2	1.44	1.22
	花湖镇	26.45	9.69	8.1	4.4	1.36	1.08
	华容镇	23.78	5.97	7.7	4.3	1.45	1.12
	梁子镇	23.43	11.43	7.8	4.4	1.32	1.12
	临江乡	24.30	6.21	7.8	4.1	1.43	1.10
	庙岭镇	23.61	6.21	7.4	4.5	1.43	1.11
	蒲团乡	22.97	6.21	8.0	4.1	1.44	1.13

区域		土壤有机碳/(g/kg)		土壤 pH		土壤容重/(g/cm³)	
		最大值	最小值	最大值	最小值	最大值	最小值
稻-稻	沙窝乡	22.91	7.31	7.5	4.2	1.41	1.12
	太和镇	27.49	6.21	8.0	4.4	1.46	1.07
	汀祖镇	27.49	6.21	7.8	4.4	1.43	1.06
	涂家垴镇	24.30	6.21	6.9	4.1	1.44	1.11
	新庙镇	28.19	6.21	8.0	4.2	1.44	1.02
	燕矶镇	24.59	6.50	7.8	4.3	1.42	1.09
	杨叶镇	25.70	5.34	8.0	4.4	1.47	1.09
	泽林镇	23.38	6.84	7.8	4.3	1.41	1.14
	长港镇	26.45	6.21	7.7	5.3	1.40	1.08
	沼山镇	22.39	8.00	6.9	4.1	1.39	1.19
平均值		24.31	6.93	7.70	4.30	1.42	1.12
油-稻	碧石渡镇	23.67	8.58	7.8	4.1	1.39	1.12
	东沟镇	20.07	10.15	7.9	4.7	1.35	1.18
	杜山镇	24.01	6.21	7.9	4.2	1.44	1.11
	段店镇	23.61	10.67	7.5	4.5	1.34	1.12
	葛店镇	24.83	6.84	7.8	4.1	1.42	1.09
	花湖镇	25.12	5.68	8.0	4.3	1.45	1.08
	华容镇	26.10	6.21	7.8	4.3	1.44	1.07
	梁子镇	23.61	6.21	7.0	4.9	1.43	1.12
	临江乡	23.61	10.67	7.8	4.4	1.34	1.10
	庙岭镇	24.01	9.92	7.5	4.6	1.30	1.13
	蒲团乡	20.71	6.21	8.0	4.9	1.44	1.17
	沙窝乡	25.12	7.42	8.0	4.1	1.41	1.10
	太和镇	25.41	6.21	7.8	4.2	1.43	1.08
	汀祖镇	26.86	7.13	7.6	4.2	1.40	1.07
	涂家垴镇	21.93	6.21	6.9	4.5	1.43	1.13
	新庙镇	26.45	6.21	7.4	5.2	1.44	1.08
	燕矶镇	25.87	6.21	8.0	4.1	1.44	1.09
	杨叶镇	17.63	7.02	8.0	4.1	1.39	1.23
	泽林镇	23.09	8.82	7.0	5.5	1.35	1.13
	长港镇	26.45	9.80	8.1	5.4	1.36	1.08
	沼山镇	20.82	6.84	8.0	4.2	1.47	1.18
平均值		23.76	7.58	7.70	4.50	1.41	1.12

2. 气象与作物数据库

气象数据库：本研究的气象数据来自鄂州市气象站提供的 2007～2017 年逐日气象数据，

包括日最高气温、最低气温及降雨量。

作物数据库：本研究以水稻、油菜两种作物作为区域模拟对象，其中水稻品种多为'两优培九'和'鄂中 5 号'，油菜品种多为'中双 10 号'，作物播种时间、收获时间采用测土配方施肥样点众数，其中油菜播种至收获时间为 10 月 25 日至翌年 5 月 16 日，中稻播种至收获时间为 6 月 10 日至 9 月 20 日，早稻播种至收获时间为 4 月 2 日至 7 月 10 日，晚稻播种至收获时间为 7 月 14 日至 10 月 29 日。通过参数调整及文献查阅（李强等，2018；邹凤亮等，2018），获得稻田作物需水量及积温情况，水稻生长季需水量为 500mL/g，油菜为 300mL/g；水稻生长积温为 3000℃，油菜为 2000℃。其他参数均为模型默认值。

表 6-24 为各乡镇主要稻田作物种植面积数据。可以看出，各乡镇稻田作物种植面积差异较大，其中稻–稻种植面积大于 1000hm² 的乡镇有 7 个，涂家垴镇稻–稻种植面积最大，达到了 2884hm²，远超于其他各乡镇，而长港镇稻–稻种植面积仅 46hm²，远小于其他各乡镇；油–稻种植面积整体小于稻–稻种植面积，其中面积大于 1000hm² 的乡镇仅有 2 个，分别为蒲团乡和泽林镇，油–稻种植面积最小的乡镇是梁子镇，仅 81hm²。合计来看，稻田作物种植面积最大的是涂家垴镇，而面积最小的是梁子镇，这与梁子镇境内多为梁子湖湿地自然保护区、农业生产面积不足有关。

表 6-24　鄂州市 2010 年各乡镇稻田作物种植面积

区域	稻–稻面积/hm²	油–稻面积/hm²
碧石渡镇	416	130
东沟镇	917	328
杜山镇	1013	202
段店镇	1037	90
葛店镇	910	252
花湖镇	442	190
华容镇	1308	148
梁子镇	193	81
临江乡	650	289
庙岭镇	800	880
蒲团乡	696	1286
沙窝乡	832	88
太和镇	1596	407
汀祖镇	817	160
涂家垴镇	2884	688
新庙镇	280	132
燕矶镇	1028	268
杨叶镇	266	194
泽林镇	281	1068
长港镇	46	750
沼山镇	1272	418

3. 农田管理数据库

将各乡镇稻田作物施肥量输入 DNDC 模型农田管理数据库。根据测土配方施肥采样点施肥明细可知，当地农户施用氮肥种类多为尿素、碳酸氢铵，磷肥多为过磷酸钙，钾肥多为氯化钾，且往往不单独施用而多施用三元复合肥。具体来看，在油-稻轮作模式中，油菜单季种植施肥采用一次基肥（复合肥）一次追肥（尿素）方式，中稻单季种植施肥采用一次基肥（复合肥）两次追肥（尿素、碳酸氢铵）方式；稻-稻轮作施肥方式与油-稻轮作类似。此外，单次施用复合肥、尿素、碳酸氢铵时平均 N 投入量之比大致为 2∶2∶1。暂不涉及有机肥的施用。

其他农田管理措施参数根据 2007～2010 年测土配方施肥农田采样数据结合当地土肥站、农技中心的调研结果获取。犁地、灌溉及施肥时间选取各乡镇样点众数；耕作深度取当地占比最大的机耕深度（20cm）；水稻灌溉方式均为漫灌；中期烤田时长一般为 5～8d；由于当地灌溉能力较强，取油菜灌溉比例为 80%；水稻秸秆还田率取 60%，油菜秸秆还田率取 30%；其他农田管理参数采用模型默认值。

6.2.3.4 区域模拟结果

经过 DNDC 模型点位模拟验证及相关参数调整，证明 DNDC 模型适用于鄂州市稻田作物产量、气体排放及氮流失等方面的模拟。通过对鄂州市测土配方施肥土壤采样点的统计分析，以及对当地土肥站、农技中心的调研，本研究构建了以鄂州市 21 个乡镇作为基本单元的区域模拟数据库，并运用 DNDC 模型模拟得出了鄂州市各乡镇稻田作物产量、气体排放及氮流失（径流、淋溶）等结果。

1. 作物产量模拟

对比各乡镇稻田作物籽粒单位面积模拟产量与实测产量可知，稻田作物产量模拟结果具有较高的精度（表 6-25）。先将模拟结果与采样点分乡镇统计得到的平均实测产量进行比较，计算二者的相对误差与归一化均方根误差。研究发现，大多数乡镇的相对误差在 10% 以内，油菜、早稻、中稻、晚稻的归一化均方根误差分别为 5.19%、5.82%、5.71%、6.66%，均小于10%，表明模拟值与实测值差距较小，模拟结果能够反映各乡镇的稻田作物产量。再将模拟结果与统计年鉴记录的各乡镇水稻产量进行比较，计算二者的相对误差。研究发现，水稻、油菜模拟产量与各乡镇单产相差不大，但水稻模拟总产量相较于实际总产量偏小，主要原因在于未考虑种植面积较小的单季稻。除长港镇、碧石渡镇模拟总产量与对应实测值的相对误差超过 10% 以外，其他各乡镇水稻模拟值与实测值的相对误差均在 10% 以内。

表 6-25 鄂州市各乡镇稻田作物籽粒单位面积模拟产量与实测产量对比

乡镇	油菜产量			早稻产量			中稻产量			晚稻产量		
	模拟值	实测值	相对误差	模拟值	实测值	相对误差	模拟值	实测值	相对误差	模拟值	实测值	相对误差
碧石渡镇	2188	2210	1.03	4923	6198	20.58	7893	7545	4.61	7300	8066	9.50
东沟镇	1968	2082	5.49	6578	6450	1.98	6930	7510	7.73	8053	8100	0.59
杜山镇	2010	2109	4.69	6620	6300	5.08	6248	6925	9.78	7993	8108	1.42
段店镇	2164	2123	1.94	6620	6330	4.59	7075	7638	7.37	7200	8068	10.76
葛店镇	2035	2079	2.11	5645	6470	12.75	7500	7394	1.43	7170	7944	9.74

续表

乡镇	油菜产量			早稻产量			中稻产量			晚稻产量		
	模拟值	实测值	相对误差	模拟值	实测值	相对误差	模拟值	实测值	相对误差	模拟值	实测值	相对误差
花湖镇	2028	2137	5.10	6620	6467	2.37	6725	7725	12.95	7835	8134	3.67
华容镇	2115	2104	0.53	6133	6450	4.92	7893	7393	6.75	8290	8137	1.89
梁子镇	1896	2259	16.05	6043	6318	4.36	7893	7226	9.22	8708	8597	1.28
临江乡	2084	2131	2.21	6328	6415	1.37	6853	7125	3.82	7098	8147	12.88
庙岭镇	2085	2166	3.72	5480	6482	15.45	7893	7416	6.42	7385	8026	7.99
蒲团乡	1831	2012	8.99	5943	6252	4.95	7893	7206	9.53	7878	8033	1.93
沙窝乡	2141	2143	0.06	6620	6415	3.20	6885	7757	11.25	7805	8151	4.24
太和镇	2126	2147	0.99	6620	6535	1.30	7893	7472	5.63	7725	8161	5.35
汀祖镇	2146	2270	5.46	6468	6572	1.59	7893	7597	3.89	8323	8154	2.06
涂家垴镇	1918	2278	15.82	6090	6572	7.33	7893	7560	4.40	8443	8190	3.09
新庙镇	2113	2282	7.44	6078	6679	9.00	7893	7826	0.85	7478	8525	12.29
燕矶镇	2100	2242	6.34	6210	6433	3.47	7893	8620	8.44	8270	8030	2.99
杨叶镇	1776	2013	11.75	5853	6502	9.99	7893	7823	0.89	7818	8220	4.90
泽林镇	2269	2213	2.54	6018	6122	1.71	6693	7535	11.18	7893	7762	1.68
长港镇	2343	2356	0.57	6538	6364	2.72	6760	7830	13.67	6943	7960	12.78
沼山镇	1960	2091	6.25	6583	6361	3.49	7440	7439	0.02	8990	8250	8.97
归一化均方根误差	5.19%			5.82%			5.71%			6.66%		

注：模拟值和实测值的单位是 kg/hm^2，相对误差的单位是 %

鄂州市各乡镇稻田作物籽粒单位面积模拟产量结果如图6-5所示。油菜籽粒单位面积产量为1776～2342kg/hm^2，平均值为2061.6kg/hm^2，远小于水稻籽粒单位面积产量，水稻籽粒单位面积产量从小到大排序依次为早稻、中稻、晚稻。其中，早稻产量为4923～6620kg/hm^2，

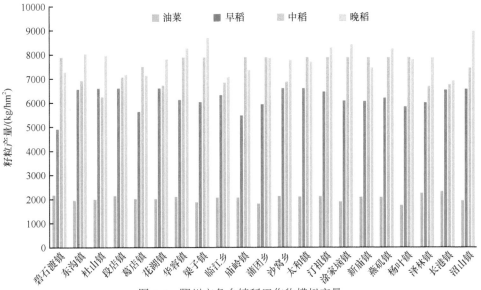

图 6-5　鄂州市各乡镇稻田作物模拟产量

平均值为 6191kg/hm^2；中稻产量为 6248～7893kg/hm^2，平均值为 7425kg/hm^2；晚稻产量为 6943～8990kg/hm^2，平均值为 7838kg/hm^2。从乡镇来看，各乡镇作物籽粒单位面积产量差距不大，这与各乡镇土壤参数差距较小、施肥量及其他农作管理措施相似具有较大关系。

本研究分别统计了鄂州市各乡镇 2010 年水稻、油菜两种作物的总产量：各乡镇水稻总产量大多为 1 万～2 万 t，没有总产量在 3 万～4 万 t 的乡镇。水稻产量最高的是涂家垴镇，达 4.73 万 t，这与涂家垴镇水稻种植面积远超其他各乡镇有关。水稻产量低于 1 万 t 的乡镇按水稻产量从高到低排序依次为花湖镇、碧石渡镇、长港镇、杨叶镇、新庙镇、梁子镇，其中梁子镇水稻产量仅 3486.1t，这与梁子镇境内多为梁子湖湿地自然保护区、农业生产面积不足有关，产量最低的几个镇集中分布于鄂州市东部地区。各乡镇油菜产量大多处于 1000t 以下，产量低于 500t 的乡镇数与产量在 500～1000t 的乡镇数大致相等。油菜产量最高的是泽林镇，达 2423.03t；油菜产量在 1500～2000t 的乡镇仅有长港镇，为 1756.88t；油菜产量在 1000～1500t 的乡镇仅有涂家垴镇，为 1319.24t；产量最低的乡镇也为梁子镇，油菜产量仅 153.9t。

2. 气体排放模拟

鄂州市各乡镇稻田作物 CO_2、CH_4、N_2O、NH_3 排放量结果如图 6-6～图 6-9 所示。

油菜 CO_2 排放量大于水稻 CO_2 排放量，其中油菜 CO_2 排放量在 3500～4000kg/hm^2，水稻 CO_2 排放量在 3000～3500kg/hm^2。CO_2 排放除了来源于作物根系的排放，还来源于土壤 CO_2 的排放。

油菜 CH_4 排放量显著小于水稻，平均值为-1.21kg/hm^2，属于碳汇。而水稻 CH_4 排放量均在 60kg/hm^2 以上，从小到大排序依次为早稻、中稻、晚稻。其中，早稻 CH_4 排放量为 75～116.4kg/hm^2，平均值为 98.74kg/hm^2；中稻 CH_4 排放量为 114～131.9kg/hm^2，平均值为 124.83kg/hm^2；晚稻 CH_4 排放量为 105.3～182.5kg/hm^2，平均值为 155.42kg/hm^2。相关研究（孙园园，2007；邹凤亮等，2018）表明，CH_4 排放主要来自水稻淹水期，水稻淹水阶段的厌氧环境及氧化还原电位满足甲烷菌的生活需要，如果土壤长期被水浸没，土壤中氧化物会消耗殆尽，土壤氧化还原电位将进一步降低，导致厌氧分解或发酵作用发生，此时 CH_4 即产

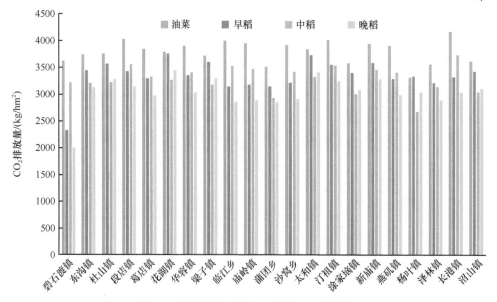

图 6-6　鄂州市各乡镇稻田作物 CO_2 排放量

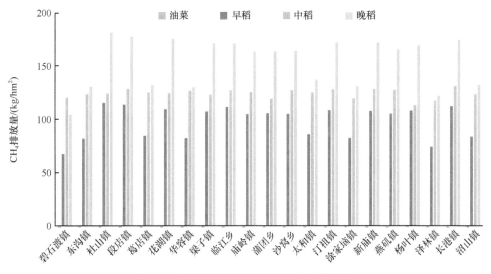

图 6-7　鄂州市各乡镇稻田作物 CH_4 排放量

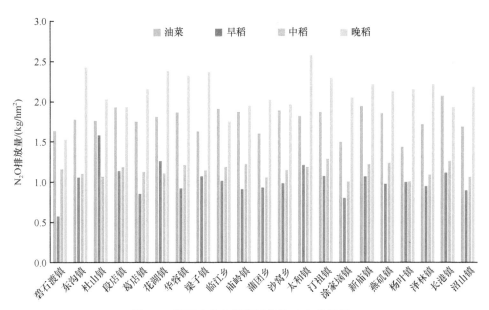

图 6-8　鄂州市各乡镇稻田作物 N_2O 排放量

生，而在中期烤田阶段及其他农闲期 CH_4 排放量迅速减少，在油-稻轮作期间，由于采用水旱轮作，在油菜种植期间除灌溉需要外，其他时期土壤暴露在空气中，土壤氧化还原电位提高，抑制 CH_4 的排放，这也是油菜种植阶段 CH_4 排放量呈现负值，而水稻种植期 CH_4 排放量随淹水时间的增加而增加的原因所在。

油菜 N_2O 排放量为 $1.44\sim2.08kg/hm^2$、平均值为 $1.78kg/hm^2$，早稻 N_2O 排放量为 $0.58\sim1.59kg/hm^2$、平均值为 $1.02kg/hm^2$，中稻 N_2O 排放量为 $1.01\sim1.29kg/hm^2$、平均值为 $1.15kg/hm^2$，晚稻 N_2O 排放量为 $1.53\sim2.59kg/hm^2$、平均值为 $2.13kg/hm^2$，各作物 N_2O 排放量从小到大排序依次为早稻、中稻、油菜、晚稻。总体来看，N_2O 排放量显著小于其他气体排放量，但油菜 N_2O 排放量高于水稻，这是因为 N_2O 排放主要来自土壤硝化与反硝化过程，由硝化或反硝化作用所产生的 N_2O 会在厌氧环境中扩散较长路径，从而更多地被还原成 N_2（张婷婷，

2011），所以水稻淹水期间 N_2O 排放量低于旱地作物油菜。

　　油菜 NH_3 排放量小于水稻 NH_3 排放量，其中油菜 NH_3 排放量为 $33.7\sim44.3kg/hm^2$，平均值为 $38.38kg/hm^2$；早稻 NH_3 排放量为 $45.8\sim64.9kg/hm^2$，平均值为 $53.7kg/hm^2$，中稻 NH_3 排放量为 $44\sim72.50kg/hm^2$，平均值为 $55.43kg/hm^2$，晚稻 NH_3 排放量为 $50.5\sim72.15kg/hm^2$，平均值为 $62.15kg/hm^2$，即水稻 NH_3 排放量从小到大排序依次为早稻、中稻、晚稻。

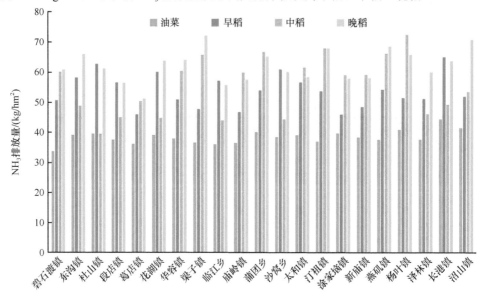

图 6-9　鄂州市各乡镇稻田作物 NH_3 排放量

　　从不同乡镇来看，各乡镇稻田作物气体排放量差距均不大。具体来看，除碧石渡镇早稻、晚稻 CO_2 排放量低于 $2500kg/hm^2$ 之外，其他各乡镇稻田作物 CO_2 排放量大部分在 $3000kg/hm^2$ 以上；东沟镇、太和镇稻-稻轮作土壤黏粒含量较高，其早稻、晚稻 N_2O 排放量也相对较高；梁子镇、沼山镇晚稻施用氮肥分别达到 $227kg/hm^2$、$237kg/hm^2$，因此晚稻 NH_3 排放量也相对最高。依据邢长平和沈承德（1998）的研究，CO_2 排放主要与土壤参数有关，最大敏感性参数为土壤初始有机碳含量，碧石渡镇土壤有机碳含量为 $4.62\sim17.87g/kg$，而其他各乡镇土壤有机碳含量大部分在 $5\sim25g/kg$，证明鄂州市 CO_2 排放特征也符合相关研究的结果。此外，CH_4 排放量对淹水时长、土壤 pH、土壤初始有机碳含量等具有较高敏感性（邹凤亮等，2018）；N_2O 排放量与土壤初始有机碳含量、土壤黏粒含量、氮肥施用量及气温具有较大关系（孙园园，2007）；而 NH_3 排放量则与氮肥施用量具有较高的正向关系。

　　本研究计算了鄂州市各乡镇 CO_2、CH_4、N_2O、NH_3 的气体总排放量。由于涂家垴镇水稻的种植面积远大于其他各乡镇，其气体排放总量也远高于其他各乡镇，CO_2、CH_4、N_2O、NH_3 的排放总量分别达到了 23 207t、702.3t、9.99t、445.8t。类似地，由于梁子镇稻田作物的种植面积远小于其他各乡镇，其气体排放总量也低于其他各乡镇，CO_2、CH_4、N_2O、NH_3 的排放总量分别为 1887.9t、64.02t、0.89t、38.15t。总体而言，鄂州市各乡镇稻田作物 CO_2 排放总量大多在 5000~10 000t；CH_4 排放总量大多在 150~450t；N_2O 排放总量最少，大多在 3~5t；NH_3 排放总量大多在 100~300t。其中，按各气体排放总量从高到低进行排序，CO_2 排放总量低于 5000t 的乡镇排序为花湖镇、新庙镇、杨叶镇、碧石渡镇、梁子镇，CH_4 排放总量低于 150t 的乡镇排序为长港镇、杨叶镇、新庙镇、碧石渡镇、梁子镇，N_2O 排放总量低于 3t 的乡镇排序为沙窝乡、长港镇、花湖镇、新庙镇、杨叶镇、碧石渡镇、梁子镇，NH_3 排放总量低于 100t 的乡镇排序为长港镇、花湖镇、碧石渡镇、杨叶镇、新庙镇、梁子镇。

3. 氮流失模拟

土壤中的无机氮主要有 NO_3^--N 和 NH_4^+-N，通常 NO_3^--N 的含量远高于 NH_4^+-N，且 NH_4^+-N 由于自身带有正电荷，更容易吸附在土壤中，因此不易随着降雨流失，而 NO_3^--N 相比之下更容易因降雨淋洗而流失。所以，土壤氮素流失一般以 NO_3^--N 为主。图 6-10 和图 6-11 为鄂州市各乡镇稻田作物氮流失（淋溶、径流）量。

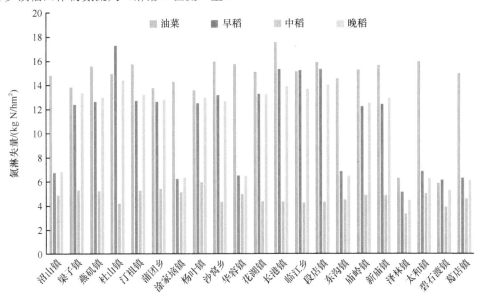

图 6-10　鄂州市各乡镇稻田作物氮淋失量

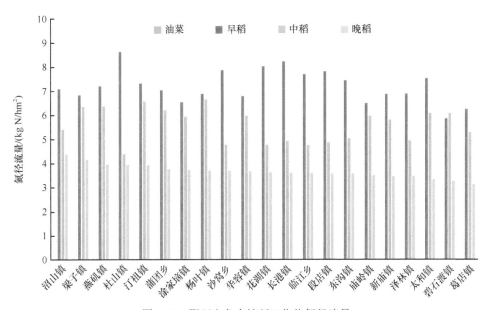

图 6-11　鄂州市各乡镇稻田作物氮径流量

从不同作物来看，油–稻轮作体系的油菜氮淋失量远高于中稻氮淋失量，而稻–稻轮作体系的早稻氮淋失量与晚稻氮淋失量相差不大。其中，油菜氮淋失量为 5.9～17.6kg N/hm²，平均值为 14.3kg N/hm²；早稻氮淋失量为 5.17～17.31kg N/hm²，平均值为 10.88kg N/hm²；中稻氮淋失量为 3.35～5.95kg N/hm²，平均值为 4.73kg N/hm²；晚稻氮淋失量为 4.51～14.44kg N/hm²，平均值为 10.57kg N/hm²。而氮径流量结果则有所不同，其中油菜单位面积氮径流量近乎为零，主要原因在于地表径流流失大多受降雨及稻田田面水的影响，而油菜种植季土壤基本暴露在空气中且秋冬季节降雨相对较少，而水稻种植阶段土壤长期处于淹水阶段且降雨量较大，所以氮径流基本出现在水稻种植阶段。水稻单位面积氮径流量从大到小排序依次为早稻、中稻、晚稻，其中早稻氮径流量为 5.84～8.63kg N/hm²，平均值为 7.2kg N/hm²；中稻氮径流量为 4.36～6.64kg N/hm²，平均值为 5.5kg N/hm²；晚稻氮径流量为 3.13～4.38kg N/hm²，平均值为 3.7kg N/hm²。总体来看，油菜、早稻、中稻、晚稻氮流失量分别为 14.4kg N/hm²、18.08kg N/hm²、10.23kg N/hm²、14.27kg N/hm²。

从不同乡镇来看，油菜、早稻、中稻、晚稻氮淋失量最高的乡镇分别为长港镇、杜山镇、杨叶镇和杜山镇，最低的乡镇则均为泽林镇，而早稻、中稻、晚稻氮径流量最高的乡镇分别为杜山镇、杨叶镇和沼山镇，最低的乡镇则分别为碧石渡镇、杜山镇、葛店镇。油菜各乡镇氮径流量在 0.01～0.02kg N/hm²，对氮流失的贡献可忽略不计。

本研究计算了各乡镇因为淋溶、径流而流失的氮量（主要为硝酸盐形式）。由于涂家垴镇稻–稻轮作体系的种植面积远超其他各乡镇，其流失的氮素最多，其次为蒲团乡。总体而言，鄂州市各乡镇氮流失量为 18～200t，大多数乡镇氮流失量在 40～120t，结合图 6-10 和图 6-11 可知，各乡镇氮流失主要缘于水稻种植期间的氮淋失和氮径流。

6.2.3.5 农田管理措施对气体排放的影响

在田间生长过程中作物产量、气体排放量等会受到土壤、气候、作物及田间管理措施的影响，可以通过测算模型参数的敏感性指数（SI）来反映模型结果对输入参数变化的响应强弱，以此可以筛选出敏感性较高的参数进行针对性分析（夏文建，2011）。通常，高敏感性参数的微小变化会造成模拟结果的较大变化，而低敏感性参数变化则对输出结果影响不大。通过敏感性分析能找出模拟结果的显著影响参数，验证在不同参数下模拟结果的差异性，由此可以减少由输入参数与实际值的不一致性所造成结果的不确定性（李甘霖，2015）。

敏感性指数可以按照式（6-9）进行计算：

$$SI = \frac{(O_{max} - O_{min})/O_{avg}}{(I_{max} - I_{min})/I_{avg}} \tag{6-9}$$

式中，SI 为敏感性指数；I_{max}、I_{min} 分别为输入参数的最大值、最小值；I_{avg} 为 I_{max} 和 I_{min} 的平均值；O_{max}、O_{min} 分别为对应于 I_{max}、I_{min} 的模型输出值；O_{avg} 为 O_{max} 和 O_{min} 的平均值。SI 为 1 时表示当输入值相对平均值改变一定比例时，模拟值也对应平均值变化相同的比例。SI 为负值时表示模拟值与输入参数为负相关。SI 绝对值越大，表示输入因子对模拟值的影响越大。由于 SI 无量纲，因此可用于不同因子之间的敏感性比较（杨璐，2016）。

将各项气象、土壤参数的基准值设置为鄂州市 2010 年气象及各乡镇土壤平均参数，通过对农田管理措施进行相应调整，测算对应的敏感性指数，以探究各农田管理措施对作物产量、气体排放及氮流失的影响程度，从而识别出对结果影响较大的措施。其中，早稻、中稻、晚稻的敏感性指数大小不同，但各因子相对影响程度相同，因此这里仅以晚稻的敏感性指数代表水稻的敏感性指数。不同稻田作物各参数对农田管理措施的敏感性指数如表 6-26 所示。

表 6-26　不同稻田作物各参数对农田管理措施的敏感性指数

参数	取值范围	基准值	油菜						
			籽粒产量	CO_2 排放量	CH_4 排放量	N_2O 排放量	NH_3 排放量	氮淋失量	氮径流量
施氮量/(kg N/hm²)	0～300	180	0.36	ns	ns	0.19	0.90	0.63	ns
施肥深度/cm	0.2～15	0.2	0.14	ns	ns	0.13	−0.85	0.03	ns
秸秆还田率/%	0～100	10	ns	0.08	−0.02	0.03	ns	ns	ns
灌溉比例/%	0～100	80	ns	0.06	ns	ns	ns	ns	ns
耕作深度/cm	0～20	10	0.01	0.06	ns	0.02	−0.06	0.12	ns

参数	取值范围	基准值	水稻						
			籽粒产量	CO_2 排放量	CH_4 排放量	N_2O 排放量	NH_3 排放量	氮淋失量	氮径流量
施氮量/(kg N/hm²)	0～300	195	0.71	0.03	0.05	0.40	0.90	0.05	ns
施肥深度/cm	0.2～15	0.2	0.04	ns	ns	−0.02	−0.12	ns	ns
秸秆还田率/%	0～100	10	ns	0.01	0.02	ns	ns	ns	ns
烤田时长/d	0～14	5	−0.08	0.02	−0.29	0.23	0.13	−0.02	ns
耕作深度/cm	0～20	10	0.06	0.08	ns	0.02	0.04	ns	ns

注：ns 表示参数的敏感性指数 SI＜0.01，即输入参数对输出结果的影响可忽略不计

从籽粒产量来看，农田管理措施对油菜籽粒产量的影响从大到小排序依次为施氮量、施肥深度、耕作深度，所有因子都为正向影响。农田管理措施对水稻籽粒产量的影响从大到小排序依次是施氮量、烤田时长、耕作深度、施肥深度，除烤田时长为负向影响外，其他因子均为正向影响。综合来看，施肥管理（施氮量、施肥深度）对作物籽粒产量具有巨大的影响，其中施氮量是影响最大的因子。

从气体排放量来看，农田管理措施对 CO_2 排放影响都不大，各项因子均不超过 0.1，其中影响油菜 CO_2 排放的主要因子为秸秆还田率和耕作深度，影响水稻 CO_2 排放的主要因子为耕作深度、施氮量、烤田时长和秸秆还田率。此外，烤田时长的增加能够有效遏制 CH_4 排放，但同时会促进 N_2O 和 NH_3 排放，而施氮量的增加对水稻 N_2O、NH_3 排放具有明显的促进效果，相反施肥深度的增加则会遏制水稻 N_2O、NH_3 及油菜 NH_3 排放。

从氮流失量来看，氮径流量对各项田间管理措施的敏感性指数均小于 0.01，结合已有研究发现，氮径流主要与降雨有关，而在 DNDC 模型的敏感性模拟中仅考虑了农田管理措施对氮径流的影响，这对敏感性结果造成了一定干扰，还需要进一步分析研究；而施氮量、耕作深度对氮淋失的促进效果则较为明显。

综合来看，施肥管理对作物产量、气体排放及氮流失均有较大的影响，因此施肥方案的优化对于作物产量的提高及气体排放的减少都具有积极的现实意义。

6.2.3.6　小结

本研究基于 2007～2010 年鄂州市测土配方施肥田间试验数据、气象数据和农业统计数据，采用 DNDC 模型模拟稻田作物产量、气体（CO_2、CH_4、N_2O、NH_3）排放和氮流失（氮淋失、氮径流），采用敏感性分析方法探究农田管理措施对环境排放的影响，从多角度综合考虑稻田作物的环境效应，为稻田作物的选择及其施肥管理提供科学依据，也为化肥和农药双

减政策的实施提供有力支撑。结果如下。

在作物产量方面，各作物籽粒单位面积产量从小到大排序依次为油菜、早稻、中稻、晚稻。从乡镇来看，各乡镇作物籽粒单位面积产量差距不大，这与各乡镇土壤参数差距较小、施肥量及其他农作管理措施相似具有较大关系。

在气体排放方面，油菜 CO_2 排放量大于水稻 CO_2 排放量，前者在 $3500 \sim 4000kg/hm^2$，后者在 $3000 \sim 3500kg/hm^2$；油菜 CH_4 排放量显著低于水稻，平均值为 $-1.21kg/hm^2$，属于碳汇，而水稻 CH_4 排放量均在 $60kg/hm^2$ 以上，且从小到大排序依次为早稻、中稻、晚稻；稻田作物的 N_2O 排放总量显著小于其他气体的排放总量，其中油菜 N_2O 排放量平均值为 $1.78kg/hm^2$，高于水稻平均排放量 $1.43kg/hm^2$；油菜 NH_3 排放量小于水稻 NH_3 排放量。

油-稻轮作体系的油菜氮淋失量远高于中稻氮淋失量，而稻-稻轮作体系的早稻氮淋失量与晚稻氮淋失量相差不大。氮径流量结果则有所不同，油菜单位面积氮径流量近乎为零，水稻单位面积氮径流量从大到小排序依次为早稻、中稻、晚稻。

施肥管理（施氮量、施肥深度）对作物籽粒产量具有巨大的影响，且施氮量是影响最大的因子。气体排放方面，农田管理措施对 CO_2 排放的影响都不大，烤田时长的增加能够有效遏制 CH_4 排放，同时会促进 N_2O 和 NH_3 排放，施氮量的增加对水稻 N_2O 和 NH_3 排放具有明显的促进效果，相反施肥深度的增加则会遏制稻田作物 N_2O 和 NH_3 排放。此外，施氮量、耕作深度对氮淋失的促进效果较为明显。综合来看，施肥管理对作物产量、气体排放及氮流失均有较大的影响。

本研究通过点位验证得到，鄂州市作物产量的模拟精度较好，作物气体排放系数的模拟结果也较好，说明 DNDC 模型在研究区具有适用性。然而，本研究也存在着不足。由于缺乏气体排放和氮流失的农田实测数据，本研究仅能用产量模拟值与实测值进行作物产量验证，用气体排放系数的模拟值和公开发表的理论值进行气体排放验证，存在着较大的不确定性，后续需要通过农田实测数据来进一步验证模型的适用性。

6.2.4 稻田作物施肥的生命周期评价

6.2.4.1 生命周期评价体系构建

1. 目标定义与范围界定

目标定义与范围界定是生命周期评价的前提，可为整个生命周期体系的构建与环境影响评价奠定基础。本研究以鄂州市稻田作物为研究对象，分别以生产 1t 稻田作物（油菜、水稻）籽粒及占用 $1hm^2$ 耕地作为评价的功能单元，并以与稻田作物施肥相关的肥料生产与能源消耗作为系统的起始边界，以作物种植阶段的作物生产与环境排放为终止边界，研究其中各个环节的资源消耗与环境排放情况。

2. 清单分析

生命周期评价的清单分析是对所研究系统整个生命周期内的资源消耗和环境排放进行量化计算的过程（吴亚楠，2017）。考虑到本研究的最终目的是分析稻田作物施肥方案对环境的影响，而基于清单分析的生命周期评价方法（又称"过程生命周期评价方法"）往往由于缺乏精细化数据而难以对化肥上游原料开采阶段的资源消耗与环境排放进行定量化分析，且与施肥方案在作物生命周期的环境影响相关性较小，同时为了避免原料开采阶段的截断误差，本研究将稻田作物生长体系的生命周期分为与化肥生产相关的农资生产阶段和稻田作物种植的农作生产阶段（李小环等，2011；卢娜等，2012），如图 6-12 所示。其中，农资生产阶段主要包括化肥生产过程中的资源消耗和环境影响，农作生产阶段主要包括作物种植过程中的资源投入和环境影响。

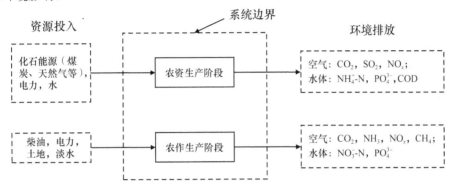

图 6-12　稻田作物生命周期系统边界及相关资源消耗与环境排放

稻田作物生命周期消耗的主要资源有化石能源、磷矿、钾矿等不可再生资源，以及土地、水等可再生资源，本研究仅考虑化石能源消耗（煤炭、柴油）及电力、土地及水资源消耗，磷矿、钾矿开采属于化肥生产上游阶段，不予考虑。能源消耗主要为农资生产阶段煤炭、石油等化石能源及电力的消耗，以及农作生产阶段灌溉、机械化耕作所耗用的柴油、电力等。其中，煤炭、天然气既是氮肥生产所必需的能源，又是其不可缺少的原料。根据《中国化肥工业年鉴（2010 年）》可知，我国氮肥行业原料以煤为主，占化肥生产总量的 70% 以上，由于湖北多数氮肥属于煤头氮肥，因此本研究仅考虑以煤炭为原料的氮肥生产及能源消耗。根据国际化肥工业协会（IFA）统计，中国煤头氮肥（折 NH_3）、世界磷肥（折 P_2O_5）和钾肥（折 K_2O）生产能源消费效率（折标准煤）平均分别为 54GJ/t、7.9GJ/t 和 6.3GJ/t（Helsel，1992；IFA，2009）。农作生产阶段的电力、柴油消耗情况源自《鄂州市农业年报（2010 年）》，其中电力平均消耗为 2230.2kW·h/(hm²·a)，柴油平均消耗为 129.2kg/(hm²·a)，折标准煤分别为 274.1kg、188.3kg（每千克标准煤的含热量为 29307kJ）；土地资源利用仅考虑种植稻田作物所占用的耕地面积；淡水资源消耗包含农资生产阶段化肥生产用水及农作生产阶段灌溉用水，农资生产阶段化肥生产用水情况参考王利（2008）的结果，油菜、早稻、中稻、晚稻灌溉用水定额源自《湖北省农田灌溉用水定额》，其中油菜、早稻、中稻、晚稻灌溉用水定额分别为 660m³/hm²、2580m³/hm²、3930m³/hm²、3510m³/hm²。

环境排放贯穿于农资、农作生产阶段，包括气体排放（如 SO_2、CO_2、NH_3、N_2O、NO_x 等）、由径流及淋溶所造成的养分损失（如氮、磷流失）。在农资生产阶段，SO_2、NH_3、NO_x 等污染物（按标准煤折算）及 NH_4^+-N、COD 等物质的排放系数来自联合国政府间气候变化专门委员会（IPCC）参考值及相关研究（狄向华等，2005；王利，2008；杨艳，2013），为便于计算，仅考虑 20 万 t 规模以下产能企业的化肥生产排放及原煤燃烧排放。在农作生产阶段，气体排放、氮流失用 DNDC 模型进行区域模拟；磷流失参数采用 Gaynor 和 Findlay（1995）的研究成果，磷（PO_4^{3-}）流失量为化肥投入总量的 1%。此外，由于数据较难获取，相关厂房设备、建筑设施和运输工具产生的环境影响不予考虑（王明新等，2006）。

3. 环境效应评价

环境效应评价主要是对识别出的环境效应类别进行定量化评价，即测算生命周期各环境影响类型的影响程度。按照生命周期评价方法的一般流程，环境影响评价可分为特征化、标准化和加权评估3个步骤（王明新等，2006）。

（1）特征化

特征化是按照统一标准将各环境影响类型中的不同影响因子进行转化与汇总，进而对各环境影响类型的影响潜力进行量化与比较。本研究运用相关研究常用的当量系数法对稻田作物资源消耗和环境排放清单进行汇总（邓南圣和王小兵，2003；周冉，2012）。当量系数法将环境影响类型中的一种影响因子作为参照物，将其环境影响潜力设为1，依据该类型下其他影响因子相比该参照物对环境影响类型的贡献率得出其他影响因子的相对环境影响潜力。

参考相关学者建立的农业生命周期评价框架（籍春蕾等，2012；周冉，2012；柴育红等2014；吴亚楠等，2018），本研究将稻田作物生命周期特征化为能源消耗、全球增温、水体富营养化、环境酸化、土地利用和水资源消耗共6种环境影响类型，同类影响因子通过当量系数转换为相对参照物的环境影响潜力（梁龙等，2009），各类型所涉及的环境影响因子及对应的当量系数与权重如表6-27所示。其中，能源消耗通常折算成能源表示，气候变化以CO_2为参照物转换为全球变暖潜势，水体富营养化潜势以PO_4^{3-}为参照物，环境酸化潜势以SO_2为参照物。此外，对于功能单元为$1hm^2$的耕地目标，将不考虑土地利用这一环境影响类型。

表6-27 环境影响类型、环境影响因子及其相应的标准化基准值和权重值

影响类型	特征化因子/单位	环境影响因子（当量系数）	基准值	权重值
能源消耗	化石能源消耗潜力/MJ		45 488.85	0.15
全球增温	全球增温潜势/kg CO_2-eq	CO_2（1），CH_4（25），N_2O（298）	6 850.2	0.12
水体富营养化	水体富营养化潜势/kg PO_4^{3-}-eq	PO_4^{3-}（1），NO_3^--N（0.42），NO_x（0.13），NH_3（0.35），NH_4^+-N（0.33），COD（0.022）	1.9	0.12
环境酸化	环境酸化潜势/kg SO_2-eq	SO_2（1），NO_x（0.7），NH_3（1.88）	52.1	0.14
土地利用	土地利用潜力/m^2		5 408	0.13
水资源消耗	水资源消耗潜力/m^3		8 800	0.13

各类环境影响类型水平可以根据式（6-10）进行计算。

$$E_{P(X)} = \sum E_{P(X)i} = \sum \left[Q_{(X)i} \cdot E_{F(X)i} \right] \tag{6-10}$$

式中，$E_{P(X)}$指农业生命周期体系中第X种环境影响类型的环境影响潜力；$P(X)i$指第i种环境影响因子对第X种环境影响类型的贡献率；$Q_{(X)i}$指第i种环境影响因子的排放量；$E_{F(X)i}$指第i种环境影响因子转化为相对环境影响潜力的当量系数。

（2）标准化

标准化的目的是消除各环境影响类型的量纲差异，确保各环境影响类型相互之间具可比性。本研究采用2000年世界人均环境影响潜力作为环境影响基准值进行标准化处理（梁龙等，2009）。标准化过程见式（6-11）。

$$R_X = E_{P(X)} / S_{(2000)} \tag{6-11}$$

式中，R_X指第X种环境影响类型水平的标准化结果；$E_{P(X)}$指第X种环境影响类型的环境影响潜力即特征化结果；$S_{(2000)}$指2000年世界人均环境影响潜力。

（3）加权评估

加权评估的目的是评判各环境影响类型对整个农业生命体系环境影响的贡献程度。本研

究采用王明新等（2006）和梁龙等（2009）研究中通过专家打分法所确定的权重系数来测算综合环境影响潜力。加权评估过程见式（6-12）。

$$EI = \sum (W_X \cdot R_X) \tag{6-12}$$

式中，EI 指综合环境影响潜力；W_X 指第 X 种环境影响类型的权重；R_X 指第 X 种环境影响类型的标准化结果。

6.2.4.2　不同作物施肥的生命周期评价结果

1. 清单分析结果

表 6-28 和表 6-29 分别给出了鄂州市功能单元为 1t 作物籽粒及功能单元为 1hm² 耕地时不同作物在农资、农作生产阶段的资源消耗及环境排放清单。其中，农资生产阶段的清单分为能源消耗、空气排放、水体排放和水资源消耗共 4 部分，主要包含了化肥在生产过程中所消耗的化石能源、水资源及所排放废气、废水中的污染物；农作生产阶段的清单分为能源消耗、土地利用（功能单元为 1hm² 耕地时不考虑）、空气排放、水体排放、水资源消耗共 5 部分，主要包含了作物在种植过程中所消耗的化石能源、水资源及向空气、水体排放的污染物。

表 6-28　功能单元为 1t 作物籽粒的资源消耗及环境排放清单

作物	农资生产阶段			农作生产阶段		
油菜	能源消耗	氮肥/(GJ/t)	3.62	能源消耗	电力/(GJ/t)	1.92
		磷肥/(GJ/t)	0.16		柴油/(GJ/t)	1.32
		钾肥/(GJ/t)	0.13		土地利用/(m²/t)	4780.33
	空气排放	CO_2/(kg/t)	101.83	空气排放	CO_2/(kg/t)	1804.87
		SO_2/(kg/t)	4.40		N_2O/(kg/t)	0.85
		NO_x/(kg/t)	0.59		NO_x/(kg/t)	0.49
	水体排放	NH_4^+-N/(kg/t)	0.71		CH_4/(kg/t)	−0.58
		PO_4^{3-}/(g/t)	3.58		NH_3/(kg/t)	22.62
		COD/(kg/t)	0.06	水体排放	NO_3^--N/(kg/t)	29.25
	水资源消耗/(m³/t)		3.21		PO_4^{3-}/(kg/t)	6.78
				水资源消耗/(m³/t)		315.50
早稻	能源消耗	氮肥/(GJ/t)	1.22	能源消耗	电力/(GJ/t)	0.58
		磷肥/(GJ/t)	0.06		柴油/(GJ/t)	0.40
		钾肥/(GJ/t)	0.03		土地利用/(m²/t)	1455.92
	空气排放	CO_2/(kg/t)	34.93	空气排放	CO_2/(kg/t)	489.26
		SO_2/(kg/t)	0.65		N_2O/(kg/t)	0.15
		NO_x/(kg/t)	0.09		NO_x/(kg/t)	0.03
	水体排放	NH_4^+-N/(kg/t)	0.24		CH_4/(kg/t)	13.99
		PO_4^{3-}/(g/t)	1.32		NH_3/(kg/t)	9.34
		COD/(kg/t)	0.02	水体排放	NO_3^--N/(kg/t)	11.08
	水资源消耗/(m³/t)		1.10		PO_4^{3-}/(kg/t)	1.97
				水资源消耗/(m³/t)		375.63

续表

作物	农资生产阶段			农作生产阶段		
中稻	能源消耗	氮肥/(GJ/t)	1.13	能源消耗	电力/(GJ/t)	0.55
		磷肥/(GJ/t)	0.06		柴油/(GJ/t)	0.38
		钾肥/(GJ/t)	0.05	土地利用/(m^2/t)		1361.18
	空气排放	CO_2/(kg/t)	36.87	空气排放	CO_2/(kg/t)	446.03
		SO_2/(kg/t)	0.55		N_2O/(kg/t)	0.16
		NO_x/(kg/t)	0.08		NO_x/(kg/t)	0.02
	水体排放	NH_4^+-N/(kg/t)	0.22		CH_4/(kg/t)	16.91
		PO_4^{3-}/(g/t)	1.30		NH_3/(kg/t)	8.98
		COD/(kg/t)	0.02	水体排放	NO_3^--N/(kg/t)	6.07
	水资源消耗/(m^3/t)		1.04		PO_4^{3-}/(kg/t)	2.20
				水资源消耗/(m^3/t)		534.94
晚稻	能源消耗	氮肥/(GJ/t)	1.13	能源消耗	电力/(GJ/t)	0.50
		磷肥/(GJ/t)	0.06		柴油/(GJ/t)	0.35
		钾肥/(GJ/t)	0.05	土地利用/(m^2/t)		1257.04
	空气排放	CO_2/(kg/t)	36.37	空气排放	CO_2/(kg/t)	384.35
		SO_2/(kg/t)	0.53		N_2O/(kg/t)	0.27
		NO_x/(kg/t)	0.08		NO_x/(kg/t)	0.06
	水体排放	NH_4^+-N/(kg/t)	0.22		CH_4/(kg/t)	19.00
		PO_4^{3-}/(g/t)	1.29		NH_3/(kg/t)	9.38
		COD/(kg/t)	0.02	水体排放	NO_3^--N/(kg/t)	7.50
	水资源消耗/(m^3/t)		1.03		PO_4^{3-}/(kg/t)	1.89
				水资源消耗/(m^3/t)		441.22

表 6-29　功能单元为 1hm^2 耕地的资源消耗及环境排放清单

作物	农资生产阶段			农作生产阶段		
油菜	能源消耗	氮肥/(GJ/hm^2)	7.58	能源消耗	电力/(GJ/hm^2)	4.02
		磷肥/(GJ/hm^2)	0.33		柴油/(GJ/hm^2)	2.76
		钾肥/(GJ/hm^2)	0.27	空气排放	CO_2/(kg/hm^2)	3775.63
	空气排放	CO_2/(kg/hm^2)	213.03		N_2O/(kg/hm^2)	1.78
		SO_2/(kg/hm^2)	9.20		NO_x/(kg/hm^2)	1.03
		NO_x/(kg/hm^2)	1.23		CH_4/(kg/hm^2)	−1.21
	水体排放	NH_4^+-N/(kg/hm^2)	1.48		NH_3/(kg/hm^2)	38.38
		PO_4^{3-}/(kg/hm^2)	7.50	水体排放	NO_3^--N/(kg/hm^2)	61.18
		COD/(kg/hm^2)	0.12		PO_4^{3-}/(kg/hm^2)	14.19
	水资源消耗/(m^3/hm^2)		6.72	水资源消耗/(m^3/hm^2)		660.00

续表

作物	农资生产阶段			农作生产阶段		
早稻	能源消耗	氮肥/(GJ/hm²)	8.35	能源消耗	电力/(GJ/hm²)	4.02
		磷肥/(GJ/hm²)	0.40		柴油/(GJ/hm²)	2.76
		钾肥/(GJ/hm²)	0.18	空气排放	CO_2/(kg/hm²)	3360.47
	空气排放	CO_2/(kg/hm²)	239.94		N_2O/(kg/hm²)	1.00
		SO_2/(kg/hm²)	4.44		NO_x/(kg/hm²)	0.19
		NO_x/(kg/hm²)	0.65		CH_4/(kg/hm²)	96.08
	水体排放	NH_4^+-N/(kg/hm²)	1.63		NH_3/(kg/hm²)	53.74
		PO_4^{3-}/(kg/hm²)	9.07	水体排放	NO_3^--N/(kg/hm²)	76.14
		COD/(kg/hm²)	0.13		PO_4^{3-}/(kg/hm²)	13.56
	水资源消耗/(m³/hm²)		7.54	水资源消耗/(m³/hm²)		2580.00
中稻	能源消耗	氮肥/(GJ/hm²)	8.32	能源消耗	电力/(GJ/hm²)	4.02
		磷肥/(GJ/hm²)	0.42		柴油/(GJ/hm²)	2.76
		钾肥/(GJ/hm²)	0.35	空气排放	CO_2/(kg/hm²)	3276.75
	空气排放	CO_2/(kg/hm²)	270.90		N_2O/(kg/hm²)	1.14
		SO_2/(kg/hm²)	4.08		NO_x/(kg/hm²)	0.14
		NO_x/(kg/hm²)	0.61		CH_4/(kg/hm²)	124.23
	水体排放	NH_4^+-N/(kg/hm²)	1.62		NH_3/(kg/hm²)	55.43
		PO_4^{3-}/(kg/hm²)	9.53	水体排放	NO_3^--N/(kg/hm²)	44.57
		COD/(kg/hm²)	0.13		PO_4^{3-}/(kg/hm²)	16.15
	水资源消耗/(m³/hm²)		7.64	水资源消耗/(m³/hm²)		3930.00
晚稻	能源消耗	氮肥/(GJ/hm²)	8.96	能源消耗	电力/(GJ/hm²)	4.02
		磷肥/(GJ/hm²)	0.45		柴油/(GJ/hm²)	2.76
		钾肥/(GJ/hm²)	0.36	空气排放	CO_2/(kg/hm²)	3057.61
	空气排放	CO_2/(kg/hm²)	289.35		N_2O/(kg/hm²)	2.14
		SO_2/(kg/hm²)	4.19		NO_x/(kg/hm²)	0.44
		NO_x/(kg/hm²)	0.63		CH_4/(kg/hm²)	151.17
	水体排放	NH_4^+-N/(kg/hm²)	1.75	空气排放	NH_3/(kg/hm²)	62.16
		PO_4^{3-}/(kg/hm²)	10.27	水体排放	NO_3^--N/(kg/hm²)	59.65
		COD/(kg/hm²)	0.14		PO_4^{3-}/(kg/hm²)	15.03
	水资源消耗/(m³/hm²)		8.23	水资源消耗/(m³/hm²)		3510.00

功能单元为 1t 作物籽粒时，结果如下。

农资生产阶段能源消耗以氮肥消耗为主，各类作物的能源消耗中氮肥生产能源消耗是磷肥、钾肥的 20 余倍，这是由于氮肥生产能源消费效率及施用量相对过高；农资生产阶段能源消耗以电力为主，电力、柴油消耗分别约占农资生产阶段总能源消耗的 60%、40%。从整体来看，氮肥能源消耗占总能源消耗的 50% 以上，表明氮肥消耗对稻田作物能源消耗贡献最大。此外，油菜生产能源消耗约为水稻生产能源消耗的 3 倍，表明生产 1t 油菜籽粒所消耗的能源大大高于生产 1t 水稻籽粒，这与油菜产量相对较低具有较大关系。

在土地利用方面，油菜＞早稻＞中稻＞晚稻，其中生产 1t 油菜籽粒所占用的土地面积为 4780.33m²，生产 1t 水稻籽粒所占用的土地面积为 1257.04～1455.92m²，表明油菜的种植效率低于水稻的种植效率。

在空气排放方面，CO_2 排放 90% 以上来自农作生产阶段，主要来源于土壤及作物根系的呼吸作用；其中，生产 1t 油菜籽粒所排放的 CO_2 为 1906.7kg，生产 1t 水稻籽粒所排放的 CO_2 为 420.72～524.19kg。此外，无论是农资生产阶段还是农作生产阶段，油菜的 CO_2 排放量均大于水稻。SO_2 排放全部来自农资生产阶段，主要来源于煤炭燃烧、硫酸等中间产物生产。CH_4、NH_3 及 N_2O 排放基本来源于农作生产阶段，主要来源于土壤微生物参与的氧化还原反应，其中油菜 CH_4 排放量为负值，对于外部环境属于正向效应，因此也计入清单。NO_x 排放分别来自农资生产阶段、农作生产阶段，二者占比大致为 1:1。

在水体排放方面，农资生产阶段排放废水中所包含的主要污染物为 NH_4^+-N、PO_4^{3-}、COD，农作生产阶段由于降雨、施肥、灌溉等土壤、化肥中的 NO_3^--N、PO_4^{3-} 流失。其中，PO_4^{3-} 流失主要来源于农作生产阶段，而 NO_3^--N 流失是水体排放中最为严重的，生产 1t 油菜籽粒流失的 NO_3^--N 为 29.25kg，生产 1t 水稻籽粒流失的 NO_3^--N 为 6.07～11.08kg。

在水资源消耗方面，油菜总耗水量为 318.71m³，水稻总耗水量为 376.73～535.98m³，其中早稻＜晚稻＜中稻。农资生产阶段耗水量远小于农作生产阶段。

功能单元为 1hm² 耕地时，结果如下。

总体能源消耗依旧以氮肥消耗为主，但 1hm² 耕地生产油菜籽粒所消耗的能源要低于生产水稻籽粒所消耗的能源。

在空气排放方面，CO_2 排放 90% 以上来自农作生产阶段，1hm² 耕地生产油菜籽粒所排放的 CO_2 为 3988.66kg，生产水稻籽粒所排放的 CO_2 为 3346.96～3600.41kg，表明无论按照单位产量还是单位面积来计算，油菜 CO_2 排放量都高于水稻，这是由于油菜种植阶段土壤基本处于好氧条件下，土壤微生物活动和植物根系分解以排放 CO_2 为主。而除 SO_2、NO_x、N_2O 之外，1hm² 耕地生产油菜籽粒所排放的气体量均小于水稻。

在水体排放方面，NO_3^--N 的流失依旧是水体排放中最为严重的，1hm² 耕地生产油菜籽粒流失的 NO_3^--N 为 61.18kg，生产水稻籽粒流失的 NO_3^--N 为 44.57～76.14kg；其次为 PO_4^{3-}，1hm² 耕地生产油菜籽粒流失的 PO_4^{3-} 为 14.19kg，生产水稻籽粒流失的 PO_4^{3-} 为 13.56～16.15kg。

在水资源消耗方面，油菜总耗水量远小于水稻，且基本来自农作生产阶段。

此外，由清单可以看出，早稻、中稻、晚稻排放清单中各项目差距均不大，因此为了便于分析和汇总，在接下来对不同作物进行特征化、标准化与加权评估过程中，清单采用油菜、水稻两种作物类型加以测算，其中水稻采用早稻、中稻、晚稻排放清单中各项目的平均值参与计算，最终汇总得到了鄂州市稻田作物综合环境影响清单（表6-30）。

表6-30　不同作物综合资源消耗及环境排放清单

清单项目		功能单元为 1t 作物籽粒		功能单元为 1hm² 耕地	
		油菜	水稻	油菜	水稻
能源消耗/MJ	氮肥	3.62	1.16	7.58	8.54
	磷肥	0.16	0.06	0.33	0.42
	钾肥	0.13	0.04	0.27	0.30
	电力	1.92	0.55	4.02	4.02
	柴油	1.32	0.37	2.76	2.76

续表

清单项目		功能单元为 1t 作物籽粒		功能单元为 1hm² 耕地	
		油菜	水稻	油菜	水稻
空气排放/kg	CO_2	1906.71	475.94	3988.66	3498.34
	SO_2	4.40	0.58	9.20	4.24
	N_2O	0.85	0.19	1.78	1.43
	NO_x	1.08	0.12	2.26	0.89
	CH_4	−0.58	16.63	−1.21	123.83
	NH_3	22.62	9.23	38.38	57.11
水体排放/kg	NH_4^+-N	0.71	0.23	1.48	1.67
	PO_4^{3-}	6.79	2.02	14.20	14.92
	NO_3^--N	29.25	8.22	61.18	60.12
	COD	0.06	0.02	0.12	0.14
土地利用/m²		4780.33	1358.05		
水资源消耗/m³		318.71	451.66	666.72	3347.81

2. 环境影响评价结果

表 6-31 和表 6-32 分别反映了不同稻田作物环境影响潜力的特征化结果及各影响因子对环境影响类型的贡献率。由于同类作物的产量、种植面积是一定的，因此同类作物功能单元为 1t 籽粒和 1hm² 耕地之间存在倍数关系，属于完全线性相关，所以同类作物各影响因子对环境影响类型的贡献率在两种功能单元下是完全相同的。

表 6-31　不同稻田作物环境影响潜力的特征化结果

环境影响类型	功能单元为 1t 作物籽粒		功能单元为 1hm² 耕地	
	油菜	水稻	油菜	水稻
能源消耗/MJ	7 149.171	2 174.940	14 955.405	16 035.776
全球增温/kg CO_2-eq	2 145.913	948.421	4 489.052	7 019.443
水体富营养化/kg PO_4^{3-}-eq	27.363	8.794	57.241	64.723
环境酸化/kg SO_2-eq	47.672	18.013	99.726	133.126
土地利用/m²	4 780.326	1 358.048		
水资源消耗/m³	318.714	451.655	666.721	3 347.806

表 6-32　不同稻田作物各影响因子对环境影响类型的贡献率

环境影响类型	影响因子	油菜贡献率/%	水稻贡献率/%
能源消耗	氮肥	50.669	53.233
	磷肥	2.195	2.623
	钾肥	1.831	1.834
	电力	26.857	25.079
	柴油	18.450	17.228

环境影响类型	影响因子	油菜贡献率/%	水稻贡献率/%
全球增温	CO_2	88.853	50.182
	CH_4	-0.673	43.846
	N_2O	11.820	5.972
水体富营养化	PO_4^{3-}	24.808	19.772
	NO_3^--N	44.893	46.589
	NO_x	0.513	0.158
	NH_3	28.928	32.692
	NH_4^+-N	0.854	0.785
	COD	0.005	0.004
环境酸化	SO_2	9.228	3.539
	NO_x	1.585	0.466
	NH_3	89.187	95.994

在能源消耗方面，生产 1t 油菜籽粒的能源消耗达到 7149.171MJ，生产 1t 水稻籽粒的能源消耗则为 2174.940MJ，单位产量油菜的能源消耗是水稻的 3 倍多；相反，$1hm^2$ 耕地生产油菜籽粒的能源消耗为 14 955.405MJ，$1hm^2$ 耕地生产水稻籽粒的能源消耗则为 16 035.776MJ，表明单位面积油菜的能源消耗小于水稻。其中，无论是油菜还是水稻，农资生产阶段、农作生产阶段的能源消耗基本上各占一半，而氮肥对能源消耗的贡献率均达到 50% 以上，因此需要通过改进氮肥生产工艺、提高氮肥工业生产效率来降低氮肥生产能耗。

在土地利用方面，生产 1t 油菜籽粒所占用的土地面积为 4780.326m^2，生产 1t 水稻籽粒所占用的土地面积为 1358.048m^2，表明油菜的土地利用效率远低于水稻。

在全球增温方面，生产 1t 油菜籽粒所导致的全球增温潜势为 2145.913kg CO_2-eq，生产 1t 水稻籽粒所导致的全球增温潜势为 948.421kg CO_2-eq，油菜的全球增温潜势为水稻的 2.3 倍；而 $1hm^2$ 耕地生产油菜籽粒所导致的全球增温潜势为 4489.052kg CO_2-eq，$1hm^2$ 耕地生产水稻籽粒所导致的全球增温潜势为 7019.443kg CO_2-eq，单位面积油菜的全球增温潜势远低于水稻。其中，CO_2 排放对全球增温的贡献率均最大，油菜达到 88.853%，水稻达到 50.182%；而油菜 CH_4 排放呈现负向的贡献，即在一定程度上缓解了全球增温，但贡献率不足 1%，远不如对全球增温正向的贡献，水稻 CH_4 排放对全球增温的贡献率仅次于 CO_2 排放，二者合计贡献率超过 90%。

在水体富营养化方面，生产 1t 油菜籽粒所导致的水体富营养化潜势为 27.363kg PO_4^{3-}-eq，生产 1t 水稻籽粒所导致的水体富营养化潜势为 8.794kg PO_4^{3-}-eq，油菜的富营养化潜势为水稻的 3.1 倍；而 $1hm^2$ 耕地生产油菜籽粒所导致的水体富营养化潜势为 57.241kg PO_4^{3-}-eq，$1hm^2$ 耕地生产水稻籽粒所导致的水体富营养化潜势为 64.723kg PO_4^{3-}-eq，单位面积油菜的水体富营养化潜势低于水稻。其中，各影响因子对水体富营养化潜势的贡献率排序为 $NO_3^--N > NH_3 > PO_4^{3-} > NH_4^+-N > NO_x >$ COD，油菜 NO_3^--N 流失对水体富营养化潜势的贡献率为 44.893%，而水稻 NO_3^--N 流失贡献率则达到 46.589%。此外，结合表 6-28 可知，NH_3、NO_3^--N、PO_4^{3-} 排放基本来自农作生产阶段，合计贡献率达到 99%，而农资生产阶段排放废水的污染物 NH_4^+-N、NO_x、COD 等对水体富营养化潜势的贡献率不足 1%，主要是由于化肥生产过程中针对废水排放，国家出台了诸如《磷肥工业水污染物排放标准》和《合成氨工业水污染物排放标准》等一系列排放标准，对生产过程中排放废水的污染物进行了严格控制，而相比之下，农田化肥过量施用导致的氮磷大量流失则相对难以管控，最终造成了严重的水体富营养化。

在环境酸化方面，生产 1t 油菜籽粒所导致的环境酸化潜势为 47.67kg SO_2-eq，生产 1t 水稻籽粒所导致的环境酸化潜势为 18.013kg SO_2-eq，油菜的环境酸化潜势为水稻的 2.6 倍；而 1hm^2 耕地生产油菜籽粒所导致的环境酸化潜势为 99.726kg SO_2-eq，1hm^2 耕地生产水稻籽粒所导致的环境酸化潜势为 133.126kg SO_2-eq，单位面积油菜的环境酸化潜势低于水稻。其中，油菜、水稻 NH_3 排放对环境酸化潜势的贡献率分别达 89.157%、95.994%，且基本来源于农作生产阶段，而油菜、水稻 SO_2 排放对环境酸化潜势的贡献率分别为 9.228%、3.539%，全部来自农资生产阶段。

在水资源消耗方面，生产 1t 油菜籽粒所消耗的水资源为 318.714m^3，生产 1t 水稻籽粒所消耗的水资源为 451.655m^3；而 1hm^2 耕地生产油菜籽粒所消耗的水资源为 666.721m^3，1hm^2 耕地生产水稻籽粒所消耗的水资源为 3347.806m^3，无论是单位面积还是单位产量，水稻的需水量远大于油菜，这是因为水稻需要长期淹水，而油菜只需要定期灌溉。

表 6-33 反映了不同稻田作物环境影响潜力的标准化结果。可以看出，生产 1t 油菜籽粒的环境影响潜力大小排序为水体富营养化＞环境酸化＞土地利用＞全球增温＞能源消耗＞水资源消耗，生产 1t 水稻籽粒的环境影响潜力大小排序为水体富营养化＞环境酸化＞土地利用＞全球增温＞水资源消耗＞能源消耗，1hm^2 耕地生产油菜籽粒的环境影响潜力大小排序为水体富营养化＞环境酸化＞全球增温＞能源消耗＞水资源消耗，1hm^2 耕地生产水稻籽粒的环境影响潜力大小排序为水体富营养化＞环境酸化＞全球增温＞水资源消耗＞能源消耗，除能源消耗、水资源消耗排序有所差别外，其他环境影响潜力排序均相同。但从潜力大小来看，除水资源消耗外，生产 1t 油菜籽粒的环境影响潜力均远大于生产 1t 水稻籽粒的环境影响潜力，且生产 1t 油菜籽粒的水体富营养化潜力和生产 1t 水稻籽粒的水体富营养化潜力分别为 2000 年世界人均环境影响潜力的 1440.2% 和 462.9%；而 1hm^2 耕地生产油菜籽粒的环境影响潜力均小于 1hm^2 耕地生产水稻籽粒的环境影响潜力，但 1hm^2 耕地生产油菜籽粒的水体富营养化、环境酸化潜力和 1hm^2 耕地生产水稻籽粒的水体富营养化、环境酸化、全球增温潜力分别为 2000 年世界人均环境影响潜力的 3012.7%、191.4% 和 3406.5%、255.5%、102.5%。可以看出，无论是油菜还是水稻，其水体富营养化、环境酸化潜力都远高于 2000 年世界平均水平。

表 6-33　不同稻田作物环境影响潜力的标准化结果

环境影响类型	功能单元为 1t 作物籽粒		功能单元为 1hm^2 耕地	
	油菜	水稻	油菜	水稻
能源消耗	0.157	0.048	0.329	0.353
全球增温	0.313	0.138	0.655	1.025
水体富营养化	14.402	4.629	30.127	34.065
环境酸化	0.915	0.346	1.914	2.555
土地利用	0.884	0.251		
水资源消耗	0.036	0.051	0.076	0.380

对不同稻田作物的环境影响潜力进行加权求和，得到了不同稻田作物的综合环境影响潜力，如表 6-34 所示。其中，生产 1t 油菜、水稻籽粒的综合环境影响潜力分别为 2.037、0.667，生产 1t 油菜籽粒的综合环境影响潜力是水稻的 3.1 倍。而 1hm^2 耕地生产油菜、水稻籽粒的综合环境影响潜力分别为 4.021、4.671，即 1hm^2 耕地生产油菜籽粒的综合环境影响潜力是水稻的 86%。

表 6-34 不同稻田作物环境影响潜力及各环境影响类型的贡献率

环境影响类型	功能单元为 1t 作物籽粒				功能单元为 1hm^2 耕地			
	油菜		水稻		油菜		水稻	
	潜力	贡献率/%	潜力	贡献率/%	潜力	贡献率/%	潜力	贡献率/%
能源消耗	0.024	1.16	0.007	1.08	0.049	1.23	0.053	1.13
全球增温	0.038	1.85	0.017	2.49	0.079	1.96	0.123	2.63
水体富营养化	1.728	84.84	0.555	83.27	3.615	89.91	4.088	87.51
环境酸化	0.128	6.29	0.048	7.26	0.268	6.66	0.358	7.66
土地利用	0.115	5.64	0.033	4.89				
水资源消耗	0.005	0.231	0.007	1.000	0.010	0.245	0.049	1.059
综合环境影响潜力	2.037		0.667		4.021		4.671	

从各环境影响类型的贡献率来看，无论是水稻还是油菜，水体富营养化贡献率均达到最高，其中生产 1t 油菜、水稻籽粒的综合环境影响潜力中水体富营养化贡献率分别为 84.84%、83.27%，1hm^2 耕地生产油菜、水稻籽粒的综合环境影响潜力中水体富营养化贡献率分别达到 89.91%、87.51%，表明水体富营养化已成为稻田作物施肥所产生的最主要环境影响类型。此外，无论是油菜还是水稻，生产 1t 作物籽粒的综合环境影响潜力中环境影响类型贡献率排序为水体富营养化＞环境酸化＞土地利用＞全球增温＞能源消耗＞水资源消耗，而 1hm^2 耕地生产作物籽粒的综合环境影响潜力中环境影响类型贡献率排序为水体富营养化＞环境酸化＞全球增温＞能源消耗＞水资源消耗。导致水体富营养化的"元凶"最主要的是农作生产阶段 NH_3 的挥发及 NO_3^--N、PO_4^{3-} 的流失，而根据以往研究结果和农田管理措施对环境排放的影响可知（张刚等，2008；刘钦普，2017；王玲玲等，2018），施肥与 NH_3 挥发及 NO_3^--N、PO_4^{3-} 流失具有很大关系，因此施肥方案的优化处理对于降低稻田作物的环境影响具有重要的现实意义。

6.2.4.3 不同轮作体系施肥的生命周期评价结果

1. 清单分析结果

表 6-35 给出了稻田作物不同轮作体系（油-稻、稻-稻）的资源消耗和环境排放清单。

从能源消耗来看，无论是油-稻还是稻-稻轮作，生产氮肥的能源消耗均为最高，其次为电力和柴油；油-稻、稻-稻轮作体系能源消耗总量分别为 29.46GJ/hm^2、32.26GJ/hm^2，油-稻轮作体系整体能耗高于稻-稻轮作体系，这与各乡镇油-稻轮作体系平均氮肥、磷肥用量更高有关。

从空气排放来看，油-稻轮作体系的 CO_2、SO_2、NO_x 排放量均大于稻-稻轮作体系，而其 N_2O、CH_4、NH_3 排放量均小于稻-稻轮作体系。其中，油-稻、稻-稻轮作体系 CO_2 排放量分别为 7536.31kg/hm²、6947.37kg/hm²，远超过其他气体排放量，其中 90% 以上的 CO_2 排放来自农作生产阶段。由表 6-35 可知，油菜种植阶段 CO_2 排放量高于水稻，而 SO_2 排放主要来源于磷肥、钾肥生产，由于部分乡镇早稻种植阶段基本不施用钾肥，因此鄂州市油–稻轮作体系整体 SO_2 排放量高于稻–稻轮作体系；稻–稻轮作体系中土壤微生物的硝化与反硝化作用更为频繁，导致作物种植阶段 N_2O、NH_3 排放更多，而油菜种植阶段 CH_4 排放量为负值，导致鄂州市油–稻轮作体系整体 CH_4 排放量低于稻–稻轮作体系。

表 6-35　不同轮作体系的资源消耗及环境排放清单

轮作体系		农资生产阶段				农作生产阶段		
油–稻	能源消耗	氮肥/(GJ/hm²)	15.90		能源消耗	电力/(GJ/hm²)	8.04	
		磷肥/(GJ/hm²)	0.75			柴油/(GJ/hm²)	5.52	
		钾肥/(GJ/hm²)	0.62		空气排放	CO_2/(kg/hm²)	7052.38	
	空气排放	CO_2/(kg/hm²)	483.93			N_2O/(kg/hm²)	2.92	
		SO_2/(kg/hm²)	13.28			NO_x/(kg/hm²)	1.17	
		NO_x/(kg/hm²)	1.84			CH_4/(kg/hm²)	123.02	
	水体排放	NH_4^+-N/(kg/hm²)	3.10			NH_3/(kg/hm²)	113.29	
		PO_4^{3-}/(g/hm²)	17.03		水体排放	NO_3-N/(kg/hm²)	105.75	
		COD/(kg/hm²)	0.25			PO_4^{3-}/(kg/hm²)	30.34	
	水资源消耗/(m³/hm²)		14.36		水资源消耗/(m³/hm²)		4590	
稻–稻	能源消耗	氮肥/(GJ/hm²)	17.31		能源消耗	电力/(GJ/hm²)	8.04	
		磷肥/(GJ/hm²)	0.85			柴油/(GJ/hm²)	5.52	
		钾肥/(GJ/hm²)	0.54		空气排放	CO_2/(kg/hm²)	6418.08	
	空气排放	CO_2/(kg/hm²)	529.29			N_2O/(kg/hm²)	3.14	
		SO_2/(kg/hm²)	8.63			NO_x/(kg/hm²)	0.63	
		NO_x/(kg/hm²)	1.28			CH_4/(kg/hm²)	247.25	
	水体排放	NH_4^+-N/(kg/hm²)	3.38			NH_3/(kg/hm²)	138.7	
		PO_4^{3-}/(g/hm²)	19.34		水体排放	NO_3-N/(kg/hm²)	135.79	
		COD/(kg/hm²)	0.27			PO_4^{3-}/(kg/hm²)	28.59	
	水资源消耗/(m³/hm²)		15.77		水资源消耗/(m³/hm²)		6090	

从水体排放来看，除 PO_4^{3-} 排放量外，NH_4^+-N、NO_3^--N、COD 排放量均呈现出油–稻轮作体系低于稻–稻轮作体系的状态。相反，由于稻–稻轮作体系施用氮肥更多，其水体污染物整体排放量高于油–稻轮作体系，其中占比最大的水体污染物均为 NO_3^--N，基本来自农作生产阶段。

从水资源消耗来看，由于油菜需水量远小于水稻，因此油–稻轮作体系水资源消耗低于稻–稻轮作体系，二者农作生产阶段耗水量分别达到 4590m³/hm²、6090m³/hm²。

2. 环境影响评价结果

表 6-36 和表 6-37 分别反映了不同轮作体系环境影响潜力的特征化、标准化结果及不同环境影响因子对环境影响类型的贡献率情况。由于油–稻轮作体系中油菜、水稻属于两类不同作物，难以采用功能单元为 1t 作物籽粒来进行测算，因此仅以 1hm² 耕地作为评价的功能单元。

表 6-36　不同轮作体系环境影响类型的特征化、标准化结果

环境影响类型	特征化结果		标准化结果	
	油-稻	稻-稻	油-稻	稻-稻
能源消耗	30 816.87MJ	32 245.87MJ	0.68	0.71
全球增温	11 482.09kg CO_2-eq	14 065.29kg CO_2-eq	1.68	2.05
水体富营养化	115.86kg PO_4^{3-}-eq	135.55kg PO_4^{3-}-eq	60.98	71.34
环境酸化	228.38kg SO_2-eq	270.72kg SO_2-eq	4.38	5.20
水资源消耗	4 604.36m³	6 105.77m³	0.52	0.69

表 6-37　不同轮作体系环境影响因子的贡献率

环境影响类型	影响因子	油-稻贡献率/%	稻-稻贡献率/%
能源消耗	氮肥	51.583	53.671
	磷肥	2.420	2.627
	钾肥	2.035	1.676
	电力	26.073	24.912
	柴油	17.911	17.114
全球增温	CO_2	65.635	49.394
	CH_4	26.787	43.947
	N_2O	7.578	6.660
环境酸化	SO_2	5.814	3.189
	NO_x	0.923	0.493
	NH_3	93.263	96.318
水体富营养化	PO_4^{3-}	26.208	21.105
	NO_3^--N	38.338	42.073
	NO_x	0.338	0.183
	NH_3	34.227	35.812
	NH_4^+-N	0.885	0.823
	COD	0.005	0.005

　　整体来看，单位面积油-稻轮作体系的各环境影响潜力均小于稻-稻轮作体系，表明从区域环境影响来看，油-稻轮作体系对生态环境的危害小于稻-稻轮作体系，但结合单位产量作物的环境影响来看，虽油菜的产量较低，但环境排放量相对并不小，因此单位产量油菜的环境影响潜力大大高于水稻。所以，需要在提高油菜产量的同时降低油菜的环境排放量。

　　具体来看，在能源消耗方面，单位面积油-稻轮作体系、稻-稻轮作体系的能源消耗分别为 30 816.87MJ、32 245.87MJ，标准化后结果分别为 0.68、0.71，油-稻＜稻-稻轮作体系，主要原因在于稻-稻轮作体系化肥施用量高于油-稻轮作体系。其中，氮肥仍然贡献率最高，分别达到 51.583%、53.671%，而油-稻、稻-稻轮作体系中农资生产阶段和农作生产阶段对能源消耗的贡献率均大致为 60%、40%。

　　在全球增温方面，单位面积油-稻轮作体系、稻-稻轮作体系的全球增温潜势分别为 11 482.09kg CO_2-eq、14 065.29kg CO_2-eq，标准化后结果分别为 1.68、2.05，表明油-稻轮作

体系的全球增温潜势低于稻-稻轮作体系，其主要原因在于稻-稻轮作体系 CH_4 的排放量为油-稻轮作体系的将近 2 倍，对全球变暖的贡献率远高于油-稻轮作体系。具体来看，CO_2 排放对全球变暖的贡献率最大，油-稻轮作体系达到 65.635%，稻-稻轮作体系则为 49.394%；稻-稻轮作体系 CH_4 排放对全球变暖的贡献率达到 43.947%，而油-稻轮作体系的贡献率仅为 26.787%。

在水体富营养化方面，单位面积油-稻、稻-稻轮作体系的水体富营养化潜势分别为 115.86kg PO_4^{3-}-eq、135.55kg PO_4^{3-}-eq，标准化后结果分别为 60.98、71.34，表明油-稻轮作体系的水体富营养化潜势低于稻-稻轮作体系。其中，各影响因子对水体富营养化潜势的贡献率排序为 NO_3^--N＞NH_3＞PO_4^{3-}＞NH_4^+-N＞NO_x＞COD；油-稻、稻-稻轮作体系 NO_3^--N 流失对水体富营养化潜势的贡献率分别为 38.338%、42.073%，几乎达到一半，表明 NO_3^--N 流失对稻田作物施肥环境影响潜力的影响程度最高；而 NH_3 排放的贡献率也分别达到 34.227%、35.812%。因此尤为需要减少 NH_3 排放和 NO_3^--N 流失，而由农田管理措施对环境排放的影响分析发现，二者都与氮肥施用量有很大的关系，所以需要从氮肥减量施用及降低氮肥中 NH_3 挥发与 NO_3^--N 流失入手。而无论是 NH_3 挥发，还是 NO_3^--N、PO_4^{3-} 流失，均基本出现在作物种植阶段，所以需要在农田种植阶段采取合理有效的措施来减少氮磷的流失。

在环境酸化方面，单位面积油-稻、稻-稻轮作体系的环境酸化潜势分别为 228.38kg SO_2-eq、270.72kg SO_2-eq，标准化后结果分别为 4.38、5.2，表明油-稻轮作体系的酸化潜势低于稻-稻轮作体系。其中，油-稻、稻-稻轮作体系 NH_3 排放对环境酸化潜势的贡献率分别达 93.263%、96.318%，且基本来源于农作生产阶段，而主要来自农资生产阶段的 SO_2 排放对环境酸化潜势的贡献率仅分别为 5.814%、3.189%，进一步体现了控制农作生产阶段 NH_3 挥发的重要性。

在水资源消耗方面，单位面积油-稻、稻-稻轮作体系的水资源消耗分别为 4604.36m³、6105.77m³，标准化后结果分别为 0.52、0.69，主要是由于油菜的需水量小于水稻。

表 6-38 反映了不同轮作体系的综合环境影响潜力及各环境影响类型的贡献率。油-稻、稻-稻轮作体系的综合环境影响潜力分别为 8.3、9.73，表明油-稻轮作体系对环境的影响程度低于稻-稻轮作体系。而各环境影响类型贡献率排序为水体富营养化＞环境酸化＞全球增温＞能源消耗＞水资源消耗，其中水体富营养化对综合环境影响潜力的贡献率超过 87%，其次为环境酸化，二者合计贡献率超过 95%。无论是水体富营养化还是环境酸化，NH_3 排放均有比较高的贡献率，而对水体富营养化贡献最大的是 NO_3^--N 流失，表明降低综合环境影响潜力的关键是减少 NH_3 挥发及 NO_3^--N 流失。因此，接下来对于施肥方案的设计优化都需要围绕如何减少 NH_3 挥发和 NO_3^--N 流失展开。

表 6-38　不同轮作体系的综合环境影响潜力及各环境影响类型的贡献率

环境影响类型	油-稻		稻-稻	
	潜力	贡献率/%	潜力	贡献率/%
能源消耗	0.10	1.22	0.11	1.09
全球增温	0.20	2.42	0.25	2.53
水体富营养化	7.32	88.14	8.56	87.97
环境酸化	0.61	7.39	0.73	7.48
水资源消耗	0.07	0.82	0.09	0.93
综合环境影响潜力	8.30		9.73	

6.2.4.4　小结

本节基于 DNDC 模型模拟得出鄂州市各乡镇气体排放及氮流失结果，通过构建稻田作物施肥的生命周期评价体系，分别对油菜、水稻两种作物及油–稻、稻–稻两类轮作体系进行环境影响评价，得出以下结论。

生产 1t 油菜籽粒的综合环境影响潜力高于生产 1t 水稻籽粒，表明生产单位产量油菜的资源环境代价要高于水稻；而种植 1hm² 油–稻的综合环境影响潜力小于种植 1hm² 稻–稻，表明单位面积油–稻轮作体系施肥的环境影响小于稻–稻轮作体系，具有更高的环境效益。

无论是油菜还是水稻，能源消耗主要发生于农资生产阶段肥料的生产，其中氮肥生产的能源消耗超过 50%，因此需要通过改进氮肥生产工艺、提高氮肥工业生产效率来降低氮肥生产能耗；对全球增温贡献最大的环节为农作生产阶段，其中油菜贡献最大的主要是 CO_2 排放，贡献率超过 88%，水稻贡献最大的是 CO_2 和 CH_4 排放，贡献率分别达到 50%、44%，CH_4 排放主要发生在水稻种植时期，结合敏感性研究结果，可以通过增加稻田烤田时长降低 CH_4 排放。

无论是油菜还是水稻，生产 1t 作物籽粒的综合环境影响潜力中各环境影响类型贡献率排序均为水体富营养化＞环境酸化＞土地利用＞全球增温＞能源消耗＞水资源消耗；而无论是稻–稻轮作体系还是油–稻轮作体系，1hm² 耕地生产作物籽粒的综合环境影响潜力中各环境影响类型贡献率排序均为水体富营养化＞环境酸化＞全球增温＞能源消耗＞水资源消耗。其中，水体富营养化贡献率均超过 80%，对生态环境的威胁最大。

无论是水体富营养化还是环境酸化，NH_3 排放的贡献率均很高，但对水体富营养化贡献最大的是 NO_3^--N 流失，表明降低综合环境影响潜力的关键是减少 NH_3 排放及 NO_3^--N 流失。

6.2.5　稻田作物施肥方案模拟优化

6.2.5.1　施肥量不确定性研究

通过 DNDC 模型的蒙特卡罗（Monte Carlo）检验对作物产量的影响进行不确定性模拟，从而获取施肥量与作物产量、气体排放量及氮流失量之间的关系，从而为确定合理的施肥方案提供一定参考。

1. 研究方法

蒙特卡罗方法又称随机抽样或统计试验方法，是一种基于概率统计来解决问题的数学方法，而它因摩纳哥著名的赌城蒙特卡罗闻名，因此被命名为蒙特卡罗方法。蒙特卡罗方法的基本思想是通过大量随机试验来模拟某种实际物理过程或者获取某个随机变量的期望值。简单来说，蒙特卡罗方法主要以概率和数理统计的计算方法来分析、获取现实中难以获取的真实值或确定值，它将所求解的问题与事先设计好的某种概率模型联系到一起，通过计算机来实现抽样分析或者统计模拟，以此获得所研究问题的近似解。

统筹可以把蒙特卡罗方法的研究路径归结为以下 3 个主要步骤：构造或描述概率过程，从已知概率分布抽样，建立各种估计量（郭生良，2008）。构造或描述概率过程就是将现实问题转化成为概率问题，事实上，除了少部分具有明确结果的确定性问题，大部分现实问题是具有一定发生概率的不确定性问题，前者只需要正确模拟其发生概率，而后者就必须人为构造概率，通过概率计算得出的解尽量拟合该确定性问题的真实解。从已知概率分布抽样的基本要求：一是样本量足够多，二是尽可能随机，针对这两点，计算机完全能够实现。建立各种估计量实际上就是确定一个随机变量，在构建概率模型之后，通过输入随机变量利用计算机进行模型计算，并保证每次输入变量均为随机变量，这样重复模拟成千上万次之后所获取的累积概率最大的解基本上无限拟合真实值，当然前提是构建的概率模型正确。蒙特卡罗方法的应用领域非常广，而计算机技术的发展对蒙特卡罗方法的普及与应用起到了巨大推动作用，人们无须进行大量重复性试验，而仅通过计算机的模拟运算就可以解决许多复杂问题。

对于 DNDC 模型，由于其本身是一个描述农业生态系统中碳和氮生物地球化学过程的计算机模拟模型，模拟方法和过程本身就带有不确定性，因此模拟结果也带有不确定性。不确定性是不可避免的，但我们必须要知道不确定性的范围有多大（郭佳伟等，2013）。而 DNDC 模型可以利用经典的蒙特卡罗分析方法来对点位及区域模拟中的不确定性进行定量化分析。

DNDC 模型的蒙特卡罗模拟可以选择包括气象、土壤、农作物和农田管理措施等在内的一个或多个因素来检查它们的误差对模拟结果的影响。DNDC 模型的在此分析中记录的模拟结果包括土壤有机碳含量年度变化（dSOC）及 CH_4、N_2O、NO、N_2、NH_3 和硝酸盐淋溶等的年排放。在输入待测因素后，每一所选输入项目的波动区间被等分为 50 个数段，这些数段会被随机地选出一个，并与其他项目组合以完成一次 DNDC 模型的模拟。DNDC 模型规定的最小重复模拟次数是 4000 次。如果检查的输入项目增多，样本大小将以指数增加。总的来讲，样本越大，模拟结果频率分布曲线越平滑。

在 DNDC 模型中，蒙特卡罗检验与敏感性检验都属于模型不确定性分析，但由于蒙特卡罗分析要求重复模拟运转次数很多，因此这种方法只适合用于点位尺度或区域单一格点，而敏感性检验则相对简单，较适用于区域模拟。但蒙特卡罗方法最大的优势在于它能够通过对大量样本的模拟拟合输入参数与待测结果之间的关系，从而能够更加直观地反映二者的关系特征。

2. 研究过程及结果

由于蒙特卡罗分析只适合用于点位尺度或区域单一格点，因此本研究选择以长港镇为例进行蒙特卡罗模拟，分析施肥量对作物产量、气体排放量及氮流失量的影响，并进一步测算施肥量与环境影响潜力之间的关系。选择长港镇是因为其土壤参数平均值最接近各乡镇土壤参数平均值，具有一定代表性。

在对长港镇进行蒙特卡罗模拟过程中，选择分别对油菜、早稻、中稻、晚稻进行模拟，并以鄂州市推荐施肥方案为基准值（油菜氮肥施用量 180kg N/hm²，水稻氮肥施用量 195kg N/hm²），设计施肥量变化区间为 0.5，即在基准值基础上减施 50% 至增施 50%，选择重复模拟次数为 4000 次，测算施肥量对作物产量、气体排放以及氮流失的影响，并依据生命周期评价方法测算不同施肥量下功能单元为 1t 作物籽粒时的综合环境影响潜力。此外，在开始模拟之前，需要对区域单一格点进行一次点位模拟，以获取测算基准结果。由于蒙特卡罗模拟无法测算出土壤 CO_2 的排放情况，而在农田管理措施对环境排放的影响分析中已经得出施氮量对土壤 CO_2 排放的贡献率极其微小，因此以点位模拟测算出的对应 CO_2 排放量作为基准值，采用稻田作物生命周期评价方法对各类作物不同施肥量对应的综合环境影响潜力进行测算，最终得到了施肥量与作物产量、综合环境影响潜力之间的关系结果，如图 6-13～图 6-16 所示。

从图 6-13～图 6-16 可以发现，油菜、水稻产量均随施肥量增加而增加，但在施肥量增大到一定值时，水稻达到最大产量，再增加施肥量也不会改变水稻产量，而油菜在施肥量增加 50% 时依然未达到最大产量，而实际田间试验中，油菜也会随着施肥量增大到一定程度而达到最大产量。其中，早稻在氮肥减施 15% 时达到最大产量，而中稻、晚稻则均在氮肥增施 13% 时达到最大产量。

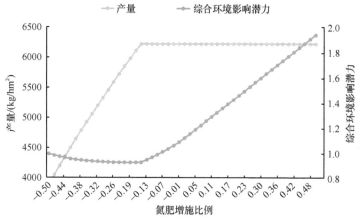

图 6-13　早稻施肥量蒙特卡罗模拟结果

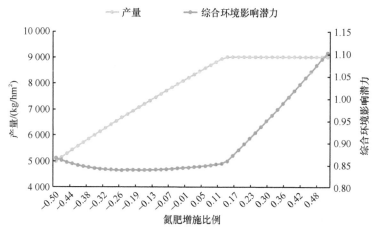

图 6-14　中稻施肥量蒙特卡罗模拟结果

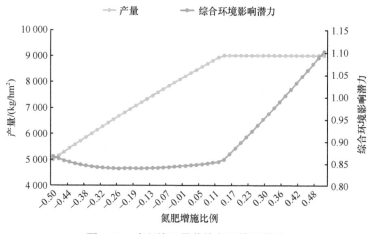

图 6-15　晚稻施肥量蒙特卡罗模拟结果

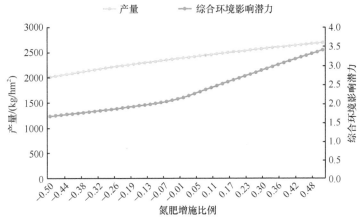

图 6-16　油菜施肥量蒙特卡罗模拟结果

从综合环境影响潜力来看，水稻的综合环境影响潜力均呈现先减少后增加的态势，早稻、中稻、晚稻分别在氮肥减施 17%、26%、30% 时达到最小值，而在产量达到最大之后综合环境影响潜力曲线呈现迅速上升的态势，这是由于综合环境影响潜力是以 1t 作物籽粒产量为功能单元计算的，当产量不再发生变化，而环境影响当量仍随着施肥量增加而增加，那么单位产量所产生的环境影响也会随着施肥量的增加而加剧。同理，油菜综合环境影响潜力虽未呈现先减少后增加的态势，而是一直增加，但通过计算综合环境影响潜力的边际潜力，发现在氮肥减施 13% 之后，再增加氮肥用量，综合环境影响潜力的边际潜力迅速上升，反映为综合环境影响潜力增长速率迅速上升，环境污染急速加剧。因此，早稻氮肥减施 15% 和中稻、晚稻氮肥增施 13%，以及油菜氮肥减施 13% 可以作为综合环境影响潜力增长阈值。

进一步来看，以中稻为例，采用 SPSS 曲线回归分析分别对蒙特卡罗分析模拟的作物产量、单位产量及单位面积（功能单元为 1hm²）综合环境影响潜力进行回归曲线拟合，经过对线性、二次、对数、幂函数等曲线拟合相关系数进行对比分析，发现二次函数拟合相关系数最高，拟合效果最好，其结果如图 6-17～图 6-19 所示。其中，作物产量模拟回归方程为 $y=-0.135x^2+72.274x-1483.242$，$R^2$ 为 0.991；单位产量综合环境影响潜力回归方程为

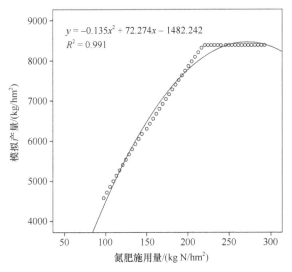

图 6-17　氮肥施用量与水稻产量的关系

$y=1.795\times10^{-5}x^2-0.005x+1.275$，$R^2$ 为 0.978；单位面积综合环境影响潜力回归方程为 $y=3.232\times10^{-5}x^2+0.018x+2.047$，$R^2$ 为 0.999，三者相关性均达到极显著水平。

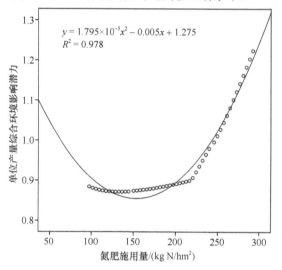

图 6-18　氮肥施用量与单位产量水稻综合环境影响潜力的关系

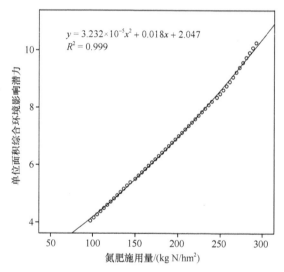

图 6-19　氮肥施用量与单位面积水稻综合环境影响潜力的关系

在水稻生产体系中，施肥量与产量的高低通常会受到 3 个因素的制约，包括为保障粮食安全而要求的作物高产、为保证经济收益最大而要求的经济高效，以及为保障环境安全而要求的环境污染最小化，因此从生产、经济、生态三效益兼顾的角度来探讨一个合理的施肥量就尤为必要（崔玉亭等，2000）。

从生产效益来看，作物产量随施氮量增加而增加，但当施氮量达到 220kg/hm² 时（方程解为 267.7kg/hm²），作物产量达到最大值，之后再增加肥料用量作物产量不会再增加，因此只要保证施氮量大于或等于 220kg/hm² 生产效益最佳施肥点，就可以保证水稻不减产。但事实上，通过各种测土配方施肥试验发现，过量施肥往往会产生"烧苗"等负面影响，反而会使作物产量下降，表明模型模拟结果还存在一定缺陷。

　　从生态效益来看，单位面积水稻综合环境影响潜力随施氮量增加而增加，而单位产量水稻综合环境影响潜力在施氮量为139kg/hm^{2}时达到最小，因此该施氮量可以视为"生态效益最佳施肥点"。

　　从经济效益来看，当边际收益和边际成本相等时，可以得到最高的经济收益。假设水稻籽粒价格按2.2元/kg计算，氮肥（折N）价格按3.6元/kg计算（2010年市价），种子价格边际成本（y_1）与边际收益（y_2）的生产函数分别为：$y_1=3.6$，$y_2=-0.594x+155.4$。当$y_1=y_2$时，得到最优解，即当施氮量$x=255.56$kg/hm^{2}时，经济效益最大。但通过蒙特卡罗模拟可以发现，当施氮量大于220kg/hm^{2}时，水稻产量便不再增加，边际收益只会为负值，这表明产量的拟合方程存在问题。实际上产量与施氮量存在线性加平台关系，在产量达到最大值前后划分为两个方程，其中后一段方程应当为常数方程，即$y=8383.7$，而前一段方程通过单独进行回归拟合得到，如图6-20所示。

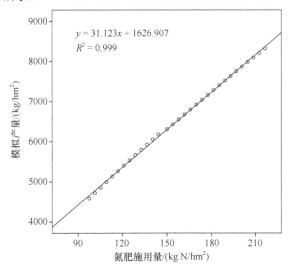

图6-20　氮肥施用量与水稻产量的关系

　　此时，水稻产量的生产函数应当为

$$y = \begin{cases} 31.123x + 1626.907, & x \leqslant 217.1 \\ 8383.7, & x > 217.1 \end{cases}$$

式中，x为施氮量（kg/hm^2）；y为水稻产量（kg/hm^2）。

　　由此可以计算出，边际收益应当为$y_2=64.87$，即边际收益恒大于边际成本，而当施氮量大于或等于220kg/hm^2，即产量大于或等于8383.7kg/hm^{2}时边际收益为负值，因此"经济效益最佳施肥点"应当和"生产效益最佳施肥点"相同，均为220kg/hm^2。此外，单位产量综合环境影响潜力的拟合函数也应当为分段函数，但由于其对结果影响不大，这里不再详述。

　　综合可得，兼顾生态、生产、经济效益的施氮量应当为139~220kg/hm^2，该区间的最小值、最大值对应的作物产量分别为5953kg/hm^2、8383.7kg/hm^2。但同时需要看到，"生态效益最佳施肥点"对应的作物产量相较于2007~2009年作物平均产量7960kg/hm^{2}减产过大，对粮食安全构成了一定威胁，因此在现实生产中是不可取的。为了满足作物不减产的基本原则，以前3年的平均产量为产量下限，将其对应的施肥量203kg/hm^{2}作为"施肥量阈值"，则最佳施氮量应当为203~220kg/hm^2。

6.2.5.2 施肥方案情景模拟优化与环境影响预测

由于点位模拟结果通常只能代表该种土壤状态的产量及环境影响情况，而区域层次的环境影响往往还需要进一步模拟与测算，因此本研究以施肥量不确定性研究结果作为参考，并将其应用于区域尺度，对各乡镇施氮方案进行情景模拟。由于蒙特卡罗不确定性研究表明，作物产量会随着施肥量增加而增加，但当施肥量增长到一定程度时，该稻田作物达最大产量，再增加施肥量也不会增加作物产量，而综合环境影响潜力则会随着施肥量增加而增大，即表明环境污染程度加重，因此以作物产量增长至最大时的施肥量作为"产量平衡施肥点"，而"生态效益平衡施肥点"在蒙特卡罗不确定性分析中达不到最大产量，且比传统施肥下的产量都小，考虑到保障粮食产量至少不发生减少，暂不考虑"生态效益最佳施肥点"的测算，而是引入"施肥量阈值"这一概念，即保证作物平均产量稳定在前3年的平均水平，再将其对应的施肥量作为施肥量下限。

由于各乡镇土壤参数、施肥量各不相同，因此本研究以乡镇为模拟单元，通过对施肥方案进行梯度用量情景模拟，测算各乡镇施肥量变化对稻田作物产量和环境排放的影响，确定各乡镇最佳施肥量。施肥方案模拟主要分为以下几步。

第一，将各乡镇现状施肥量作为基准施肥量，代表该乡镇的实际施肥情况，并以基准施肥量为对照组，以5%为施肥变化梯度区间，一共设置21组施肥方案（减施50%至增施50%，氮肥、磷肥、钾肥按照同样比例进行变化），在各乡镇土壤数据、作物数据、田间管理数据不变的前提下，针对21组不同的施肥方案以2010年为起始年，以2007～2017年这10年数据进行轮换，按照每年施肥量不变的情形对稻田作物的生产进行21年的模拟预测，以消除气候、降雨变化对作物产量和环境排放的影响（根据相关研究，DNDC模型在模拟作物产量时会受到降雨、气温等的影响而导致高估或者低估）（陈海心等，2014），并以此测算2010～2030年各乡镇稻田作物平均产量及环境排放（综合环境影响潜力）。

第二，对比不同施肥方案中的产量及综合环境影响潜力，找出各乡镇的"产量平衡施肥点"及"施肥量阈值"。

第三，比较基准施肥量情景和平衡、阈值模式的稻田环境排放差异，确定施肥方案优化效果。

这里以杨叶镇为例，选取2007～2010年杨叶镇中稻的平均施氮量（241kg/hm²）作为基准施肥量，以5%为梯度，建立不同施肥方案作物产量的模拟模型。2010～2030年杨叶镇水稻产量随施肥量变化的箱线图如图6-21所示。可以看出，除2013年、2024年水稻产量相对异常之外，其他各年份水稻产量均差距不大。2013年、2024年所用气象数据均为2013年鄂州市气象站监测数据，将各年份气象数据进行比较，发现该年份作物生长期间降雨量相对其他几年有所减少，且在水稻扬花期出现连续降雨，导致水稻作物有所减产。在基准施肥点，水稻产量最高可达9432.5kg/hm²，最低为7177.5kg/hm²，平均产量为8790kg/hm²。此外，当氮肥减施5%，水稻开始出现减产的趋势，因此以减施5%作为杨叶镇的"产量平衡施肥点"。杨叶镇2007～2009年测土配方施肥调查获取的平均产量为7823kg/hm²，其所对应的施肥量在减施15%左右，即表示在2010～2030年氮肥减施15%即可保证年平均产量与前3年作物平均产量相等（这可能与气温高、降雨多与土壤养分逐年积累有关），因此将其作为"施肥量阈值"。综合来看，最佳施氮量为205～229kg/hm²，分别测算的该区间最小值、最大值对应的单位面积综合环境影响潜力为4.58、4.46，而基准施肥量模式单位面积综合环境影响潜力为4.90。具体来看,"产量平衡施肥点"下对环境影响贡献率最大的 NH_3、NO_3^--N、PO_4^{3-} 排放量分别减少了 $5.56kg/hm^2$、$4.23kg/hm^2$、$0.1kg/hm^2$,"施肥量阈值"下对环境影响贡献最大的 NH_3、NO_3^--N、PO_4^{3-} 排放量分别减少了 $14.6kg/hm^2$、$11.9kg/hm^2$、$1.55kg/hm^2$,环境污染明显降低。

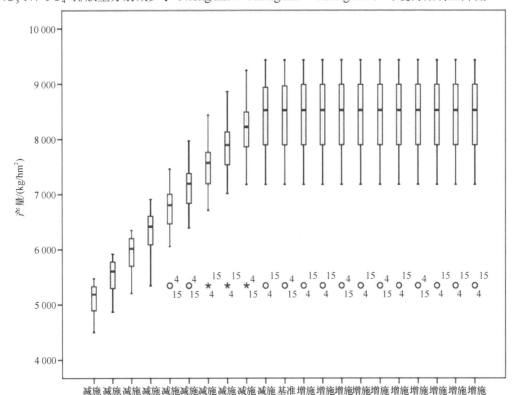

图 6-21 不同施肥情景下作物产量箱线图

通过以上方法步骤对鄂州市各乡镇不同稻田作物分别进行"产量平衡施肥点"及"施肥量阈值"的测算,结果如表 6-39 所示(基准值视为100%)。需要注意的是,由于蒙特卡罗模拟中油菜的产量随施肥量增加50%依旧未达到平衡施肥点,因此选择2008~2010年平均产量上浮10%~20%对"产量平衡施肥点"进行模拟计算(唐秀美等,2008;张月平等,2011),本研究取20%,而"施肥量阈值"的测算方法同水稻。

表 6-39 鄂州市各乡镇稻田作物不同施肥情景模拟结果

区域	油菜			早稻		
	氮肥基准值/(kg N/hm²)	产量平衡施肥点/%	施肥量阈值/%	氮肥基准值/(kg N/hm²)	产量平衡施肥点/%	施肥量阈值/%
碧石渡镇	154.3	105	95	183.2	120	105
东沟镇	168.0	105	90	203.4	105	80
杜山镇	170.9	100	95	215.4	100	70
段店镇	167.8	100	90	194.0	110	85
葛店镇	162.2	105	95	169.0	125	95
花湖镇	169.8	105	95	204.8	100	70

续表

区域	油菜			早稻		
	氮肥基准值 /(kg N/hm²)	产量平衡施肥点/%	施肥量阈值/%	氮肥基准值 /(kg N/hm²)	产量平衡施肥点/%	施肥量阈值/%
华容镇	168.9	95	90	183.9	110	85
梁子镇	159.0	110	100	170.2	120	95
临江乡	161.0	105	95	194.6	120	90
庙岭镇	162.5	105	95	166.1	130	105
蒲团乡	168.2	115	105	185.7	115	95
沙窝乡	170.8	90	85	209.0	100	80
太和镇	173.0	95	85	201.2	95	80
汀祖镇	166.4	90	85	186.5	110	90
涂家垴镇	169.8	105	100	173.1	110	90
新庙镇	168.7	90	90	171.7	120	100
燕矶镇	167.1	95	85	188.3	115	90
杨叶镇	171.2	90	80	178.4	125	100
泽林镇	167.1	95	85	189.1	115	90
长港镇	189.5	95	90	211.3	110	90
沼山镇	175.7	90	80	191.1	100	70

区域	中稻			晚稻		
	氮肥基准值 /(kg N/hm²)	产量平衡施肥点/%	施肥量阈值/%	氮肥基准值 /(kg N/hm²)	产量平衡施肥点/%	施肥量阈值/%
碧石渡镇	209.7	100	90	208.1	110	95
东沟镇	168.8	110	100	210.2	105	80
杜山镇	143.1	120	110	197.6	110	85
段店镇	158.8	120	105	181.8	110	95
葛店镇	177.1	110	100	173.4	110	95
花湖镇	157.8	120	105	199.0	105	85
华容镇	205.0	95	85	210.0	100	80
梁子镇	221.7	90	80	226.6	100	70
临江乡	154.8	120	105	183.0	110	100
庙岭镇	202.7	95	85	189.3	110	95
蒲团乡	220.0	100	85	210.0	105	85
沙窝乡	157.2	120	105	198.3	110	90
太和镇	209.1	95	80	187.8	110	85
汀祖镇	226.6	85	75	214.9	100	80
涂家垴镇	206.1	95	90	198.4	105	85
新庙镇	198.2	100	95	185.6	110	100
燕矶镇	220.5	90	85	219.0	100	80

续表

区域	中稻			晚稻		
	氮肥基准值 /(kg N/hm²)	产量平衡 施肥点/%	施肥量阈值/%	氮肥基准值 /(kg N/hm²)	产量平衡 施肥点/%	施肥量阈值/%
杨叶镇	241.4	95	90	208.4	105	85
泽林镇	166.3	120	105	201.7	105	85
长港镇	162.3	120	110	194.5	110	90
沼山镇	185.5	110	100	237.2	90	70

可以看出，除油菜、中稻的部分乡镇外，早稻、晚稻的"产量平衡施肥点"均大于氮肥现状施用量，表明继续提高现状施肥量，作物产量还可以继续提高。这也反映了在测土配方推荐施肥的全面普及下，大多数乡镇的施肥量已经得到有效控制，仅有部分乡镇存在过量施肥的状况。而如果要保持作物产量不变，大多数乡镇 2010～2030 年施肥量阈值需小于现状施肥量。分别计算"产量平衡施肥点""施肥量阈值"及基准施肥量对应的鄂州市不同稻田的综合环境影响潜力（为了便于比较，这里功能单元采用 1hm² 耕地，区域排放结果取各乡镇面积加权平均值）及对综合环境影响潜力贡献较大的 NH_3、NO_3^--N 及 PO_4^{3-} 排放量的变化情况，结果如表 6-40 所示。

表 6-40　控制施肥情景下稻田作物产量与环境排放情况

作物	产量与环境排放	基准施肥量	产量平衡施肥点	施肥量阈值
油菜	平均产量/(kg/hm²)	2438.40	2850.80（16.91%）	2137.90（−12.32%）
	综合环境影响潜力	4.71	5.25（11.46%）	3.85（−18.26%）
	NH_3 排放量/(kg/hm²)	42.90	47.15（9.91%）	37.40（−12.82%）
	NO_3^--N 排放量/(kg/hm²)	86.50	85.10（−1.62%）	62.30（−27.98%）
	PO_4^{3-} 排放量/(kg/hm²)	13.70	13.60（−0.73%）	12.50（−8.76%）
早稻	平均产量/(kg/hm²)	6854.40	7388.70（7.79%）	6418.40（−6.36%）
	综合环境影响潜力	4.75	5.56（17.05%）	3.96（−16.63%）
	NH_3 排放量/(kg/hm²)	68.00	78.10（14.85%）	58.10（−14.56%）
	NO_3^--N 排放量/(kg/hm²)	70.70	75.70（7.07%）	65.70（−7.07%）
	PO_4^{3-} 排放量/(kg/hm²)	13.50	15.10（11.85%）	11.90（−11.85%）
中稻	平均产量/(kg/hm²)	7561.93	7933.49（4.91%）	7517.96（−0.58%）
	综合环境影响潜力	4.94	5.16（4.45%）	4.42（−10.53%）
	NH_3 排放量/(kg/hm²)	66.60	68.75（3.23%）	60.55（−9.08%）
	NO_3^--N 排放量/(kg/hm²)	74.50	76.30（2.42%）	69.70（−6.44%）
	PO_4^{3-} 排放量/(kg/hm²)	15.80	16.60（5.06%）	15.00（−5.06%）
晚稻	平均产量/(kg/hm²)	8878.53	9449.70（6.43%）	8106.60（−8.69%）
	综合环境影响潜力	4.82	5.15（6.85%）	3.94（−18.26%）
	NH_3 排放量/(kg/hm²)	67.60	71.70（6.07%）	56.65（−16.2%）
	NO_3^--N 排放量/(kg/hm²)	67.50	69.40（2.81%）	62.70（−7.11%）
	PO_4^{3-} 排放量/(kg/hm²)	14.98	15.80（5.47%）	12.90（−13.89%）

注：括号中数据表示产量平衡施肥点和施肥量阈值相对于基准施肥量各项指标的变化百分比

通过情景模拟得到了"产量平衡施肥点""施肥量阈值",用这两种施肥方案模拟2010～2030年稻田作物生长。可以看出,"产量平衡施肥点"虽然能够保障作物产量达到最高,但随着作物施肥量的增加,对应的综合环境影响潜力和对综合环境影响潜力贡献较大的NH_3、NO_3^--N、PO_4^{3-}排放量相对于基准施肥量均有较大的增长,对环境污染的程度加剧。而"施肥量阈值"虽然相对于基准施肥量对应的产量有所减少,但至少能够保证作物平均产量在2010～2030年与当前水平相同,而各乡镇施肥量相对于基准施肥量均有所下降,因此单位产量经济成本下降,而最主要的是能够较为明显地降低稻田作物的环境排放。因此将"施肥量阈值"作为各乡镇的"生态效益最佳施氮量",在保障作物产量的同时降低施肥成本和环境排放,表现为"低氮、高效、低污染"。

综上,从生产、经济角度来看,"产量平衡施肥点"方案能够达到作物最大产量,保证经济效益最高,而相对的,这种方案会以环境污染为代价,造成氮素的大量流失,从而导致水体富营养化程度加剧,对环境的影响不容小觑;而如果以环境保护作为迫在眉睫的首要任务,"施肥量阈值"方案则是在满足粮食产量不减少的原则下,能够保证环境影响最小并降低经济成本的最佳方案,但以牺牲作物部分生长潜势为代价。因此,从环境保护的角度来看,"施肥量阈值"方案更加符合当地农业可持续发展的要求,且能够针对各乡镇不同的土壤条件因地制宜地制定出相对应的减量施肥方案,与我国提出的到2050年农田化肥和农药"零增长"的要求保持一致,且兼顾了粮食生产、生态效益;而从农户生产意愿角度来看,其会更加倾向选择"产量平衡施肥点"方案,因此对应的解决方案一是通过改进施肥管理措施尽量降低施肥的环境排放,二是通过政策优惠措施控制施肥量进一步增加,从而降低环境代价。

6.2.5.3　施肥管理措施优化

1. 施肥深度对作物产量和环境排放的影响

基于以往的试验研究和农田管理措施对环境排放影响的分析结果可知,施肥深度对作物产量与环境排放均存在一定影响。由于DNDC模型难以模拟施肥深度变化对区域结果的影响,因此这里仅以农田管理措施对环境排放影响的点位模拟结果为参考。

表施(0.2cm)和深施(15cm)对应的油菜、水稻(以晚稻为例)产量与环境排放结果如表6-41所示。其中,化肥深施时油菜、水稻产量分别比表施时增加30%、8.9%,而NH_3排放量分别减少80.8%、20%,氮淋失量分别增加6.1%、1.7%。可以看出,化肥深施主要能够增加作物产量和氮淋失量,减少NH_3排放,但氮淋失的增加量远低于NH_3排放的减少量,总体上能够减少氮流失,减轻环境污染。

表 6-41　施肥深度对作物产量与环境排放的影响

物种	施肥深度	籽粒产量/(kg/hm²)	CO₂ 排放量/(kg C/hm²)	CH₄ 排放量/(kg C/hm²)	N₂O 排放量/(kg N/hm²)	NH₃ 排放量/(kg N/hm²)	氮淋失量/(kg N/hm²)	氮径流量/(kg N/hm²)
油菜	表施(0.2cm)	997	1519.4	−3.0	3.0	45.4	109.5	0
	深施(15cm)	1299	1518.2	−3.0	3.9	8.7	116.2	0
水稻	表施(0.2cm)	3312	1271.6	148.6	2.3	61.4	11.9	0
	深施(15cm)	3606	1270.1	147.5	2.2	49.1	12.1	0

2. 有机肥对作物产量和环境排放的影响

从以往研究来看(杨璐,2016),有机肥配施化肥能够有效地减少化肥用量,增加作物产量。通过鄂州市土肥站相关调研可知，鄂州市有机肥施用多为禽畜粪尿，且施用面积较小，仅在芝麻、甘薯等作物种植过程中作为基肥施用，稻田作物有机肥施用数据难以获取。为了具体分析有机肥配施化肥的效果，本研究参考了甘薯有机肥施用情况，利用 DNDC 模型涉及的有机肥类型，将有机肥设置为绿肥（紫云英）、猪粪、家禽粪便（鸡粪）、人粪尿共 4 种类型，参考《中国有机肥料养分志》获取各类有机肥相关属性（表 6-42）。首先通过蒙特卡罗方法测算不同有机肥施用对作物产量与环境排放的影响（这里以中稻为例），再筛选出达到最大产量时有机肥的施氮量，比较最大产量有机肥施氮量对应的环境排放情况，结果如表 6-43 所示。

表 6-42　有机肥养分含量

有机肥种类	全氮含量/%	有机碳含量/%	C/N
紫云英	3.44	46	13.372
猪粪	2.087	41.381	20.986
鸡粪	2.338	30.146	14.028
人粪尿	6.382	36.775	8.062

注：各有机肥养分含量均为烘干状态下的参数

表 6-43　最大产量有机肥施氮量对应的环境排放

施肥类型	施氮量 /(kg N/hm²)	CO_2 排放量 /(kg C/hm²)	CH_4 排放量 /(kg C/hm²)	N_2O 排放量 /(kg N/hm²)	NH_3 排放量 /(kg N/hm²)	氮淋失量 /(kg N/hm²)
紫云英	235	3515.9	466.4	0.9	32.7	8.9
猪粪	250	5264.6	493.4	0.9	30.5	9.0
鸡粪	220	3468.5	456	0.9	31.6	8.8
人粪尿	210	2542.5	421.8	0.9	35.1	8.7

由表 6-43 可以看出，当绿肥、猪粪、鸡粪、人粪尿施氮量分别达到 235kg N/hm²、250kg N/hm²、220kg N/hm² 和 210kg N/hm² 时，水稻产量达到最大，其中人粪尿施氮量最少，效率最高，虽然 NH_3 排放量达到最高，但是相应的 CO_2、CH_4 排放量最低。由于篇幅有限，暂未对有机肥进行生命周期评价，但仅从种植阶段的资源消耗和环境排放来看，绿肥、猪粪、鸡粪、人粪尿的生命周期评分分别为 3.68、3.66、3.52、3.49，表明人粪尿的环境代价最低，施用效果最好。

因此，以人粪尿作为有机肥代表，与化肥设置配施情景：对照组（不施肥）、单施化肥（尿素）、单施有机肥、化肥配施有机肥（以有机肥为基肥、尿素为追肥，氮折纯后比例为1:1），计算当作物产量达到最大时各情景的环境排放情况，结果如表 6-44 所示。

表 6-44　不同施肥情景的环境排放

组别	施氮量 /(kg N/hm²)	CO_2 排放量 /(kg C/hm²)	CH_4 排放量 /(kg C/hm²)	N_2O 排放量 /(kg N/hm²)	NH_3 排放量 /(kg N/hm²)	氮淋失量 /(kg N/hm²)
对照	0	1503.2	285.9	0.9	5.4	8.5
单施化肥	185	1524.6	297.1	1.0	57.6	8.5
单施有机肥	210	2542.5	421.8	0.9	40.1	8.6
化肥+有机肥	化肥 90，有机肥 90	1935.9	342.2	1.0	35.1	8.7

其中，对照组作物产量仅 2100kg/hm²，而经过施肥后能够达到的作物最大产量为 9385kg/hm²。

单施化肥、单施有机肥、化肥配施有机肥对应的施氮量分别为 185kg N/hm², 210kg N/hm², 180kg N/hm², 表明化肥配施有机肥可以降低氮素投入。此外,单施化肥、单施有机肥、化肥配施有机肥在 CO_2、CH_4 排放方面排序均为单施化肥＜化肥配施有机肥＜单施有机肥,而在 NH_3 排放方面排序为单施化肥＞单施有机肥＞化肥配施有机肥,表明单施化肥在温室气体排放方面效益最佳,化肥配施有机肥在氮流失方面效益最佳,而这 4 组施肥方案对 N_2O 排放、氮淋失的影响差别较不明显。

6.2.5.4 化肥面源污染风险管控与政策保障体系

1. 实行养分分区管理,转变传统施肥方式

从鄂州市稻田作物施肥现状来看,农业农村部发起的测土配方施肥项目已经在指导农民施肥方面起到了一定效果,许多地区的农民已经遵从专家提供的测土配方施肥指导意见进行施肥方案调整,由以往的过量施用氮肥、较少施用磷肥、几乎不施钾肥的情况转变为减量施用氮肥、合理增施磷钾肥、控制施肥配比等,但项目推进的实际进度仍然存在一定滞后,如氮肥仍然存在盲目过施现象,由于成本较高而较少增加钾肥施用等,特别是有机肥配施化肥几乎很少见于粮食作物,由于成本高、投入量大,有机肥施用基本仅存在于经济作物中。此外,由于我国当前农田种植状况大多是农户分散经营、农田面积狭小、专业化程度低,因此测土配方施肥没有深入到一家一户(秦亚楠,2014),而通过县域大规模的统一推荐施肥又会导致施肥方案缺乏针对性,原本土壤肥力较高的区域由于过量施肥而发生环境污染,原本土壤肥力较低的区域由于施肥量不足而减产,因此需要依据养分开展分区推荐施肥与管理。

分区推荐施肥作为测土配方施肥技术的重要组成部分,根据土壤类型、土壤养分状态、经营方式等对整体区域进行养分分区划分,对各养分分区进行推荐施肥(秦亚楠,2014)。分区推荐施肥能够提高土壤养分利用率和田间管理效率,因地制宜地根据土壤养分状况进行针对性推荐施肥,介于粗放施肥和精准施肥之间,既能避免精准施肥投入过大的困扰,又能改善粗放施肥无法充分利用土壤肥力的缺陷,具有较高的推广价值和实践意义。

此外,传统施肥方式尚存在较大弊端:①化肥利用率较低,浪费现象严重;②施肥结构不合理,氮磷钾肥配施比例失衡;③有机肥资源利用较少,不同作物间施用不平衡;④施肥方式不科学,导致化肥流失严重。针对这些弊端,不仅需要加强测土配方施肥技术的推广力度,还需要指导农民采用科学施肥方式,如强化有机肥配施化肥,进一步提高秸秆机械化还田普及程度及推荐沼渣沼液还田,采用缓控释肥及化肥深施等节肥增效技术(郑微微等,2016)。

2. 完善测土配方施肥技术,健全项目推广及保障机制

目前,我国测土配方施肥技术尚不完善的一个较大原因在于适配的农作物种类较少,主要还是集中于粮食作物及油料作物等方面,而在蔬菜、棉花、果树等方面的推广应用较少(周荣和王延锋,2018)。而农民由于粮食作物的经济效益低,对粮食作物开展测土配方施肥的积极性不高,因此需要加强经济作物测土配方施肥技术的研究与推广普及。此外,由于测试方法较为复杂,特别是土壤养分的测试方法相对烦琐,因此土样检测投入成本高、检测时间长、效率偏低,难以实现大规模土壤采样测试(张秀平,2010),需要从技术层面更新改良土壤测试方法,提高测试效率。

从技术推广来看,当前的农业技术推广模式主要有政府主导型、科教单位主导型、企业主导型及农村经济合作社主导型等，其弊端在于更注重科研效果而忽视技术推广，无法适应市场需求（王梓，2018）。此外，由于地方财政资金投入相对不足，加上农技推广体系不完善、农技推广服务工作不到位，测土配方施肥技术的覆盖率与实际应用率都处于偏低状态。因此，需要遵循市场经济机制，建立更加多元化的项目推广方式，增加农技推广资金来源，改变以往仅仅只是政府主导推荐施肥的模式，鼓励非政府机构、企业更加积极地参与到测土配方推荐施肥项目中来，并通过政策优惠、补贴等方式从项目的实施方及农户角度加大测土配方施肥技术的扶持力度。一方面可以考虑降低测土配方专用肥的价格，另一方面可以逐步将对企业、农民开展的测土配方施肥财政补贴政策向农业生态环境保护方面倾斜，引导企业、农民在保障粮食产量的基础上更多地考虑环境保护，从而有利于农业可持续发展和生态文明建设。

3. 优化化肥生产能源结构与管理效率

由稻田作物施肥生命周期评价结果可以发现，作物施肥的能源消耗主要来源于农资生产阶段，特别是以氮肥为主。由于我国的能源结构以煤炭为主，因此我国氮肥生产原料大多为煤炭，其能耗及污染相对于其他化工行业均属于"高耗能、高污染"。而国外氮肥生产以天然气为主，化肥生产过程中采用了较为先进的清洁生产技术，在能源消耗、环境排放方面都具有较大优势。因此，一方面需要优化能源结构，尽量采用天然气等清洁能源进行化肥生产，另一方面以煤炭为主的化肥生产企业需要改进化肥生产工艺，主动研发或者引进先进的清洁生产工艺，降低生产能耗，提高生产效率，减少生产排污。

从国家治理角度来看，由于化肥生产行业规模化效应明显，往往大型规模企业在化肥生产工艺、效率及排污方面都具有明显优势，而小型化肥厂化肥生产能耗高、效率低、装置水平差、排污水平低下（刘国华，2008），对整体化肥行业健康发展具有不利影响。因此，需要国家加强调控，优化化肥生产企业结构，组建大规模化肥生产集团，结合市场机制淘汰落后产能，或者通过政策扶持鼓励小型化肥企业进行合并与规模改造，提高生产效益与环境效益。

4. 加快化肥面源污染监控预警体系建立

化肥面源污染防治力度不够的原因之一就是针对化肥面源污染的监控预警能力不足，一方面政府及有关机构对化肥面源污染的严重性尚无清楚认知，暂无相关监控预警体系建立动向；另一方面监控预警能力的不足导致政府对有关化肥生产、运输、施用、排放等过程中环境污染情况的信息掌握不充分，无法开展针对性、有效性的防治措施，导致污染的进一步扩大。

因此，加快化肥面源污染监控预警体系的建立，不仅可以提高化肥面源污染防治的及时性和有效性，还能够引起政府、化肥生产相关企业及农户对化肥面源污染的重视，从源头上有意识地在化肥生产、运输及施用等过程中加强管理与降低环境排放。而作为公众治理的主要发起者，政府应当承担更大的责任，加大资金、技术、人员等方面的投入力度，建立省、市、县等各级化肥面源污染监控预警响应机制，并通过上级调控、下级监测实施来进行层层联动管理。特别是针对化肥面源污染严重区域，建立专项重点监控预警平台，全方面、实时地进行监控信息的采集、传输、分析与反馈，全面了解区域化肥面源污染的影响范围、程度与变化过程，进而为提出针对性防治意见奠定基础（刘钦普，2017）。

5. 加强测土配方施肥技术宣传与技术培训

由于测土配方施肥技术面向的对象主要是广大农民，而我国大部分农民文化水平偏低、思想觉悟较差，加上农业技术推广的不到位和示范区成果公开宣传的不及时，农民无法亲身感受测土配方施肥技术在提高作物产量、改良土壤环境、减少环境污染等方面的巨大优势与好处，从而对测土配方施肥技术无论是从实践角度还是意识角度均不易接受和采纳。

因此，针对思想意识层面，政府及有关机构需要通过积极广泛宣传来加强农民对过量化肥施用会造成环境污染的认知，切实转变单纯依靠增加施肥量就可以提高作物产量的传统农业思维模式，进而培养农民科学施肥、环保施肥的意识。针对技术操作层面，需要通过多种途径加强农民对测土配方施肥技术的学习与掌握：一方面可以通过在更多测土配方施肥示范区开展先进技术现场观摩来加强测土配方施肥技术的宣传与普及，另一方面通过开展定期或者不定期的技术培训，或组织当地测土配方施肥专家亲自前往农村进行田间示范，使农民更为深入地了解农业种植方面的知识，提高农民的科学种植水平与环保意识。

6.2.5.5　小结

本节首先通过对施肥量进行不确定性研究获取了不同施肥量对应的作物产量、环境排放变化特征，并以此为基础对施肥量进行梯度情景模拟，预测了 2010～2030 年不同氮肥施用梯度对应的作物产量及环境排放情况，并筛选出了"产量平衡施肥点"及"施肥量阈值"两种施肥方案，对两种施肥方案与基准施肥方案从生产、生态效益角度进行了对比分析与评估，并在此基础上探究了施肥深度、有机肥配施化肥等施肥管理措施对作物产量和环境排放的影响，从而对现有施肥方案进行优化分析，得出了以下结论。

作物产量随施肥量增加而增加，但当施肥量增长到一定程度时作物产量达到最大，不再增加，此时的施肥量可以作为"产量平衡施肥点"，可保障产量最优而施肥量最低；而综合环境影响潜力则基本上随着施肥量增加而减小，但水稻综合环境影响潜力则是先减小后增大。

对鄂州市稻田作物进行施肥量梯度模拟后，得出了"产量平衡施肥点""施肥量阈值"两种施肥方案，前者能保证鄂州市稻田作物产量在 2010～2030 年达到最大，但综合环境影响潜力相比"施肥量阈值"和基准施肥量最大，NH_3、NO_3^--N、PO_4^{3-} 的排放最为严重；后者能保证作物产量在 2010～2030 年维持 2007～2009 年平均水平而施肥量相对于基准施肥量有所降低，且综合环境影响潜力相对于"施肥量阈值"和基准施肥量达到最小，付出的环境代价最少，可以作为基础施肥方案结合测土配方施肥技术在鄂州市各乡镇进行推广。

在推荐施肥方案基础上对施肥管理措施进行优化，其中化肥深施可以在增加作物产量的同时降低 NH_3 排放，减少氮流失；有机肥配施化肥也能够通过有机肥代替一部分化肥来降低化肥的氮流失。

结合前文稻田作物施肥生命周期评价结果及施肥方案优化研究结果，为化肥面源污染风险管控提出了几点政策建议，具体包括：实行养分分区管理，转变传统施肥方式；完善测土配方施肥技术，健全项目推广及保障机制；优化化肥生产能源结构与管理效率；加快化肥面源污染监控预警体系建立；加强测土配方施肥技术宣传与技术培训。

6.2.6　结论

本研究在学习和总结国内外文献的基础上，以湖北省鄂州市稻田作物为研究对象，对稻–稻、油–稻两种典型种植模式下的稻田施肥状况进行了统计分析，并结合化肥污染环境风险评价评估了鄂州市稻田施肥环境污染风险等级。随后采用 DNDC 模型测算了鄂州市稻田作物产量、气体排放及氮流失等结果，并以此为基础构建了鄂州市稻田作物生命周期评价体系，分别测算了不同稻田作物、不同轮作体系的资源消耗与环境排放情况。最后通过对施肥量进行梯度区间情景模拟，利用 DNDC 模型模拟预测了 2010～2030 年不同施肥量对应的作物产量与环境排放情况，筛选出了"产量平衡施肥点""施肥量阈值"两种较为合理的施肥方案，并对不同施肥方案进行比较评估，最终确定了一种既能够保证粮食安全，又能降低环境污染的施肥方案，同时通过改进施肥管理措施对施肥方案进行优化，为指导鄂州市稻田施肥管理提供一定的参考。本研究主要结论如下。

由鄂州市稻田作物施肥状况与环境风险评价结果可知：①按照播种面积来看，鄂州市油菜、早稻、中稻、晚稻单季施肥量分别为 252.15kg/hm²、266.93kg/hm²、293.03kg/hm²、315.53kg/hm²，均超过了国际公认的化肥施用环境安全上限 225kg/hm²，是我国国家环境保护总局 2007 年规定的生态县建设化肥施用负荷标准 250kg/hm² 的 1.01 倍、1.07 倍、1.17 倍、1.26 倍，表明鄂州市虽然在全域推广了测土配方施肥方法，但其稻田作物仍然存在一定程度的过量施肥情况。②除油菜的总化肥污染环境风险级别多为安全之外，早稻、中稻、晚稻的总化肥污染环境风险级别大都处于低度风险状态；除早稻外，各乡镇氮肥施用环境风险指数基本大于 0.5，属于低度风险，而早稻氮肥施用环境风险指数大部分在 0.61～0.65，属于中度风险，需要严格控制氮肥用量，钾肥施用虽然基本处于安全级别，但施用量相对偏少，施肥结构不够合理。

由稻田作物环境排放结果可知：①气体排放方面，油菜 CO_2 排放量＞水稻 CO_2 排放量，其中油菜 CO_2 排放量基本在 3500～4000kg/hm²，水稻 CO_2 排放量基本在 3000～3500kg/hm²；油菜 CH_4 排放量显著小于水稻，平均值为 -1.21kg/hm²，属于碳汇，而水稻 CH_4 排放量均在 60kg/hm² 以上，其中早稻＜中稻＜晚稻；稻田作物 N_2O 排放量显著小于其他气体排放量，但油菜 N_2O 排放量平均值为 1.78kg/hm²，高于水稻 N_2O 平均排放量 1.43kg/hm²；油菜 NH_3 排放量平均值为 38.38kg/hm²，低于水稻 NH_3 平均排放量 57.11kg/hm²。②油-稻轮作体系的油菜氮淋失量远高于中稻氮淋失量，而稻-稻轮作体系的早稻氮淋失量与晚稻氮淋失量相差不大；氮径流量结果则有所不同，其中油菜单位面积氮径流量近乎为零，而水稻单位面积氮径流量为早稻＞中稻＞晚稻。③从敏感性分析来看，施肥管理（施氮量、施肥深度）对气体排放及氮流失均有较大的影响，因此施肥方案优化对于作物产量提高及环境影响降低都具有积极的现实意义。

由稻田作物施肥的生命周期评价结果可知：①生产 1t 油菜籽粒的综合环境影响潜力高于生产 1t 水稻籽粒，种植 1hm² 油-稻的综合环境影响潜力小于种植 1hm² 稻-稻。②无论是油菜还是水稻，生产 1t 作物籽粒的环境影响潜力中各环境影响类型贡献率排序均为水体富营养化＞环境酸化＞土地利用＞全球增温＞能源消耗＞水资源消耗；无论是稻-稻轮作体系还是油-稻轮作体系，生产 1hm² 作物籽粒的环境影响潜力中各环境影响类型贡献率排序均为水体富营养化＞环境酸化＞全球增温＞能源消耗＞水资源消耗。其中，水体富营养化贡献率均超过 80%，对生态环境的威胁最大。③无论是水体富营养化还是环境酸化，NH_3 排放的贡献率均很高，而对水体富营养化贡献最大的是 NO_3^--N 流失，表明降低综合环境影响潜力的关键是减少 NH_3 挥发及 NO_3^--N 流失。

由稻田作物施肥方案优化结果来看：①对鄂州市稻田作物进行施肥量梯度模拟后，得出了"产量平衡施肥点""施肥量阈值"两种施肥方案，前者能保证鄂州市稻田作物产量在 2010～2030 年达到最大，但综合环境影响潜力相比"施肥量阈值"和基准施肥量最大，NH_3、NO_3^--N、PO_4^{3-} 的排放最为严重；后者能保证作物产量在 2010～2030 年维持 2007～2009 年平均水平而施肥量相对基准施肥有所降低，且综合环境影响潜力相对于"施肥量阈值"和基准施肥量达到最小，付出的环境代价最少，可以作为基础施肥方案结合测土配方施肥技术在鄂州市各乡镇进行推广。②在推荐施肥方案基础上对施肥管理措施进行优化,其中化肥深施可以在增加作物产量的同时降低 NH_3 排放,减少氮流失;有机肥配施化肥也能够通过有机肥代替一部分化肥来降低化肥的氮流失。③从化肥面源污染风险管控与政策保障体系建立的角度来看,应当进一步加强测土配方施肥技术的完善与普及推广,加强农户测土配方施肥意识与技术培训;从化肥生产源头开始优化生产结构,降低环境排放;加快建立化肥面源污染监控预警体系,做到"早发现,早处理"。

6.3 双季稻化肥和农药减施增效技术环境效应综合评价及模式优选

长江中下游地区包括上海、江苏、浙江、安徽、江西、湖北、湖南 7 省市,是我国水稻种植面积最大的区域,常年水稻种植面积和总产均占全国的一半左右。新中国成立以来,由于制度创新和技术进步双重因素驱动,长江中下游地区水稻生产能力得到显著提升,总产从 1949 年的 0.22 亿 t 增至 2016 年的 1.03 亿 t,增长了 3.7 倍。为了保证水稻的产量和品质,农户在水稻生产过程中通常会使用大量的化学肥料和农药,这些农业投入品的大量使用对土地和环境造成了严重的危害。全国环境统计公报(2015 年)显示:湖南省农业源总氮排放量19.53 万 t,总磷排放量 2.36 万 t,分别占全国总氮、总磷排放量的 60% 和 72%,严重的农业面源污染制约着湖南省的社会经济发展,因此湖南省已被国家列为农业面源污染重点防治区域。在本节中,利用化肥和农药减施环境效应评价方法,对双季稻化肥和农药减施增效技术模式进行环境效应评价,筛选出环境友好的化肥和农药减施增效技术模式。

6.3.1 双季稻化肥和农药减施增效技术模式简介

双季稻化肥和农药减施增效技术环境效应综合评价及模式优选在湖南省益阳市赫山区笔架山乡进行,该地区属亚热带季风性湿润气候,全年的降雨集中在 6~9 月,年均降雨量 1552.3mm,年均气温 17.3℃。供试土壤为河流冲积物发育的水稻土,其原始土壤基本理化性状:砂粒(0.02~0.002mm)36.29%,黏粒(<0.002mm)41.75%,质地为黏壤土,有机质、全氮、全磷、全钾的含量分别为 35.83g/kg、2.05g/kg、0.58g/kg、10.09g/kg,碱解氮、有效磷、有效钾的含量分别为 154.22g/kg、13.77g/kg、91.83g/kg,pH 5.16。早稻于 4 月 17 日施基肥移栽,4 月 27 日追肥,7 月 16 日收获;晚稻于 7 月 26 日施基肥移栽,8 月 3 日追肥,11月 9 日收获。整个生育期内按常规田间管理进行。

6.3.1.1 双季稻常规施肥施药模式(CF)

早稻 N、P_2O_5、K_2O 施用量分别为 150kg/hm²、60kg/hm²、90kg/hm²,晚稻 N、P_2O_5、K_2O 施用量分别为 180kg/hm²、45kg/hm²、135kg/hm²。氮肥为普通尿素(含 N 46%),磷肥为过磷酸钙(含 P_2O_5 12%),钾肥为氯化钾(含 K_2O 60%),其中磷肥作基肥施用,尿素和氯化钾60% 作基肥、40% 作分蘖肥施用。早稻、晚稻病虫草害防治方案见表 6-45。

表 6-45 双季稻常规施肥施药模式病虫草害防治方案

稻季	用药时间	生育期	防治对象	防治药剂
早稻	5 月 7 日	分蘖期	稗草、鸭舌草等杂草	10% 双草醚悬浮剂 900g/hm²,60% 丁草胺悬浮剂 900g/hm²
			二化螟	5% 氯虫苯甲酰胺悬浮剂 600mL/hm²
			稻瘟病	75% 三环唑粉剂 300mL/hm²

续表

稻季	用药时间	生育期	防治对象	防治药剂
早稻	5 月 24 日	孕穗初期	稻纵卷叶螟、二化螟	20% 氯虫苯甲酰胺悬浮剂 300mL/hm², 5% 阿维菌素乳油 3000mL/hm²
			飞虱	25% 吡蚜酮悬浮剂 900g/hm²
			纹枯病、稻瘟病	6% 己唑醇悬浮剂 1500mL/hm², 75% 三环唑粉剂 300mL/hm²
			飞虱	50% 吡蚜酮悬浮剂 300g/hm²
	6 月 15 日	孕穗末期	稻纵卷叶螟	5% 阿维菌素乳油 2100mL/hm²
			二化螟	5% 甲维盐乳油 750mL/hm²
			飞虱	40% 氯噻啉颗粒剂 300g/hm²
			纹枯病	6% 己唑醇悬浮剂 1500mL/hm²
晚稻	7 月 14 日	秧田期	稻纵卷叶螟、二化螟	20% 氯虫苯甲酰胺悬浮剂 300mL/hm²
			蓟马、飞虱	50% 吡蚜酮悬浮剂 300g/hm²
	7 月 29 日	分蘖期	稗草、千金草、鸭舌草等杂草	10% 双草醚悬浮剂 1200g/hm², 30% 氰氟草酯可分散油悬浮剂 1500g/hm², 60% 丁草胺悬浮剂 900g/hm²
	8 月 14 日	分蘖期	稻纵卷叶螟	5% 阿维菌素乳油 1500mL/hm²
			二化螟	5% 甲维盐乳油 1200mL/hm², 25% 阿维菌素·茚虫威悬浮剂 300mL/hm²
			飞虱	50% 吡蚜酮悬浮剂 300g/hm²
			纹枯病、稻瘟病	25% 吡唑醚菌酯悬浮剂 300mL/hm²
	9 月 6 日	孕穗期	稻纵卷叶螟、二化螟	5% 甲维盐乳油 1500mL/hm²
			纹枯病、稻瘟病	25% 吡唑醚菌酯悬浮剂 150mL/hm²
			飞虱	10% 噻呋酰胺悬浮剂 600g/hm², 50% 吡蚜酮悬浮剂 300g/hm²
	9 月 17 日	齐穗期	稻纵卷叶螟、二化螟	5% 甲维盐乳油 3000mL/hm²
			飞虱	50% 吡蚜酮悬浮剂 300g/hm², 4% 烯啶虫胺水剂 1500mL/hm²
			纹枯病	6% 己唑醇悬浮剂 1500mL/hm²
	10 月 6 日	灌浆期	飞虱	50% 吡蚜酮悬浮剂 300g/hm², 4% 烯啶虫胺水剂 1500mL/hm²
			纹枯病	6% 己唑醇悬浮剂 1500mL/hm²

注：采用背负式喷雾器喷雾，喷水量 225kg/hm²

6.3.1.2　双季稻控释复合肥/农药减施增效技术模式（CRF）

技术要点：氮磷高效水稻品种+秸秆还田+控释复合肥+包衣剂+送嫁药+绿色防控技术（诱蛾灯+性诱剂+香根草+黄豆）+高效低毒农药+助剂+植保无人机施药。

早稻 N、P_2O_5、K_2O 施用量分别为 120kg/hm²、48kg/hm²、72kg/hm²，晚稻 N、P_2O_5、K_2O 施用量分别为 135kg/hm²、54kg/hm²、81kg/hm²。控释复合肥（20-8-12）作基肥施用，早稻、晚稻控释复合肥施用量分别为 600kg/hm²、675kg/hm²，早稻、晚稻收割时稻草打碎还田。早稻、晚稻病虫草害防治方案见表 6-46。

表 6-46 双季稻减肥减药模式病虫草害防治方案

稻季	用药时间	生育期	防治对象	防治药剂或措施
早稻	3 月 22 日		苗期病虫害	苗博士（1% 吡虫啉+0.3% 咪鲜胺）种衣剂 20mL 拌种 5kg
	4 月 7～15 日		二化螟	深灭蛹
	4 月 17 日	幼苗期	大田前期病虫害	20% 氯虫苯甲酰胺悬浮剂 150mL/hm²，25% 吡唑醚菌酯悬浮剂 300mL/hm²
	4 月 17 日至 7 月 16 日	全生育期	稻纵卷叶螟、二化螟	频振式太阳能杀虫灯
	4 月 22 日	插秧期	二化螟	田埂种香根草、黄豆
	5 月 8 日	分蘖期	稗草、鸭舌草等杂草	33% 嗪吡嘧磺隆悬浮剂 300g/hm²，60% 丁草胺悬浮剂 900g/hm²
	5 月 11 日	分蘖期	二化螟	性诱剂
	5 月 19 日	分蘖期	稻纵卷叶螟、二化螟	5% 氯虫苯甲酰胺悬浮剂 600mL/hm²，5% 阿维菌素乳油 750mL/hm²
			飞虱	25% 吡蚜酮悬浮剂 300g/hm²
			稻瘟病、纹枯病	25% 吡唑醚菌酯悬浮剂 300mL/hm²
	6 月 15 日	孕穗期	稻纵卷叶螟、二化螟	5% 阿维菌素乳油 750mL/hm²，5% 甲维盐乳油 300mL/hm²
			飞虱	25% 吡蚜酮悬浮剂 600g/hm²
			纹枯病、稻瘟病	25% 吡唑醚菌酯悬浮剂 300mL/hm²
晚稻	6 月 18 日		苗期病虫害	苗博士（1% 吡虫啉+0.3% 咪鲜胺）种衣剂 20mL 拌种 5kg
	7 月 25 日	幼苗期	大田前期病虫害	20% 氯虫苯甲酰胺悬浮剂 150mL/hm²，25% 吡唑醚菌酯悬浮剂 300mL/hm²，50% 吡蚜酮悬浮剂 150g/hm²
	7 月 26 日至 11 月 9 日	全生育期	稻纵卷叶螟、二化螟	频振式太阳能杀虫灯
	7 月 29 日	分蘖期	稗草、千金草、鸭舌草等杂草	33% 嗪吡嘧磺隆悬浮剂 300g/hm²，30% 氰氟草酯可分散油悬浮剂 1200g/hm²，60% 丁草胺悬浮剂 900g/hm²
	8 月 11 日	分蘖期	二化螟	性诱剂
	8 月 14 日	分蘖期	稻纵卷叶螟、二化螟	5% 甲维盐乳油 450mL/hm²
			飞虱	10% 三氟苯嘧啶悬浮剂 150g/hm²
			纹枯病、稻瘟病	25% 吡唑醚菌酯悬浮剂 300mL/hm²
	9 月 6 日	孕穗期	稻纵卷叶螟、二化螟	20% 氯虫苯甲酰胺悬浮剂 150mL/hm²
			飞虱	25% 吡蚜酮悬浮剂 300g/hm²
			纹枯病、稻瘟病	25% 吡唑醚菌酯悬浮剂 300mL/hm²
	9 月 22 日	齐穗期	稻纵卷叶螟、二化螟	5% 甲维盐乳油 450mL/hm²
			飞虱	25% 吡蚜酮悬浮剂 600g/hm²
			纹枯病、稻瘟病、稻曲病	25% 吡唑醚菌酯悬浮剂 300mL/hm²

注：采用无人机喷雾，喷水量 30kg/hm²，每公顷用助剂 45g

6.3.1.3　双季稻有机肥替代化肥/农药减施增效技术模式（OM）

技术要点：氮磷高效水稻品种+绿肥、晚稻秸秆还田+氮肥增效剂与微量元素+商品有机肥+深沤灭蛹+包衣剂+送嫁药+绿色防控技术（诱蛾灯+性诱剂+香根草）+高效低毒农药（生物制剂）+助剂。

早稻 N、P_2O_5、K_2O 施用量分别为 150kg/hm²、60kg/hm²、90kg/hm²，晚稻 N、P_2O_5、K_2O 施用量分别为 180kg/hm²、45kg/hm²、135kg/hm²。商品有机肥替代 20% 总氮，有机肥中磷钾养分施用量计入施肥总量。绿肥和稻草还田的养分归还量计入施肥总量。绿肥、稻草、商品有机肥和磷肥作基肥，氮肥和钾肥 60% 作基肥、40% 作分蘖肥。

早稻、晚稻病虫草害防治技术：优化集成深沤灭蛹、种植抗性品种和香根草、种子消毒、送嫁药、助剂倍创、生物农药光合细菌全程替代化学杀菌剂、杀虫灯、性诱剂技术。

6.3.1.4　双季稻绿肥还田+测土配方施肥/农药减施增效技术模式（GM）

技术要点：氮磷高效水稻品种+秸秆、绿肥还田+配方复混肥+包衣剂+送嫁药+绿色防控技术（诱蛾灯+性诱剂+香根草+黄豆）+高效低毒农药+助剂+植保无人机施药。

早稻 N、P_2O_5、K_2O 施用量分别为 120kg/hm²、42kg/hm²、85.5kg/hm²，晚稻 N、P_2O_5、K_2O 施用量分别为 135kg/hm²、42kg/hm²、100kg/hm²。早稻、晚稻收割时稻草打碎还田，晚稻收割后种植油菜作绿肥。早稻施配方复混肥（20-8-12）525kg/hm² 作基肥，晚稻施配方复混肥（20-7-13）600kg/hm² 作基肥；早稻、晚稻均施用尿素 32.6kg/hm²、氯化钾 37.5kg/hm² 作分蘖肥。早稻、晚稻病虫草害防治方案见表 6-46。

6.3.1.5　机插一次性施肥/农药减施增效技术模式（MRT）

技术要点：氮磷高效水稻品种+秸秆还田+专用控释复混肥+机插机施同步+包衣剂+送嫁药+绿色防控技术（诱蛾灯+性诱剂+香根草+黄豆）+高效低毒农药+助剂+植保无人机施药。

早稻 N、P_2O_5、K_2O 施用量分别为 105kg/hm²、45kg/hm²、90kg/hm²，晚稻 N、P_2O_5、K_2O 施用量分别为 132kg/hm²、36kg/hm²、90kg/hm²。早稻、晚稻收割时稻草打碎还田。早稻施专用控释复混肥（23.1-9.9-19.8）454.5kg/hm² 作基肥，晚稻施专用控释复混肥（24.41-6.67-16.67）540kg/hm² 作基肥。早稻、晚稻采用水稻机插秧同步侧深施肥。早稻、晚稻病虫草害防治方案见表 6-46。

6.3.2　水稻生长季气温与降雨

早、晚稻生长季气温与降雨情况如图 6-22 所示。早稻生长季平均气温为 23.8℃，日降雨量最多为 98.9mm，总降雨量为 2167.0mm。晚稻生长季平均气温为 25.8℃，日降雨量最多为 33.8mm，总降雨量为 158.7mm。总的来说，早稻平均气温较低，温差较小，降雨量较多，晚稻平均气温较高，温差较大，降雨量较少。

6.3.3　水稻产量

化肥和农药减施增效技术模式能提高水稻产量（图 6-23）。早稻、晚稻产量均以双季稻有机肥替代化肥/农药减施增效技术模式（OM）最高，双季稻控释复合肥/农药减施增效技术模式（CRF）次之。OM、CRF、双季稻绿肥还田+测土配方施肥/农药减施增效技术模式（GM）、机插一次性施肥/农药减施增效技术模式（MRT）早稻产量分别比双季稻常规施肥施药模式（CF）增加12.69%、6.79%、5.28%、1.30%，晚稻分别增加19.70%、17.93%、17.48%、6.01%，早、晚稻总产分别增加16.21%、12.39%、11.41%、3.71%。

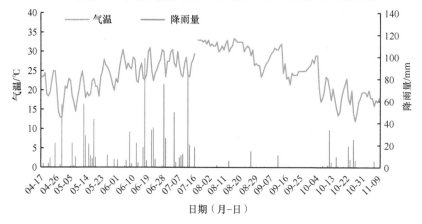

图6-22　早稻、晚稻生长季气温与降雨量

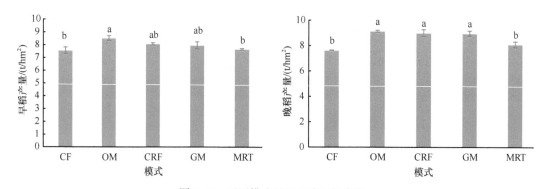

图6-23　不同模式早稻和晚稻的产量

图柱上不含有相同小写字母的表示差异显著（$P<0.5$），下同

6.3.4　稻田氨挥发

6.3.4.1　早稻氨挥发

由图6-24可知，早稻施基肥后，各模式稻田氨挥发速率均于第2天出现峰值。CF模式稻田氨挥发速率峰值最高［3.27kg/(hm²·d)］，其次为MRT模式［2.65kg/(hm²·d)］，OM、GM、CRF模式稻田氨挥发速率峰值分别为2.58kg/(hm²·d)、1.58kg/(hm²·d)、0.69kg/(hm²·d)。MRT、OM、GM、CRF模式稻田氨挥发速率峰值较CF模式分别降低18.96%、21.10%、51.68%、78.90%。移栽后第8天稻田氨挥发速率又开始上升，第9天出现一个小高峰，可能是因为移栽后第8天气温有所上升，促进了土壤氨挥发，之后各模式稻田氨挥发速率逐渐下降。移栽后第11天开始追肥，追肥后第3天气温较低且有强降雨发生，降雨后稻田产生了大量径流，导致田面水铵态氮浓度降低，直接影响氨挥发。CF、OM、GM模式稻田氨挥发速率于追肥后第4天才开始上升，第5天达到峰值，CF模式稻田氨挥发速率峰值最高［2.54kg/(hm²·d)］，OM、GM模式的峰值分别为1.71kg/(hm²·d)、1.46kg/(hm²·d)，OM、GM模式的峰值较CF模式分别降低32.68%、42.52%。

化肥和农药减施增效技术模式能有效减少早稻氨挥发（图6-25）。CF模式早稻氨挥发量为 26.52kg/hm²，显著高于化肥和农药减施增效技术模式。OM、CRF、GM、MRT 模式早稻氨挥发量分别为 22.49kg/hm²、12.41kg/hm²、16.04kg/hm²、19.59kg/hm²，较 CF 模式分别降低 15.20%、53.21%、39.52%、26.13%。

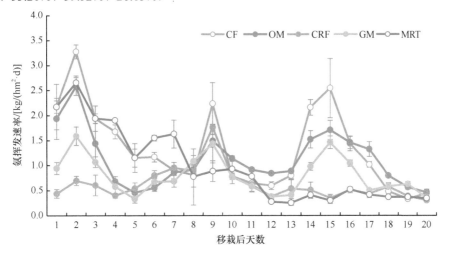

图 6-24　不同模式早稻的氨挥发速率

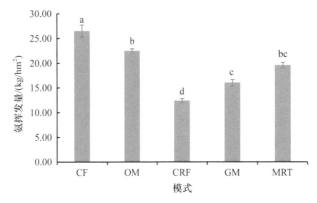

图 6-25　不同模式早稻的氨挥发量

6.3.4.2　晚稻氨挥发

由图 6-26 可知，晚稻施基肥后，各模式稻田氨挥发速率均于第 2 天出现峰值。CF 模式氨挥发速率峰值最高 [5.27kg/(hm²·d)]，其次为 MRT 模式 [3.91kg/(hm²·d)]，OM、GM、CRF 模式氨挥发速率峰值分别为 3.19kg/(hm²·d)、2.35kg/(hm²·d)、1.96kg/(hm²·d)。MRT、OM、GM、CRF 模式峰值较 CF 模式分别降低了 25.81%、39.47%、55.41%、62.81%。移栽后第 9 天追肥，CF、OM、GM 模式稻田氨挥发速率于施追肥后第 2 天达到峰值，OM 模式稻田氨挥发速率峰值最高 [4.52kg/(hm²·d)]，CF、GM 模式的峰值分别为 4.12kg/(hm²·d)、3.56kg/(hm²·d)，OM 模式峰值较 CF 模式提高 9.71%，GM 模式峰值较 CF 模式降低 13.59%。

化肥和农药减施增效技术模式能有效减少晚稻氨挥发（图 6-27）。CF 模式晚稻氨挥发量为 31.96kg/hm²，显著高于化肥和农药减施增效技术模式。OM、CRF、GM、MRT 模式早稻氨挥发量分别为 26.63kg/hm²、15.83kg/hm²、18.46kg/hm²、19.69kg/hm²，较 CF 模式分别降低了 16.68%、50.47%、42.24%、38.39%。

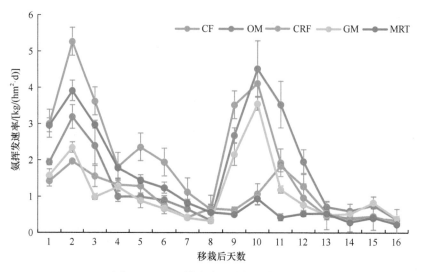

图 6-26 不同模式晚稻的氨挥发速率

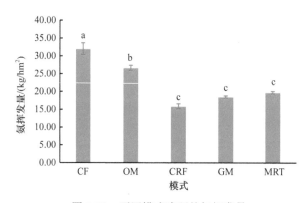

图 6-27 不同模式晚稻的氨挥发量

6.3.5 稻田氮磷流失

6.3.5.1 稻田氮磷径流流失

1. 稻田全氮（TN）径流流失

早稻生育期间降雨较多，于 4 月 18 日、4 月 29 日、5 月 15 日、6 月 23 日发生了 4 次产流事件，晚稻降雨较少，没有径流产生（图 6-28）。4 次产流事件径流量有较大差异，4 月 18日、4 月 29 日、5 月 15 日、6 月 23 日平均径流量分别为 173m³/hm²、319m³/hm²、398m³/hm²、292m³/hm²。4 月 18 日、4 月 29 日、5 月 15 日、6 月 23 日 4 次产流事件 TN 径流量分别占早稻季 TN 径流总量的 24.71%～62.99%、23.11%～34.61%、7.51%～35.73%、3.67%～10.42%，可以看出，离施肥期越近，径流的氮流失量就越大。

化肥和农药减施增效技术模式能有效减少稻田 TN 径流流失（图 6-29）。CF 模式晚稻季 TN 径流量为 14.92kg/hm²，显著高于化肥和农药减施增效技术模式。OM、CRF、GM、MRT 模式晚稻季 TN 径流量分别为 13.01kg/hm²、10.66kg/hm²、12.44kg/hm²、12.80kg/hm²，较 CF 模式分别降低了 12.80%、28.55%、16.62%、14.21%。

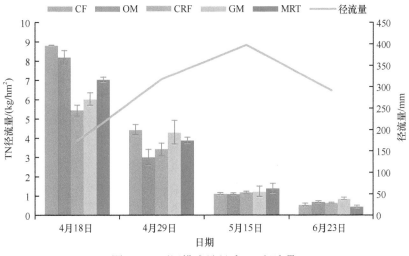

图 6-28　不同模式早稻季 TN 径流量

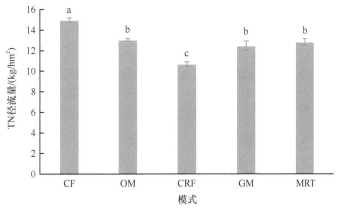

图 6-29　不同模式晚稻季 TN 径流量

2. 稻田全磷（TP）径流流失

从图 6-30 可以看出，4 次产流事件 TP 径流量相差不大。4 月 18 日、4 月 29 日、5 月

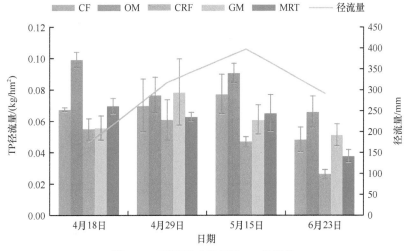

图 6-30　不同模式早稻季 TP 径流量

15 日、6 月 23 日 4 次产流事件 TP 径流量分别占早稻季 TP 径流总量的 22.59%～29.83%、23.04%～32.21%、24.77%～29.39%、13.88%～20.80%。

除 OM 模式之外，其他化肥和农药减施增效技术模式均能有效减少稻田 TP 径流流失（图 6-31）。晚稻季，OM 模式稻田 TP 径流量最高（0.33kg/hm²），显著高于其他模式，比 CF 模式提高 26.92%。CRF、GM、MRT 模式 TP 径流量分别为 0.19kg/hm²、0.25kg/hm²、0.24kg/hm²，较 CF 模式分别降低 26.92%、3.85%、7.69%。

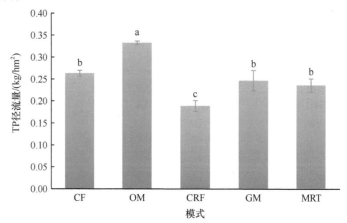

图 6-31　不同模式晚稻季 TP 径流量

6.3.5.2　稻田氮磷淋溶流失

1. 稻田全氮（TN）淋溶流失

不同模式早稻、晚稻稻田淋溶水 TN 浓度变化趋势一致，随时间整体呈下降趋势，晚稻淋溶水 TN 浓度较早稻高，可能与晚稻氮肥施用量较高有关（图 6-32）。化肥和农药减施增效技术模式能有效降低稻田淋溶水 TN 浓度，CF、OM、CRF、GM、MRT 模式淋溶水 TN 平均浓度分别为 4.58mg/L、4.28mg/L、3.15mg/L、3.57mg/L、3.28mg/L。OM、CRF、GM、MRT 模式淋溶水 TN 平均浓度较 CF 模式分别降低 6.55%、31.22%、22.05%、28.38%。

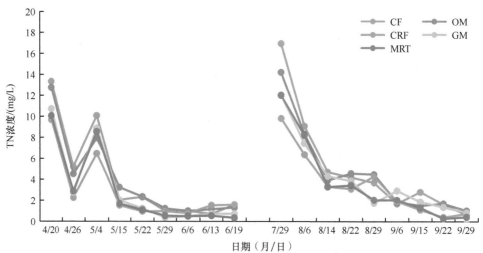

图 6-32　不同模式早稻田、晚稻田淋溶水 TN 浓度

化肥和农药减施增效技术模式能有效减少稻田 TN 淋溶流失（图 6-33）。早稻季，CF 模式稻田 TN 淋溶量为 6.11kg/hm²，OM 模式为 5.93kg/hm²，这两种模式无显著差异；CRF、GM、MRT 模式稻田 TN 淋溶量分别为 4.22kg/hm²、4.65kg/hm²、4.34kg/hm²，较 CF 模式分别降低 30.93%、23.89%、28.97%，差异显著。晚稻季，CF 模式稻田 TN 淋溶量为 7.78kg/hm²，OM、GM 模式分别为 7.20kg/hm²、6.43kg/hm²，这 3 种模式之间无显著差异；CRF、MRT 模式稻田 TN 淋溶量分别为 5.46kg/hm²、5.71kg/hm²，较 CF 模式分别降低 29.82%、26.61%，差异显著。

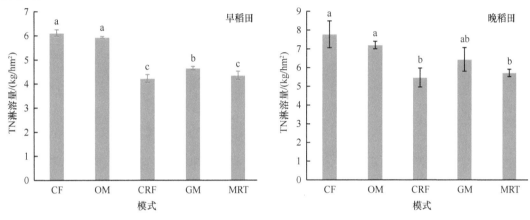

图 6-33　不同模式早稻田、晚稻田 TN 淋溶量

2. 稻田全磷（TP）淋溶流失

早稻、晚稻稻田淋溶水 TP 浓度变化趋势一致，随时间整体呈下降趋势（图 6-34）。除 OM 模式之外，其他化肥和农药减施增效技术模式均能有效降低稻田淋溶水 TP 浓度，CF、OM、CRF、GM、MRT 模式 TP 平均浓度分别为 0.20mg/L、0.21mg/L、0.14mg/L、0.16mg/L、0.15mg/L。CRF、GM、MRT 模式 TP 平均浓度较 CF 模式分别降低 30.00%、20.00%、25.00%。

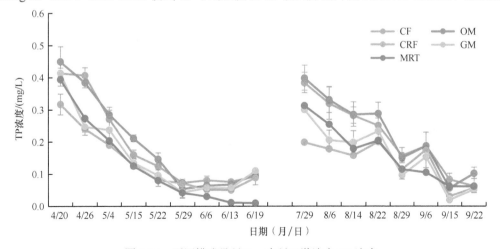

图 6-34　不同模式早稻田、晚稻田淋溶水 TP 浓度

除 OM 模式之外，其他化肥和农药减施增效技术模式均能有效减少稻田 TP 淋溶流失（图 6-35）。早稻季，OM 模式稻田 TP 淋溶量最高（0.31kg/hm²），其次为 CF 模式（0.29kg/hm²），

这两种模式无显著差异；CRF、GM、MRT 模式稻田 TP 淋溶量分别为 0.21kg/hm²、0.24kg/hm²、0.21kg/hm²，较 CF 模式分别降低 27.59%、17.24% 和 27.59%，差异显著。晚稻季，OM 模式稻田 TP 淋溶量最高（0.36kg/hm²），其次为 CF 模式（0.35kg/hm²），这两种模式无显著差异；CRF、GM、MRT 模式稻田 TP 淋溶量分别为 0.23kg/hm²、0.25kg/hm²、0.24kg/hm²，较 CF 模式分别降低 34.29%、28.57%、31.43%，差异显著。

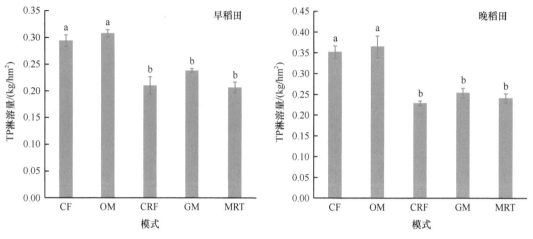

图 6-35　不同模式早稻田、晚稻田 TP 淋溶量

6.3.6　稻田温室气体

6.3.6.1　稻田 CO_2 排放

各模式早稻田 CO_2 排放通量在 123.53～757.16mg/(m²·h)，晚稻在 124.65～972.54mg/(m²·h)，晒田期 CO_2 排放剧烈（图 6-36）。各模式稻田 CO_2 排放通量变化趋势基本一致，水稻生长前期 CO_2 排放通量较低，随着水稻的生长发育排放通量逐渐升高，到水稻生长后期，CO_2 的排放通量逐渐下降。

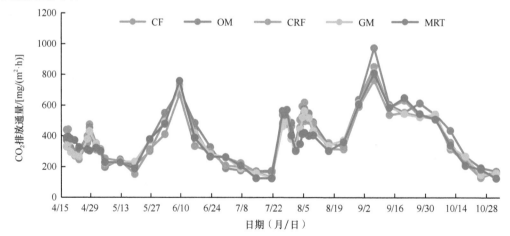

图 6-36　不同模式早稻田、晚稻田 CO_2 排放通量

除 OM 模式之外，其他化肥和农药减施增效技术模式均能减少稻田 CO_2 的排放（图 6-37）。早稻季，OM 模式稻田 CO_2 排放量最高（7298.49kg/hm²），其次是 CF 模式（7255.88kg/hm²）；

GM、MRT、CRF 模式稻田 CO_2 排放量分别为 7131.37kg/hm²、7040.10kg/hm²、6443.24kg/hm²，分别较 CF 模式降低 1.72%、2.97%、11.20%；CRF 模式与其他模式差异显著。晚稻季，各模式稻田 CO_2 排放量变化趋势与早稻季相似，OM 模式稻田 CO_2 排放量最高（11 452.90kg/hm²），其次为 CF 模式（10 767.25kg/hm²）；GM、MRT、CRF 模式稻田 CO_2 排放量分别为 10 566.63kg/hm²、10 376.92kg/hm²、10 153.72kg/hm²，分别较 CF 模式降低 1.86%、3.63%、5.70%；CRF 模式与其他模式差异显著。

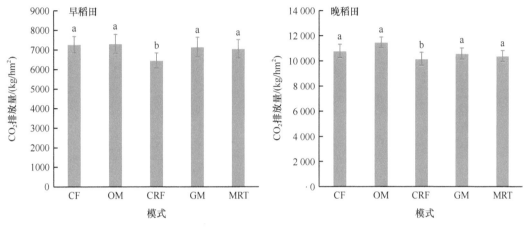

图 6-37 不同模式早稻田、晚稻田 CO_2 排放量

6.3.6.2 稻田 CH_4 排放

从图 6-38 可以看出，各模式早稻稻田 CH_4 排放通量在 0.85～36.92mg/(m²·h)，晚稻在 0.11～42.33mg/(m²·h)，早稻、晚稻生育期内各模式 CH_4 排放均表现为前期剧烈、中后期稳定且相对减少的趋势。

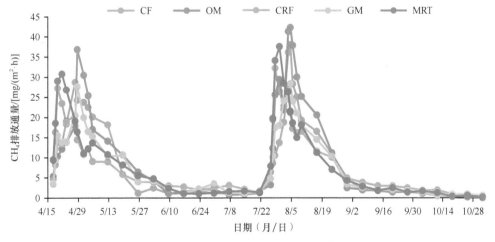

图 6-38 不同模式早稻田、晚稻田 CH_4 排放通量

除 OM 模式之外，其他化肥和农药减施增效技术模式均能减少稻田 CH_4 的排放（图 6-39）。早稻季，CF 模式稻田 CH_4 排放量最高（164.34kg/hm²），其次是 OM 模式（160.28kg/hm²）、MRT 模式（157.87kg/hm²），这 3 种模式无显著差异；CRF、GM 模式稻田 CH_4 排放量分别为 128.09kg/hm²、146.78kg/hm²，较 CF 模式分别降低 22.06%、10.69%；

CRF 模式与 CF、OM、MRT 模式之间差异显著。晚稻季，OM 模式稻田 CH_4 排放量最高（192.22kg/hm²），其次为 CF 模式（179.66kg/hm²），两者无显著差异；CRF、GM、MRT 模式稻田 CH_4 排放量分别为 143.91kg/hm²、151.82kg/hm²、159.45kg/hm²，较 CF 模式分别降低 19.90%、15.50%、11.25%；CRF、GM、MRT 模式稻田 CH_4 排放量与 OM 模式之间的差异均达到显著水平。

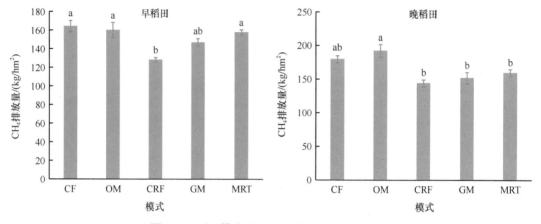

图 6-39　不同模式早稻田、晚稻田 CH_4 排放量

6.3.6.3　稻田 N_2O 排放

各模式早稻稻田 N_2O 排放通量为 4.09～138.45μg/(m²·h)，晚稻为 4.62～290.19μg/(m²·h)，各模式变化趋势基本一致，由于水稻生育前期稻田淹水，稻田 N_2O 排放通量较小，在水稻生育后期排水晒田，稻田 N_2O 排放通量排放急剧增加（图 6-40）。

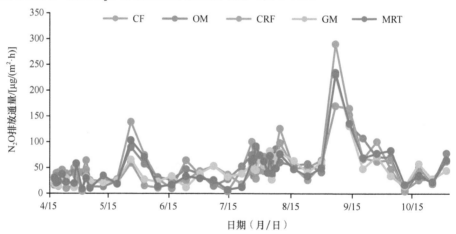

图 6-40　不同模式早稻田、晚稻田 N_2O 排放通量

化肥和农药减施增效技术模式能减少稻田 CH_4 的排放（图 6-41）。早稻季，CF 模式稻田 N_2O 排放量最高（0.95kg/hm²），其次是 OM 模式（0.79kg/hm²），两者无显著差异；CRF、GM、MRT 模式稻田 N_2O 排放量分别为 0.63kg/hm²、0.70kg/hm²、0.71kg/hm²，较 CF 模式分别降低 33.68%、26.32%、25.26%；CRF、GM、MRT 模式的稻田 N_2O 排放量均与 CF 模式差异显著。晚稻季，CF 模式稻田 N_2O 排放量最高（1.89kg/hm²），其次是 OM 模式（1.72kg/hm²）、MRT 模式（1.67kg/hm²），3 种模式之间无显著差异；CRF、GM 模式稻田 N_2O 排放量分别为

1.54kg/hm^2、1.61kg/hm^2，较 CF 模式分别降低 18.52%、14.81%，差异显著。

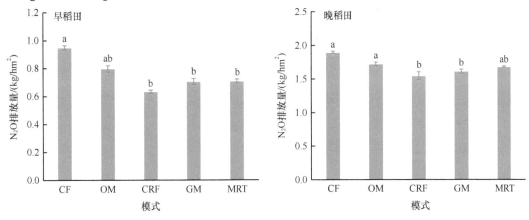

图 6-41　不同模式早稻田、晚稻田 N$_2$O 排放量

6.3.7　稻田土壤养分含量

化肥和农药减施增效技术模式对稻田耕层土壤（0～20cm）有机碳含量影响不大，尽管其有机碳含量高于 CF 模式，但差异不显著（表 6-47）。耕层土壤 TN 含量以 OM 模式最高，显著高于 CF 模式，其他化肥和农药减施增效技术模式与 CF 模式间差异不显著。耕层土壤 NH$_4^+$-N 含量以 CF 模式最高，显著高于 OM 模式，CRF、GM、MRT 模式与 CF 模式差异不显著。耕层土壤 NO$_3^-$-N 含量以 CF 模式最高，显著高于 CRF、GM、MRT 模式，OM 模式与 CF 模式差异不显著。耕层土壤 TP 含量以 OM 模式最高，显著高于其他模式；CRF、GM、MRT 模式与 CF 模式差异不显著。耕层土壤有效 P 含量以 OM 模式最高，显著高于 CF、CRF、GM、MRT 模式，GM、MRT 模式与 CF 模式差异不显著，CRF 模式显著低于 CF 模式。

表 6-47　晚稻收获期 0～20cm 土层养分含量

模式	有机碳/(g/kg)	TN/(g/kg)	NH$_4^+$-N/(mg/kg)	NO$_3^-$-N/(mg/kg)	TP/(g/kg)	有效磷/(mg/kg)
CF	20.82±1.04a	1.83±0.03bc	16.63±0.43a	6.17±0.23a	0.54±0bc	16.66±1.44b
OM	21.06±0.88a	2.16±0.03a	14.66±0.54bc	5.12±0.34ab	0.70±0.04a	22.61±1.61a
CRF	21.08±0.73a	2.03±0.08ab	16.34±0.75ab	4.02±0.41b	0.50±0c	12.24±1.2c
GM	20.95±0.92a	1.63±0.09c	15.21±0.37ab	4.25±0.59b	0.58±0.02b	12.71±1.21bc
MRT	20.93±1.07a	1.71±0.10c	15.61±0.39ab	4.25±0.51b	0.58±0.01b	12.69±1.24bc

注：同列数据后不含有相同小写字母的表示模式间差异显著（$P<0.05$）

6.3.8　化肥减施增效技术环境效应评价

6.3.8.1　化肥减施增效技术环境效应评价方法

本方法适用于化肥减施增效技术实施后环境效应评价，综合考虑施肥所引起的温室效应、水体富营养化效应、臭氧层破坏效应、酸雨效应等，提出了农田环境效应指数（AEI）的概念，最终使不同效应以货币的方式呈现。

$$AEI = NGEG + E_{eutrophic} + E_{acid} + E_{ozone} \qquad (6\text{-}13)$$

式中，AEI 表示农田环境效应指数，等于净温室效应（NGEG）、水体富营养化效应

（$E_{\text{eutrophic}}$）、酸雨效应（E_{acid}）及臭氧层破坏效应（E_{ozone}）之和。

$$\text{NGEG} = \left(E_{\text{CH}_4} \times 28 \times \frac{16}{12} + E_{\text{N}_2\text{O}} \times \frac{44}{28} \times 298 - \text{dSOC} \times \frac{44}{12} \right) \times \frac{174.3}{1000} \tag{6-14}$$

式中，NGEG 表示净温室效应，即温室效应减去农田固碳的值；各单位均折算为 kg C/hm²。

$$E_{\text{eutrophic}} = \left(0.42 \times N_{\text{leaching+runoff}} + 0.33 \times \frac{17}{44} \times V_{\text{NH}_3} + \frac{95}{31} \times P_{\text{runoff}} \right) \times 3.8 \tag{6-15}$$

式中，$E_{\text{eutrophic}}$ 表示水体富营养化效应；各指标均为纯量值，即氮元素、磷元素的单位分别为 kg N/hm²、kg P/hm²。

$$E_{\text{acid}} = V_{\text{NH}_3} \times 5 \times 1.88 \times \frac{17}{44} \tag{6-16}$$

式中，E_{acid} 表示酸雨效应；V_{NH_3} 单位为 kg N/hm²。

$$E_{\text{ozone}} = E_{\text{N}_2\text{O}} \times 7.98 \tag{6-17}$$

式中，E_{ozone} 表示臭氧层破坏效应；$E_{\text{N}_2\text{O}}$ 单位为 kg N/hm²。

6.3.8.2 化肥减施增效技术环境效应评价结果

把表 6-48 的数据代入式（6-13），计算出不同化肥减施增效技术模式的净温室效应、水体富营养化效应、酸雨效应、臭氧层破坏效应及农田环境效应指数（图 6-42）。CF 模式农田环境效应指数（AEI）最高，CRF 模式最低。OM、CRF、GM、MRT 模式的 AEI 分别比 CF 模式降低 1.60%、25.22%、16.73%、11.40%，说明化肥减施增效技术模式环境效

表 6-48 不同模式水稻产量、土壤有机碳含量、氮磷损失和温室气体排放

模式	产量 /(t/hm²)	SOC 增量 /(kg C/hm²)	TN 径流 /(kg N/hm²)	TP 径流 /(kg P/hm²)	TN 渗漏 /(kg N/hm²)	NH₃ 挥发 /(kg N/hm²)	N₂O 排放 /(kg N/hm²)	CH₄ 排放 /(kg C/hm²)	CO₂ 排放 /(kg C/hm²)
CF	15.17	6	14.92	0.26	13.88	48.16	1.81	258.00	4915.40
OM	17.63	42	13.01	0.33	13.13	40.45	1.60	264.375	5114.02
CRF	17.05	45	10.66	0.19	9.68	23.26	1.38	204.00	4526.44
GM	16.90	25.5	12.44	0.25	11.08	28.41	1.47	223.95	4826.73
MRT	15.73	22.5	12.80	0.24	10.05	32.35	1.51	237.99	4750.09

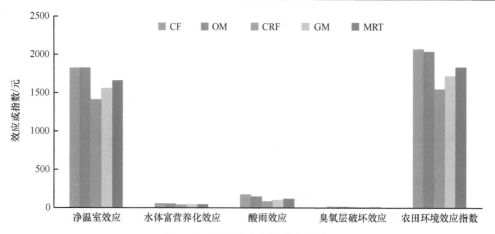

图 6-42 不同模式环境效应评价

应好于 CF 模式。净温室效应对 AEI 贡献最大，达到 88.13%～91.25%，其次是酸雨效应，为 5.46%～8.46%。OM、CRF、GM、MRT 模式净温室效应分别比 CF 模式降低−0.07%、22.57%、14.36%、9.07%，酸雨效应分别比 CF 模式降低 16.01%、51.70%、41.01%、32.83%。

6.3.9　农药减施增效技术生态风险评价

6.3.9.1　农药减施增效技术生态风险评价方法

使用水土环境农药污染物生态风险评价软件平台（BITSSD）进行农药残留生态风险评估。软件通过随机初始值+非线性拟合方式获得参数的先验分布相关参数；而后利用马尔可夫链蒙特卡罗（MCMC）模拟，采用三条链获取参数的后验分布相关系数；最后输出以下结果：① 5 种模型 Burr Ⅲ、Log-Normal、Log-Logistic、Weibull、ReWeibull 的 SSD 模型参数（中值+95% 置信区间）和模型优劣判定值（DIC、AIC、BIC）平均值，平均值最小时，模型最优；② HC_x，即当 x% 的物种被影响时农药达到的浓度，该值被称为危害阈值，一般用于预测无效应浓度（PNEC）和建立水质基准；③ PAF，样点农药残留浓度对应的潜在影响比例（potential affected fraction），即生态风险值，是本软件最重要的输出数据，该数据用于生态风险评估。PAF 越大，风险越大；最大值为 1，即该农药残留浓度影响了 100% 潜在物种，风险最大。

6.3.9.2　监测农药

共监测农药 57 种，包括烯啶虫胺、茚虫威、甲基硫菌灵、嘧菌酯、己唑醇、肟菌酯、双草醚、吡蚜酮、乙草胺、莎稗磷、丁草胺、氟环唑、稻瘟灵、速灭威、扑草净、禾草丹、五氟磺草胺、丙草胺、苄嘧磺隆、克百威、毒死蜱、吡虫啉、三环唑、氯虫苯甲酰胺、苯醚甲环唑、戊唑醇、三唑酮、噻嗪酮、多菌灵、二嗪磷、乐果、马拉硫磷、灭多威、氧乐果、咪鲜胺、丙溴磷、噻虫嗪、三唑磷、乙酰甲胺磷、精甲霜灵、苯噻酰草胺、甲氧虫酰肼、吡嘧磺隆、丙环唑、咯菌腈、氰氟草酯、井冈霉素、芸苔素内酯、氯磺隆、噻呋酰胺、敌敌畏、西草净、杀螟硫磷、氟酰胺、乙氧氟草醚、虫螨腈、杀虫双。

6.3.9.3　农药监测分析

1. 水稻不同部位农药残留监测

不同两减模式下水稻不同部位中 57 种农药残留分析结果如表 6-49 所示。早稻糙米中仅检出 2 种农药残留，分别是己唑醇（0.0146～0.0401mg/kg）、氟环唑（0.0137～0.0274mg/kg），晚稻糙米中检出 2 种农药残留，分别是嘧菌酯（0.0124mg/kg）、己唑醇（0.0228mg/kg），均远低于中国规定的最大残留限量（MRL）（己唑醇 0.1mg/kg、氟环唑 0.5mg/kg、嘧菌酯 0.5mg/kg），风险值较低。早稻糙米中，CF 模式和 CRF 模式均检出己唑醇与氟环唑 2 种农药残留，GM 模式检出氟环唑残留，MRT 模式检出己唑醇残留，OM 模式未检出农药残留。晚稻糙米中，CF 模式检出己唑醇残留，浓度为 0.0228mg/kg，GM 模式检出嘧菌酯残留，浓度为 0.0124mg/kg，CRF、OM 和 MRT 模式均未检出农药残留。

早稻谷壳中，CF 模式检出了 4 种农药残留，分别为嘧菌酯、己唑醇、苯醚甲环唑、丙环唑，浓度分别为 0.0941mg/kg、0.0106mg/kg、0.0231mg/kg、0.0168mg/kg；CRF 模式检出 3 种农药残留，分别为己唑醇、苯醚甲环唑、丙环唑，浓度分别为 0.0258mg/kg、0.0597mg/kg、0.0117mg/kg；OM、GM、MRT 模式均只检出己唑醇，浓度分别为 0.0304mg/kg、0.0246mg/kg、0.0191mg/kg。晚稻谷壳中，CF 模式检出了 5 种农药残留，分别为嘧菌酯、己唑醇、氟环唑、

表6-49 双季稻不同部位农药残留

检出参数	早稻糙米/(mg/kg)					早稻谷壳/(mg/kg)					早稻植株/(mg/kg)				
	CF	CRF	OM	GM	MRT	CF	CRF	OM	GM	MRT	CF	CRF	OM	GM	MRT
嘧菌酯	—	—	—	—	—	0.0941	—	—	—	—	—	—	—	—	—
己唑醇	0.0146	0.0156	—	—	0.0401	0.0106	0.0258	0.0304	0.0246	0.0191	0.0355	—	0.0174	—	—
氟环唑	0.0193	0.0274	—	0.0137	—	—	—	—	—	—	—	—	—	0.0206	—
吡虫啉	—	—	—	—	—	—	—	—	—	—	—	—	—	—	—
三环唑	—	—	—	—	—	—	—	—	—	—	—	—	—	—	—
氯虫苯甲酰胺	—	—	—	—	—	—	—	—	—	—	0.0215	0.1120	0.4330	0.0853	0.1420
苯醚甲环唑	—	—	—	—	—	0.0231	0.0597	—	—	—	0.0302	—	—	—	—
戊唑醇	—	—	—	—	—	—	—	—	—	—	—	—	—	—	—
噻虫嗪	—	—	—	—	—	—	—	—	—	—	—	—	—	—	—
丙环唑	—	—	—	—	—	0.0168	0.0117	—	—	—	0.0719	—	—	—	—

检出参数	晚稻糙米/(mg/kg)					晚稻谷壳/(mg/kg)					晚稻植株/(mg/kg)				
	CF	CRF	OM	GM	MRT	CF	CRF	OM	GM	MRT	CF	CRF	OM	GM	MRT
嘧菌酯	—	—	—	0.0124	—	0.0198	0.0302	0.1210	0.1090	0.0590	—	—	—	—	—
己唑醇	0.0228	—	—	—	—	0.2120	—	0.0159	—	0.0169	—	—	—	—	—
氟环唑	—	—	—	—	—	0.0171	0.0221	0.0168	0.0191	0.0319	—	—	—	—	—
吡虫啉	—	—	—	—	—	—	—	—	—	—	—	—	—	—	—
三环唑	—	—	—	—	—	—	—	—	—	—	—	—	—	—	—
氯虫苯甲酰胺	—	—	—	—	—	—	—	0.0197	—	—	—	—	—	—	—
苯醚甲环唑	—	—	—	—	—	0.0126	—	0.0135	0.0146	—	—	—	—	—	—
戊唑醇	—	—	—	—	—	—	—	—	—	—	—	—	—	—	—
噻虫嗪	—	—	—	—	—	—	—	—	—	—	—	—	—	—	—
丙环唑	—	—	—	—	—	0.0143	—	—	—	—	—	—	—	—	—

注："—"表示未检出，下同

苯醚甲环唑、丙环唑，浓度分别为 0.0198mg/kg、0.2120mg/kg、0.0171mg/kg、0.0126mg/kg、0.0143mg/kg；OM 模式检出了 5 种农药残留，分别为嘧菌酯、己唑醇、氟环唑、氯虫苯甲酰胺、苯醚甲环唑，浓度分别为 0.1210mg/kg、0.0159mg/kg、0.0168mg/kg、0.0197mg/kg、0.0135mg/kg；GM 模式检出了嘧菌酯、氟环唑、苯醚甲环唑 3 种农药残留，浓度分别为 0.1090mg/kg、0.0191mg/kg、0.0146mg/kg；MRT 模式检出了嘧菌酯、己唑醇、氟环唑 3 种农药残留，浓度分别为 0.0590mg/kg、0.0169mg/kg、0.0319mg/kg；CRF 模式检出了嘧菌酯、氟环唑 2 种农药残留，浓度分别为 0.0302mg/kg、0.0221mg/kg。

早稻植株中，CF 模式检出了嘧菌酯、氯虫苯甲酰胺、苯醚甲环唑、丙环唑 4 种农药残留，浓度分别为 0.0355mg/kg、0.0215mg/kg、0.0302mg/kg、0.0719mg/kg；OM 模式检出了嘧菌酯和氯虫苯甲酰胺 2 种农药残留，浓度分别为 0.0174mg/kg、0.4330mg/kg；GM 模式检出了氟环唑、氯虫苯甲酰胺 2 种农药残留，浓度分别为 0.0206mg/kg、0.0853mg/kg；CRF、MRT 模式均只检出了氯虫苯甲酰胺，浓度分别为 0.1120mg/kg、0.1420mg/kg。5 种模式晚稻植株中均未检出农药残留。

综上，从双季稻不同部位农药残留的种类和残留量分析结果可知，CRF、OM、GM 和 MRT 模式农药残留风险低于 CF 模式。

2. 农药减施增效技术生态风险评价

双季稻种植前与收获期不同模式田面水样品中 57 种农药成分仪器分析结果如表 6-50 所示，5 种模式田面水均未检出农药残留，因此田面水不存在农药残留生态风险（表 6-51）。

表 6-50　双季稻种植前期和收获期田面水农药残留

检出参数	种植前田水（15 份）		收获期田水–常规模式（10 份）		收获期田水–两减模式（10 份）	
	检出次数	平均值/(mg/kg)	检出次数	平均值/(mg/kg)	检出次数	平均值/(mg/kg)
己唑醇	—	—	—	—	—	—
稻瘟灵	—	—	—	—	—	—
丙草胺	—	—	—	—	—	—
吡虫啉	—	—	—	—	—	—
三环唑	—	—	—	—	—	—
氯虫苯甲酰胺	—	—	—	—	—	—
戊唑醇	—	—	—	—	—	—
三唑酮	—	—	—	—	—	—
多菌灵	—	—	—	—	—	—
甲氧虫酰肼	—	—	—	—	—	—

表 6-51　双季稻田面水农药残留生态风险评估结果（PAF）

模式	茚虫威	嘧菌酯	己唑醇	双草醚	稻瘟灵	五氟磺草胺	丙草胺	吡虫啉	三环唑	氯虫苯甲酰胺	苯醚甲环唑	戊唑醇	三唑酮	噻嗪酮	多菌灵	噻虫嗪	甲氧虫酰肼	丙环唑	效应加和
CF	—	—	—	—	—	—	—	—	—	—	—	—	—	—	—	—	—	—	—
CRF	—	—	—	—	—	—	—	—	—	—	—	—	—	—	—	—	—	—	—
OM	—	—	—	—	—	—	—	—	—	—	—	—	—	—	—	—	—	—	—

续表

模式	茚虫威	嘧菌酯	己唑醇	双草醚	稻瘟灵	五氟磺草胺	丙草胺	吡虫啉	三环唑	氯虫苯甲酰胺	苯醚甲环唑	戊唑醇	三唑酮	噻嗪酮	多菌灵	噻虫嗪	甲氧虫酰肼	丙环唑	效应加和
GM	—	—	—	—	—	—	—	—	—	—	—	—	—	—	—	—	—	—	—
MRT	—	—	—	—	—	—	—	—	—	—	—	—	—	—	—	—	—	—	—

双季稻收获期不同模式土壤中 57 种农药成分仪器分析结果如表 6-52 所示。CF 模式检出了己唑醇、稻瘟灵、吡虫啉、三环唑、氯虫苯甲酰胺、三唑酮、多菌灵 7 种农药残留，浓度分别为 0.0115mg/kg、0.1300mg/kg、0.0748mg/kg、0.1740mg/kg、0.0466mg/kg、0.0118mg/kg、0.0684mg/kg；CRF 模式检出了稻瘟灵、吡虫啉、三环唑、氯虫苯甲酰胺、多菌灵 5 种农药残留，浓度分别为 0.1110mg/kg、0.0577mg/kg、0.1750mg/kg、0.0219mg/kg、0.0348mg/kg；OM 模式检出了稻瘟灵、吡虫啉、三环唑、氯虫苯甲酰胺、三唑酮、多菌灵 6 种农药残留，浓度分别为 0.1120mg/kg、0.1050mg/kg、0.1500mg/kg、0.0201mg/kg、0.0110mg/kg、0.0442mg/kg；GM 模式检出了稻瘟灵、吡虫啉、三环唑、氯虫苯甲酰胺、三唑酮、多菌灵 6 种农药残留，浓度分别为 0.1170mg/kg、0.1310mg/kg、0.1070mg/kg、0.0206mg/kg、0.0189mg/kg、0.0360mg/kg；MRT 模式检出了稻瘟灵、吡虫啉、三环唑、氯虫苯甲酰胺 4 种农药残留，浓度分别为 0.1380mg/kg、0.0617mg/kg、0.2430mg/kg、0.0407mg/kg。稻田土壤农药残留生态风险评估结果（表 6-53）表明，CRF、OM、GM、MRT 模式农药生态风险值低于 CF 模式，说明化肥和农药减施增效技术模式降低农药生态环境风险的作用明显。

表 6-52　双季稻田收获期土壤农药残留　　　　　　　　　　（单位：mg/kg）

检出参数	CF	CRF	OM	GM	MRT
己唑醇	0.0115	—	—	—	—
稻瘟灵	0.1300	0.1110	0.1120	0.1170	0.1380
丙草胺	—	—	—	—	—
吡虫啉	0.0748	0.0577	0.1050	0.1310	0.0617
三环唑	0.1740	0.1750	0.1500	0.1070	0.2430
氯虫苯甲酰胺	0.0466	0.0219	0.0201	0.0206	0.0407
戊唑醇	—	—	—	—	—
三唑酮	0.0118	—	0.0110	0.0189	—
多菌灵	0.0684	0.0348	0.0442	0.0360	—
甲氧虫酰肼	—	—	—	—	—

表 6-53　双季稻田土壤农药残留生态风险评估结果（PAF）

模式	茚虫威	嘧菌酯	己唑醇	双草醚	稻瘟灵	五氟磺草胺	丙草胺	吡虫啉	三环唑	氯虫苯甲酰胺
CF	7.64E−03	1.08E−01	1.06E−02	6.64E−02	1.41E−26	9.73E−02	3.59E−02	8.65E−02	1.30E−03	6.72E−01
MRT	7.64E−03	8.58E−02	1.14E−02	6.64E−02	1.41E−26	9.73E−02	3.59E−02	7.85E−02	4.27E−03	6.32E−01
GM	7.64E−03	8.58E−02	9.16E−03	6.64E−02	1.41E−26	9.73E−02	3.59E−02	1.13E−01	1.36E−04	4.29E−01
CRF	7.64E−03	8.58E−02	8.49E−03	6.64E−02	1.41E−26	9.73E−02	3.59E−02	7.59E−02	1.32E−03	4.46E−01
OM	7.64E−03	8.58E−02	8.61E−03	6.64E−02	1.41E−26	9.73E−02	3.59E−02	1.02E−01	6.99E−04	4.23E−01

续表

模式	苯醚甲环唑	戊唑醇	三唑酮	噻嗪酮	多菌灵	噻虫嗪	甲氧虫酰肼	丙环唑	效应加和
CF	3.42E−01	6.82E−04	2.03E−68	1.05E−02	1.70E−02	1.03E−01	3.64E−02	1.58E−01	0.9010
MRT	3.42E−01	2.18E−04	2.03E−68	1.05E−02	1.70E−02	5.92E−02	3.64E−02	1.58E−01	0.8799
GM	3.42E−01	1.28E−03	2.03E−68	1.05E−02	1.70E−02	9.01E−02	3.64E−02	1.58E−01	0.8256
CRF	3.42E−01	2.18E−04	2.03E−68	1.05E−02	1.70E−02	8.94E−02	3.64E−02	1.58E−01	0.8232
OM	3.42E−01	6.22E−04	2.03E−68	1.05E−02	1.70E−02	9.41E−02	3.64E−02	1.58E−01	0.8221

6.3.10　结论

双季稻化肥和农药减施增效技术环境效应综合评价及模式优选结果表明，OM、CRF、GM、MRT 模式的 AEI 分别比 CF 模式降低 1.60%、25.22%、16.73%、11.40%，说明化肥和农药减施增效技术模式环境效应好于 CF 模式。净温室效应对 AEI 贡献最大，达到 88.13%~91.25%，其次是酸雨效应，贡献为 5.46%~8.46%。OM、CRF、GM、MRT 模式净温室效应分别比 CF 模式降低−0.07%、22.57%、14.36%、9.07%，酸雨效应分别比 CF 模式降低16.01%、51.70%、41.01%、32.83%。5 种模式田面水均未检出农药残留，因此田面水不存在农药残留生态风险。稻田土壤农药残留生态风险评估结果表明，CRF、OM、GM、MRT 模式农药生态风险值（PAF）低于 CF 模式，说明化肥和农药减施增效技术模式降低农药生态环境风险的作用明显。

第7章 设施蔬菜化肥和农药减施增效环境效应监测与评价

改革开放以来，随着农业产业结构的不断调整，我国设施蔬菜产业发展迅速，面积及结构类型逐年变化情况见表 7-1，播种面积从 1978 年的 0.53 万 hm^2 发展到 2010 年的 344.33 万 hm^2（郭世荣等，2012），2013 年设施蔬菜播种面积为 370 万 hm^2，2016 年设施蔬菜播种面积达 391.5 万 hm^2（张真和和马兆红，2017），2023 年设施蔬菜播种面积达 400 万 hm^2。我国设施园艺产业主要集中在环渤海湾及黄淮地区，约占全国总面积的 60%，其中山东设施蔬菜面积占全国的 25%；其次是长江中下游地区，约占全国的 20%；第三是西北地区，约占全国的 7%。据全国农业技术推广服务中心 2010 年统计资料，我国设施蔬菜面积较大的省份为山东、河北、河南、辽宁、江苏、新疆、浙江、宁夏、内蒙古、上海等省（自治区、直辖市）。设施蔬菜的发展既保证了百姓的菜篮子，也为农民增收做出了巨大贡献，据张真和和马兆红（2017）报道，2016年设施蔬菜总产值突破 2 万亿元大关。

表 7-1 全国设施蔬菜面积及结构类型逐年变化 （单位：万 hm^2）

年份	合计	小拱棚	大中棚	节能日光温室	普通日光温室	加温温室	连栋温室
1978	0.53	0.37	0.13	0	0	0.03	0
1982	1.05	0.71	0.18	0	0.11	0.05	0
1984	3.16	2.17	0.55	0.01	0.31	0.12	0
1986	7.92	5.39	1.37	0.06	0.85	0.25	0
1988	12.00	7.87	2.15	0.22	1.43	0.33	0
1990	15.67	9.66	3.34	0.75	1.53	0.40	0
1992	24.35	14.33	5.73	2.22	1.57	0.51	0
1994	43.46	22.31	10.67	6.29	3.63	0.55	0
1996	83.81	37.57	25.59	12.53	7.16	0.97	0.01
1998	138.87	54.66	52.26	20.71	8.71	2.52	0.07
2000	183.27	69.12	71.27	28.35	11.68	2.85	0.13
2002	210.63	75.81	82.46	38.31	11.67	2.38	0.11
2004	257.70	98.87	106.65	39.19	10.78	1.47	0.73
2006	274.15	107.62	109.07	45.38	9.55	1.77	0.77
2008	334.67	127.88	130.21	61.77	11.57	1.93	1.31
2010	344.33	128.67	134.00	66.67	11.67	1.97	1.36

设施蔬菜栽培过程的投入比露地蔬菜大，要达到的经济效益目标也高，因此生产中化肥的投入较高，同时因湿度大易发病害，农药的使用频率也相对较高。为保证设施蔬菜生产的可持续性，保护环境安全，我国在持续推动化肥与农药减施增效技术的研究和应用，同时开展化肥与农药减施增效技术的环境效应评价。

7.1　设施蔬菜化肥使用的环境问题及环境现状分析

设施蔬菜种植由大棚覆盖，封闭生产，使用有机肥、化肥和生物菌肥等，在覆棚期基本不产生地表径流，化肥的环境影响对象包括土壤、地下水、大气和土壤生物等。产生的影响为土壤物理性状改变、土壤盐渍化与酸化、土壤营养平衡被破坏、土壤微生物区系失衡、土壤中自毒产物积累等。对于一年中有掀膜开棚期的温室或大棚，除挖深的大棚，其他可能会产生地表径流，从而影响地表水。

7.1.1　土壤物理性状改变

设施蔬菜的栽培管理特点，如践踏频繁、无降雨和土壤生物少等，造成以土壤结构为主的土壤物理性状容易产生变化。随着设施蔬菜连作年限的增加，设施内微团粒容易向大团粒转化，粒径为 0.5～1.0mm 和 0.25～0.50mm 的土壤颗粒水稳性团聚体数量增加（陈天祥等，2016）。设施内具有温度高、湿度大和蚯蚓等土壤生物少的特性，土壤黏化作用明显，其中的细颗粒组分较高，在设施栽培的精细管理下，工作人员频繁地踩踏镇压造成土壤板结，土壤容重增大，土壤有效孔隙减少，通气透水性随之变差。设施内土壤物理性状变化主要由人员操作过程的踩踏所造成，频繁踩踏和漫灌后的干湿交替致使土壤耕层发生不同程度的板结，特别是大棚内的行道部分，土壤团粒结构及毛管系统被破坏，耕层土壤环境严重恶化，翻耕过程也难以改善其性状。

设施蔬菜病害发生严重，多数蔬菜品种存在连作障碍问题，为此需要进行土壤消毒。高温物理消毒及棉隆、氯化苦等化学消毒方法都会对土壤生物造成毁灭性影响，消毒后土壤中几乎没有蚯蚓，有益微生物也需要较长的恢复期，缺少土壤生物对土壤结构的改良，土壤更容易板结。

7.1.2　土壤盐渍化与酸化

张西森等（2020）认为，设施栽培的封闭环境缺少降雨对土壤的淋溶作用会导致土壤盐渍化。植物生长过程中会对土壤盐基离子选择性吸收，大量施用化学肥料，某些盐基离子慢慢在耕层累积，通常容易向表层土壤聚集，密闭的环境条件使得设施内气温常年高于外界，导致水分沿毛细管向土表转移，加剧土壤矿化，表土层盐分浓度升高，而且设施内缺少降雨对盐基离子的淋洗，大量水分挥发造成表层土壤盐基离子浓度升高。陈天祥等（2016）认为，设施内土壤总盐含量和同层土壤电导率分别高出露地土壤 1.6～3.3 倍和 215～517 倍。过量使用化肥和灌溉水中盐基离子含量高也是盐分积累的重要原因。

根据监测研究数据，寿光大棚菜地平均含盐量为 1.49g/kg，古城、文家、侯镇、化龙等地土壤含盐量已经升高不少，达到 2.0g/kg 左右。在这些地方很容易发生蔬菜根系盐害，表现是心叶变黄，根系褐变，地表有盐碱生成。如果含盐量在 3g/kg 以上，多数蔬菜就不能再种了，菜农可用增施秸秆肥、引水洗盐、减少化肥用量等方法缓解。

土壤溶液浓度高，在寿光很多地区是由化肥施用过量引起的，个别地区是由于土壤有盐碱。因此，控制化肥用量是必要的。而且蔬菜的烂根、黄叶多由此而发，那种一次上百斤的追肥方式必须停止。

包括硝态氮和铵态氮在内的氮素累积易导致土壤酸化。而连作导致电导率增加，继而 pH

降低。过量施用生理酸性肥料，尤其是铵态氮肥也是促进土壤酸化的一个重要原因。土壤酸化也与其他各类肥料有关，刘来等（2013）认为大棚辣椒连作会引起土壤酸化，土壤中有机质、全氮、全磷、有效钾和 Cl^-、SO_4^{2-}、NO_3^--N 积累是辣椒连作土壤酸化的主要原因，且随着连作年限的增加而酸化加强，多数离子浓度在一定年份后会出现下降。而高施肥量和低营养利用率（如氮的利用率低于 10%）会导致土壤的退化。

蔬菜大棚生产长期的大水大肥造成了土壤酸化、板结、盐渍化，有机质含量降低，活性微生物减少，种出的"瓜没瓜味、果没果味"。更为严重的是，土壤的失衡导致病虫害不断增多，加上大棚里温度高、湿度大、不透风，病虫害治理难度更大，农药用量也加大。

7.1.3　土壤营养平衡被破坏

土壤的营养平衡有利于设施蔬菜的安全与高产，不同蔬菜对土壤中营养元素种类、数量及比例的要求各不相同，不进行轮作，长期种植同种或同科蔬菜，以及不进行配方施肥，甚至施肥养分比例不适，该蔬菜吸收量较大的养分可能越来越缺乏，未吸收或吸收少的养分持续累积。设施蔬菜对品质要求严格，广大菜农容易忽视对钾肥和微量元素的投入，导致中微量元素的相对缺乏，造成养分不均衡。何文寿（2005）认为养分不均衡会降低作物抗逆性，引发设施蔬菜生理病害，加剧病虫害发生，继而影响产量和品质。

研究发现，由于大量施肥，山东、黑龙江和宁夏等地设施耕层土壤有机质、全氮、碱解氮、有效磷、有效铜、有效铁、有效锰含量均高于大田土壤，而有效钙、有效镁、有效硅、有效硼表现亏缺，有效钾和有效锌有增有减。据报道，寿光蔬菜大棚土壤中氮含量不高，平均在 1.6% 左右。磷含量很高，这是由于寿光土壤原本严重缺磷，菜农在蔬菜生产中比较重视磷肥的施用，多年重施磷肥，经过 10 多年的积累，大棚菜地中有效磷含量很高，部分土壤中磷含量达到了 139mg/kg，达到"较高"水平。土壤钾的浓度也偏高，部分土壤的钾含量为 412mg/kg，是丰富标准的 2.6 倍。

7.1.4　土壤微生物区系失衡

土壤微生物总量、活性和有益微生物数量是评价土壤活性高低的重要指标。由于化肥的长期使用，土壤养分失衡、次生盐渍化、酸化，特别是土传病害病原菌的积累，致使设施蔬菜土壤微生物活性、群落结构稳定性、多样性指数、丰富度及均匀度指数降低，土壤微生物总量、细菌（包括氨化细菌、硝化细菌等）和放线菌数量呈倒"马鞍"形变化，真菌数量呈增长趋势，土壤细菌与真菌数量的比值降低（陈天祥等，2016）。土壤微生物区系失衡会导致微生物和无机物的自然平衡被破坏，从而造成肥料分解转化过程受阻，土壤病菌和病害蔓延（王绪奎和陈光亚，2001）。

番茄连作 20 年明显改变了设施土壤土著细菌的群落结构，导致新出现的土壤真菌优势种群增加显著。连作后根际土壤过氧化氢酶、过氧化物酶、脲酶、蛋白酶的活性降低，原来有利于培肥土壤的微生物种群大量减少，而不利于改良土壤微生态的微生物群落却大量繁衍，土壤微生态平衡被打破。李文庆等（1996）的研究结果表明，在第 1 年的大棚土壤中，优势真菌为腐生型真菌，它们是土壤中纤维素、木质素的分解菌，5 年后土壤中的优势真菌转为寄生型，病源性长蠕孢、交链孢等霉菌增加。

7.1.5 土壤中自毒产物积累

设施栽培中，作物根系分泌的有毒物质和残枝落叶分解产生的自毒物质降低了栽培作物的根系活性，抑制了其根系生长。化感物质通过植株地上部分挥发和淋溶、植株残茬分解、根系分泌等过程进入土壤，直接或间接对自身或其他植物生长发育造成影响。

根系分泌物是植物通过根的不同部位向土壤中分泌的物质，主要包括渗出物、分泌物和脱落物 3 种类型。根系分泌物的数量和种类受植物种类与环境条件影响。何文寿（2005）认为根系分泌物的作用既有积极的一面，也有消极的一面。积极的一面是可改变根际理化与生物学特性，从而增加土壤养分的有效性；消极的一面是抑制根系生长，影响下茬生长，产生连作障碍。

有研究表明，植物缺 Zn 时，根细胞内 Cu、Zn 超氧化物歧化酶（SOD）活性下降，而NADPH 氧化酶活性增加，细胞内自由基大量累积产生毒害作用，使细胞质发生过氧化作用，膜结构被破坏，透性增加，根溢泌的无机离子和低分子量有机化合物如氨基酸、碳水化合物及酚类化合物的数量大大增加，而酚类化合物数量增加可抑制植物生长。

茄子连作使土壤中酚酸严重累积，其中香草醛和肉桂酸对辣椒种子萌发表现出低促高抑的化感效应。肉桂酸对番茄种子发芽和幼苗生长的抑制作用随浓度增加而增强。在 $50 \sim 250 \mu mol/L$，苯丙烯酸、对羟基苯甲酸强烈地抑制黄瓜根系脱氢酶、ATP 酶、硝酸还原酶、超氧化物歧化酶的活性，抑制作用随着浓度的增大而增强。枯萎病发病越重的黄瓜，残茬腐解物对黄瓜枯萎病菌孢子的促萌发作用越强，高浓度病株残茬腐解物较健株残茬腐解物显著促进病菌产孢量增加。连作使设施耕层土壤根系分泌物严重累积，不同的化感物质对不同蔬菜的作用存在差异。过高的化感物质浓度影响土壤酶活性和植物细胞膜透性，抑制根系活力，改变根系吸水吸肥特性，进而影响作物代谢。

7.2 设施蔬菜农药使用的环境问题及环境现状分析

相对于露地栽培，设施栽培的不通风棚室湿度高，多年种植同一种作物，特定的病虫害连续发生，危害逐年加重，病虫害发生呈现新特点。黄瓜、莴苣和白菜霜霉病，黄瓜、番茄、辣椒、茄子、韭菜和莴苣灰霉病，瓜类作物和辣椒白粉病，黄瓜蔓枯病，番茄叶霉病，番茄和马铃薯晚疫病及早疫病，黄瓜和辣椒疫病与炭疽病，菜豆锈病等气传病害频繁发生，病原菌繁殖速度快，且极易变异，导致作物抗病性易丧失或下降，病原菌抗药性易上升。由于多年连作同种蔬菜，根结线虫病、黄瓜和辣椒疫病、黄瓜枯萎病、茄子和马铃薯黄萎病、黄瓜和辣椒根腐病等土传病害发生严重。蔬菜品种大面积推广，推动了种子远距离调运，但种子消毒不严格，并区域性大面积种植，引起黄瓜和辣椒菌核病、黄瓜黑星病、辣椒和马铃薯疮痂病、黄瓜细菌性角斑病和靶斑病等种传病害蔓延。甜菜夜蛾、小菜蛾、潜叶蝇、粉虱、蚜虫和蓟马等在蔬菜上发生为害较严重，且潜叶蝇、粉虱、蚜虫、蓟马等刺吸式小型害虫传播病毒，造成病毒病的危害加重。黄瓜靶斑病、番茄灰叶斑病和番茄叶霉病等次要病害上升为主要病害。

目前，在设施蔬菜病虫害防治上，特别是病害防治上，化学防治仍然是其他防治方法难以替代的，由于设施蔬菜环境可调节程度有限，生态调控、生物防治、物理防治及农业防治的作用有限。因为生物农药药效较慢，其作用受环境条件的影响极大，且防治效果不够理想，难以满足设施蔬菜高产高品质的要求，农民往往不愿意采用。为了追求高产及外形美观与商品性，同时为了操作方便，农民常常采用技术简单、效果易于保证的大水大肥栽培管理方式，忽视了调控栽培环境的控病作用。防虫网在设施蔬菜上普遍使用，但性诱剂、色板和黑光灯等物理防治措施因成本较高，操作麻烦，在虫害发生严重时防效较差，且不能防治所有虫害而难以大面积推广。

在化学农药的使用上，有连作障碍的蔬菜，土壤消毒剂的使用率高，杀菌剂使用频次高于杀虫剂，茄果类蔬菜上植物生长调节剂使用普遍。霜霉病、灰霉病、白粉病、叶霉病等气传病害及蚜虫、粉虱、蓟马、茶黄螨等小型害虫是设施蔬菜的重要病虫害，在一个生长季节往往需要多次喷药防治才能有效控制，特别是杀菌剂的使用最为频繁。因设施内密闭、高温、高湿，相对于露地条件更适合病害发生，且病害以防为主，农民为了预防病害、保证产量，会过多使用杀菌剂。

在设施内使用化学农药，其环境影响与设施外有明显差异。喷雾或喷粉施药时，雾滴或药粉更易被施药人员吸入和在体表沉降，在小空间内施药人员更易于接触喷过药的植株。相对于大田，设施内不存在对鸟类和水生生物产生影响，但会对土壤生物、生物防治用天敌、主动引入的授粉蜜蜂及其他授粉昆虫、地下水和农产品质量安全等产生影响。

7.2.1　施药人员健康

农民在混合和施用农药过程中直接接触农药，如不采取保护措施会通过呼吸道和皮肤吸收较多的农药，产生不同程度的急性伤害或各种慢性危害。施药后，在管理与采收过程中接触施药后的植物也会接触植物表面的农药，并达到较高的暴露水平。施药过程引起农民中毒的事件时有发生，轻者头痛、眩晕，重者昏迷甚至死亡。

设施栽培具有管理方便、产量高、收益好等优点，但是由于温室内温、湿度高和不易通风，农民通常穿短袖、短裤作业，最多以长袖衬衫和普通棉质长裤为防护措施进行施药和果实采收，农药更容易通过呼吸及皮肤接触被人体吸收，比露地栽培的风险更高。

7.2.2　农药环境归趋

设施蔬菜上农药施用以喷雾为主，防治地下害虫或土壤中病原菌的农药采用撒施或拌土施用方式，农药在设施内施用后，存在于空气、植物、土壤3种介质中。各种介质中的农药都以一定的速率降解，以半衰期 DT_{50} 表示，不同农药降解速率不同，且差异可能极大，短的几小时，长的几十天甚至几百天。农药降解后产生降解物质，且存在不同的降解机制，在土壤、水、空气和植物体内的降解过程不同、降解产物不同。化合物的降解服从一级反应动力学模型。根据阿伦尼乌斯（Arrhenius）公式，土壤中农药的转化主要受土壤温度影响，降解形式主要包含好氧降解和厌氧降解，土壤湿度条件和土壤深度对农药降解也有影响。

土壤中的农药部分被吸附，未吸附部分可随水分移动，如淋溶至地下水。吸附过程可采用弗罗因德利希（Freundlich）吸附公式模拟，不同农药的吸附系数有差异。在土壤中主要包括平衡吸附和非平衡吸附过程。农药在土壤水相中的迁移包括对流和扩散过程。农药在空气中有对流作用。土壤中的农药可通过植物根系吸水进入植物体内并在其中传导。

7.2.3　对非靶标生物危害

在露地大田，农药影响的非靶标生物包括水生生物、鸟类、蜜蜂、家蚕、天敌昆虫和土壤生物。对水生生物的影响主要关注池塘、沟渠和大小河流，农药通过雾滴飘移和地表水径流两种方式进行水体，从而影响水生生物。水生生物的代表为藻类、甲壳类节肢动物和鱼类，分别代表水体食物链的初级生产者、消费者和次级消费者，指示生物分别为绿藻、大型溞和斑马鱼。鸟类为陆生脊椎动物代表，且容易接触农药，指示生物主要为日本鹌鹑和野鸭。蜜蜂为重要授粉昆虫，并且是经济昆虫，是作物受粉、结实率和产量的重要保证，也是蜂农的重要收入来源。家蚕是我国特有的经济昆虫，蚕桑种植区的作物喷施农药，雾滴飘移到桑树上会对敏感的家蚕产生毒害，易引起绝产和蚕农的巨大损失。天敌昆虫包括寄生性天敌和捕食性天敌，在生物防治区需要确保农药对天敌没有危害，以避免生物防治技术与产品失效，代表性天敌昆虫为寄生性天敌赤眼蜂和捕食性天敌七星瓢虫。土壤生物主要有蚯蚓和土壤微生物，是土壤质地良好的保证，农药大部分会进入土壤，直接接触土壤生物，需保证农药对土壤生物安全。

7.2.4　地下水污染

土壤中的农药部分被吸附，被吸附后不易移动，未吸附部分可随水分移动，淋溶至地下水。水溶性强而土壤吸附性差的农药易于淋溶到地下水，造成地下水污染。

7.2.5　农产品安全

农产品安全关系人们的身体健康，是社会关注的热点，保证农产品质量安全是农业生产中的重点。多数粮食作物与水果一次性采收，施药至采收之间的安全间隔期应控制在较长时间，如 14d、28d 等。蔬菜采收期长，豇豆、黄瓜和辣椒等蔬菜连续成熟，隔几天甚至每天都要采收，施药时间窗口小，若施药至采收的安全间隔期短，农药尚未降解，易造成农产品农药残留超标，食用后人畜健康受损害，甚至引起中毒事故。设施蔬菜病虫发生重，经济价值高，农民用药成本压力小，易于多用药，其检出率和残留量高于大田作物。因此，需要通过安全性评价选用低毒低残留的农药。

7.3　农田尺度环境友好型化肥和农药减施增效技术及环境效应评价

7.3.1　农田尺度环境友好型化肥减施增效技术

7.3.1.1　测土配方施肥

测土配方施肥技术指以土壤测试和肥料田间试验为基础，根据作物需肥规律、土壤供肥性能和肥料效应，在合理施用有机肥料的基础上，提出氮、磷、钾及中、微量元素等肥料的施用数量、施用时期和施用方法。该技术的核心是调节和解决作物需肥与土壤供肥之间的矛盾，同时有针对性地补充作物所需的营养元素，作物缺什么元素就补充什么元素，需要多少就补多少，实现各种养分平衡供应，满足作物的需要，达到提高肥料利用率和减少用量、提高作物产量、改善农产品品质、节省劳力、节支增收的目的。实践证明，推广测土配方施肥技术可以提高化肥利用率 5%～10%，增产率一般为 10%～15%，高的可达 20% 以上。

7.3.1.2　无土栽培

农田设施蔬菜生产是建立在与农田生态系统友好共存的基础上的，农业投入品施用后一部分被蔬菜吸收作为生长所需营养，另一部分进入农田生态系统中。而无土栽培隔断了蔬菜根域与农田之间的肥、水通道，肥料除少量挥发到空气中外，全部供植物生长。据研究测算，无土栽培肥料利用率高达 80% 以上，最高的报道有 90% 以上。

7.3.1.3　水肥一体化

水肥一体化技术指灌溉与施肥融为一体的农业新技术。水肥一体化是借助压力系统（或地形自然落差），将可溶性固体或液体肥料，按土壤养分含量和作物种类的需肥规律与特点配兑成肥液，与灌溉水一起通过管道系统供水供肥，均匀准确地输送至作物根部区域。据华南农业大学张承林教授研究，灌溉施肥体系比常规施肥节省肥料 50%～70%；同时，大大降低了设施蔬菜和果园中因过量施肥而造成的水体污染问题。

7.3.1.4　提高利用率的新型肥料

缓控释肥料通过技术创新调控肥料颗粒在土壤中的释放速度，使其与植物生长需求配合。水溶肥能与水融为一体，且具有作物需要的各种营养元素，使用后能迅速被农作物吸收，吸收效果好，一般用于喷、滴灌或是叶面喷施。生物肥按微生物又可分为细菌、真菌、放线菌三类，都有无污染、肥效快、成本低等优点，长期使用还能改善土壤环境、抑制土传病菌繁衍。

7.3.1.5　有机肥替代化肥

有机肥是在传统的农家肥基础上衍生并丰富的肥料种类，是一种速效性和缓效性兼有的肥料，也基本上是一种完全肥料，一般作基肥施用，适用于各类土壤和各种作物。有机肥替代化肥是根据原有的施肥方案，以有机肥替代部分化肥，同时保证作物养分需求的措施。

中国农业科学院的最新研究成果显示，有机肥不能完全替代化肥，但将有机肥和化肥以各 50% 的比例配合施用时，可获得最佳的绿色增产效果。中国农业科学院农业资源与农业区划研究所肥料与施肥技术创新团队首席科学家赵秉强介绍，为研究不同施肥制度对粮食作物和环境的影响，自 1986 年开始，中国农业科学院德州试验站进行了 30 年的长期定位监测试验。最新对比试验表明，有机肥和化肥等氮量投入后，有机肥所引起的环境问题显著小于化肥，但由于有机肥供氮能力较化肥低，因此以有机肥（牛粪）100% 替代化肥后，粮食增产效果较弱，冬小麦要达到等量化肥增产水平需 12～15 年，玉米要达到等量化肥增产水平则需 3～5 年。然而，若将有机肥和化肥各以 50% 的比例配合施用，则粮食的产量和品质可相当或高于等量化肥，且环境影响降低 30% 以上，可以兼顾绿色、高产。目前，在设施蔬菜上采用有机肥替代 30% 化肥的配套研究成果较多。

7.3.1.6　秸秆资源化循环再利用

作物产量形成有 40%～80% 的养分来自土壤，但不能把土壤看作一个取之不尽、用之不竭的"养分库"。为保证土壤有足够的养分供应容量和强度，保持土壤养分携出与输入间的平衡，必须通过施肥这一措施来实现。依靠施肥，可以把作物吸收的养分"归还"土壤，确保土壤肥力。

秸秆是我国三大农业废弃物之一，资源丰富但利用不充分，如何有效利用一直是困扰环保、农业等多个部门的难题。我国在 2016 年启动秸秆综合利用试点，在试点省份推广 19 项秸秆利用技术，发布了秸秆农用十大模式。目前，全国秸秆综合利用率达 83.68%，8 个试点省份达 86%，以小麦和玉米秸秆利用为主。蔬菜秸秆的转化利用还不是很普及，蔬菜秸秆清除到棚外可进行厌氧发酵和高温堆肥处理。据杨冬艳等（2019）研究报道，番茄、辣椒秸秆堆肥替代 50% 化肥后的作物产量及品质均较佳。

7.3.1.7　其他减肥增效技术

科学轮作、套种技术：根据土地的供肥能力、pH，以及预计要种植农作物的需肥特点等来确定肥料的施肥量和肥料品种。例如，豆科植物、瓜类、油菜等农作物都属于喜磷作物，因此农民要选择相应的肥料进行施肥，这样有利于农作物的生长和肥料的更好吸收，能提升肥料的利用率。除此之外，人们还要重视农作物新品种的培育工作，通过培育节肥、增效、增收的农作物新品种来带动我国农业的发展和肥料利用率的提升。

农业措施：包括深翻深松优化土壤物理性状、深施早施肥料和采用肥料利用率高的优新品种等。①深施过磷酸钙：在移栽行开 8cm 深沟，撒入磷肥后覆土 4～5cm 厚，然后在浅沟内移栽蔬菜，缩短磷肥与蔬菜根的距离来弥补磷素移动性小的弱点，可提高肥料利用率。②深施碳酸氢铵：碳酸氢铵是冬暖大棚蔬菜生产追肥的理想速效肥料。追肥时，可通过在离蔬菜根茎 8～10cm 处开 10cm 深的沟，撒肥后用土盖严，肥料利用率可提高 10%～30%。③早施、深施或根外施尿素均可提高其利用率。根据不同发育阶段蔬菜对肥水的需求提前追施并深施，比浅施可提高利用率 28%。如在棚温 15～20℃时提前 7 天，在 25℃时提前 5 天追施，开 8～10cm 深的沟，撒施尿素后严密盖土。根据棚温隔 5～7 天浇水，使尿素在土壤中有足够时间充分氨化，以利于蔬菜吸收利用，即可提高尿素利用率。

综上，通过深入研究各地自然资源环境条件，采用科学健康的栽培技术体系来最大限度地利用自然资源，以促进蔬菜高效吸收养分转化成有效生产力。

7.3.2　农田尺度环境友好型农药减施增效技术

7.3.2.1　综合协调采用农艺措施

通过合理轮作阻断害虫生活史。通过合理密植创造良好的通风、透气和透光环境，减少病害发生。培育无毒苗，育苗房与生产温室隔离，减少带病带虫苗。做好田间卫生，及时处理田间杂草、残枝、败叶，剪除密枝和虫口过多的枝叶，并及时带出处理。

7.3.2.2　生态调控

害虫的生态控制可分为时间调控、空间调控、行为调控等类型，即利用一种或多种方式对害虫实施有效的生态控制。例如，应用时间调控、空间调控和行为调控的理论，采用温室外种植蓖麻、温室内间作芹菜、适当推迟定植时间等措施，实现对烟粉虱等害虫的生态控制。害虫为害与作物的生育期密切相关，许多害虫只在作物生长的某一阶段发生，因此可通过调节茬口和播种期（定植期）对害虫实施有效防控。印度、墨西哥、埃及等国都有通过调整种植时间达到避免烟粉虱及病毒病严重为害的成功先例。在江苏地区设施栽培条件下，烟粉虱对设施蔬菜虽然可周年为害，但不同的定植期，蔬菜受烟粉虱危害的程度存在明显差异，因此在条件许可的情况下，可通过调节蔬菜定植期避开烟粉虱从露地向温室内迁移的高峰，利用时间调控实现对烟粉虱的有效防控。

7.3.2.3　生态消毒

土壤消毒可减轻设施土壤连作障碍。例如，夏季高温天气通过高温消毒；在灌水后高温闷棚，温度可达50℃以上以杀虫灭菌；也可采用日光消毒的方式，于夏季休茬期撤掉棚膜，深翻土壤，利用紫外线消毒；在冬季撤膜后采用低温消毒，并深翻土壤，利用冬季的低温冻死病虫及虫卵；在密闭条件下可利用硫黄粉熏蒸杀菌。另外，通过清除初染病株和携带病菌的残茬，可防止病害蔓延和植株残体分解产生的化感物质进入土壤，配合增施氰胺类肥料也能有效防治地下害虫和土传病害；土壤病虫害过度严重，在经济条件允许条件下可以采用健康土壤替换耕层土壤，改善土壤理化性状，减轻耕层土壤病虫害。

7.3.2.4 生物技术

生物技术主要包含利用微生物农药防治蔬菜虫害、病害及土壤病原，人工释放天敌（丽蚜小蜂、胡瓜钝绥螨等）防治害虫。

放线菌（诺卡放线菌）防治土壤病害效果显著，72h根结线虫卵块孵化抑制率达到82.3%。枯草芽孢杆菌能产生枯草菌素、多黏菌素、制霉菌素、短杆菌肽等活性物质，对土壤致病菌抑制作用强。地衣芽孢杆菌可抑制致病菌的生长繁殖。酵母菌能疏松土壤，扩大根系面积，增强光合作用，减少肥料使用量，提高作物产量，改善作物品质。木霉菌为高效生物杀菌剂，专治灰霉病，具有保护和治疗双重功效。侧孢短芽孢杆菌可防治根结线虫。多黏类芽孢杆菌对植物黄萎病、鹰嘴豆枯萎病、油菜腐烂病、黑松根腐病等多种植物病害均具有一定的控制作用。

以菌治虫：苏云金芽孢杆菌可防治菜青虫、小菜蛾、甜菜夜蛾、斜纹夜蛾、甘蓝夜蛾；浏阳霉素可防治螨类、蚜虫；白僵菌可防治蝗虫、蛴螬、马铃薯甲虫、蚜虫、叶蝉、飞虱、多种鳞翅目幼虫等；多角体病毒可防治斜纹夜蛾。

以菌治菌：微生物杀线虫剂——淡紫拟青霉可防治番茄、黄瓜、西瓜、大豆的根结线虫和孢囊线虫。

以病毒治虫：菜青虫颗粒体病毒用于防治菜青虫，斜纹夜蛾核型多角体病毒用于防治斜纹夜蛾、小菜蛾和甜菜夜蛾，甜菜夜蛾核型多角体病毒用于防治甜菜夜蛾，小菜蛾颗粒体病毒用于防治小菜蛾，甘蓝夜蛾核型多角体病毒用于防治小菜蛾、地老虎等，菜青虫颗粒体病毒用于防治菜青虫。

天敌（防虫）：用寄生性或捕食性天敌防治害虫。菜粉蝶盘绒茧蜂对2～3龄菜青虫的寄生率可达18.48%～27.89%（王常平等，2005）。菜蛾啮小蜂也可用于寄生防治菜青虫，最适宜寄生虫龄为3龄期（晁云飞等，2009）。半闭弯尾姬蜂可用于防治小菜蛾。丽蚜小蜂至少寄生于8属15种粉虱。异色瓢虫是一种以肉食为主的捕食性昆虫，对设施蔬菜的介壳虫、蚜虫有防效。智利小植绥螨以叶螨为食，利用此螨防治叶螨已经取得成功，欧美各国已进行机械化的大规模饲养，并作为商品出售。

7.3.2.5 高效施药器械

高效、精准、低量农药植保机械的应用，如常温烟雾机、超低容量喷雾机、静电喷雾机、精准喷雾机等新型植保机械，可使农药利用率提高15%～20%，作业效率约每小时4亩，可节水90%以上。

7.3.2.6 诱杀技术

基于昆虫对光（色）、挥发性化合物的视觉、嗅觉趋性行为的诱杀技术已成为害虫监测和防治的一种重要手段，在害虫综合治理（IPM）中发挥着重要作用，受到国内外的普遍关注。

近年来，随着研究的不断深入，各项诱杀技术都得到了改进和优化，除了诱杀效果大幅度提高，更加关注昆虫诱杀谱的专一性，重视对天敌昆虫的保护和利用。

7.3.2.7 其他减施增效技术

采用温汤浸种，蔬菜种子一般用 50～60℃温水浸 5～15min，浸种时应不断搅拌，使种子受热均匀而杀灭病菌。利用防虫网和银色反光膜驱避蚜虫，阻隔害虫在土中产卵化蛹。

7.3.3 农田尺度化肥和农药减施增效技术模式

监测了 2 种设施蔬菜双减模式，并进行了环境效应评价，这两种模式分别为：①苍南番茄有机肥替代+水肥一体化+水旱轮作模式，②黄淮海黄瓜（寿光）有机肥替代+水肥一体化+物理防控/生物农药替代模式。

7.3.3.1 苍南大棚番茄化肥减施增效技术模式

集成优化高温闷棚技术、酸化土壤改良专用土壤调理剂技术、集约化抗病砧木嫁接育苗技术、利用抗病优质高产品种、化肥减量与有机肥替代化肥技术、中微量元素精准平衡施用、植物免疫剂与植物酵素、土壤连作障碍生物修复技术、多层覆盖技术、水肥一体化技术、控释肥的化肥减施增效技术、南方设施大棚地埋式秸秆反应堆技术、早期病虫害诊断技术、弥粉机和高效烟雾机施药技术、高效低毒化学药剂靶标防控、冬季大棚镜面膜增光保温高产技术等技术，形成了苍南设施番茄化肥和农药减施增效技术模式。

技术模式的实施，解决了易发生番茄黄叶枯萎土传病害等连作障碍问题，从实施前发病率在 36.7% 以上，下降到实施后的 0.6% 以下，并降低了冬春季灰霉病、菌核病、晚疫病发病率，减少了化肥用量，改善了土壤理化性状。

在减施增效模式下，化肥投入品种包括水溶肥、复合肥两类，其中复合肥 95kg/亩、水溶肥 35kg/亩，共用化肥 130kg/亩，约 1120 元/亩，而常规模式化肥用量为 165kg/亩，减施增效模式比常规模式减量 35kg/亩，减量比例为 21.2%。另外，记录了苍南化肥和农药减施增效模式的化肥使用情况，并核算了 NPK 用量，其中氮的用量为 28.45g/亩、磷的用量为 22.55g/亩、钾的用量为 30.675g/亩，见表 7-2。

表 7-2 苍南 2018～2019 年种植季设施番茄施肥记录及 N、P、K 用量核算

施肥日期	施肥种类及 NPK 比例	用量/(kg/亩)	N/(kg/亩)	P₂O₅/(kg/亩)	K₂O/(kg/亩)
2018-09-14	有机肥	250	5	5	5
	农家肥（鸡粪）	250	4.075	3.85	2.125
	菌肥	25	0.5	0.5	0.5
	复合肥	50.0	8.5	8.5	8.5
2018-11-30	水溶肥 16-17-17	7.5	1.2	1.275	1.275
	复合肥 18-8-18	10.0	1.8	0.8	1.8
2018-12-22	水溶肥 18-8-30	7.5	1.35	0.6	2.25
	复合肥 16-6-21	10.0	1.6	0.6	2.1
2019-02-06	桶肥 2-0-4	10.0	0.2		0.4
	复合肥 13-4-25	12.5	1.625	0.5	3.125

续表

施肥日期	施肥种类及 NPK 比例	用量/(kg/亩)	N/(kg/亩)	P₂O₅/(kg/亩)	K₂O/(kg/亩)
2019-03-06	桶肥 6-3-11	10	0.6	0.3	1.1
	复合肥 16-5-20	12.5	2.0	0.625	2.5
	合计		28.45	22.55	30.675

农药投入品种类及用量：减施增效模式杀虫杀菌剂一季共施药 8 次、共用药 2140g/亩，约 2300 元/亩，而常规模式施药 14 次、共用药 6693g/亩，减施增效模式减少用药 6 次，减量 68.0%。上述施药次数包含混配用药，即每次使用的农药包含多种有效成分。表 7-3 是按有效成分计算的使用次数，有效成分使用次数多于施药次数。

表 7-3　设施黄瓜常规与减施增效模式农药使用情况

农药名	防治对象	使用时间	常规模式		减施增效模式	
			用量/(g/hm²)	有效成分使用次数	用量/(g/hm²)	有效成分使用次数
嘧霉胺	灰霉病	2～3 月	360～540	2	0（以枯草芽孢杆菌喷粉施药替代）	2
多菌灵	灰霉病	3～4 月	803.6～1125	3	803.6～1125	3
腐霉利	灰霉病	3～4 月	562.5～750	3	562.5～750	3
百菌清	早疫病	4～6 月	900～1050	3	900～1050	3
嘧菌酯	早疫病	4～6 月	120～180	2		
吡虫啉	粉虱	5 月	15～30	1	0（以黄蓝板替代）	
啶虫脒	蚜虫	5 月	21～26.25	1	21～26.25	1
氯氟氰菊酯	蚜虫	5 月	6～9	2	6～9	1
噻虫嗪	白粉虱	5 月	37.5～45	2	0（以黄蓝板替代）	
戊唑醇	白粉病	6 月	106～116	2	106～116	2

表 7-4 介绍了苍南设施番茄化肥和农药减施增效技术模式及其环境效应，日程为一个生长季，即从田间准备到采收结束，之后为轮作水稻休田；列出了主要化肥减量技术与农药减施技术，同时还列出了对应各操作环节的环境效应。

表 7-4　苍南设施番茄化肥和农药减施增效技术模式及其环境效应

时间	9 月 10 日	9 月 16 日	10 月	11 月至翌年 2 月	3～5 月	5 月	6～8 月
主要操作	施基肥	移栽	苗期	生长期	采摘	采收结束	水稻轮作
药肥减施技术	有机肥替代化肥	生物农药替代化学农药		物理防虫，追肥	干粉喷雾+生物农药	灌水高温闷棚，秸秆还田	
	水肥一体化					灌水期	
减施技术实施	有机肥 750kg，菌肥 25kg，复合肥 50kg	抗病品种，枯草芽孢杆菌土壤处理防治青枯病	枯草芽孢杆菌防治枯病、灰霉病	黄板杀虫，水肥一体化施肥，16-16-16 复合肥，14-4-28 水溶肥追肥 5 次	15 亿/g 枯草芽孢杆菌可湿性粉剂喷施	灌满水闷棚 15d	种一季移栽稻

续表

时间	9 月 10 日	9 月 16 日	10 月	11 月至翌年 2 月	3～5 月	5 月	6～8 月
环境效应	相当于消纳畜禽粪便 2.5t/ 亩，为耕地平均消纳量的 12.5 倍，地下水和地表水中 N、P 浓度有所升高	化学农药使用减少 1 次	化学农药使用减少 1 次	化肥总量减少 25.0%～42.9%	化学农药使用减少 1 次，减少番茄农药残留	闷棚减少化学土壤消毒剂用量，秸秆还田减少焚烧污染，地下水中 N 浓度升高	提高耕地利用率，利用剩余肥力，消除连作障碍

7.3.3.2　北方设施黄瓜化肥和农药减施环境友好型种植模式

北方设施黄瓜化肥和农药减施环境友好型种植模式以有机肥替代化肥结合水肥一体化的方式优化化肥的使用，相对于大水肥和漫灌模式，化肥施用减少 2 次，减量 25% 左右，可消纳畜禽粪便，改良土壤肥力，降低地下水中 NP 浓度。病虫害物理防控技术包括黄板控虫和防虫网隔离技术；生物防治技术包括丽蚜小蜂防治白粉虱，捕食螨防治蚜虫；非化学防治技术包括矿物油防治白粉虱和叶螨。环境控制技术为喷粉机喷药减少湿度，从而减少病害发生。减施效果为化学农药减施 2 次，有效剂量减少 20% 左右。环境效应体现在地下水中氮磷淋溶损失量减少 20% 以上，土壤中以杀菌剂为主的农药残留减少 25% 以上，从而促进土壤微生物群落改善。

北方设施黄瓜化肥和农药减施环境友好型种植模式与环境效应见表 7-5，时间跨度为北方黄瓜生产一季。

表 7-5　北方设施黄瓜化肥和农药减施环境友好型种植模式与环境效应

时间	9 月	10 月	11 月	12 月至翌年 6 月	7 月	10 月
主要操作	施基肥，黄瓜苗定植	苗期	初花期	采收期	采收结束	闷棚消毒
肥药减施技术	有机肥 3000kg+适量化肥与中微量元素	水肥一体化，水溶肥 10～20kg/ 亩 1 次，间隔 15d			秸秆生物处理还田	降低病原基数，减轻下茬发病率和用药量
	抗病品种，土壤生物改良剂	物理防控技术：黄板控虫，防虫网隔离技术；生物防治技术：丽蚜小蜂防治白粉虱，捕食螨防治蚜虫；非化学防治技术：矿物油防治白粉虱、叶螨；环境控制技术：喷粉机喷药减少湿度，从而减少病害发生				
肥药减施效果	化肥施用减少 2 次，减量 25% 左右；化学农药减施 2 次，有效剂量减少 20% 左右					
主要环境效应	消纳畜禽粪便，改良土壤肥力，降低地下水中 N、P 浓度	相对于大水肥和漫灌模式，淋溶氮磷损失量减少 20% 以上			休闲期，恢复土壤肥力	

日光温室设施黄瓜化学农药减量技术的主要措施为采用弥粉喷雾器及相应的农药粉剂，包括化学农药及替代部分化学农药的生物农药。该技术以喷粉为主要减量技术方案，并促进药效发挥，防治病害的同时减少温室内湿度，消除病害发生的不利条件，降低病害发生率，从而大幅减少农药用量。表 7-6 为弥粉喷雾法减量施药技术与常规施药技术的操作模式和对比。

表 7-6　弥粉喷雾法减量施药技术与常规施药技术的操作模式和对比

施药日期	弥粉法减量施药	喷雾法常规施药
2018-03-19	50%烯酰吗啉粉剂（正常用量1/2）	20%氟菌唑（正常用量）
2018-03-29	50%腐霉利弥粉剂，150亿孢子/g枯草芽孢杆菌（正常用量1/2）	25%乙嘧酚磺酸酯，40%嘧霉胺，50%多菌灵（正常用量）
2018-04-09	50%烯酰吗啉粉剂，150亿孢子/g枯草芽孢杆菌，50%腐霉利弥粉剂（正常用量1/2）	20%氰霜唑，43%氟菌肟菌酯（正常用量）
2018-04-19	50%异菌脲弥粉剂，30%嘧菌酯弥粉剂，60%乙霉威·多菌灵弥粉剂（正常用量1/2）	25%乙嘧酚磺酸酯，40%嘧霉胺（正常用量）
2018-04-29	150亿孢子/g枯草芽孢杆菌，30%嘧菌酯弥粉剂，50%烯酰吗啉弥粉剂（正常用量1/2）	20%氰霜唑，25%戊唑醇（正常用量）
2018-05-09	50%烯酰吗啉粉剂，30%嘧菌酯弥粉剂，50%腐霉利弥粉剂（正常用量1/2）	40%嘧霉胺，25%戊唑醇，20%氰霜唑（正常用量）
2018-05-19	50%异菌脲弥粉剂，150亿孢子/g枯草芽孢杆菌，30%嘧菌酯弥粉剂（正常用量1/2）	41.7%氟吡菌酰胺，40%嘧霉胺（正常用量）
2018-05-29	50%烯酰吗啉粉剂，30%嘧菌酯弥粉剂，150亿孢子/g枯草芽孢杆菌（正常用量1/2）	10%苯醚甲环唑，58%甲霜锰锌（正常用量）
2018-06-09		50%福美双，41.7%氟吡菌酰胺（正常用量）
2018-06-19		20%氰霜唑，43%氟菌肟菌酯，40%嘧霉胺（正常用量）

7.3.4　减施增效技术与产品

　　物理防治技术、生物农药与生物源农药环境友好，可替代化学农药，是减少化学农药用量的有效措施。目前我国登记注册的生物农药较多，利用好微生物农药、天敌赤眼蜂等生物农药可有效控制部分病虫害，大幅减少化学农药的用量，并提高蔬菜的安全水平。使用生物农药时尽量不同时使用化学农药，以免化学农药抑制生物农药的活性。防虫网在设施温室与大棚中的作用十分重要，是通风口的必备材料，可有效阻隔昆虫入侵设施。利用黄板和蓝板可有效防治趋光性害虫。表 7-7 列出了设施蔬菜采用的化学农药减施增效重要技术与产品。

表 7-7　设施蔬菜的化学农药减施增效重要技术与产品

生物农药或药械	防治对象与作用	用量和/或用法
10 亿孢子/g 枯草芽孢杆菌可湿性粉剂	根腐病，枯萎病	4kg/亩，冲施
10% 多抗霉素可溶性粒剂	叶霉病，靶斑病	200g/亩，喷雾
0.5% 几丁聚糖水剂	病毒病	1000g/亩，冲施
1% 香菇多糖水剂	病毒病	60g/亩，喷雾
12.5% 井冈霉素·蜡质芽孢杆菌	根腐病	5L/亩
32 000IU/mg 苏云金芽孢杆菌可湿性粉剂	菜青虫，小菜蛾	200g/亩，喷雾
3% 中生菌素可湿性粉剂	细菌性病害	200g/亩，喷雾
41.7% 氟吡菌酰胺悬浮剂	根结线虫	100mL/亩
60g/L 乙基多杀菌素悬浮剂	蓟马	100mL/亩
10 亿孢子/g 哈茨木霉菌可湿性粉剂	根腐病，灰霉病	50g/亩，喷雾
2.5 亿孢子/g 厚孢轮枝菌微粒剂	根结线虫	4kg/亩，冲施

续表

生物农药或药械	防治对象与作用	用量和/或用法
2 亿孢子/g 淡紫拟青霉可湿性粉剂	根结线虫	4kg/亩，冲施
5% 氨基寡糖素水剂	病毒病	100mL/亩
棉铃虫核型多角体病毒	菜青虫，小菜蛾	150mL/亩
甲壳素	根结线虫	4L/亩
3% 嘧啶核苷类抗生素	细菌性病害	50mL/亩，喷雾
8% 宁南霉素水剂	病毒病	50mL/亩，喷雾
苦参碱	菜青虫，小菜蛾	150mL/亩
黑曲霉粉剂	根结线虫	4 袋/亩
荧光假单胞杆菌	青枯病	1kg/亩，冲施
黄板	白粉虱	100 张/亩
蓝板	蓟马	101 张/亩
防虫网	害虫	通风部位
氰氨化钙	线虫，土传病菌	100kg/亩，土壤处理
0.003% 丙酰芸薹素内酯水剂	增强抗逆性	5mL 兑水 25kg，喷雾
动物源酶解左旋氨基酸	增强抗逆性	1～2 瓶/亩
精量电动弥粉机	减湿度，提高利用率	可供多个大棚使用
电动静电喷雾器	减湿度，提高利用率	可供多个大棚使用
智能吊挂轨道式静电喷雾器	减湿度，提高利用率	可供多个大棚使用
丽蚜小蜂	粉虱	10 000 头/亩
熊蜂	代替植物生长调节剂	一棚施一箱蜂
海思力加（海藻酸+氨基酸+腐殖酸）	增强抗逆性	1～2L/亩
10 亿孢子/g 木霉菌可湿性粉剂	番茄灰霉病	25～50g/亩
1000 亿活芽孢/g 蛇床子素可湿性粉剂	黄瓜霜霉病，葡萄白粉病	50～60g/亩
0.5% 印楝素乳油	小菜蛾	125～150mL/亩
200 亿孢子/g 球孢白僵菌可分散油悬浮剂	玉米螟，小菜蛾	15～50mL/亩
1% 苦皮藤素水乳剂	辣椒、甜菜上的夜蛾	90～120mL/亩

7.3.5　设施蔬菜化肥和农药减施监测与评价

7.3.5.1　设施蔬菜化肥和农药减施监测指标

选择连作次数少的大棚，每期蔬菜种植之前监测 1 次，收获后在下茬蔬菜种植之前监测 1 次。歇棚期—种植期—歇棚期的前后歇棚期都要监测。每种模式至少监测 3 个大棚。

（1）土壤

监测土层 0～60cm，每个监测点分 3 个样（0～20cm、20～40cm、40～60cm）。规定监测指标：质地、pH、阳离子交换量（CEC）、有机质、电导率、硝态氮、有效磷、肥力盈亏、微生物生物量、土壤呼吸、蚯蚓、农药残留。

（2）地下水

监测点平均分布于监测区域，选择区域内水井，或钻取，记录地下水埋深，5～10 个监测点。采样前要先排水 15min，然后用聚乙烯塑料瓶收集水样，放入冰盒保存并送实验室分析，最好当天上机测试。规定监测指标：硝态氮、农药残留。

（3）生物多样性

规定监测指标：归一化植被指数（normalized difference vegetation index，NDVI），种群丰富度，多样性指数，蔬菜种类（根菜、茎菜、叶菜等），其他农作物种类及比例。

7.3.5.2 设施蔬菜化肥和农药常用清单

设施蔬菜化肥和农药减施增效环境效应综合评价与模式优选项目组整理了长江三角洲地区黄瓜、番茄、辣椒、甘蓝和青菜等设施蔬菜上使用的主要农药清单（表 7-8），共 88 种农药，其中杀虫剂 35 种、杀菌剂 62 种。根据清单，对其进行风险评估，并对部分高风险农药农进行环境监测。

表 7-8　长江三角洲地区设施蔬菜用药清单

分类	清单
杀虫剂	阿维菌素、吡虫啉、吡蚜酮、虫螨腈、哒螨灵、啶虫脒、氟啶虫胺腈、氟啶脲、高效氯氟氰菊酯、高效氯氰菊酯、阿维菌素、甲氨基阿维菌素苯甲酸盐、甲氰菊酯、苦参碱、联苯菊酯、螺虫乙酯、氯虫苯甲酰胺、氯氰菊酯、氯噻啉、棉铃虫核型多角病毒、灭蝇胺、噻虫嗪、噻唑磷、噻唑锌、杀虫环、虱螨脲、四聚乙醛、苏云金芽孢杆菌、烯啶虫胺、甲氧虫酰肼、硫酰氟、氰氟虫腙、杀虫双、杀铃脲、溴氰虫酰胺
杀菌剂	氨基寡糖、百菌清、苯醚甲环唑、吡丙醚、丙环唑、丙森锌、春雷霉素、代森锰锌、啶酰菌胺、多菌灵、多抗霉素、多杀菌素、噁霉灵、噁唑菌酮、氟吡菌酰胺、氟吡菌酰胺、氟醚菌酰胺、氟噻唑吡乙酮、福美双、腐霉利、咯菌腈、甲基硫菌灵、甲霜灵、精甲霜灵、菌核净、喹啉铜、龙克菌、嘧菌酯、嘧霉胺、氰霜唑、噻菌铜、申嗪霉素、霜霉威、霜脲氰、霜疫必克、四氟醚唑、托布津、肟菌酯、戊唑醇、烯酰吗啉、硝苯菌酯、缬霉威、乙基多杀菌素、乙嘧酚、异丙威、异菌脲、抑霉唑、芸薹素内酯、中生菌素、唑菌酮、南宁霉素、棉隆、氟硅唑、氟吗啉、氟酰胺、氟唑环菌胺、嘧菌环胺、氰氨化钙、噻呋酰胺、噻唑锌、三环唑、烯肟菌胺

7.3.5.3 设施蔬菜农药减施环境效应评价方法

设施蔬菜生产有大棚覆盖，对鸟类和家蚕没有暴露途径，对其无风险，对天敌、蜜蜂、土壤微生物和蚯蚓和施药人员有暴露，对可能的暴露对象进行评价，并以综合环境效应指数为主要指标。农药减施增效环境效应评价采用综合环境效应指数（total environmental impact unit，TEIU）方法，公式为

$$TEIU = \sum_{j=1}^{n} \left(\frac{暴露量_j}{毒性效应_j} \times 权重_j \right)$$ (7-1)

式中，暴露量$_j$=使用量×施药方式权重×剂型×施药器械权重×环境行为权重；毒性效应$_j$=指示生物或人体毒性×内分泌干扰作用权重×不确定系数（种内→种间、急性→慢性）；权重$_j$=尺度权重×作物类型权重×生物量；j为天敌、地下水、蜜蜂等非靶标节肢动物、蚯蚓、土壤微生物、农民职业暴露等共 n 个影响因素中的第 j 个因素。

7.3.5.4 设施蔬菜化肥和农药减施环境效应评价结果

评价各种农药对几种非靶标生物的风险商（RQ），结果表明吡虫啉和噻虫嗪对蜜蜂的 RQ 大于 1，对蜜蜂的风险不可接受，即在放置蜜蜂的大棚或温室内不能施用吡虫啉或噻虫嗪。其他药剂对各种生物及地下水的 RQ 都小于 1，表明这些药剂的使用不会有明显的环境风险。计算各种化学农药的综合环境效应指数（TEIU），由于对蜜蜂的风险高，吡虫啉和噻虫嗪的

TEIU 最高，风险最大。对常规模式和减施增效模式各农药的 TEIU 加和，常规模式的 TEIU 总值为 47.10，减施增效模式的 TEIU 总值为 2.39，明显低于常规模式（表 7-9）。

表 7-9 设施番茄常规模式与减施增效模式化学农药的环境效应

农药	蜜蜂经口 RQ	蜜蜂接触 RQ	地下水 RQ	赤眼蜂 RQ	蚯蚓 RQ	常规模式 TEIU	减施增效模式 TEIU
吡虫啉	162.16	7.41	0.0014	0.05	0	7.46	0
啶虫脒	0.04	0.06	0	0.01	0	0.07	0.10
多菌灵	0.03	0.45	0.0001	0	0.06	0.51	0.59
腐霉利	0.15	0.15	0.0115	0.02	0	0.18	0.26
氯氟氰菊酯	0.67	0.67	0	0.01	0	0.68	0.95
嘧霉胺	0.11	0.11	0	0.01	0	0.12	0
噻虫嗪	180.00	37.5	0.0011	0.19	0	37.69	0
戊唑醇	0.03	0.01	0	0	0	0.01	0.02
百菌清	0.33	0.21	0	0.01	0	0.22	0.34
烯酰吗啉	0.19	0.06	0	0.00	0	0.06	0.13
嘧菌酯	0.14	0.02	0.0778	0	0	0.10	
总计	343.85	46.65	0.0919	0.30	0.06	47.10	2.39

减施增效模式和常规模式化学农药的环境效应对比结果见图 7-1，按陆生生物、土壤生物、地下水和人员健康进行归类。由此可见，化学农药对土壤生物和地下水的影响较小，对陆生生物和人员健康的影响较大。

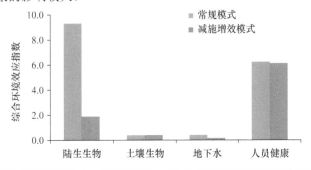

图 7-1 设施番茄常规模式与减施增效模式化学农药对不同类型目标的环境效应

利用本项目第二课题的评价模型评价了番茄两种模式化肥的环境效应，结果见表 7-10。由该表可见，由两种模式使用化肥的氮流失引起的酸雨效应、水体富营养化效应、净温室效应等因素构成的农田环境效应指数分别为 121、159，减施增效模式的环境影响较小，常规模式的影响较大。

表 7-10 设施番茄常规模式与减施增效模式化肥的环境效应

模式	N_2O 排放量 /(kg N/hm²)	NH_3 排放量 /(kg N/hm²)	氮径流量 /(kg N/hm²)	氮淋失量 /(kg N/hm²)	NGEG	水体富营养化效应	AEI
减施增效模式	0.458	2.16	19.2	15.4	37.38	84.46	121
常规模式	0.587	2.67	24.7	21.4	47.91	111.19	159

7.3.5.5 设施蔬菜化肥和农药减施监测结果

监测了山东潍坊和其他代表地区地下水中农药残留水平，检测农药种类78种，检出17种，结果见表7-11。结果表明，潍坊地下水中农药残留水平较高，其中辛硫磷、吡虫啉、多菌灵和噻虫嗪的检出率较高，达23.7%～39.5%。辛硫磷、吡虫啉、多菌灵和三环唑的最高检出浓度较高，都在1μg/L以上，其中多菌灵最高（19.10μg/L），其平均浓度也最高（2.50μg/L）。按照我国风险标准，多菌灵的最高浓度不超标，但按照欧盟地下水中农药残留的标准（<0.1μg/L），多菌灵在山东潍坊地下水中的平均浓度超标达25倍，最高浓度达191倍。

表 7-11　潍坊蔬菜种植区地下水中农药残留水平

农药	检出率/%	平均浓度/(μg/L)	最高检出浓度/(μg/L)
辛硫磷	39.5	0.36	2.21
吡虫啉	31.6	0.33	1.46
多菌灵	31.6	2.50	19.10
噻虫嗪	23.7	0.20	0.81
氯虫苯甲酰胺	13.2	0.21	0.30
啶虫脒	13.1	0.22	0.40
三环唑	10.5	0.31	1.68
莠去津	10.5	0.13	0.19
戊唑醇	10.5	0.24	0.46
己唑醇	5.3	0.11	0.12
噻嗪酮	5.3	0.28	0.37
炔螨特	5.3	0.61	0.00
涕灭威	2.6	0.30	0.30
苯磺隆	2.6	0.11	0.11
苯醚甲环唑	2.6	0.12	0.12
敌敌畏	2.6	0.37	0.37

7.4　区域尺度化肥和农药减施增效技术环境效应综合评价

7.4.1　区域尺度化肥和农药减施增效技术研究区概况

7.4.1.1　典型种植区典型种植模式

根据设施蔬菜种植情况，选取山东省寿光市、青州市、临淄区作为北方设施蔬菜典型种植区，浙江省温州市苍南县作为南方设施蔬菜典型种植区。对设施蔬菜典型种植区所在地农业局、农业科学院等相关单位进行走访，收集统计资料，调研当地典型种植管理模式，包括茬口安排、施肥灌溉情况、农药施用频次等。同时，走访农村合作社、农户、农资公司等，详细了解设施蔬菜种植的具体过程。山东省临淄区东北部乡镇以种植设施番茄、西葫芦为主；青州市高柳镇、何官镇为设施番茄、西葫芦生产区，谭坊镇为设施辣椒生产区。温州苍南以设施番茄为主。

1. 种植期安排

（1）温州市苍南县

9～10 月定植，2 月逐渐有番茄上市，一般采收到 5 月结束，部分基地采收到 7 月初。番茄生长季结束后，农户多采用高温消毒处理、与水稻进行水旱轮作、与玉米等轮作或者休田等处理方式。

（2）山东省临淄区、潍坊市

秋茬延迟到 6 月中旬育苗，10 月上旬到 11 月底采收；深冬茬 9 月上旬育苗，12 月到次年 7 月采收。番茄常与黄瓜、西葫芦轮作。

2. 棚内温湿度环境

苍南县设施番茄与外界联通，仅极少数几天需 2 层覆盖就可确保番茄不受冻害，故棚内温度、湿度与棚外相近。

山东省棚内温度和湿度远高于棚外，且比较稳定。

3. 地下水

山东省地下水位低，土壤含水量主要受灌溉和土壤本身性质影响，通常从表层到底层逐渐下降。在苍南县，地下水位较高，深度为 50cm 的土壤含水量已受到地下水的影响，表现出比灌溉更为明显的影响，土壤体积含水量高于表层土壤。

4. 管理模式

由于作物本身生理特性存在差异，其对营养物质的需求不同，相同地区不同作物对养分的需求有明显差异。

山东地区番茄生产：9 月上旬定植，12 月到次年 7 月生产，也可与西葫芦、黄瓜等作物轮作。基肥每亩施用腐熟农家肥 3000～4000kg、有机肥 300～500kg 和配方肥（$N:P_2O_5:K_2O$ 为 18:9:18）75kg；追肥每次每亩追施配方肥（11:4:17）20～40kg，随水冲施 5～6 次。

山东地区西葫芦生产：10 月下旬至 11 月定植，12 月中旬到次年 5 月下旬收获。基肥每亩施用腐熟农家肥 6000kg、配方肥（$N:P_2O_5:K_2O$ 为 18:9:18）100kg；追肥每次每亩追施配方肥 20～40kg，随水冲施 6～8 次。

山东地区辣椒生产：9 月中上旬定植，11 月中旬到次年 6 月收获。基肥每亩施用腐熟农家肥 2000～3000kg、有机肥 300～500kg 和配方肥（$N:P_2O_5:K_2O$ 为 18:9:18）80kg；追肥每亩随水冲施配方肥（$N:P_2O_5:K_2O$ 为 11:4:17）20～40kg，以后每隔 10～15d 视土壤墒情浇水，隔一次浇水施一次肥，腐熟农家肥每亩施 300～500kg。

苍南设施番茄生产：大果多数以目标产量 7500kg 安排施肥量，采收 6 档果左右，亩施商品有机肥约 250kg、三元复合肥（$N:P:K=15:15:15$）约 100kg，以基肥为主，辅助施用水溶肥、叶面肥等。

7.4.1.2　田间监测与模型模拟

1. 化肥

根据调研结果，选取研究区代表性种植区域种植的蔬菜品种进行生长期观测，管理方式按照当地农民种植管理模式，样品采集时以不影响作物生长为准。山东省淄博市临淄区设置 2 个监测点，分别种植番茄和西葫芦；潍坊市青州市设置 6 个监测点，分别种植番茄、西葫芦、黄瓜、辣椒、圆茄、长茄。浙江省温州市苍南县设置 2 个监测点，种植作物都为番茄（表 7-12）。

表 7-12 　监测点作物种类与监测时间

编号	监测地区	蔬菜品种	监测时间
1	淄博市临淄区	番茄	2018 年 9 月 23 日至 2019 年 2 月 27 日
2	淄博市临淄区	西葫芦	2018 年 10 月 26 日至 2019 年 2 月 16 日
3	潍坊市青州市	番茄	2018 年 9 月 23 日至 2019 年 1 月 28 日
4	潍坊市青州市	西葫芦	2018 年 9 月 23 日至 2019 年 1 月 28 日
5	潍坊市青州市	黄瓜	2018 年 9 月 23 日至 2019 年 1 月 28 日
6	潍坊市青州市	辣椒	2018 年 9 月 23 日至 2019 年 1 月 28 日
7	潍坊市青州市	圆茄	2018 年 9 月 23 日至 2019 年 1 月 28 日
8	潍坊市青州市	长茄	2018 年 9 月 23 日至 2019 年 1 月 28 日
9	温州市苍南县	番茄	2018 年 10 月 28 日至 2019 年 6 月 20 日
10	温州市苍南县	番茄	2018 年 10 月 28 日至 2019 年 6 月 20 日

1 号棚和 2 号棚为相邻大棚，9 号棚（新棚）和 10 号棚（老棚）为相邻大棚。1 号大棚设置棚内气象指标监测，气象指标为温度、湿度、气压，设置分层土壤温度、体积含水量监测，时间步长为 15min。2 号、3 号大棚设置分层土壤含水量监测，时间步长为 15min。9 号大棚设置分层土壤温度、体积含水量监测，时间步长为 15min。每个大棚采集初始土壤，测试土壤物理性质、肥力指标；生长期定期采集分层土壤样本和部分土壤淋失液，测定土壤淋失液中的总氮、硝态氮、铵态氮。样品测试方法见表 7-13，部分指标测试结果见图 7-2。土壤体积含水量数据使用美国 METER 公司 EC-5 探头监测，土壤温度使用 5TM 探头监测。

表 7-13 　土壤样品测试方法

测试指标	测试方法	测试指标	测试方法
土壤质地	比重计法	土壤铵态氮	氯化钾浸提-靛酚蓝分光光度计比色法
土壤 pH	去 CO_2 水浸提-pH 电极法	土壤淋失液总氮	碱性过硫酸钾消解法
土壤有机质	重铬酸钾容量法	土壤淋失液硝态氮	盐酸萘乙二胺分光光度法
土壤硝态氮	氯化钾浸提-双波长紫外分光光度计比色法	土壤淋失液铵态氮	纳氏试剂分光光度法

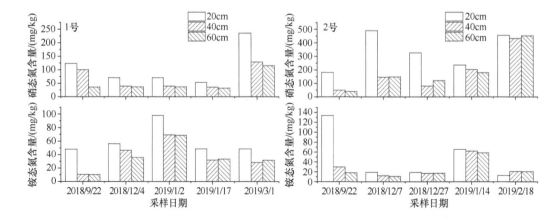

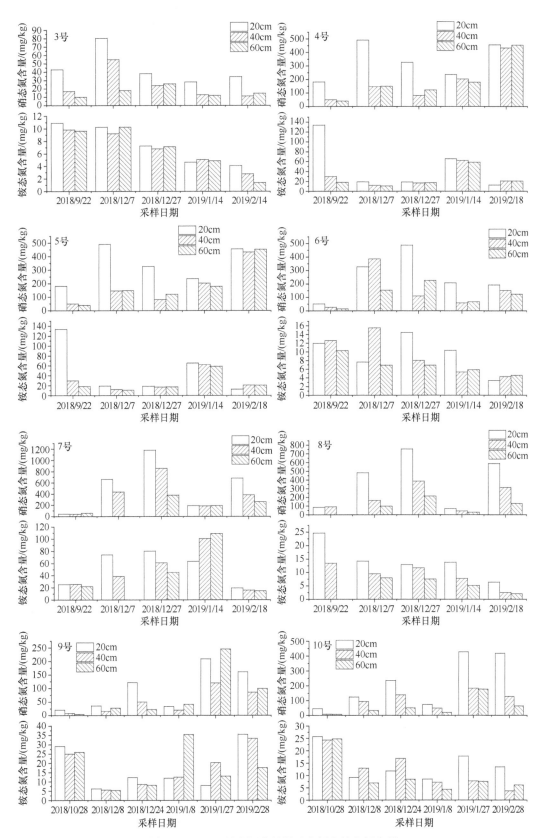

图 7-2　1～10 号大棚生长期硝态氮和铵态氮含量

WHCNS（水热碳氮动态模拟软件，可进行水氮管理）是用来模拟土壤–作物–大气系统的模拟软件，可以模拟土壤水热动态、氮素去向、有机质周转、作物生长及温室气体排放。WHCNS_veg 模型是专门针对中国高强度蔬菜生产的水氮管理模型，且已经在山东寿光地区的设施黄瓜和设施番茄种植过程中得到有效验证。使用 WHCNS_veg 模型模拟 1 号和 3 号大棚设施番茄的生长过程，未进行参数校正的结果见表 7-14，水氮管理措施见表 7-15，土壤含水量评价结果见表 7-16。

表 7-14　土壤物理性质

大棚	土层深度/cm	砂粒含量	粉粒含量	黏粒含量	质地
1 号	0～20	39.36	38	22.64	壤土
	20～40	19.36	54	26.64	粉砂壤土
	40～60	31.36	42	26.64	壤土
3 号	0～20	11.36	62	26.64	粉砂壤土
	20～40	31.36	48	20.64	壤土
	40～60	33.36	46	20.64	壤土

表 7-15　水氮管理措施

大棚	灌溉/mm	施肥/(kg N/hm^2)
1 号	240	645
3 号	323	870

表 7-16　土壤含水量评价结果

大棚	土层深度/cm	ME（平均误差）	RMSE	nRMSE/%
1 号	10	−0.072	0.06	25.22
	20	0.008	0.02	10.69
	30	0.089	0.08	52.59
	40	0.109	0.10	69.18
3 号	10	−0.000 93	0.12	43.92
	20	−0.000 61	0.08	27.50
	30	−0.000 20	0.04	15.54
	40	−0.000 53	0.08	28.88
	50	−0.000 49	0.08	31.18

模拟结果：1 号大棚硝态氮淋失 21.50kg N/hm^2，气体排放 0.864kg N/hm^2；3 号大棚硝态氮淋失 133kg N/hm^2，气体排放 1.733kg N/hm^2。3 号大棚硝态氮淋失量较高，主要是因为实施数次高强度灌溉，所以硝态氮淋失严重。

2. 农药

农药通过土壤渗透到地下水中的量，受土壤质地、灌溉量、农药自身理化性质、施药量与施药频率等多项因素影响。为对农药在地下水中的残留情况有更直观的认识，在山东省青州市多个设施大棚选取了 6 个地点进行地下水样采集。每个样点采集 3 个 200mL 的水样，装入白色不透明样品瓶，暂时放置在保冷箱中保存，24h 内送检，送检地点为山东蓝城分析测试有限公司。

3. 区域数据库建立

根据模型要求，建立相应数据库。数据类型主要包括研究区基础地理信息数据、设施蔬菜分布数据和相关统计数据、气象数据、田间管理数据等。基础地理信息数据包括遥感影像数据、数字高程数据、土地利用数据、土壤类型数据等。

县级行政区划数据来源于国家基础地理信息中心 1∶100 万全国基础地理数据库，乡镇边界数据来源于当地政府规划等。土地利用数据采用清华大学基于遥感解译、机器学习等方法制作的分辨率为 10m 的全球土地利用图。设施蔬菜分布图使用高分一号、二号和资源三号卫星数据解译，经过数据预处理、面向对象分类、数据整合、结果验证等方法，得到典型种植区设施蔬菜种植分布图和各乡镇设施蔬菜总面积。

北方设施蔬菜种植主要依靠大棚保证棚内温度，从而延长蔬菜生长期，故棚内温度、湿度与大气温度、湿度有明显区别，所以需要对棚内温度、湿度进行检测，并用监测数据代表该区域所有设施内气象数据。

土壤数据来源于 HWSD 世界土壤数据库，该数据库中国区域数据来源于第二次全国土壤普查，包含表层土壤质地、容重、有机质含量等，根据这些数据计算土壤田间持水量 [FC，%（v/v）]、萎蔫点 [WP，%（v/v）]、饱和导水率（K_s，m/s）。

$$FC = \frac{0.45 + 0.06bd^2}{1 - (bd / 0.65)} \tag{7-2}$$

$$WP = \frac{\left(\dfrac{150}{a}\right)^{1.0/b}}{1 - (bd / 0.65)} \tag{7-3}$$

$$K_s = 2.2 \times 10^{-7} e^x \tag{7-4}$$

式中，　$a = e^{-4.396 - 7.15 \times 10^{-2} cl - 4.88 \times 10^{-4} sa^2 - 4.285 \times 10^{-5} sa^2 \cdot cl}$

$b = -3.14 - 2.22 \times 10^{-3} cl^2 - 3.484 \times 10^{-5} sa^2 \cdot cl$

$x = 7.755 + 0.035\,2si - 0.967bd^2 - 0.000\,484cl^2 - 0.000\,322si^2 + \dfrac{0.001}{si} - \dfrac{0.074\,8}{som}$

$\quad - 0.643\ln(si) - 0.013\,98bd \cdot cl - 0.167\,3bd \cdot som$

式中，bd 表示土壤容重（g/cm³）；cl、si、sa 分别代表美国制土壤粒径分级中的黏粒、粉粒、砂粒的含量（%）；som 表示土壤有机质含量（g/kg）。

田间管理数据主要来源于统计数据、实地调研、已有文献调查数据。乡镇尺度的数据主要来源于实地调研和已发表文章的调研数据。省级尺度的数据主要来源于《全国农产品成本收益资料汇编 2018》。

7.4.2　区域尺度化肥和农药减施增效技术的化肥综合环境效应

7.4.2.1　设施蔬菜种植区土壤环境分析

我国设施蔬菜生产过程中，化肥中约有 30.6% 的氮输入累积在土壤中。在设施蔬菜地 0～4m 的土层中，表层的总氮累积量达到（1269±114）kg N/hm²。土壤中氮累积量越大，发生淋失的风险越高。根据我国测土配方施肥项目意见，应根据作物生长规律、土壤养分性能和肥料效应，合理施用化肥。在之前的土壤肥力评价中，主要关注土壤是否有充足的营养元素供给，以满足作物生长需求。但在设施蔬菜种植过程中，普遍的过量施肥现象，导致土壤碱解氮、有效磷、有效钾等含量显著高于同地区的大田作物。土壤肥力过剩导致施肥效应显著降低甚至无效。如果持续大量施肥，会产生土壤环境恶化的风险，进一步造成土壤酸化、氮淋失、地下水污染、水体富营养化、温室气体排放等环境影响。故应根据土壤指标进行土壤肥效评价，对于施肥效应不明显的区域，应当合理减少施肥量；对于施肥无效的区域，应进行适当的土壤修复，以防土壤环境进一步恶化。

1. 设施蔬菜种植区土壤氮含量

碱解氮是作物生长时期可以被作物吸收的氮素，其包括无机态氮和部分结构简单的有机态氮，其含量能够反映近期土壤氮素的供给能力。土壤中碱解氮的含量受有机质含量和氮肥施用量的影响。

山东省淄博市临淄区的设施蔬菜种植区为北部皇城镇、齐都镇、敬仲镇和齐陵街道，不同年份设施蔬菜种植区土壤碱解氮含量如表 7-17 所示。

表 7-17　临淄区设施蔬菜种植区土壤碱解氮含量　　　　　（单位：mg/kg）

年份	平均值	最小值	最大值	极差	中位值	标准误	标准差	变异系数	样本量
2006	132.98***	53.0	188.0	135.0	132.0	0.87	27.36	0.21	986
2008	133.16***	33.1	185.0	151.9	131.0	1.35	26.14	0.20	376
2009	132.63***	88.0	186.5	98.5	129.0	2.17	26.74	0.20	152
2010	119.11***	35.0	187.7	152.7	115.1	1.66	33.18	0.28	399
2011	168.11***	36.5	322.0	285.5	162.5	2.70	56.69	0.34	440
2012	257.16***	63.5	978.3	914.8	236.6	7.45	106.67	0.41	205
2013	237.51***	66.4	827.1	760.7	225.5	6.80	100.34	0.42	218
2015	260.57***	81.9	460.7	378.8	258.7	5.82	83.28	0.32	205

注：*** 表示蔬菜种植区与非蔬菜种植区土壤碱解氮含量差异（t 检验）达到 0.001 显著水平

不同年份非设施蔬菜（大田作物）种植区域土壤碱解氮含量如表 7-18 所示。

表 7-18　临淄区非设施蔬菜种植区土壤碱解氮含量　　　　　（单位：mg/kg）

年份	平均值	最小值	最大值	极差	中位值	标准误	标准差	变异系数	样本量
2005	92.31	45.0	161.0	116.0	92.0	0.44	15.29	0.17	1202
2006	102.55	33.1	186.0	152.9	98.0	0.49	28.15	0.27	3325
2007	103.13	35.0	185.0	150.0	97.9	0.82	28.34	0.27	1201
2008	105.91	50.0	185.0	135.0	101.0	0.84	22.74	0.21	732
2009	95.29	34.0	174.0	140.0	93.6	1.09	23.83	0.25	480
2010	92.67	31.6	182.1	150.5	91.8	1.02	25.25	0.27	607
2011	112.51	42.1	465.0	422.9	98.0	1.96	48.75	0.43	620
2012	116.26	36.7	466.6	429.9	103.3	2.70	55.79	0.48	428
2013	97.43	32.0	606.6	574.6	87.7	2.44	50.29	0.52	425
2015	125.47	27.3	449.4	422.1	115.6	2.05	48.28	0.38	557

从结果可以看出，从 2006 年开始，设施蔬菜种植区的碱解氮含量逐渐增高，平均含量从 2006 年的 132.98mg/kg 增长到 2015 年的 260.57mg/kg，增长约 95.9%。2005～2010 年基本维持稳定水平，2010～2011 年显著增加，之后 5 年迅速增长。每年的标准差基本持续增大，说明不同农户施肥量差异较大，导致土壤碱解氮含量差异持续扩大。非设施蔬菜种植区碱解氮含量较为稳定，年平均值的变化范围为 92.31～125.47mg/kg，增长 35.9%，说明非设施蔬菜种植区土壤碱解氮的含量随时间变化差异很小，农民的氮肥施用量较为稳定。设施蔬菜种植区土壤碱解氮含量显著高于同时间非设施蔬菜种植区土壤碱解氮含量，从 2006 年碱解氮含量高出约 29.7% 到 2015 年碱解氮含量高出 107.7%。

临淄区大规模发展设施蔬菜的高峰期在 1997～2006 年，设施大棚都基于原来的农田建设，大约 10 年的时间，设施蔬菜种植区的碱解氮含量已经明显高于非设施蔬菜种植区；2006～2015 年近 10 年时间，设施蔬菜种植区碱解氮含量已经大约是非设施蔬菜种植区的 2 倍。说明临淄区设施蔬菜种植区存在严重的过量施肥情况，过量氮素累积在土壤中，且该问题在 2010 年左右恶化。设施蔬菜种植区氮素盈余高达 1541kg N/hm^2，是作物需求的数倍。过量的氮素累积在土壤中，由于设施蔬菜棚内温度、湿度较高，灌溉水量大、频率高，极易造成氮素淋失，影响地下水。设施蔬菜种植区不同井深的灌溉水及地下水碱解氮含量都显著高于同区域的大田作物。因此，设施蔬菜种植过程中的较高施氮量是其土壤环境中氮含量显著高于非设施蔬菜种植区的主要原因。

2. 基于云模型的设施蔬菜种植区土壤环境评价过程

基于云模型评价设施蔬菜种植区土壤环境的过程如下：①确定土壤肥效评价指标和对应等级；②基于每个指标的肥效等级，确定云模型的特征参数：期望（Ex）、熵（En）、超熵（He）；③确定每个评价指标的权重；④生成评价指标云模型，进一步得到对综合水平的确定度。

（1）确定评价指标及分级标准

设施蔬菜生长过程中施用肥料的主要有效成分为碱解氮、有效磷和有效钾，当土壤中碱解氮、有效磷、有效钾含量较高时，持续的化肥施用会致使肥效逐渐降低，造成土壤中营养元素的累积，容易成为地下水污染的风险来源。根据测土配方施肥等工作的指导意见，确定土壤环境的评价指标为碱解氮、有效磷和有效钾。根据土壤中不同含量的碱解氮、有效磷和有效钾与施肥效应的关系，将各个指标划分为不同的等级，见表 7-19。

表 7-19　土壤环境指标评价标准　　　　　　　　（单位：mg/kg）

等级	碱解氮		有效磷		有效钾		肥料效应
	下限	上限	下限	上限	下限	上限	
一级	0	30	0	5	0	33	肥效极其明显
二级	30	60	5	10	33	67	肥效明显
三级	60	90	10	15	67	125	肥效一般
四级	90	130	15	30	125	170	肥效一般不明显
五级	130		30		170		无效

各评价指标中，五级缺少上限。假设每个等级的上限变化趋势相似，采用指数拟合的方法对五级缺少的上限进行估算，结果如表 7-20 所示。预测碱解氮、有效磷、有效钾的五级上

限标准分别为391mg/kg、87mg/kg、541mg/kg。

表 7-20 评价指标不同等级边界指数拟合结果

评价指标	拟合方程		预测五级最大值/(mg/kg)
碱解氮	$y=\exp(0.9947x)$	$R^2=0.6413$	391
有效磷	$y=\exp(0.6819x)$	$R^2=0.9804$	87
有效钾	$y=\exp(1.0494x)$	$R^2=0.6637$	541

（2）计算各指标各等级云模型参数

根据每个评价指标上下边界确定云模型所需参数：

$$Ex = \frac{B_{max} + B_{min}}{2} \tag{7-5}$$

$$En = \frac{B_{max} - B_{min}}{6} \tag{7-6}$$

$$He = k \tag{7-7}$$

式中，B_{max}、B_{min}分别代表每个评价指标每个等级的上限和下限；k是一个根据实际情况可以调整的常数。因为超熵（He）表示的是熵（En）的不确定性，所以建立超熵与熵的相关关系：

$$He = k \times En \tag{7-8}$$

在本研究中，k值设为0.1。

由此得到各评价指标各个等级的云模型参数，见表7-21。

表 7-21 各评价指标各个等级的云模型参数

等级	碱解氮			有效磷			有效钾		
	Ex	En	He	Ex	En	He	Ex	En	He
一级	15.0	5.0	0.5	2.5	0.8	0.1	16.5	5.5	0.6
二级	45.0	5.0	0.5	7.5	0.8	0.1	50.0	5.7	0.6
三级	75.0	5.0	0.5	12.5	0.8	0.1	96.0	9.7	1.0
四级	110.0	6.7	0.7	22.5	2.5	0.3	147.5	7.5	0.8
五级	260.5	43.5	4.4	58.5	9.5	1.0	355.5	61.8	6.2

（3）确定评价指标的权重

熵值表示自然界的无序程度，选用与熵相关的指数来确定各评价指标的权重，可以由各指标本身所携带的信息来决定。每个等级的样本数据的熵通过以下公式计算。

$$H_i = -\sum_{k=1}^{n}(p_k \times \ln p_k) \tag{7-9}$$

式中，H_i表示土壤样本属于有n个等级的第i个指标的不确定性；p_k表示土壤样本落在第k个等级的频率；第i个指标基于熵的权重W_i可以表示为

$$H'_i = \frac{H_i}{\ln n} \tag{7-10}$$

$$W_i = \frac{1 - H'_i}{m - \sum_{i=1}^{m} H'_i} \tag{7-11}$$

式中，H'_i 为将 H_i 标准化；m 为指标个数。基于熵的权重确定法相较于层次分析法更少受到人为干预，熵值越低则被赋予的权重越低。计算出每个指标的权重之后，每个样本的综合确定度（U）则通过以下公式计算：

$$U = \sum_{i=1}^{m} (W_i \times \mu_i) \tag{7-12}$$

式中，μ_i 代表每个样本对第 i 个指标的确定度。

通过计算得到，碱解氮、有效磷、有效钾的权重都约为 0.33，故赋予 3 个指标相同的权重，与王晶等（2017）在西安蔬菜种植区通过主成分分析法得到的权重比例相似。

（4）生成评价指标云模型

根据确定的云模型参数，生成碱解氮、有效磷、有效钾 3 个指标 5 个等级的评价云图。

图 7-3 依次为各个指标从一级到五级的评价云图，横坐标表示每个等级对应的含量，纵坐标表示对该等级的确定度。

对每个样本数据进行分类评价，获取每个样本点数据，计算其对应指标不同等级的确定度，为使结果稳定，每个等级的确定度计算 200 次取其平均值作为该等级的最终确定度。比较该值对不同等级的确定度，最大确定度对应的等级为该样本点在该指标下所属的等级，最终得到每个样本点的综合评价等级。

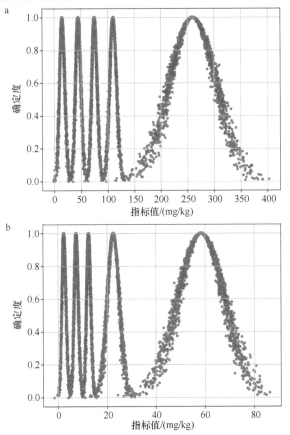

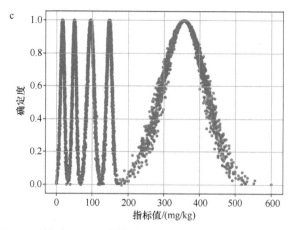

图 7-3　碱解氮（a）、有效磷（b）、有效钾（c）的评价云图

3. 土壤环境各指标的综合评价

依据山东省淄博市临淄区多年测土配方施肥数据（2007 年和 2014 年设施蔬菜种植区数据缺失），基于云模型计算设施蔬菜种植区和非设施蔬菜种植区（主要作物为玉米、麦等大田作物）土壤碱解氮含量等级。不同年份碱解氮各个等级所占比例如图 7-4 所示。从中可以看出，2006～2015 年，土壤碱解氮的含量主要为四级和五级，即碱解氮含量较高，导致肥料的施用无明显效用和无效；2006～2010 年，约 50% 的样本点由四级变为了五级，表明土壤中碱解氮的含量不断升高，致使肥料的效应在不断减弱；2011 年之后，属于五级的样本数量占蔬菜种植区总样本数量的 90% 以上，表明设施蔬菜地施肥已基本失去效果。与此相比，2005～2015 年非设施蔬菜种植区的土壤样本主要为三级和四级，表明土壤养分处于相对稳定的状态，施肥量相比于设施蔬菜较为合理，也从侧面反映了不同年份测试结果具有可比性。

该结果与邻近的寿光市施肥量演变规律相吻合：2010 年比 2004 年总施肥量中氮的含量增加了 37.4%；虽然在 2010 年之后施肥总量中氮的含量有所降低，但依旧超过了蔬菜生长的实际需求量。由于设施蔬菜地的氮输入方式较为单一，主要为肥料施用，因此可以认为设施蔬菜地过量施肥情况严重，过量施用的氮肥累积在土壤中，使肥料本身的效果达到边际效应并逐渐降低，而肥效降低将会进一步导致施肥量的增加，如此往复，使设施蔬菜土壤环境进一步恶化。

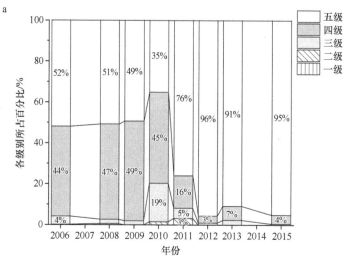

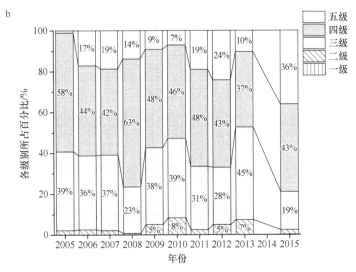

图 7-4　临淄区设施蔬菜种植区（a）和非设施蔬菜种植区（b）碱解氮不同等级所占比例

基于云模型计算设施蔬菜种植区和非设施蔬菜种植区（主要作物为玉米、麦等大田作物）土壤有效磷和有效钾含量等级。不同年份各指标各个等级所占比例如图 7-5 所示。设施蔬菜种植区有效磷和有效钾含量自 2006 年开始就处于较高水平，施用的磷肥和钾肥基本无效。养分钾的投入近十几年来不断增高，虽然磷的投入有所降低，但依旧超出了蔬菜的需求，大量的养分累积在土壤中，影响了后续钾肥和磷肥施用的效果。同时期非设施蔬菜种植区土壤有效磷和有效钾的含量大部分也落在了四级和五级，说明该区域土壤整体的磷和钾含量偏高，更应该根据土壤中实际养分含量，确定较为适宜的肥料施用量，以防过量施用肥料对环境产生污染并对生产产生抑制。

4. 设施蔬菜土壤环境评价结果

依据各样本点的土壤数据分别计算各评价指标不同等级的确定度，并赋予各个确定度指标对应的权重，计算综合确定度，然后根据最大确定度原则确定该样本所属的综合等级。图 7-6 为设施蔬菜种植区和非设施蔬菜种植区的综合评价结果：设施蔬菜种植区总体养分含量较高，90% 的区域为肥料施用无效和效果较低，同区域非设施蔬菜种植区土壤养分分布较为

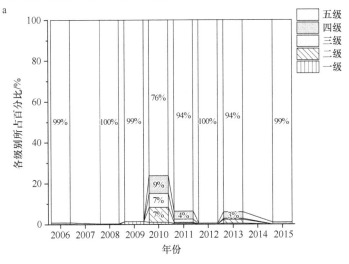

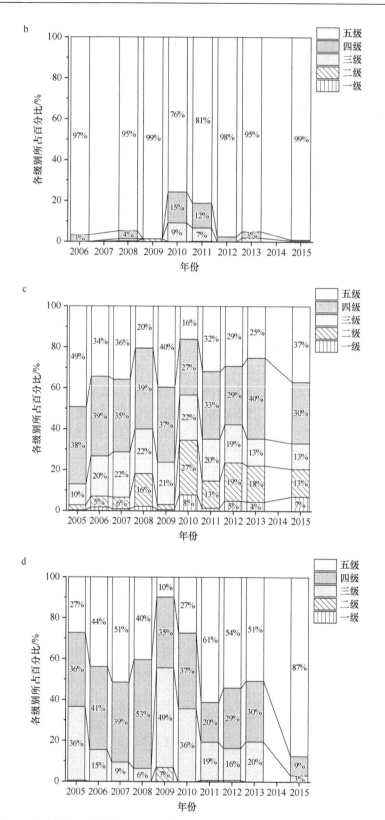

图 7-5　临淄区设施蔬菜种植区有效磷（a）、有效钾（b）和非设施蔬菜种植区有效磷（c）、有效钾（d）
不同等级所占比例

合理。将非设施蔬菜种植区的养分含量作为该地区的本底值，设施蔬菜种植区常年过高的施肥量导致土壤各养分含量明显偏高，降低了后续施肥的效果。但为了满足蔬菜对养分的需求，还继续增加肥料施用量，造成土壤中氮磷钾含量都较高，对土壤环境、地下水水质产生污染风险。

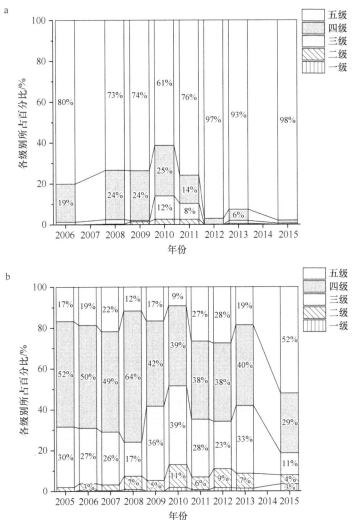

图 7-6　临淄区设施蔬菜种植区（a）和非设施蔬菜种植区（b）综合评价不同等级所占比例

临淄区设施蔬菜种植区的土壤环境评价结果与西安市设施蔬菜种植区相比，各指标的含量均远高于西安市设施蔬菜种植区。表明临淄区肥料施用量处于较高水平，应进一步针对全区域进行土壤修复，降低土壤中营养物质的含量，降低肥料施用量和采用更为有效的施用方式，在提高肥效的基础上，保证土壤环境的良性循环。

7.4.2.2　设施蔬菜种植中施氮对氮损失的影响

1. 研究数据与方法

我们收集了2018年之前中国知网（www.cnki.com.cn）和 Web of Science（www.webofknowledge.com）等中英文数据库中的相关试验研究。收集的研究需要满足以下条件：①试验是田间试验，排除实验室盆栽试验和土壤试验。②控制试验的唯一变量是无机氮肥的施用量，其他变量（如磷肥、钾肥及有机氮肥施用量）需保持一致。③如同一试验结果被多篇已发表文章使用，则在数据收集过程中只记录一次。④设施蔬菜是指在温室、大棚条件下种植的蔬菜，只使用地膜覆盖的蔬菜不属于收集范围。根据以上条件，我们剔除了很多不符合要求的试验结果，如控制试验中使用的肥料为复合肥（同时降低了磷肥和钾肥的施用量），对照组为完全空白（有机肥施用量不一致）。最终，我们收集了 69 篇已发表文章中的 1174 组数据，图表数据使用 Web Plot Digitizer 工具进行提取。

为了研究氮肥施用的影响和减量施用氮肥的影响，我们将收集的试验数据分为两组，第一组的对照组为不施用氮肥，为了研究施用氮肥的影响；第二组的对照组为当地农民的传统施用量（以文章中的标注为准，通常为过量施肥），为了研究减量施用氮肥的影响。之后的研究都基于此分组。

Meta 分析是收集有共同研究目的的独立试验的试验结果进行数据整理、综合分析的研究方法。狭义 Meta 分析适用于假设检验型研究。该方法最早应用于医学研究，后广泛应用于各个领域。Meta 分析的主要过程：①确定研究问题，②收集相关试验数据，③通过一定标准筛选有效数据，④提取文中有效信息，⑤进行统计分析。Meta 分析的主要优点在于可以扩大样本数量：通常单个试验的样本量较小，无法满足统计所需的前提假设，通过 Meta 分析，可以扩大样本量，提高检验效能，进行更深层的数据分析；建立效应值，减小各试验点之间的差异，统一试验结果；通过整合各研究的效应值，分析处理条件在各个研究中的一致性，从而得到具有更高适用性的普遍结论。

收集的试验结果里，测量结果都有实际的物理意义，所以可以使用效应值 R（试验组和对照组的结果比值）量化施肥对环境的影响。

$$R = \frac{X_{ij}^{t}}{X_{ij}^{c}} \tag{7-13}$$

式中，X 为测量值的平均值；X_{ij}^{t} 为试验组的平均值；X_{ij}^{c} 为对照组的平均值。Meta 分析计算过程中使用 R 的对数值：

$$\ln R = \ln\left(\frac{X_{ij}^{t}}{X_{ij}^{c}}\right) = \ln X_{ij}^{t} - \ln X_{ij}^{c} \tag{7-14}$$

每个独立研究结果的权重基于结果的准确性（所附权重随效应值的增加而增加）。相关领域的研究表明，不同权重计算方法的结果相似。由于该领域搜索到的文献大多缺少标准差，因此我们选用了可替代的权重（W_{ij}）计算方法。

$$W_{ij} = \frac{N_{ij}^{t} \times N_{ij}^{c}}{N_{ij}^{t} + N_{ij}^{c}} \tag{7-15}$$

式中，N_{ij}^{t} 表示试验组的重复数；N_{ij}^{c} 表示控制组的重复数。

传统的参数统计模型普遍基于试验组和对照组的结果服从正态分布的假设。但是生态领域的田间试验很少能满足该前提假设，所以我们引入了重采样的方法检验显著性和计算置信区间。效应值的平均值和 95% 置信区间是用 bootstrap 方法重复 9999 次计算得到的。如果 95% 置信区间覆盖了 0 值，则表明试验对结果有显著的影响。我们使用 Meta 分析，基于第一组的结果，计算了氮肥施用的影响；基于第二组的结果，计算了减量施用氮肥的影响。所有的 Meta 分析基于 R 实现。为了更好地表达计算结果，部分效应值用百分比的形式 [$(R-1) \times 100\%$] 表示。

环境变量和生产力对氮肥施用的响应用散点图与平滑线来直观体现。采用偏差减少法（deviance reduction method）计算氮肥施用量的阈值。施氮量超过阈值时，环境变量和生产力会产生突变。散点图和平滑线用 R 语言中"ggplot2"制作，阈值位置的确定用 R 语言中"rpart"包实现。因为我们的目的是证明氮肥施用的效果随着氮肥施用量梯度上升不是持续增长的，且偏差减少量服从卡方分布，所以我们用卡方检验去验证阈值的存在。为了减小不确定性，我们使用 bootstrap（4999 次）计算每个变量的阈值取值，并使用中位值作为最终阈值的结果。研究中的其余图片使用 Arcgis 和 Origin 制作。

2. 氮肥施用对氮损失的影响

不同形式的氮损失量、作物产量和氮吸收量对氮肥施用的响应结果如图 7-7 所示（括号中的值为样本数，下同）。氮肥的施用显著促进了氮淋失和气体排放，对环境造成了显著的影响。氮肥施用增加了大约 3 倍的硝态氮淋失量 [2.88 倍（CI：2.11～4.10）]和总氮淋失量 [3.17 倍（CI：2.58～3.87）]。从气体排放的角度来看，设施蔬菜生产过程中，氮肥施用显著提高了 NH_3、N_2O 和 NO 的排放量，分别增长了 176.42%（CI：135.1%～286.1%）、202.02%（CI：156.8%～264.7%）和 543.3%（CI：461.8%～627.9%）。相比于氮损失量，氮肥施用对设施蔬菜生产力的提升作用明显。氮肥施用增加了 24.5% 的作物氮吸收量（CI：19.9%～29.8%）和 35.7% 的作物产量（CI：31.8%～40.1%）。

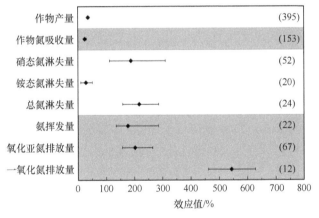

图 7-7　氮肥施用对氮损失量和生产力的影响

3. 氮肥施用量阈值

虽然大量的田间试验已经研究了氮损失对不同施氮量的响应，但很难从单个试验中得到适用于大尺度的结论。因为每个试验的种植环境不同，单个试验的样本量不足以支撑更深入的分析。Meta 分析提供了一种有效的方法，既可以充分利用田间试验结果，又可以得到普适性更强的结论。研究结果表明，氮损失量和氮肥施用量之间存在非线性关系。如图 7-8 所示，施氮量对 N_2O 排放量和硝态氮淋失量增加的促进作用明显高于其对作物氮吸收量和产量增加的促进作用。这表明我们对氮肥施用影响的关注，除了集中在它对产量的提升作用方面，更应该关注其造成的严重环境问题。

当施氮量处于较低水平时，它对 N_2O 的影响维持在一个相对稳定水平；但当施氮量处于

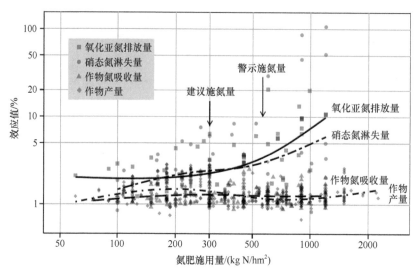

图 7-8　氮肥施用量和氮损失的关系

较高水平时，平滑线的斜率逐渐增加，施氮量的影响有了明显的上升趋势。施氮量对硝态氮淋失量的影响，也体现出了相似的趋势：较低水平时，影响较为稳定，当达到较高水平时，影响显著增加。但是，氮肥施用量对蔬菜氮吸收量和产量的影响，整体表现出较为平稳的趋势：施氮量小于 300kg N/hm² 时，效应值平稳上升；施氮量达到 300kg N/hm² 之后，氮肥肥效达到最大值，之后逐渐下降。由此可知，持续增加氮肥的施用量并不能带来设施蔬菜产量和氮吸收量的持续上升。

为了更好地理解施氮量和环境响应之间的非线性关系，我们利用非参数变点分析方法寻找阈值所在的位置，并判断阈值是否存在。当施用量超过阈值时，会对环境和生产力造成显著影响。阈值的存在表明，硝态氮淋失和 N₂O 排放对氮肥施用量的响应不只存在一个阶段。采用重采样的方法可以降低不确定性，阈值重采样的结果如图 7-9 所示（重采样结果的中位值被认定为最后的阈值）。氮肥施用量针对硝态氮淋失的阈值是 570kg N/hm²（90% CI：375～750kg N/hm²），针对 N₂O 排放的阈值是 733kg N/hm²（90% CI：485～871kg N/hm²），针对作物产量的阈值是 302kg N/hm²（90% CI：302～306kg N/hm²），针对作物氮吸收量的阈值是 233kg N/hm²（90% CI：156～671kg N/hm²）。只有针对作物氮吸收量的阈值没有通过 95% 卡方检验。图 7-10 展示了当氮肥施用量分别小于和大于阈值时对硝态氮淋失量、N₂O 排放量和作物产量的影响。从中可以看出，当施氮量超过阈值时，施肥显著增加了硝态氮淋失量和 N₂O 排放量，平均效应值（R）分别从 2.8 变为 22.8，从 3.1 变为 7.9，但抑制了作物产量的继续增加，效应值从 1.6 变为 1.2。

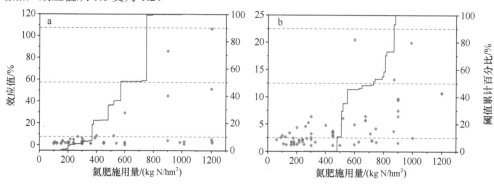

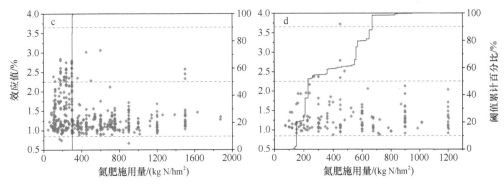

图 7-9 氮肥施用量对硝态氮淋失量（a）、N$_2$O 排放量（b）、作物产量（c）和作物氮吸收量（d）的影响及相应阈值

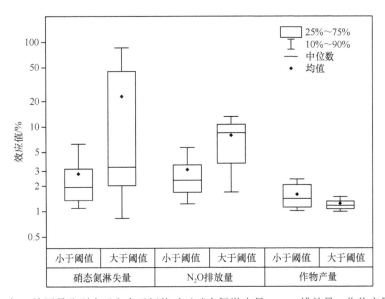

图 7-10 氮肥施用量分别小于和大于阈值时对硝态氮淋失量、N$_2$O 排放量、作物产量的影响

4. 减量施用氮肥对氮损失的影响

设施蔬菜生产过程中普遍存在过量施肥现象，通过比较优化施肥量和当地农民传统施肥量的环境效应结果，我们分析了减量施用氮肥对氮损失量、作物产量和作物氮吸收量的影响。图 7-11 表明，减量施用氮肥对环境的影响显著降低了。从淋失角度来看，减量施用氮肥降低了 32.4%（CI：−39.4% ～ −14.6%）的硝态氮淋失量、6.5%（CI：−16.9% ～ −3.0%）的铵态氮淋失量、37.3%（CI：−46.9% ～ −29.2%）的总氮淋失量。同时，减量施用氮肥降低了温室气体排放量：降低了 38.6%（CI：−46.1% ～ −31.7%）的 N$_2$O 排放量、28.1%（CI：−36.4% ～ −21.6%）的 NH$_3$ 排放量、8.0%（CI：−20.4% ～ −7.1%）的 NO 排放量。但是，减量施用氮肥对生产力（作物氮吸收和产量）的影响虽然有所降低，但是变化不显著（95% 置信区间未覆盖 0 值）。

为了进一步了解减量施用氮肥的效果，我们计算了氮肥减少量相对农民传统施氮量的百分比，并建立了减少量与氮损失量和生产力之间的关系（图 7-12 和图 7-13）。如图 7-12 所示，减量施用氮肥对氮损失的效应值都小于 1，表明减量施用氮肥可以显著降低氮损失。当传统施氮量减少 40%～60% 时，硝态氮淋失量减少了 45.1%，N₂O 排放量减少了 42.6%，分别达到最低水平。减量施用氮肥对作物氮吸收量和作物产量的效应值都基本维持在 1，表明减量施用氮肥并不会带来显著的产量下降。以上结果表明，合理减量施用氮肥在不牺牲作物产量的同时可以降低氮损失，是一种可行的氮素管理措施。

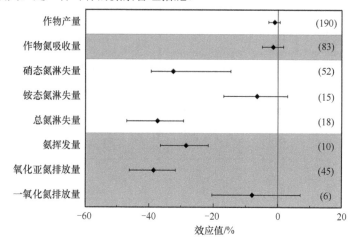

图 7-11　减量施用氮肥对氮淋失、气体排放和生产力的影响

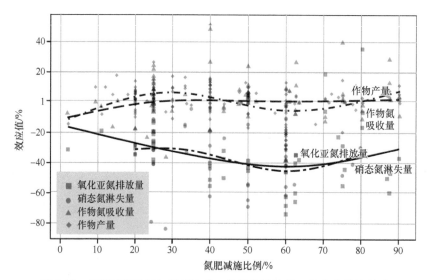

图 7-12　氮肥减施比例与氮损失量、作物氮吸收量、作物产量的关系

5. 现状模式与减施模式环境效应评价

评估现状模式和多种减施模式下不同区域设施番茄的氮输入量和氮损失量，将常规施氮量减少 20%、40%、60% 与常规灌溉量的 80% 进行组合作为减施模式，如"水肥一体化+施氮量减少 40%+滴灌+80% 灌溉量"，结果如表 7-22 所示。

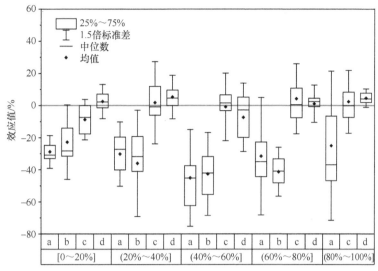

图 7-13　不同氮肥减施比例对硝态氮淋失量（a）、N$_2$O 排放量（b）、作物产量（c）
和作物氮吸收量（d）的影响

表 7-22　各地区在各施氮模式下氮输入量和氮损失量

地区	施氮模式	有机肥/t	无机肥/t	氮淋失/t	气体排放/t	氮淋失损失率/%
临淄	常规	793	2 819	3 090	137	85.5
	减氮 20%	793	2 255	2 748	115	90.2
	减氮 40%	793	1 692	2 412	95	97.1
	减氮 60%	793	1 128	2 077	76	108.1
青州	常规	910	3 236	3 721	140	89.8
	减氮 20%	910	2 589	3 319	116	94.9
	减氮 40%	910	1 942	2 922	93	102.5
	减氮 60%	910	1 294	2 525	72	114.5
寿光	常规	2 895	13 346	9 038	419	55.6
	减氮 20%	2 895	10 677	7 942	324	58.5
	减氮 40%	2 895	8 008	6 862	237	62.9
	减氮 60%	2 895	5 338	6 035	175	73.3
合计	常规	4 598	19 401	15 848	696	66
	减氮 20%	4 598	15 521	14 009	554	69.6
	减氮 40%	4 598	11 641	12 196	425	75.1
	减氮 60%	4 598	7 760	10 637	324	86.1

7.4.3　区域尺度化肥和农药减施增效技术的农药综合环境效应

7.4.3.1　模型模拟

农药通过土壤渗透到地下水中的量，受土壤质地、灌溉量、农药自身理化性质、施药量与施药频率等多项因素影响。传统的原位监测耗时耗力，因此结合田间监测数据与模型模拟，能更好地展示区域尺度农药施用的环境效应。

PRZM-GW（pesticide root zone model-ground water）是描述农药在土壤中运动的一维、有限差分模型。PRZM-GW 的主要模拟情景：在农药施用量高的地区（农田、果园、设施农业等）并且该地区以地下水为饮用水源，假设条件为土壤表层往下 1m 范围内主要是发生农药的生物降解，1m 范围外为非生物降解，模拟农药施用后随灌溉水或降雨进入土壤，在土壤剖面运输、降解及向下淋溶进入地下水的过程。模型的输出结果为农药地下水暴露的日最高值、平均值、农药进入地下水的时间。

PRZM-GW 需要的数据有气象数据、作物数据、农药理化与施用数据、灌溉数据、土壤数据五大类数据。其中气象数据来自中国气象数据网，作物数据参考已发表论文，灌溉数据与土壤数据来自前面的大棚监测，农药理化与施用数据来自国际纯化学和应用化学联合会（International Union of Pure and Applied Chemistry，IUPAC）网站的农药数据库。此外，通过野外调查，结合山东省济南市、淄博市、青州市等多市农业科学院、植保站调研的当地农药施用量、主要施用品种等信息，整合寿光蔬菜公司、农民种植户等多方面的信息，完善数据。

采用摩尔斯分类筛选法对 PRZM-GW 进行参数敏感性分析，得到农药的理化性质及灌溉量对模型的输出结果影响最大。

7.4.3.2 农药环境暴露风险评估

农药暴露风险评估采用《农药登记环境风险评估指南》推荐的方法。评估时应考虑作物、施药剂量、施药次数、施药时间、灌溉量等多方面因素，估算出成人的预测无效应浓度 PNEC，并在农药地下水暴露风险模型模拟结果计算得到 PEC 的基础上，利用商值法评估农药在地下水中的残留量对环境造成的暴露风险。

每日允许摄入量（ADI）是指人类终生每日摄入某种物质但未产生可被检测到的健康危害的估计量，该值以每千克体重可摄入的量表示，单位为 mg/kg BW。ADI 可通过毒代动力学和毒理学评价结果推导并进行农药毒理学评估，以确认农药的危害。

预测无效应浓度（PNEC）计算公式：

$$PNEC = \frac{ADI \times BW \times P}{C} \qquad (7\text{-}16)$$

式中，PNEC 为母体或相关代谢产物的预测无效应浓度 [mg(a.i.)/L]；ADI 为每日允许摄入量（mg/kg BW）；BW 为体重（kg），成人默认值为 63kg；P 为农药来自饮用水的 ADI 中比例（%），其默认值为 20%；C 为每日饮用水消费量（L），其默认值为 2L。

利用商值法进行风险表征，用风险商（RQ）来表征农药对地下水的暴露风险。

$$RQ = \frac{PEC}{PNEC} \qquad (7\text{-}17)$$

式中，PEC 为地下水中母体或其相关代谢产物的预测环境浓度 [mg(a.i.)/L]。若 RQ≤1，则认为风险可接受；若 RQ＞1，则认为风险不可接受。

7.4.3.3 常规模式环境评价

设定现状模式为农药施用品种、用量、频率与灌溉量、灌溉频次均不变。PRZM-GW 模拟得到的农药在地下水中残留情况与青州采样结果相符，也与浙江省农业科学院 2016 年在山东省寿光市的农药调研结果在数量级上吻合。模型模拟得到了啶虫脒、多菌灵、百菌清、吡虫啉、异菌脲、甲基硫菌灵、氯虫苯甲酰胺、戊唑醇、腈菌唑、氟硅唑 10 种农药在地下水中的最高残留值与平均残留值。这里需要说明的是，受数据精度限制，模型模拟的最小尺度为市级。通过查阅寿光市、青州市的统计年鉴，根据各乡镇、街道的总农药施用量得到各乡镇、街道面积加权的农药施用量。以此为基础，将市级尺度的模拟结果加权得到啶虫脒等 10 种农药在乡镇、街道尺度上的残留值。

根据农药暴露风险评估方法得到各个农药的风险商，对常规模式下农药环境风险进行评估。结果显示，山东省的敬仲镇、齐都镇、齐陵街道和浙江省的灵溪镇、龙港镇、马站镇属于高风险地区。

7.4.3.4　减施模式环境评价

目前，农药减施有许多方法，如不同作物轮作、土壤消毒、高温闷棚、嫁接防病等都是得到广泛认可与使用的技术。本研究基于这些方法，在设计减施模式时主要针对农药的施用量、施用频次及农药下渗的动力因素——灌溉量。按照农药施用量和灌溉量的 80%、60%、40%、20% 设计多个递减梯度，随机组合作为减施模式。结果显示，减施模式下所有地区的农药环境风险均为低风险。

7.4.4　区域尺度化肥和农药减施增效技术模式

设施蔬菜产业的出现极大地提高了我国蔬菜产量。随着设施蔬菜的种植规模不断扩大，人们对蔬菜的需求量持续增长，农户对农药、化肥的依赖性有增无减。我国化肥和农药使用不规范、农民保护环境的意识不强及对蔬菜产量收益的追求等都导致了我国化肥和农药的滥用、泛用。这种乱用滥用模式增加了设施蔬菜的生产成本，导致农产品化肥和农药残留量超标、环境污染等问题，不利于农业的健康与可持续发展。为达到化肥和农药减施增效的目的，实现化肥和农药使用量零增长，现提出以下几种化肥和农药减施增效技术。

7.4.4.1　栽种制度

科学轮作：土地连作会使病虫害发生频率大大增加，因此应根据土壤质地与当地气候条件，选择适宜科学的轮作制度，如在山东寿光就有西葫芦与番茄轮作。培育、选择抗病优良品种：栽种壮苗、选择优良品种可显著降低生病概率和用药次数，从而降低农药用量，控制生产成本。

7.4.4.2　病虫害防治

物理防治：常用的物理防治手段如灯光诱杀法、夏日高温闷棚均可达到灭菌杀虫的目的，以及用防虫网等覆盖作物等。生物防治：在施药杀害虫时，注意保护害虫的天敌，以虫治虫。化学防治：采用高效、低毒、低残留的农药代替有效成分含量低、用量多的高残留农药；采用新型喷粉方式代替传统喷雾器施药，更加省水、省药、省时。

7.4.4.3　减肥增效技术

水肥一体化：灌溉施肥一体化可改善水肥条件，减少病虫害发生，大大提高作物吸收养分的效率，避免过度灌溉与过度施肥带来的危害，同时降低农药成本。有机肥替代：用有机肥代替部分化肥并适量增加生物菌肥和中微量元素肥料。

第 8 章　苹果环境友好型化肥和农药减施技术及环境效应评价

　　我国苹果在自然生态条件、生产成本和生产规模等方面具有较强的国际市场竞争力与潜在竞争优势，是我国加入世界贸易组织后最具竞争潜力的优势农产品之一（北方苹果、南方柑橘）。然而长期以来，果树被单纯看作经济高效作物在经营，栽培面积占全国耕地 1.7% 的苹果，化肥、农药的施用量分别占全国的 3.74%、7.8%，这种违背可持续发展基本规律的负生产方式会导致或加剧果园生态系统生物多样性降低、系统抗逆性减弱、土壤退化、水土流失、环境污染等一系列生态环境问题，不仅降低果园现有的优势和潜在的生产力，而且最终导致果实产量下降，果品污染、内在品质变劣，市场竞争力降低。

　　为此，我国积极开展"减肥减药"的双减政策，本章以渤海湾和黄土高原苹果主产区为研究区域，通过对化肥和农药使用后产生的生态环境问题及现状，以及主产区主流的化肥和农药减施技术模式研究，从区域尺度对化肥和农药减施增效技术产生的环境效应进行系统、全面的评价，以期在保障苹果产量的前提下，协调果树生产与环境间的关系，促进苹果产业健康持续发展。

8.1　苹果种植存在的主要环境问题及环境现状

　　经过 20 余年的布局调整，我国苹果生产向资源条件优、产业基础好的区域集中，已形成了渤海湾和黄土高原两个苹果优势产业带。近年两大优势产区发展相对稳定，种植面积占全国苹果种植面积的 85%，产量占比达 89%。本节以两大苹果主产区典型市、县为代表，简要介绍化肥和农药施用现状及存在的主要生态环境问题。

8.1.1　苹果主产区苹果种植及化肥和农药施用现状

8.1.1.1　典型区域苹果种植基本情况

　　白水县：白水县是国内外专家公认的苹果最佳优生区之一，素有"中国苹果之乡"的美誉，位于陕西省渭南市，地处关中平原与陕北高原的过渡地带，地理位置为 35°04′~35°27′N、109°16′~109°45′E。属于南温带湿润气候，年均气温 11.4℃，年均降雨量 577.8mm，冬季寒冷漫长，干燥多风；春季升温快，干燥，多冷空气活动；夏季气温高，湿度大，多阵雨性降水；秋季降温快，阴雨潮湿。全县耕地面积 72 万亩，作为苹果生产典型区域之一，苹果栽植总面积 52 万亩，其中挂果面积 45 万亩，年产 55 万 t，果业年总产值达到 13.5 亿元（占农业总产值的 75%），人均果业纯收入 1100 元以上（占全县农民人均纯收入的 74% 以上），建设新优良种苗木繁育基地 620 亩、高标准示范园 10 280 亩。全县 30 万亩果园已通过绿色食品基地认证，1 万亩已通过有机食品基地认证。

　　静宁县：静宁县为全国苹果优势产区之一，地处甘肃省平凉市，地理位置为 35°01′~35°45′N、105°20′~106°05′E。属于暖温带半湿润半干旱气候，年均气温 7.1℃，年均降雨量 450mm，四季分明，气候温和，光照充足，夏季降雨较多、冬春季节降雨较少。全县耕地面积 147.27 万亩，苹果种植面积达到 101.2 万亩，2020 年总产量 82 万 t，产值 45.92 亿元，是全国苹果规模栽培第一县，建成各类果品认证基地 59.5 万亩，其中全国绿色食品基地认证 33.6 万亩、良好农业规范（GAP）苹果基地 1 万亩、出口基地 24.9 万亩。2006 年国家质量监督检验检疫总局通过了"静宁苹果"地理标志产品认证。2020 年"静宁苹果"荣获中国苹果区域公用品牌十强，进入首批中国 100 个地理标志受欧盟保护名单。

栖霞市：栖霞市是"中国苹果第一市"，位于山东省烟台市，地处胶东半岛腹地，地理位置为 37°05′～37°32′N、120°33′～121°15′E。属于暖温带东亚大陆性季风型半湿润气候，年均气温 11.3℃，年均降雨量 650mm 左右，四季交替分明，冬无严寒、夏无酷暑。全市耕地面积 255 万亩，截至 2019 年 8 月，全市苹果种植面积 128 万亩，年产苹果约 120 万 t，果业年总产值超过 160 亿元。苹果产业已成为栖霞市富民强市的支柱产业，苹果种植面积、总产量、果品质量、产业层次均居国内领先地位，是"全国无公害苹果生产示范基地市"，享有"苹果之都"的美誉。

8.1.1.2 苹果种植化肥和农药施用情况

白水县：白水县苹果种植的氮、磷、钾肥每亩平均用量分别为 68.9kg、41.3kg、54.3kg。其中，氮肥每亩用量主要集中在 30～90kg，占到 54.8%，用量少于 30kg 的果园有 5 个，占 16.1%，用量超过 90kg 的果园约占调查总数的 28.0%；磷肥每亩用量控制在 50kg 以内的果园有 23 个，占到 74.2%；钾肥每亩用量主要集中在 25～75kg，只有个别的钾肥用量超过 100kg；有机肥每亩平均用量为 207.8kg，白水县有机肥施用量分布比较分散，但相对来说在 100～300kg 的果园较多一些。施肥方式：沟施、穴施。年周期施药 3～8 次，其中施用 7～8 次农药的果园比例最大，占 47.5%，施用的农药种类有氯氰菊酯、高效氯氰菊酯、吡虫啉、阿维菌素、啶虫脒、毒死蜱、甲基托布津、多抗霉素、苯醚甲环唑、腈菌唑、戊唑醇、代森类、石硫合剂、波尔多液等。施药方式主要是喷药泵喷施。

静宁县：静宁县苹果种植的有机肥施用按斤果斤肥或斤果二斤肥，一般亩施腐熟有机肥 3500～7000kg，以基肥施入。化肥幼龄期年株施 1kg，折合亩施 40～50kg；盛果期年株施 4～6kg，折合亩施 160～240kg，分 3 次使用，作基肥株施 2～3kg，追肥为花后肥和果实膨大肥，株施 1～2kg。生物有机肥幼龄期年株施 1kg，折合亩施 40～45kg；盛果期年株施 4～6kg，折合亩施 160～240kg，以基肥施入，与化肥分层施。施肥方式有环状沟施法、放射沟施法、条沟施法、根外追肥。年周期施药 3～5 次，施用的农药种类主要有石硫合剂、代森锰锌、甲基硫菌灵、苯醚甲环唑、丙环唑、戊唑醇、吡虫啉、噻螨酮、苦参碱、哒螨灵、毒死蜱、啶虫脒等。

栖霞市：栖霞市苹果种植一般每年每亩施氮肥 10kg，施磷、钾肥各 5kg。基肥从 9 月中旬开始，到 11 月上旬结束，可以施用腐熟有机肥。追肥在盛花期，应当喷施 1～2 次的硼砂 300 倍液加尿素 500 倍液。施肥方式为沟施、穴施。年周期施药 1～8 次，施用的农药种类有波尔多、多抗霉素、异菌脲、吡虫啉、灭幼脲、阿维菌素、杀铃脲等。

8.1.2 苹果种植区主要的生态环境问题

8.1.2.1 果园农膜使用量大面广，回收利用率低

随着地膜覆盖技术的应用，特别是近年来以全膜双垄沟播为主的旱作栽培技术的强力推广，地膜覆盖的作物种类不断增多，覆盖面积连年扩大。而与之对应，由于缺乏强有力的农膜回收政策，农膜回收利用率偏低。大量的农膜散落在田野道路、街头巷尾、河滩沟渠，一

且刮风则悬挂在树枝上，对农村生活环境、村容村貌造成不良影响；一些农膜长期残留在耕作层，在土壤中形成隔离层，破坏了土壤理化结构，直接影响果树生长。

8.1.2.2　果园化肥和农药大量甚至过量施用，果园污染严重

因为化肥和农药的大量施用，施入土壤的化肥一般利用率只有30%～35%，其余随农田径流进入水体，不但造成巨大的经济损失，而且对水资源造成严重污染。长期施用化肥，特别是氮肥，破坏了土壤颗粒结构，使土壤酸化、板结，导致土壤耕作性能下降。一些农户文化水平低，跟风施药、盲目施药、大量且不合理施药，影响人体健康，对大气、水、土壤造成污染的同时，使害虫产生抗药性，破坏了生态平衡，对果园生态环境造成严重污染。

8.1.2.3　果园枝条乱堆乱放，加工转化率低

随着农村经济水平的提高和新型能源的推广，大量果树枝条得不到利用而随意堆积，由于缺乏加工龙头企业的带动和相关政策措施的扶持，大部分果树枝条堆积在果园或院舍周围而没有进行有效的加工利用，果树枝条回收加工基本处于空白。大量乱堆乱放的果树枝条影响农村环境的同时，也成为有些病虫害的越冬寄主，已成为污染的新源头。

8.1.2.4　果园土壤环境及存在的问题

果园内水分收集设施落后，果园贮水量不足，天然降雨利用率低，水土流失严重。果园土壤均有跑肥、跑水、跑土现象；果园有机肥施用量少，施肥以氮素为主，N、P、K施用比例不当，导致果园土壤养分不平衡；果园土壤有机质含量较低，有效氮、有效磷含量较低，有效钾含量富足，全氮含量较低。

8.1.3　苹果种植区的环境现状

8.1.3.1　土壤理化性质

对陕西、山东、甘肃苹果主产区土壤理化性质分析发现，在不同种植年限果园中，衰老期果园土壤容重最大，幼龄期最小；土壤pH随苹果种植年限的增加呈降低趋势，尤其衰老期果园降低较明显；土壤电导率随着种植年限的增加逐渐下降。

随着种植年限的延长，果园土壤有机质含量呈下降趋势，其中衰老期最低；土壤中有效氮含量较低，且随着种植年限的延长果园土壤有效氮含量呈现逐渐降低的趋势，但盛果期果园和衰老期果园没有明显差异；土壤有效磷含量盛果期果园明显高于其他年限的果园；土壤有效钾含量较高，但随着种植年限的增加有效钾含量逐渐降低；土壤全氮含量在不同种植年限的果园中差异不明显。

8.1.3.2　土壤生物学性质

土壤酶是表征土壤生物化学特征的重要指标，可以反映土壤微生物活性的大小和养分转移的能力，参与土壤有效成分的形成和元素的生物循环。苹果主产区果园土壤中荧光素二乙酸酯水解酶随着种植年限的增加活性是先增加后下降的趋势，但这种变化并不明显；土壤中脲酶随着种植年限的增加活性逐渐下降，但盛果期果园和衰老期果园之间差异不明显；土壤中β-葡萄糖苷酶活性随着种植年限的增加呈逐渐下降的趋势；随着种植年限的增加，土壤中磷酸酶活性呈现先增加后下降的趋势。

8.1.3.3　重金属污染情况

不同种植年限果园土壤中铅、镉、铬、铜 4 种重金属元素的含量均未超过绿色食品基地环境质量的标准值,也远远低于国家土壤质量标准中的二级标准。土壤中镉的含量随着种植年限的延长变化不明显;衰老期果园土壤铜含量较高;随着种植年限的增加,铅含量呈增加趋势;铬的含量则呈下降趋势。

随着种植年限的增加,苹果中铜的含量先增加后下降;幼龄期果园和盛果期果园苹果中镉的含量无差异,但衰老期镉的含量明显增加;幼龄期果园苹果中铬的含量最高,盛果期和衰老期没有显著差异;苹果中铅的含量随种植年限的增加而下降,幼龄期、盛果期、衰老期果园苹果中铅的含量均低于国家限量标准。

8.1.3.4　农药残留状况

通过对不同年限土壤中多菌灵、毒死蜱、吡虫啉农药残留分析发现,多菌灵在不同年限土壤中均有检出,由于国家没有出台土壤中农药残留限量的相关标准,因此不能做出是否超限量的判定。然而,根据农药自身化学性质可以判定,稳定性强的农药在土壤中移动性小,降解缓慢,因此在土壤中富集,如多菌灵属于稳定性强的农药,可被植物吸收。而毒死蜱属于有机磷农药,降解快;吡虫啉属于低毒农药,也容易降解。

苹果样品中虽有毒死蜱和多菌灵农残检出,但根据食品安全国家标准 GB 2763—2016 规定,都在国家标准要求限量范围内,属于合理施用范围,至于不同地区所检测出的农残种类不同,则很可能与农药本身化学性质是否稳定、农药喷洒比例、农药喷洒方向或病虫害发生情况有关。

8.1.4　对苹果种植的几点建议

8.1.4.1　加强苹果种植农业面源污染管控

1. 加强宣传,增强环境保护意识

苹果种植过程产生的面源污染与农业生产、农民生活息息相关,农民环保意识的提高是农村面源污染防治取得成功的重要决定因素,没有广泛的农户参与是无法改善农村环境的,但提高广大农民的环保意识是一个相当长的过程。因此,要通过开展多种形式的宣传,不断提高农民素质,逐渐改变陈规陋习,提高人们的环境保护意识,使农村公众的行为与环境相和谐,使广大群众充分认识到加强农业环境保护工作的重要性和紧迫性,努力实现经济发展和农业环境保护相协调的目标。

2. 明确责任,加强环境保护管理

果园化肥、农药施用量大幅度增加,有机肥施用及污水排放成倍增长,导致农业面源污染问题越来越突出,治理难度较大。要在认真做好农业面源污染调查与监测工作的基础上,制定相应的防治对策。建议县政府将农业面源污染防治各项目标任务下达到各乡镇,并将完成情况纳入党政一把手环保实绩考核和政府目标考核。县环保局、农业农村局、林业局、水务局等有关部门紧密配合,抓好全县农业面源污染防治工作,各乡镇负责区域内的农业面源污染防治管理工作。对农业面源污染防治成绩显著的单位和个人,给予表彰和奖励。

3. 积极探索整治果园面源污染的新途径

一是大力推广畜禽废弃物资源化利用技术，包括畜禽粪便通过沼气池产生沼气、沼渣、沼液，促进多种类型的种养模式发展，如"畜-沼-果""畜-沼-菜"等模式，沼渣、沼液作为有机肥在菜园、果园施用，实现资源高效利用的目标。二是大力推广资源高效实用技术，包括推广测土配方施肥技术、秸秆还田技术、病虫害综合防治技术和推广低毒低残留农药，提高农产品安全水平。三是改善农村基础设施条件，通过开展乡村清洁工程和农村沼气项目建设，对村容村貌进行综合整治。

4. 大力发展循环农业

一是由生产功能向兼顾果园生态社会协调发展转变，要改变目前重生产轻环境、重经济轻生态、重数量轻质量的思路，既注重在数量上满足供应，又注重在质量上保障安全，既注重生产效益提高，又注重生态环境建设。二是由单向式资源利用向循环型转变，传统的农业生产活动表现为"资源—产品—废弃物"的单程式线性增长模式，产出越多，资源消耗就越多，废弃物排放量也就越多，对生态的破坏和对环境的污染就越严重；循环农业以产业链延伸为主线，推动单程式农业增长模式向"资源—产品—再生资源"循环的综合模式转变。三是由粗放高耗型向节约高效型技术体系转变，依靠科技创新，推广促进果园废弃物循环利用和保护生态环境的农业技术，提高农民采用"九节一减"等节约型技术的积极性，提高农业产业化技术水平，实现由单一注重产量增长的农业技术体系向注重农业资源循环利用与能量高效转换的循环农业技术体系转变。

5. 加大投入，完善制度，建立健全环保体系

一是积极争取中央资金扶持，增加农业生态环境保护财政专项资金的投入，建立农业环境生态补偿机制，多渠道筹集农村环境污染治理专项资金，通过政府投入、社会捐助、群众集资等方式解决投入问题。二是明确职责，密切配合，环保部门必须联合农业等有关部门制定有关的政策和管理制度，从实际出发，选择特色优势农产品，引导创建绿色食品、有机食品基地，加强内引外联，拓宽市场，完善销售网络。三是完善土地流转制度，实行土地所有权、承包权、使用权分离，彻底打破家家户户的经营模式，努力营造规模化生产、产业化经营的新机制，发展适合本地生态经济条件的主导产业，推进农业产业化发展，促使农业面源污染控制达到预期目标。四是强化管理，分类指导，清理和规范农资市场，加强对农资市场物资，特别是农药、饲料添加剂的管理，禁用高毒高残留农药；加强对农业生产过程的管理，对于畜禽养殖、水产养殖、农作物种植过程中的环境问题要区分对待，进行分类指导；对于农业废弃物的产生量、去向，化肥、农药的施用种类和使用量等，建立统一的生产档案资料，实施农业生产全过程管理。

8.1.4.2 加强苹果种植管理技术与产业发展

1. 大力推广现代科学果园管理技术

综合运用现代科学的管理技术来满足果园的日常管理需求。对于病虫害，应及时采取防治措施，喷药时注意人、畜的安全。在冬、春两季做好树干涂白、覆盖相关防寒材料、喷波尔多液等药物防寒；消灭病虫源，不要在树体周围泼脏水，避免加重病虫害甚至减弱树体的长势。在果树前期树体小时，行内可间作蔬菜等作物，定期除草、杂物等，还需根据果树的

生长定期进行整形修剪，不断加强田间管理，促使果树健康成长。

2. 开展相关技术培训，宣传科学种植理念

开展各种针对果农的技术培训，宣传科学种植的理念，不断提高果农的技术素质和管理水平，重点掌握苗木繁殖的方法，园地规划与设计，树种品种的选择及授粉树的配置，果园土、肥、水管理，果树整形修剪，花果管理等知识，也需掌握绿色果品生产方法，抓好每一个细节，包括栽植前的准备、栽植时期、栽植密度、栽植方式等，每一个环节都需认真研究，做到精益求精。

3. 积极宣传苹果种植，吸引劳动力回乡建设

相关部门应利用媒体、互联网等做好苹果种植的宣传工作，宣传惠农政策，鼓励果农坚持苹果种植。政府应当给予果农一定的经济补贴和技术支持，定期派相关技术人员下乡，了解当地果农种植过程中存在的问题。只有年轻人肯回来、愿意回来了，才能切实解决苹果种植劳动力不足的问题，才能更快、更好地发展苹果产业，从而提高农民收入，带动当地经济发展。

4. 建立健全销售网络，促进苹果产业发展

建立苹果销售网络平台，与大的农户群进行签约，将他们的信息搬上销售网络平台，吸引外来投资。另外，积极发展相关产业，通过政策支持、划定产业园区和招商引资等措施，鼓励发展储藏、包装、运销、劳务和餐饮等产业，拉长苹果产业链条，实现苹果的多层次增值。同时提高农户的存储技术，加大果品贮藏先进技术的推广和应用力度，提高冷库贮藏果品的品质，使冷库贮藏果品质量达到气调库果品贮藏水平，保证市场苹果供应充足。

8.2　苹果化肥和农药减施主流技术及环境效应评价

苹果是我国第一大水果，苹果产业的稳定发展，在推进农业结构调整、转变农业经济增长方式、促进农民增收和农村经济发展及提高人民生活质量等方面发挥着重要作用。但当前我国苹果生产过分依赖化学肥料和农药，不仅造成资源浪费和生产成本增加，还导致土壤质量下降、水体污染和农药残留等环境问题。减肥减药、绿色发展是我国苹果产业实现可持续发展的必由之路。因此，研究两大主产区苹果生产中减施技术和环境代价之间的关系，对于降低苹果生产中的环境代价、实现苹果产业可持续发展尤为重要。

8.2.1　渤海湾苹果产区化肥和农药减施技术

我国苹果生产布局分布范围极广，但主要集中在渤海湾优势区和黄土高原优势区。渤海湾苹果生产优势区包括泰沂山区、胶东半岛、辽南地区、辽西部分地区，以及太行山和燕山浅山丘陵区的 53 个苹果重点县（市、区）。该区域地理位置优越，品种资源丰富，加工企业数量多、规模大，科研和推广技术力量雄厚，果农技术水平相对较高。通过实地调研、文献查询、专家咨询等方式，结合"十三五"国家重点研发计划项目"苹果化肥农药减施增效技术集成研究与示范"，简要介绍以下几种主流的生产技术模式。

8.2.1.1　化肥减施技术模式

模式 1：有机肥+配方肥（表 8-1）。模式 2：有机肥+果园生草+配方肥+水肥一体化（表 8-2）。

模式3：栽培技术+果园生草+覆盖秸秆+有机肥+配方肥（表8-3）。

表8-1　有机肥+配方肥模式

适宜区域	山东苹果产区				
时间	萌芽前（3月）	落花至套袋前（4月下旬至5月）	果实膨大期（7～8月）	采收期（9～10月）	整形修剪（11月至翌年2月）
主要操作	清园	第一次膨果肥	第二次膨果肥	秋施基肥	整形修剪
减肥技术实施	①套袋前后，配方肥45%（N-P-K，22-5-18或相近配方）每1000kg产量施12.5kg；②放射沟或穴施，施肥深度15～20cm	①配方肥45%（N-P-K，12-6-27或相近配方）每1000kg产量施12kg；②放射沟或穴施，施肥深度15～20cm；③少量多次，施肥2～3次	①9月中旬到10月中旬，商品有机肥每亩每1000kg，或生物菌肥每亩400～500kg；②配方肥（N-P-K，18-13-14或相近配方）每1000kg产量施15kg；③每亩施硅钙镁肥50kg、硼肥1kg、锌肥2kg；④施肥深度30～40cm		整形修剪
技术效果	提升土壤肥力，改善果园微环境，节约肥料7%～15%				

注：该表由山东农业大学葛顺峰提供

表8-2　有机肥+果园生草+配方肥+水肥一体化模式

适宜区域	山东苹果产区						
生育期	萌芽期	坐果期	春梢旺长期	花芽分化期	果实膨大期	成熟期	落叶休眠期
时间	3～4月	4月	5月	6月	7～9月	10月	11月至翌年2月
主要操作	人工种草或自然生草	保花保果、疏花疏果	控制春梢旺长	促进花芽分化和果实套袋	促进果实膨大	早施有机肥基肥	整形修剪
肥药减施技术	物理防控技术：采用诱虫板、黄板、性诱剂杀虫灯；苹果套袋 生物农药替代技术：多抗霉素防治苹果霉心病、轮纹病、炭疽病；农抗120防治苹果腐烂病；阿维菌素防治苹果红蜘蛛等叶螨类害虫 农药使用技术：适时、精准、交替使用、合理混配						
减施技术实施	◆行间生草、树盘覆膜 ◆清园，喷石硫合剂1～2次 ◆拉枝：促进后期通风透光及短枝形成 ◆萌芽前灌溉加入养分占总量的比例（%）N 20、P₂O₅ 20	◆人工授粉；疏花疏果 ◆树枝挂黄板、性诱剂、杀虫灯等 ◆花前灌溉加入养分占总量的比例（%）N 10、P₂O₅ 10、K₂O 10	◆疏花疏果 ◆花后2～4周灌溉加入养分占总量比例（%）N 15、P₂O₅ 10、K₂O 10	◆套袋 ◆花后6～8周套袋前灌溉加入养分占总量比例（%）N 10、P₂O₅ 20、K₂O 20	◆喷施阿维菌素等生物农药防治红蜘蛛、食心虫等虫害，喷施波尔多液、代森锰锌等防治早期落叶病、果实轮纹病和炭疽病等病害 ◆肥水以少量多次为原则（基本上3次），保证果实膨大；每次灌溉加入养分占总量比例（%）N 5、K₂O 10	◆喷施戊唑醇防治早期落叶病，树干绑诱虫带、草把等诱杀部分越冬害虫 ◆采收前或采收后立刻施商品有机肥料（每亩用量1000kg左右）或商品生物菌肥（每亩用量400～500kg） ◆采收前灌溉加入养分占总量比例（%）K₂O 10，采收后灌溉加入养分占总量比例（%）N 30、P₂O₅ 40、K₂O 20	◆整形修剪 ◆灌水：灌封冻水 ◆涂白：树干涂白防冻害
技术效果	显著改善苹果土壤理化性质，提高有机质含量，节约氮肥30%左右、磷肥25%左右						

注：该表由山东农业大学葛顺峰提供

表 8-3　栽培技术+果园生草+覆盖秸秆+有机肥+配方肥模式

适宜区域		辽宁苹果产区
技术内容	时间	实施方案
高光效整形修剪技术	1~4 月	冬剪的主要方法是疏剪和长放，夏剪时主要采用摘心、拉枝、疏剪的方法，调整树体结构和生长平衡，促进花芽分化
疏花疏果技术	4 月下旬至 5 月下旬	根据树干中部干周长度，确定全树适宜负载量
苹果套袋技术	5 月末至 6 月末	花后 35d 左右套完果袋，套袋前喷杀菌剂
果园土壤管理技术	5 月上旬至 6 月中旬	①起垄栽培技术，在果树定植前进行起垄，垄高 20~50cm（依据土壤黏重程度和排水情况确定，土壤黏重、排水不良的要高些），垄宽 1.5~2.0m ②果园生草+覆盖秸秆，秸秆覆盖时间为每年 5 月上旬，覆盖厚度为 25cm，覆盖宽度为 1m 左右，亩秸秆用量 1000~1500kg；树盘清耕宽度 1m 左右，行间草高 30cm 以上刈割原位还田，留茬高度 10cm 左右，每年刈割 3~5 次
果园增施有机肥技术	9 月中旬至 10 月中旬	肥料种类：施用优质商品有机肥。施肥时期：9 月中旬至 10 月中旬。施肥量：每年每亩 500kg。施肥方式：放射沟施，距树干 0.5~1.0m 处由里而外挖 4~6 条放射状施肥沟，沟里浅外深，沟深 30~40cm，沟宽 30~40cm，一直延伸到树冠正投影的外缘处
果园化肥施用技术	6 月、8 月或 10 月上中旬	施肥时期：分 3 次施肥，氮肥 6 月 20%，8 月 40%，10 月 40%；磷肥 6 月 30%，8 月 20%，10 月 50%；钾肥 6 月 20%，8 月 60%，10 月中旬 20%。施肥量：N、P_2O_5、K_2O 每亩用量分别为 30kg、15kg、30kg，养分总量为 72kg。施肥方式：辐射沟施，距离树干 30~50cm，沟深 20cm
果园提质叶面肥喷施技术	晚秋	叶面喷施高浓度尿素：在落叶前 20~25d 进行最佳，一般为 10 月底到 11 月初开始喷第 1 次，连续喷 3 次，每次间隔 5~7d。浓度：第 1 次浓度为 1% 左右，第 2 次浓度为 2%~3%，第 3 次浓度为 5%~6%；每次加适量硼砂或硫酸锌等（根据缺素情况定，浓度 0.5% 左右）。注意事项：秋季没有喷施的可在春季萌芽前补喷，浓度 2%~3%

注：该表由中国农业科学院果树研究所李壮提供

8.2.1.2　农药减施技术模式

模式 1：新型高效农药替代模式（表 8-4）。模式 2：栽培技术+生物/物理防治+精准测报+适时对症施药模式（表 8-5）。

表 8-4　新型高效农药替代模式

适宜区域		山东苹果产区					
		常规用药			减施用药		
物候期	主要病虫害	药剂	使用倍数	用水量/(L/亩)	药剂	使用倍数	用水量/(L/亩)
4 月中旬清园	粗皮轮纹病、干腐病、腐烂病	15% 丙环唑+15% 苯醚甲环唑乳油	2000	80	同常规用药		
	小叶病	锌肥	1000	80			
	越冬害虫	2% 高效氯氟氰菊酯乳油	1500	80			
	赤星病、白粉病、斑点落叶病、霉心病等	10% 苯醚甲环唑水分散粒剂	2500	120	同常规用药		
		80% 代森锰锌可湿性粉剂	800	120			
5 月中旬坐果期	各种害螨	20% 三唑锡可湿性粉剂	1500	120	4% 阿维菌素+24% 螺虫乙酯悬浮剂	3500	120
	瘤蚜、黄蚜、苹小卷、绿盲蝽等	1.7% 阿维菌素+4.3% 氯虫苯甲酰胺悬浮剂	2000	120	同常规用药		

续表

适宜区域		山东苹果产区					
		常规用药			减施用药		
物候期	主要病虫害	药剂	使用倍数	用水量/(L/亩)	药剂	使用倍数	用水量/(L/亩)
5月中旬坐果期	减少果锈，改善表光	益施帮	800	120	同常规用药		
	苦痘病	钙肥	1000	120			
	轮纹病、炭疽病、黑痘病、红点病等	80%甲基硫菌灵可湿性粉剂	800	150	同常规用药		
		10%苯醚甲环唑水分散粒剂	2000	150	25%吡唑醚菌酯乳油	2000	150
5月下旬套袋前	苹果绵蚜、康氏粉蚧等	4%阿维菌素+24%螺虫乙酯悬浮剂	3500	150	1.7%阿维菌素+4.3%氯虫苯甲酰胺悬浮剂	2000	150
6月下旬雨季前	红蜘蛛	20%三唑锡可湿性粉剂	1500	150	24%螺螨酯悬浮剂	4000	150
	苦痘病	钙肥	1000	150			
	改善表光，减少果锈	益施帮	800	150			
	褐斑病、轮纹病、炭疽病	波尔多液	200	200	同常规用药		
	金纹细蛾、卷叶蛾、棉铃虫	40%毒死蜱乳油	1500	200			
7月中下旬雨季中期	斑点病、褐斑病	15%丙环唑+15%苯醚甲环唑乳油	3000	200	同常规用药		
	桃小食心虫、棉铃虫、苹果绵蚜	1.7%阿维菌素+4.3%氯虫苯甲酰胺悬浮剂	2000	200	同常规用药		
	螨类（视发生情况）	20%三唑锡可湿性粉剂	1500	200			
	褐斑病、斑点病	波尔多液	200	200	15%丙环唑+15%苯醚甲环唑乳油	3000	200
7月下旬雨季中期	炭疽叶枯病、炭疽病、轮纹病等	与常规相比，此期间不施农药			25%吡唑醚菌酯乳油	2000	200
	桃小食心虫、棉铃虫、苹果绵蚜	40%毒死蜱乳油	1500	200	2%高效氯氟氰菊酯乳油	2500	200
8月下旬雨季结束	褐斑病、轮纹病、炭疽病	15%丙环唑+15%苯醚甲环唑乳油	3000	200	波尔多液	200	200
	桃小食心虫、棉铃虫、苹果绵蚜	5%甲维盐微乳剂	5000	200	40%毒死蜱乳油	1500	200

注：该表由青岛农业大学李保华提供。

表 8-5 栽培技术+生物/物理防治+精准测报+适时对症施药模式

适宜区域	辽宁苹果产区
减药技术要点	减药技术实施
加强栽培管理措施	①清园，减少早期落叶病病菌、轮纹病病菌、叶螨、卷叶蛾、金纹细蛾等的越冬基数；②推迟冬剪，保护伤口预防腐烂病；③合理修剪，创造通风透光的果园环境，减轻病害发生
物理、生物防控措施	①入冬前进行涂干保护，防控冻害，避免苹果腐烂病和苹果干腐病的发生；②开展果实套袋，利于桃小食心虫、苹果轮纹病、苹果炭疽病的防控；③利用长效迷向丝防控桃小食心虫、梨小食心虫、卷叶蛾、潜叶蛾，释放捕食螨，减少杀螨剂至施用 1 次或全年不用杀螨剂

适宜区域	辽宁苹果产区
病虫测报，适时对症施药	①春季萌芽前加强腐烂病、干腐病等枝干病害的防控，严重的果园，早春刮除病斑后，施用200倍的45%氟硅唑乳油结合丝润助剂进行涂抹治疗；②红蜘蛛越冬数量较大的苹果园，萌芽后常见叶片有1~2头叶螨时喷施高效杀螨剂1次，结合检测苹果蚜虫发生情况，可加施蚜虫专杀药剂，此时如果干旱少雨可不喷杀菌剂；③苹果套袋前加强桃小食心虫测报，在春季干旱时可不喷桃小食心虫专杀药剂
重点防控及推荐药剂	①苹果萌芽前：腐烂病、枝干轮纹病、越冬害虫，相关药剂有99%矿物油400~1000倍液+40%氟硅唑4000~5000倍液+丝润（高效助渗剂）、病疤治疗药剂或者4~5波美度石硫合剂喷雾；②花序分离至落花期：叶螨、蚜虫等虫害（越冬数量较大果园），相关药剂有啶虫脒、螺螨酯；③落花后至套袋前：红蜘蛛，相关措施有释放捕食螨，2袋/树（乔砧果园）或1袋/2株（矮砧密植园）；④果实套袋前：黑点病、轮纹病、蚜虫、桃小食心虫（放置桃小食心虫诱芯，5个/亩，开展测报，依据测报决定是否施用桃小食心虫专杀药剂），相关药剂有戊唑醇、甲维盐、吡虫啉；⑤果实套袋后：斑点落叶病、褐斑病、炭疽叶枯病（针对品种'金冠''嘎啦''乔纳金'）、多种害虫，相关药剂：多抗霉素、苦参碱、咪鲜胺和吡唑醚菌酯（针对炭疽叶枯病），2~3次（根据气候特点具体斟酌）
减施效果	与传统施药习惯对比，该技术模式年均减施农药1~2次，平均每亩减药量为1.48kg，减少67.27%

注：该表由中国农业科学院果树研究所周宗山提供

8.2.2　黄土高原苹果产区化肥和农药减施技术模式

黄土高原苹果生产优势区包括山西晋南和晋中地区、河南三门峡地区、陕西渭北地区、陕北南部地区，以及甘肃陇东和陇南地区的 69 个苹果重点县（区、市）。该区域生态条件优越，光照充足，昼夜温差大（11.8~16.6℃），海拔高（600~1300m），土层深厚，生产规模大，集中连片，果农生产积极性高，相关产业发展迅速。该区域跨度大，生产条件和产业化水平差别明显。通过实地调研、文献查询、专家咨询等方式，结合"十三五"国家重点研发计划项目"苹果化肥农药减施增效技术集成研究与示范"，简要介绍以下几种主流的生产技术模式。

8.2.2.1　化肥减施技术模式

模式 1：乔砧密植果园有机肥+配方施肥+间伐改形+地膜微垄覆盖模式（表 8-6）。模式2：矮砧密植果园有机肥+水肥一体化+果园生草+覆膜模式（表 8-7）。模式 3：优化施肥+地膜加秸秆覆盖+鱼鳞坑错位栽植模式（表 8-8）。

表 8-6　乔砧密植果园有机肥+配方施肥+间伐改形+地膜微垄覆盖模式

适宜区域		陕西苹果产区			
时间	萌芽前（3月）	花前（4月上中旬）	果实膨大期（7~8月）	采收期（9~10月）	整形修剪（11月至翌年2月）
技术要点	地膜微垄覆盖	第一次膨果肥（配方肥）	第二次膨果肥（配方肥）	秋施基肥（有机肥+配方肥）	间伐改形
农民习惯	无覆盖	果实套袋前后，施高氮中磷高钾复合肥，每1000kg产量施30kg	7月下旬，施低氮高钾复合肥，每1000kg产量施30kg	10月中旬，施45%配方肥（20-15-10），每1000kg产量施100kg	正常修剪
减肥技术实施	地膜覆盖	果实套袋后，施第一次膨果肥、45%配方肥，氮磷钾配比为15-15-15，每1000kg产量施20kg	7月下旬，施第二次膨果肥、45%配方肥，氮磷钾配比15-5-5，每1000kg产量施20kg	9月下旬，秋施基肥农家肥羊粪，每亩5m³，同时施微生物肥或45%配方肥，氮磷钾配比为N-P-K（20-15-10），沟施，每1000kg产量施50kg	间伐改形，修剪

注：该表由西北农林科技大学高华提供

表 8-7　矮砧密植果园有机肥+水肥一体化+果园生草+覆膜模式

适宜区域	陕西苹果产区					
时间	萌芽前（3月）	花前（4月上中旬）	落花至套袋前（4月下旬至5月）	幼果期（6月）	果实膨大期（7~8月）	采收期（9~10月）
农民习惯		果实套袋前后，施高氮中磷高钾复合肥，每1000kg产量施20kg			7月下旬，施低氮高钾复合肥，每1000kg产量施20kg	10月中旬，施45%配方肥，氮磷钾配比为20-15-10，沟施，每1000kg产量施80kg
减肥技术		行间生草、树盘起垄覆膜、水肥一体				秋施基肥（有机肥+配方肥）
减肥技术实施		水肥一体，每1000kg产量需纯氮7kg、纯磷4.5kg、纯钾7kg，分3~5次施入，每次灌水3~5m³				9月下旬，秋施农家肥（羊粪，每亩3m³）、微生物肥（每1000kg产量施30kg）、45%配方肥（氮磷钾配比为20-15-10，沟施，每1000kg产量施30kg）

注：该表由西北农林科技大学高华提供

表 8-8　优化施肥+地膜加秸秆覆盖+鱼鳞坑错位栽植模式

适宜区域	甘肃苹果产区
技术内容	技术实施
种植密度	错位栽植，亩移栽89株
施肥技术	春季追肥：果实产量为计量单位，每生产100kg果实应追施氮（N）0.4kg+磷（P_2O_5）0.2kg+钾（K_2O）0.4kg；移栽第一年每棵树施追肥（N 0.02kg+P_2O_5 0.01kg+K_2O 0.02kg），新枝生长15~20cm时追施；移栽第二年起，在蕾花期追施。秋季追肥：立秋后每生产100kg果实应追施氮（N）0.92kg+磷（P_2O_5）0.24kg；第一年每棵树追施氮（N）0.46kg+磷（P_2O_5）0.12kg，以后按果实产量计算追施量
地膜加秸秆覆盖	以树干为中心，以直径100cm为树穴，在树穴内先覆盖5cm玉米秸秆，秸秆上再覆盖0.008mm地膜
施肥方法	以树冠大小为外径，向内20~30cm挖环形施肥沟
栽培要点	沿坡向垂直方向挖半圆，直径80cm，深度20cm，坑边埂高和宽均为20cm
病虫害防治措施	春季防治：发芽前用石硫合剂200倍液喷雾，现蕾期用5%毒死蜱1200倍液叶面喷雾。秋季防治：果实采集后根据情况配药，主干涂白（硫黄和石灰）；树穴覆草、覆膜，简化修剪技术，拉枝及时，修剪果树，清除杂草，加强病虫害防治，适时收获
技术效果	根据果树产量优化施肥量，配套地膜秸秆覆盖、鱼鳞坑错位栽植集雨技术，梯田园地总氮流失量0.50kg/hm²，较常规处理削减10.7%，总磷流失量0.006kg/hm²，较常规处理削减33.3%；缓坡地园地总氮流失量0.55kg/hm²，较常规处理削减21.4%，总磷流失量差异不显著

注：该表由甘肃省农业科学院土壤肥料与节水农业研究所提供

8.2.2.2　农药减施技术模式

模式1：统防统治（病虫预测+生物防治+化学防治+物理防治）（表8-9）模式。模式2：绿色防控（病虫害监测+生物防治+物理防治+高效机械）模式（表8-10）。

表 8-9　统防统治（病虫预测+生物防治+化学防治+物理防治）模式

适宜区域	陕西苹果产区
减药技术要点	减药技术实施
农业措施	①栽培技术：套果袋，有效防止轮纹病、煤烟病、落叶病和桃小食心虫；②物理防治：灯光诱杀、诱虫屋、粘虫板、糖醋液、性诱剂，防治金龟子、卷叶蛾等害虫；③生物防治：保护和利用天敌

续表

适宜区域	陕西苹果产区		
	时间	防治对象	农药
化学防治重点防控及推荐药剂	5月2~5日，落花后10d	早期落叶病、霉心病	75%代森锰锌水分散粒剂、醚菌酯、80%代森锰锌可湿性粉剂、糖醇钙+爱多收
	5月15~18日	早期落叶病、霉心病	75%代森锰锌水分散粒剂、醚菌酯、80%代森锰锌可湿性粉剂、糖醇钙+爱多收
	5月25~30日套袋前	早期斑点落叶病、黑点病	75%代森锰锌水分散粒剂、80%代森锰锌可湿性粉剂、己唑醇、43%戊唑醇、24%腈苯唑+糖醇钙+爱多收
	6月10~15日套袋后	早期斑点落叶病、黑点病	75%代森锰锌水分散粒剂、80%代森锰锌可湿性粉剂、己唑醇、43%戊唑醇、24%腈苯唑+糖醇钙+爱多收
	7月1~5日	早期落叶病	波尔多液
	7月30日至8月5日	早期落叶病	43%戊唑醇、己唑醇+CA钙堡+爱多收
	9月10~15日	早期落叶病	43%戊唑醇、己唑醇+CA钙堡+爱多收

注：该表由西北农林科技大学白水苹果试验站提供

表 8-10 绿色防控（病虫害监测+生物防治+物理防治+高效机械）模式

适宜区域	陕西苹果产区		
减药技术要点	减药技术实施		
农业防治	①清园：树上的残枝、落叶、僵果清理出果园后深埋或焚烧，可有效减少褐斑病病菌、叶螨等重要病菌、害虫的越冬基数；②加强肥水管理，增施有机肥或复合肥，提高树体抗病能力；③合理修剪，改善树冠通风透光条件，可降低湿度抑制病虫害，特别是落叶病的发生		
生物防治	①利用寄生性昆虫，如寄生蜂；②利用捕食性昆虫，如草蛉、瓢虫、捕食螨；③利用昆虫病原微生物，如白僵菌；④利用抗生素，如多种农用抗生素；⑤利用昆虫激素，如性激素、保幼激素等		
物理防治	①利用频振式高压电网，有效诱杀果园各种趋光性害虫，降低害虫基数；②利用糖醋液诱杀金龟子；③利用诱虫带诱杀果实害螨，利用粘虫板和粘虫胶粘捕蚜虫；④果实套袋能对病虫害起到一定的阻隔作用		
	防治原则	根据病虫发生规律，按照经济阈值来决定防治时机；使用农药时一定要对症用药、适时用药、合理用药、轮换用药、安全用药；同时要注意喷药技术，先树上后树下、先内膛后外围	
	时间	防治对象	农药
化学防治重点防控及推荐药剂	萌芽前	腐烂病、白粉病、红蜘蛛	石硫合剂
	露红期	白粉病、霉心病、苹果绵蚜等	己唑醇、毒死蜱、甲维·灭幼脲等
	花后10d	斑点落叶病、轮纹病、白粉病、红蜘蛛、蚜虫、金纹细蛾、苹小卷叶蛾等	代森锰锌、腈菌唑、甲维盐、吡虫啉
	套袋前	轮纹病、褐斑病、斑点落叶病、蚜虫、叶螨、金纹细蛾、苹果绵蚜等	80%代森锰锌可湿性粉剂+多抗霉素、阿维菌素、多菌灵、吡虫啉、氯氟氰菊酯、毒死蜱
	6月底至7月初	褐斑病、桃小食心虫、红蜘蛛、金纹细蛾等	戊唑醇、腈菌唑、高氯氟·甲维盐、哒螨灵
	7月下旬以后	个别病虫害	有针对性具体防治

注：该表由西北农林科技大学白水苹果试验站提供

8.2.3 环境效应评价

农业在全球温室气体的排放中起着十分重要的作用。人类农业活动会改变整个农田生态系统的碳氮循环，进而影响温室气体 CO_2、CH_4 和 N_2O 的排放，而且这三种气体的排放是相互联系的。此外，许多研究表明任何一个自然因子（如气候、土壤质地）和非自然因子（如田间管理措施，包括减少耕作、增加作物残茬投入及施用有机肥等）的改变，都可引起农田土壤 CO_2、CH_4 和 N_2O 的排放发生改变和相关过程中温室气体的排放发生改变。当前在苹果种植过程中养分投入高、肥料利用率低，不但造成资源浪费，还导致不容忽视的环境问题。为此，分析我国苹果生产中化肥和农药的投入及其环境代价、环境减排潜力及途径，对于我国苹果产业的绿色发展具有重要意义。

8.2.3.1 苹果化肥减施模式环境效应评价

苹果化肥减施模式的环境效应评价采用农田环境效应指数（AEI）评价方法，该方法由中国农业科学院农业资源与农业区划研究所研发。农田环境效应指数评价方法综合考虑施肥、施药所引起的温室效应、酸雨效应、水体富营养化效应及臭氧层破坏效应等，最终使不同环境效应以货币的方式直观地呈现，适用于化肥减施增效技术实施后环境效应的评价。

1. 农田环境效应指数计算

农田环境效应指数（AEI）等于净温室效应（即温室效应减去农田固碳的值）、水体富营养化效应、酸雨效应及臭氧层破坏效应之和。计算公式如下：

$$AEI = NGEG + E_{eutrophic} + E_{acid} + E_{ozone} \tag{8-1}$$

式中，NGEG 为净温室效应；$E_{eutrophic}$ 为水体富营养化效应；E_{acid} 为酸雨效应；E_{ozone} 为臭氧层破坏效应。

2. 污染物排放参数

氮污染物排放：氮污染物排放数据参考朱占玲（2019）。对于无机化肥，渤海湾、黄土高原产区 NH_3 挥发量分别占氮投入量的 4.46%、8.74%，硝态氮淋失量分别占氮投入量的 23.26%、17.21%，N_2O 直接排放量分别占氮投入量的 2.31%、3.01%；有机肥的氮淋失量、磷淋失量分别按照有机氮、有机磷投入量的 18%、0.2% 计算。在黄土高原产区，N_2O 排放量、NH_3 挥发量、NO_3^--N 淋失量分别为氮投入量的 0.78%、2.68%、14.42%。氮肥施用除了带来 N_2O 的直接排放，通过 NO_3^--N 淋失和 NH_3 挥发也能够引起 N_2O 的间接排放，N_2O 的间接排放量分别为 NO_3^--N 淋失量、NH_3 挥发量的 2.5%、1%。

磷污染物排放：本研究磷损失量参考全国平均数据，为无机磷和有机磷投入量的 0.2%。

8.2.3.2 环境效应评价

1. 净温室效应

净温室效应依据 CO_2、CO、CH_4 和氮氧化物等污染物的排放量进行计算，公式如下。

$$NGEG = \left(E_{CH_4} \times 28 \times \frac{16}{12} + E_{N_2O} \times \frac{44}{28} \times 298 - dSOC \times \frac{44}{12} \right) \times \frac{174.3}{1000} \tag{8-2}$$

式中，NGEG 表示净温室效应，各指标单位均折算为 kg C/hm^2；E_{CH_4} 为甲烷排放量（kg C/hm^2）；E_{N_2O} 为氧化亚氮排放量（kg N/hm^2）；dSOC 为土壤有机碳净变化量（kg C/hm^2）。

从图 8-1 可知，不同省份 CO_2 排放量不同，较高的是陕西和甘肃，CO_2 排放量分别为 20 061.45kg C/hm^2 和 20 307.15kg C/hm^2，显著高于辽宁的 16 679.25kg C/hm^2、山东的 15 097.95kg C/hm^2；黄土高原产区的 CO_2 排放量为 20 184.30kg C/hm^2，高于渤海湾产区的 15 888.60kg C/hm^2。从全国平均来看，CO_2 排放量为 18 036.45kg C/hm^2。

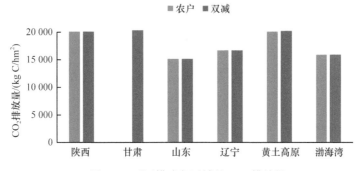

图 8-1　不同模式各区域的 CO_2 排放量

从图 8-2 可知，从不同省份来看，净温室效应表现为辽宁＞山东＞陕西，分别为 4722.786 元＞3110.00 元＞2216.83 元；从两大产区来看，黄土高原产区的净温室效应为 1953.01 元，低于渤海湾产区的 3916.39 元。从全国平均来看，净温室效应为 2934.70 元。从种植模式来看，两大苹果产区农民常规模式的平均净温室效应均大于双减模式的净温室效应（3815.87 元＞2724.32 元）。

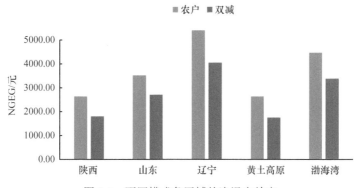

图 8-2　不同模式各区域的净温室效应

2. 酸雨效应

酸雨效应属于区域性环境影响，主要包括硫氧化物、氮氧化物和 NH_3 等致酸物质的排放，酸雨效应计算公式如下：

$$E_{acid} = V_{NH_3} \times 5 \times 1.88 \times \frac{17}{44}$$ （8-3）

式中，E_{acid} 表示酸雨效应；V_{NH_3} 表示氨挥发量，单位为 kg N/hm^2。

由图 8-3 可知，从不同省份来看，山东苹果产区酸雨效应最低，仅为 42.50 元，甘肃和辽宁苹果产区的酸雨效应分别为 188.55 元和 72.89 元，陕西苹果产区酸雨效应最高，为 282.67 元，是山东苹果产区的 6.65 倍，不同省份差异较为显著；从两大产区来看，黄土高原产区的酸雨效应为 235.61 元，是渤海湾产区的 4.08 倍。从全国平均来看，酸雨效应为 146.65 元。从种植模式来看，两大苹果产区农民常规模式的平均酸雨效应均大于双减模式的平均酸雨效应。

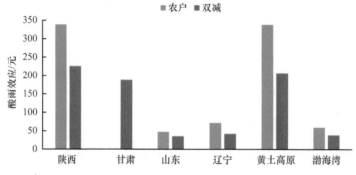

图 8-3　不同模式各区域的酸雨效应

3. 水体富营养化效应

水体富营养化属于区域性环境影响，主要因素包括硝酸根、磷酸根、总氮、总磷、NO_3^--N、NH_4^+-N 及 COD 等物质排放，PO_4^{3-} 为参照物，计算公式如下：

$$E_{\text{eutrophic}} = 0.42 \times N_{\text{leaching+runoff}} + 0.33 \times \frac{17}{44} \times V_{\text{NH}_3} + \frac{95}{31} \times P_{\text{runoff}} \tag{8-4}$$

式中，$E_{\text{eutrophic}}$ 表示水体富营养化效应；$N_{\text{leaching+runoff}}$ 表示氮元素的淋失和径流；V_{NH_3} 表示 NH_3 挥发量；P_{runoff} 表示磷元素的径流；各指标均为纯量值，即氮元素、磷元素的单位分别为 kg N/hm²、kg P/hm²。

由图 8-4 可知，从不同省份来看，水体富营养化效应最高的是辽宁苹果产区，为 18.56 元，其次是山东、陕西，分别为 11.11 元、9.07 元，水体富营养化效应最低的是甘肃苹果产区，仅为 5.99 元；从两大产区来看，渤海湾产区的水体富营养化效应为 15.48 元，显著高于黄土高原产区的 7.53 元，是黄土高原产区的 2.06 倍。从全国平均来看，水体富营养化效应为 11.51 元。从种植模式来看，两大苹果产区农民常规模式的平均水体富营养化效应为 11.24 元，大于双减模式的平均水体富营养化效应 8.27 元。

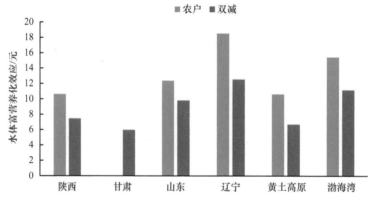

图 8-4　不同模式各区域的水体富营养化效应

4. 臭氧层破坏效应

臭氧层破坏效应计算公式如下：

$$E_{\text{ozone}} = E_{\text{N}_2\text{O}} \times 7.98 \tag{8-5}$$

式中，E_{ozone} 表示臭氧层破坏效应；$E_{\text{N}_2\text{O}}$ 表示 N_2O 排放量，单位为 kg N/hm²。

由图 8-5 可知，从不同省份来看，臭氧层破坏效应最高的是辽宁苹果产区，为 82.95 元，其次是山东、陕西，分别为 48.37 元、31.49 元，臭氧层破坏效应最低的是甘肃苹果产区，仅为 21.46 元；从两大产区来看，渤海湾产区的臭氧层破坏效应为 65.66 元，显著高于黄土高原产区的 26.48 元，是黄土高原产区的 2.48 倍。从全国平均来看，臭氧层破坏效应为 46.07 元。从种植模式来看，两大苹果产区农民常规模式的平均臭氧层破坏效应为 47.38 元，大于双减模式的平均臭氧层破坏效应 38.93 元。

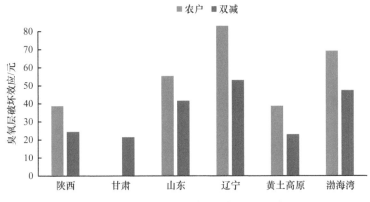

图 8-5　不同模式各区域的臭氧层破坏效应

5. 农田环境效应指数

图 8-6 为不同种植模式的农田环境效应指数。由其可知，净温室效应对 AEI 的贡献最大，占比达 93%，而水体富营养化效应、酸雨效应及臭氧层破坏效应对农田环境效应指数的贡献很小；不同区域两种模式的农田环境效应指数略有差别，辽宁化肥常规模式的农田环境效应指数最大，陕西化肥减施模式的农田环境效应指数最小。整体而言，化肥减施模式下的

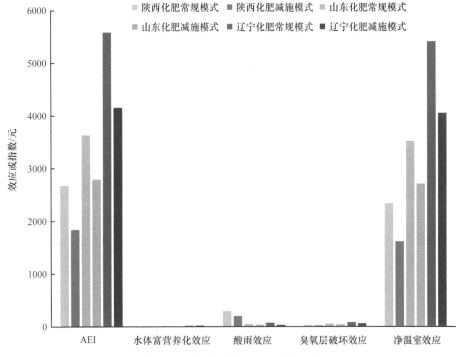

图 8-6　不同模式的 AEI 和环境效应

平均 AEI 均低于化肥常规模式下平均 AEI 的 27.2%，说明化肥减施模式环境效应均好于化肥常规模式。

8.3 区域尺度化肥和农药减施增效技术环境效应综合评价

本节区域尺度上的综合评价以烟台市五龙河流域的栖霞市、莱阳市和海阳市为研究区，主要针对苹果种植集中区开展相关环境效应综合评价，包括基于调查问卷与统计资料的化肥施用环境效应评价，基于遥感数据的区域尺度农用地土壤健康评价，基于模型的流域尺度果园种植环境效应评价。此外，在采用不同方法评价的基础上，综合评价了研究区化肥、农药施用的环境效应情况，确定了优先开展治理的区域。

五龙河流域面积 4399km²，整体位于烟台市境内，由白龙河、蚬河、清水河、墨水河、富水河汇流而成，南流入黄海。流域中蚬河、清水河及富水河流域的上游地区以果园为主，而在下游莱阳市境内多以耕地为主。在蚬河坐落着龙门口和沐浴两座水库，是烟台市重要的水源地。

8.3.1 基于调查问卷与统计资料的化肥施用环境效应评价

区域尺度化肥施用的环境效应评价包括基于行政区域、网格空间和流域尺度进行的分析，本小结将重点讨论基于行政区域的化肥施用环境效应评价，主要是根据调查问卷与统计资料获取各个行政区域的化肥施用情况，再针对化肥施用引起的环境问题进行探讨与分析。

根据苹果种植的化肥施用特点，施用化肥所引起的环境问题包括苹果园土壤酸化板结及周边水体富营养化，而这些环境问题主要是由化肥中的营养元素（以氮和磷为主）引起的。因此，本小结主要通过调查问卷的方式，分析苹果园种植区域化肥中氮、磷施用的情况，并根据区域果园种植的氮、磷营养元素收支平衡，估算得到苹果园种植区域尺度上的土壤氮、磷积累，以及排放到周边水体中的氮、磷总量情况，进而探讨其环境风险程度。

8.3.1.1 评价方法

基于调查问卷的化肥施用环境效应评价，主要是利用物质流分析方法，通过估算苹果园氮、磷营养元素的输入情况，结合苹果园种植过程的氮磷收支状况，探讨苹果园氮、磷营养元素的主要流向，分别从氮/磷足迹、化肥施用灰水足迹、土壤氮/磷积累环境风险方面来探讨区域化肥施用的环境效应问题，具体的计算方法如下。

在苹果园氮/磷元素物质流分析中，氮/磷元素输入项包括化肥和有机肥的投入，氮/磷元素输出项主要包括经济产品输出、地表径流与地下淋溶，其中苹果园经济产品氮/磷元素输出主要是指所生产苹果中的氮/磷元素含量。具体而言：①化肥与有机肥的氮/磷投入量根据其消费量与氮/元素含量得到；②苹果园的经济产品氮/磷输出量主要根据苹果产量与其氮/磷含量得到；③苹果园的地表径流与地下淋溶氮/磷输出量根据前人研究得到的氮/磷径流流失系数与淋溶流失系数得到（付永虎等，2017）。

1. 基于氮/磷足迹的环境输入压力研究

足迹分析用于探究作物产出与环境风险之间的联系，如衡量自然资源可持续利用水平的水足迹、碳足迹等（Ress and Wackernagel，1996；Mathis and William，1997）。因此，本小结利用前人的研究方法（Metson et al.，2012；许萧等，2016；张丹等，2016），通过氮足迹和磷足迹来分别研究化肥施用的环境输入压力。本研究从资源投入和产品产出的角度出发，将氮足迹（nitrogen footprint）/磷足迹（phosphorus footprint）定义为：每生产含 1kg 氮元素/磷元素的农作物所需要投入化肥中氮元素/磷元素的总量，其可以揭示农作物生产中氮元素、磷元素的利用效率。故氮/磷足迹越大，果园外界输入导致的环境压力也就越大，其也就存在较大的环境风险。

2. 化肥施用的水体环境风险和土壤环境风险

除能直接利用氮/磷足迹的方法来探讨外界输入的环境效应外，还可以利用物质流分析方法，探讨化肥进入不同的环境所造成的环境风险，主要包括水体环境风险和土壤环境风险（刘钦普，2014；付永虎等，2017），其中水体环境风险主要是指农业生产活动中，氮元素/磷元素通过地表径流和地下渗漏进入水体中所造成的环境污染（付永虎等，2017），主要通过灰水足迹的方式进行表征；土壤环境风险主要是指氮/磷元素大量投入之后，使得过量的氮元素/磷元素积累于农地土壤之中，进而对土壤理化性质产生影响，目前土壤环境风险评价主要是将果园氮元素/磷元素的投入量与土壤氮磷环境安全阈值比较，基于 MODIS NDVI 分别对土壤自然生产力和田间管理措施的响应差异构建了一种新的概念模型，并开发了一个土壤健康指数，用于土壤健康评价，以确定农业系统氮/磷投入的土壤环境风险（刘钦普，2014；赵旸等，2019）。

（1）水体环境风险

目前农业生产氮/磷投入的水体环境风险主要通过灰水足迹的方式进行表征。借鉴粮食生产灰水足迹的概念，农业土地利用系统灰水足迹是指以现有水质标准为基础，以消纳、稀释农业土地利用过程中排放到环境中的污染物所需的最大淡水量作为农业土地利用系统灰水足迹，这种稀释污染物的淡水并非真实消耗掉了，只是一种虚拟水的形式。通过氮/磷流失量与水环境最大容许氮/磷浓度和本底氮/磷浓度之差的比值计算氮/磷灰水足迹，其中的氮/磷流失量通过氮/磷流失率与氮/磷肥施用量乘积得到。

（2）土壤环境风险

根据前人的环境风险指数模型得出氮肥、磷肥的环境安全阈值分别为 125kg/hm²、62.5kg/hm²（刘钦普，2014），按照施用量超过环境安全阈值的倍数，把氮/磷肥施用造成的土壤环境风险分成 6 个不同的等级，具体如表 8-11 所示。本研究利用环境风险指数模型（刘钦普，2014）对苹果园化肥施用的土壤环境风险进行了评价。具体方法如下：氮/磷肥环境风险指数通过氮/磷肥施用强度与氮/磷肥施用强度和氮/磷肥环境安全阈值之和的比值计算得到，比值介于 0～1，当氮/磷肥环境风险指数等于 0.5，则氮/磷肥施用强度和氮/磷肥环境安全阈值相等，是施肥环境安全的临界点，通过比较氮/磷肥施用强度与其环境安全阈值的大小，即可表征氮/磷肥施用的环境风险大小。

表 8-11　氮/磷肥环境风险指数

等级	环境风险指数范围	环境风险类型	分类依据
5	0.80～1.00	严重风险	施肥量达环境安全阈值 4 倍以上
4	0.76～0.80	重度风险	施肥量不超过环境安全阈值 4 倍
3	0.66～0.75	中度风险	施肥量不超过环境安全阈值 3 倍
2	0.51～0.65	低度风险	施肥量不超过环境安全阈值 2 倍

等级	环境风险指数范围	环境风险类型	分类依据
1	0.36~0.50	尚安全	施肥量不超过环境安全阈值
0	<0.35	安全	施肥量低于环境安全阈值一半

8.3.1.2 评价结果

1. 氮/磷营养元素投入情况

通过实地调研得到了五龙河流域主要乡镇氮、磷营养元素的投入情况（图 8-7）。由其可知，在五龙河流域的主要乡镇，氮/磷营养元素的主要来源是有机肥和复合肥，与全国水平相比，五龙河流域苹果种植单位面积氮/磷营养元素投入量相对较高，但与山东省整体氮/磷营养元素投入量相差不大。此外，五龙河流域不同果龄的果园氮/磷营养元素的投入量存在较大的差异，且各乡镇不同果龄的果园化肥施用情况也存在一定的差异，具体情况如下。

幼龄期果园（果龄为 0~3 年），各地区的氮/磷营养元素投入量存在较大的差异，其中流域东部乡镇投入量略高于西部乡镇，但与快速成长期（果龄为 4~8 年）和成熟丰产期（8 年以上）果园的氮/磷营养元素投入量仍存在一定的差距，仅为其氮/磷营养元素投入量的一半左

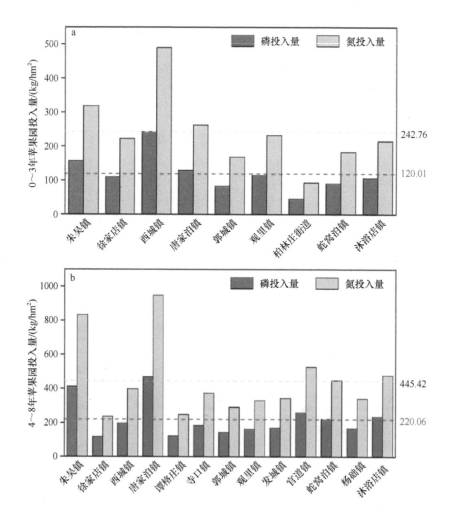

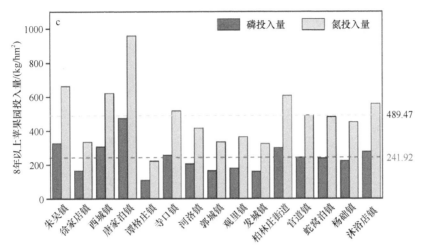

图 8-7　不同乡镇不同果龄段的果园氮/磷投入量比较

右，故此时苹果种植化肥施用的环境风险相对较小，环境效应相对较好。随着苹果开始逐渐结果，其化肥施用量开始增加，在研究区域内，除唐家泊镇和朱吴镇外，其余乡镇在果树快速成长阶段（4～8 年）的氮/磷营养元素投入量差异不大，磷投入量、氮投入量平均值分别为 220.06kg/hm²、445.42kg/hm²，然而唐家泊镇和朱吴镇的外部投入量相对较高，说明两个乡镇存在较大的环境压力。当果树进入成熟丰产期以后，外界的氮/磷营养元素投入量略有增大，但其能够更好地促进果树产果、产量提高。

8 年以上的苹果园氮/磷投入量略高于 4～8 年的苹果园，其中磷投入量平均值为 241.92kg/hm²，为 0～3 年苹果园磷投入量的 2.02 倍左右，唐家泊镇磷投入量相对最高，为 474.15kg/hm²，其余乡镇投入量相对较低且相差不大；氮投入量平均值为 489.47kg/hm²，唐家泊镇投入量最高，为 959kg/hm²，与最低值谭格庄镇相比，每公顷的苹果种植多投入 737.62kg 的 N。

在 2006～2016 年，中国苹果主产区单位面积磷投入量呈"先增加后减少"的变化趋势，且在 2010 年达到最大值（185.90kg/hm²），到 2016 年时单位面积磷投入量降低至 142.51kg/hm²（赵旸等，2019）。与全国水平相比，五龙河流域苹果种植单位面积磷投入量较高，但与山东省的单位面积苹果园磷投入量相近（2016 年山东省磷投入量达到 248.62kg/hm²）（赵旸等，2019）。

2. 基于氮/磷足迹的环境输入压力研究

根据五龙河流域各乡镇氮/磷营养元素投入情况，利用氮足迹与磷足迹分析了氮/磷元素输入的环境压力情况。由于在果树幼龄期未有果实产出，难以估算氮/磷元素输入的环境压力，故本研究仅探讨了果树快速成长期和成熟丰产期的环境压力（表 8-12）。

表 8-12　4～8 年和 8 年以上苹果园氮/磷足迹情况　　　　　　（单位：kg/kg）

地点	4～8 年苹果园		8 年以上苹果园	
	氮足迹	磷足迹	氮足迹	磷足迹
朱吴镇	317.14	53.41	272.62	27.63
徐家店镇	66.67	16.43	124.93	30.84
西城镇	177.54	27.22	182.64	31.51

地点	4～8 年苹果园		8 年以上苹果园	
	氮足迹	磷足迹	氮足迹	磷足迹
唐家泊镇	304.58	25.27	220.24	37.76
谭格庄镇	240.00	59.27	62.75	15.49
寺口镇	210.15	35.27	162.48	40.14
河洛镇			86.24	21.25
郭城镇	119.23	29.47	130.36	32.18
观里镇	64.08	15.80	56.74	13.99
发城镇	136.32	33.62	97.26	23.98
柏林庄街道			115.71	28.61
蛇窝泊镇	171.32	42.32	151.79	31.33
沐浴店镇	115.96	28.63	121.01	29.89
平均值	174.82	33.34	137.29	28.05

由表 8-12 可知，尽管苹果成熟丰产期的外界化肥投入量高于果树快速成长期，但由于快速成长期果树对其吸收利用效果更佳，因此苹果成熟丰产期的氮足迹、磷足迹仅分别为137.29kg/kg、28.05kg/kg，低于果树快速成长期的氮足迹（174.82kg/kg）、磷足迹（33.34kg/kg）。此外，对比两种不同元素可知，苹果种植的氮足迹远高于磷足迹，表明在苹果种植过程中，外界投入的氮元素所产生的环境风险或压力高于磷元素所产生的风险或压力。

就不同乡镇而言，根据外界氮/磷营养元素投入量及果实产量，外界氮/磷元素投入的环境风险或压力存在一定的差异。具体而言：苹果种植示范区主要位于观里镇，其果园管理方式相对较好，外界化肥投入量相对合理，果实产量相对较高，所以其氮/磷足迹相对较小，故其所面临的环境风险或压力相对较低，因此这一区域的果园种植方式或模式值得其他地区学习与借鉴。谭格庄镇和朱吴镇在果树快速成长期的外界化肥投入量相对较多，使得其营养元素的利用率相对较低，氮/磷足迹相对较高，其面临着相对较高的环境风险或压力，故其应当更加合理地开展化肥施用。此外，西城镇、蛇窝泊镇和寺口镇在果树快速生长期与成熟丰产期的氮/磷足迹均相对较高，表明这一地区的外界投入量相对较大，应当开展更加合理的果园管理方式，提高氮/磷营养元素的利用率，增加果实产量。

3. 基于养分盈余的水环境风险

根据五龙河流域各乡镇果园氮/磷营养元素盈余情况，利用氮元素灰水足迹（GWF_N）、磷元素灰水足迹（GWF_P）探讨其水环境风险，其中灰水足迹越大表明用于稀释污染物所需要的水量越大，则其水环境风险也相对越高。

由表 8-13 可知，由于果园幼龄期外界输入的氮/磷营养元素相对较少，其水环境风险也相对较低，苹果成熟丰产期的水环境风险略高于快速成长期。与基于氮/磷足迹的环境风险评估结果不同，苹果种植氮元素投入的水环境风险低于磷元素投入的水环境风险，这主要是由于水体中氮元素的自净能力远高于水体中磷元素的自净能力。

表 8-13　不同果龄单位面积苹果园氮/磷灰水足迹比较　　（单位：$\times 10^3 m^3/hm^2$）

地点	0~3 年果园		3~8 年果园		8 年以上果园	
	GWF_N	GWF_P	GWF_N	GWF_P	GWF_N	GWF_P
朱吴镇	16.71	7.37	43.74	19.31	34.77	15.34
徐家店镇	11.67	5.15	12.41	5.47	17.64	7.77
西城镇	25.71	11.35	20.88	9.21	32.61	14.38
唐家泊镇	13.79	6.06	49.79	21.95	50.39	22.23
谭格庄镇			13.00	5.73	11.63	5.12
寺口镇			19.57	8.63	27.20	11.99
河洛镇					21.84	9.61
郭城镇	8.87	3.91	15.27	6.74	17.59	7.75
观里镇	12.21	5.39	17.34	7.63	19.20	8.45
发城镇			18.03	7.95	17.04	7.50
柏林庄街道	4.89	2.16			31.92	14.09
官道镇			27.68	12.19	25.81	11.36
蛇窝泊镇	9.63	4.25	23.48	10.34	25.31	11.15
杨础镇			17.93	7.89	23.67	10.43
沐浴店镇	11.32	4.99	25.10	11.07	29.36	12.94

就不同乡镇而言，外界氮/磷营养元素投入量及盈余情况存在差异，其所产生的水环境风险也存在一定的差异。具体来说，谭格庄镇、观里镇、郭城镇和发城镇的氮磷元素灰水足迹相对较小，表明这几个乡镇化肥施用的水环境压力相对较少；然而，由于唐家泊镇和朱吴镇的外界投入量相对较高，进入水体中的氮/磷营养元素也相对较多，故其所产生的水环境压力也相对较高。

4. 基于养分盈余的土壤环境风险

根据五龙河流域各乡镇果园氮磷营养元素盈余情况，利用氮/磷营养元素的土壤环境风险评价模型，探讨了各个乡镇果园土壤的环境风险。

由图 8-8 可知，五龙河流域苹果种植的土壤环境风险相对严重。与果树快速成长期和成熟丰产期相比，幼龄期果园的土壤环境风险相对较低，但除柏林庄街道处于尚安全状态外，其余乡镇均处于危险状态，尤其是西城镇达到中度风险状态。随着果龄的不断增加，苹果种植的土壤环境风险不断增大，在果树快速生长期大部分乡镇处于中度风险状态，而朱吴镇、唐家泊镇和官道镇的土壤环境风险达到严重风险状态；然而，当苹果种植进入成熟丰产期后，土壤环境风险进一步严重，2/3 调查乡镇的土壤处于重度及以上风险状态，其中西城镇和沐浴店镇由重度风险变为严重风险状态，寺口镇和杨础镇由中度风险变为重度风险状态，而仅徐家店镇、谭格庄镇、郭城镇、观里镇和发城镇处于中度或低度风险状态。此外，对比土壤氮、磷投入的土壤环境风险可知，这两种营养元素的差异不大，但大部分乡镇处于相对较为严重的风险状态。

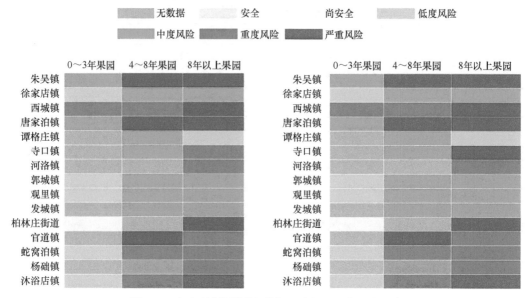

图 8-8　不同区域苹果园土壤氮、磷投入环境风险程度

左图为土壤氮投入环境风险程度，右图为土壤磷投入环境风险程度

8.3.2　基于遥感数据的区域尺度农用地土壤健康评价

8.3.2.1　研究背景

土壤健康主要用来反映土壤维持高生物生产力与良好生态环境平衡的能力（杨晓霞等，2007）。由于土壤的物质组成、性状具有显著的时空异质性和复杂的重叠交互性，因此区域尺度的土壤健康评价极度依赖于土壤调查样点的布设量和多种土壤性状指标的测定。通过遥感技术获取的数据通常具有连续性，在多时空尺度、低成本的区域尺度土壤健康评估中起十分重要的手段。特别是高级甚高分辨率辐射仪（advanced very high resolution radiometer，AVHRR）、法国地球观测卫星 SPOT、中分辨率成像光谱仪（moderate resolution imaging spectroradiometer，MODIS）等遥感平台相继出现后，这种时间、空间上的连续性迎合了从多个层次评估区域尺度土壤健康程度的需求。在本研究中，基于 MODIS NDVI（normalized difference vegetation index，归一化植被指数）为土壤自然生产力和田间管理措施的响应差异构建了一种新的概念模拟模型，并开发了一个土壤健康指数（soil healthy index，SHI）。具体而言，本研究旨在：①运用主成分分析法（principal component analysis，PCA）对土壤生产力因子进行去相关处理，以量化土壤自然生产力与田间管理措施；②提出一个土壤自然生产力与肥力管理平衡水平的快速诊断模型；③模型的验证和潜在应用。

8.3.2.2　研究方法

1. MODIS NDVI 数据

本研究使用的 MODIS 遥感影像来源于 NASA LAADS（the level-1 and atmosphere archive & distribution system），通过对红光和近红外波段（band 1 和 band 2）的计算，得到了研究区初始 NDVI 时序数据。为了削弱云和大气的干扰，采用最大值合成法（maximum value composite，MVC）最终得到时空分辨率为 10d、500m 的 NDVI 时序数据集。在充分了解当地农作物物候特点的基础上，分别选取 2010 年和 2018 年的 3～11 月作为研究时段。为了削弱 NDVI 的不稳定波动，突显时序曲线的物候变化特征，选用 Savitzky-Golay 滤波（窗口大小 3，拟合次数 2）进行平滑重构。

2. 土地利用分类和土壤样品采集

土地利用分类选用美国地质调查局地球资源观测与科学中心（The Earth Resources Observation and Science，EROS）提供的 Landsat 5 TM 30m 分辨率遥感数据。为了提高地表覆被的分类精度，本研究采用线性光谱混合分解法分别对 2010 年和 2018 年三季相（春、夏、秋）进行四端元的提取，进而依据物候规律构建决策树，最终完成分类工作。本研究区域有 3 种主要种植制度，包括果园和两种农田（单作制和双作制）。土壤样品的采集工作分 2010 年和 2018 年两次开展，样点的布设参考全国第二次土壤普查采样点，充分考虑了土地自然质量的差异性。其中，2010 年在栖霞布设 321 个土壤样点（66 个耕地点，255 个果园点），2018 年在栖霞、莱阳、海阳共布设 36 个土壤样点（16 个耕地点，20 个果园点）。土样的采集在作物收获后或播种施肥前，一般在秋后。每个样点以 0.1～1hm² 的典型农田为采样单元，按照 "S" 形布点采样 3 次构成混合土样，其中耕地点的采集深度为 0～20cm，果园点为 0～40cm，采用重铬酸钾法测定有机质含量。

3. 土壤生产力构成

土壤生产力是反映土地本身自然生产潜力和人类劳动经营水平的综合指标，是土壤在特定的管理措施条件下生产某种植物或植物产品的能力（孙丹峰等，2010）。土壤生产力取决于以下三方面因素：作物种植模式、土壤自然质量和田间管理措施。作物种植模式是指土地的用途及作物品种，不同的种植模式所带来的生产力不同，即一块土地用于种植经济林与用于种植粮食作物的生产力是不一样的。土壤自然质量是在五大成土因素（母质、生物、气候、地形、时间）的综合作用下形成的，自然肥力高低有不同，进而影响自然质量决定的那部分生产力（盛丰，2014）。农田管理措施包括施肥、灌排等人工措施，用于满足作物生长过程的需求，是人工投入田间管理措施产生的生产力。可见作物种植模式、土壤自然质量和农田管理措施这三者相互耦合，构成了土壤自然生产力。

4. 基于 NDVI 时序数据 PCA 变换的土壤自然生产力分解

植被遥感信息中包含了叶片生理及其生长状况等综合信息，我们使用时间分辨率为 10d 的 NDVI 时间序列数据来描述年初级生产力的变化特征。主成分分析（PCA）是压缩高维数据、获取主要信息的常用线性转换方法。PCA 基于波段间方差和协方差包含的相关性信息产生新图像序列，将提取的新图像按信息含量（或方差）由高到低排列，图像之间的相关性基本消除，能够在最小均方误差意义上进行数据压缩与信息提取。采用 PCA 变换可将 NDVI 年序列中初级生产力的有用信号压缩到少量的前几个主分量中，在信息损失最小的前提下，用较少的分量替代原来的高维数据，生成的主成分影像既包含了时间序列信息，也包含了空间信息，每个主成分的表达主题需要利用专业领域知识解译。通过主成分分析得到的各个主成分实际上是时间序列 NDVI 的加权，这种权重求和的方式可表征不同时期 NDVI 的变动情况。本研究利用主成分分析法将一年内 NDVI 的变化转化为生产力的变化，进一步验证不同维度下导致生产力变化的因素。

5. 两个假设和土壤健康指数的构建

为同一气候带内某一特定区域土壤自然生产力的分解提出了两个假设：①不同种植制度由于生长物候的不同，NDVI时间序列呈现出完全不同的变化趋势，因此，对于不同种植制度的土壤自然生产力，每一个 PC 都能有效地描述研究区的土壤生产力。②在同一种植制度下，土壤自然生产力主要由土壤自然质量和田间管理措施决定，因此，同一种植制度的各个 PC 都能有效地说明对应生产力部分的空间变异性。一般，土壤自然生产力具有高水平的空间变异性，通常压缩在 PC1 中，而人类实践作为田间管理措施斑块的局部对比，主要集中在 PC2 上。基于分离的 PC，由前两个 PC 通过式（8-6）计算土壤健康指数（SHI）。

$$SHI = (PC1 - PC2) \tag{8-6}$$

因此，将土壤自然质量和田间管理措施形成的人工生产力进行对比，可表明两者之间的平衡水平，并假设两者越失衡，土壤健康风险越高。例如，如果 SHI<0，则表明 PC2 的贡献大于 PC1，因此人工投入对作物生长起着至关重要的作用，所以当地土壤健康状况相对较差，处于农业污染高风险之中。

8.3.2.3 研究结果

1. 研究区的 PCA 分析

表 8-14 为 2018 年前 5 个主成分的累计贡献率，前 3 个主成分的累计贡献率超过 92.2%，因此我们只关注这 3 个主成分（即 PC1、PC2、PC3）。从特征向量曲线（图 8-9）和空间场的角度探讨研究区 3 种主要种植制度的差异，PC1 的负数特征向量曲线几乎保持平坦，表明各

表 8-14 研究区农用地前 5 个主成分的累计贡献率

PC	特征值	贡献率/%	累计贡献率/%
1	0.176	75.44	75.44
2	0.025	10.73	86.17
3	0.014	6.06	92.23
4	0.006	2.55	94.78
5	0.005	2.13	96.91

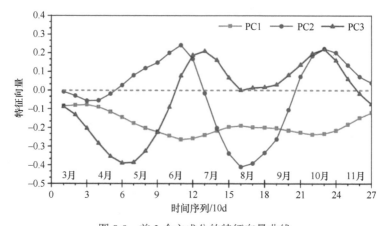

图 8-9 前 3 个主成分的特征向量曲线

时间点 NDVI 的贡献相同,属于多年生植物特征,PC1 负值对应的研究区果园主要在研究区北部栖霞境内;PC2 负值对应的研究区果园主要分布在单作种植区。另外,PC2 的特征向量曲线(图 8-9 蓝色线)在 8 月出现了显著的负峰值,突出了研究区单作种植生产的关键时期;双作种植模式主要分布在研究区西南部,对应 PC3 的负峰;特征向量的负峰(图 8-9 红色线)在 5 月强调冬小麦的成熟,在 8 月强调夏玉米的成熟。因此,PC3 可以用来表征双作种植制度。综上所述,景观的物候性是第一个假说验证的理论基础。根据结果,前 3 个主成分的空间场(即前 3 个主成分)分别对应于 3 种种植制度的分布;3 个特征向量曲线反映了不同作物的关键物候期。

2. 不同种植制度的 PCA 分析

表 8-15 展示了 2018 年 3 种种植制度前 5 位 PC 的累计方差。详细来说,这 3 种种植制度的 PC1、PC2 贡献率分别在 72.6%、9.4% 以上,因此 PC1 和 PC2 可以用来表征土壤的初级生产力构成。如图 8-10 所示,3 种种植制度的 PC1 特征向量曲线(黑线)都有相对较小的波动,而 PC2 在作物的生长期内表现出波动,表明土壤自然质量对作物生长的影响是相对稳定的,而每种种植制度的田间管理措施对作物生长存在额外的影响。对于果园,苹果的开花、生长和早期果实膨大对应图 8-10a 中 4~6 月的关键生长期;图 8-10b 中 7~8 月的关键生长期对应春玉米的出苗和拔节;对于双作种植制度,冬小麦的返青和出苗、夏玉米的拔节分别对应图 8-10c 中 3~4 月、7~8 月的关键生长期。各 NDVI 时间序列曲线(图 8-10 绿线)在关键生长期均呈上升趋势,相应的特征向量曲线权重增加。与不同种植制度的 PC1 相比,PC2 特征向量曲线的波动范围明显较大。在我们的研究中,PC2 可以很好地与施肥相对应,施肥对作物生长有很快的促进作用,施肥后其特征向量曲线显著增加。PC2 的特征向量曲线

表 8-15　3 种种植制度前 5 个主成分的累计贡献率

PC	单作			果园			双作		
	特征值	贡献率/%	累计贡献率/%	特征值	贡献率/%	累计贡献率/%	特征值	贡献率/%	累计贡献率/%
1	0.165	76.57	76.57	0.134	77.31	77.31	0.202	72.62	72.62
2	0.025	11.40	87.97	0.016	9.44	86.75	0.032	11.40	84.02
3	0.009	4.38	92.35	0.007	4.17	90.92	0.021	7.61	91.63
4	0.006	2.66	95.01	0.005	3.03	93.95	0.010	3.40	95.03
5	0.004	1.91	96.92	0.004	2.28	96.23	0.004	1.44	96.47

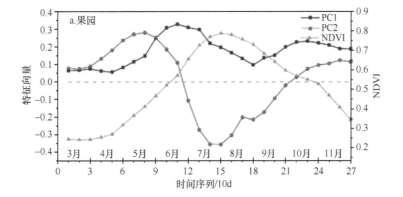

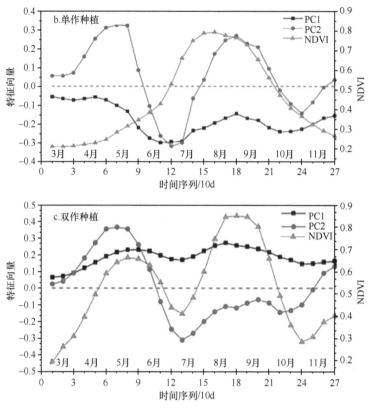

图 8-10　3 种种植制度前两个主成分的特征向量曲线及 NDVI

（图 8-10a 红线）在 7 月出现了一个负峰值，反映了 6～7 月果园水溶肥的施用。在单作种植制度中，PC2 的特征向量曲线在 5 月达到峰值，比 3～4 月的基肥施用晚了 1 个月左右。然而，冬小麦–夏玉米两熟制表现出完全不同的 PC2 特征向量曲线（图 8-10c 红线），其峰值出现在 10 月或 11 月冬小麦施用基肥后。在不同种植制度下，PC2 与施肥量呈高度相关，因此 PC2 对田间管理措施具有良好的正向响应。

3. 研究区土壤健康评价

基于 3 种种植制度的 SHI 结果对研究区土壤健康风险进行评估与分析。结果表明：SHI 在北部地区主要为正值，高于南部地区，因此北部地区土壤相对健康。此外，南方地区的 SHI 结果也存在显著差异，不同种植制度之间也存在着很大的差异。具体如下：①双作种植制度主要分布在研究区的西南部，区域内 SHI 值存在显著差异；其他地区的双作种植制度 SHI 主要为正值，如北部和东南部地区。②分布在北部的果园，SHI 大部分为正值，而果园在南部的 SHI 为负值。③对于单作种植制度，南部地区的 SHI 值为负，北部地区的 SHI 值为正。从乡镇行政区界限来看，观里镇、杨础镇和蛇窝泊镇出现大片集中的 SHI 正值，这 3 个乡镇是栖霞市苹果种植的主要地区，近年来科学的田间管理和优质新品种的种植使得当地农用地土壤处于一个较为健康的状态。海阳市的发城镇、徐家店镇、郭城镇、朱吴镇和小纪镇的 SHI 大多为负值，了解到当地的土壤质量较差不适于农业耕作，农民普遍以高化肥投入种植一些单作谷类作物，使得土壤健康状况较差。莱阳市北部的谭格庄镇以双作种植制度为主，从 SHI 结果来看，整个乡镇出现大面积的负值，说明该乡镇的这种种植制度对土壤健康是不利的。而莱阳东部的山前店镇、万第镇和大夼镇的 SHI 值出现了显著的时空差异性，从种植制度上看，该地区多为单作种植制度，SHI 值存在显著差异性可能由土壤类型所致。此外，像素尺度的农用地和 3 种耕作制度的 SHI 统计结果表明，农用地土壤 SHI 正值占优势（75.2%），表明土壤处于健康状态；果园 SHI 为正值的样本最多（82.0%），其次为单作（73.1%）和双作（65.1%）。因此，果园土壤比另外两类种植制度的土壤更为健康。

4. PC 与土壤有机质含量的相关性分析

土壤有机质（soil organic matter，SOM）含量作为"慢"变量是土壤自然质量的一个关键属性，对植物的生长具有重要的影响（Rinot et al.，2019）。为了验证本研究提出的 PC 概念，我们分别在 2010 年和 2018 年对果园与农田的 PC 及土壤有机质进行了相关性分析。由于种植制度差异性较大，对两种种植制度分别进行分析，有助于改进结果。此外，为了验证该方法的可靠性，我们在 2010 年和 2018 年重复了测试。图 8-11a 和 b 分别显示了 2010 年、2018 年两种种植制度的 PC1、PC2 与土壤有机质含量的分布情况。土壤有机质含量的合理分布表明

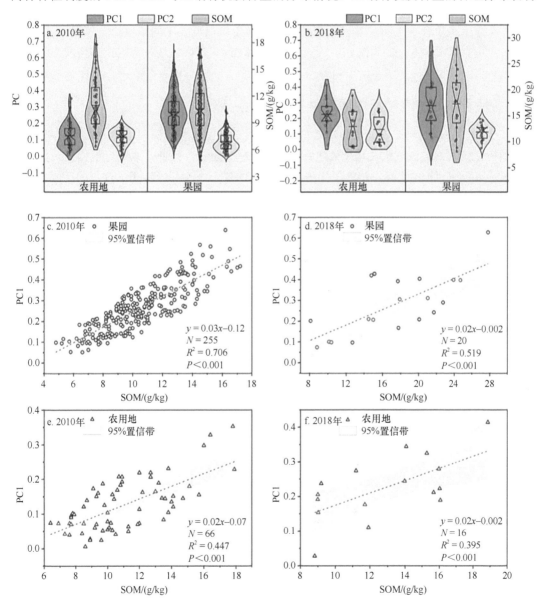

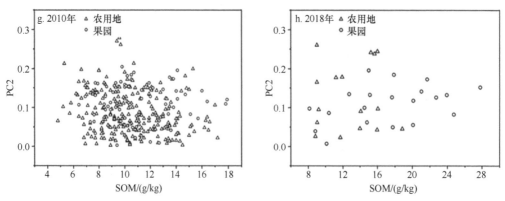

图 8-11　2010 年和 2018 年 PC1、PC2、SOM 的箱线图（a 和 b）及 SOM 与前两个主成分的散点图（c～h）

采样点设置时充分考虑了各种土壤质量。图 8-11c～f 显示 2010 年和 2018 年两种种植制度的 PC1 与土壤有机质含量之间呈显著正相关，因此 PC1 可以反映不同土壤的自然质量。然而，PC2 与土壤有机质含量之间没有相关性（图 8-11g 和 h），说明 PC2 是影响土壤生产力的另一个因素。

8.3.3　基于模型的流域尺度果园种植环境效应评价

基于模型的流域尺度果园种植环境效应评价主要将土地利用情况、流域环境响应单元、环境效应评价方式与流域水文环境效应评价相结合进行讨论。因此，本研究根据流域尺度果园种植环境效应评价的目标，构建了如图 8-12 所示的基于"源–路径–汇"理论的区域尺度果园地区综合环境效应评价模型。

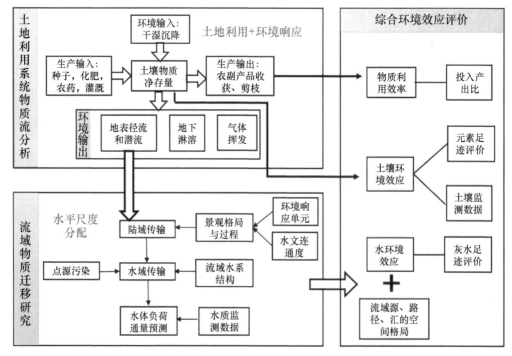

图 8-12　基于"源–路径–汇"理论的区域尺度果园地区综合环境效应评价

通过土地利用方式、土地利用历史及环境响应单元的叠加刻画不同类型的土地利用系统，然后以此为基本单元开展土地利用系统物质流分析，得到由地表径流及潜流带走的 N、P 元素的量，结合各土地利用空间格局与流域结构特征进行 N、P 元素的水平尺度分配，最终评估 N、P 元素在流域内水土环境系统中迁移与转化所产生的效应。

因此，基于模型的流域尺度果园种植环境效应评价主要包括以下 3 个方面的内容：流域土地利用系统物质流分析、流域土地利用系统物质流空间化、基于 SPARROW 模型的流域水质模拟研究。

8.3.3.1　流域土地利用系统物质流分析

物质流分析（material flow analysis）是对一个系统物质和能量的输入、迁移、转化、输出进行定量化分析与评价的方法。本研究将物质流分析方法引入农地利用系统研究中，从物质守恒定律出发，通过对农业土地利用过程中的物质流动过程进行分析来研究农业土地利用方式对环境的影响。

在物质流分析之前首先对流域内以化肥施用为主的农业土地利用管理方式进行了问卷调查，最后得到有效问卷 801 份，其中果园问卷 696 份、耕地问卷 105 份。果树大多为多年生植物，果龄是一项很重要的参数，不同果龄的果园有着不同的管理措施（主要是化肥施用量）。因此在调研结果（表 8-16）的基础上，依据管理方式的差异将流域农业地利用系统分为了一年一熟耕地、一年两熟耕地、0～3 年果园（花生套作）、4～8 年果园及 8 年以上果园 5 个系统进行物质流分析计算。在农业土地利用过程中，与自然环境进行物质交换的对象广泛，机理复杂，本研究主要选取与 N、P 循环有关的主要输入、输出因素进行计算，其中输入因素有化肥施用、灌溉、种子、大气沉降、共生固氮（花生）；输出因素分为生产输出和环境输出，生产输出包括收获、秸秆、剪枝、营养生长，环境输出主要考虑地表径流和潜流及地下淋溶。计算所得的盈余量被认为基本驻留在土壤中。

表 8-16　五龙河流域农业土地利用系统化肥施用量　　　　　（单位：kg/hm²）

土地利用系统	商品有机肥	复合肥（底肥）	复合肥（第一次追肥）	复合肥（第二次追肥）
0～3 年果园	4350	1410	888.75	
4～8 年果园	4569	1599	1106.25	622.50
8 年以上果园	6136	1858	1297.5	817.54
一年两熟耕地		1665		
一年一熟耕地		795		

1. 输入端的具体计算

（1）化肥施用

化肥施用依据调研结果分为有机肥和复合肥两部分，其 N、P 输入量计算方法如下。

$$N_{复合肥}=\sum(F_i \times N_i) \qquad P_{复合肥}=\sum(F_i \times P_i) \tag{8-7}$$

式中，F_i 为第 i 种复合肥的施用量；N_i、P_i 分别为第 i 种复合肥中 N、P 的单位含量。

$$N_{有机肥}=0.7 \times O \times N_0 \qquad P_{有机肥}=0.7 \times O \times P_0 \tag{8-8}$$

式中，O 为有机肥施用量；N_0、P_0 分别为有机肥中 N、P 的单位含量；0.7 为有机肥中干物质质量百分比。

（2）灌溉

灌溉数据来自调研结果及相关文献，其 N、P 输入量计算方法如下。

$$N_{灌溉}=W\times N_r \qquad P_{灌溉}=W\times P_r \tag{8-9}$$

式中，W 为灌溉量；N_r、P_r 分别为灌溉水中 N、P 的浓度。调研发现研究区内多为河水灌溉，因此采用相应年份河水采样 N 和 P 的浓度。

（3）种子

主要考虑耕地中的玉米、花生及小麦种子，其 N、P 输入量计算方法如下。

$$N_{种子}=S\times N_s \qquad P_{种子}=S\times P_s \tag{8-10}$$

式中，S 为种子投入量；N_s、P_s 分别为种子中 N、P 的含量，数据来源于相关文献。

（4）大气沉降

大气中的氮沉降分为干沉降和湿沉降两种：湿沉降参考贾彦龙等（2019）的研究结果，干沉降参考 Xu 等（2015）和 Jia 等（2016）的研究结果，最后相加得到无机氮沉降量，全市平均无机氮沉降量为 37.13kg N/(hm^2·a)。P 的大气沉降量较小，本研究暂未考虑。

（5）共生固氮

花生的共生固 N 量按 N 吸收量的 40% 计算，花生 N 吸收为 262kg/hm^2，因此其共生固氮量为 104.74kg/hm^2。

2. 输出端的具体计算

（1）收获

小麦、玉米及花生的产量数据来源于烟台市统计年鉴，1～3 年果园无结果，4～8 年果园及 8 年以上果园产量数据来源于实地调研，其 N、P 输出量计算公式为

$$N_{收获}=Y\times N_y \qquad P_{收获}=Y\times P_y \tag{8-11}$$

式中，Y 为产量；N_y、P_y 分别为收获物中 N、P 的含量。

（2）秸秆

主要为粮食作物，采用国际上通用的草谷比方法来估算秸秆中 N、P 输出量，其计算公式为

$$N_{秸秆}=Y\times R\times N_s \qquad P_{秸秆}=Y\times R\times P_s \tag{8-12}$$

式中，Y 为产量；R 为作物的草谷比（秸秆/果实）；N_s、P_s 分别为作物果实中 N、P 的含量。

（3）剪枝

剪枝是果园的特有管理措施，其 N、P 输出量计算公式为

$$N_{剪枝}=P\times D\times N_b \qquad P_{剪枝}=P\times D\times P_b \tag{8-13}$$

式中，P 为果树剪枝量；D 为果树种植密度；N_b、P_b 分别为果树枝条中 N、P 的含量。

（4）营养生长

主要为 0～8 年果树营养生长过程中叶子、树干、树枝和树根吸收所输出的 N、P 计算方法如下。

$$N_{营养1}=0.5\times N_{pea}+\sum_{i=1}^{n}(B_i\times b_{n,i}) \qquad P_{营养1}=0.5\times P_{pea}+\sum_{i=1}^{p}(B_i\times b_{p,i}) \tag{8-14}$$

式中，$N_{营养1}$、$P_{营养1}$ 分别为幼龄期果树输出的氮、磷；N_{pea}、P_{pea} 分别为花生吸收的氮、磷元素的量，由于幼龄期果园存在与花生的间作，将幼龄期内果树与花生视为 1:1 比例间作，因此在花生营养元素吸收量的基础上乘以 0.5；B_i 为果树各部位的年增长量，$\sum_{i=1}^{n}(B_i\times b_{n,i})$、

$\sum_{i=1}^{p}(B_i \times b_{p,i})$ 分别为果树各部分的氮元素、磷元素含量。

（5）地表径流和潜流

输出系数模型是利用流域土地利用类型等数据，通过多元线性相关分析，直接建立流域土地利用类型与面源污染输出量之间的关系。N、P 元素的地表径流和潜流及地下淋溶输出量均通过此公式计算。地表径流和潜流输出计算公式为

$$N_{径流}=N_{输入} \times \alpha_{N} \qquad P_{径流}=P_{输入} \times \alpha_{P} \qquad (8\text{-}15)$$

式中，$N_{输入}$、$P_{输入}$ 分别为 N、P 元素的总投入量；α_{N}、α_{P} 分别为 N、P 元素的径流和潜流流失系数。

（6）地下淋溶

P 元素淋溶量极小，因此暂不考虑。N 元素淋溶量的计算公式为

$$N_{淋溶}=N_{输入} \times \beta_{N} \qquad (8\text{-}16)$$

式中，$N_{输入}$ 为 N 元素的总投入量；β_{N} 为 N 元素的淋溶流失系数。

表 8-17 和表 8-18 分别为 N、P 元素的物质流分析结果，从计算结果可以看出，化肥施用是 N、P 元素的主要输入源，尤其在果园中其所占比例基本在 85% 以上。果园 N/P 元素的输入量要远大于耕地，同时随着果龄的增长呈增加趋势，而果园的输出量又较小，因此盈余量较大。以 8 年以上果园为例，其 N、P 元素盈余量分别是耕地（小麦-玉米轮作）的 2.48 倍和 2.28 倍左右。由此可以看出，果园这一土地利用系统对自然环境系统的压力要远大于耕地，使得区域的环境负担显著增加。而盈余的 N、P 元素除通过大气挥发带走一部分外，其余均贮存于土壤中。图 8-13 为 2018 年流域内果园与耕地土壤属性监测结果对比，从中可以看出，果园土壤中的总氮和总磷含量均大于耕地，而这一趋势在 0～20cm 深的表层土壤中尤为明显，贮存于土壤中的 N/P 元素仍可通过淋溶、径流、侵蚀进入水循环系统中，并且风险在逐渐累积，对区域水环境安全产生严重威胁。

表 8-17　土地利用系统 N 元素物质流分析结果　　　　　（单位：kg/hm²）

项目	小麦	玉米	花生	1～3 年果园	4～8 年果园	8 年以上果园
化肥输入	246.50	198.30	213.68	439.49	582.34	699.00
灌溉输入				64.96	64.96	64.96
种子输入	2.58	0.53	11.64			
大气沉降输入	37.13	37.13	37.13	37.13	37.13	37.13
共生固氮输入			107.74	52.37		
收获输出	116.70	79.25	195.69	97.85	197.23	270.00
秸秆输出	50.99	67.75	66.17	33.09		
剪枝输出					16.41	16.41
营养生长输出				6.58	6.58	
径流与潜流输出	2.62	2.53	4.29	8.49	10.73	12.56
淋溶输出	6.16	5.95	10.09	19.96	25.23	29.52
输入合计	286.21	235.96	370.19	593.95	684.43	801.09
输出合计	176.47	155.48	267.24	165.97	256.18	328.49
盈余	109.74	80.47	93.95	427.98	428.25	472.60

表 8-18　土地利用系统 P 元素物质流分析结果　　　　　（单位：kg/hm²）

项目	小麦	玉米	花生	1~3 年果园	4~8 年果园	8 年以上果园
化肥输入	52.39	76.81	74.81	172.15	216.17	258.55
灌溉输入				0.19	0.19	0.19
种子输入	0.48	0.12	1.03			
收获输出	21.82	17.43	16.14	8.07	50.27	68.82
秸秆输出	4.76	5.53	8.47	4.23		
剪枝输出					6.25	6.25
营养生长输出				1.79	1.79	
径流与潜流输出	0.52	0.51	0.47	1.62	2.03	2.43
输入合计	52.87	79.63	75.84	172.34	216.36	258.74
输出合计	27.10	23.47	25.08	15.71	60.34	77.50
盈余	25.77	53.46	50.76	156.63	156.04	181.24

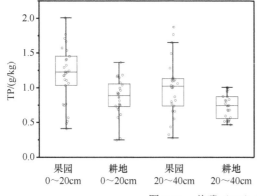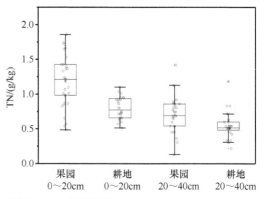

图 8-13　总磷（TP）和总氮（TN）监测结果

8.3.3.2　流域土地利用系统物质流空间化

　　前文从系统的角度出发解析了流域内农业土地利用系统的物质流动过程，但是将物质流分析方法应用到区域尺度环境效应评价中时必须将此方法扩展到空间尺度，而与之相对应的土地利用/覆被分类图成为物质流分析空间化及环境效应评价的基础。本研究基于水、植被、土壤和暗色物质四端元的线性光谱混合分解模型与决策树方法，结合研究区景观特征的季相变异规律，制作了温带苹果主产区烟台市的土地覆被图，根据果园的物候特征成功地对果园的空间分布进行了提取，此方法可快速高效地提取果园的空间分布。同时，在烟台地区 2018 年土地利用/覆被遥感分类研究基础上，基于 Landsat 系列数据长时间序列及传感器之间良好的传递性优势，进行了决策树在不同年份之间的移植研究，制作了 1998 年、2005 年、2010 年和 2015 年流域的土地利用/覆被分类图。在此基础上，以 2018 年为基期年份将土地利用图叠加分析得到了流域 2018 年 1~3 年、4~8 年及 8 年以上 3 种类型果园的空间分布。

　　N、P 元素径流流失及 N 元素淋溶流失过程受多因素影响，其中自然影响因素（土壤属性等）空间异质性较大，并且果园的化肥施用总量大，个体间差异明显，因此在流域内农业土地利用系统物质流分析的基础上，结合流域土地利用/覆被分类图与调研数据计算了整个流域果园的 N、P 元素径流量及 N 元素淋溶量。结果表明，在流域上游的果园集中连片种植区，N、P 元素流失量较大，且均分布在河流沿岸地区，产生水环境污染的风险随之增加。

8.3.3.3 基于 SPARROW 模型的流域水质模拟研究

本节为果园土地利用的水环境效应研究，对各土地利用系统中通过地表径流与潜流及土壤侵蚀带走的 N、P 元素在流域内水平尺度的迁移分配进行了研究，其迁移过程分析主要借助 SPARROW 水文模型完成。SPARROW 模型是以污染物在陆域及河道水体中的迁移衰减过程机理为构架，利用非线性回归方法求出待定机理方程参数，介于统计模型和机理模型之间的一种流域水环境模型（Zhou et al.，2018a）。SPARROW 与机理模型相比更适用于中大型流域的计算，与完全统计模型相比对污染物迁移衰减的细节有更多描述。利用 SPARROW 模型已对墨西哥湾流域、密西西比河流域及国内新安江流域、艾比湖流域等的多种污染物进行了成功模拟和预测，证实了模型在不同国家不同流域尺度上的适用性（Li et al.，2015；Saleh and Domagalski，2015）。

1. 模型原理

SPARROW 模型是基于质量平衡计算的经验回归方法。它以污染源变量、流域空间属性为自变量，以监测点位的年污染物输出通量作为因变量构建非线性方程，通过分析河流的上下游关系及污染物在陆域及水域中的传输及衰减机理，模拟出污染物从产生到到达目标出口的全过程。

$$F_i = \left\{ \sum_{n=1}^{N} \sum_{j \in J(i)} S_{n,j} \beta_n \exp(-\alpha' Z_j) H_{i,j}^{S} H_{i,j}^{R} \right\} \varepsilon_i \tag{8-17}$$

式中，F_i 为河段 i 的污染物负荷；n 为污染源编号索引；N 为考虑的污染源总数（点源+非点源）；$J(i)$ 为河段 i 及其上游所有河段的集合污染物负荷；$S_{n,j}$ 为水体 j 所在子流域中污染源 n 产生的污染物质量；β_n 为污染源 n 的输出系数；$\exp(-\alpha' Z_j)$ 为输送到水体 j 的污染物比例（陆域传输过程）；Z_j 为水体 j 的污染物传输变量，包括降雨、气温、坡度等；α 为需要拟合的系数；$H_{i,j}^{S}$ 为产生于水体 j 并输送到水体 i 的污染物比例，代表河流中的一阶过程衰减函数；$H_{i,j}^{R}$ 为湖库中的一阶过程衰减函数（河流衰减过程）；ε_i 为河段 i 的误差范围。

2. 流域基本结构

应用 ASTER GDEM V2 的 30m 分辨率数字高程数据在 ArcGIS 软件中基于 ArcHydro 工具提取流域的拓扑结构及属性。目前仅有流域内团旺水文站一个站点的径流量数据，其余监测站点的径流量数据则通过 SWAT 模型模拟得到。模型的校准及验证均是基于团旺水文站的径流量数据。

3. 污染源解析

从不同土地利用类型的角度出发，应用输出系数模型来计算各土地利用类型的污染物输出。其中，考虑的与 N、P 排放相关的人为污染源主要有化肥施用、畜禽养殖、生活污水及工业废水。化肥施用及畜禽养殖为非点源污染，需要考虑其陆域传输过程；而生活污水则根据具体处理方式判定；工业废水则统一视为点源污染。在污染物输出的计算过程中，通过前文的农业土地利用系统物质流分析过程及所得的流域土地利用/覆被分类图与由土壤有机质、质地、土层厚度 3 个相对稳定的土壤属性来表征的环境容量相叠加计算得到整个流域农业土地利用的非点源污染输出通量。生活污水的污染物输出通量通过人口数及人均污水排放量计算；

畜禽养殖的污染物输出通量通过养殖量、日排泄系数及饲养周期确定；工业废水的污染物输出通量则利用相关统计年鉴计算得出。

4. 污染物输出通量计算

水质数据主要由三部分组成，首先是 3 个水文站的水质资料，监测指标为总氮、总磷（月测值），时间为 2011～2017 年，其中 2013 年仅有总磷数据，其余完整。其次是烟台市水功能区划监测资料，监测指标有氨氮、硝酸盐氮、总磷等（月测值），监测期为 2013～2016 年。最后为课题组自取样点数据，监测点布设于干流与各支流的交汇处，取样时间分别为 2018 年 7 月、11 月及 2019 年 8 月、11 月，监测指标为总氮、总磷。其中，水库水文站及烟台市水功能区划的水质数据监测周期较长且较为完整，因此用于模型的校准，而课题组近期自采数据则用于模型的验证。在 SPARROW 模型中以监测点位的年污染物输出通量作为因变量，应用 LOADEST 模型通过各监测点的径流量及总氮、总磷月测值估算出监测点的总氮、总磷年输出通量。

5. 水土传输因子

主要是对影响非点源污染物从产生到进入河道所经历的陆域传输过程的因素进行确定。这些因素一般为气象因子及景观属性，包括坡度、土壤黏粒含量、土壤有机质、土壤渗透率、气温、降雨量、河网密度、池塘密度、池塘总面积等，本研究考虑的因素为坡度、河网密度、土壤有机质含量、土壤渗透率、气温及降雨量，并针对 N、P 元素的具体传输过程确定不同的水土传输因子。

6. 预期结果

通过建立五龙河流域 SPARROW 模型，可以明晰各个子流域内的各污染源负荷，以及其对子流域水质的影响程度，从而得到各子流域的水质状况，确定主要污染源及关键管控区域。同时可以通过情景模拟制定政策情景，模拟管理政策对区域水质的影响，服务于流域调控措施的实行及管理目标的实现。在以果园种植为主的子流域，通过对果园土地利用系统的分析及对其所导致的最终入河 N、P 元素估算，可以对不同双减措施的效果进行模拟，并对比模拟结果，辅助筛选环境友好的双减技术模式；同时从流域整体出发，明确对水体 N、P 元素贡献较大并且其主要污染源为果园农业土地利用的子流域，将其作为实施双减措施的重要区域。

8.3.4 区域尺度苹果园化肥施用环境效应综合评价及其优化

区域尺度苹果园化肥施用环境效应综合评价主要是根据区域环境风险压力和区域环境承载力综合评估结果，确定不同区域化肥施用的综合环境效应，并根据评价结果，明确化肥减少施用的重点区域，并对其施肥措施开展优化。因此，本小结针对研究区苹果园化肥施用的综合环境效应开展评价（图 8-14），并提出重点管理的区域，具体方法如下。

基于研究区各乡镇不同果龄果园化肥施用量数据以及不同果龄果园分布图，得到研究区化肥施用量空间分布情况，并根据前人建立的化肥施用环境风险指数模型，分别探讨化肥中 N 和 P 元素施用的环境风险指数，综合考虑两种元素的环境污染，应用定性定量相结合的层次分析法，确定 N 和 P 元素环境风险的权重系数，并依据前人推荐的苹果园化肥施用模式（有机肥加配方肥），分别确定化肥中 N 和 P 元素施用的环境风险阈值，从而得到研究区化肥施用的环境风险情况，即苹果园化肥施用环境效应的"源"。与此同时，作为受体的环境系统，其自身的环境容量与恢复能力也对当地苹果园化肥施用的环境效应起着重要作用，其所

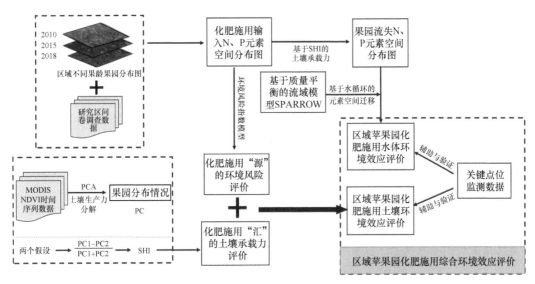

图 8-14　区域尺度苹果园化肥施用综合环境效应评价框架模型

发挥的作用即作为环境效应"汇"的环境承载力。土壤作为化肥施用的重要受体，其环境承载力对当地的环境效应具有重要的影响，如果土壤环境承载力相对较大，其可以承受的外界环境化肥输入量也相应较大，作物生长利用的外界 N 和 P 输入量也会相对较高，所造成的 N 和 P 流失或积累相对较少，故此时土壤相对健康；反之，则土壤处于相对不健康状态。因此，前文根据这一思想，通过构建土壤健康指数（SHI）对农用地进行了综合评价。本小节依据区域苹果园内作为"源"的环境风险和作为"汇"的环境承载力评价结果，得到了研究区苹果园化肥施用的综合环境效应结果，并明确了需要重点开展管理的区域。

综合"源"环境风险和"汇"环境承载力的评价结果，其中环境风险主要根据风险程度划分，而环境承载力则依据土壤健康与否进行评价，根据上述评价方法，可将研究区果园化肥施用的综合环境效应分为八类，即尚安全-健康、低风险-健康、中度风险-健康、重度风险-健康、尚安全-不健康、低风险-不健康、中度风险-不健康、重度风险-不健康。其中，随着区域化肥施用量的不断增大，其所导致的环境风险日益严重，而土壤健康程度可反映土壤承载环境压力的能力。因此，根据这一评价原则，"重度风险-不健康"区域外界化肥施用量相对较大，其环境风险高且环境承载力相对较差，故这一区域容易发生环境污染，是开展减少化肥施用的优先重点区域，目前"重度风险-不健康"区域占研究区果园总面积的10.36%，其主要位于栖霞市的果园集中连片种植区及莱阳市的谭格庄镇和照旺庄镇，因此，化肥施用减少的优先实行区域位于上述地区。另外，"中风险-不健康"区域尽管化肥施用量较"重度风险-不健康"区域相对较低，但由于其环境承载力相对较差，故这一区域也应该优先采取进一步的果园管理措施，这一区域占研究区果园总面积的 8.21%，主要位于莱阳的沐浴店镇和山前店镇，以及海阳的发城镇、郭城镇和朱吴镇。同时，尽管"重度风险-健康"和"中度风险-健康"区域化肥施用量相对较高，但由于其环境承载力相对较高，故目前其土壤相对健康，但如果这一区域持续施用大量化肥，其土壤承载力将会发生变化，未来存在成为重要污染源的可能，故这一区域也需要进一步加强果园管理，适当施用化肥，并进一步提高其环境承载力。目前，"重度风险-健康"区域相对较多，占研究区果园总面积的 45.16%，其主要分布在栖霞市境内，这些区域需要重点关注，以防未来管理措施不到位，发生严重的区域环境风险;"中度风险–健康"区域主要分布在莱阳的河洛镇、沐浴店镇和山前店镇,以及海阳的郭城镇和发城镇,占研究区果园总面积的23.63%,也是需要进一步关注的区域。"尚安全–不健康"和"低度风险–不健康"区域尽管外界化肥施用量相对较少,但由于其环境承载力相对较差,故其土壤处于相对不健康的状态,这部分区域主要是幼龄期果园,随着果树不断成长,其化肥施用量将会增加,故其环境风险将会逐渐增大,因此这部分区域应该是未来需要逐渐开展果园管理的区域,主要位于栖霞的亭口镇、庙后镇、唐家泊镇和桃村镇,以及海阳的发城镇。另外,"尚安全–健康"和"低度风险–健康"区域的外界环境压力相对较小,而其本身的环境承载力相对较高,故其土壤健康程度相对较高,这部分区域主要位于栖霞的寺口镇、观里镇、官道镇、蛇窝泊镇和杨础镇,以及海阳的郭城镇。

综上可知,研究区优先开展化肥施用管理的区域位于栖霞市的果园集中连片种植区及莱阳市的谭格庄镇和照旺庄镇,占总面积的10.36%,其处于"重度风险–不健康"状态,其次应该开展管理的区域处于"中度风险–不健康"状态,占总面积的8.21%,位于莱阳的沐浴店镇和山前店镇,以及海阳的发城镇、郭城镇和朱吴镇。尽管"重度风险–健康"和"中度风险–健康"区域果园目前土壤相对健康,但由于其环境风险相对较高,且面积较大,占研究区总面积的68.79%,因此需要特别关注,这部分果园主要位于栖霞的官道镇、观里镇、蛇窝泊镇、杨础镇,以及莱阳的谭格庄镇、沐浴店镇和河洛镇。"尚安全–不健康"和"低度风险–不健康"区域果园目前仍处于幼龄期,其化肥施用量相对较少,但区域土壤承载力相对较低,随着果树不断成长,其化肥施用量将会逐渐增加,故其未来环境风险将会不断增大,因此,这些果园应当引起足够关注,也应当逐渐开展果园优化管理,这部分区域主要位于栖霞的亭口镇、庙后镇、唐家泊镇和桃村镇,以及海阳的发城镇。

进一步在五龙河流域尺度上对果园化肥施用水环境效应进行评价分析,结果表明:果园化肥施用的水环境效应除了受"源"环境风险和"汇"环境承载力的影响,流域结构及果园分布格局也是重要的影响因素。流域内,果园大部分布于中上游地区,因此果园种植环境效应对整个流域的水环境安全具有重要影响。从各类型果园分布来看,"重度风险–健康"及"重度风险–不健康"果园大部分位于流域的上游地区,有一小部分位于中游的莱阳市区附近;而"中度风险–健康"及"中度风险–不健康"果园则基本位于流域的中部地区。通过前文区域层面果园化肥施用的综合环境效应分析,我们明确了各类型果园的位置、相应的管理政策及双减措施的优先实施区域,而流域模型的辅助可以帮助我们明晰各类型果园的环境效应在不同空间位置的互动,以及其最终对整个流域水环境的影响,确定对水体污染贡献最大的区域,并与区域层面的分析结果相结合,进一步优化双减措施实施区域的选择。

8.3.5 区域尺度农药减施增效技术环境效应综合评价

8.3.5.1 区域尺度农药减施增效技术环境效应综合评价方法

农药的合理施用对现代农业增产增收发挥着不可替代的作用,然而在生产实际中,农药的大量施用带来的环境污染问题引起了人们的广泛关注(Konstantinou et al.,2006)。已有研究表明,在现有的农药施用技术条件下,有40%~60%农药将进入环境土壤,5%~30%的农药将进入环境大气并最终通过降雨返回地表,仅有约20%能够有效附着于植物表面。因此,综合运用多种农药减施新方法新手段切实降低农药残留带来的生态风险具有重要意义。尽管农药在土壤中的环境行为研究作为农药环境安全性评价的重要组成部分早已成为农药残留领域的热点，然而由于有害农药残留对土壤生态系统的影响十分复杂，因此如何在区域尺度上有效评价农药残留对土壤生态系统的复杂影响仍是一个极具挑战的课题（Arias-Estévez et al.，2008）。

已有研究表明，20 世纪 70 年代末期美国国家环境保护局在制定全国环境水质标准时所提出的物种敏感性分布（species sensitivity distribution，SSD）方法是一种有效的污染物生态风险评价方法（刘良等，2009），并成功应用于农药生态风险评估领域（徐瑞祥和陈亚华，2012）。通常情况下，风险评估一般采用单一污染物对单一物种的剂量效应关系模式，如采用微宇宙、中宇宙试验进行农药环境风险评估，尽管可以有效模拟农药施用后试验系统中的生物多样性变化，同时考虑了敏感物种的恢复潜力，评价结果也更贴近实际，但传统方法存在试验周期长、试验方法复杂等缺点，尤其在复杂污染情况下，传统风险评估方法难以准确反映多种农药的联合生态风险，具有一定的弊端。然而，基于 SSD 方法的环境效应评价技术是通过构建统计分布模型，依据农药的急性或慢性毒理数据来计算一种或多种农药对生物的潜在影响比例，从而实现定量评价农药的生态风险。在基于 SSD 方法的环境效应评价中，生物的潜在影响比例（potential affected fraction，PAF）是反映生态风险评估结果的重要数据，PAF的大小直接反映了生态风险高低。此外，5% 危害浓度（hazardous concentration 5%，HC_5）是判断农药生态毒性的重要参数，农药的 HC_5 越小表明该农药的生态毒性越大。SSD 方法具有生态意义明确、简明易懂等优点，将其应用于区域尺度农药减施增效技术的环境效应评价，对于明确区域尺度苹果园农药减施的重点区域和环节具有重要意义。

为了更好地说明 SSD 方法在农药减施增效环境效应评价中的具体应用，我们将通过以下区域尺度苹果园除草剂减施增效环境效应评价实例，从试验设计及结果分析两个方面，展示在苹果环境友好型化肥和农药减施技术实施及监测评价过程中，如何利用区域尺度环境效应评价技术，结合相关评价结果，实现对典型区域监测数据的综合分析，从区域尺度对本研究形成的化肥和农药减施增效集成技术模式开展环境效应评价，从而明确农药减施的重点区域和环节。

8.3.5.2　区域尺度苹果园除草剂减施增效环境效应评价试验设计

依据课题"苹果化肥农药减施增效环境效应综合评价与模式优选"、子课题"区域尺度化肥农药减施增效技术环境效应综合评价"年度研究计划，结合农药减施共性关键技术，开展了区域尺度苹果农药减施环境效应的评价技术研究。在减施增效技术体系环境效应评价方面，针对苹果园中广泛施用的三嗪类传统除草剂莠去津农药，开展了其在苹果中残留消解及残留环境效应评价研究。在区域尺度上，对苹果园长残效除草剂莠去津农药符合良好农业操作规范的不同减施模式进行了环境效应综合评价。

莠去津，英文通用名 atrazine，化学名称 2-氯-4-乙氨基-6-异丙氨基-1,3,5-三嗪，别名阿特拉津，属于三嗪类除草剂。1957 年瑞士科研人员发现该化合物具有良好的除草效果，1958年瑞士汽巴-嘉基嘉基公司首次生产该农药，在此后的数十年间，莠去津成为全球产量最大的除草剂之一。该农药通常用于作物中长叶杂草的防治（Sirons et al.，1973；Frank and Sirons，1985；Chen et al.，2015）。相关研究表明，莠去津是一种稳定的化学物质，其作为一种长残效除草剂在环境中难以降解，同时可被雨水淋洗至土壤较深层，从而可能导致严重的环境污染（Solomon et al.，1996；Chen et al.，2015）。此外，已有研究表明莠去津对人体皮肤及眼睛均有刺激性，同时属于潜在的致癌物（Giersch，1993；Zhang et al.，2014）。莠去津对大鼠的急性经口 LD$_{50}$ 为 1780mg/kg，对兔的急性经皮 LD$_{50}$ 为 7000mg/kg，对大鼠的慢性毒性经口无作用剂量为 1000mg/kg，可引起雄蛙雌化，美国、欧盟和日本均已将其列入《环境内分泌干扰化合物》（Environmental Endocrine Disrupting Chemicals）名单。

莠去津在我国使用极其广泛，目前在我国登记对象共计 34 个，相关登记具体包括茶园、春玉米、春玉米田、大葱、大蒜、大蒜田、防火隔离带、甘蔗、甘蔗田、高粱、高粱田、公路、红松苗圃、姜、姜田、梨树、梨树（12 年以上树龄）、梨园、梨园（12 年以上树龄）、糜子、糜子田、苹果树、苹果树（12 年以上树龄）、苹果园、苹果园（12 年以上树龄）、葡萄园、森林、森林防火道、铁路、夏玉米、夏玉米田、橡胶园、玉米、玉米田。《食品安全国家标准　食品中农药最大残留限量》（GB 2763—2019）规定莠去津在苹果中的临时限量为 0.05mg/kg。苹果是我国的第一大水果，也是我国优势农产品之一。建立针对苹果种植使用农药莠去津的定量检测方法并将其应用于区域环境效应评估，对于因地制宜地探索不同苹果种植环境中最优农药施药剂量、优化施药时机、保障苹果农药减施增效具有重要意义。

固相萃取（solid-phase extraction，SPE）技术出现于 20 世纪 70 年代，具有操作简便快速、有机溶剂用量少等优点，其原理是通过固相萃取小柱吸附目标分析物，使目标分析物与样品的基体和干扰化合物分离，然后使用洗脱溶剂将目标分析物解吸下来，从而分离出目标分析物。SPE 分离模式可分为正相、反相、离子交换和吸附，因 SPE 技术具有操作简单的特点，近年来在农药残留分析领域得到了较多的应用（Li et al.，2017）。作为传统三嗪类长残效除草剂，莠去津目前在农业生产中被广泛使用，由于该农药在我国已登记于苹果树，因此随着莠去津在苹果园中的大量施用，必然会引起土壤和地下水污染，尤其是区域生态环境恶化等问题。发展莠去津的快速定量检测方法，进行残留消解及残留环境效应评价，并提出长残效除草剂莠去津农药符合良好农业操作规范的最优减施模式仍然是一个巨大的挑战。

本研究建立了一种更为快速、准确、灵敏度更好、基于固相萃取技术（SPE）结合气相色谱法的莠去津农药残留检测法，并将其应用于全国不同苹果主产区果园中实际田间试验样品的检测，具有处理简单、出峰时间快、检测迅速等优点。该方法的建立不但可以为研究莠去津在苹果中的残留消解及残留环境效应评价提供有益的方法参考，还可以为在区域尺度上提出长残效除草剂莠去津农药符合良好农业操作规范的最优减施模式提供相关数据参考。

在田间试验设计方面，相关田间试验在我国大陆性季风气候区、暖温带半湿润季风气候区等不同类型的苹果主产区顺利进行。各试验点已参照农药残留试验准则要求设计试验小区，每小区面积 30m^2，重复 3 次，随机排列，小区间设保护带，另设对照小区。根据 38% 莠去津悬浮剂防治苹果园一年生杂草相关试验设计，设置高施药制剂量为 2812.5g(a.i.)/hm^2，同时设置减施至 2/3 用药量的低施药制剂量为 1875g(a.i.)/hm^2；施药时期为土壤墒情较好时，施药方法为地表喷雾，施药次数为 1 次。

在施药制剂量设计方面，为准确反映莠去津在苹果园中的消解动态，于苹果生长至半果大时，在北京及安徽试验区分别选取 30m^2 果园土地，按照制剂量 2812.5g(a.i.)/hm^2，地表喷雾施药 1 次，采样时间为施药后 2h、1d、3d、7d、14d、21d、30d、45d、60d，采集苹果园土壤样本进行农药残留消解动态监测。莠去津在苹果园中的最终残留量是农药残留监测的重点，同时是进一步开展环境效应评价的关键环节。为了进一步比较不同区域采用原药量及减施至 2/3 用药量的最终残留量与环境效应，最终残留试验设两个施药剂量，低剂量按制剂量 1875g(a.i.)/hm^2、高剂量按制剂量 2812.5g(a.i.)/hm^2 采用地表喷雾各施药 1 次；成熟期分别采集苹果园土壤样本。此外，相关试验另设清水空白对照，处理间设置必要的保护带，以避免农药飘移等污染带来的试验干扰。

在土壤样品采集方面,在苹果园试验小区中采用随机方式选择6~12个采样点。每点以往复旋转的方式将土钻压入果园土壤中,拔出土钻,使土钻侧槽开口朝上,用改锥去掉尖端刻度以下部分的土样和土钻外部附着的土壤,将土钻中的土心部分撬到不锈钢盆内。每个试验小区每次采集土壤样本1~2kg,在不锈钢盆中除去碎石、杂草和植物根茎等杂物,混匀装入封口袋中包扎妥当。在土壤样品制备方面,将采集到的土壤样本碾碎后过筛,收集于搪瓷盘或其他适宜容器中,充分混匀,用标准四分法分取200~300g土壤样品两份,分别装入封口袋中,贴好标签。将上述所制备的实验室样品分类包装并标记后,放入-20℃低温冰柜中冷冻贮存。

在分析方法建立方面,目前已建立苹果园土壤基质的SPE前处理方法及相关气相色谱定量分析方法。在标准曲线制作方面,准确称取莠去津标准品,用丙酮溶解并逐级稀释配制成标准溶液系列,然后将土壤样品制成基质空白溶液,用相应的基质空白溶液将莠去津标准溶液准确配制成浓度分别为0.01mg/L、0.02mg/L、0.05mg/L、0.1mg/L、0.5mg/L、1mg/L、2mg/L、5mg/L的系列标准溶液,现配现用;同时配制溶剂标准溶液系列。绘制溶剂及基质标准曲线,其中y为莠去津峰面积、x为标准溶液浓度。莠去津在苹果园土壤中的添加回收率如表8-19所示。根据添加回收试验,莠去津在苹果和土壤中的最低检测浓度均为0.01mg/kg。

表8-19　苹果园土壤中莠去津的添加回收率

添加浓度/(mg/kg)	回收率/%						相对标准偏差/%
	1	2	3	4	5	平均值	
0.01	70	78	74	82	74	76	6.0
0.1	86	84	86	85	87	86	1.3
1	85	84	86	86	82	85	2.0

8.3.5.3　区域尺度苹果园除草剂减施增效环境效应评价结果与分析

农药的环境行为研究是农药环境安全性评价的重要组成部分,其中农药在土壤中的降解是农药环境行为的重要表现形式。农药在土壤中的降解是指在田间耕作条件与成土因子的共同作用下,土壤中残留的农药逐步由大分子分解成小分子直至失去生物活性及毒性的全过程。土壤中农药残留量的多少、残留时间的长短、降解性能的差异,是评价农药对整个环境危害的重要指标。一般情况下,农药在土壤中残留的时间越长,对环境的污染越重以及对人类及各种环境生物的潜在威胁也越大。农药在土壤中的消解动态主要以半衰期来表示,即农药残留量消解一半时所需的时间,用一级反应动力学方程式计算:

$$C_T=C_0e^{-KT} \tag{8-18}$$

式中,C_T为时间T时的农药残留量;C_0为施药后的原始沉积量;K为消解系数;T为施药后时间。农药在土壤中消解动态的重要表征参数为降解半衰期,一般以$T_{1/2}$表示,$T_{1/2}$的计算公式为

$$T_{1/2}=\ln(0.5/K) \tag{8-19}$$

在本试验中,我们在区域尺度上对属于大陆性季风气候的北京试验区及属于温带半湿润季风气候的安徽试验区分别开展了长残效除草剂莠去津农药残留消解试验。试验结果表明,莠去津在北京及安徽典型区域苹果园土壤中的残留消解动态拟合曲线为北京$C=2.2e^{-0.076T}$,半

衰期 $T_{1/2}$=9.1d，拟合系数 r=−0.9655，21d 后消解 94%；安徽 C=4.1e$^{-0.29T}$，半衰期 $T_{1/2}$=2.4d，拟合系数 r=−0.9130，7d 后消解 98%。上述区域苹果园土壤中莠去律消解动态曲线见图 8-15。两地的消解动态结果表明，莠去津在果园土壤中的半衰期偏长，且差异较大，在区域尺度上，莠去津在北京的消解速度明显慢于在安徽的消解速度，可能是受到诸如土壤 pH、土壤湿度、环境温度、气候带类型等不同环境因素的共同影响。我们认为这些影响因素具体包括：北京试验区属大陆性季风气候，季风明显，四季分明，冬冷夏热，雨量集中，年平均日照时数为 2600h，全年平均气温 12℃，年均降雨量 644mm，苹果生长期为 4～10 月，试验地土壤类型为壤土，pH 为 7.1，有机质含量为 3.1%；而安徽试验区属暖温带半湿润季风气候，四季分明，光照充足，雨量适中，雨热同期，年平均日照时数为 2220～2480h，全年平均气温为 14.4℃，年均降雨量 811mm，降水集中在 6～8 月，试验期间平均气温为 27℃，试验地土壤类型为砂壤土，pH 7.4，有机质含量为 1.14%。由此可知，在区域尺度由于综合环境因素差异的影响，加上莠去津本身属于长残效除草剂，同时考虑到莠去津在北京苹果园土壤中较难降解的特性，因此与北京试验区环境条件相似且农药降解缓慢的苹果主产区均应作为农药减施的重点区域。

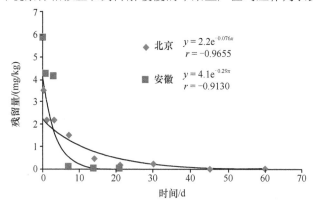

图 8-15　莠去津苹果园土壤消解动态曲线

评价莠去津在苹果园残留的环境效应，关键是通过农药残留监测取得最终残留量。为了进一步在区域尺度上对长残效除草剂莠去津农药符合良好农业操作规范的两种不同减施模式进行环境效应综合评价，在高施药剂量 2812.5g(a.i.)/hm^2 和低施药剂量 1875g(a.i.)/hm^2 条件下，我们分别测定了北京、安徽、山东试验区成熟期苹果园土壤样本中莠去津的农药残留量，并进一步开展了基于 SSD 方法的环境效应评价研究。两种不同施药剂量条件下，苹果园土壤中农药残留监测结果如表 8-20 所示。试验结果表明，莠去津在北京、安徽、山东典型区域的苹果园土壤中以高施药剂量 2812.5g(a.i.)/hm^2 和低施药剂量 1875g(a.i.)/hm^2 分别采用地表喷雾施药 1 次，成熟期采收时测得土壤中的莠去津最终残留量＜0.13g(a.i.)/hm^2。在区域尺度上，三地试验结果均表明，在低施药剂量 1875g(a.i.)/hm^2 条件下莠去津在土壤中的残留量显著低于在高施药剂量 2812.5g(a.i.)/hm^2 条件下的农药残留量。

表 8-20　不同施药剂量下苹果园土壤中莠去津残留监测及生态风险评价结果汇总

试验区域	剂量/[g(a.i.)/hm^2]	施药次数	采收间隔期	残留量/(mg/kg)	潜在影响比例
北京	1875	1	成熟期	0.10	0.1668
	2812.5	1	成熟期	0.13	0.1797

续表

试验区域	剂量/[g(a.i.)/hm²]	施药次数	采收间隔期	残留量/(mg/kg)	潜在影响比例
安徽	1875	1	成熟期	0.018	0.0974
	2812.5	1	成熟期	0.022	0.1042
山东	1875	1	成熟期	<0.01	<0.0794
	2812.5	1	成熟期	0.12	0.1757

在基于 SSD 方法的环境效应评价方面，我们采用水土环境农药污染物生态风险评价软件平台（BITSSD）V1.0 版，依据水土环境农药 SSD 模型库，在不同施药剂量条件下对北京、安徽、山东典型区域苹果园土壤中的莠去津残留进行了环境效应评价，计算得到了莠去津的SSD 曲线（图 8-16）。在农药生态风险评价方面，对生物的潜在影响比例（PAF）是反映生态风险评估结果的重要数据，PAF 越大表明生态风险越高。此外，5% 危害浓度（HC_5）是判断农药生态毒性的重要参数，HC_5 越小表明农药的生态毒性越大。

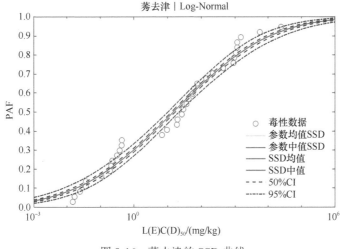

图 8-16　莠去津的 SSD 曲线

研究结果表明，莠去津在北京、安徽、山东典型区域苹果园土壤中以高施药剂量2812.5g(a.i.)/hm² 及低施药剂量 1875g(a.i.)/hm² 分别采用地表喷雾施药 1 次，成熟期采收时测得土壤中莠去津的 PAF 为 0.0794～0.1797。在区域尺度上，三地试验结果均表明，在低施药剂量 1875g(a.i.)/hm² 条件下莠去津在土壤中的生态风险显著低于在高施药剂量 2812.5g(a.i.)/hm²条件下的生态风险。同时，值得注意的是，低施药剂量 1875g(a.i.)/hm² 条件下，莠去津在北京、安徽典型区域苹果园土壤中的残留量均高于莠去津 HC_5 值 0.0029mg/kg，说明在上述地区莠去津农药残留带来的生态风险仍然较高，未来仍需要进一步加大莠去津在苹果园中的减施力度，将调节施药剂量作为农药减施的重点环节，综合运用多种农药减施新方法新手段切实降低长残效除草剂在苹果园的生态风险。

第9章 茶叶环境友好型化肥和农药减施技术及监测评价

9.1 西南山地丘陵区茶叶环境友好型化肥减施模式优选及环境效应评价

9.1.1 模式介绍

9.1.1.1 模式名称

云南大叶种茶园"春夏秋三季分阶段有机肥和缓释肥替代+土壤改良"化肥减施增效技术模式。

9.1.1.2 技术概述

云南省地处我国的西南地区，得益于得天独厚的自然环境，其成为我国的第一产茶大省。其中，勐海县是云南省第一产茶大县，享有"普洱茶圣地"的美誉，茶产业也是勐海县产业体系中最为重要的一环。勐海县主要的茶园类型包括人工台地茶园、生态茶园和古树茶园三种，共计71万亩，其中以人工台地茶园面积最大，潜在的环境污染风险也最大。

模式优选试验地点勐海县位于云南省西南部、西双版纳傣族自治州西部，地理坐标为21°28′～22°28N′、99°56′～100°41′E，东接景洪市，东北接思茅区，西北与澜沧县毗邻，西和南与缅甸接壤。东西最长横距77km，南北最大纵距115km，总面积5511km²，其中山区面积占93.45%，坝区面积占6.55%。勐海县作为全国有名的产茶大县，茶叶是山区的重要经济作物。台地茶为大面积种植的作物，但茶料利用率较低是勐海县茶叶种植面临的紧迫问题。

当前勐海县茶园肥料施用频率较高的种类为尿素、复合肥和少量有机肥。虽然自2012年以来全县加大了生态茶园建设力度，茶园化肥施用水平有所降低，但大多数茶园在化肥施用上仍存在着施肥量大、施肥技术落后、肥水利用率低等问题。同时绝大部分茶园建植在降雨丰沛且相对集中的南方山坡丘陵区，因而产生的地表径流极大，氮磷流失严重，水体富营养化污染风险高。此外，勐海县大部分台地茶园种植年限长，茶园土壤存在不同程度的酸化、板结、土地肥力退化等问题，也严重影响着茶叶品质及耕地质量。

云南多为山地高原，盆地、峡谷交错棋布，地形极其复杂，海拔由6740m逐渐降至76.4m，高低差6663.6m，海拔相差悬殊，导致各地茶树病虫害发生情况存在差异，局部性害虫种群与危害程度很不相同，世代发生也较混乱，世代重叠严重。前期对县内8个乡镇共计100多户茶农进行调查时发现，大多数茶农对茶园的管理方式为只进行施肥与少部分进行除草剂施用，除草剂的种类主要为草甘膦（成分与百草枯相近），农药的使用户数为0。原因是茶园施加农药后，茶叶品质与口感变差，价格一落千丈（普通台地茶春茶价格为5元/kg，使用农药后几乎售不出）。同时对全县8个乡镇茶叶的百草枯含量进行了测定，结果显示均在检出限（<0.05mg/kg）以下。

在对台地茶农进行调查时发现，针对病虫害的发生，有很多有效的应对措施，如利用农业栽培管理措施，充分发挥天敌的自然调控能力，即在茶园周围种植一些银杏、果树等多种行道树，改善茶园小气候，增加生物多样性，减轻茶树病虫发生为害；合理修剪与及时采摘可以降低病虫发生基数，改善茶园通风透光条件，恶化病虫生存环境，抑制假眼小绿叶蝉、茶蚜、茶橙瘿螨、茶白星病等芽叶病虫的发生；物理措施方面会安装太阳能杀虫灯，黄、蓝色杀虫板，以及性诱剂捕捉器。

综上所述，结合云南省勐海县茶园生产的实际情况，优选模式为"春夏秋三季分阶段有机肥和缓释肥替代+土壤改良"化肥减施增效技术模式。通过化肥减量增效技术模式，有效地降低了氮、磷化肥的施用量与施用频次，同时茶叶产量基本没有下降，甚至有所上升，茶叶品质也有所提升，茶园的土壤肥力也有所提升，区域尺度上流域氮磷负荷明显降低，综合考虑投入成本、茶叶品质提升后价格上涨等，茶农亩均收入显著增加。因此，该模式实现了茶园环境与经济效益的双提升。

9.1.1.3 减施模式技术图解

减施的技术模式如图 9-1 所示。

时间	1~2月	3~4月	5月	6~7月	8~10月
主要操作	对茶园进行修剪	茶园沟施春季基肥，施肥量为全年施肥量的50%	手工采茶	进行第一次追肥，追肥量为全年施肥量的30%，10d后进行手工采茶	进行第二次追肥，追肥量为全年施肥量的30%，10d后开始采摘秋茶，一直持续到10月中下旬
化肥减施技术	有机肥替代30%常规化肥；缓释肥替代常规化肥减施30%；减施30%常规化肥+土壤改良	按照年纯氮施用量250kg/hm²为100%化肥用量，减少纯氮施用30%，茶园施肥种类中N、P、K施用比例为3:1:1		有机肥、缓释肥、改良剂作为基肥一次性施入	
化肥减施效果		茶园生产实现全年化肥施用量减少30%			
主要环境效应	提高土壤养分，减缓土壤酸化过程	降低土壤氮磷流失，减少茶园农业面源污染风险		降低茶叶酚氨比，提升茶叶品质	

图 9-1 减施模式技术图解

9.1.1.4 化肥减施模式技术要点

1. 技术效果

通过茶园分阶段有机肥替代化肥、缓释肥替代化肥、土壤改良剂替代化肥、分季节精准施用农药，与基线施肥用药相比，每亩可减少化学肥料用量30%；同时能够提高茶园土壤养分含量，降低土壤氮磷流失，减少茶园农业面源污染风险，提升茶叶品质。2020 年实现示范区内化肥减施 30%，肥料利用率提高 12%，同时茶叶平均增产 3%。如果成熟技术应用于我国 70% 茶园，每年可减施化肥超过 30 万 t。这不仅将大大节省农资成本，而且可进一步保证我国茶叶的质量安全，增加农民收益。此外，化肥的减量施用将有助于减少农业面源污染，保护茶园有益生物，恢复茶园良好生态环境，促进生态、经济、社会的可持续发展。

2. 适用范围

云南及西南高山丘陵地区均适用。

3. 技术措施

根据茶树自身的生长特性和规律，结合当地茶农的生产经验，化肥施用时间分别为当年的 4 月初、6 月初和 8 月初，共 3 次，3 次施肥比例为 3:1:1。氮肥分三次施用，40% 作为基肥，两次追肥各 30%，有机肥、缓释肥、改良剂、磷肥和钾肥均作为基肥一次性施入。有机肥、缓释肥的用量视其 N、P、K 比例而定，以减少氮投入量的 30% 为基准，在此基础上保证施入的 N、P、K 总量比例为 3:1:1。肥料施用全部采用沟施的方法，在茶树滴水沿线下开20cm 左右深的施肥沟，将肥料施入后覆土，保证茶树正常生长。具体处理方法如表 9-1 所示。

表 9-1　茶园化肥减施技术不同处理的肥料种类及用量　　　　　（单位：kg/hm²）

施肥处理	施肥种类及用量
T1（常规化肥施用）	340 复合肥+428.8 尿素+269.5 过磷酸钙+75 硫酸钾
T2（有机肥替代 30% 化肥）	238 复合肥+400.5 尿素+92.8 过磷酸钙+31.5 硫酸钾+1000 有机肥（腐熟农家肥）
T3（缓释肥替代 30% 化肥）	238 复合肥+250.5 尿素+251.6 过磷酸钙+60.27 硫酸钾+350 缓释肥
T4（减施 30% 化肥+改良剂）	238 复合肥+300.2 尿素+288.5 过磷酸钙+45 硫酸钾+1500 改良剂

9.1.2　化肥减施模式效果

9.1.2.1　茶叶产量

2018 年采茶 23 次，2019 年采茶 24 次，不同处理的茶叶鲜产量如图 9-2 所示。由其可以看出，2018 年各处理年茶叶鲜产量除改良剂替代外其余处理间无显著差异，常规施肥处理年茶叶鲜产量最高，其次是缓释替代处理和有机肥替代处理，仅比常规施肥处理减少1.66%～4.72%，改良剂替代处理最低，比化肥处理减少 12.4%。

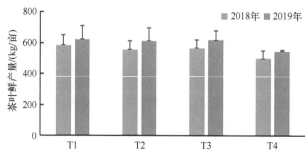

图 9-2　2018 年和 2019 年不同处理茶叶鲜产量

9.1.2.2　茶叶品质

分别对 2018 年 4 月、2019 年 4 月春茶茶叶品质进行检测，茶叶中营养成分含量如表 9-2 所示。从中可以看出，2018 年茶叶品质各处理间无明显差异，2019 年缓释肥替代和有机肥替代处理相较常规施肥处理有显著差异；在茶多酚含量、水浸出物含量方面，缓释肥替代与有机肥替代相比有显著差异，缓释肥替代处理含量更高，品质更高。

表 9-2　茶叶中营养成分含量　　　　　　（单位：mg/g）

时间（年-月）	处理	茶多酚	氨基酸	咖啡碱	水浸出物
2018-4	T1	265.13±7.65a	26.72±2.35a	35.25±3.66a	381.72±10.07a
	T2	258.96±12.33a	28.88±3.01a	34.29±4.13a	394.33±14.65a
	T3	255.84±11.27a	28.43±3.17a	35.64±3.74a	399.15±11.94a
	T4	263.98±9.64a	27.15±2.74a	34.23±3.07a	383.66±12.27a
2019-4	T1	271.43±12.98b	35.35±2.33c	46.46±5.30b	382.25±11.26c
	T2	281.79±24.91b	44.40±3.25b	44.82±6.08b	385.27±14.79c
	T3	303.46±15.06a	42.94±3.44b	48.15±3.92b	421.31±13.37a
	T4	310.36±14.03a	48.22±3.28a	59.47±4.04a	405.05±9.23b

注：同列不同小写字母表示同一年份不同处理间差异显著（$P < 0.05$），下同

9.1.2.3　土壤指标

1. 土壤有机质

2017～2019 年不同处理土壤有机质含量如图 9-3 所示，从中可以看出，2017 年不同处理土壤有机质含量无显著差异，2018 年和 2019 年有机肥替代处理与缓释肥替代处理土壤有机质含量显著高于其他处理。2017～2019 年缓释肥替代处理和有机肥替代处理土壤有机质含量较高（67.5～70g/kg），其次是常规施肥处理（54.8～58.6g/kg），改良剂替代处理土壤有机质含量最低（43.8～47.8g/kg）。

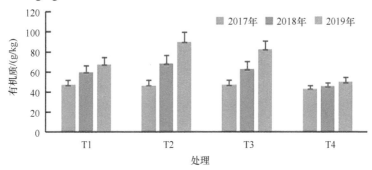

图 9-3　2017～2019 年不同处理土壤有机质含量

2. 土壤有效磷

2018 年和 2019 年不同处理土壤有效磷含量如图 9-4 所示，从中可以看出，土壤有效磷含量在 2018 年与 2019 年各处理间差异均比较明显，有机肥替代与缓释肥替代处理一直都处于较高水平，相比较常规施肥处理有明显的差异。

3. 土壤有效钾

2018 年和 2019 年不同处理土壤有效钾含量如图 9-5 所示，从中可以看出，土壤有效钾含量在 2018 年与 2019 年各处理间差异也比较明显，在 2018 年有机肥替代与缓释肥替代处理一直处于较高水平；在 2019 年缓释肥替代比有机肥替代处理更高，最高达到 413.45mg/kg，常规施肥与改良剂替代处理差异不明显，处于较低水平，在 2019 年末仅为 72～78mg/kg。

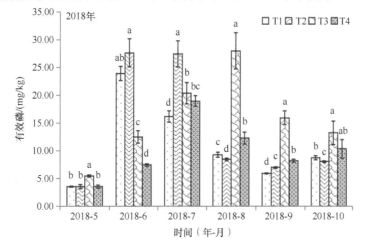

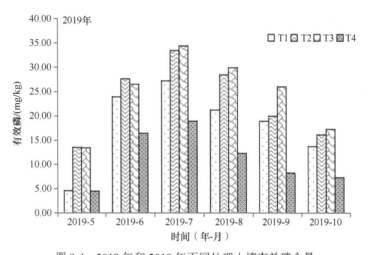

图 9-4　2018 年和 2019 年不同处理土壤有效磷含量

图柱上不含有相同小写字母的表示同一时间不同处理间差异显著（$P<0.05$），下同

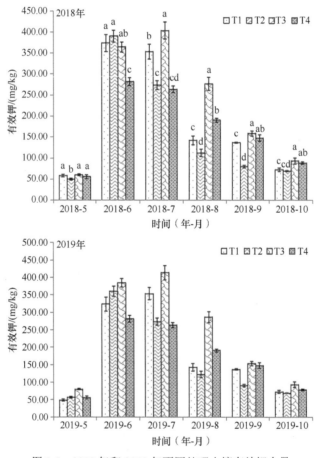

图 9-5　2018 年和 2019 年不同处理土壤有效钾含量

4. 土壤氮素

2018 年和 2019 年不同处理土壤氮素含量如图 9-6 所示，从中可以看出，2018 年土壤以硝态氮为主，铵态氮含量仅占铵态氮和硝态氮含量之和的 2.56%～5.28%；2019 年铵态氮含量

呈下降趋势，各处理差异不明显。

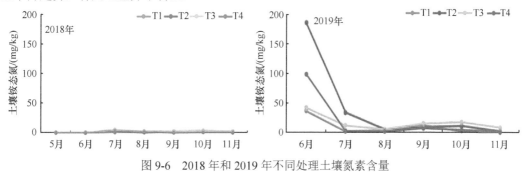

图 9-6　2018 年和 2019 年不同处理土壤氮素含量

5. 土壤综合肥力指数

利用层次分析法确定各指标的隶属度，以及依据各评价指标的权重系数计算土壤综合肥力指数（integrated fertility index，IFI），结果如表 9-3 所示。

表 9-3　不同施肥处理茶园土壤的 IFI 值

处理	T1	T2	T3	T4
IFI 值	0.5468	0.6092	0.6749	0.5677

9.1.2.4　径流水样

1. 总氮浓度

2018 年和 2019 年不同处理地表径流水总氮浓度如图 9-7 所示，从中可以看出，2018 年径流水总氮浓度在 9 月出现峰值，总氮浓度分布在 25.8～63.1mg/L，其他月份浓度较低。2019 年总氮浓度先呈现下降趋势，9 月、10 月浓度较高。7～10 月降雨量较大，易产生高的径流水量，以总氮浓度较高的 2018 年 9 月和 2019 年 9 月为例，常规施肥处理径流水总氮浓度最高，其次是有机肥替代、缓释肥替代和改良剂替代。

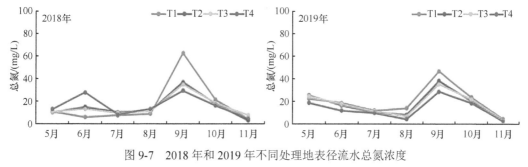

图 9-7　2018 年和 2019 年不同处理地表径流水总氮浓度

2. 总磷浓度

2018 年和 2019 年不同处理地表径流水总磷浓度如图 9-8 所示，从中可以看出，径流水总磷浓度的时间变化特征与总氮相似，2018 年 5～8 月总磷浓度很低，在 9 月出现峰值，10～11 月浓度迅速下降；2019 年 5～9 月总磷浓度呈下降趋势，10～11 月浓度较高，其中 11 月相比 10 月有下降趋势。7～10 月降雨量较大，易产生高的径流水量，以总磷浓度较高的 2018 年 9 月和 2019 年 9 月为例，常规施肥处理径流水总磷含量最高，其次是有机肥替代、缓释肥替代和改良剂替代。

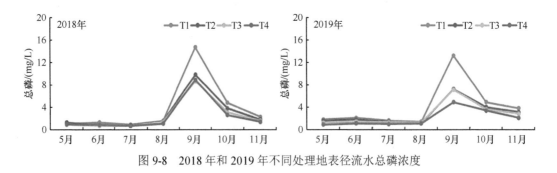

图 9-8　2018 年和 2019 年不同处理地表径流水总磷浓度

9.1.3　化肥减施模式环境效应评价

9.1.3.1　评价方法

采用中国农业大学胡克林教授研发的土壤水热碳氮循环模型（WHCNS），以研究区作为最小评价单元，按照最小评价单元收集气候、土壤、农业生产管理等数据，构建支撑模型运转的数据库。运转模型，得到不同模拟单元的环境评价指标值。

进一步采用中国农业科学院农业资源与农业区划研究所开发的减施环境效应评级方法评估化肥减施增效技术实施的环境效应。该评价方法适用于化肥减施增效技术实施后环境效应的评价，综合考虑了施肥所引起的温室效应、水体富营养化效应、臭氧层破坏效应、酸雨效应等，提出了农田环境效应指数（AEI）的概念，最终使不同效应以货币的方式进行呈现。将通过土壤水热碳氮循环模型（WHCNS）获得的各类环境评价指标值代入 AEI 指数表中进行计算，进而得到区域尺度 AEI 指数及其不同环境分量值。

9.1.3.2　模型参数

在模型参数选择上主要考虑试验地区的气象、土壤性质及作物的灌溉、施肥等参数。

1. 子流域单元格划分

通过 GIS 软件对数字高程数据进行河网分级、流向流量确定，提取流域边界、流域出水口、流域轮廓及流域内水系分布等子流域参数，最终将流域划分为若干个有水力联系的子流域。子流域划分单元的面积、流域内河网的详细程度、子流域的数量都是根据子流域阈值来确定的。其中，子流域阈值越小，子流域数量就越多，划分的河网也就越详细，但并不是子流域划分得越多就模拟得越准确。相关研究表明，子流域阈值需要根据模型模拟的实际情况来确定，因为子流域阈值不同会对模拟结果的精度产生一定影响。本研究根据实际情况取子流域阈值为 500hm^2，最终把勐海县勐邦水库汇水区划分为 21 个子流域。

2. 土壤数据

对所选试验地进行土壤背景调查，包括土壤水、土壤溶质运移、土壤热传导，完成模块数据的输入，如下所示。

total layer	4	1							
depth(cm)	Ks(cm day	Qs		Qr	a	m	n	l	clay
-30	92	0.385		0.027	0.021	0.503229	2.013	0.5	0.08
depth(cm)	Ks(cm day	Qs		Qr	1/3bar Q(c	15bar Q(cr	clay		
tested nun	3	2							
depth(cm)	h(cm)	Q(cm3 cm-3)							
-30		0.1							

参数说明：Ks 为饱和导水率（cm/d）；Qs 为饱和含水量（cm³/cm³）；Qr 为残余含水量（cm³/cm³）；a、m、n 和 l 为 van Genuchten 水分特征曲线参数；clay 为土壤黏粒含量；h 为土壤初始基质势（cm）；Q 为土壤初始含水量（cm³/cm³）。

solute num	2										
solute number											
1	1										
2	1										
tested nun	1										
		solute1					solut2				
depth(cm)	soil bulk(g	C(mg NO3 DI(cm)		Dw0(cm-2	k(cm3 g-1)b		n(cm3 g-1)	C(mg NH4 DI(cm)	Dw0(cm-2	k(cm3 g-1)b	n(cm3 g-1)
-30	1.45	3	3	2.4	0.01	1	0	0.505747	3	1.2	0.2	1	0

参数说明：soil bulk 为容重（g/cm³）；C 为溶质浓度（可以设置溶质的单位）；DI 为弥散度（cm）；Dw0 为溶质在自由水中的扩散系数（cm²/d）；k、b 和 n 为溶质与土壤等温吸附曲线参数。

total layer	1								
depth(cm)	Solid	Organic	Disp.(cm)	b1(W cm-¹	b2(W cm-¹	b3(W cm-¹	Cn(J cm-3	Co(J cm-3	Cw(J cm-3 ℃-1)
-30	0.57	0.66	5	1.57E+16	2.53E+16	9.89E+16	1.43E+14	1.87E+14	3.12E+14
tested nun	1								
depth(cm)	thermal(℃)								
-30	20								
年平均温度	18.5								
年平均温度	6								
太阳高度角	67.8								

参数说明：depth 为土壤深度（cm）；Solid 代表土壤固体；Organic 代表土壤有机质；Disp. 代表位移（cm）；b1、b2、b3 为导热率参数（W/cm）；Cn、Co、Cw 为比热容 [J/(cm³·℃)]；thermal 代表温度（℃）。

3. 气象数据

本研究选取西定哈尼族布朗族乡、勐遮镇和勐混镇 3 个传统国家级气象站点的多年气象数据来制作研究流域天气发生器。西定哈尼族布朗族乡、勐遮镇和勐混镇 3 个传统国家级气象站点的气象数据源自中国气象数据网（http://data.cma.cn/），数据集涵盖了 1981～2010 年 3 个气象站点累年值和月值平均雨量、平均气温、平均湿度及日照时数等信息。

4. 作物模块

WHCHS 模型提供了荷兰的 PS123、EPIC、WHCNS_veg 三种作物模块，本次试验采用 EPIC 作物模块，生长模块原理如图 9-9 所示。该模块主要输入作物的叶面积指数、积温指数、最小含氮量等重要调试参数。本研究茶树品种为勐海大叶茶，2018 年在研究区茶园试验基地进行采样，共采集茶叶样品 237 个，进行处理和指标测定后得到作物参数。

5. 田间管理模块

该模块主要输入研究区化肥施用、有机肥替代数据。本研究根据茶树自身的生长特性和规律，结合当地茶农的生产经验，化肥施用时间分别为当年的 4 月初、6 月初和 8 月初，年施肥比例为 3∶1∶1。化肥减施具体参数见表 9-1。

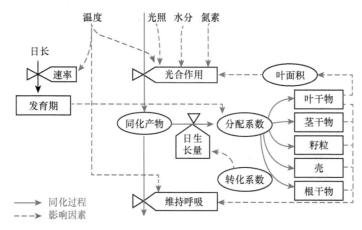

图9-9 作物生长模型

9.1.3.3 模型运算及评价结果

1. 水体富营养化效应计算

（1）数据来源和计算方法

根据农田尺度地表氮素径流流失负荷（SCS方法）计算不同处理地表径流氮磷流失负荷。2018年日降雨数据来源于国家气象站点。土壤类型为红壤，属于D级易产生低渗透高径流的土壤（黏土）。茶园的种植方式为等高种植，土壤水分好、差时前期降雨指数分别为81、82。径流水样浓度采用实际监测数据，2018年定期采集各小区地表径流水样共7次（5～11月，其他月份浓度采用平均值），测定水样总氮、总磷浓度。

农田环境效应指数（AEI）中水体富营养化效应（$E_{\text{eutrophic}}$）的计算方法为

$$E_{\text{eutrophic}} = \left(0.42 \times N_{\text{leaching+runoff}} + 0.33 \times \frac{17}{44} \times V_{\text{NH}_3} + \frac{95}{31} \times P_{\text{runoff}} \right) \times 3.8 \tag{9-1}$$

式中，$N_{\text{leaching+runoff}}$ 指随土壤表层淋溶和地表降雨径流进入流域的氮量；V_{NH_3} 表示 NH_3 挥发量；P_{runoff} 指随地表降雨径流进入流域的磷量。各指标均为纯量值，即氮元素、磷元素的单位分别为 kg N/hm^2、kg P/hm^2。

（2）水体富营养化效应

2018年降雨量为1347.8mm，模拟径流量为114.03mm，径流系数为8.46%。根据径流量和径流N、P浓度计算不同处理地表径流TN和TP流失负荷，常规施肥处理TN流失负荷为16.88kg N/hm^2，改良剂替代和缓释肥替代处理与其相比降低幅度较大，TN流失负荷分别为8.05kg N/hm^2 和4.40kg N/hm^2；常规施肥处理TP流失负荷为2.53kg P/hm^2，有机肥替代和改良剂替代处理与其相比降低幅度较大，TP流失负荷分别为1.68kg P/hm^2 和1.18kg P/hm^2，但缓释肥替代与有机肥替代TP流失负荷相差很小，仅有0.05kg/hm^2（表9-4）。

表9-4 不同处理水体富营养化效应

处理	N 径流量/(kg N/hm^2)	P 径流量/(kg N/hm^2)	N 淋失量/(kg N/hm^2)	水体富营养化效应/元
T1	16.88	2.53	0	65
T2	12.16	1.68	0	45

处理	N 径流量/(kg N/hm²)	P 径流量/(kg N/hm²)	N 淋失量/(kg N/hm²)	水体富营养养化效应/元
T3	8.05	1.73	0	37
T4	4.40	1.18	0	23

不同处理水体富营养化效应如表 9-4 所示，从中可以看出，常规施肥处理的水体富营养化效应为 65 元，改良剂替代、缓释肥替代处理水体富营养化效应较低，分别为 23 元、37 元，是水体富营养化效应较小的两个处理。

2. 酸雨效应计算

（1）数据来源和计算方法

农田环境效应指数（AEI）中酸雨效应（acid rain effect）的计算方法为

$$E_{\text{acid}} = V_{\text{NH}_3} \times 5 \times 1.88 \times \frac{17}{44} \tag{9-2}$$

式中，E_{acid} 为酸雨效应值；V_{NH_3} 为 NH$_3$ 挥发量，单位为 kg N/hm²。

（2）酸雨效应

不同处理酸雨效应如表 9-5 所示，从中可以看出，常规施肥处理的酸雨效应最高，为 247 元；其次是有机肥替代处理，为 173 元；改良剂替代、缓释肥替代处理的酸雨效应较低，分别为 151 元、124 元。

表 9-5　不同处理酸雨效应

处理	NH$_3$ 挥发量/(kg N/hm²)	酸雨效应/元
T1	68	247
T2	48	173
T3	34	124
T4	42	151

3. 净温室效应和臭氧层破坏效应计算

（1）数据来源和计算方法

农田环境效应指数（AEI）中净温室效应（NGEG）的计算方法为

$$\text{NGEG} = \left(E_{\text{CH}_4} \times 28 \times \frac{16}{12} + E_{\text{N}_2\text{O}} \times \frac{44}{28} \times 298 - \text{dSOC} \times \frac{44}{12} \right) \times \frac{174.3}{1000} \tag{9-3}$$

式中，E_{CH_4} 为甲烷排放量（kg C/hm²）；$E_{\text{N}_2\text{O}}$ 为氧化亚氮排放量（kg N/hm²）；dSOC 为土壤有机碳净变化量（kg C/hm²）。各单位均折算为 kg C/hm²。

农田环境效应指数（AEI）中臭氧层破坏效应的计算方法为

$$E_{\text{ozone}} = E_{\text{N}_2\text{O}} \times 7.98 \tag{9-4}$$

式中，E_{ozone} 为臭氧层破坏效应值；$E_{\text{N}_2\text{O}}$ 为 N$_2$O 排放量，单位为 kg N/hm²。

采用旱地的 N$_2$O 排放因子 1.05% 估算不同处理的 N$_2$O 排放量，忽略旱地 CH$_4$ 的排放量。

（2）净温室效应和臭氧层破坏效应

不同处理臭氧层破坏效应和净温室效应如表 9-6 所示，从中可以看出，常施肥处理的净温室效应最高，为 387 元；缓释肥替代处理的净温室效应最低，为 189 元；其次为改良剂替代和有机肥替代处理。

表 9-6　不同处理臭氧层破坏效应和净温室效应

处理	dSOC/(kg C/hm²)	E_{CH_4}/(kg C/hm²)	E_{N_2O}/(kg C/hm²)	NGEG/元	E_{ozone}/元
T1	9.50	0	4.82	387	38
T2	8.29	0	4.34	349	35
T3	14.17	0	2.43	189	19
T4	5.07	0	3.37	272	27

常规施肥处理的臭氧层破坏效应最高（38 元），其次为改良剂替代和有机肥替代处理，缓释肥替代处理的臭氧层破坏效应最低（19 元）。

4. 农田环境效应指数

农田环境效应指数（AEI）为净温室效应（NGEG）、水体富营养化效应（$E_{eutrophic}$）、酸雨效应（E_{acid}）及臭氧层破坏效应之和。

$$AEI = NGEG + E_{eutrophic} + E_{acid} + E_{ozone} \tag{9-5}$$

综合考虑施肥所引起的净温室效应、水体富营养化效应、酸雨效应、臭氧层破坏效应，计算农田环境效应指数，结果如表 9-7 所示。从中可知，缓释肥替代处理是最优的模式，其次是改良剂替代和有机肥替代处理。

表 9-7　不同处理农田环境效应指数及其构成　　　　　　（单位：元）

处理	NGEG	$E_{eutrophic}$	E_{acid}	E_{ozone}	AEI
T1	387	65	247	38	737
T2	349	45	173	35	602
T3	189	37	124	19	369
T4	272	23	151	27	473

5. 勐邦水库流域对氮磷负荷区域尺度化肥减施技术的响应

（1）总氮空间分布

利用模型对所划分的不同单元及 21 个子流域进行计算，由模型的预测结果可知，勐邦水库流域总氮的输出量为 125.36t/年，每个子流域总氮的平均输出量为 5.96t/年，其中勐邦水库总氮输出量为 9.64t/年，占总流域输出量的 7.68%。子流域 1、2、4、18 的总氮年输出量在 129 226.96～225 413.45kg，是污染负荷最大的子流域。总氮污染负荷最小的子流域为 10、15、17、19，其总氮年输出量在 349.67～10 626.78kg。

（2）总磷空间分布

由模型的预测结果可知，勐邦水库流域总磷的输出量为 80.80t/年，每个子流域总磷的平均输出量为 3.85t/年，其中勐邦水库总磷的输出量为 6.48t/年，占流域总磷输出量的 8.02%。水体总磷浓度呈现由中西部向东部递减的规律。子流域 1、2、4 总磷年输出量在 81 570.05～158 432.38kg，是污染负荷最大的子流域。总磷污染负荷最小的子流域为 10、15，其年输出量在 147.02～1380.33kg。

（3）对氮磷负荷化肥减施技术的响应

不同化肥减施技术的污染负荷模拟结果如表 9-8 所示，从中可以看出，改良剂替代、缓释肥替代、有机肥替代减施技术的硝态氮、总氮和总磷污染负荷较常规施肥均有下降。其中，改良剂替代的总氮、总磷削减率均最大，分别达到 9.93%、15.74%，同时化肥减施技术对硝态氮的削减效果最为明显，其中削减率呈现 T4＞T3＞T2。因此在进行污染负荷削减时，应该减少化肥从土壤的流失，通过增加土壤的保水保肥能力，减少由大雨冲刷等原因造成的土壤养分大量向水体转移的情况。

表 9-8 不同化肥减施技术的污染负荷模拟

处理	硝态氮		总氮		总磷	
	输出量/(t/年)	削减率/%	输出量/(t/年)	削减率/%	输出量/(t/年)	削减率/%
T1	48.71		125.36		80.80	
T2	36.83	24.39	115.80	7.63	68.73	14.94
T3	36.80	24.45	113.42	9.52	68.11	15.71
T4	36.29	25.50	112.91	9.93	68.08	15.74

注：表中的削减率是通过与常规施肥处理模拟出的污染负荷对比得出的

9.2 南方低山丘陵区茶叶环境友好型化肥和农药减施模式优选及环境效应评价

9.2.1 模式介绍

9.2.1.1 两减模式名称

浙江茶园"春夏秋三季分阶段有机肥替代+夏秋两季精准施药"化肥和农药减量增效技术模式。

9.2.1.2 技术概述

浙江省地处我国东南沿海地区，气候温暖湿润、光照充足且雨量充沛，自然环境条件十分适宜茶树生长，茶叶也是浙江省发展山区经济的重要作物。浙江省虽然是沿海省份，但是低山丘陵占据大部分面积。当前浙江省的茶园主要分布在山区与半山区，茶料利用率较低依旧是浙江省茶叶种植面临的紧迫问题。

当前浙江省茶园肥料施用频率较高的种类为尿素、复合肥和有机肥。目前浙江省各县（市、区）茶园在施肥时间、施肥频率上差别较大，存在较大的任意性；氮肥、磷肥施用普遍存在过量的情况，而有些地区钾肥施用不足，导致茶园土壤富磷贫钾、径流营养盐流失情况较为严重。

当前化学防治方法依旧是浙江省茶园病虫防治的主要手段，过多的化学农药投入导致茶叶中农药残留量过大，从而影响茶叶质量安全。茶园病虫以茶炭疽病、假眼小绿叶蝉、茶尺蠖、茶橙瘿螨为主。农药使用频次较高的有溴氰菊酯、联苯菊酯、吡虫啉、托布津、硫丹、虫螨腈、氯氟氰菊酯和啶虫脒等。

通过"春夏秋三季分阶段有机肥替代+夏秋两季精准施药"化肥和农药减量增效技术模式的实施，有效地降低了氮、磷化肥和农药的施用量与施用频次，同时茶叶产量基本没有下降，而品质则有所上升，综合考虑投入成本、有机肥替代政府补贴、茶叶品质提升后价格上涨等，茶农亩均收入有显著增加。因此，该模式实现了茶园环境与经济效益的双提升。

9.2.1.3　两减模式技术图解

两减技术模式如图 9-10 所示。

时间	1~2月	3~4月	5月	6~7月	8月	9~10月
主要操作	茶园沟施春季基肥，施肥量为全年施肥量的50%	机采春茶	茶园沟施夏肥，施肥量为全年施肥量的30%	喷施溴氰菊酯和联苯菊酯进行茶虫防治，2周后机采夏茶	采完夏茶2周后，喷施虫螨腈进行茶虫防治，1周后茶园沟施秋肥，施肥量为全年施肥量的20%	机采秋茶
肥药减施技术	油饼替代化肥	按照年纯氮施用量450kg/hm²为100%化肥施用量，减少纯氮施用20%，茶园施肥种类中的尿素、过磷酸钙和氯化钾肥料施用配比为N：P₂O₅：K₂O=3：1：2		采用分阶段有机肥替代模式（春夏秋三季的有机肥替代量分别占全年的50%、30%和20%）		
	以2.5%溴氰菊酯乳油750mL/hm²、10%联苯菊酯乳油150mL/hm²和24%虫螨腈乳油750mL/hm²为100%化学农药施用量为基准，减施化学农药30%，分别在6月中旬喷施溴氰菊酯和联苯菊酯、8月中旬喷施虫螨腈进行茶园虫害防治					
肥药减施效果	茶园生产实现全年化肥施用量减少20%，化学农药施用量减少30%					
主要环境效应	提高茶园土壤养分，减缓土壤酸化过程	降低土壤氮磷流失，减少茶园农业面源污染风险				降低绿茶酚氨比，提升茶叶品质

图 9-10　两减模式技术图解

9.2.1.4　两减模式技术要点

1. 技术效果

通过茶园分阶段有机肥替代化肥、分季节精准施用农药，与基线施肥用药相比，每亩可减少化学肥料用量 20%、化学农药用量 30%，亩均收入增加 160 元，产投比增加 48.85%。

2. 适用范围

浙江及南方低山丘陵地区均适用。

3. 技术措施

根据茶树自身的生长特性和规律，结合当地茶农的生产经验，化肥施用时间分别为当年的 3 月中下旬、5 月中下旬和 7 月中下旬，共 3 次，3 次施肥比例为 5：3：2。肥料施用全部采用沟施的方法，在茶树滴水沿线下开 20cm 左右深的施肥沟，将肥料施入后覆土，保证茶树正常生长。

农药施用的时间为当年的 6 月中旬和 8 月中旬，6 月中旬喷施的农药类型为溴氰菊酯（deltamethrin）和联苯菊酯（bifenthrin），8 月中旬喷施的农药类型为虫螨腈（chlorfenapyr）。溴氰菊酯、联苯菊酯和虫螨腈皆为广泛用于浙江省绿茶园的茶虫害防治农药，主要用于防治茶尺蠖、假眼小绿叶蝉、小绿叶蝉等茶园常见虫害，具有普遍代表性。

具体肥药减施量如表 9-9 所示。

表 9-9　肥药减施具体用量表

化肥减施量	具体施用量
化肥减施 20%	761kg/hm² 尿素+1049kg/hm² 过磷酸钙+480kg/hm² 硫酸钾+1904kg/hm² 油饼

续表

化肥减施量	具体施用量
溴氰菊酯减施 30%	2.5% 溴氰菊酯乳油 750mL/hm²
联苯菊酯减施 30%	10% 联苯菊酯乳油 105mL/hm²
虫螨腈减施 30%	24% 虫螨腈悬浮剂 525mL/hm²

9.2.2 化肥减施模式环境效应评价

9.2.2.1 评价方法

采用中国农业大学胡克林教授研发的土壤水热碳氮循环模型（WHCNS），以研究区作分最小评价单元，按照最小评价单元收集气候、土壤、农业生产管理等数据，构建支撑模型运转的数据库。运转模型，得到不同模拟单元的环境评价指标值。

进一步采用中国农业科学院农业资源与农业区划研究所开发的减施环境效应评级方法评估化肥减施增效技术实施的环境效应。该评价方法适用于化肥减施增效技术实施后环境效应的评价，综合考虑了施肥所引起的温室效应、水体富营养化效应、臭氧层破坏效应、酸雨效应等，提出了农田环境效应指数（AEI）的概念，最终使不同效应以货币的方式进行呈现。将通过土壤水热碳氮循环模型（WHCNS）获得的各类环境指标值代入 AEI 指数表中进行计算，进而得到区域尺度 AEI 指数及其不同环境分量值。

9.2.2.2 模型参数

在模型参数选择上主要考虑试验地区的气象、土壤性质及作物的灌溉、施肥等参数。

1. 子流域划分

本研究采用将子流域划分为众多不同土地利用类型和土壤类型后再组合的方法进行计算。通过模型子流域划分模块将研究流域划分为 9 个子流域。研究流域总面积为 71 750km²，不同子流域面积大小不同，依次为子流域 6（12 777km²）＞子流域 8（11 755km²）＞子流域 1（8389km²）＞子流域 2（8195km²）＞子流域 3（7290km²）＞子流域 4（6188km²）＞子流域 5（6024km²）＞子流域 7（5731km²）＞子流域 9（5411km²）。

2. 土壤数据

在研究流域内采样获取土壤有机质、铵态氮、硝态氮等数据，结合农田水碳氮过程及作物生长过程耦合模型中的土壤水流方程、热运动方程、土壤氮运移方程等（表 9-10），计算出模型所需土壤数据。

表 9-10 模型土壤数据公式

模型	公式	参数
土壤水流方程	$f = k_s\left(1 + \dfrac{h_f \Delta\theta}{F}\right)\dfrac{\partial\theta}{\partial t} = \dfrac{\partial}{\partial z}\left[k(h)\left(\dfrac{\partial h}{\partial z} + 1\right)\right] - S_w$	f 为入渗速率（cm/d）；k_s 为土壤饱和导水率（cm/d）；F 为累积入渗量（cm）；h_f 为湿润锋处的基质势（cm）；$\Delta\theta$ 是饱和含水率和初始含水率之差（cm³/cm³）；θ 为体积含水率（cm³/cm³）；t 为时间（d）；z 为空间坐标（向上为正）（cm）；$k(h)$ 为非饱和导水率（cm/d）；S_w 为根系吸水项［cm³/(cm³·d)］

模型	公式	参数
土壤热运动方程	$C_p(\theta)\dfrac{\partial T}{\partial t}=\dfrac{\partial}{\partial z}\left[\lambda(\theta)\dfrac{\partial T}{\partial z}-C_w qT\right]$	C_p、C_w 分别是土壤（多孔介质）、液相的体积热容 [$J/(cm^3\cdot℃)$]；$\lambda(\theta)$ 是土壤的导热率 [$J/(cm\cdot d\cdot ℃)$]；T 是土壤温度（℃）；q 为土壤水流通量（cm/d）
土壤 NH_4^+-N 和 NO_3^--N 运移方程	$\dfrac{\partial(\theta C_k)}{\partial t}+\dfrac{\partial(\rho S_k)}{\partial t}=\dfrac{\partial}{\partial z}\left[D_{sh}(v,\theta)\dfrac{\partial C_k}{\partial z}\right]-\dfrac{\partial(qC_k)}{\partial z}+S_N$	C_k、S_k 分别是某溶质在液相（$\mu g/cm^3$）、固相（$\mu g/\mu g$）中的含量；ρ 是土壤容重（g/cm^3）；$D_{sh}(v,\theta)$ 是水动力弥散系数（cm^2/d）；S_N 是土壤氮素转化源汇项 [$\mu g/(cm^3\cdot d)$]
硝化作用	$S_{nit}=\dfrac{V_n^* F_n(T)F_n(h)N_{am}}{K_n+N_{am}}$	S_{nit} 是硝化速率 [$\mu g/(cm^3\cdot d)$]；V_n^* 是最佳温度和含水率条件下的消化速率常数 [$\mu g/(cm^3\cdot d)$]；K_n 是半饱和常数（$\mu g/cm^3$）；$F_n(T)$ 是土壤温度修正函数；$F_n(h)$ 是土壤基质势修正函数；N_{am} 是土壤铵态氮浓度（$\mu g/cm^3$）
反硝化作用	$S_{den}=Min\left\{\alpha_d^* S_{CO_2}F_D(\theta);k_d N_{ni}\right\}$	S_{den} 是反硝化速率 [$\mu g/(cm^3\cdot d)$]；α_d^* 是比例常数（g/g，分别以 N 气体和 C 气体计）；S_{CO_2} 表示 CO_2 的释放速率 [$\mu g/(cm^3\cdot d)$]；$F_D(\theta)$ 是水分校准函数；k_d 表示土体可反硝化的硝态氮占总硝态氮的比值；N_{ni} 是土壤硝态氮浓度（$\mu g/cm^3$）
尿素水解	$S_{hys}=N_{urea}\times[1-\exp(-5.0\times WFPS\times K_{urea})]$	S_{hys} 是尿素水解速率 [$\mu g/(cm^3\cdot d)$]；N_{urea} 是土壤中尿素的含量（$\mu g/cm^3$）；WFPS 是土壤孔隙冲水比率；K_{urea} 是一级动力学速率常数（1/d）
氨挥发	$S_{vot}=\dfrac{0.01\times N_{am}\times F_v(T)\times F_v(z)}{1+10^{\left(0.09018+\frac{2729.92}{T+273.15}-pH\right)}}$	S_{vot} 是氨挥发速率 [$\mu g/(cm^3\cdot d)$]；pH 是土壤 pH；N_{am} 是土壤铵态氮浓度（$\mu g/cm^3$）；$F_v(T)$ 是土壤温度（T）的修正函数；$F_v(z)$ 是土壤深度（z）的修正函数
矿化-固持	$S_{min}=-\displaystyle\sum_{p=1}^{6}\dfrac{dC_p/dt}{[C/N]_p}$	S_{min} 是有机质的矿化速率 [$\mu g/(cm^3\cdot d)$]；C_p 是第 p 个有机质库的含氮量（kg/hm^2，以 C 计），$[C/N]_p$ 是第 p 个有机质的碳氮比

3. 气象数据

本研究选取嵊州、新昌和天台 3 个传统国家级气象站点的多年气象数据来制作研究流域天气发生器。嵊州、新昌和天台 3 个传统国家级气象站点的气象数据源自中国气象数据网（http://data.cma.cn/），数据集涵盖了 1981～2010 年 3 个气象站点累年值和月值平均降雨量、平均气温、平均相对湿度以及日照时数等信息。

4. 作物模块

WHCHS 模型提供了荷兰的 PS123、EPIC 及 WHCNS_veg 三种作物模型，本次试验采用 EPIC 作物模型，生长模型原理如图 9-9 所示。该模型主要输入作物的叶面积指数、积温指数、最小含氮量等重要调试参数。本研究作物类型为绿茶，茶树品种为'丰绿'，2017 年在研究区茶园试验基地进行野外采样，共采集茶叶样品 423 个，进行处理和指标测定后得到作物参数。

5. 田间管理模块

该模块主要输入研究区化肥施用、有机肥替代数据。本研究根据茶树自身的生长特性和规律，结合当地茶农的生产经验，化肥施用时间分别为当年的 3 月中下旬、5 月中下旬、7 月中下旬，年施肥比例为 5∶3∶2。化肥减施具体参数见表 9-1。

9.2.2.3　模型运算及评价结果

模型计算结果见图 9-11。由该图可见，该流域化肥减施的水体富营养化效应、酸雨效应及臭氧层破坏效应较为明显。其中，水体富营养化效应降低最为明显，化肥减施使水系径流中的氮含量减少；臭氧层破坏效应降低，表明由 N_2O 造成的臭氧层破坏程度降低，试验区茶园的氨挥发减少。这说明一定比例的化肥减施有助于茶园土壤的固氮作用，试验区氮素负荷降低，环境效应较好。

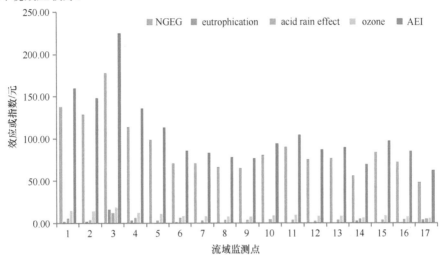

图 9-11　化肥减施后流域水系环境效应评价

NGEG：净温室效应，即温室效应减去农田固碳的值；eutrophication：水体富营养化效应；acid rain effect：酸雨效应；ozone：臭氧层破坏效应；AEI：农田环境效应指数，等于净温室效应、水体富营养化效应、酸雨效应及臭氧层破坏效应之和

在此次评价中，化肥减施对净温室效应（NGEG）的作用不明显，试验区各监测点的净温室效应均较高，说明化肥减施对试验田固碳作用、硝化和反硝化作用的影响有限。净温室效应较高也导致农田环境效应指数（AEI）较高，是农田环境效应指数的最大贡献因子。各采样点农田环境效应指数存在差异表明化肥减施对农田环境的影响因区域土壤、气象等条件的差异而有所不同。

9.2.3　农药减施生态风险评价

9.2.3.1　评价方法

采用中国地质大学何伟与北京大学徐福留教授研发的水土环境农药污染物生态风险评价软件平台（简称 BITSSD）模型数据库的农药 SSD 模型，基于水土环境中农药的物种敏感性分布（species sensitivity distribution，SSD）曲线，利用软件库计算农药生态风险。

该软件基于 MATLABGUI 开发，采用了不同于 BMC-SSD 软件的技术开发路线。软件可从数据库中读取已建 SSD 模型，同时构建 Burr Ⅲ、Log-Normal、Log-Logistic、Weibull 和 ReWeibull 5 种 SSD 模型。在评价 5 种模型优劣时采用了偏差信息准则（DIC）、赤池信息量准则（AIC）和贝叶斯信息准则（BIC），最佳模型由上述 3 种信息准则的综合评价结果确定。通过随机初始值+非线性拟合的方式获得参数的先验分布相关参数；而后利用马尔可夫链蒙特卡罗（MCMC）模拟，采用三条链获取参数后验分布参数；最后利用后验分布参数对 SSD 模型参数的不确定性、SSD 模型曲线的不确定性、SSD 相关推导值的不确定性［如危害阈值 HC_x、潜在影响比例（PAF，或称生态风险值）等］进行估计，从而科学评估水土环境中农药的生态风险。

9.2.3.2 模型参数

农药减施具体参数见表 9-1。

在计算农药生态风险时，需输入暴露数据及待测农药的 SSD 模型数据。本次评价中，暴露数据选择软件默认数值，即计算农药残留浓度为 0.01μg/L、0.1μg/L、1μg/L、10μg/L 和 100μg/L 时的生态风险值。MCMC 采样数设置为 500，移除次数设置为 200，间隔次数设置为 10。

污染物 SSD 模型数据选择导入"PesticideDataBase190803.mat"毒性数据库，在数据库中选择待测农药在两种介质的毒性数据（图 9-12）：溴氰菊酯，CAS 号为 0052918-63-5，毒性参数选择最大无效应浓度（NOEC 或 NOEL），单位为 μg/L。

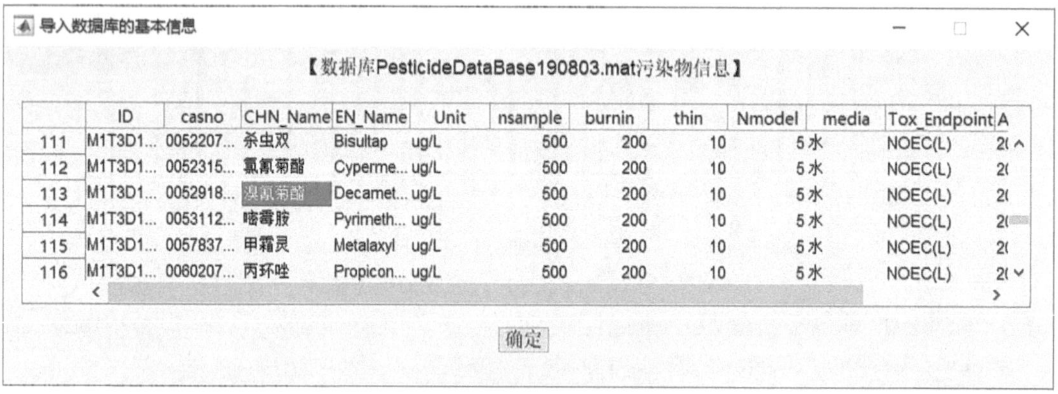

【数据库PesticideDataBase190803.mat污染物信息】

	ID	casno	CHN_Name	EN_Name	Unit	nsample	burnin	thin	Nmodel	media	Tox_Endpoint	A
111	M1T3D1...	0052207...	杀虫双	Bisultap	ug/L	500	200	10	5	水	NOEC(L)	2(
112	M1T3D1...	0052315...	氯氰菊酯	Cyperme...	ug/L	500	200	10	5	水	NOEC(L)	2(
113	M1T3D1...	0052918...	溴氰菊酯	Decamet...	ug/L	500	200	10	5	水	NOEC(L)	2(
114	M1T3D1...	0053112...	嘧霉胺	Pyrimeth...	ug/L	500	200	10	5	水	NOEC(L)	2(
115	M1T3D1...	0057837...	甲霜灵	Metalaxyl	ug/L	500	200	10	5	水	NOEC(L)	2(
116	M1T3D1...	0080207...	丙环唑	Propicon...	ug/L	500	200	10	5	水	NOEC(L)	2(

确定

图 9-12 溴氰菊酯毒性数据

输出结果中，"HC_x 计算"子功能给出当 $x\%$ 的物种被影响时农药达到的浓度，该值被称为危害阈值，一般用于预测无效应浓度（PNEC）和建立水质基准。HC_x 既给出了按照参数中值、平均值和不确定性边界计算的数值，也给出了按照 SSD 曲线计算得到的相应结果。

"PAF 计算"子功能给出了样点农药残留浓度对应的物种潜在影响比例，即生态风险值，是本软件最重要的输出数据，该数据可用于生态风险评估。PAF 既给出了按照参数中值、平均值和不确定性边界计算的数值，也给出了按照 SSD 曲线计算得到的相应结果。

9.2.3.3 评价结果

1. 水环境中农药生态风险评价

在导入水介质的溴氰菊酯毒性数据之后进行风险计算，得出的结果如图 9-13 所示，输出 5 种 SSD 模型参数和模型优劣判定值（DIC、AIC 和 BIC），根据 DIC、AIC 和 BIC 平均值数据，选择平均值最小的 Log-Normal 模型为最优模型（图 9-14）。

HC_x、PAF 的计算结果采用 SSD 中值和 SSD 95% 置信区间。HC_x 计算结果（图 9-15）显示了 0.1%～99.9% 的物种被影响时农药所达到的浓度，可见农药残留浓度在 0.0001μg/L 时影响的物种数量不到整体种群的 1%，即 99% 的物种不受影响。2017 年 8 月，试验场地农田仅未减施处理径流水药后 8d 有溴氰菊酯残留检出，浓度为 0.617μg/L（表 9-11），而 30% 减施处理药后 4d 和 8d 径流水中均未检出农药残留。对茶园区 4 个湖塘水及距茶园区 15km 外的平水江水库入口及出口进行采样检测，也均未检出溴氰菊酯，据此可以判断绍兴茶园农药减施以后，流域农药残留带来的生态风险极低。PAF 计算结果（图 9-16）也显示农药残留浓度在 0.1μg/L 以内时，对物种的潜在影响很小。

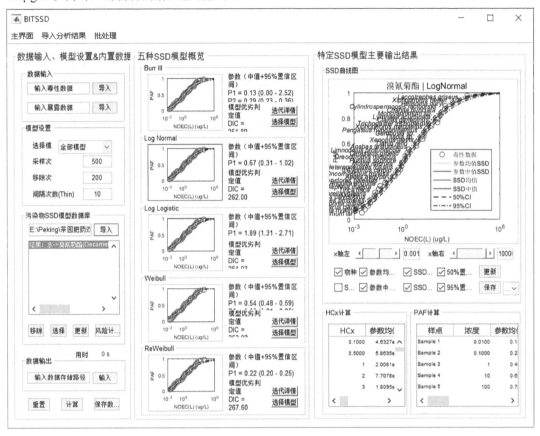

图 9-13　水介质中溴氰菊酯风险计算结果

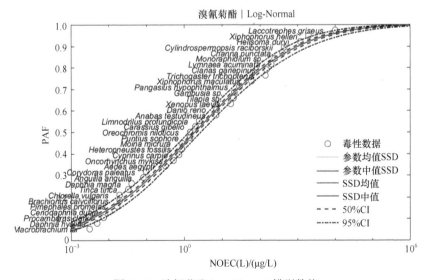

图 9-14　溴氰菊酯 Log-Normal 模型数值

表 9-11 土壤及径流水中溴氰菊酯残留浓度

介质类型		采样时间	未减施	减施 30%
土壤/(mg/kg)	0～20cm	药后 1d	0.003 25	0.002 26
		药后 3d	0.003 62	0.004 60
		药后 7d	0.030 81	0.010 06
		药后 10d	0.007 56	0.005 95
水体/(µg/L)	径流水	药后 4d	ND	ND
		药后 8d	0.617	ND
	茶园区湖塘	1 号点	ND	
		2 号点	ND	
		3 号点	ND	
		4 号点	ND	
	平水江水库	入口	ND	
		出口	ND	

注: ND 表示未检出

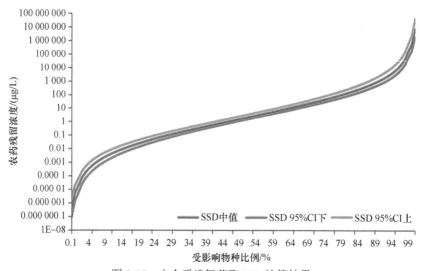

图 9-15 水介质溴氰菊酯 HC$_x$ 计算结果

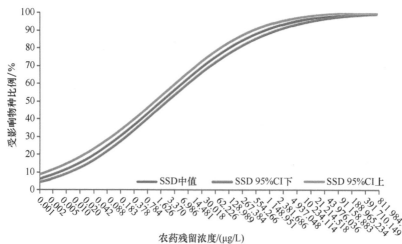

图 9-16 水介质溴氰菊酯 PAF 计算结果

2. 土环境农药生态风险评价

由于目前农药生态风险评价软件毒性数据库中溴氰菊酯在土介质中只有 L(E)C(D)$_{50}$ 参数的数据库,因此,本次评价导入了土介质中溴氰菊酯农药的 L(E)C(D)$_{50}$ 参数。如图 9-17 所示,根据 DIC、AIC 和 BIC 平均值数据,选择平均值最小的 Log-Logistic 模型为最优模型(图 9-18)。

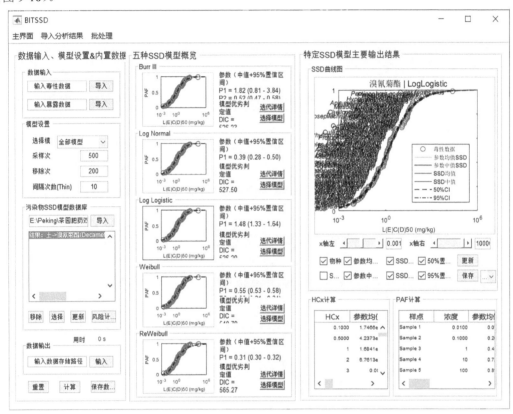

图 9-17　土介质溴氰菊酯风险计算结果

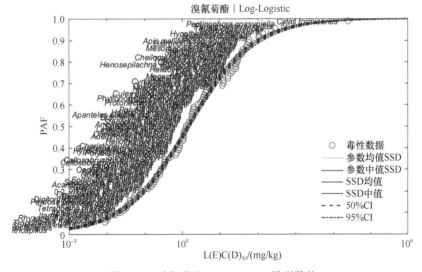

图 9-18　溴氰菊酯 Log-Logistic 模型数值

　　HC$_x$ 的计算结果（图 9-19）显示了 0.1%～99.9% 的物种被影响时农药所达到的浓度，可见农药残留浓度在 0.000 01mg/kg 时影响的物种数不到整体种群的 1%，即 99% 的物种不受影响。PAF 的计算结果（图 9-20）表明：农药残留浓度在 0.001mg/kg 以内时，影响的潜在物种数约为整体种群的 1%。结合试验区土壤溴氰菊酯残留监测结果，未减施、减施组表层土壤溴氰菊酯药后 7d 残留浓度达到最大值，分别为 0.03mg/kg、0.01mg/kg。尽管减施组表层土壤溴氰菊酯残留浓度显著低于未减施组，但仍然高于 HC$_x$ 和 PAF 保护土壤生态系统 99% 物种所对应的残留浓度。因此，茶园减施农药虽然可有效降低土壤农药残留，但客观上施用农药对土壤环境存在一定的生态风险。

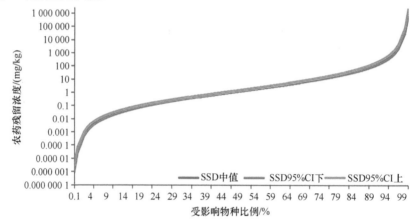

图 9-19　土介质溴氰菊酯 HC$_x$ 计算结果

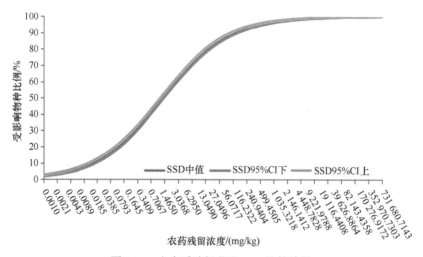

图 9-20　土介质溴氰菊酯 PAF 计算结果

参 考 文 献

鲍士旦, 江荣风, 杨超光. 2000. 土壤农化分析. 3 版. 北京: 中国农业出版社.

毕明浩, 梁斌, 董静, 等. 2017. 果园生草对氮素表层累积及径流损失的影响. 水土保持学报, 31(3): 102-105.

蔡祖聪, 徐华, 马静. 2009. 稻田生态系统 CH_4 和 N_2O 排放. 合肥: 中国科学技术大学出版社.

曹黎明, 李茂柏, 王新其, 等. 2014. 基于生命周期评价的上海市水稻生产的碳足迹. 生态学报, 34(2): 491-499.

曹雪会, 陈忠云. 2012. 设施蔬菜关键病虫害发生特点及配套综合防治措施. 蔬菜, (6): 34-36.

柴育红, 陈亚慧, 夏训峰, 等. 2014. 测土配方施肥项目生命周期环境效益评价: 以聊城市玉米为例. 植物营养与肥料学报, 20(1): 229-236.

晁云飞, 白素芬, 李欣, 等. 2009. 寄生不同虫龄小菜蛾对菜蛾啮小蜂生物学特性的影响. 河南农业大学学报, 43(6): 647-651.

陈波宇, 郑斯瑞, 牛希成, 等. 2010. 物种敏感度分布及其在生态毒理学中的应用. 生态毒理学报, 5(4): 491-497.

陈翠霞, 刘占军, 陈竹君, 等. 2018. 黄土高原新老苹果产区施肥现状及土壤肥力状况评价. 土壤通报, 49(5): 1144-1149.

陈海心, 孙本华, 冯浩, 等. 2014. 应用 DNDC 模型模拟关中地区农田长期施肥条件下土壤碳含量及作物产量. 农业环境科学学报, 33(9): 1782-1790.

陈吉吉, 王乙然, 曹文超, 等. 2018. 碳源和氧对设施菜田土壤 N_2O 排放的影响. 土壤学报, 56(1): 114-123.

陈舜, 逯非, 王效科. 2015. 中国主要农作物种植农药施用温室气体排放估算. 生态学报, 36(9): 2560-2569.

陈天祥, 孙权, 顾欣, 等. 2016. 设施蔬菜连作障碍及调控措施研究进展. 北方园艺, (10): 193-197.

陈洋, 周军英, 程燕, 等. 2016. 农药在稻田使用对地下水的风险评估研究进展. 生态毒理学报, 11(1): 70-79.

陈异晖. 2005. 基于 EFDC 模型的滇池水质模拟. 环境科学导刊, 24(4): 28-30.

陈宗懋. 1995. 从世界茶叶消费趋势谈倡导茶为国饮. 中国茶叶, 2: 24-25.

陈宗懋, 陈雪芬. 1999. 茶业可持续发展中的植保问题. 茶叶科学, 1: 3-8.

崔玉亭, 程序, 韩纯儒, 等. 2000. 苏南太湖流域水稻经济生态适宜施氮量研究. 生态学报, (4): 659-662.

邓南圣, 王小兵. 2003. 生命周期评价. 北京: 化学工业出版社: 134-149.

邓伟, 袁兴中, 刘红, 等. 2014. 区域性气候变化对长江中下游流域植被覆盖的影响. 环境科学研究, 27(9): 1032-1042.

狄向华, 聂祚仁, 左铁镛. 2005. 中国火力发电燃料消耗的生命周期排放清单. 中国环境科学, (5): 632-635.

董国政. 2012. 典型农药对设施菜地土壤质量与番茄生长的影响. 北京: 中国农业科学院硕士学位论文.

董静, 赵志伟, 梁斌, 等. 2017. 我国设施蔬菜产业发展现状. 中国园艺文摘, 33(1): 75-77.

杜鹏. 2014. 山东省苹果市场肥料调查及苹果专用配方肥应用效果研究. 泰安: 山东农业大学硕士学位论文.

杜睿, 王庚辰, 吕达仁, 等. 2001. 箱法在草地温室气体通量野外实验观测中的应用研究. 大气科学, 25(1): 61-70.

杜霞飞. 2017. 有机茶园土壤环境适宜性评价及优势区域划分研究. 南京: 南京农业大学硕士学位论文.

樊红柱, 同延安, 吕世华, 等. 2008. 苹果树体氮含量与氮累积量的年周期变化. 中国土壤与肥料, (4): 15-17.

樊兆博, 刘美菊, 张晓曼, 等. 2011. 滴灌施肥对设施番茄产量和氮素表观平衡的影响. 植物营养与肥料学报, 17(4): 970-976.

范昆, 李颖芳, 曲健禄, 等. 2020. 山东省苹果园农药使用情况调查与分析. 落叶果树, 52(1): 19-21.

范利超, 韩文炎, 李鑫, 等. 2015. 茶园及相邻林地土壤 NO 排放的垂直分布特征. 应用生态学报, 26(9): 2632-2638.

方至萍. 2019. 硅对长江中下游双季稻区化肥农药协同增效减施技术的研究. 杭州: 浙江大学硕士学位论文.
冯磊, 张兰, 张燕宁, 等. 2015. 三种新烟碱类农药对蚯蚓体重及溶酶体膜的影响. 植物保护, 41(3): 35-39.
冯思静, 王道涵, 王延松. 2010. 水环境污染控制经济学方法研究进展. 水资源与水工程学报, 21(1): 19-25.
冯晓龙, 霍学喜. 2015. 考虑面源污染的中国苹果全要素生产率及其空间集聚特征分析. 农业工程学报, 31(18): 204-211.
付永虎, 刘黎明, 王加升, 等. 2017. 高集约化农区投入减量化与环境风险降低潜势的时空分异特征. 农业工程学报, 33(2): 266-275.
高蓉, 韩焕豪, 崔远来, 等. 2018. 降雨量对洱海流域稻季氮磷湿沉降通量及浓度的影响. 农业工程学报, 34(22): 191-198.
高新昊, 张英鹏, 刘兆辉, 等. 2015. 种植年限对寿光设施大棚土壤生态环境的影响. 生态学报, 35(5): 1452-1459.
葛顺峰. 2014. 苹果园土壤碳氮比对植株–土壤系统氮素平衡影响的研究. 泰安: 山东农业大学博士学位论文.
顾宝根, 程燕, 周军英, 等. 2009. 美国农药生态风险评价技术. 农药学学报, 11(3): 283-290.
郭佳伟, 邹元春, 霍莉莉, 等. 2013. 生物地球化学过程模型 DNDC 的研究进展及其应用. 应用生态学报, (2): 571-580.
郭军康, 赵瑾, 魏婷, 等. 2018. 西安市郊不同年限设施菜地土壤 Cd 和 Pb 形态分析与污染评价. 农业环境科学学报, 37(11): 2570-2577.
郭畔, 宋雪英, 刘伟健, 等. 2019. 沈阳市新民设施菜地土壤重金属污染特征分析. 农业环境科学学报, 38(4): 835-844.
郭生良. 2008. γ 能谱的蒙特卡罗计算方法探讨与模拟软件设计. 成都: 成都理工大学硕士学位论文.
郭世荣, 孙锦, 束胜, 等. 2012. 我国设施园艺概况及发展趋势. 中国蔬菜, (18): 1-14.
国家统计局能源统计司. 2017. 中国能源统计年鉴 2017. 北京: 中国统计出版社.
韩天富, 马常宝, 黄晶, 等. 2019. 基于 Meta 分析中国水稻产量对施肥的响应特征. 中国农业科学, 52(11): 1918-1929.
韩文炎, 李强. 2002. 茶园施肥现状与无公害茶园高效施肥技术. 中国茶叶, (6): 29-31.
韩文炎, 徐建明. 2011. 茶园土壤 NO_3^--N 含量与净硝化速率的研究. 茶叶科学, 31(6): 513-520.
韩莹, 李恒鹏, 聂小飞, 等. 2012. 太湖上游低山丘陵地区不同用地类型氮、磷收支平衡特征. 湖泊科学, 24(6): 829-837.
郝璠. 2013. 苹果矮砧集约栽培技术效益评价分析. 杨凌: 西北农林科技大学硕士学位论文.
郝文强, 李翠梅, 姜远茂, 等. 2012. 栖霞市苹果园养分投入状况调查分析. 山东农业科学, 44(6): 77-78.
何青元, 凌光云. 2002. 浅析生物农药在茶园中的应用. 贵州茶叶, 30(4): 20-21.
何伟, 徐福留. 2020. 水土环境农药污染物生态风险评价软件平台（BITSSD）V1.0. http://139.199.128.164/pesrisk/download.html[2020-3-5].
何文寿. 2004. 设施农业中存在的土壤障碍及其对策研究进展. 土壤, 36(3): 235-242.
胡慧芝, 王建力, 王勇, 等. 2019. 1990～2015 年长江流域县域粮食生产与粮食安全时空格局演变及影响因素分析. 长江流域资源与环境, 28(2): 359-367.
胡佳晨, 李永峰, 张博. 2014. 中国湖泊沉积物中有机氯农药污染评价研究. 黑龙江水利科技, 42(2): 23-24.
黄绍文, 唐继伟, 李春花, 等. 2017. 我国蔬菜化肥减施潜力与科学施用对策. 植物营养与肥料学报, 23(6): 1480-1493.
黄炜虹. 2019. 农业技术扩散渠道对农户生态农业模式采纳的影响研究. 武汉: 华中农业大学博士学位论文.
籍春蕾, 丁美, 王彬鑫, 等. 2012. 基于生命周期分析方法的化肥与有机肥对比评价. 土壤通报, 43(2): 412-417.

贾伟, 蒋红云, 张兰, 等. 2016. 4 种甲氧基丙烯酸酯类杀菌剂不同剂型对斑马鱼急性毒性效应. 生态毒理学报, 11(6): 242-251.

贾彦龙, 王秋凤, 朱剑兴, 等. 2019. 1996～2015 年中国大气无机氮湿沉降空间格局数据集. 中国科学数据, 4(1): 4-13.

贾艳艳, 唐晓岚, 唐芳林, 等. 2020a. 1995～2015 年长江中下游流域景观格局时空演变. 南京林业大学学报（自然科学版）, 44(3): 185-194.

贾艳艳, 唐晓岚, 唐芳林, 等. 2020b. 长江中下游流域人类活动强度及其对湿地景观格局影响研究. 长江流域资源与环境, 29(4): 950-963.

姜锦林, 单正军, 周军英, 等. 2017. 常用农药对赤子爱胜蚓急性毒性和抗氧化酶系的影响. 农业环境科学学报, 36(3): 466-473.

姜林杰, 耿岳, 王璐, 等. 2019. 设施番茄和黄瓜田土壤中农药残留及其对蚯蚓的急性风险. 农业环境科学学报, 38(10): 2278-2286.

姜甜甜, 高如泰, 夏训峰, 等. 2009. 北京市农田生态系统氮素养分平衡与负荷研究: 以密云县和房山区为例. 农业环境科学学报, 28(11): 2428-2435.

姜远茂, 张宏彦, 张福锁. 2007. 北方落叶果树养分资源综合管理理论与实践. 北京: 中国农业大学出版社.

金书秦, 张惠, 吴娜伟. 2018. 2016 年化肥、农药零增长行动实施结果评估. 环境保护, 46(1): 45-49.

金志凤, 胡波, 严甲真, 等. 2014. 浙江省茶叶农业气象灾害风险评价. 生态学杂志, 33(3): 771-777.

金志凤, 王治海, 姚益平, 等. 2015. 浙江省茶叶气候品质等级评价. 生态学杂志, 34(5): 1456-1463.

巨晓棠. 2015. 理论施氮量的改进及验证: 兼论确定作物氮肥推荐量的方法. 土壤学报, 52(2): 249-261.

李程. 2013. 水质模型的研究进展及发展趋势. 现代农业科技, (6): 208-209.

李甘霖. 2015. 基于 DNDC 模型的黄土丘陵区旱地农田土壤 CO_2 排放模拟研究. 兰州: 西北师范大学硕士学位论文.

李虎. 2006. 黄淮海平原农田土壤 CO_2 和 N_2O 释放及区域模拟评价研究. 北京: 中国农业科学院硕士学位论文.

李会科. 2008. 渭北旱地苹果园生草的生态环境效应及综合技术体系构建. 杨凌: 西北农林科技大学博士学位论文.

李慧憬. 2017. 山东省蔬菜产业发展现状及对策. 农家科技, (7): 48.

李建军, 辛景树, 张会民, 等. 2015. 长江中下游粮食主产区 25 年来稻田土壤养分演变特征. 植物营养与肥料学报, 21(1): 92-103.

李建军, 徐明岗, 辛景树, 等. 2016. 中国稻田土壤基础地力的时空演变特征. 中国农业科学, 49(8): 1510-1519.

李丽君. 2017. 长期施用堆肥对曲周农田土壤健康影响. 北京: 中国农业大学博士学位论文.

李湄琳. 2017. 农药残留及其对环境的污染. 环境与发展, (9): 56-58.

李敏敏, 安贵阳, 张雯, 等. 2011. 不同冬剪强度对乔化富士苹果成花、枝条组成和结果的影响. 西北农业学报, 20(5): 126-129.

李强, 李建国, 张忠启. 2018. 滨海盐渍土地区水稻田 C、N 及生物量动态变化的模拟与应用. 生态科学, 37(3): 148-158.

李斯更, 王娟娟. 2018. 我国蔬菜产业发展现状及对策措施. 中国蔬菜, (6): 1-4.

李濉, 于相毅, 史薇, 等. 2019. 欧盟健康风险评估技术概述. 生态毒理学报, 14(4): 43-53.

李文庆, 杜秉海, 骆洪义, 等. 1996. 大棚栽培对土壤微生物区系的影响. 土壤肥料, (2): 31-34.

李文庆, 贾继文, 李贻学. 1997. 大棚种植蔬菜对土壤理化及生物性状的影响 // 谢建昌, 陈际型. 菜园土壤肥力与蔬菜合理施肥. 南京: 河海大学出版社: 76-79.

李祥英, 李志鸿, 张宏涛, 等. 2017. 吡唑醚菌酯对不同阶段斑马鱼的毒性效应评价. 生态毒理学报, 12(4): 234-241.

李小环, 计军平, 马晓明, 等. 2011. 基于 EIO-LCA 的燃料乙醇生命周期温室气体排放研究. 北京大学学报 (自然科学版), 47(6): 1081-1088.

李杨, 陈兴良. 2019. "蚯蚓粪" 生物有机肥在水稻上的应用效果试验. 北方水稻, 49(6): 37-38.

李玉双, 陈琳, 郭倩, 等. 2017. 沈阳市新民设施农业土壤中邻苯二甲酸酯的污染特征. 农业环境科学学报, 36(6): 1118-1123.

李远播. 2013. 几种典型手性三唑类杀菌剂对映体的分析、环境行为及其生物毒性研究. 北京: 中国农业科学院博士学位论文.

梁浩, 胡克林, 李保国, 等. 2014. 土壤–作物–大气系统水热碳氮过程耦合模型构建. 农业工程学报, 30(24): 54-66.

梁龙, 陈源泉, 高旺盛, 等. 2009. 华北平原冬小麦–夏玉米种植系统生命周期环境影响评价. 农业环境科学学报, 28(8): 1773-1776.

梁涛, 王浩, 章申, 等. 2003. 西苕溪流域不同土地类型下磷素随暴雨径流的迁移特征. 环境科学, (2): 35-40.

梁新强, 周柯锦, 汪小泉, 2019. 稻田面源污染过程与模拟. 北京: 科学出版社.

刘彬, 李爱民, 张强, 等. 2016. 有机氯农药在湖北省菜地土壤中的污染研究. 中国环境监测, 32(3): 87-91.

刘菲菲. 2013. 三种农药在水稻及其环境中的分布、迁移和残留研究. 杭州: 浙江大学硕士学位论文.

刘国华. 2008. 我国化肥工业的清洁生产. 化工矿物与加工, (5): 36-39.

刘红霞, 祁士华, 邢新丽, 等. 2014. 有机氯农药土–气交换的研究进展. 安全与环境工程, 21(5): 1-10, 15.

刘佳岐. 2015. 基于 Landsat8 遥感影像的扶风县苹果园地信息提取研究. 杨凌: 西北农林科技大学硕士学位论文.

刘建才. 2012. 红富士苹果不同根域空间施有机肥对 ^{15}N 吸收、分配和利用特性的研究. 泰安: 山东农业大学硕士学位论文.

刘来, 孙锦, 郭世荣, 等. 2013. 大棚辣椒连作土壤养分和离子变化与酸化的关系. 中国农学通报, 29(16): 100-105.

刘良, 颜小品, 王印, 等. 2009. 应用物种敏感性分布评估多环芳烃对淡水生物的生态风险. 生态毒理学报, 4(5): 647-654.

刘茂辉, 赵越, 钱丽萍, 等. 2014. 红壤茶园的输出系数模型的改进及其应用. 水资源与水工程学报, 25(2): 85-90.

刘钦. 2020. 乡村振兴战略背景下我国蔬菜产业发展分析. 北方园艺, (4): 142-147.

刘钦普. 2014. 中国化肥投入区域差异及环境风险分析. 中国农业科学, 47(18): 3596-3605.

刘钦普. 2017. 中国化肥面源污染环境风险时空变化. 农业环境科学学报, 36(7): 1247-1253.

刘松, 朱建强, 田皓, 等. 2012. 长江中下游地区的主要水问题与对策. 长江大学学报 (自然科学版), 9(1): 42-46.

刘天军, 范英. 2012. 中国苹果主产区生产布局变迁及影响因素分析. 农业经济问题, (10): 36-42.

刘夏璐, 王洪涛, 陈建, 等. 2010. 中国生命周期参考数据库的建立方法与基础模型. 环境科学学报, 30(10): 2136-2144.

刘晓霞. 2018. 苹果园土壤磷库特征及土壤磷含量和磷源对磷吸收的影响. 泰安: 山东农业大学硕士学位论文.

刘晓永. 2018. 中国农业生产中的养分平衡与需求研究. 北京: 中国农业科学院博士学位论文.

刘巽浩, 徐文修, 李增嘉, 等. 2013. 农田生态系统碳足迹法: 误区、改进与应用, 兼析中国集约农作碳效率. 中国农业资源与区划, 34(6): 1-11.

刘瑜. 2016. 联苯菊酯在茶叶生产中使用安全性的研究. 杭州: 浙江大学硕士学位论文.

刘兆辉, 李小林, 祝洪林, 等. 2001. 保护地土壤养分特点. 土壤通报, 25(5): 206-208.

刘忠, 李保国, 傅靖. 2009. 基于DSS的1978～2005年中国区域农田生态系统氮平衡. 农业工程学报, 25(4): 168-175.

刘宗岸, 杨京平, 杨正超, 等. 2012. 苕溪流域茶园不同种植模式下地表径流氮磷流失特征. 水土保持学报, 26(2): 29-32.

娄伟丽. 2014. 河北省设施蔬菜优质高效生产的技术瓶颈分析. 保定: 河北农业大学硕士学位论文.

楼正云, 汤富彬, 罗逢健, 等. 2008. 腈菌唑在黄瓜和土壤中的残留动态. 农药, (3): 205-207.

卢娜, 曲福田, 冯淑怡. 2012. 太湖流域上游地区不同施肥技术下水稻生产对环境的影响分析: 基于生命周期评价方法. 南京农业大学学报 (社会科学版), 12(2): 44-51.

卢树昌, 陈清, 张福锁, 等. 2008. 河北省果园氮素投入特点及其土壤氮素负荷分析. 植物营养与肥料学报, 14(5): 858-865.

陆扣萍, 闵炬, 施卫明, 等. 2013. 填闲作物甜玉米对太湖地区设施菜地土壤硝态氮残留及淋失的影响. 土壤学报, 50(2): 331-339.

罗观长, 陈春桦, 陈风波, 等. 2019. 中国南方稻作方式选择: 基于长江中下游地区稻农的样本分析. 新疆农垦经济, (1): 23-30.

罗旋. 2016. 设施农业在生态环境建设中的地位与作用. 农业与技术, 36: 237.

骆耀平. 2015. 茶树栽培学. 北京: 中国农业大学出版社.

马立锋, 陈红金, 单英杰, 等. 2013. 浙江省绿茶主产区茶园施肥现状及建议. 茶叶科学, 33(1): 74-84.

马毅杰. 1994. 长江中下游土壤矿物组成与其土壤肥力. 长江流域资源与环境, (1): 1-8.

毛潇萱, 丁中原, 马子龙, 等. 2013. 兰州周边地区土壤典型有机氯农药残留及生态风险. 环境化学, 32(3): 466-474.

毛祖法, 罗列万, 陆德彪. 2007. 浙江绿茶产业现状与提升发展对策. 茶叶, (1): 1-3.

倪康, 廖万有, 伊晓云, 等. 2019. 我国茶园施肥现状与减施潜力分析. 植物营养与肥料学报, 25(3): 421-432.

聂继云, 丛佩华, 杨振锋, 等. 2005. 中国苹果生产农药使用调查报告. 中国农学通报, (9): 352-353, 364.

聂小飞, 李恒鹏, 黄群彬, 等. 2013. 天目湖流域丘陵山区典型土地利用类型氮流失特征. 湖泊科学, 25(6): 827-835.

宁川川, 王建武, 蔡昆争, 等. 2016. 有机肥对土壤肥力和土壤环境质量的影响研究进展. 生态环境学报, 25(1): 175-181.

牛建群, 吴亚玉, 张耀中, 等. 2019. 我国茶园农药登记现状与分析. 农药科学与管理, 40(9): 1-4, 36.

农业农村部市场预警专家委员会. 2020. 中国农业展望报告 (2021—2030). 北京: 中国农业科学技术出版社.

戚迎龙, 史海滨, 李瑞平, 等. 2019. 滴灌水肥一体化条件下覆膜对玉米生长及土壤水肥热的影响. 农业工程学报, 35(5): 99-110.

齐文彪, 丁曼. 2017. 基于MDOE11模型的吉林省浑江河道一维数值模拟应用. 吉林水利, (8): 34-37.

起晓星. 2015. 基于粮食安全和环境风险控制目标的可持续农业土地利用模式研究. 北京: 中国农业大学博士学位论文.

秦亚楠. 2014. 定兴县土壤养分时空格局演变规律及作物分区施肥研究. 保定: 河北农业大学硕士学位论文.

曲衍波, 齐伟, 赵胜亭, 等. 2008. 胶东山区县域优质苹果生态适宜性评价及潜力分析. 农业工程学报, 24(6): 109-114.

冉聘, 鲁建江, 姚晓瑞, 等. 2012. 新疆典型农业地区土壤中有机氯农药 (OCPs) 分布特征及风险评价. 农业工程学报, 28(3): 225-229.

阮建云, 吴洵, 石元值, 等. 2001. 中国典型茶区养分投入与施肥效应. 土壤肥料, (5): 9-13.

沈燕, 封超年, 郭文善, 等. 2007. 小麦开花灌浆初期喷施农药对灌浆后期灰飞虱的影响及生化分析. 农业环境科学学报, 26(3): 985-989.

盛丰. 2014. 土壤健康评价系统及其应用. 土壤通报, 45(6): 1289-1296.

史常亮, 郭焱, 朱俊峰, 等. 2016. 中国粮食生产中化肥过量施用评价及影响因素研究. 农业现代化研究, 37(4): 671-679.

束怀瑞, 顾曼如, 曲贵敏. 1988. 山东省苹果园氮、磷、钾三要素的营养状况. 山东农业大学学报, 19(2): 1-10.

宋严, 梁延鹏, 曾鸿鹄, 等. 2016. 青狮潭库区水体中有机氯农药分布及其健康风险评价. 工业安全与环保, 42(10): 68-71.

宋振江, 杨俊, 李争, 等. 2017. 长江中下游粮食主产区耕地生态安全评价: 基于省级面板数据. 江苏农业科学, 45(20): 290-294.

苏有健. 2008. 茶园氮素损失及影响因素的初探. 茶业通报, 30(4): 173-174.

孙铖, 周华真, 陈磊, 等. 2017. 农田化肥氮磷地表径流污染风险评估. 农业环境科学学报, 36(7): 1266-1273.

孙丹峰, 王雅, 李红, 等. 2010. 基于 MODIS NDVI 年序列的区域化肥投入空间化方法. 农业工程学报, 26(6): 175-180, 388.

孙浩燕, 李小坤, 任涛, 等. 2015. 长江中下游水稻生产现状调查分析与展望: 以湖北省为例. 中国稻米, 21(3): 24-27.

孙剑, 乐永海. 2012. 长江中下游流域农村环境质量变化及影响因素研究. 长江流域资源与环境, 21(3): 355-360.

孙健, 张强, 刘松忠, 等. 2013. 有机和常规苹果园的土壤微生物结构差异研究. 果树学报, 30(2): 230-234.

孙园园. 2007. 川中丘区稻田生态系统温室气体排放研究. 雅安: 四川农业大学硕士学位论文.

唐秀美, 赵庚星, 路庆斌. 2008. 基于 GIS 的县域耕地测土配方施肥技术研究. 农业工程学报, (7): 34-38.

陶宝先, 刘晨阳. 2018. 寿光设施菜地土壤 N_2O 排放规律及其影响因素. 环境化学, 37(1): 154-163.

庹海波. 2015. 有机无机肥配施及稻草覆盖对中南丘陵茶园氮磷径流流失的影响. 长沙: 湖南农业大学硕士学位论文.

汪家铭. 2008. 氮肥行业节能减排实施目标与技术创新. 化学工业, 26(8): 44-47.

汪克亮, 刘蕾, 孟祥瑞, 等. 2017. 区域大气污染排放效率: 变化趋势、地区差距与影响因素: 基于长江经济带 11 省市的面板数据. 北京理工大学学报（社会科学版）, 19(6): 38-48.

王常平, 游兰韶, 肖芬, 等. 2005. 菜粉蝶盘绒茧蜂的生物学特性. 湖南农业科学, (3): 51-53.

王琛智, 张朝, 张静, 等. 2018. 湖南省地形因素对水稻生产的影响. 地理学报, 73(9): 1792-1808.

王富林. 2013. '红富士'苹果营养诊断技术研究. 泰安: 山东农业大学硕士学位论文.

王国义. 2014. 主产区苹果园矿质营养及其与果实品质关系的研究. 北京: 中国农业大学博士学位论文.

王建伟, 张彩香, 潘真真, 等. 2016. 江汉平原地下水中有机磷农药的分布特征及影响因素. 中国环境科学, 36(10): 3089-3098.

王金亮, 陈成龙, 倪九派, 等. 2018. 小流域农业面源污染阻力评价及"源–汇"风险空间格局. 农业工程学报, 34(10): 216-224.

王晶, 任丽, 杨联安, 等. 2017. 基于云模型的西安市蔬菜区土壤肥力综合评价. 干旱区资源与环境, 31(10): 183-189.

王娟娟. 2016. 我国蔬菜施肥现状调查研究. 中国农技推广, 32(6): 11-13.

王利. 2008. 中国化肥产业体系养分资源流动规律与管理策略研究. 武汉: 华中农业大学博士学位论文.

王利民, 刘佳, 高建孟. 2019. 中国苹果空间分布格局及年际动态变化分析. 中国农业信息, 31(4): 84-93.

王玲玲, 董春华, 罗尊长, 等. 2018. 湘东稻–油轮作区氮磷利用效率对化肥减施的响应. 核农学报, 32(2): 353-361.

王萌, 杨叶, 吉哲蓉, 等. 2017. 吡虫啉和阿维菌素淋溶土壤对蚯蚓及其淋出液对浮萍急性毒性和生理生化指标的影响. 农药, 56(6): 437-442.

王明新, 包永红, 吴文良, 等. 2006. 华北平原冬小麦生命周期环境影响评价. 农业环境科学学报, (5): 1127-1132.

王木子. 2019. 长江经济带人口分布格局演变的多尺度研究. 杭州: 浙江大学硕士学位论文.

王赛妮, 李蕴成. 2007. 我国农药使用现状、影响及对策. 现代预防医学, (20): 3853-3855.

王未, 黄从建, 张满成, 等. 2013. 我国区域性水体农药污染现状研究分析. 环境保护科学, 39(5): 5-9.

王文桥. 2016. 我国设施蔬菜农药减施增效展望. 中国蔬菜, (5): 1-3.

王孝忠. 2018. 我国蔬菜生产的环境代价、减排潜力与调控途径. 北京: 中国农业大学博士学位论文.

王新谋. 1997. 猪场粪便污水处理和利用. 云南畜牧兽医, (3): 1-5.

王新新. 2015. 基于农田氮磷平衡的太湖流域环境风险评价. 北京: 中国农业大学硕士学位论文.

王绪奎, 陈光亚. 2001. 设施农业中的土壤问题及对策. 江苏农业科学, (6): 39-42.

王元元, 李超, 刘思超, 等. 2019. 有机肥对水稻产量、品质及土壤特性的影响研究进展. 中国稻米, 25(1): 15-20.

王占彪, 王猛, 陈阜. 2015. 华北平原作物生产碳足迹分析. 中国农业科学, 48(1): 83-92.

王梓. 2018. 下辽河平原地区测土配方施肥项目实施后环境和经济效应评价研究. 沈阳: 沈阳农业大学硕士学位论文.

魏绍冲, 姜远茂. 2012. 山东省苹果园肥料施用现状调查分析. 山东农业科学, 44(2): 77-79.

魏欣. 2014. 中国农业面源污染管控研究. 杨凌: 西北农林科技大学博士学位论文.

吴东明, 陈珊珊, 邓晓, 等. 2014. 海南省瓜菜田土壤中有机氯农药残留及生态风险分析. 农业资源与环境学报, 31(4): 343-348.

吴祥为. 2014. 百菌清重复施用在土壤中的残留特征及其土壤生态效应. 杭州: 浙江大学博士学位论文.

吴亚楠. 2017. 山西省小麦、玉米施肥的生命周期资源环境影响评价. 晋中: 山西农业大学硕士学位论文.

吴亚楠, 魏强, 孙晶华. 2018. 基于 DNDC 模型的小麦生命周期资源环境影响评价. 江苏农业科学, 46(6): 258-262.

奚雅静, 汪俊玉, 李银坤. 等. 2019. 滴灌水肥一体化配施有机肥对土壤 N_2O 排放与酶活性的影响. 中国农业科学, 52(20): 3611-3624.

夏飞. 2019. 长江中游不同种植模式产量、资源利用效率及环境代价的研究. 武汉: 华中农业大学硕士学位论文.

夏会龙, 吴良欢, 陶勤南. 2003. 有机污染环境的植物修复研究进展. 应用生态学报, (3): 457-460.

夏文建. 2011. 优化施氮下稻麦轮作农田氮素循环特征. 北京: 中国农业科学院博士学位论文.

肖佳沐. 2011. 乐果对土壤微生物菌群结构的影响及降解特性的研究. 上海: 上海交通大学硕士学位论文.

谢邵文. 2019. 不同空间尺度下浙江省茶园化肥农药减施的环境效应. 北京: 中国科学院博士学位论文.

邢长平, 沈承德. 1998. N_2O、CO_2 温室气体与土壤 DNDC 模型. 热带亚热带土壤科学, (1): 58-63.

徐成楠, 岳强, 冀志蕊, 等. 2017. 2015 年辽宁省苹果园农药使用情况调查与分析. 中国果树, (2): 80-83.

徐巧. 2016. 黄土高原丘陵区旱作山地苹果树需水规律研究. 杨凌: 西北农林科技大学硕士学位论文.

徐瑞祥, 陈亚华. 2012. 应用物种敏感性分布评估有机磷农药对淡水生物的急性生态风险. 生态毒理学报,

24(6): 811-821.

许敏. 2015. 渭北高原红富士苹果园土壤养分特征及施肥管理研究. 杨凌: 西北农林科技大学博士学位论文.

许肃, 黄云凤, 高兵, 等. 2016. 城市食物磷足迹研究: 以龙岩市为例. 生态学报, 36(22): 7279-7287.

颜士鹏. 2019. 寿光市蔬菜产业转型发展研究. 泰安: 山东农业大学硕士学位论文.

杨秉臻, 金涛, 陆建飞, 等. 2018. 长江中下游地区近20年水稻生产与优势的变化. 江苏农业科学, 46(19): 62-67.

杨波. 2015. 不同氮肥管理模式对稻麦轮作系统净温室效应的观测研究. 南京: 南京农业大学博士学位论文.

杨冬艳, 冯海萍, 赵云霞, 等. 2019. 番茄、辣椒秸秆堆肥与化肥配施对日光温室番茄产量和品质的影响. 农业工程技术 (温室园艺), (10): 17-21.

杨桂山. 2012. 长江水问题基本态势及其形成原因与防控策略. 长江流域资源与环境, 21(7): 821-830.

杨璐. 2016. 农田管理措施对稻田温室气体排放的影响分析. 武汉: 华中农业大学硕士学位论文.

杨瑞, 童菊秀, 李佳韵, 等, 2018. 稻田地表径流氮素流失量数值模拟及淋失规律. 灌溉排水学报, 37(1): 63-69.

杨若琚, 于天一, 王婧, 等. 2013. 湖南水稻主产区农户熟制选择行为分析. 中国农业资源与区划, 34(5): 48-54.

杨士红, 彭世彰, 徐俊增, 等. 2012. 不同水氮管理下稻田氨挥发损失特征及模拟. 农业工程学报, 28(11): 99-104.

杨晓琳. 2015. 华北平原不同轮作模式节水减排效果评价. 北京: 中国农业大学博士学位论文.

杨晓霞, 周启星, 王铁良. 2007. 土壤健康的内涵及生态指示与研究展望. 生态科学, (4): 374-380.

杨亚军. 2005. 中国茶树栽培学. 上海: 上海科学技术出版社.

杨艳. 2013. 太湖流域水稻种植系统温室效应、碳汇效应及收益评估. 南京: 南京大学硕士学位论文.

杨益军. 2015. 中国三大粮食作物农药使用情况深度分析及问题探讨. 农药市场信息, 25: 6-9.

姚贵泽. 2016. 基于WASP水质模型的荆江河段水质模拟与预测研究. 武汉: 华中科技大学硕士学位论文.

姚瑞华, 赵越, 王东. 2014. 长江中下游流域水环境现状及污染防治对策. 人民长江, 45(S1): 45-47.

叶学东. 2014. 磷石膏综合利用现状及加快发展的建议. 磷肥与复肥, 29(6): 1-3.

尹昊. 2011. 富营养化淡水湖营养盐的大气沉降. 上海: 复旦大学硕士学位论文.

于文章. 2017. 土施四种B族维生素对'富士'苹果叶片营养及果实品质的影响. 泰安: 山东农业大学硕士学位论文.

于洋. 2018. 蔬菜常用农药环境风险评估及控制策略研究. 沈阳: 沈阳农业大学博士学位论文.

岳强, 管玉峰, 涂秀云, 等. 2012. 广东北江上游流域农田土壤有机氯农药残留及其分布特征. 生态环境学报, 21(2): 321-326.

曾祥明, 韩宝吉, 徐芳森, 等. 2012. 不同基础地力土壤优化施肥对水稻产量和氮肥利用率的影响. 中国农业科学, 45(14): 2886-2894.

曾艳娟. 2011. 施肥对陕西红富士苹果产量和品质的影响. 杨凌: 西北农林科技大学硕士学位论文.

张博, 高新昊, 李长松, 等. 2012. 山东省寿光日光温室蔬菜病害及农药使用状况. 中国蔬菜, (15): 7-10.

张聪颖, 畅倩, 霍学喜. 2018. 中国苹果生产区域变迁分析. 经济地理, 38(8): 141-151.

张丹. 2017a. 辽宁省设施蔬菜病虫害发生特点及绿色防控技术. 现代农业科技, (7): 124-125.

张丹. 2017b. 设施蔬菜病虫害发生特点及绿色防控技术. 中国瓜菜, 30(4): 55-57.

张丹, 伦飞, 成升魁, 等. 2016. 城市餐饮食物浪费的磷足迹及其环境排放: 以北京市为例. 自然资源学报, 31(5): 96-105.

张福锁. 2009. 高产高效是未来农业的发展方向. 农资导报, A02.

张刚, 王德建, 陈效民. 2008. 稻田化肥减量施用的环境效应. 中国生态农业学报, (2): 327-330.

张金锦, 段增强. 2011. 设施菜地土壤次生盐渍化的成因、危害及其分类与分级标准的研究进展. 土壤, 43(3): 361-366.

张强, 李民吉, 周贝贝, 等. 2017. 环渤海湾和黄土高原'富士'苹果园土壤养分与果实矿质元素关系的多变量分析. 园艺学报, 44(8): 1439-1449.

张舜. 2019. 浅谈我国蔬菜种业发展存在的问题与对策. 科技经济市场, (2): 157-159.

张斯思. 2017. 基于 MKE11 水质模型的水环境容量计算研究. 合肥: 合肥工业大学硕士学位论文.

张四代, 张卫峰, 王激清, 等. 2008. 长江中下游地区化肥消费与供需特征及调控策略. 农业现代化研究, (1): 100-103.

张婷婷. 2011. 黄河三角洲土地盐渍化格局的遥感监测及盐渍化过程的空间分析与评价. 上海: 复旦大学博士学位论文.

张维理, 武淑霞, 冀宏杰, 等. 2004. 中国农业面源污染形势估计及控制对策 I. 21 世纪初期中国农业面源污染的形势估计. 中国农业科学, 37(7): 1008-1017.

张西森, 张晓丽, 祁立新, 等. 2020. 设施蔬菜土壤退化问题分析及改良利用技术. 现代农业科技, (9): 85-86.

张贤霞. 2018. 陕西苹果农药使用现状调查及相关杀虫剂残留测定. 杨凌: 西北农林科技大学硕士学位论文.

张秀玲. 2013. 中国农产品农药残留成因与影响研究. 无锡: 江南大学博士学位论文.

张秀平. 2010. 测土配方施肥技术应用现状与展望. 宿州教育学院学报, 13(2): 163-166.

张秀芝, 郭江云, 王永章, 等. 2014. 不同砧木对富士苹果矿质元素含量和品质指标的影响. 植物营养与肥料学报, 20(2): 414-420.

张亦涛, 王洪媛, 刘申, 等. 2016. 氮肥农学效应与环境效应国际研究发展态势. 生态学报, 15: 4594-4608.

张玉铭, 胡春胜, 张佳宝, 等. 2011. 农田土壤主要温室气体（CO_2、CH_4、N_2O）的源/汇强度及其温室效应研究进展. 中国生态农业学报, 19(4): 966-975.

张月平, 张炳宁, 王长松, 等. 2011. 基于耕地生产潜力评价确定作物目标产量. 农业工程学报, 27(10): 328-333.

张战利. 2006. 陕西省设施蔬菜农药使用现状调查及病虫害无公害控制技术研究. 杨凌: 西北农林科技大学硕士学位论文.

张真和, 马兆红. 2017. 我国设施蔬菜产业概况与"十三五"发展重点：中国蔬菜协会副会长张真和访谈录. 中国蔬菜, (5): 1-5.

张仲新, 李玉娥, 华珞, 等. 2010. 不同施肥量对设施菜地 N_2O 排放通量的影响. 农业工程学报, 26(5): 269-275.

章萍青, 肖丽萍. 2019. 施用有机肥对水稻生长及产量的影响. 农家参谋, (22): 73.

赵苗苗, 邵蕊, 杨吉林, 等. 2019. 基于 DNDC 模型的稻田温室气体排放通量模拟. 生态学杂志, 38(4): 1057-1066.

赵倩倩. 2015. 中国主要粮食作物农药使用现状及问题研究. 北京: 北京理工大学硕士学位论文.

赵炎. 2018. 新烟碱型农药对土壤微生物和跳虫的影响. 杭州: 浙江大学硕士学位论文.

赵旸, 李卓, 刘明, 等. 2019. 中国苹果主产区 2006～2016 年磷元素收支及其环境风险变化. 农业环境科学学报, 38(12): 2779-2787.

赵正洪, 戴力, 黄见良, 等. 2019. 长江中游稻区水稻产业发展现状、问题与建议. 中国水稻科学, 33(6): 553-564.

赵佐平. 2014. 陕西苹果、猕猴桃果园施肥技术研究. 杨凌: 西北农林科技大学博士学位论文.

赵佐平, 同延安, 刘智峰. 2015. 渭北旱塬不同果园氮磷素投入特点及氮磷负荷风险分析. 深圳: 中国环境科学学会.

赵佐平, 闫莎, 刘芬, 等. 2014. 陕西果园主要分布区氮素投入特点及氮负荷风险分析. 生态学报, 34(19): 5642-5649.

郑微微, 易中懿, 沈贵银. 2016. 江苏省耕地过剩氮排放评价及减排对策：基于农牧结合视角. 江苏农业科学, 44(10): 472-474.

中华人民共和国国家统计局. 2016. 中国统计年鉴-2016. 北京: 中国统计出版社.

中华人民共和国国家统计局. 2017. 中国统计年鉴-2017. 北京: 中国统计出版社.

钟秀明, 武雪萍. 2007. 我国农田污染与农产品质量安全现状、问题及对策. 中国农业资源与区划, 28(5): 27-32.

周军英, 程燕. 2009. 农药生态风险评价研究进展. 生态与农村环境学报, 25(4): 95-99.

周冉. 2012. 华北地区主要作物施肥的资源环境影响评价. 保定: 河北农业大学硕士学位论文.

周荣, 王延锋. 2018. 测土配方施肥技术应用现状及对策. 乡村科技, (20): 102-103.

周瑞岭, 杨国兆. 2020. 探析水稻病虫害的防治与生物农药的应用. 中国农业文摘-农业工程, 32(1): 67-68.

周文强, 孙丽, 臧淑英, 等. 2017. 气候变化对松嫩平原西部土壤有机碳及作物产量的影响研究. 环境与发展, 29(2): 31-36.

周一明, 赵鸿云, 刘珊, 等. 2018. 水体的农药污染及降解途径研究进展. 中国农学通报, 34(9): 141-145.

周颖. 2018. 丹江口库区流域面源污染输出规律与养分收支研究. 武汉: 华中农业大学博士学位论文.

朱丽霞, 陈素香, 陈清森, 等. 2011. 敌百虫对南方农田土壤动物多样性的影响. 土壤, 43(2): 264-269.

朱小琼, 东保柱, 国立耘, 等. 2017. 京津地区苹果园农药使用情况调查. 中国植保导刊, 37(12): 72-74.

朱占玲. 2019. 苹果生产系统养分投入特征和生命周期环境效应评价. 泰安: 山东农业大学博士学位论文.

朱兆良, 诺斯, 孙波. 2006. 中国农业面源污染控制对策. 北京: 中国环境科学出版社.

邹凤亮, 曹凑贵, 马建勇, 等. 2018. 基于 DNDC 模型模拟江汉平原稻田不同种植模式条件下温室气体排放. 中国生态农业学报, 26(9): 1291-1301.

Abhilash PC, Singh N. 2009. Pesticide use and application: an Indian Scenario. Journal of Hazardous, 165(1-3): 1-12.

Ahad S, Mir MM, Ashraf S, et al. 2018. Nutrient management in high density apple orchards: a review. Current Journal of Applied Science and Technology, 29(1): 1-16.

Akkerman R, Farahani P, Grunow M. 2010. Quality, safety and sustainability in food distribution: a review of quantitative operations management approaches and challenges. OR Spectrum, 32(4): 863-904.

Alaux C, Brunet JL, Dussaubat C, et al. 2010. Interactions between *Nosema* microspores and a neonicotinoid weaken honeybees (*Apis mellifera*). Environmental Microbiology, 12(3): 774-782.

Allen RG, Pereira LS, Raes D, et al. 1998. Crop evapotranspiration guidelines for computing crop water requirements. FAO Irrigation and Drainage Paper No. 56. Rome: FAO.

Anderson NL, Harmon-Threatt AN. 2019. Chronic contact with realistic soil concentrations of imidacloprid affects the mass, immature development speed, and adult longevity of solitary bees. Scientific Reports, 9(1): 3724.

Arias-Estévez MA, López-Periago EA, Martínez-Carballo EB, et al. 2008. The mobility and degradation of pesticides in soils and the pollution of groundwater resources. Agriculture, Ecosystems & Environment, 123(4): 247-260.

Arvanitoyannis IS. 2008. ISO 14040: Life Cycle Assessment (LCA): Principles and Guidelines. Waste Management for the Food Industries: 97-132.

Auteri D, Mangiarotti M. 2007. Pesticide Risk Assessment to Protect Aquatic Systems. NATO Security Through Science Series C: Environmental Security: 75-84.

Baker NJ, Bancroft BA, Garcia TS. 2013. A meta-analysis of the effects of pesticides and fertilizers on survival and growth of amphibians. Science of the Total Environment, 449: 150-156.

Barbier EB. 1987. The concept of sustainable economic development. Environmental Conservation, 14(2): 101-110.

Becu N, Perez P, Walker A, et al. 2003. Agent based simulation of a small catchment water management in northern Thailand: description of the CATCHSCAPE model. Ecological Modelling, 170(2-3): 319-331.

Behera SN, Sharma M, Aneja VP, et al. 2013. Ammonia in the atmosphere: a review on emission sources, atmospheric chemistry and deposition on terrestrial bodies. Environmental Science and Pollution Research, 20(11): 8092-8131.

Beliaeff B, Burgeot T. 2002. Integrated biomarker response: a useful tool for ecological risk assessment. Environmental Toxicology and Chemistry, 21(6): 1316-1322.

Binder CR, Feola G, Steinberger JK. 2010. Considering the normative, systemic and procedural dimensions in indicator-based sustainability assessments in agriculture. Environmental Impact Assessment Review, 30(2): 71-81.

Bindraban PS, Stoorvogel JJ, Jansen DM, et al. 2000. Land quality indicators for sustainable land management: proposed method for yield gap and soil nutrient balance. Agriculture, Ecosystems & Environment, 81(2): 103-112.

Bingham D, Sitter RR. 1999. Minimum-aberration two-level fractional factorial split-plot designs. Technometrics, 41(1): 62-70.

Birnbaum LS. 1994. The mechanism of dioxin toxicity: relationship to risk assessment. Environmental Health Perspectives, 102(9): 157-167.

Blaise D, Singh JV, Bonde AN, et al. 2005. Effects of farmyard manure and fertilizers on yield, fibre quality and nutrient balance of rainfed cotton (*Gossypium hirsutum*). Bioresource Technology, 96(3): 345-349.

Bojacá CR, Arias LA, Ahumada DA, et al. 2013. Evaluation of pesticide residues in open field and greenhouse tomatoes from Colombia. Food Control, 30(2): 400-403.

Borcard D, Legendre P, Drapeau P. 1992. Partialling out the spatial component of ecological variation. Ecology, 73(3): 1045-1055.

Brentrup F, Küsters J, Kuhlmann H, et al. 2004. Environmental impact assessment of agricultural production systems using the life cycle assessment methodology: I. Theoretical concept of a LCA method tailored to crop production. European Journal of Agronomy, 20(3): 247-264.

Broeg K, Westernhagen HV, Zander S, et al. 2005. The "bioeffect assessment index" (BAI): a concept for the quantification of effects of marine pollution by an integrated biomarker approach. Marine Pollution Bulletin, 50(5): 495-503.

Cauwenbergh NV, Pinte D, Tilmant A, et al. 2008. Multi-objective, multiple participant decision support for water management in the Andarax catchment, Almeria. Environmental Geology, 54(3): 479-489.

Chen C, Lin Y. 2016. Estimating the gross budget of applied nitrogen and phosphorus in tea plantations. Sustainable Environment Research, 26(3): 124-130.

Chen Q, Yang B, Wang H. 2015. Soil microbial community toxic response to atrazine and its residues under atrazine and lead contamination. Environmental Science and Pollution Research, 22(2): 996-1007.

Chen Y, Hu WY, Huang B, et al. 2013. Accumulation and health risk of heavy metals in vegetables from harmless and organic vegetable production systems of China. Ecotoxicology and Environmental Safety, 98: 324-330.

Chowdhury MAZ, Fakhruddin ANM, Islam MN, et al. 2013. Detection of the residues of nineteen pesticides in fresh vegetable samples using gas chromatography-mass spectrometry. Food Control, 34(2): 457-465.

Chung ES, Lee KS. 2009. Prioritization of water management for sustainability using hydrologic simulation model and multicriteria decision making techniques. Journal of Environmental Management, 90(3): 1502-1511.

Dagnino A, Allen JI, Moore MN, et al. 2007. Development of an expert system for the integration of biomarker responses in mussels into an animal health index. Biomarkers, 12(2): 155-172.

Dalgaard T, Hutchings NJ, Porter JR. 2003. Agroecology, scaling and interdisciplinarity. Agriculture, Ecosystems & Environment, 100(1): 39-51.

Duboudin C, Ciffroy P, Magaud H. 2004. Acute-to-chronic species sensitivity distribution extrapolation. Environmental Toxicology and Chemistry, 23(7): 1774-1785.

Finizio A, Villa S. 2002. Environmental risk assessment for pesticides: a tool for decision making. Environmental Impact Assessment Review, 22(3): 235-248.

Frank R, Sirons GJ. 1985. Dissipation of atrazine residues from soils. Bulletin of Environmental Contamination and Toxicology, 34: 541-548.

Gaynor JD, Findlay WI. 1995. Soil and phosphorus loss from conservation and conventional tillage in corn production. Journal of Environmental Quality, 24(4): 734-741.

Ge S, Zhu Z, Jiang Y. 2018. Long-term impact of fertilization on soil pH and fertility in an apple production system. Journal of Soil Science and Plant Nutrition, 18(1): 282-293.

Ghose SL, Donnelly MA, Kerby J, et al. 2014. Acute toxicity tests and meta-analysis identify gaps in tropical ecotoxicology for amphibians. Environmental Toxicology and Chemistry, 33(9): 2114-2119.

Giersch T. 1993. A new monoclonal antibody for the sensitive detection of atrazine with immunoassay in microtiter plate and dipstick format. Journal of Agricultural and Food Chemistry, 41: 1006-1011.

Gimeno-García E, Andreu V, Boluda R. 1996. Heavy metals incidence in the application of inorganic fertilizers and pesticides to rice farming soils. Environmental Pollution, 92(1): 19-25.

Giupponi C, Rosato P. 1999. Agricultural land use changes and water quality: a case study in the Watershed of the Lagoon of Venice. Water Science and Technology, 39(3): 135-148.

Green WH, Ampt GA. 1911. Studies on soil physics, the flow of air and water through soils. The Journal of Agricultural Science, 4(1): 1-24.

Griardin P, Bockstaller C, van der Werf H. 2000. Assessment of potential impacts of agricultural practices on the environment: the AGRO*ECO method. Environmental Impact Assessment Review, 20(2): 227-239.

Guinee JB, Gorree M. 2002. Handbook on Life Cycle Assessment: Operational Guide to the ISO Standards. Dordrecht: Springer.

Guo RY, Nendel C, Rahn C, et al. 2010. Tracing nitrogen losses in a greenhouse crop rotation experiment in North China using the EU-Rotat_N simulation model. Environmental Pollution, 158(6): 2218-2229.

Hagger JA, Jones MB, Lowe D, et al. 2008. Application of biomarkers for improving risk assessments of chemicals under the water framework directive: a case study. Marine Pollution Bulletin, 56(6): 1111-1118.

Hansen S, Jensen HE, Nielsen NE, et al. 1990. NPo-research, A10: DAISY: Soil Plant Atmosphere System Model. Copenhagen: The National Agency for Environmental Protection.

He W, Qin N, Kong X, et al. 2014a. Ecological risk assessment and priority setting for typical toxic pollutants in the water from Beijing-Tianjin-Bohai area using Bayesian matbugs calculator (BMC). Ecological Indicators, 45: 209-218.

He W, Qin N, Kong XZ, et al. 2014b. Water quality benchmarking (WQB) and priority control screening (PCS) of persistent toxic substances (PTSs) in China: necessity, method and a case study. Science of the Total Environment, 472: 1108-1120.

Hedlund A, Witter E, An BX. 2003. Assessment of N, P and K management by nutrient balances and flows on peri-urban smallholder farms in southern Vietnam. European Journal of Agronomy, 20(1/2): 71-87.

Helsel ZR. 1992. Energy and alternatives for fertilizer and pesticide use. Energy in Farm Production, (6): 177-201.

Hengsdijk H, Ittersum MKV. 2001. Uncertainty in technical coefficients for future-oriented land use studies: a case study for relationships in cropping systems. Ecological Modelling, 144(1): 1-44.

Henry M, Beguin M, Requier F, et al. 2012. A common pesticide decreases foraging success and survival in honey bees. Science, 336(6079): 348-350.

Huijbregts MAJ, Guinée JB. 2001. Priority assessment of toxic substances in life cycle assessment. Part III: export of potential impact over time and space. Chemosphere, 44(1): 59-65.

IPCC. 2013. Working Group I Contribution to the IPCC Fifth Assessment Report: Climate Change 2013: The Physical Science Basis, Summary for Policymakers. IPCC, UN.

Jeyaratnam J. 1990. Acute pesticide poisoning: a major global health problem. World Health Statistics Quarterly, 43(3): 139-144.

Jia YL, Yu GR, Gao YN, et al. 2016. Global inorganic nitrogen dry deposition inferred from ground- and space-based measurements. Scientific Reports, 6: 19810.

Jordaan MS, Reinecke SA, Reinecke AJ. 2013. Biomarker responses and morphological effects in juvenile tilapia *Oreochromis mossambicus* following sequential exposure to the organophosphate azinphos-methyl. Aquatic Toxicology, 144: 133-140.

Ju XT, Kou CL, Zhang FS, et al. 2006. Nitrogen balance and groundwater nitrate contamination: comparison among three intensive cropping systems on the North China Plain. Environmental Pollution, 143(1): 117-125.

Katsoulas N, Boulard T, Tsiropoulos N. et al. 2012. Experimental and modelling analysis of pesticide fate from greenhouses: the case of pyrimethanil on a tomato crop. Biosystems Engineering, 113: 195-206.

Khorram SM, Zhang G, Fatemi A, et al. 2019. Impact of biochar and compost amendment on soil quality, growth and yield of a replanted apple orchard in a 4-year field study. Journal of the Science of Food and Agriculture, 99(4): 1862-1869.

Kimura-Kuroda J, Komuta Y, Kuroda Y. 2012. Nicotine-like effects of the neonicotinoid insecticides acetamiprid and imidacloprid on cerebellar neurons from neonatal rats. PLoS ONE, 7(2): e32432.

Kipp JA. 1992. Thirty years fertilization and irrigation in Dutch apple orchards: a review. Fertilizer Research, 32(2): 149-156.

Konstantinou IK, Hela DG, Albanis TA. 2006. The status of pesticide pollution in surface waters (rivers and lakes) of greece. Part I. Review on occurrence and levels. Environmental Pollution, 141(3): 555-570.

La N, Lamers M, Nguyen VV, et al. 2014. Modelling the fate of pesticides in paddy rice-fish pond farming systems in northern Vietnam. Pest Management Science, 70: 70-79.

Lancaster SH, Hollister EB, Senseman SA, et al. 2014. Effects of repeated glyphosate applications on soil microbial community composition and the mineralization of glyphosate. Applied Soil Ecology, 76: 124-131.

Li CD, Liu R, Li L, et al. 2017. Dissipation behavior and risk assessment of butralin in soybean and soil under field conditions. Environmental Monitoring and Assessment, 189(9): 476.

Li H, Hirata T, Matsuo H, et al. 1997. Surface water chemistry, particularly concentrations of NO_3^- and DO and $\delta^{15}N$ values, near a tea plantation in Kyushu, Japan. Journal of Hydrology, 202(1-4): 341-352.

Li X, Wellen C, Liu G, et al. 2015. Estimation of nutrient sources and transport using spatially referenced regressions on watershed attributes: a case study in Songhuajiang River Basin, China. Environmental Science and Pollution Research, 22(9): 6989-7001.

Liang L, Wang Y, Ridoutt B, et al. 2019. Agricultural subsidies assessment of cropping system from environmental and economic perspectives in North China based on LCA. Ecological Indicators, 96: 351-360.

Liu J, Mooney H, Hull V, et al. 2015. Systems integration for global sustainability. Science, 347(6225): 1258832.

Liu J, Ouyang X, Shen J, et al. 2020. Nitrogen and phosphorus runoff losses were influenced by chemical fertilization but not by pesticide application in a double rice-cropping system in the subtropical hilly region of China. Science of the Total Environment, 715: 136852.

Liu S, Wu F, Feng W, et al. 2018. Using dual isotopes and a Bayesian isotope mixing model to evaluate sources of nitrate of Tai Lake, China. Environmental Science and Pollution Research, 25(32): 32631-32639.

Liu T, Wang XG, You XW, et al. 2017. Oxidative stress and gene expression of earthworm (*Eisenia fetida*) to clothianidin. Ecotoxicology and Environmental Safety, 142: 489-496.

Liu Y, Gao M, Wu W, et al. 2013. The effects of conservation tillage practices on the soil water-holding capacity of a non-irrigated apple orchard in the Loess Plateau, China. Soil and Tillage Research, 130: 7-12.

Liu ZA, Yang J, Zou J. 2012. Effects of rainfall and fertilizer types on nitrogen and phosphorus concentrations in surface runoff from subtropical tea fields in Zhejiang, China. Nutrient Cycling in Agroecosystems, 93(3): 297-307.

Ma W, Abdulai A. 2016. Does cooperative membership improve household welfare? Evidence from apple farmers in China. Food Policy, 58: 94-102.

Malone RW, Ahuja LR, Ma L, et al. 2004. Application of the root zone water quality model (RZWQM) to pesticide fate and transport: an overview. Pest Management Science, 60: 205-221.

Maltby L. 2005. Insecticide SSDs: importance of test species selection and relevance to aquatic ecosystems. Env Toxicol Chem, 24: 379-338.

Mathis W, William ER. 1997. Perceptual and structural barriers to investing in natural capital economics from an ecological footprint perspective. Ecological Economics, 1(20): 3-24.

McArdle BH, Anderson MJ. 2001. Fitting multivariate models to community data: a comment on distance-based redundancy analysis. Ecology, 82(1): 290-297.

McDowell RW, Muirhead RW, Monaghan RM. 2006. Nutrient, sediment, and bacterial losses in overland flow from pasture and cropping soils following cattle dung deposition. Communications in Soil Science and Plant Analysis, 37(1-2): 93-108.

McKight PE, Najab J. 2010. Kruskal-wallis test. The Corsini Encyclopedia of Psychology. New York: John Wiley & Sons, Inc.

Metson GS, Bennett EM, Elser JJ. 2012. The role of diet in phosphorus demand. Environmental Research Letters, 4(7): 44043.

Narbonne JF, Daubeze M, Cler C. 1999. Scale of classification based on biochemical markers in mussels: application to pollution monitoring in European coasts. Biomarkers, 4(6): 415-424.

Nendel C. 2009. Evaluation of best management practices for N fertilisation in regional field vegetable production with a small-scale simulation model. European Journal of Agronomy, 30(2): 110-118.

NRCS. 2004. Estimation of Direct Runoff Storm Rainfall Part 630 Hydrology National Engineering Hand Book. Washington, D.C.: USDA-Soil Conservation Service.

Okalebo JR, Gathua KW, Woomer PL. 2002. Laboratory Methods of Soil and Plant Analysis: A Working Manual. 2nd ed. Nairobi: Sacred African Publishers.

Ouyang W, Lian ZM, Hao X, et al. 2018. Increased ammonia emissions from synthetic fertilizers and land degradation associated with reduction in arable land area in China. Land Degradation & Development, 29(11): 3928-3939.

Park S, Croteau P, Boering KA, et al. 2012. Trends and seasonal cycles in the isotopic composition of nitrous oxide since 1940. Nature Geoscience, 5(4): 261-265.

Payraudeau S, van der Werf HMG. 2005. Environmental impact assessment for a farming region: a review of methods. Agriculture, Ecosystems & Environment, 107(1): 1-19.

Qin F, Gao YX, Xu P, et al. 2015. Enantioselective bioaccumulation and toxic effects of fipronil in the earthworm *Eisenia foetida* following soil exposure. Pest Management Science, 71(4): 553-561.

Ram H, Rashid A, Zhang W, et al. 2016. Biofortification of wheat, rice and common bean by applying foliar zinc fertilizer along with pesticides in seven countries. Plant and Soil, 403(1-2): 389-401.

Ravishankara AR, Daniel JS, Portmann RW. 2009. Nitrous oxide (N_2O): the dominant ozone-depleting substance emitted in the 21st century. Science, 326(5949): 123-125.

Reganold JP, Glover JD, Andrews PK, et al. 2001. Sustainability of three apple production systems. Nature, 410: 926-930.

Ress WE, Wackernagel M. 1996. Ecological footprints and appropriated carrying capacity measuring the natural capital requirements of the human economy. Focus, 2(6): 121-130.

Rinot O, Levy GJ, Steinverger Y, et al. 2019. Soil health assessment: a critical review of current methodologies and a proposed new approach. Science of the Total Environment, 648: 1484-1491.

Rodrigues GS, Campanhola C, Kitamura PC. 2003. An environmental impact assessment system for agricultural R&D. Environmental Impact Assessment Review, 23(2): 219-244.

Rohr JR, McCoy KA. 2010. A qualitative meta-analysis reveals consistent effects of atrazine on freshwater fish and amphibians. Environmental Health Perspectives, 118(1): 20-32.

Rosenstock LM, Keifer WE, Daniell W, et al. 1991. Chronic central nervous system effects of acute organophosphate pesticide intoxication. The Lancet, 338: 223-227.

Roy P, Nei D, Orikasa T, et al. 2009. A review of life cycle assessment (LCA) on some food products. Journal of Food Engineering, 90(1): 1-10.

Saggar S, Jha N, Deslippe J, et al. 2013. Denitrification and $N_2O : N_2$ production in temperate grasslands: processes, measurements, modelling and mitigating negative impacts. Science of the Total Environment, 465(SI): 173-195.

Saleh D, Domagalski J. 2016. SPARROW modeling of nitrogen sources and transport in rivers and streams of California and adjacent States, U.S. Journal of the American Water Resources Association, 51(6): 1487-1507.

Sánchez-Bayo F. 2014. The trouble with neonicotinoids. Science, 346 (6211): 806-807.

Santos IR, Machado MI, Niencheski LF, et al. 2008. Major ion chemistry in a freshwater coastal lagoon from southern Brazil (Mangueira Lagoon): influence of groundwater inputs. Aquatic Geochemistry, 14(2): 133-146.

Serdal O, Erdoğan K, Fatih G. 2012. The effects of pesticides on greenhouse workers and their produced products. Environmental Toxicology and Chemistry, 94: 403-410.

Sharma BD, Kar S, Cheema SS. 1990. Yield, water use and nitrogen uptake for different water and N levels in winter wheat. Fertilizer Research, 22(2): 119-127.

Shortle JS, Abler D. 2001. Environmental Policies for Agricultural Pollution Control. Wallingford: CABI Publishing.

Shuman-Goodier ME, Propper CR. 2016. A meta-analysis synthesizing the effects of pesticides on swim speed and activity of aquatic vertebrates. Science of the Total Environment, 565: 758-766.

Silva V, Mol HGJ, Zomer P, et al. 2019. Pesticide residues in European agricultural soils: a hidden reality unfolded. Science of the Total Environment, 653: 1532-1545.

Šimůnek J, Šejna M, Saito H, et al. 2008. The HYDRUS-1D Software Package for Simulating the Movement of Water, Heat, and Multiple Solutes in Variably Saturated Media, V4.0. California: University of California Riverside.

Singh P, Ghoshal N. 2010. Variation in total biological productivity and soil microbial biomass in rainfed agroecosystems: impact of application of herbicide and soil amendments. Agriculture, Ecosystems & Environment, 137(3-4): 241-250.

Sirons GJ, Frank R, Sawyer T. 1973. Residues of atrazine, cyanazine, and their phytotoxic metabolites in a clay loam soil. Journal of Agricultural and Food Chemistry, 21: 1016-1020.

Sleeswijk AW, Oers L, Guinee JB, et al. 2008. Normalisation in product life cycle assessment: an LCA of the global and european economic systems in the year 2000. Science of the Total Environment, 390(1): 227-240.

Solomon KR, Giesy JP, Lapoint TW. 1996. Ecological risk assessment of atrazine in North American surface waters. Environmental Toxicology and Chemistry, 32: 10-11.

Stoorvogel JJ, Schipper RA, Jansen DM. 1995. USTED: a methodology for a quantitative analysis of land use scenarios. NJAS Wageningen Journal of Life Sciences, 43(1): 5-18.

Sturve J, Scarlet P, Halling M, et al. 2016. Environmental monitoring of pesticide exposure and effects on mangrove aquatic organisms of Mozambique. Marine Environmental Research, 121: 9-19.

Sun Y, Hu KL, Fan ZB, et al. 2013. Simulating the fate of nitrogen and optimizing water and nitrogen management of greenhouse tomato in North China using the EU-Rotate_N model. Agricultural Water Management, 128: 72-84.

Tadesse T, Dechassa N, Bayu W, et al. 2013. Effects of farmyard manure and inorganic fertilizer application on soil physico-chemical properties and nutrient balance in rain-fed lowland rice ecosystem. American Journal of Plant Sciences, 4(2): 309-316.

Tian YH, He FY, Yin B, et al. 2006. Dynamic changes of nitrogen and phosphorus concentrations in surface water of paddy field. Soils, 38: 727-733.

Tilman D, Balzer C, Hill J, et al. 2011. Global food demand and the sustainable intensification of agriculture. Nature Sustainability, 108(50): 20260-20264.

Wang CN, Wu RL, Li YY, et al. 2020. Effects of pesticide residues on bacterial community diversity and structure in typical greenhouse soils with increasing cultivation years in Northern China. Science of the Total Environment, 710: 136321.

Wang H, Xu RK, Wang N, et al. 2010. Soil acidification of alfisols as influenced by tea cultivation in Eastern China. Pedosphere, 20(6): 799-806.

Wang YH, Zhang Y, Zeng T, et al. 2019. Accumulation and toxicity of thiamethoxam and its metabolite clothianidin to the gonads of *Eremias argus*. Science of the Total Environment, 667(5): 586-593.

Watanabe I, Tokuda S, Nonaka K. 2002. Nutrients leaching losses from lysimeter-grown tea plants fertilized at two rates of nitrogen. Tea Res J, 94(94): 1-6.

Wei X, Liu S, Zhou G, et al. 2005. Hydrological processes in major types of Chinese forest. Hydrological Processes, 19(1): 63-75.

Whitehorn PR, O'Connor S, Wackers FL, et al. 2012. Neonicotinoid pesticide reduces bumble bee colony growth and queen production. Science, 336(6079): 351-352.

Xiao R, Su SL, Mai GC, et al. 2015. Quantifying determinants of cash crop expansion and their relative effects using logistic regression modeling and variance partitioning. Appl Earth Obs Geoinform, 34: 258-263.

Xing GX, Zhu ZL. 2000. An assessment of N loss from agricultural fields to the environment in China. Nutrient Cycling in Agroecosystems, 57(1): 67-73.

Xing L, Zhang D, Song X, et al. 2016. Genome-wide sequence variation identification and floral-associated trait comparisons based on the re-sequencing of the 'Nagafu No. 2' and 'Qinguan' varieties of apple (*Malus domestica* Borkh.). Frontiers in Plant Science, 38: 908-910.

Xu W, Luo XS, Pan YP, et al. 2015. Quantifying atmospheric nitrogen deposition through a nationwide monitoring network across China. Atmospheric Chemistry and Physics, 15: 12345-12360.

Xue J, Pu C, Liu S, et al. 2016. Carbon and nitrogen footprint of double rice production in Southern China. Ecological Indicators, 64: 249-257.

Xue R, Wang C, Liu ML, et al. 2019. A new method for soil health assessment based on analytic hierarchy process and meta-analysis. Science of the Total Environment, 650: 2771-2777.

Yan M, Cheng K, Luo T, et al. 2015. Carbon footprint of grain crop production in China-based on farm survey data. Journal of Cleaner Production, 104(1): 130-138.

Yu C, Huang X, Chen H, et al. 2019. Managing nitrogen to restore water quality in China. Nature, 567: 516-520.

Zeng X, Lu H, Campbellc D, et al. 2013. Integrated emergy and economic evaluation of tea production chains in Anxi, China. Ecological Engineering, 60: 354-362.

Zhan XY, Chen C, Wang QH, et al. 2019. Improved Jayaweera-Mikkelsen model to quantify ammonia volatilization from rice paddy fields in China. Environmental Science and Pollution Research, 26(8): 8136-8147.

Zhang C, Cui F, Zeng GM, et al. 2015a. Quaternary ammonium compounds (QACs): a review on occurrence, fate and toxicity in the environment. Science of the Total Environment, 518: 352-362.

Zhang HM, Xu MG, Shi XJ, et al. 2010. Rice yield, potassium uptake and apparent balance under long-term fertilization in rice based cropping systems in Southern China. Nutrient Cycling in Agroecosystems, 88(3): 341-349.

Zhang JJ, Lu YC, Yang H. 2014. Chemical modification and degradation of atrazine in Medicago sativa through multiple pathways. Journal of Agricultural and Food Chemistry, 62: 9657-9668.

Zhang L, Hu Q, Wang C. 2013. Emergy evaluation of environmental sustainability of poultry farming that produces products with organic claims on the outskirts of mega-cities in China. Ecological Engineering, 54(6): 128-135.

Zhang L, Kono Y, Kobayashi S, et al. 2015b. The expansion of smallholder rubber farming in Xishuangbanna, China: a case study of two Dai villages, Mengla County. Agricultural Systems, 42: 628-634.

Zhang Q, Wang Q, Xu L, et al. 2018. Monthly dynamics of atmospheric wet nitrogen deposition on different spatial scales in China. Environmental Science and Pollution Research, 25(24): 24417-24425.

Zhao CS, Hu CX, Huang W, et al. 2010. A lysimeter study of nitrate leaching and optimum nitrogen application rates for intensively irrigated vegetable production systems in Central China. Journal of Soils and Sediments, 10(1): 9-17.

Zhao L, Ma Y, Liang G, et al. 2009. Phosphorus efficacy in four Chinese long-term experiments with different soil properties and climate characteristics. Communications in Soil Science and Plant Analysis, 40(19-20): 3121-3138.

Zhao ZP, Yan S, Liu F, et al. 2014. Effects of chemical fertilizer combined with organic manure on Fuji apple quality, yield and soil fertility in apple orchard on the Loess Plateau of China. International Journal of Agricultural and Biological Engineering, 7(2): 45-55.

Zhou P, Huang J, Hong H. 2018a. Modeling nutrient sources, transport and management strategies in a coastal watershed, Southeast China. Science of the Total Environment, 610-611: 1298-1309.

Zhou Y, Lu X, Fu X, et al. 2018b. Development of a fast and sensitive method for measuring multiple neonicotinoid insecticide residues in soil and the application in parks and residential areas. Analytica Chemica Acta, 1016: 19-28.

Zhu JH, Li XL, Christie P. 2005. Environmental implications of low nitrogen use efficiency in excessively fertilized hot pepper (*Capsicum frutescens* L.) cropping systems. Agriculture Ecosystems & Environment, 111(1/4): 70-80.

Zhu T, Zhang J, Meng T, et al. 2014. Tea plantation destroys soil retention of NO_3^- and increases N_2O emissions in Subtropical China. Soil Biology and Biochemistry, 73: 106-114.

Zotarelli L, Dukes MD, Scholberg J, et al. 2009. Tomato nitrogen accumulation and fertilizer use efficiency on a sandy soil, as affected by nitrogen rate and irrigation scheduling. Agricultural Water Management, 96(8): 1247-1258.